Das dieser Veröffentlichung zugrundeliegende Vorhaben
wurde mit Mitteln des Bundesministeriums für Bildung und Forschung
unter dem Förderkennzeichen 0339720/5 gefördert.

Projektnehmer ist das Institut für Landespflege der Universität Freiburg
Die Verantwortung für den Inhalt der Veröffentlichung
liegt bei den Autorinnen und Autoren.

GEFÖRDERT VOM

 Bundesministerium
für Bildung
und Forschung

Projektgruppe Kulturlandschaft Hohenlohe

Bibliographische Information der Deutschen Nationalbibliothek

Die Deutsche Nationalbibliothek verzeichnet diese Publikation in der Deutschen
Nationalbibliographie; detaillierte bibliographische Daten sind im Internet über
http://dnb.d-nb.de abrufbar.

© 2007 oekom, München
Gesellschaft für ökologische Kommunikation mbH
Waltherstraße 29, 80337 München

Umschlaggestaltung: Véronique Grassinger
Satz: Werner Schneider

Druck: DIP – Digital-Print Witten
Gedruckt auf FSC-zertifiziertem Papier
Alle Rechte vorbehalten
ISBN 978-3-928244-83-1

Ralf Kirchner-Heßler, Alexander Gerber, Werner Konold

Teil I
Nachhaltige Landnutzung durch Kooperation von Wissenschaft und Praxis

Inhalt
Teil I + II

1 Neue Konzepte einer nachhaltigen Landnutzung entwickeln, erproben und
die Umsetzung begleiten: Das Modellvorhaben Kulturlandschaft Hohenlohe _15

2 Das Modellvorhaben Kulturlandschaft Hohenlohe: Anlass und Hintergründe _21
2.1 Agrarlandschaftsforschung und Regionalentwicklung: der Kenntnisstand 22
2.2 Probleme und Perspektiven aktueller Umweltwissenschaft 32
2.2.1 Kennzeichen disziplinärer Wissenschaft 32
2.2.2 Ausgangspunkte und Kennzeichen einer problemorientierten Forschung 35
2.2.3 Transdisziplinäre Forschung als neue Herausforderung 39
2.3 Anforderungen an die Wissenschaft in Prozessen
nachhaltiger Regionalentwicklung 44
2.4 Fragestellungen für das Modellvorhaben Kulturlandschaft Hohenlohe 46

3 Interdisziplinär und problemorientiert arbeiten, Akteure beteiligen,
nachhaltige Projekte umsetzen: Die Ziele des Modellvorhabens
Kulturlandschaft Hohenlohe _49

4 Die Projektregion _53
4.1 Abgrenzung des Untersuchungsgebiets 54
4.2 Naturraum 55
4.2.1 Historische Entwicklung 55
4.2.2 Aktuelle Situation 61
4.3 Wirtschaftsraum 68
4.3.1 Historische Entwicklung 68
4.3.2 Aktuelle Situation 71
4.4 Politisch-administrativer Raum 73
4.4.1 Historische Entwicklung 73
4.4.2 Die aktuelle Situation 76

5 Landwirtschaft, Tourismus und Landschaftsplanung: Die Handlungsfelder für die Weiterentwicklung der Landnutzung in der Projektregion — 81

5.1	**Landwirtschaft: Probleme und Handlungsansätze**	82
5.1.1	Landwirtschaftliche Nutzung zwischen Intensivierung und Marginalisierung	82
5.1.2	Bestehende und verfolgte Handlungsansätze	87
5.1.3	Etablierung von Verfahren zur Ressourcen schonenden Ackernutzung	89
5.1.4	Partizipative Landnutzungsplanung	89
5.1.5	Öffentlichkeitsarbeit	90
5.2	**Tourismus: Probleme und Handlungsansätze**	91
5.2.1	Tourismus – eine wirtschaftliche Chance für ländliche Gebiete	91
5.2.2	Das Jagsttal als Freizeit- und Tourismusregion	92
5.2.3	Nachhaltige Tourismusentwicklung	93
5.2.4	Handlungsfelder	94
5.3	**Landschaftsplanung: Probleme und Handlungsansätze**	95
5.3.1	Hintergrund	95
5.3.2	Probleme	97
5.3.3	Zielsetzung	98
5.3.4	Vorgaben übergeordneter Planungsträger	98
5.3.5	Verfolgte Handlungsansätze	99

6 Umsetzungsorientierung, Bürgerbeteiligung und interdisziplinäre Aktionsforschung: Der methodische Ansatz im Modellvorhaben Kulturlandschaft Hohenlohe — 103

6.1	**Definition von nachhaltiger Entwicklung**	104
6.2	**Zielfindung und Operationalisierung der Projektziele**	106
6.2.1	Vorgehen im Zielfindungs- und Planungsprozess	107
6.2.2	Methoden für die Zielfindung und Projektplanung	108
6.2.3	Möglichkeiten zur Partizipation	110
6.2.4	Zielformulierung in den Teilprojekten	112
6.3	**Aktionsforschung**	114
6.4	**Organisation der Projektarbeit**	121
6.4.1	Organisation der internen Projektarbeit	121
6.4.2	Organisation der externen Projektarbeit	123
6.4.3	Datenmanagement	124
6.5	**Projektsteuerung**	127
6.5.1	Charakterisierung und Bewertung der Teilprojekte	127
6.5.2	Arbeitsplanung	130
6.5.3	Finanzielle Ressourcen	130
6.5.4	Verknüpfung der Teilprojekte	131
6.6	**Prozessbegleitung und Qualifizierung**	131
6.6.1	Prozessbegleitung	132
6.6.2	Qualifizierung	135

6.7	Öffentlichkeitsarbeit	139
6.8	Die Evaluierung des Modellvorhabens Kulturlandschaft Hohenlohe	143
6.9	Indikatoren	152

7	**Indikatoren der Erfolgskontrolle**	**159**
7.1	Definition von Nachhaltigkeit	160
7.2	Kriterien der Nachhaltigkeit	162
7.3	Entwicklung von Indikatoren	166
7.3.1	Soziale Indikatoren der Nachhaltigkeit	167
7.3.2	Ökonomische Indikatoren der Nachhaltigkeit	171
7.3.3	Ökologische Indikatoren der Nachhaltigkeit	171

8	**Die Projekte des Modellprojekts Kulturlandschaft Hohenlohe**	**175**
8.1	Konservierende Bodenbearbeitung – Feldversuche und Entwicklung ökonomisch-ökologischer Bewertungsschlüssel zum Ressourcen schonenden Ackerbau für die Praxis	177
8.1.1	Zusammenfassung	177
8.1.2	Problemstellung	177
8.1.3	Ziele	180
8.1.4	Räumlicher Bezug	180
8.1.5	Beteiligte Akteure, Mitarbeiter und Institute	182
8.1.6	Methoden	182
8.1.7	Ergebnisse	184
8.1.8	Diskussion	195
8.1.9	Schlussfolgerungen	201
8.2	Weinlaubnutzung im unteren Jagsttal – Machbarkeitsanalyse ökologische Weinlaubproduktion zum Erhalt und zur Entwicklung des Terrassenweinbaus	203
8.2.1	Zusammenfassung	203
8.2.2	Problemstellung	204
8.2.3	Zielsetzung	206
8.2.4	Räumlicher Bezug	206
8.2.5	Beteiligte Akteure und Mitarbeiter/Institute	206
8.2.6	Methodik	207
8.2.7	Ergebnisse	208
8.2.8	Diskussion	214
8.2.9	Schlussfolgerungen	216
8.3	Bœuf de Hohenlohe – Förderung der Grünlandwirtschaft durch die Vermarktung qualitativ hochwertiger Rindfleischerzeugnisse aus artgerechter Tierhaltung mit regionaler Identität	219
8.3.1	Zusammenfassung	219

8.3.2	Problemstellung	220
8.3.3	Ziele	222
8.3.4	Räumlicher Bezug	223
8.3.5	Beteiligte Akteure	223
8.3.6	Methodik	225
8.3.7	Ergebnisse	225
8.3.8	Diskussion	236
8.3.9	Schlussfolgerungen	242
8.4	Hohenloher Lamm – Förderung der Schafhaltung auf überwiegend extensiv genutzten Grünlandstandorten durch die Vermarktung von Lammfleisch aus artgerechter Tierhaltung mit regionaler Identität	244
8.4.1	Zusammenfassung	244
8.4.2	Problemstellung	245
8.4.3	Ziele	249
8.4.4	Räumlicher Bezug	250
8.4.5	Beteiligte Akteure, Mitarbeiter/Institute	250
8.4.6	Methoden	251
8.4.7	Ergebnisse	251
8.4.8	Diskussion	268
8.4.9	Schlussfolgerungen, Empfehlungen	276
8.5	Streuobst aus kontrolliert ökologischem Anbau – Erhalt und Förderung des Streuobstanbaus durch die Produktion und Vermarktung von Streuobst auf der Grundlage der EU-Ökoverordnung	281
8.5.1	Zusammenfassung	281
8.5.2	Problemstellung	282
8.5.3	Ziele	285
8.5.4	Räumlicher Bezug	286
8.5.5	Beteiligte Akteure und Mitarbeiter/Institute	286
8.5.6	Methodik	288
8.5.7	Ergebnisse	290
8.5.8	Diskussion	302
8.5.9	Schlussfolgerungen	312
8.6	Heubörse – Machbarkeitsanalyse zur Förderung der Grünlandwirtschaft durch die Gewinnung und Vermarktung von Qualitätsheu	315
8.6.1	Zusammenfassung	315
8.6.2	Problemstellung	315
8.6.3	Ziele	317
8.6.4	Räumlicher Bezug	317
8.6.5	Beteiligte Akteure und Mitarbeiter/Institute	317
8.6.6	Methode	318
8.6.7	Ergebnisse	319
8.6.8	Diskussion	329
8.6.9	Schlussfolgerungen, Empfehlungen	329

8.7	Landnutzungsszenario Mulfingen – Leitbild- und Strategieentwicklung für die zukünftige Landnutzung im mittleren Jagsttal	331
8.7.1	Zusammenfassung	331
8.7.2	Problemstellung	332
8.7.3	Ziele	334
8.7.4	Räumlicher Bezug	335
8.7.5	Beteiligte Akteure und Mitarbeiter/Institute	335
8.7.6	Methoden	335
8.7.7	Ergebnisse	337
8.7.8	Diskussion	356
8.7.9	Schlussfolgerungen	372

TEIL II

8.8	Landschaftsplanung – Interkommunale Kooperation zu landschaftsplanerischen Fragestellungen unter besonderer Berücksichtigung der Siedlungsentwicklung und Windkraftnutzung	389
8.8.1	Entstehung, Struktur und Aufgaben des Arbeitskreises Landschaftsplanung im Überblick	389
8.8.2	Problemstellung	391
8.8.3	Ziele	394
8.8.4	Räumlicher Bezug	395
8.8.5	Beteiligte Akteure und Mitarbeiter/Institute	396
8.8.6	Ergebnisse	396
8.8.7	Diskussion	411
8.8.9	Schlussfolgerungen	416
8.9	Ökobilanz Mulfingen – Förderung der nachhaltigen Entwicklung einer Gemeinde mit Hilfe einer kommunalen, landschaftsbezogenen Umweltbilanz mit Bürgerbeteiligung	423
8.9.1	Zusammenfassung	423
8.9.2	Problemstellung	424
8.9.3	Ziele	425
8.9.4	Räumlicher Bezug	425
8.9.5	Beteiligte Akteure und Mitarbeiter/Institute	426
8.9.6	Methoden	426
8.9.7	Ergebnisse	429
8.9.8	Diskussion	439
8.9.9	Schlussfolgerungen	445
8.10	Regionaler Umweltdatenkatalog – Aufbau eines internet-basierten Metadaten-Katalogs zur Unterstützung der Raumplanung	449
8.10.1	Zusammenfassung	449

8.10.2	Problemstellung	449
8.10.3	Ziele	451
8.10.4	Räumlicher Bezug	451
8.10.5	Beteiligte Akteure und Mitarbeiter/Institute	452
8.10.6	Methodik	452
8.10.7	Ergebnisse	453
8.10.8	Diskussion	461
8.10.9	Schlussfolgerungen	465
8.11	Gewässerentwicklung – Ansätze zur Förderung einer integrierten Gewässerentwicklung unter besonderer Berücksichtigung der ökologischen Funktionsfähigkeit, des Erosionsschutzes und des natürlichen Wasserrückhalts	467
8.11.1	Zusammenfassung	467
8.11.2	Problemstellung	468
8.11.3	Ziele	475
8.11.4	Räumlicher Bezug	476
8.11.5	Beteiligte Akteure und Mitarbeiter/Institute	477
8.11.6	Methoden	477
8.11.7	Ergebnisse	478
8.11.8	Diskussion	495
8.11.9	Schlussfolgerungen	502
8.12	Lokale Agenda 21 in Dörzbach – Erprobung von Beteiligungsmethoden in der Startphase eines Lokalen-Agenda-Prozesses in einer ländlichen Gemeinde	509
8.12.1	Zusammenfassung	509
8.12.2	Problemstellung	510
8.12.3	Ziele	511
8.12.4	Räumlicher Bezug und zeitliche Einordnung des Teilprojekts	512
8.12.5	Beteiligte Akteure und Mitarbeiter	513
8.12.6	Methodik	514
8.12.7	Ergebnisse	518
8.12.8	Diskussion	524
8.12.9	Schlussfolgerungen	529
8.13	Panoramakarte – Ländliche Tourismusentwicklung durch die partizipative und interkommunale Entwicklung eines Informationsmediums	532
8.13.1	Zusammenfassung	532
8.13.2	Problemstellung	532
8.13.3	Ziele	536
8.13.4	Räumlicher Bezug	537
8.13.5	Beteiligte Akteure und Mitarbeiter/Institute	538
8.13.6	Methodik	538
8.13.7	Ergebnisse	540
8.13.8	Diskussion	556

8.13.9	Schlussfolgerungen, Empfehlungen	560
8.14	Themenhefte – Chancen und Grenzen der partizipativen, interkommunalen Entwicklung von Informationsmedien zur Erschließung des kultur- und naturhistorischen Potenzials	562
8.14.1	Zusammenfassung	562
8.14.2	Problemstellung	563
8.14.3	Ziele	564
8.14.4	Räumlicher Bezug	564
8.14.5	Beteiligte Akteure und Mitarbeiter/Institute	565
8.14.6	Methodik	565
8.14.7	Ergebnisse	566
8.14.8	Diskussion	581
8.14.9	Schlussfolgerungen, Empfehlungen	586
8.15	eigenART an der Jagst – neue Formen der Wahrnehmung von Landschaftselementen mittels Kunst	588
8.15.1	Zusammenfassung	588
8.15.2	Problemstellung	589
8.15.3	Ziele	591
8.15.4	Räumlicher Bezug	591
8.15.5	Beteiligte Akteure und Mitarbeiter	592
8.15.6	Methodik	594
8.15.7	Ergebnisse	595
8.15.8	Diskussion	607
8.15.9	Schlussfolgerungen/Empfehlungen	611

9	**Wissenschaft als Interaktion**	**615**
9.1	Wissenschaftliche Prozessbegleitung – Ergebnisse der Begleitstudie zur interdisziplinären Kooperation im Modellvorhaben Kulturlandschaft Hohenlohe	617
9.1.1	Interdisziplinäre Kooperation als Forschungsgegenstand	617
9.1.2	Zweck der Begleitstudie	618
9.1.3	Rahmenbedingungen	618
9.1.4	Fragestellungen	619
9.1.5	Datengrundlage der Begleitstudie	621
9.1.6	Ergebnisse	624
9.1.7	Schlussfolgerungen	641
9.2	**Projektevaluierung**	**643**
9.2.1	Die Wahl relevanter Themen in den Teilprojekten	644
9.2.2	Beteiligung der wichtigen Akteure	645
9.2.3	Bewertung der erzielten Ergebnisse	647
9.2.4	Durchführung der Teilprojekte	649
9.2.5	Der Beitrag der Projektgruppe Kulturlandschaft Hohenlohe	652
9.2.6	Persönlicher Lernerfolg und Aufwand	654

9.2.7	Die Evaluierungsergebnisse im Zeitverlauf	655
9.2.8	Vergleich der Teilprojektbewertung durch Akteure und Mitarbeiter	657
9.2.9	Ergebnisse der Mitarbeiterbefragung zum Vorgehen im Gesamtprojekt	659
9.2.10	Erfahrungen mit den gewählten Evaluierungsinstrumenten	661

10 Regionalentwicklung und Politik: Agrar-, Umwelt-, Struktur- und Raumordnungspolitische Situationsanalyse und Perspektiventwicklung im Modellvorhaben Kulturlandschaft Hohenlohe — 663

10.1	Hintergrund	664
10.2	Konstituierung der Politik-AG	664
10.3	Vorgehensweise	664
10.4	Analyse und Vorschläge zur Fortentwicklung der Politikinstrumente	672
10.4.1	Marktentlastungs- und Kulturlandschaftsausgleichsprogramm (MEKA)	672
10.4.2	Projekt des Landes zur Erhaltung von Natur und Umwelt (PLENUM)	674
10.4.3	Flora-Fauna-Habitat-Richtlinie (FFH)	678
10.4.4	Landschaftsplanung/Landschaftsplan	683
10.4.5	EMAS II-Verordnung (Environmental Management and Audit Scheme)	685
10.4.6	Lokale Agenda 21	687
10.5	Schlussfolgerungen und Vorschläge für eine nachhaltige ländliche Regionalentwicklung	691
10.5.1	Agenda 2000	691
10.5.2	Agrarumweltpolitik (MEKA)	691
10.5.3	Umweltpolitik	691
10.5.4	Raumplanung	692
10.5.5	Regionalmanagement	692
10.5.6	Sonstiges	693

11 Zusammenführende Bewertung der Teilprojekte im Modellvorhaben Kulturlandschaft Hohenlohe — 697

11.1	Woher kam die Initiative der Projekte und welche Thematik griffen sie auf?	698
11.2	Welche Akteure waren beteiligt, wie wurden sie beteiligt und wie erfolgte die Zusammenarbeit?	699
11.3	Erfahrungen aus der Zusammenarbeit mit den Akteuren	700
11.4	Welchen Charakter hatte das Projekt?	704
11.5	Leisten die Projekte einen Beitrag zur nachhaltigen Entwicklung?	708
11.6	Welche Ergebnisse wurden erzielt?	712
11.7	Bewertung der Teilprojekte anhand der Steuerungsinstrumente	714
11.8	Projektübernahme	718
11.9	Was sind verallgemeinerbare Erkenntnisse aus der Projektarbeit?	719

12 Kooperation zwischen Wissenschaft und Praxis –
Zusammenfassende Ergebnisse des Modellprojekts Kulturlandschaft
Hohenlohe und Schlussfolgerungen zu Bedingungen,
Chancen und Schwierigkeiten für den Wissenstransfer
durch partizipative Forschung 721
12.1 Was waren Anlass und Zielsetzung des Förderschwerpunktes
»Ökologische Konzeptionen für Agrarlandschaften«? 722
12.2 Wie wurde das Forschungsvorhaben vorbereitet? 722
12.3 Welche (organisatorischen) Rahmenbedingungen beeinflussten
den projektinternen Forschungsprozess? 725
12.3.1 Institutionelle Zusammensetzung 725
12.3.2 Personelle Zusammensetzung und Teamentwicklung 726
12.3.3 Organisationsform und Führungsstruktur 728
12.4 Wie wurden die transdisziplinären Projekte entwickelt und was
waren die wesentlichen Ergebnisse? 731
12.4.1 Projektstruktur und -organisation 731
12.4.2 Wesentliche Ergebnisse aus den Teilprojekten 733
12.4.3 Verknüpfung der Projektarbeit 736
12.4.4 Projekterfolge 737
12.4.5 Bottom-up- und Top-down-Ansatz 738
12.4.6 Regionalentwicklung und Politik 741
12.5 War der verfolgte Forschungsansatz zielführend? 744
12.6 War das Modellvorhaben Kulturlandschaft Hohenlohe ein
Forschungsprojekt oder ein Beratungsprojekt? 748
12.7 Wissen und Werte 750
12.8 Warum und wozu Partizipation? 757
12.9 Hat das Modellvorhaben Kulturlandschaft Hohenlohe zur Entwicklung
und Umsetzung einer dauerhaft-umweltgerechten (nachhaltigen)
Landnutzung beigetragen? 760
12.10 Wo besteht im bearbeiteten Themenfeld Forschungsbedarf? 762

1

Neue Konzepte einer nachhaltigen Landnutzung entwickeln, erproben und die Umsetzung begleiten: Das Modellvorhaben Kulturlandschaft Hohenlohe

Werner Konold, Alexander Gerber

Die Geschichte des Verhältnisses zwischen Landnutzern und Wissenschaftlern war immer kompliziert. Die Bauern waren über viele Jahrhunderte hinweg die Hauptnutzer des Landes und die Gestalter der Landschaft. Die Landbaumethoden wurden von ihnen selbst entwickelt, Haustierrassen und Kulturpflanzen gezüchtet. Phänomenologisches Beobachten war die Grundlage des Erkenntnisgewinns. Dabei interessierte vor allem, zu welchen Auswirkungen eine bestimmte Handlung führt, weniger aber die Frage, warum das so ist. Auch Intuition, Traum und seherische Fähigkeiten wurden als gleichberechtigte Möglichkeiten der Wissensgenerierung anerkannt. In einem lebenslangen Lernprozess zog der Bauer aus seinen Beobachtungen und Erlebnissen Schlüsse für seine Bewirtschaftungsmaßnahmen. Gleichzeitig waren die Bauern traditionellen Handlungsmustern verpflichtet. Viele - auch mitteleuropäische Gesellschaften - haben auf dieser Grundlage über Jahrtausende hinweg ein ausgeklügeltes System von Riten, Verboten, kollektiver Anbaupraxis und Wissen entfaltet. Wenig bekannt ist, dass viele der alten Anbausysteme intensiv und durchaus nicht immer umweltfreundlich waren. So führte beispielsweise der Ackerbau in Hanglage zu Erosion und mächtigen Ablagerungen in den Auen, die Beweidung der Wälder mit Rindern und Schweinen, aber auch die Hege von Rothirsch und Reh für die Jagd zu deren ökologischem Zusammenbruch. Andererseits entstanden aus dieser Übernutzung neue Ökosysteme, wie beispielsweise die Wachholderheiden, und der Artenreichtum nahm insgesamt zu.

Die wachsende Bevölkerung und der Zusammenbruch der alten Bewirtschaftungssysteme, aber auch ganz maßgeblich der Geist der Aufklärung - gestützt auf Erkenntnisse der »Naturgeschichte« und immer mehr einem reduktionistischen Wissenschaftsverständnis verpflichtet - führten während des 18. Jahrhunderts zu neuen Entwicklungen und Fortschritten in der Landwirtschaft. Die alte Dreifelderwirtschaft wurde zur verbesserten Dreifelderwirtschaft weiterentwickelt, bei der das Brachejahr durch den Anbau von Rotklee, Luzerne oder Blattfrüchten ersetzt wurde. Man konnte mehr Vieh halten, das im Übrigen nun das ganze Jahr über im Stall stand, und hatte viel mehr Dünger zur Verfügung. Wiesenwirtschaft wurde verbessert, zum Beispiel mit Bewässerung, Sümpfe und Moore wurden melioriert. Zum ersten Mal spielten bei diesen enormen Umwälzungen Landbauwissenschaftler eine gewisse Rolle; die alten Hausväter hatten die Praxis nicht wirklich angesprochen (BAYERL 1994, BECK 2003). Im Hohenlohischen tat sich in dieser Zeit der Pfarrer Johann Friedrich Mayer aus Kupferzell als Agrarreformer hervor, einflussreich bis weit über die Grenzen. Er veröffentlichte 1773 ein »Lehrbuch für die Land- und Haußwirthe«, das den Geist der Zeit sehr gut widerspiegelt, enthält es doch praxiserprobte Hinweise zum Futterbau, zu Fruchtfolgen und Düngung, aber auch zur Beseitigung von Fischweihern, Rainen und Hecken (MAYER 1773, KONOLD 1996). Zwei Entwicklungen bedeuteten den Durchbruch für die praktische Anwendung der Naturwissenschaften in der Landwirtschaft. Justus v. Liebig (1803-1873) wurde zum Vater der modernen Landwirtschaft, indem er der von Carl Philipp Sprengel (1787-1859) postulierten Theorie des Mineralstoffentzugs durch die Pflanzen zum Durchbruch verhalf und dafür plädierte, die entzogenen Stoffe nicht durch Wirtschafts-, sondern durch Mineraldünger zu ersetzen. Und Albrecht Thaer (1752-1828), der als einer der Begründer der wissenschaftlichen Landbaulehre anzusehen ist, forderte, die Landwirtschaft als Gewerbe wie jedes andere zu betreiben mit dem obersten Ziel, Geld zu verdienen.

Unter den gegebenen agrarpolitischen Rahmenbedingungen war er, nun nicht mehr der Bauer, sondern der Landwirt, um an der allgemeinen Einkommensentwicklung teilhaben zu können, gezwungen, das Verhältnis zwischen Aufwand und Ertrag mit Hilfe des wissenschaftlichtechnischen Fortschritts ständig zu verbessern. Intensivierung und Rationalisierung waren die Folge. Darin und in dem damit verbundenen intensiven Einsatz externer Betriebsmittel sind die Ursachen für die heutigen Umweltbelastungen durch die Landwirtschaft zu sehen. Die Landwirte öffneten sich dieser Entwicklung, bedeutete sie doch weniger Schinderei und versprach ein höheres Einkommen. So wurde die Landwirtschaft im 19. und vor allem 20. Jahrhundert stark von den in der Wissenschaft erarbeiteten Erkenntnissen und dem daraus abgeleiteten technischen Fortschritt bestimmt. Gleichwohl hat sich bis heute eine tiefe Skepsis der Landwirte gegenüber den Wissenschaftlern gehalten.

Die Kehrtwende der Wissenschaft, die heute die ehemals von ihr propagierten Methoden in Frage stellt und eine neue umweltgerechte Landwirtschaft und Landnutzung fordert, hat das Vertrauen zwischen Landnutzern und Wissenschaftlern eher weiter erschüttert als gestärkt. So wurde in den letzten 15 bis 20 Jahren in einem erheblichen Umfang über umweltgerechte Landnutzung und nachhaltige Regionalentwicklung geforscht. Es wurde ein immenser Pool ökologischen und im Prinzip auch praxisrelevanten Grundlagenwissens erarbeitet, der genutzt werden könnte, um umweltgerechte Landnutzung einzuführen. Bei der Umsetzung der Umweltforschungsergebnisse in die Praxis bestehen aber deutliche Defizite.

Die Projektgruppe *Kulturlandschaft Hohenlohe* wurde daher vom Bundesministerium für Bildung und Forschung mit der Aufgabe betraut, die Umsetzungsdefizite zu identifizieren. Vor allem sollte im Modellvorhaben Kulturlandschaft Hohenlohe aber nach (neuen) Wegen der Zusammenarbeit zwischen Wissenschaftlern und Praktikern gesucht werden, die einen gegenseitigen Wissensaustausch ermöglichen und so zu einer dauerhaft nachhaltigen Landnutzung und Regionalentwicklung sowie der Gestaltung einer zeitgemäßen, funktionsfähigen Kulturlandschaft beitragen. Damit ist auch schon gesagt, dass dieses Vorhaben inhaltlich, strukturell und organisatorisch anders aufgebaut sein musste als die bisherigen Forschungen für die ländlichen Räume. Es galt nicht nur, auf der Forscherseite eine echte, ihren Namen verdienende interdisziplinäre Zusammenarbeit von Ökonomen, Natur- und Sozialwissenschaftlern zu garantieren, sondern auch einen transdisziplinären Forschungsansatz zu verwirklichen, der bis dato keine wirklichen Vorbilder hatte. Bei der transdisziplinären Forschung definieren die die Wissenschaftler die Forschungsfragen nicht selbst auf der Grundlage ihrer disziplinären Logik und Erfahrung, sondern sie gehen auf die komplexen Fragen ein, die die Praxis an sie heran trägt, und bearbeiten diese interdisziplinär, lösungs- und umsetzungsorientiert und vor allem auch unter Einbeziehung und Beteiligung der jeweiligen Stakeholder und allen, die sich angesprochen fühlen. Dies sind beispielsweise politische Entscheidungsträger, Vertreter der Verwaltung und Fachbehörden, Vertreter von Verbänden, Gastronomen, Landwirte oder einfach betroffene Bürger. Für diese transdisziplinäre Zusammenarbeit müssen geeignete Formen gefunden werden, die zudem geeignet sind, die gemeinsam initiierten Entwicklungsprozesse selbsttragend zu machen. Die gemeinsame Arbeit muss atmosphärisch und handwerklich so gestaltet werden, dass sie den notwendigen kritischen Evaluierungen von Seiten der Forscher und von Seiten der Stakeholder Stand hält.

Damit ist der ganz grobe Rahmen des Projekts abgesteckt, das im Detail äußerst facettenreich und komplex insofern war, als auf verschiedenen räumlichen Ebenen, mit verschiedenen Stakeholdern, rein fachlich, aber auch fachübergreifend, moderierend und querschnittorientiert sowie, soweit möglich, theoriegestützt gearbeitet wurde. Diese Komplexität spiegelt sich auch im Aufbau dieses Buches wider. Zunächst geht es um die Ausgangslage, die dazu geführt hat, ein Vorhaben wie das *Modellprojekt Kulturlandschaft Hohenlohe*, überhaupt in Angriff zunehmen und hierbei neue Fragen zu stellen (Kapitel 2). Da bei den in der Region zu lösenden Sachproblemen überwiegend induktiv und auch transdisziplinär vorgegangen wurde, also prinzipielle Zieloffenheit gewahrt werden sollte, muss man sich bei der Formulierung der Ziele des Projekts noch in einem allgemeinen Rahmen bewegen. Deshalb werden in Kapitel 3 neben den inhaltlichen Zielebenen und der Zielhierarchie Arbeitsziele aufgeführt, die sich am Primat der Nachhaltigkeit und den daraus folgenden Handlungen orientieren. In Kapitel 4 wird in aller Kürze das Untersuchungsgebiet Hohenlohe vorgestellt: naturräumlich, historisch, wirtschaftlich, administrativ. Kapitel 5 gibt einen Überblick über die drei im Projekt maßgeblichen großen Handlungsfelder Landwirtschaft, Tourismus und Landschaftsplanung i.w.S., nennt einige Probleme und Hemmnisse, seien sie historischer, wirtschaftlicher oder organisatorischer Art, nennt vor allem aber auch – vor dem Hintergrund des Zieles, an vorhandenen Entwicklungspotenzialen anzuknüpfen – Schnittstellen, an denen die Arbeiten des Projekts ansetzen konnten.

Kapitel 6 beschreibt die intensiv diskutierten Wege und Formen der Forschungsarbeiten sowie die daraus resultierenden Methoden. Sehr viele der dortigen Aussagen zum Prinzip der Nachhaltigkeit, zur handlungsleitenden Theorie, zu Wertmaßstäben und Indikatoren, zu den gewählten Diskussionsforen und Entscheidungsebenen, zu den Formen der Transdisziplinarität, der Projektsteuerung, der Qualitätssicherung nach innen und außen u.a. sind verallgemeinerbar und übertragbar. Sie sind deshalb ein Kern des *Modellvorhabens Kulturlandschaft Hohenlohe*.

Der Begriff der Nachhaltigkeit wurde in den letzten Jahren vielfach verformt und auch opportunistisch missbraucht (DRL 2002). Wenn er im Rahmen einer Regionalentwicklung eine zentrale Rolle spielen soll, muss man ihn definieren, abgrenzen und über Indikatoren operational und damit überprüfbar machen. Und man muss auch wissen, wer sie erheben kann. Deshalb beschäftigt sich das Kapitel 7, welches ebenfalls von zentraler Bedeutung ist, mit harten und weichen Indikatoren der drei Nachhaltigkeits-Dimensionen. Diese Indikatoren stellen dann auch einen Bewertungsrahmen für alle Sachthemen resp. Teilprojekte dar.

In Kapitel 8 werden alle so genannten Teilprojekte behandelt, auch solche, denen kein Erfolg beschieden war, weil man auch hieraus Erkenntnisse ziehen kann. Alle Teilprojekte sind gleichsam – weil inter- und transdiszplinär überschaubar und bearbeitbar – operationale Forschungsthemen, die die Stakeholder an die Forschergruppe herangetragen haben. Sie stehen nicht für sich alleine, sondern in thematischen Clustern und sind vielfach miteinander vernetzt und stehen auch in Abhängigkeiten zueinander. Manche Teilprojekte sind vor dem Hintergrund der Projektphilosophie sehr schwer gewichtig (zum Beispiel Konservierende Bodenbearbeitung, Ökobilanz Mulfingen), andere besitzen einen dienstleistenden Charakter, weil sie anderen Problemlösungen den Weg ebneten (zum Beispiel Panoramakarte). Alle sind eingebunden in den Rahmen, der in den Kapiteln 3, 6 und 7 gesetzt wurde. Hinzu kommt eine Fülle von disziplinären Erkenntnissen, die nur auszugsweise oder beispielhaft vorgestellt werden können und in aller Ausführlichkeit auf der CD-Rom im Anhang zu finden sind.

Ein absolut innovatives Charakteristikum des *Modellprojekts Kulturlandschaft Hohenlohe* ist die Prozessbegleitung, bei der ein unabhängiger Fachmann dafür zu sorgen hatte, den schwierigen Prozess der sehr breit angelegten und de facto gelebten Interdisziplinarität zu optimieren und diesen wissenschaftlich aufzuarbeiten. Im Kapitel 9 wird mit den hierbei gewonnenen Erkenntnissen wieder der Bogen über das ganze Projekt geschlagen.

Kapitel 10 extrahiert Praxis-Erfahrungen aus den Teilprojekten und begibt sich auf die Handlungsebene der Politik und sagt, welche politischen Schlüsse und Forderungen daraus gezogen werden müssen, eingebunden in die aktuelle agrarpolitische Debatte. Kapitel 11 beinhaltet eine zusammenfassende Typisierung und Bewertung der Teilprojekte. Im Kapitel 12 wird versucht, die Ergebnisse abschließend zu bewerten und Anknüpfungspunkte für weitere Forschungsfragen herzustellen.

Das *Modellprojekt Kulturlandschaft Hohenlohe* erfuhr im Jahre 2000 eine höchst interessante und die Erkenntnisse um die nachhaltige Entwicklung ländlicher Räume sehr bereichernde Ergänzung im Vorhaben »Identifizierung der sozialen, ökonomischen und ökologischen Potenziale für eine nachhaltige Regionalentwicklung am Beispiel des Apuseni-Gebirges in Rumänien«, das ebenfalls vom BMBF gefördert wurde (RUSDEA et al. 2005, BÜHLER & WEHINGER 2004a, 2004b, WEHINGER et al. 2004). Hierbei sollte (1) das beim Hohenlohe-Projekt entwickelte Instrumentarium, insbesondere das der Partizipation, auf seine Übertragbarkeit in einem ehemaligen COMECON-Land, das sich einem schwierigen Transformationsprozess befindet, erprobt werden. Ausgehend von den dortigen naturräumlichem, wirtschaftlichen und sozialen Bedingungen sollte ein umsetzungsorientiertes Konzept für eine nachhaltige Entwicklung erarbeitet werden (2). Weitere, dort neue Aspekte waren die interkulturelle Zusammenarbeit und der beiderseitige Transfer von Wissen (3) sowie Kooperationen mit anderen Projektträgern (4).

Literatur

Bayerl, G., 1994: Prolegomenon der »Großen Industrie«. Der technisch-ökonomische Blick auf die Natur im 18. Jahrhundert. In: Abelshauser, W. (Hrsg.): Umweltgeschichte. Umweltverträgliches Wirtschaften in historischer Perspektive: 29–56, Göttingen

Beck, R., 2003: Ebersberg oder das Ende der Wildnis. Eine Landschaftsgeschichte. München

Bühler, J., Wehinger, Th., 2004a: Nachhaltige Regionalentwicklung in Osteuropa. Teil 2: – Proiect Apuseni, Partizipationsansatz und Erfahrungen. euregia-info-letter 1/2004: 6–12

Bühler, J. Wehinger, Th., 2004b: Nachhaltige Regionalentwicklung in Südosteuropa: Teil 1 – PROIECT APUSENI, Partizipative Elemente und Methoden in der Situationsanalyse. euregia-info-letter 2/2004: 12–16

DRL, Deutscher Rat für Landespflege, 2002: Die verschleppte Nachhaltigkeit: frühe Forderungen – aktuelle Akzeptanz. Schriftenreihe des deutschen Rates für Landespflege 74: 81 S. Bonn

Konold, W., 1996: »Liebliche Anmut und wechselnde Szenerie«. Zum Bild der ehemaligen Kulturlandschaft in Hohenlohe. Mitt. Hohenloher Freilandmuseum 17: 6–22

Mayer, J. F., 1773: Lehrbuch für die Land= und Haußwirthe in der pragmatischen Geschichte der gesamten Land= und Haußwirthschafft des Hohenlohe Schillingsfürstlichen Amtes Kupferzell. Nürnberg, Faksimiledruck Schwäbisch Hall 1980

Rusdea, E., Reif, A., Povara, I., Konold, W. (Hrsg.), 2005: Perspektiven für eine traditionelle Kulturlandschaft in Osteuropa. Ergebnisse eines inter- und transdisziplinären, partizipativen Forschungsprojektes im Apuseni-Gebirge in Rumänien. Culterra, 34, Schriftenreihe des Instituts für Landespflege der Albert-Ludwigs-Universität Freiburg, circa 400 S.

Wehinger, Th., Bühler, J., Brinkmann, K., Brantzen, M., 2004: Nachhaltige Regionalentwicklung in Osteuropa: Teil 3 – PROIECT APUSENI, Partizipative Methoden auf dem Weg zum Leitbild. euregia info-letter 3/2004: 14–16

2

Das Modellvorhaben Kulturlandschaft Hohenlohe: Anlass und Hintergründe

Christian Ganzert, Ralf Kirchner-Heßler, Alexander Gerber, Werner Konold

2.1 Agrarlandschaftsforschung und Regionalentwicklung: der Kenntnisstand

Die Ausgangssituation
Um die Ausgangssituation für die Konzeptentwicklung des *Modellvorhabens Kulturlandschaft Hohenlohe* zu verstehen, wird im Folgenden der Stand der bundesdeutschen Agrarlandschaftsforschung beschrieben, ausgehend von dem vom Bundesministerium für Bildung, Wissenschaft, Forschung und Technologie (BMBF) Mitte der 1990er-Jahre eingerichteten Förderschwerpunkt »Ökologische Konzeptionen für Agrarlandschaften« (BMBF 1996). Die forschenden Einrichtungen sind zum einen Fachbehörden und zum anderen zeitlich begrenzte Forschungsverbünde verschiedener Forschungsinstitute (Abb. 2.1.1).

Ausrichtung der Forschungsaktivitäten
Für die Analyse der inhaltlichen Ausrichtung der Forschungsaktivitäten wurden die Jahresberichte der jeweiligen Institutionen und die in den Forschungsverbünden bewilligten Einzelvorhaben hinsichtlich der inhaltlichen Schwerpunktsetzung in den Bereichen Produktionstechnik, Sozioökonomie und Ökologie/Naturwissenschaft eingeordnet. Die Ergebnisse zeigten, dass in der Agrarforschung die produktionstechnischen Themen dominieren. Wenn ökologische oder sozioökonomische Aspekte behandelt werden, besitzen sie eher eine untergeordnete, produktionsorientierte Bedeutung. Wesentliche Träger dieser produktionsorientierten Forschung sind die Bundes- und Landesanstalten für Landwirtschaft (z.B. Bundesforschungsanstalt für Landwirtschaft in Braunschweig) sowie die agrarischen Fakultäten der Universitäten (z.B. Sonderforschungsbereich 192 »Optimierung pflanzenbaulicher Produktionssysteme im Hinblick auf Leistung und ökologische Effekte« der Deutschen Forschungsgemeinschaft/DFG an der Universität Kiel). Produktionstechnische, ökologisch-naturwissenschaftliche sowie sozioökonomische Themen wurden bzw. werden im »Forschungsverbund Agrarökosysteme München (FAM)«, im Sonderforschungsbereich 183 »Umweltgerechte Nutzung von Agrarlandschaften« der DFG an der Universität Hohenheim sowie in dem von BMBF und der Deutschen Bundesstiftung Umwelt (DBU) geförderten Verbundprojekt »Naturschutz in der offenen agrar-genutzten Kulturlandschaft am Beispiel des Biosphärenreservates Schorfheide-Chorin« bearbeitet. Dieser Forschungsausrichtung kann auch der in der Durchführung befindliche Sonderforschungsbereich 299 »Landnutzung für periphere Regionen« (FREDE 1999) der DFG an der Universität Gießen zugeordnet werden. Im Zentrum für Agrarlandschaftsforschung in Müncheberg (ZALF) werden in stärkerem Maße spezielle naturwissenschaftliche und umsetzungsorientierte, sozioökonomische Aspekte von Landnutzungssystemen erforscht. Die Umsetzung erzielter Ergebnisse reichte im BMBF-DBU-Verbundprojekt im Biosphärenreservat Schorfheide-Chorin wohl am weitesten.

Eine stärkere naturwissenschaftlich-ökologische Ausrichtung besitzen das Bundesamt für Naturschutz (BfN) im Schwerpunkt Schutz biotischer Ressourcen und das Umweltbundesamt (UBA) im Schutz abiotischer Ressourcen. Hierbei haben die konkrete Umsetzung des Naturschutzes in der Fläche (BfN) und die technischen und sozioökonomischen Aspekte (UBA) eine zunehmende Bedeutung, wobei beim Umweltbundesamt die Betrachtung urban-industrieller Systeme im Vordergrund steht. Eine an Grundlagen orientierte, an den Wechselbeziehungen von biotischen und abiotischen Ressourcen ausgerichtete Forschung verfolgt das Ökosystemforschungs-

zentrum Kiel bzw. war Gegenstand des Sonderforschungsbereichs 179 »Wasser- und Stoffdynamik in Agrarökosystemen« der DFG an der Universität Braunschweig.
Letztlich zeigte die Analyse, dass die größten Forschungsdefizite in sozioökonomischen Verbundvorhaben bestehen, die sich mit Hemmnissen sowie Methoden und Instrumenten befassen, um die festgestellten ökologischen Defizite zu beseitigen.

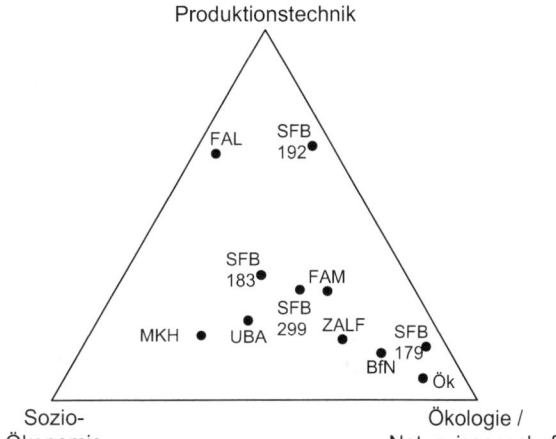

Abbildung 2.1.1:
Fachliche Schwerpunkte unterschiedlicher Forschungseinrichtungen und -verbünde in der Agrarlandschaftsforschung, einschließlich des Modellprojekts Kulturlandschaft Hohenlohe (MKH)

BfN = Bundesamt für Naturschutz, FAL = Bundesforschungsanstalt für Landwirtschaft, FAM = Forschungsverbund Agrarökosysteme München, MKH = *Modellprojekt Kulturlandschaft Hohenlohe*, Ök = Ökosystemforschungszentrum Kiel, SC = BMBF/DBU-Verbundprojekt Schorfheide-Chorin, SFB 179 = Sonderforschungsbereich 179 »Wasser- und Stoffdynamik in Agrarökosystemen«, SFB 183 = Sonderforschungsbereich 183 »Umweltgerechte Nutzung von Agrarlandschaften«, SFB 192 = Sonderforschungsbereich 192 »Optimierung pflanzenbaulicher Produktionssysteme in Hinblick auf Leistung und ökologische Effekte«, SFB 299 »Landnutzung für periphere Regionen«, UBA = Umweltbundesamt, ZALF = Zentrum für Agrarlandschafts- und Landnutzungsforschung.
Die drei Bezugspunkte entsprechen den drei wissenschaftlichen Ansatzpunkten, um die Umweltprobleme der Agrarlandschaftsentwicklung zu mindern. Die Ökologie hat die Landschaft und deren Stoffhaushalt als Untersuchungsgegenstand, die Produktionstechnik setzt an der Art und Weise der unmittelbaren Bearbeitung der Landschaft durch den Menschen an und die Sozioökonomie stellt das Verhalten des einzelnen Landbewirtschafters in seinem gesellschaftlichen Kontext in den Mittelpunkt.

Defizite der ökologischen Agrarlandschaftsforschung

Mit Hilfe der ökologischen Agrarlandschaftsforschung wurde ein großer Erkenntnisgewinn im ökologischen Grundlagenwissen über den Zustand von Agrarlandschaften erzielt und für Entscheidungsträger aufbereitet (z.B. Robert-Bosch-Stiftung 1994, SRU 1985, 1994, Enquete-Kommission 1994). Seit der Mitte der 1980er-Jahre entstand dennoch eine wachsende Kluft zwischen dem Wissen über Umweltprobleme und deren Lösung. Die Gründe hierfür sind vielfältig. Für diese zunehmende Diskrepanz können aus forschungspolitischer Sicht folgende Gründe angeführt werden:

Unterschiedliche Wissensformen

Die zumeist auf disziplinäres Grundlagenwissen ausgerichtete Forschung formuliert vor dem Hintergrund historisch gewachsener methodischer Traditionen disziplinäre Fragestellungen, erforscht mit Hilfe des vorhandenen Spezialwissens allgemeingültige wissenschaftliche Prinzipien und produziert in der Regel disziplinäre wissenschaftliche Ergebnisse. Entscheidungsträger benötigen demgegenüber für ihre alltäglichen Entscheidungsprozesse ein ganzheitliches, auf Abwägung und Integration sozialer, ökologischer und ökonomischer Aspekte beruhendes Prozess- und Entscheidungswissen. Oft fehlt die Verbindung zwischen beiden Wissensformen, die Integration unterschiedlichen disziplinären Wissens und dessen »Übersetzung« in eine verständliche Alltagssprache (KROTT 1994, CGIAR 1992).

Interdisziplinäre Zusammenarbeit

Seit mehr als 25 Jahren werden die negativen Folgen der zunehmenden Spezialisierung der Wissenschaften für Wissenschaftskultur, für Politikberatung und die Gestaltung des technischen Wandels in unserer Gesellschaft beklagt. Fachleute sind demnach immer weniger dazu in der Lage, fach- und disziplinenübergreifend zu denken und lebensweltliche Probleme rechtzeitig zu erkennen und aufzugreifen (MITTELSTRASS 1989, 1992, GRÄFRATH et al. 1991, JAEGER & SCHERINGER 1998). Ein Beispiel hierfür stellt die Entwicklung des ökologischen Landbaus dar: Impulse für den ökologischen Landbau stammen von Wissenschaftlern, die nicht aus der Landwirtschaft kamen. Der ökologische Landbau wurde in seinen Anfängen fast ausschließlich durch praktisches Erforschen und Erproben der Landwirte entwickelt und stand lange Zeit im Gegensatz zu allgemeinen politischen, gesellschaftlichen und wissenschaftlichen Strömungen (GERBER et al. 1996).

Als Reaktionen auf eine kaum entwickelte interdisziplinäre Ausrichtung wurden interdisziplinäre Studiengänge aufgebaut, wie z.b. die Geoökologie in Bayreuth (ab 1978) und Karlsruhe (ab 1986) oder die Umweltnaturwissenschaften ab 1993 an der ETH Zürich (MITTELSTRASS 1989). Auch im Feld der Agrarlandschaftsforschung ist die Disziplinen übergreifende Forschung unzureichend entwickelt. Es dominieren fachspezifische Forschungsprojekte zu disziplinären Fragestellungen. Eine Zusammenarbeit existiert eher innerhalb einzelner (z.b. Ökosystemforschungszentrum Kiel) als zwischen unterschiedlichen Fachrichtungen (z.b. Ökologie, Produktionstechnik, Ökonomie, Sozialwissenschaften). Auch in Vorhaben, an denen unterschiedliche Fachrichtungen beteiligt sind, wie z.b. in dem Sonderforschungsbereich 183 der Universität Hohenheim, dem Forschungsverbund Agrarökosysteme München (FAM) oder dem von BMBF und DBU geförderten Verbundprojekt Schorfheide-Chorin, zeigten sich Defizite in der Interaktion (mdl. Mitteilungen). Ursachen für eine nur gering entwickelte interdisziplinäre Zusammenarbeit liegen:

— in der Tradition der disziplinären Forschung, der damit verbunden geistigen Sozialisierung der Wissenschaftler und den sich daraus ergebenden Kommunikationsproblemen untereinander;
— in zeitlichen, organisatorischen und kommunikativen Anforderungen an eine interdisziplinäre Zusammenarbeit vor dem Hintergrund wachsender Anforderungen in der disziplinären Forschung und einem kaum entwickelten interdisziplinären Veröffentlichungswesen;
— in der bisherigen Arbeitsteilung zwischen ökologischen (formulieren Ziele und Leitbilder) und sozioökonomischen Fachrichtungen (beschäftigen sich mit Umsetzungsfragen), wobei die im Themenfeld nachhaltige Landnutzung zu bearbeitenden ökologischen, sozialen, ökonomischen und institutionellen Problemlagen nur gemeinsam lösbar sind und einen gesellschaftlichen Diskurs (Stichwort Bewertung) erfordern;
— in Defiziten in der sozialwissenschaftlichen Forschung zur interdisziplinären Zusammenarbeit (BALSIGER et al. 1996).

Handlungsspielräume gesellschaftlicher Akteure
Forschungsvorhaben beziehen soziale Aspekte, wie z.B. die Interessen und Handlungsspielräume relevanter Akteure, zu wenig ein (KAULE et al. 1994, WIEDEMANN & KARGER 1994). So zeigten MINSCH et al. (1996), dass verbraucherorientierte Umweltinnovationen höhere Umweltentlastungspotenziale aufweisen als technische oder Produkt bezogene Umweltinnovationen. Letztere lassen sich allerdings leichter in die Praxis umsetzen. Beispielsweise besitzen ökologische Forschungsansätze, die ausschließlich an der landwirtschaftlichen Produktion ansetzen, geringe Umsetzungschancen, da die Landwirte in ein enges Korsett ökonomischer und sozial-psychologischer Zwänge eingebunden sind und deshalb alleine nur über geringe Handlungsspielräume verfügen. Erst eine Kooperation mit Verarbeitern und Verbrauchern würde ihre Handlungsspielräume und damit ihre Umweltentlastungspotenziale vergrößern. So wurde beispielsweise von Seiten der Wissenschaft für den Erosionsschutz das System der Mulchsaat entwickelt, das aber von den Landwirten zunächst nur in Einzelfällen übernommen wurde. Befragte man die Bauern nach Hinderungsgründen, so wurden z.B. Argumente wie »bis Weihnachten hat der Acker gepflügt und sauber zu sein« genannt (CURRLE 1995). Hier zeigt sich, dass die Handlungsspielräume nicht nur von äußeren Strukturen (soziales Umfeld, Märkte, Technologien, etc.), sondern auch von inneren Strukturen wie Normen und Gewohnheiten begrenzt werden.

Diskrepanz in der räumlichen und zeitlichen Betrachtung
Die ökologische Forschung in der Agrarlandschaft war lange Zeit als Zustands- und Ursachenforschung ausgelegt, wohingegen Entscheidungsträger auf konzeptionelle, zukunftsorientierte Empfehlungen angewiesen sind, die eine Bewertung möglicher Auswirkungen von Entscheidungsprozessen voraussetzt. Im Gegensatz dazu befassen sich Institutionen, die zum Thema Nachhaltigkeit und Landnutzung forschen, häufig mit sehr langfristigen Perspektiven, ohne kurzfristige Entscheidungshilfen zur Verfügung zu stellen (vgl. z.B. REES & WACKERNAGEL 1994, BUND/Misereor 1996).

In der räumlichen Betrachtung ergeben sich einerseits Unterschiede durch die notwendige Betrachtung ökologisch-funktionell zusammenhängender Gebietseinheiten (z.B. Flusseinzugsgebiete) und der administrativen Handlungskompetenz von Entscheidungsträgern (z.B. Betrieb, Gemeinde, Landkreis). Andererseits existieren Unsicherheiten in der Aggregation landschaftsökologischer Daten (WEINBERG 1977 nach WEIDEMANN & KARGER 1994), die beispielsweise auf europäischer Ebene eine Diskrepanz zwischen landschaftsökologisch verfügbarem Wissen und dem für die Gestaltung der Agrarpolitik notwendigen Handlungswissen zur Folge haben.

Zum aktuellen Stand der Agrarlandschaftsforschung und Regionalentwicklung

Neben den Regionalentwicklungs-Projekten ohne Forschungsanteil (siehe unten) gibt es eine Reihe von Vorhaben, in denen die Forschung eine wichtige oder dominante Rolle spielt. Man kann sie inhaltlich der Agrarlandschaftsforschung und/oder der Regionalentwicklung zuordnen. An jeweils mehreren Stellen gibt es Anknüpfungspunkte an das *Modellvorhaben Kulturlandschaft Hohenlohe*.

Wie bereits oben angedeutet, wird in dem immer noch laufenden Sonderforschungsbereich 299 der DFG »Landnutzungskonzepte für periphere Regionen« der Justus-Liebig-Universität Gießen am Beispiel des Lahn-Dill-Berglands eine integrierte »Methodik zur Erarbeitung und Bewertung von ökonomisch und ökologisch nachhaltigen, natur- und wirtschaftsräumlich differenzierten Optionen der regionalen Landnutzungen« entwickelt (Universität Giessen 2002). In unterschiedlichen Teilprojekten werden ökologische (z.B. Modellierung faunistischer und floristischer Biodiversität, regionale Standortbedingungen), produktionstechnische (z.B. Low-Input-Pflanzenschutzverfahren, konservierende Bodenbearbeitungssysteme), ökonomische (z.B. Erweiterung und Validierung des Modells ProLand), soziale (z.B. funktionale Zusammenhänge dörflicher Kommunikationsstruktur) und rechtliche Fragestellungen (z.B. Rahmenbedingungen der Landnutzung in peripheren Regionen) behandelt. Durch die Verknüpfung von Einzelmodellen aus Ökonomie (ProLand), Ökologie (ANIMO) und Landschaftswasser- und Stoffhaushalt (SWAT) wird in einer interdisziplinären Zusammenarbeit eine integrierte Modellierung der Landnutzung entwickelt (Universität Giessen 2002, FREDE et al. 2002). Die Arbeiten sollen Grundlagen für Planungen und wissensbasierte Entscheidungen liefern. Die konkrete Umsetzung der erzielten Forschungsergebnisse steht nicht im Vordergrund des Sonderforschungsbereichs.

Das vergleichbar dem *Modellvorhaben Kulturlandschaft Hohenlohe* im Rahmen des Förderschwerpunktes »Ökologische Konzeptionen für Agrarlandschaften« vom BMBF geförderte Verbundprojekt GRANO (u.a. Zentrum für Agrarlandschafts- und Landnutzungsforschung e.V. Müncheberg, Humboldt-Universität zu Berlin, Fachhochschule Eberswalde) wurde in zwei Modellregionen Brandenburgs durchgeführt. Auch hier stand im Vordergrund, Konzepte für eine nachhaltige Agrarlandschaftsnutzung zu entwickeln und in der Umsetzung wissenschaftlich zu begleiten. Die im Förderschwerpunkt geforderte Umsetzungsorientierung wurde über eine interdisziplinäre Zusammenarbeit, eine iterative und partizipative Vorgehensweise bei der Situationsanalyse, Planung, Durchführung und Evaluierung erreicht. Thematische Schwerpunkte bilden die vier Projektbereiche »Dezentrale Bewertungs- und Koordinierungsmechanismen«, »Landwirtschaftliche Beratung zu Umweltthemen«, »Regionalentwicklung« (Vermarktung landwirtschaftlicher Produkte und Tourismus) und »Flächenmanagement« (MÜLLER et al. 2002).

Die im österreichischen Forschungsprogramm »Kulturlandschaft« angesiedelten Vorhaben besitzen wohl die größte thematische Vielfalt in der europäischen Kulturlandschaftsforschung. Seit 1995 arbeiten Universitäten, außeruniversitäre Forschungseinrichtungen, Forschungsanstalten des Bundes und der Bundesländer, private Forschungsanstalten und freischaffende Wissenschafter in rund 70 unterschiedlichen Vorhaben zum Thema »nachhaltige Entwicklung der Landschaft« (bm:bwk 2004). Die inhaltliche Bandbreite der Vorhaben reicht von der Erarbeitung ökologischer Grundlagen, wie z.B. der Zusammenhänge zwischen Biodiversität und Landnutzung (z.B. ZECHMEISTER et al. 2003, HABERL et al. 2003) über Konzepte für die zukünftige Landnutzung (AIGER et al. 1998, EGGER & JUNGMEIER 2001, FREYER et al. 2001) und Raumplanung (bm:bwk 2004), die Entwicklung von Nachhaltigkeitsindikatoren (HABERL et al. 2001) und Interaktionsmodellen zwischen Ökosystemen und Gesellschaftssystemen (KNOFLACHER et al. 1998) bis hin zum Sprachgebrauch in der inter- und transdisziplinären Forschung (NICOLINI 2001) und Projekten an der Schnittstelle zur Kunst (»Künstlerische Interventionen der Kulturlandschaftsforschung«, bm:bwk 2004). In einer bilateralen Zusammenarbeit mit der ETH Zürich setzen sich Studierende im Rahmen von Fallstudien mit der Synthese und inhaltlichen Integration von Forschungsergebnissen (z.B. Global Change and Socio-ecological Transitions) der Kulturlandschaftsforschung auseinander (bm:bwk 2004).

Strategieentwicklungen für eine nachhaltige Landnutzung und Regionalentwicklung werden von der ETH Zürich im Rahmen von Fallstudien mit Studierenden durchgeführt. In den transdisziplinären Projekten werden u.a. die Themen Naturschutz, Landwirtschaft, Wirtschaft, Tourismus, Siedlung und Verkehr behandelt. Ausgehend von umfangreichen Analysen werden in Zusammenarbeit mit Stakeholdern Lösungsansätze entwickelt (SCHOLZ et al. 1995, 1999, 2002). Hierbei werden verschiedene Planungstechniken (z.B. Zukunftswerkstatt, formative Szenario-Analyse, Multi Attribute Utility Theory) eingesetzt und weiterentwickelt (SCHOLZ & TIETJE 2002). Eine wissenschaftliche Begleitung in der Strategieumsetzung findet nicht statt.

In der angelsächsischen Literatur gibt es fruchtbare wissenschaftliche Anknüpfungspunkte zu einer ökologisch orientierten Regionalentwicklung unter den Begriffen des »Ökosystemmanagements« (SZARO et al. 1998, BRUSSARD et al. 1998, LACKEY 1998) oder des »Adaptive Environmental and Ressource Management« (HOLLING 1978, WALTERS 1986, LEE 1993). Sie basieren auf systemwissenschaftlichen Vorstellungen über die Natur und beschäftigen sich mit dem Verhalten komplexer Systeme, diskontinuierlichen Veränderungen, Chaos und Ordnung, Selbstorganisation, nichtlinearem Systemverhalten und der Anpassungsfähigkeit evolutiver Systeme (HOLLING 1995). Dieser Ansatz führte zu integrativen regionalen Studien, die Forscher und Inhalte aus verschiedenen wissenschaftlichen Disziplinen, z.b. Biologie, Physik, Ökonomie, Informatik, Ökologie und Politik, verbinden (vgl. GUNDERSON et al. 1995, BERKES & FOLKE 1998, PEINE 1998)

Während der Laufzeit des *Modellprojekts Kulturlandschaft Hohenlohe* erfuhr die Regionalentwicklung in ländlichen Räumen einen enormen Aufschwung. Die Zeit war vor dem Hintergrund einer weiteren Globalisierung offensichtlich reif geworden, sich noch stärker um die spezifischen Potenziale zu kümmern. Die meisten dieser Aktivitäten hatten und haben keinen Forschungscharakter, sondern sind Vorhaben, um auf moderne Art und Weise Landschaftspflege zu betreiben (z.B. über extensive Weidewirtschaft), einen umweltverträglichen Tourismus zu fördern und regionale, qualitativ hochwertige Produkte zu vermarkten; bei allen Projekten wurden und werden auch Erfahrungen hinsichtlich des Regionalmanagements gesammelt (GATTENLÖHNER & BALDENHOFER 1999, MÄCK 1999, Akademie für die ländlichen Räume Schleswig-Holsteins e.V. 2002). Gute Übersichten bieten hier die Dokumentationen des Deutschen Verbandes für Landschaftspflege (o.J.) über »Regionen im Aufbruch« sowie des Deutschen Naturschutzrings (o.J.) mit seinen »Bausteinen für eine nachhaltige Berggebietspolitik in Deutschland« und auch die Zusammenstellung der Ergebnisse der Tagung des Hohenlohe-Projekts in Schöntal (GERBER & KONOLD 2002). Was die direkten Wirkungen in den Regionen angeht, so gibt es hier durchaus Parallelen mit dem Hohenlohe-Projekt. Auch steht bei vielen dieser Vorhaben der Anspruch im Raum, nachhaltige Prozesse zu initiieren. Ein mittlerweile nahezu durchgehendes Merkmal ist die partizipative Vorgehensweise, auch wenn sie nur sektoral geschieht, entweder bezogen ist auf ein Produkt, auf politische Entscheidungsträger, oder unspezifisch die allgemeine Öffentlichkeit anspricht. Man kann also feststellen, dass der »Geist von Rio« allenthalben Wirkung zeigt.

Manche Projekte mit einem gewissen wissenschaftlichen Anspruch (z.B. BÄTZING & WINTERLING 2002) könnten insofern in der Theorie und bei Absichtserklärungen stecken bleiben, als die erarbeiteten Konzepte möglicher Weise keine Umsetzer finden, vielleicht deshalb, weil nicht transdisziplinär gearbeitet wurde. In der politischen Wissenschaft und der Regionalpolitik wird die nachhaltige Regionalentwicklung unter dem Begriff der »Regional Governance« diskutiert (FÜRST 2001, FREY 2002, NISCHWITZ et al. 2002). Darunter versteht man die regionale »Prozesssteuerung für kollektives Handeln, bei dem Akteure/Organisationen so miteinander verbunden und im Handeln koordiniert werden, dass gemeinsam gehaltene oder gar neu entwickelte Ziele wirkungsvoll verfolgt werden können« (FÜRST 2001: 2). Kennzeichnende Elemente umfassen u.a. ein subsidiäres Handeln, einen aktivierenden und kooperativen Staat, eine Stärkung der regionalen Selbsthilfekräfte, regionale Akteursnetze und intrinsisch gesteuerte Bürger, die sich für das regionale gemeinsame Wohl einsetzen und Verantwortung dafür übernehmen. Aus Sicht der Planung weisen (KNIELING et al. 2001) allerdings auf die Grenzen eines kooperativen Planungsprozesses hin. Zum einen wächst durch ihn die Diskrepanz zwischen dem »immer schnelleren Entscheidungsbedarf« und den »immer zähflüssiger werdenden politischen Entscheidungen«. Je mehr Personen mit ihren jeweiligen Interessen an Entscheidungsprozessen beteiligt werden müssten, um so zeitaufwändiger würden die Prozesse. Zum anderen zeigen partizipative Planungsprozesse häufig eine geringe Innovationskraft (FÜRST 2001). Kooperation und Partizipation stünden nicht frei im Raum, sondern bedürften ergänzender hierarchischer Steuerung und seien vor allem auch dem Gemeinwohl und dem rechtlichen Rahmen verpflichtet.

BLUM et al. (2000) analysierten auf der Grundlage der Arbeiten von BRENDLE (1999) dreizehn partizipativ, jedoch ohne wissenschaftlichen Anspruch angelegte Regionalentwicklungsprojekte, die über ganz Deutschland verstreut sind. Zentrale Aussagen ihrer Auswertung sind: Erfolg geht einher mit einer ausgeprägten Maßnahmenorientierung und einer Anpassung der Aktivitäten an die regionalen Eigenheiten sowie mit einem stringenten strukturellen und organisatorischen Rahmen, mit interdisziplinärer Ausrichtung sowie sozialen und kommunikativen Schlüsselkompetenzen der leitenden Personen und mit Handlungskompetenz bei den lokalen Akteuren (was sich im Übrigen im Hohenlohe-Projekt absolut bestätigen ließ). Ein durchgehendes Defizit sei die mangelnde Kontrolle der ökologischen, ökonomischen und sozialen Folgen des eigenen Tuns. APPEL (2000) konstatiert für viele Regionalentwicklungskonzepte einen Mangel an Professionalität beim Management und bei der Gestaltung des Weges einer nachhaltigen Entwicklung. Vor dem Hintergrund dieser Defizite stellt sie einen entsprechenden Leitfaden zusammen, der konsequent dem Primat der Nachhaltigkeit, der Partizipation und der Förderung regionaler Potenziale folgt.

Entscheidend für den Erfolg einer nachhaltigen Regionalentwicklung ist letztlich die Frage, ob und wie es gelingt, Gemeinwohl-orientierte Verhaltensveränderungen zu erzielen, d.h. ein Verhalten, das den eigenen *und* den gemeinsamen regionalen Nutzen verbindet. In einem Aktionsforschungsprojekt zeigten GANZERT et al. (2004), dass sich Veränderungen zugunsten eines Gemeinwohl-orientierten Verhaltens, das freiwillig und dauerhaft zustande kommt, eher durch eine Veränderung von Werten und Gewohnheiten als durch zusätzliche Informationen oder durch Anreize erklären lässt. Diese Verhaltensänderungen sind letztlich nur intrinsisch motiviert vorstellbar. Nach den bisherigen Kenntnissen wird sie vor allem durch eine empathische Kommunikation (GRÜN 1985 und 1987; DECI et al. 1981; DECI et al. 1989; GANZERT et al. 2004) sowie durch eine gerechte Verteilung des Gemeinwohl-orientierten Engagements (AXELROD 1997) und durch Sanktionierungsmöglichkeiten für eigennütziges Verhalten gefördert (FEHR & GÄCHTER 2002, SCHERHORN 2002, ROBERTS 2001). Gehemmt wird die intrinsische Motivation zu einem Gemeinwohlorientierten Verhalten durch Kontrolle (DECI & FLASTE 1995, DECI & RYAN 1985, KOHN 1993, RYAN 1982).

Vielfach umgesetzt wurden die Prinzipien der Regional Governance im Programm des BMVEL »Regionen aktiv« (KNICKEL et al. 2004), das schon in die »Nach-Hohenlohe-Zeit« fällt, so dass man nun von einem breiten Trend in Richtung nachhaltige Regionalentwicklung sprechen kann, zu dem auch das *Modellprojekt Kulturlandschaft Hohenlohe* seinen Teil beigetragen haben mag. Am Rande sei noch eine politisch, auch forschungspolitisch relevante Aussage gemacht, nämlich dass von Wettbewerben wie »Regionen aktiv« (aber auch kompetitiven Forschungsausschreibungen) eine nicht zu unterschätzende Beispielwirkung auf nicht geförderte Gebiete ausgeht. Solche Wettbewerbe sind jedoch nicht wiederholbar, sondern sie müssen jeweils einzigartig sein, damit ein Innovationsschub von ihnen ausgeht (BROCKS & WEISS 2004).

Literatur

Aiger, B., E. Dostal, E. Favry, A. Frank, A. Geisler, H. Hiess, R. Lechner, M. Leitgeb, R. Maier, M. Pavlicev, W. Pfefferkorn, W. Punz, U. Schubert, S. Sedlacek, G. Tappeiner, G. Weber, 1998: Szenarien der Kulturlandschaft. In: Bundesministerium für Bildung, Wissenschaft und Kultur (Hrsg.): Forschungsschwerpunkt Kulturlandschaft Nr. 5, Wien

Akademie für die ländlichen Räume Schleswig-Holsteins e.V. (Hrsg.), 2002: Naturschutz und Landwirtschaft – neue Überlegungen und Konzepte: 260 S. Eckernförde

Appel, E., 2000: Nachhaltige Regionalentwicklung. Leitfaden zur Konzeption und Durchführung von Projekten. Berlin

Axelrode, R., 1997: The evolution of cooperation. New York, Ny: Basic Books.

Balsiger, Ph. W., R. Defilia, A. D. Di Giulio (Hrsg.), 1996: Ökologie und Interdisziplinarität, eine Beziehung mit Zukunft? Wissenschaftsforschung zur Verbesserung der fachübergreifenden Zusammenarbeit, Birkhäuser, Basel

Bätzing, W., A. Winterling (Hrsg.), 2002: Nachhaltiger Tourismus in zentrennahen ländlichen Räumen. Erlanger Geographische Arbeiten, Sonderband 30: 149 S.

Berckes, F., C. Folke (eds.), 1998: Linking Social and Ecological Systems. Cambridge University Press, Cambridge

Blum, B., K. Borggräfe, O. Kölsch, Th. Lucker, 2000: Partizipationsmodelle in der Kulturlandschaft. Analyse von erfolgsfördernden Faktoren in 13 Regionalentwicklungsprojekten. Naturschutz und Landschaftsplanung 32(11): 340-346

BMBF, 1996: Ökologische Konzeptionen für Agrarlandschaften – Rahmenkonzept Bundesministerium für Bildung und Forschung. Bonn

bm:bwk, 2004: Kulturlandschaftsforschung – Bundesministerium für Bildung, Wissenschaft und Kultur, http://www.klf.at/, Stand: 17.05.2004

Brendle, U., 1999: Musterlösungen im Naturschutz – Politische Bausteine für erfolgreiches Handeln. - BfN, Bonn-Bad Godesberg

Brocks, S., K. Weiss, 2004: Das Instrument des Wettbewerbs als Impulsgeber für die regionale Zusammenarbeit – Ergebnisse der Evaluation des Wettbewerbs »Regionen Aktiv« hinsichtlich seiner Wirkungen auf die nicht als Modellvorhaben geförderten Regionen. Ber. Ldw. 82(1): 5-25

Brussard, P. F., J. M. Reed, C. R. Tracy, 1998: Ecosystem Management: What is it Really? - Landscape and Urban Planning 40: 9-20

BUND/Misereor (Hrsg.), 1996: Zukunftsfähiges Deutschland. Ein Beitrag zu einer global nachhaltigen Entwicklung. Birkhäuser, Basel

CGIAR (Consultative Group on International Agricultural Research), 1995: Renewal of the CGIAR: From Decisions to Action. Report of the Task Force on Sustainable Agriculture. Doc. No.: MTM/95/10, Washington

Currle, J., 1995: Landwirte und Bodenabtrag. Empirische Analyse der bäuerlichen Wahrnehmung von Bodenerosion und Erosionsschutzverfahren in drei Gemeinden des Kraichgaus. Margraf Verlag, Weikersheim

Deci, E. L., A. J. Schwartz, L. Sheinman, R. M. Ryan, 1981: An Instrument to Assess Adults' Orientations toward Control versus Autonomy with Children: Reflections on Intrinsic Motivation and Perceived Competence. Journal of Educational Psychology 73: 642-650

Deci, E. L., R. M. Ryan, 1985: Intrinsic Motivation and Self-determination in Human Behavior. Plenum Press, New York

Deci, E. L., J. P. Connell, R. M. Ryan, 1989: Self-determination in a work organization. Journal of Applied Psychology 74: 580-590

Deci, E. L., Flaste, R., 1995: Why We Do What We Do. The Dynamics of Personal Autonomy. Putnam's Sons, New York

Deutscher Naturschutzring (Hrsg.), o.J.: Bausteine für eine nachhaltige Berggebietspolitik in Deutschland. Berlin

Deutscher Verband für Landschaftspflege o.J.: Regionen im Aufbruch. Kulturlandschaften auf dem Weg zur nachhaltigen Entwicklung. DLV-Schriftenreihe 2, Ansbach

Egger, G., M. Jungmeier 2001: Das Agrarökologische Projekt Krappfeld. In: Bundesministerium für Bildung, Wissenschaft und Kultur (Hrsg.): Forschungsschwerpunkt Kulturlandschaft Nr. 10, Wien

Enquête-Kommission »Schutz der Erdatmosphäre« des Deutschen Bundestages (Hrsg.), 1994: Schutz der Grünen Erde. Klimaschutz durch umweltgerechte Landwirtschaft und Erhalt der Wälder. Economica-Verlag, Bonn: 702 S.

Fehr, E., S. Gächter, 2002: Altruistic Punishment in Humans. Nature 415: 137-140

Frede, H. G. (Hrsg.), 1999: Sonderforschungsbereich 299 der DFG: Landnutzungskonzepte für periphere Regionen – Arbeits- und Ergebnisbericht 1997-1999, Universität Gießen

Frede, H. G., M. Bach, N. Fohrer, D. Möller, N. Steiner, 2002: Multifunktionalität der Landschaft – Methoden und Modelle, Petermann Geographische Mitteilungen 146 (6): 56-61

Frey, R. L., 2002: Regional Governance. – Input-Paper zum Avenir Suisse Workshop »Regional Governance«. Avenir Suisse, Basel

Freyer, B., M. Eder, W. Schneeberger, I. Darnhofer, L. Kirner, T. Lindenthal, W. Zollitsch, 2001: Der biologische Landbau in Österreich – Entwicklungen und Perspektiven. Agrarwirtschaft 50(7): 400-409

Fürst, D., 2001: Regional Governance zwischen Wohlfahrtsstaat und neoliberaler Marktwirtschaft. – download. http://www.laum.uni-hannover.de/ilr

Ganzert, C., B. Burdick, G. Scherhorn, 2004: Empathie, Verantwortlichkeit, Gemeinwohl: Versuch über die Selbstbehauptungskräfte der Region. Ergebnisse eines Praxisforschungsprojekts zur Vermarktung regionaler Lebensmittel. Wuppertal Papers 142

Gattenlöhner, U., M. Baldenhofer, 1999: Modellprojekt Konstanz. In: Konold, W., R. Böcker. U. Hampicke (Hrsg.): Handbuch Naturschutz und Landschaftspflege, X-2.1: 15 S. Ecomed Landsberg

Gerber, A., W. Konold, (Hrsg.), 2002: Nachhaltige Regionalentwicklung durch Kooperation – Wissenschaft und Praxis im Dialog. Culterra, Schriftenreihe des Instituts für Landespflege der Albert-Ludwigs-Universität Freiburg 29: 257 S.

Gerber, A., V. Hoffmann, M. Kügler, 1996: Das Wissenssystem im ökologischen Landbau in Deutschland – Zur Entstehung und Weitergabe von Wissen im Diffusionsprozess. Ber. Ldw. 74: 591-627

Gräfrath, B., R. Huber, B. Uhlmann, 1991: Einheit, Interdisziplinarität, Komplementarität. Akademie der Wissenschaften zu Berlin, Forschungsbericht Nr. 3, de Gruyter, Berlin

Grün, A., 1985: Der Verrat am Selbst. Deutscher Taschenbuch Verlag München

Gunderson, L. H., C. S. Holling, S. S. Light, (eds.): Barriers and Bridges to the Renewal of Ecosystems and Institutions. Columbia University Press, New York

Haberl, H., C. Amann, W. Bittermann, K.-H. Erb, M. Fischer-Kowalski, S. Geissler, W. Hüttler, F. Krausmann, H. Payer, H. Schandl, S. Schidler, N. Schulz, H. Weisz, V. Winiwarter, 2001: Die Kolonisierung der Landschaft – Indikatoren für eine nachhaltige Landnutzung. In: Bundesministerium für Bildung, Wissenschaft und Kultur (Hrsg.): Forschungsschwerpunkt Kulturlandschaft Nr. 8, Wien

Haberl, H., N. B. Schulz, C. Plutzar, K.-H. Erb, F. Krausmann, W. Loibl, D. Moser, N. Sauberer, H. Weisz, H.-G. Zechmeister, 2003: Human Appropriation for Net Primary Production and Species Diversity in Agricultural Landscapes. Agriculture, Ecosystems & Environment

Holling, C. S., 1978: Adaptive Environmental Assessment and Management. John Wiley, London

Holling, C. S., 1995: What Barriers? What Bridges? In: Gunderson, L.H., C.S. Holling, S.S. Light, (eds.): Barriers and Bridges to the Renewal of Ecosystems and Institutions. Columbia University Press, New York: 3-34

Jaeger, J., M. Scheringer, 1998: Transdisziplinarität: Problemorientierung ohne Methodenzwang. GAIA 7(1): 10-25

Kaule, G., G. Endruweit, G. Weinschenck, 1994: Landschaftsplanung umsetzungsorientiert. Angewandte Landschaftsökologie 2: 148 S.

Knickel, K., R. Siebert, C. Ganzert, A. Dosch, S. Peter, S. Derichs, 2004: Pilotprojekt »Regionen Aktiv – Land gestaltet Zukunft«. Endbericht der wissenschaftlichen Begleitforschung 2002/2003. euregia info letter 3/2004: 7-12

Knieling, J., D. Fürst, R. Danielzyk, 2001: Warum »kooperative Regionalplanung« leicht zu fordern, aber schwer zu praktizieren ist. DISP 145: 41-50

Knoflacher, M. H.; H. Bossel, B. Breckling, E. Buchinger, J. Pfister-Pollhammer, W. G. Raza, O. Renn, H. G. Kastenholz, U. E. Simonis, T. H. Wiegand, 1998: Theorien und Modelle. In: BMWV (Hrsg.): Forschungsschwerpunkt Kulturlandschaft Nr. 4, Wien

Kohn, A., 1993: Punished by Rewards. The Trouble with Gold Stars, Incentive Plans, A's, Praise, and Other Bribes. Houghton Mifflin Comp., Boston

Krott, M., 1994: Management vernetzter Umweltforschung. Wissenschaftspolitisches Lehrstück Waldsterben. Böhlau Verlag, Wien

Lackey, R. T., 1998: Seven Pillars of Ecosystem Management. Landscape and Urban Planning 40: 21-30

Lee Kai, N., 1993: Compass and Gyroscope: Integrating Science and Policy for the Environment, Island Press, Washington DC

Mäck, U., 1999: Schwäbisches Donaumoos. In: Konold, W., R. Böcker. U. Hampicke (Hrsg.): Handbuch Naturschutz und Landschaftspflege, X-2.2: 16 S. Ecomed Landsberg

Minsch, J., A. Eberle, B. Meier, U. Schneidewind, 1996: Mut zum ökologischen Umbau. Innovationsstrategien für Unternehmen, Politik und Akteursnetze. Birkhäuser, Basel

Mittelstrass, J., 1989: Der Flug der Eule – Von der Vernunft der Wissenschaft und der Aufgabe der Philosophie. Suhrkamp, Frankfurt/M.

Mittelstrass, J., 1992: Auf dem Wege zur Transdisziplinarität. GAIA 1(5): S.31

Müller, K., V. Touissant, H.-R. Bork, K. Hagedorn, J. Kern, U. J. Nagel, J. Peters, R. Schmidt, T. Weith, A. Dosch, A. Piorr, 2002: Nachhaltigkeit und Landschaftsnutzung – neue Wege kooperativen Handelns. Margraf, Weikersheim: 410 S.

Nicolini, M., 2001: Sprache Wissenschaft Wirklichkeit – zum Sprachgebrauch in inter- und transdisziplinärer Forschung. bm:bwk, Wien

Nischwitz, G., R. Molitor, S. Rohne, 2002: Local und Regional Governance für eine nachhaltige Entwicklung. Sondierungsstudie im Auftrag des BMBF Förderschwerpunkt »Sozial-ökologische Forschung«, Institut für ökologische Wirtschaftsforschung, Berlin

Peine, J. D., 1998: Ecosystem Management for Sustainability. Lewis Publishers, Washington DC

Rees, W., M. Wackernagel, 1994: Ecological Footprints and Appropriated Carrying Capacity: Measuring the Natural Capital Requirements of the Human Economy. In: Jansson, A.-M., M. Hammer, C. Folke, R. Constanza (eds.): Investing in Natural Capital: The Ecological Economics Approach to Sustainability. Island Press, Washington

Robert-Bosch-Stiftung, 1994: Für eine umweltfreundliche Bodennutzung in der Landwirtschaft. – Denkschrift des Schwäbisch Haller Agrarkolloquiums zur Bodennutzung, den Bodenfunktionen und der Bodenfruchtbarkeit. Bleicher Verlag, Gerlingen: 104 S.

Roberts, J., 2001: Trust and Control in Anglo-American Systems of Corporate Governance: The Individualizing and Socializing Effects of Processes of Accountability. Human Relations 54(12): 1547-1572

Ryan, R. M., 1982: Control and Information in the Intrapersonal Sphere: An Extension of Cognitive Evaluation Theory. Journal of Personality and Social Psychology 43: 450-461

Scherhorn, G., 2002: Freiheit im Mitsein. In: Ingensiep, H. W., Eusterschulte, A. (Hrsg.): Philosophie der natürlichen Mitwelt: 35-48. Königshausen & Neumann, Würzburg

Scholz, R. W., O. Tietje, 2002: Embedded Case Study Methods – Integrating Quantitative and Qualitative Knowledge. Sage Publications, California

Scholz, R. W., T. Koller, H. A. Mieg, C. Schmidlin (Hrsg.), 1995: Perspektive Grosses Moos – Wege zu einer nachhaltigen Landwirtschaft. ETH-UNS Fallstudie 1994. Hochschulverlag AG, ETH Zürich

Scholz, R. W., S. Bösch, L. Carlucci, J. Oswald (Hrsg.), 1999: Chancen der Region Klettgau – Nachhaltige Regionalentwicklung: ETH-UNS Fallstudie 1998, Rüegger, Zürich

Scholz, R. W., M. Stauffacher, S. Bösch, A. Wiek (Hrsg.), 2002: Landschaftsnutzung für die Zukunft – Der Fall Appenzell Ausserrhoden. ETH-UNS Fallstudie 2001, Rüegger, Zürich

Szaro, R. C., W. T. Sexton, C. R. Malone, 1998: The Emergence of Ecosystem Management as a Tool for Meeting People¥s Needs and Sustaining Ecosystems. Landscape and Urban Planning 40: 1-7

SRU (Rat von Sachverständigen für Umweltfragen), 1985: Umweltprobleme der Landwirtschaft. Kohlhammer, Stuttgart

SRU (Rat von Sachverständigen für Umweltfragen), 1994: Umweltgutachten 1994. Metzler-Poeschel, Stuttgart

Universität Gießen (Hrsg.), 2002: Sonderforschungsbereich 299 – Landnutzungskonzepte für periphere Regionen« der Deutschen Forschungsgemeinschaft; Arbeits- und Ergebnisbericht der 2. Förderphase 2000-2002

Walters, C. J., 1986: Adaptive Management of Renewable Ressources. Macmillan, New York

Wiedemann, P. M., C. R. Karger, 1994: Umwelt und Sozialwissenschaften. Berichte aus der Ökologischen Forschung 12

Zechmeister, H. G., I. Schmitzberger, B. Steurer, J. Peterseil, T. Wrbka, 2003: The Influence for Land-use-practices and Economics on Plant Species Richness in Meadows. Biological Conservation 114: 165-177

Alexander Gerber, Ralf Kirchner-Heßler

2.2 Probleme und Perspektiven aktueller Umweltwissenschaft

Das *Modellvorhaben Kulturlandschaft Hohenlohe* war ein Projekt, das bewusst ins Leben gerufen wurde, um Grenzen disziplinärer Wissenschaft zu überwinden. Insbesondere ging es dabei um interdisziplinäre Lösungen für komplexe Umweltprobleme, die - um ihre Umsetzung sicher zu stellen - im Dialog mit der Praxis entwickelt werden sollten. Interdisziplinäre Zusammenarbeit und lebensweltliche Orientierung sind für die Wissenschaft ungewohnte und neue Ansätze, die Fragen an das Selbstverständnis von Wissenschaft stellen. In diesem Kapitel soll diese Thematik kurz umrissen werden: Wie entstand die disziplinäre Wissenschaft, welches sind ihre Kennzeichen und Grenzen, welche neuen Anforderungen werden heute an die Wissenschaft gestellt und mit welchen Konzepten kann man diesen gerecht werden?

2.2.1 Kennzeichen disziplinärer Wissenschaft

In frühen Zeiten erlebten sich die Menschen als eins mit der Natur (GEBSER 1986: 83-87). Damit gab es auch kein Bewusstsein für ein zu erkennendes Gegenüber. Im weiteren Zeitverlauf waren es die Religionen und antiken Meister, die sagten, ‚was ist' (NOWOTNY 1999a: 24). Diese Weltsicht wurde erstmals in Frage gestellt, als Kopernikus (1473-1543) nachwies, dass nicht die Erde der Mittelpunkt der Welt ist, sondern die Planeten um die Sonne kreisen. Man wurde gewahr, dass bislang geglaubte Annahmen falsch waren. Die Erscheinungen der Welt wurden zum Gegenüber, dessen Gesetzmäßigkeiten es zu finden galt. Der epistemische Kern der daraufhin einsetzenden wissenschaftlichen Revolution war die Suche nach Wahrheit, Objektivität und Rationalität, die methodische Erkenntnisgrundlage das Experiment. Die Konsequenzen und das sich daraus ergebende Weltbild waren weit reichend und haben zum Teil bis heute Bestand. Letzteres führte zu zwei folgenreichen Auffassungen: Zum einen ging man davon aus, dass auch das Leben reduktionistisch, das heißt als Summe monokausaler Ursache-Wirkungszusammenhänge zwischen Stoffen beschrieben werden kann. Zum anderen war man der Überzeugung, dass durch die mathematische Formulierung von Gesetzen eine objektive, vom Subjekt Mensch unabhängige Wahrheit gefunden werden könne.

Das Experiment als methodische Grundlage, die mathematische Beschreibung der Welt in einem kausalen Gefüge und die Annahme, dass das Ganze vom kleinsten Teil her erklärt werden kann, führte dazu, dass in immer spezialisierteren Disziplinen immer kleinere Entitäten mit immer feineren Messmethoden untersucht wurden. Glaubte man zunächst, durch das Zusammenführen der Einzelerkenntnisse das Ganze wieder beschreiben zu können, so wurden die Erkenntnisse im Laufe der Zeit so speziell und fußten auf methodisch so unterschiedlichen Grundannahmen, dass die Verständigung zwischen den Disziplinen und die Zusammenführung der Erkenntnisse immer schwieriger, wenn nicht gar unmöglich wurden.

Am deutlichsten trat dies in der - auch institutionell - scharfen Trennung von Natur und Geisteswissenschaften zutage. Dies war einerseits eine wesentliche Voraussetzung für den Erfolg der modernen Naturwissenschaften (NOWOTNY 1999a: 25), andererseits verfestigte sich dadurch einer der Grundirrtümer moderner Wissenschaften: die Annahme, dass wissenschaftliche Erkenntnis objektiv und unabhängig vom (versuchsanstellenden) Menschen möglich ist.

STEINLE (2003) zeigt, dass schon die Konzeption eines Experiments voll individueller Sichtweisen und Zufälligkeiten ist. Dies wurde epistemisch jedoch nicht für relevant gehalten, entscheidend sei die Bewährung der mit Hilfe des Experiments aufgestellten Theorie im Rechtfertigungskontext. Die unbedachte Konsequenz kann jedoch sein, dass die in der Methode liegende Beschränkung dem Untersuchungsobjekt selbst zugeschrieben wird. Auch die Grenze der Disziplinen droht zur Erkenntnisgrenze zu werden (MITTELSTRASS 2003): Die zunehmende Komplexität des Wissens und die organisatorische und institutionelle Verfasstheit von Wissenschaft, ihre Partikularisierung in Fächer und Disziplinen mit unterschiedlichen Rationalitäten, führt zu einer Zerlegung des philosophischen und wissenschaftlichen Bewusstseins.

Ein weiteres Problem sieht DÜRR (2003) in einem zu stark eingeengten gedanklichen, methodischen und experimentellen Rüstzeug der Naturwissenschaften: Diese hingen, so DÜRR, weiterhin den mechanistisch und linear-kausalanalytischen Vorstellungen der klassischen Physik an. Wichtige Postulate dieses Weltbildes seien, dass alles Größere aus Kleinerem erklärt werden könne, Eigenschaften des Mesokosmos (der Lebenswelt) unmittelbar abhängig und Folge von Gesetzmäßigkeiten des Mikrokosmos seien.

Dennoch ist die beschriebene Entwicklung der Naturwissenschaften eine beeindruckende Erfolgsgeschichte. Sie ist die Grundlage technischer Entwicklungen und hat durch die Errungenschaften beispielsweise in der Landwirtschaft, der Industrie und insbesondere auch der Medizin zu einer Verbesserung der Lebens- und Arbeitsbedingungen geführt. Aber: So erfolgreich wir wissenschaftliche Ergebnisse in technische Anwendungen umsetzen, vor so großen Problemen stehen wir mit den disziplinär geprägten Wissenschaften bei der Lösung komplexer Umweltprobleme. Die Nebenfolgen technischer Anwendungen wissenschaftlichen Wissens führen uns offensichtliche Wissenslücken sowie Komplexität und Nicht-Determiniertheit vieler Umweltsysteme vor Augen.

Einen möglichen Erklärungsansatz für dieses Paradoxon – verlässliche Entwicklung technisch brillanter Systeme einerseits und große Probleme bei deren Auswirkungen auf die belebte Umwelt andererseits – leitet DÜRR (2003) von physikalischen Erkenntnissen ab: Je verallgemeinerbarer und verlässlicher Gesetze sind, umso gröber beschreiben sie Naturzusammenhänge und umso leichter können auf ihrer Grundlage technisch handhabbare Systeme entwickelt werden. Unterhalb dieser Gesetzmäßigkeiten liegt jedoch eine so hohe Komplexität, einschließlich chaotischer Strukturen, dass diese kaum mehr analysiert, geschweige denn isoliert betrachtet und verstanden werden können. DÜRR verwendete für diese Erklärung in einem Vortrag das Bild einer Stadt, die aus der Luft betrachtet wird. Ihre Ausdehnung, die Gesetzmäßigkeit für aus- und angehende Lichter, ein- und ausströmender Verkehr und so weiter kann aus dieser Perspektive verlässlich beschrieben werden. Die vielfältigen Interaktionen, die zwischen ihren Bewohnern stattfinden, sind von diesem Beobachtungsstandpunkt aus methodisch aber schwer zugänglich und in ihrer Komplexität kaum zu erfassen.

NOWOTNY (1999a) plädiert deshalb dafür, zu den wissenschaftlichen Erkenntnissen, die uns innerhalb des Bezugsrahmens ihres Entstehens und des Kenntnisstands als ein »es ist so« erscheinen, ein »es könnte auch anders sein« dazu zu denken.

Die Wissenschaften haben sich im historischen und sozialen Kontext entwickelt und dienen unterschiedlichen Zielen:
__Erkenntnisgewinn um der Erkenntnis willen
__Grundlagenforschung mit unterschiedlichen Nützlichkeitsgraden
__Anwendungsbezogene Forschung
__Technik-/Industrieforschung
Im Rahmen ihrer geschichtlichen und erkenntnistheoretischen Entwicklung sowie der ihr von der Gesellschaft zugewiesenen Aufgaben hat sich die Wissenschaft ausdifferenziert (Abb. 2.2.1).

Darüber hinaus kann man einerseits über einen historischen Ansatz versuchen, die Genese von Natur- und Kulturphänomenen zu verstehen und daraus Entwicklungstheorien abzuleiten. Die nomologisch orientierten Wissenschaften versuchen andererseits, mathematisch formulierbare Natur- und Kulturgesetze zu finden (siehe Abb. 2.2.1). Damit sind zwei weitere Ausdifferenzierungen benannt: die der Human- und Naturwissenschaften. All dies zusammengenommen hat zu den verschiedenen Disziplinen mit ihren jeweiligen Untersuchungsobjekten, Zielsetzungen, methodischen Ansätzen und erkenntnistheoretischen Grundannahmen geführt.

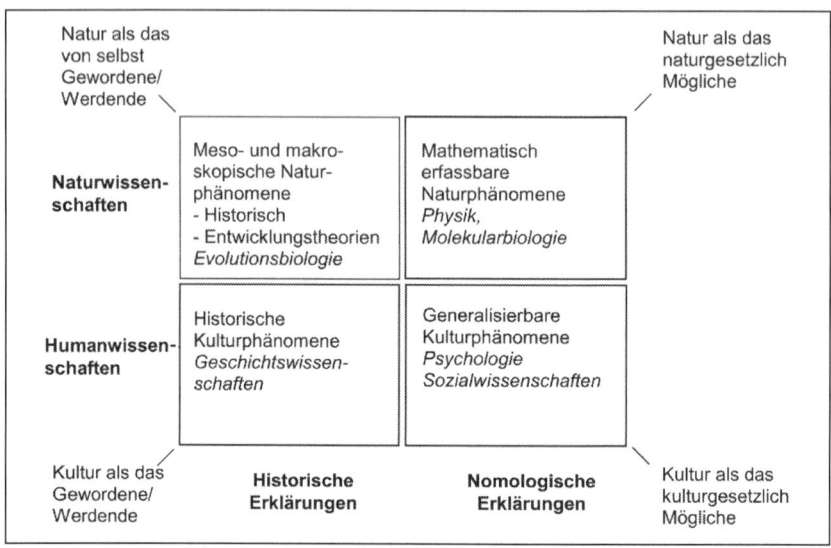

Abbildung 2.2.1: Ausdifferenzierung der Wissenschaften. Kursiv: Beispiele für wissenschaftliche Disziplinen im jeweiligen Feld. Quelle: in Anlehnung an Valsangiacomo (1998: 160 ff.).

Diese Entwicklung war notwendig, damit bestimmte Erkenntnisse erarbeitet werden konnten. Sie macht aber auch deutlich, weshalb die Kommunikation und Zusammenarbeit zwischen den Disziplinen inhaltlich und methodisch so schwierig ist. Gleichzeitig eröffnet die Beschäftigung mit dem Begründungszusammenhang der verschiedenen Disziplinen die Möglichkeit, gegenseitiges Verständnis zu entwickeln.

Ziel dieser Ausführungen ist es aufzuzeigen, welche kritischen Punkte angesichts der Charakteristik disziplinär geprägter Wissenschaften für ein Projekt zu überwinden sind, das sich mit der Lösung komplexer Umweltprobleme auseinandersetzt. Im Kern geht es darum festzuhalten,
_dass die disziplinäre Wissenschaft Erkenntnisgrenzen unterworfen ist und
_die Lösung von Umweltproblemen der interdisziplinären Zusammenarbeit bedarf,
_wofür das gegenseitige Verständnis Voraussetzung ist.
Im Kontext des *Modellvorhabens Kulturlandschaft Hohenlohe* ist noch ein weiterer Aspekt von zentraler Bedeutung: Die modernen Naturwissenschaften haben sich als ein von der Gesellschaft abgetrenntes bzw. unabhängiges System entwickelt (LUHMANN 1986). Diese Autonomie der »Scientific Community«, deren Kennzeichen finanzielle Unabhängigkeit (Freiheit der Forschung, vgl. Abb. 2.2.2) und unabhängige interne Validierung (Peer Review) sind, waren Voraussetzungen für die Entwicklung der modernen Naturwissenschaften. Dies bedeutet aber auch, dass die Wissenschaft

sich in aller Regel selbst die Fragen stellt, mit denen sie sich auseinandersetzen will. Selbstverständlich gibt es dennoch Verbindungen zwischen Gesellschaft und Naturwissenschaft, vor allem in der Anwendungs- sowie Technik- und Industrieforschung. Zunehmend problematisch gestaltet es sich aber in jenen Bereichen, in denen die Wissenschaft Anwendungen oder Lösungen für Anwendungsprobleme wissenschaftlich-technischer Errungenschaften erarbeitet, ohne die damit befassten Akteure und deren gesellschaftliche Rahmenbedingungen zu berücksichtigen.

Als Beispiel sei die Mulchsaat als Lösung für das Erosionsproblem genannt. Diese von der Agrarforschung entwickelte und in der Durchführung sowie vom Ergebnis her einleuchtende Technik wurde anfangs kaum und bis heute schleppend umgesetzt. CURRLE (1995) zeigte als Hemmnisse für die Einführung der Mulchsaat, dass der Acker nicht mehr »sauber« (unkrautfrei) sei und das landwirtschaftliche Jahr nicht mit dem Pflügen der Äcker abgeschlossen werden könne. Beides sind tradierte und verinnerlichte soziale Normen: Wer keinen unkrautfreien Acker hat, gilt bei den Kollegen nicht als »guter« Landwirt.

2.2.2 Ausgangspunkte und Kennzeichen einer problemorientierten Forschung

Wenn wissenschaftliche Fragestellungen aus sich selbst heraus generiert und die gesellschaftlichen Rahmenbedingungen nicht einbezogen werden, werden Autorität, Objektivität und Universalität der Wissenschaften in Frage gestellt. Neue Forschungsrichtungen, wie z.B. die Technikfolgen-, Global-Change- und Nachhaltigkeitsforschung, sind die notwendige Reaktion auf eine auf Vereinfachungen und Abstraktionen aufbauende disziplinäre Wissenschaft. Da es Aufgabe der Umweltwissenschaften ist, Lösungsvorschläge für komplexe Probleme zu formulieren, müssen sie sich der Ambivalenz, dass die Lösung eines Problems über die intendierten Folgen hinaus auch zugleich neue Probleme schafft, in besonderem Maße stellen. Sie können sich nicht auf Determinanten der Problemdefinition im Rahmen einer Einzelwissenschaft zurückziehen. Ihre Probleme definieren sich vielmehr aus den Interaktionen zwischen Natur, geschaffener Umwelt und Gesellschaft. Die Herausforderungen, der sich die Wissenschaft stellen muss, bestehen somit auch in einer frühzeitigen Berücksichtigung und Einbindung der gesellschaftlich handelnden Akteure in den Forschungsprozess und die interdisziplinäre Kooperation von Gesellschafts- und Naturwissenschaften.

Vor dem Hintergrund wachsender Umweltprobleme hat die Umweltforschung durch das politisch-ethisch motivierte Konzept einer »Nachhaltigen Entwicklung« (Brundtland Report 1987, vgl. Kap. 6.1.7) und die von wissenschaftlicher Seite ausgehende Global-Change-Forschung einen Wandel im Verhältnis von Wissenschaft, Gesellschaft und Politik erfahren. Dieser Wandel ist durch die gesellschaftlichen Anforderungen zur Lösung aktueller, lebensweltlicher Probleme, den damit verbundenen gewachsenen Ansprüche an die gesellschaftliche Verwertbarkeit wissenschaftlichen Wissens und den Umgang mit Unsicherheiten charakterisiert. Die Bearbeitung ökologischer, ökonomischer und sozialer Zusammenhänge in komplexen Systemen erfordert eine integrierte, interdisziplinäre Forschungsarbeit und -organisation. In dem Bemühen, nachhaltige Entwicklungsprozesse in Gesellschaft, Natur und Wirtschaft zu fördern, soll die Umweltforschung als »Wegbereiterin« eine »kritisch-konstruktive Rolle« einnehmen (HIRSCH-HADORN & POHL 1999).

Die Entstehung einer **problemorientierten Forschung** ist als Reaktion des Wissenschaftssystems auf diese neuen Anforderungen der Gesellschaft an die Wissenschaft zurückzuführen (NOWOTNY 1993). Wissenschaftler beziehen sich verstärkt auf wissenschaftsexterne Leitbilder, wie z.B. nachhaltige Entwicklung (SCHERINGER et al. 2001a). Wesentliche Elemente einer problemorientierten Forschung sind nach BRAND (2000):

1. *Verwissenschaftlichung von Alltag und Politik:* Alltägliche Umweltprobleme sind nur über wissenschaftliche Analysen erfassbar und erfordern wissenschaftliche fundierte Handlungsempfehlungen.
2. *Wissenschaft wird reflexiv:* Verlust der Autorität und Objektivität der Wissenschaft durch Experten-Streite und die Erkenntnis, dass mit der Generierung von Wissen auch das »Nicht-Wissen« ansteigt.
3. *Vergesellschaftung von Wissenschaft:* An Umweltdebatten beteiligen sich gesellschaftliche Gruppen und es werden außerwissenschaftliche Maßstäbe, z.B. wirtschaftliche Effizienz, Sozial-, und Umweltverträglichkeit, an die Forscher herangetragen.
4. *Kommunikatives Wissenschaftsmodell und Management von Unsicherheit:* Wissenschaftliches Wissen wird aufgrund des notwendigen Umgangs mit Unsicherheiten in der Wissensbasis in einer kommunikativen Form erzeugt.
5. *Interdisziplinäre, problemorientierte Forschung in zeitlich begrenzten Projekten:* Die problemorientierte Forschung kann sich in einer zeitlich begrenzten Projektforschung organisieren, da die disziplinär organisierten Universitätsstrukturen kaum einen Rahmen für diesen Forschungstyp bereitstellen. Die Maßstäbe für eine »gute« Forschung verschieben sich von disziplinären Qualitätsstandards hin zu Kriterien wie gesellschaftlicher Nutzen, Beitrag zur Problemlösung und Kommunizierbarkeit von Ergebnissen.

Hiermit sind wesentliche Aspekten einer problembezogenen, dialogisch-partizipativen Umweltforschung umrissen, die GIBBONS et al. (1994) als eine neue Form der Wissensproduktion (Modus 2) neben der disziplinären Forschung beschreiben und in Anlehnung an MITTELSTRASS (1992) als »transdisziplinär« bezeichnet werden kann. (vgl. Kap. 2.2.3)

In der Ausrichtung an lebensweltlichen Fragestellungen, die konkret und real gefasst werden, lässt sich die problemorientierte Forschung von der **Grundlagenforschung** (Abb. 2.2.1) abgrenzen. Sie unterscheidet sich durch ihre Abhängigkeit von der politischen und gesellschaftlichen Relevanz (Bereitstellung von Forschungskapazitäten) und das Aufgreifen gesellschaftlicher Problemlagen von der **Angewandten Forschung**, die in einer direkten Beziehung zwischen Auftraggeber und Wissenschaftler klientenspezifische, anwendungsbezogene Lösungen entwickelt (BECHMANN 2000). Vor dem Hintergrund begrenzter Ressourcen stellt die **Orientierte Forschung** (Auftragsforschung), bei der es um eine effiziente, problemorientierte Ausrichtung der Forschung geht, eine Ergänzung der offenen Antragsforschung (**Freie Forschung**) dar.

Mit der problemorientierten Forschung kommt nach BECHMANN (2000) der Wissenschaft mehr und mehr eine Doppelrolle zu: Sie betrachtet empirisch die Auswirkungen der Umsetzung einer nachhaltigen Entwicklung und reflektiert und korrigiert aufgrund ihrer Forschungsergebnisse die Nachhaltigkeitsidee – Umweltforschung wird infolge der Betrachtung gesellschaftlichen Handelns auf die Gesellschaft reflexiv. Durch das **Reflexivwerden** besteht in der »Objektivität des Wissens« nicht mehr die alleinige die Legitimation der Wissenschaft (NOWOTNY 1999b). Die traditionelle Trennung zwischen Wissenschaft (liefert Tatsachenwissen) und Politik (liefert Bewertungen), zwischen Fakten und Werten verschwimmt. So durchmischen sich beispielsweise normative und faktische Aspekte bei der Risikobewertung und Festlegung von Grenzwerten in Konsens-Dissens-Prozessen. »Die Wissenschaft wird selbst zum Akteur in der Politik, indem sie bisherige Naturgegenstände zu kulturellen, sozialen oder politischen Objekten kraft Wissens macht« und durch Beschreibungen, z.B. Simulationen, Prognosen, Kostenrechnungen, sowie Pläne und Maßnahmenvorschläge die politischen Entscheidungsträger unter Entscheidungsdruck setzt (BECHMANN 2000).

Wissenschaft
Theorie-orientiert: wahr-falsch
wissenschaftsinterne Werte dominieren

Freie Forschung
Forschungsgegenstand
wissenschaftsintern
konstituiert

Grundlagenforschung
Um der Erkenntnis willen,
daher Forschungsgegenstand
abstrakt und ideal gefasst

⟵ Wozu dient das Wissen? ⟶

Problemstellung?

Woher stammt die Forschung

Angewandte, problemorientierte Forschung
Um der Anwendung willen,
daher Forschungsgegenstand
konkret und „real" gefasst

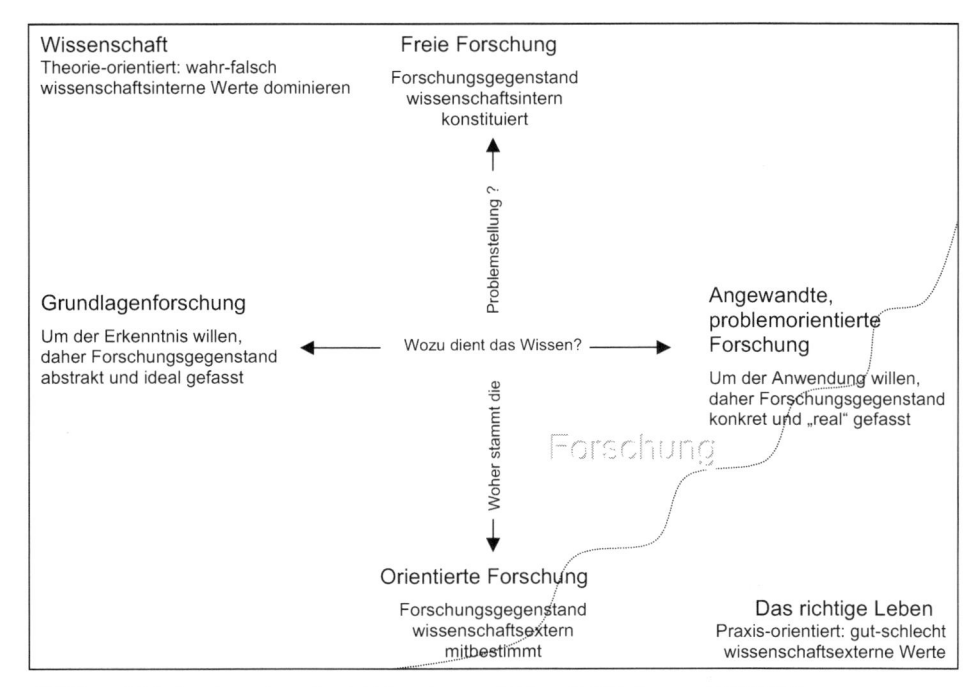

Orientierte Forschung
Forschungsgegenstand
wissenschaftsextern
mitbestimmt

Das richtige Leben
Praxis-orientiert: gut-schlecht
wissenschaftsexterne Werte

Abbildung 2.2.2: Forschungstypen (nach Valsangiacomo 1999, mdl. Mitteilung und SNF 1994)

Ein weiteres Merkmal der problemorientierten Forschung besteht in ihrem **Umgang mit Unsicherheiten,** bezogen auf Wissensbasis, Methodik und Zielformulierung (SALTER 1988, FULLER 1993, LADEUR 1995), da auch bei einer unvollständigen Datenbasis oder ungeklärten theoretischen Grundlagen Entscheidungen zu treffen sind. Nach BECHMANN (2000) verdeutlichen öffentlich ausgetragene Auseinandersetzungen von Experten, dass Wissenschaft nicht zwangsläufig sicheres Wissen produziert, da wir »... durch mehr Forschung nicht mehr Sicherheit erwarten können, sondern mehr Unsicherheit, da der Alternativenreichtum des Entscheiders reflexiv gesteigert wird.« Dabei ist Nicht-Wissen weder als Mangel noch als Versagen wissenschaftlicher Arbeit anzusehen. Durch die Auseinandersetzung mit dem Nichtwissen werden die Grenzen wissenschaftlicher Erkenntnisse bewusster erfasst, es entstehen neue Strategien in der Problemlösung (JAPP 1997, BÖSCHEN 2000), wie z.B. die »Reflexive Umweltforschung« (SCHERINGER et al. 2001b). BÖSCHEN (2000) bietet für den bewussten Umgang mit Nicht-Wissen folgende Strategien im Rahmen transdisziplinärer Forschungsprozesse an: a) Transparenz im Sinne einer Offenlegung der forschungsprogrammatischen und entscheidungsrelevanten Kriterien; b) Institutionalisierung von Vielfalt durch die Schaffung legitimer gesellschaftlicher Orte zur Problemstrukturierung bzw. Bündelung von Wissen und Nicht-Wissen; c) Partizipation der gesellschaftlichen Akteure (vgl. Kap. 2.2.3).

Bei der Auseinandersetzung mit sozial-ökologischen Problemlagen kann der Wissenschaftler in der Nachhaltigkeitsforschung unterschiedliche Positionen einnehmen (BECKER & JAHN 2000): als a) nicht-teilnehmender Beobachter, bei der eine beobachtungsunabhängige Realität unterstellt wird (kontext-, wertfreies, traditionelles Wissenschaftsideal), b) teilnehmender Beobachter im Sinne einer Begleit- und Evaluationsforschung, c) beobachtender Teilnehmer, bei der der

Tabelle 2.2.1: Charakterisierung von System-, Ziel-, Transformationswissen (ProClim & SANW 1997, Becker & Jahn 2000)

	Wissensformen in der Nachhaltigkeitsforschung		
	Systemwissen	**Zielwissen**	**Transformationswissen**
Wissen darüber,...	... was ist. (analytische Ebene)	... was sein und was nicht sein soll. (normative Ebene)	... wie wir vom Ist- zum Soll-Zustand gelangen. (operative Ebene)
Wissen über ...	... Strukturen, Prozesse, Variabilität	... Bewertungen, z.B. Ist-Zustand, Prognosen, Szenarien; Generierung von Grenzwerten, „Leitbildern", ethischen Rahmenbedingungen, Visionen	... Wege, wie der Übergang vom Ist- zum Soll-Zustand gestaltet und umgesetzt werden kann.
	a) Ursache und Ausmaß von Veränderungen (langfristige Beobachtung),	d) Risikoabschätzungen und Bewertungskriterien	g) sozio-ökonomische und institutionelle Rahmenbedingungen
	b) Verständnis von Prozessen und Wechselwirkungen	e) gesellschaftlich-wirtschaftliche Zielvorstellungen durch eine enge Zusammenarbeit zwischen Entscheidungsgremien, Interessensgruppen und Forschenden (Partizipation)	
	c) menschliche und gesellschaftliche Ressourcen (z.B. menschliche Leistungsfähigkeit, soziale Sicherheit, kulturelles Erbe)	f) Ethik (Naturverständnis, Umgang Mensch/ Natur, religiöse Dimension)	
Beispiele	a) Natürliche Variabilität des Klimasystems, verhaltensrelevante Bedingungen von Menschen und Institutionen, umweltbedingte Gesundheitsstörungen	zu d) Risikobewertung für den Gesundheitssektor ausgehend von Ökosystemveränderungen; für das Wirkungspotenzial toxischer Substanzen; für lokale Klimaveränderungen auf ökonomische Systeme	zu g) geeignete Rahmenbedingungen für Innovationen und nachhaltigere Produktionsmethoden; inter- und intragenerationelle Verteilungsgerechtigkeit; Bewertung der Wirtschaft durch den Indikator „Ökosozialprodukt"
	b) Zusammenhang zwischen landwirtschaftlichen Nutzungsformen; sozio-ökonomisches Umfeld, Biodiversitätsveränderungen oder Bodendegradationen	zu e) Indikatoren zur Bewertung nachhaltiger Entwicklungsprozesse	
	c) Dynamik der Lebensstile; Zusammenhang zwischen demographischer, kultureller und wirtschaftlicher Entwicklung	f) interdisziplinäre Grundlagendiskussion, umweltpolitische Empfehlungen, gesellschaftstheoretische und -politische Ziele	

Wissenschaftler als Akteur auftritt, eine problem- und lösungsorientierte Forschung betreibt, in der die Interessen der gesellschaftlichen Akteure aufgegriffen und in Kooperation mit ihnen (**Partizipation**) Lösungen gesucht werden.

Im Zusammenhang mit dem *Modellvorhaben Kulturlandschaft Hohenlohe* geht es wissenschaftstheoretisch demnach um Zweierlei: Einerseits ist die Frage zu beantworten, um welche Art von Wissen es sich handelt, das in diesem Forschungsprojekt generiert wird, zum anderen benötigt das akteursbezogene Vorgehen ein forschungsmethodologisches Konzept. Mit der Differen-

```
        ┌─────────────────┐                    ┌─────────────────┐
        │ Wissen über den │ ←――――――――――――→     │ Wissen über den │
        │   Ist-Zustand:  │                    │  Soll-Zustand:  │
        │  Systemwissen   │                    │    Zielwissen   │
        └─────────────────┘                    └─────────────────┘

                            ╭─────────────╮
                            │  Umsetzung  │
                            ╰─────────────╯

                    ┌──────────────────────────────┐
                    │ Gestaltung des Übergangs vom │
                    │     Ist- zum Sollzustand:    │
                    │    Transformationswissen     │
                    └──────────────────────────────┘
```

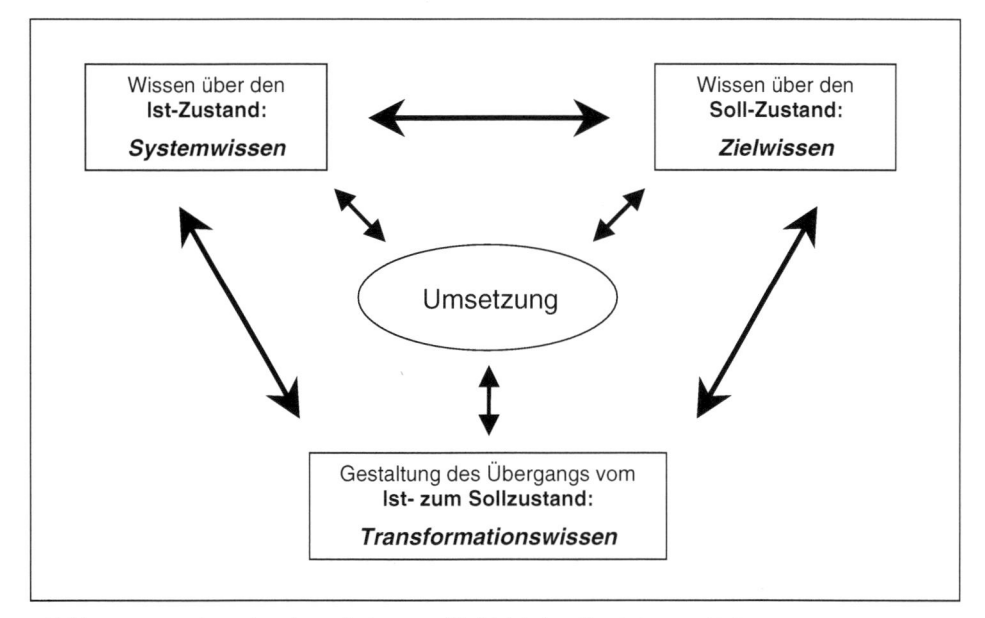

Abbildung: 2.2.3: Beitrag der Wissenschaft zur Nachhaltigkeit (ProClim & SANW 1997)

zierung zwischen System, Ziel- und Transformationswissen entwickelte die »Schweizerische Konferenz Wissenschaftlicher Akademien« eine Charakterisierung von Wissensformen als Beitrag der Wissenschaft zur nachhaltigen Entwicklung (ProClim & SANW 1997). Tabelle 2.2.1 erläutert die drei Wissensformen näher, Abb. 2.2.3 verdeutlicht deren Wechselwirkung und Bezug zur Umsetzung. In Abschnitt 2.2.3 und Kap. 6.3 wird das forschungsmethodische Konzept erläutert.

Ziel- und Transformationswissen haben im Nachhaltigkeitsdiskurs einen sehr hohen Stellenwert, wobei oftmals nur auf ein begrenztes Wissen zurückgegriffen werden kann. Demzufolge ist ein spezifisches Systemwissen erforderlich, um durch empirische Untersuchungen und Modellierungen analytische Grundlagen für das Nachhaltigkeitskonzept zu legen und Handlungsmöglichkeiten aufzuzeigen (BECKER & JAHN 2000).

2.2.3 Transdisziplinäre Forschung als neue Herausforderung

Die beschriebene problemorientierte Forschung wird auch als transdisziplinäre Forschung bezeichnet, wobei dieser Forschungstyp unterschiedlich definiert wird und im Zuge der wissenschaftstheoretischen Diskussion Erweiterungen erfahren hat. **Transdiziplinarität** als Begriff geht auf angloamerikanische Diskussionen der 1960er- und 70er-Jahre zurück (JAEGER & SCHERINGER 1998). JANTSCH (1972) führte ihn in Deutschland für ein neues Organisationsprinzip in die bildungspolitische Debatte ein. MITTELSTRASS (1992) belebte den Begriff der Transdisziplinarität und bezeichnete damit in der wissenschaftstheoretischen Debatte einen neuen Ansatz. MITTELSTRASS zeigt, dass die Lebenswelt Erwartungen an ein Fach formuliert, »das wissenschaftliche Wissen wieder mit den lebensweltlichen Problemlagen und den lebensweltlichen Zwecken in problemlösender Absicht zu verbinden«. Hierzu muss Wissenschaft in gesellschaftlicher Verantwortung

Anstrengungen unternehmen. Ebenso ist für die Lösung lebensweltlicher Probleme eine Überwindung der disziplinären Grenzen notwendig. MITTELSTRASS fordert Transdisziplinarität, mit welcher (1) »Wissen oder Forschung gemeint [ist], die sich aus ihren fachlichen, beziehungsweise disziplinären Grenzen löst«, und die (2) »ihre Probleme mit Blick auf außerwissenschaftliche Entwicklungen disziplinenunabhängig definiert und disziplinenunabhängig löst«. Er betont, dass eine Erweiterung der wissenschaftlichen Wahrnehmung nicht lediglich ein organisatorisches Problem darstellt: sie müsse im eigenen Kopf beginnen.

Über diese Definition von MITTELSTRASS (1992) hinaus müssen für bestimmte transdisziplinäre Projekte zwei weitere Grundsätze als besonders wichtig erachtet werden: Umsetzungsorientierung und Einbeziehung der Akteure in den Forschungsprozess. Das Aufgreifen von Problemen aus der Lebenswelt der Akteure macht nur dann Sinn, wenn auch konkrete, von den Akteuren umsetzbare Lösungen gefunden werden. Dafür ist es sinnvoll, die Akteure von vorneherein an der Definition der Forschungsfrage, an der Forschungsplanung und an der Evaluierung zu beteiligen. Andernfalls droht genau dieser Zwischenraum zwischen Gesellschaft und Forschung unausgefüllt zu bleiben, den man mit dem transdisziplinären Ansatz füllen möchte. Denn die Forschung würde dann zwar lebensweltliche Probleme aufgreifen, diese aber selbst definieren. Ob sie damit die richtigen Fragen zur Lösung lebensweltlicher Probleme stellt, ist fraglich.

Der transdisziplinäre Ansatz rückt also die Beziehung, den Zwischenraum zwischen Gesellschaft und Wissenschaft in den Mittelpunkt. Bislang bestand ein »gesellschaftlicher Vertrauensvorschuss« für die Wissenschaft, die als nicht weiter hinterfragte Autorität galt: Wissenschaftliches Wissen ist per se valide und verlässlich. Gesellschaft und Wissenschaft kommunizieren allenfalls über eine Schnittstelle oder ein Übersetzungsmodul – oft auch nur in einer Richtung – miteinander (FREIBURGHAUS 1989). Künftig wird hingegen neben verlässlichem Wissen »**sozial robustes« Wissen** gefragt sein (NOWOTNY 1999a); Kennzeichen eines solchen Wissens sind:
— Validität auch außerhalb des Labors
— Beteiligung der Praktiker als Experten an der Wissensgenerierung
— Einbeziehung der Gesellschaft in den Entstehungsprozess dieses Wissens
— Transparenz und soziale Rechnungslegung des Forschungsprozesses
— Bereits im Forschungsprozess wird die Frage gestellt, welcher Platz im wissenschaftlichen Wissen dem Menschen zukommt.
— Es handelt sich um heterogenes Wissen.
— Es erstreckt sich über mehrere Forschungsfelder.
— Es ist offen für gesellschaftliche Ansprüche.

Anhand der erfolgten Charakterisierung disziplinärer und transdisziplinärer Forschung lässt sich der Unterschied zu multi- und interdisziplinärer Forschung gut darstellen. **Multidisziplinarität** ist durch die Bearbeitung einer Problemstellung durch mehrere, parallel arbeitende Disziplinen ohne Synthesebildung gekennzeichnet (BÜCHI 1997). Die Teilprobleme werden von den Disziplinen mit ihren jeweiligen Methoden bearbeitet. **Interdisziplinarität** ist durch die Zusammenarbeit verschiedener Disziplinen mit einer engen Kooperation, Abstimmung der Methodenwahl und Synthesebildung bezogen auf einen Forschungsgegenstand bzw. Lösung eines Problems charakterisiert. Nach MAINZER (1993) bleibt die »Kooperation zwischen den Disziplinen auf Einzelprobleme und auf einen bestimmten Zeitraum beschränkt, ohne dass die beteiligten Disziplinen ihre Methoden und Ziele ändern«, wohingegen BALSIGER et al. (1996) die Entwicklung neuer Methoden einschließen. In Tab. 2.2.2 sind die unterschiedlichen Disziplinaritätstpyen hinsichtlich des Erkenntnisgewinns (Erkenntnis um der Erkenntnis willen (Theorie), Erkenntnis zur lebensweltlichen Problemlösung) zusammenfassend charakterisiert.

Tabelle 2.2.2: Veranschaulichung der Disziplinaritätstypen hinsichtlich Erkenntnis um der Erkenntnis willen (E) und Erkenntnis zur lebensweltlichern Problemlösung (P) nach VALSANGIACOMO, 1999.

Disziplinär	E		wissenschaftsintern	
Multidisziplinär	E	P		außerwissenschaftlich (Umsetzung, Verwertbarkeit)
Interdisziplinär	E	P		
Trans(inter)disziplinär	E	P		

Kennzeichen transdisziplinärer Forschung, wie z.B. Problem-, Praxis-, Prozess-, Umsetzungsorientierung und Partizipation, haben in den jeweiligen Forschungskontexten ein unterschiedliches Gewicht und führen zu unterschiedlichen Definitionen (vgl. JAEGER & SCHERINGER 1998). HIRSCH-HADORN & WÖLFING-KAST (2002) differenzieren die in Tab. 2.2.2 dargestellten **Typen transdisziplinärer Forschung** über lebensweltliche Probleme.

Tabelle 2.2.3: Typen transdisziplinärer Forschung (Hirsch-Hadorn & Wölfing-Kast 2002)

Typ	Zentrale Herausforderung für die Forschung	Kommentar
Integrative Wissenssystematisierung	• und Methoden der Integration heterogenen Wissens • Verhältnis von System-, Ziel- und Transformationswissen	Forschungstyp, der dem klassischen Erkenntnisziel akademischer Forschung am nächsten kommt.
Zusammenarbeit von Hochschule und Wirtschaft in der Produktentwicklung	• Organisation innovativer Milieus • Berücksichtigung von Folgen • Einbezug von Stakeholdern	z.B. als empirische Wissenschaftsforschung (Kommunikation mit Stakeholdern/Verständnis-, Akzeptanzprobleme), einer Form transdisziplinärer Forschung, die von GIBBONS et al. (1994) als »mode 2« der Wissensproduktion beschrieben wird
Entwicklung der Kompetenz von Akteuren	• Gegenseitiges Lernen von Experten und Akteuren in der Praxis • Kontextualisierung des Wissens	Partizipative Beratung und Entwicklung steht im Vordergrund, viele Gemeinsamkeiten mit der Aktionsforschung (vgl. Kap. 6.3)

Bezogen auf diese Typisierung transdisziplinärer Forschung lag der Schwerpunkt im *Modellvorhaben Kulturlandschaft Hohenlohe* in der »Entwicklung der Kompetenz von Akteuren«, gefolgt von der »Zusammenarbeit von Hochschule und Wirtschaft in der Produktentwicklung« und der »Integrativen Wissenssystematisierung«. Ausgangspunkt für die **forschungsmethodologische Ausrichtung** bildeten zum einen die Anforderungen (Stichwort Partizipation, Prozess-, Umsetzungsorientierung, wissenschaftliche Umsetzungsbegleitung) des Förderschwerpunkts »Ökologische Konzeptionen für Agrarlandschaften« des Bundesministeriums für Bildung und Forschung (BMBF 1996). Zum anderen wurde innerhalb dieses Rahmens von den Wissenschaftlern der methodische Ansatz festgelegt. Um den Anforderungen transdisziplinären Forschens im Projekt entsprechen zu können, wurde die Aktionsforschung (Kap. 6.3) als methodischer Ansatz gewählt, um

— die Einbeziehung von Akteuren in den Forschungsprozess (Problemformulierung, Planung, Maßnahmenumsetzung, Evaluierung) zu ermöglichen,
— lebensweltliche Problemlagen zu bearbeiten,
— die dabei stattfindende Interaktion zwischen Wissenschaft und Praxis wissenschaftlich zu analysieren in Form von (a) Methodenreflexion und (b) Reflexion der Zusammenarbeit zwischen Wissenschaftlern und Wissenschaftlern und Praktikern), da dies einen unabdingbaren Bestandteil jeder transdiziplinären Forschung darstellt.

Aktionsforschung ist ein Forschungskonzept, mit dem keine feststehenden Methoden verbunden sind. Somit stellt der gewählte Forschungsansatz große (methodische) Herausforderungen an die beteiligten Wissenschaften.

Literatur

Balsiger, P. W., R. Defilia, A. Di Giulio (Hrsg.), 1996: Ökologie und Interdisziplinarität – eine Beziehung mit Zukunft? Birkhäuser, Basel.
Bechmann, G., 2000: Das Konzept der »Nachhaltigen Entwicklung« als problemorientierte Forschung – Zum Verhältnis von Normativität und Kognition in der Umweltforschung. In: Brand, K.W. (Hrsg.): Nachhaltige Entwicklung und Transdisziplinarität – Besonderheiten, Probleme und Erfordernisse der Nachhaltigkeitsforschung. Analytica, Berlin: 32–46
Becker, E.; T. Jahn, 2000: Sozial-ökologische Transformation – Theoretische und methodische Probleme transdisziplinärer Nachhaltigkeitsforschung. In: Brand, K.W. (Hrsg.): Nachhaltige Entwicklung und Transdisziplinarität – Besonderheiten, Probleme und Erfordernisse der Nachhaltigkeitsforschung. Analytica, Berlin: 67–84
BMBF 1996: Ökologische Konzeptionen für Agrarlandschaften – Rahmenkonzept Bundesministerium für Bildung und Forschung. Bonn
Böschen, S., 2000: Transdisziplinäre Forschungsprozesse und das Problem des Nicht-Wissens – Herausforderungen an Wissenschaft und Politik. In: Brand, K. W. (Hrsg.): Nachhaltige Entwicklung und Transdisziplinarität Besonderheiten, Probleme und Erfordernisse der Nachhaltigkeitsforschung. Analytica, Berlin: 47–66
Brand, K. W., 2000: Nachhaltigkeitsforschung – Besonderheiten, Probleme und Erfordernisse eines neuen Forschungstyps. In: Brand, K. W. (Hrsg.): Nachhaltige Entwicklung und Transdisziplinarität – Besonderheiten, Probleme und Erfordernisse der Nachhaltigkeitsforschung. Analytica, Berlin: 10–28
Büchi, H., 1997: Probleme in der realen Welt wahrnehmen. ETH-intern, Nr. 15
Currle, J., 1995: Landwirte und Bodenabtrag. Empirische Analyse der bäuerlichen Wahrnehmung von Bodenerosion und Erosionsschutzverfahren in drei Gemeinden des Kraichgaus. Margraf Verlag, Weikersheim
Dürr, H.-P., 2003: Unbelebte und belebte Materie: Ordnungsstrukturen immaterieller Beziehungen – physikalische Wurzeln des Lebens. In: Matschonat, G., A. Gerber, (Hrsg.): Wissenschaftstheoretische Perspektiven für die Umweltwissenschaften. Margraf Verlag, Weikersheim: 55–74
Freiburghaus, D., 1989: Interface zwischen Wissenschaft und Politik. Schweizer Jahrbuch für politische Wissenschaft. VDSVFP Wissenschaft. Verlag Paul Haupt, Bern: 739–755
Fuller, S., 1993: A Strategy for Making Science Studies Policy Relevant. In: Brante, T., S. Fuller, W. Lynch, (eds.): Controversial Science – From Content to Contention. Albany: 107–125
Gebser, J., 1986: Ursprung und Gegenwart. Erster Teil. Jean Gebser Gesamtausgabe, Band 2. Novalis Verlag, Schaffhausen
Gibbons, M., C. Limoges, H. Nowotny, S. Schwartzmann, P. Scott, M. Trow, 1994: The New Production of Knowledge. The Dynamics of Science and Research in Contemporary Societies. Sage Publications, London

Hirsch-Hadorn, G., C. Pohl, 1999: Umweltforschung und nachhaltige Entwicklung – Über die Rolle der Umweltforschung in dem Versuch, gesellschaftliche Prozesse zu steuern. GAIA 8(1): 70-72

Hirsch-Hadorn, G., S. Wölfing-Kast, 2002: »Optionen und Restriktionen« – Eine Heuristik für transdisziplinäre Nachhaltigkeitsforschung. In: Hirsch-Hadorn, G., S. Maier, S. Wölfing-Kast (Hrsg.): Transdisziplinäre Forschung in Aktion – Optionen und Restriktionen nachhaltiger Ernährung. vdf Hochschulverlag, Zürich: 9-52

Jaeger, J., M. Scheringer, 1998: Transdisziplinarität: Problemorientierung ohne Methodenzwang. GAIA 7(1): 10-25

Jantsch, E., 1972: Towards Interdisciplinarity and Transdisciplinarity in Education and Innovation. In: Centre for Educational Research an Innovation (CERI): Interdisciplinarity – Problems of Teaching and Research in Universities. OECD, Paris: 97-121

Japp, K. P., 1997: Die Beobachtung des Nichtwissens. Soziale Systeme, H. 3: 289-312

Ladeur, K.-H., 1995: Das Umweltrecht in der Wissenschaft. Von der Gefahrenabwehr zum Risikomanagement. Berlin

Luhmann, N., 1986: Ökologische Kommunikation. Kann die moderne Gesellschaft sich auf ökologische Gefährdungen einstellen? Westdeutscher Verlag, Opladen. 3. Auflage

Mainzer, K., 1993: Erkenntnis- und wissenschaftstheoretische Grundlagen der Inter- und Transdisziplinarität. In: Arber, W. (Hrsg.): Inter- und Transdisziplinarität. Warum? – Wie? Haupt-Verlag, Bern

Mittelstrass, J., 1992: Auf dem Weg zur Transdisziplinarität. In: GAIA 1(5): 250

Mittelstrass, J., 2003: Von der Einheit der Wissenschaft zur Transdisziplinarität des Wissens. In: Matschonat, G., A. Gerber, (Hrsg.): Wissenschaftstheoretische Perspektiven für die Umweltwissenschaften. Margraf Verlag, Weikersheim: 13-27

Nowotny, H., 1993: Die »Zwei Kulturen« und die Veränderungen innerhalb der wissensförmigen Gesellschaft. In: Huber, J., G. Thurn, (Hrsg.): Wissenschaftsmilieus, Wissenschaftskontroversen und soziokulturelle Konflikte. Berlin: 237-248

Nowotny, H., 1999a: Es ist so, es könnte auch anders sein. Suhrkamp, Frankfurt am Main

Nowotny, H., 1999b: The Need of Socially Robust Knowledge. In: TA-Datenbanknachrichten 8(3/4): 12-16

Salter, L., 1988: Mandated Science. Science and Scientists in the Making for Standards. Dordrecht, Boston u. London

Scheringer, M., S. Böschen, J. Jaeger, 2001a: Wozu Umweltforschung? – Über das Spannungsverhältnis zwischen Forschungstradition und umweltpolitischen Leitbildern; Teil I: Das Beispiel »Ökologische Chemie«. GAIA 10(2): 125-135

Scheringer, M., S. Böschen, J. Jaeger, 2001b: Wozu Umweltforschung? – Über das Spannungsverhältnis zwischen Forschungstradition und umweltpolitischen Leitbildern; Teil I: Das Beispiel »Ökologische Chemie«. Gaia 10(3): 203-212

SNF (Schweizerischer Nationalfonds), 1994: Mehrjahresprogramm des Schweizerischen Nationalfonds für die Beitragsperiode 1996-1999, Bern: S. 17

Steinle, F., 2003: Erkennen durch Eingreifen: Formen und Bedeutung experimenteller Forschung. In: Matschonat, G., Gerber, A. (Hrsg.): Wissenschaftstheoretische Perspektiven für die Umweltwissenschaften. Margraf Verlag, Weikersheim: 29-54.

Valsangiacomo, A. 1998: Die Natur der Ökologie. Anspruch und Grenzen ökologischer Wissenschaften. Vdf Hochschulverlag AG an der ETH Zürich

Weizsäcker, C. v., 1990: Die technikfeindliche technologische Gesellschaft. In: Jahnsen, D. (Hrsg.): Hat die Technik ein Geschlecht. Denkschrift für eine andere technische Zivilisation. Berlin: 89-92

Internet-Quellen

ProClim & Schweizerische Akademie der Naturwissenschaften SANW, 1997:
Forschung zu Nachhaltigkeit und Globalem Wandel – Wissenschaftspolitische Visionen.
http://www.proclim.ch/Reports/Visions97/Visions_D.html (Stand 05.01.2005)

Werner Konold

2.3 Anforderungen an die Wissenschaft in Prozessen nachhaltiger Regionalentwicklung

Im Folgenden geht es um Facetten der Regionalentwicklung und um die Frage, wo Wissenschaft bei nachhaltigen Regionalentwicklungsprozessen beteiligt ist oder sein kann (Wissenschaft kann auch hinderlich sein und Prozesse komplizierter machen) und welche Funktionen Wissenschaftler übernehmen können oder müssen.

Facetten, Aspekte der Regionalentwicklung
Regionalentwicklung umfasst ganz unterschiedliche Aspekte, die zugegebenermaßen zum Teil recht weit auseinander liegen. Diese Aspekte sind auch potenzielle Objekte wissenschaftlichen Interesses:
_Produktion: Güter, Dienstleistungen und Wohlfahrt
_Arbeit und Arbeitsplätze
_Markt und Marketing
_Wohnen
_Sicherheit (sozial, ökonomisch)
_Zufriedenheit, Selbstwertgefühl der Bewohner
_Mentalität
_Identität und Originalität, Eigenart
_Kooperation
_Motivation
_Freizeitgestaltung
_Pflege und Erhalt (von Heimat und Landschaft)
_Landnutzung
_Tourismus
Alle diese Aspekte greifen mehr oder weniger ineinander, sind voneinander abhängig, sind jedoch unterschiedlicher Qualität hinsichtlich der handelnden, beziehungsweise betroffenen Subjekte oder Objekte (etwa Landschaft).

Wissenschaft und Forschung
Nicht alle Wissenschaft ist Forschung. Wissenschaft ist bis dato akkumuliertes Wissen, verkörpert Erfahrung, Standards. Wohl verstandene Forschung schreitet vorwärts, ist Prozess und Innovation. Entsprechend ist nicht alles, was Wissenschaftler tun, Forschung. Wissenschaftler sind Repräsentanten von Wissenschaft und Forschung und sie vertreten die Lehre. Was sind also die zukünftigen Aufgaben der Wissenschaftler in Prozessen nachhaltiger Regionalentwicklung?

Wissenschaftler als Vertreter der Wissenschaft
In dieser Funktion können Wissenschaftler im Rahmen einiger oben genannter Felder als Persönlichkeit wirken und zwar als Persönlichkeit mit Renommee und einer vom Wissenschaftler und allen anderen Beteiligten akzeptierten Rolle, in deren Drehbuch die Begriffe Preisgabe von Wissen ohne Eigeninteresse, Vertrauen, Verlässlichkeit, Neutralität, Moderation stehen. Der Wissenschaftler kann aber auch als Persönlichkeit mit Renommee selbst gestaltend eingreifen und in den Fluss der Regionalentwicklung eintauchen, indem er die Wissenschaft öffnet, transdisziplinär

werden lässt, temporäre »Seitenwechsel« vollzieht und Sprachübungen jenseits der Fachsprache macht und indem er parallel dazu Rahmenbedingungen auf politischer Ebene rechtzeitig abschätzt oder sie mitgestaltet. Dann ist er Transmissionsriemen. Wissenschaftler, die dazu bereit sind, müssen – eine weitere Aufgabe – andere Wissenschaftler in Sachen Transdisziplinarität infizieren.
Welche Wissenschaftler aus welchen Disziplinen sich dazu eignen? Es sind alle Wissenschaftler, die in der Lage sind, für mehr oder weniger viele Menschen erkennbar plausibel und wirklichkeitsnah Probleme zu identifizieren und zu Problemlösungen beizutragen.

Wissenschaftler als Lehrer
In dieser Funktion haben Wissenschaftler aus ihrer Erfahrung und aus der Projektarbeit (forschend, beratend, moderierend, gestaltend) Erkenntnisse zu ziehen, die der Ausbildung von Studierenden zugute kommen. Hier zeigen sich Bedarf und Lücken bei verschiedenen Qualifikationen, die insbesondere auch in der Regionalentwicklung notwendig sind:
_Praxisnähe als transdisziplinäre Ausbildung, das heißt: nicht Ausbildung über Transdiszplinarität, sondern in Transdiszplinarität; damit direkt in Zusammenhang stehen;
_Projektbezogenheit und Problembezogenheit; damit wiederum die
_Problemlösungskompetenz;
_Denken in Netzen und Mehrfach-Kausalitäten (quer gestricktes Denken);
_Kommunikationsfähigkeit;
_Persönlichkeitsentwicklung.

Wissenschaftler als Forscher
Die folgenden Forschungsfragen ergeben sich aus den Diskussionen im Verlauf der Projekts *Kulturlandschaft Hohenlohe* und aus dem oben Gesagten und richten sich an alle Wissenschaftler, die in irgendeiner Weise mit Regionalentwicklung befasst sind. Dabei kann die Forschung zwei Richtungen einschlagen: zum einen Forschung für die Forschung in Form der Entwicklung neuer Methoden und zum anderen Forschung für die Praxis, die ihrerseits wiederum inter- oder aber transdisziplinär, nie jedoch disziplinär ausgerichtet sein kann.
_Expertentum, Erfahrungswissen erforschen und systematisieren (Anmerkung: Auch implizites Wissen ist Expertentum! Viele erfahrene Wissenschaftler leben auch zu einem Gutteil von implizitem Wissen.)
_Motivationsforschung, insbesondere bezogen auf den Prozess von der Erwartung zur eigenen Initiative
_Erforschung von jeweils (regions-)spezifischen Hierarchien, Entscheidungs- und Kommunikationsstrukturen sowie von Netzwerken, deren Funktionsweise und Funktionalität
_Zusammenhänge zwischen Transdisziplinarität und Interdiszplinarität, oder: Benötigt Transdisziplinarität immer ein gewisses Maß (welches Maß?) an Interdisziplinarität?
_Erarbeitung von plausiblen, für jedermann überprüfbare Indikatoren für eine nachhaltige Regionalentwicklung, die sich auch für transdisziplinäre Arbeit eignen
_Vergleichende Untersuchungen von Regionalentwicklungsprojekten und zwar rein interdisziplinär ausgerichtet, das heißt ohne Wissenschaftler als forschende Akteure
_Erforschung von Rollen- und Funktionsverständnissen in Regionalentwicklungsprozessen (Interessenvertreter, Positionenvertreter, Stellvertreter, Repräsentanten, Akzeptanzbeschaffer ...)
_An die Verwaltungswissenschaft: Erarbeitung von Utopien und Konzepten für eine nicht primär ressortorientierte, sondern querschnittorientierte und raumbezogene Verwaltung.
Einige dieser Fragen waren auch Forschungsgegenstand des *Modellvorhabens Kulturlandschaft Hohenlohe* (siehe Abschnitt 2.4). Antworten, die aus den Erfahrungen des Modellvorhabens gegeben werden können, sind in Kap. 9 dargestellt.

2.4 Fragestellungen für das Modellvorhaben Kulturlandschaft Hohenlohe

Basis für die Konzeption des *Modellvorhabens Kulturlandschaft Hohenlohe* in der Definitionsphase war das Rahmenkonzept des Förderschwerpunkts (vgl. BMBF 1996), der auf der Grundlage einer breit angelegten Analyse der Hemmnisse einer nachhaltigen Agrarlandschaftsentwicklung eine Reihe von zentralen Anforderungen enthielt. Nach diesen Leitlinien sollte das Projekt

— die Entscheidungsträger und Akteure auf regionaler Ebene einbeziehen,
— die komplexen inhaltlichen Fragestellungen in der Zusammenarbeit zwischen ökologischen, ökonomischen und gesellschaftswissenschaftlicher Fachrichtungen bearbeiten,
— kurzfristige Maßnahmen und längerfristige Perspektiven der Agrarlandschaftsgestaltung aufeinander abstimmen,
— die einzelnen Fragestellungen in einem in sich konsistenten Forschungsdesign aufeinander abstimmen,
— den Einfluss überregionaler gesellschaftlicher Faktoren berücksichtigen.

Während der Definitionsphase des Modellvorhabens wurden in den Jahren 1996 und 1997 Interviews sowie ein Workshop mit den regionalen Vertretern durchgeführt. Ausgehend von Problemen in der Region wurden inhaltliche Fragestellungen abgeleitet, die Gegenstand des Projektantrags zur Hauptphase waren (KONOLD et al. 1997). Gleichzeitig wurde eine prozessorientierte, an den Interessen der Akteure ausgerichtete Vorgehensweise konzipiert, welche die Möglichkeit zur Anpassung der inhaltlichen Struktur während der vierjährigen Hauptphase (von 1998 bis 2002) im Projektverlauf mit sich brachte. Dadurch war möglich, dass neue Fragestellungen aufgegriffen wurden (z.B. Teilprojekt *Lokale Agenda* in Dörzbach, Themenschwerpunkte im Arbeitskreis Landschaftsplanung), manche Fragestellungen in ihrer Schwerpunktsetzung eine Änderung erfuhren (z.B. Teilprojekt *eigenART Jagst* statt Wanderausstellung, Teilprojekt *Konservierende Bodenbearbeitung*) oder auch, dass ursprüngliche Fragestellungen in den Hintergrund traten und nicht weiter verfolgt wurden (z.B. Thema Gülleverwertungskonzept, Wasserver- und Abwasserentsorgung).

Im Folgenden werden die Gesamtfragestellung und die übergeordneten Fragestellungen dargestellt. Projektbezogene Teilfragestellungen finden sich auf der Ebene der Teilprojekte (Kap. 8) sowie in querschnittsorientierten Arbeitsfeldern (z.B. Kap. 6.7 Öffentlichkeitsarbeit, Kap. 9.1 Prozessbegleitung, Kap. 10 Regionalentwicklung und Politik).

Gesamtfragestellung

Im Rahmen des Forschungsvorhabens sollten geeignete Strategien der Landnutzung, der Beratung, des Marketing und der Öffentlichkeitsarbeit in dem heterogen strukturierten Einzugsgebiet der Jagst entwickelt werden. Hierbei galt es, die in der Region vorhandenen naturräumlichen, sozialen, politischen und ökonomischen Potenziale dem Leitbild einer nachhaltigen Landnutzung folgend zu gestalten und zu nutzen. Die zu entwickelnden Ansätze sollten eine Anpassung an neue Ziele und Anforderungen einer in jeder Hinsicht funktionsfähigen Kulturlandschaft, die sich in einem evolutionären Wandlungsprozess befindet, erlauben.

Kernfragestellungen des Projektes
Der umsetzungsorientierte Forschungsansatz beinhaltet anwendungsbezogene, wissenschaftliche und umsetzungsmethodische Aspekte.

Anwendungsbezogene Fragestellungen
Die anwendungsbezogenen Fragestellungen gehen zum einen auf die Befragung der Akteure in der Definitionsphase des Modellvorhabens mit folgenden Schwerpunktsetzungen zurück: Aus landwirtschaftlicher Sicht (Landwirte, Landwirtschaftsämter, Bauernverbände, Erzeugergemeinschaften) stand die Entwicklung wettbewerbsfähiger Grünlandbewirtschaftungskonzepte, gewässerschonender Landbewirtschaftungsstrategien, die Entwicklung von Gülleverwertungskonzepten, die Förderung landwirtschaftlicher Kooperationsmodelle sowie die Entwicklung zusätzlicher Beschäftigungsmöglichkeiten (z.B. Landschaftspflege, Ferien auf dem Bauernhof) im Vordergrund. Von den Vertretern des Natur- und Umweltschutzes (Behörden, Verbände, Initiativen) bestand ein großes Interesse an der Förderung von Maßnahmen des Gewässerschutzes (z.B. Reduzierung der Stoffeinträge aus Landwirtschaft und kommunalen Abwässern, Regulierung der Freizeitnutzung der Jagst), der Gewässerentwicklung, der Landschaftspflege und -entwicklung, des Einsatzes regenerativer Energien und an einem Interessenausgleich zwischen ökologischen und ökonomischen Belangen. Aus kommunaler Sicht war die Sicherstellung der Wasserver- und Abwasserentsorgung von Bedeutung. In den Bemühungen um eine wirtschaftliche Entwicklung, die eine Erweiterung der Siedlungsflächen mit sich bringt, war die Bereitstellung einer ausreichenden Datenbasis für den Planungsprozess von großer Relevanz. Auch die Kommunen waren an einem Ausgleich zwischen ökologischen und ökonomischen Belangen interessiert.

Zum anderen wurden die sich hieraus ergebenden Fragen in der Zusammenarbeit mit den Akteuren in der Hauptphase weiterentwickelt und ergaben folgende bearbeitete, übergeordnete, anwendungsbezogene Fragestellungen:

—Welche Möglichkeiten einer gewässerschonenden Landwirtschaft gibt es, um die Stoffeinträge aus den landwirtschaftlichen Nutzflächen in das Grundwasser sowie in die Oberflächengewässer zu minimieren?

—Wie kann die Wettbewerbsfähigkeit der Grünlandbetriebe unter Berücksichtigung einer Ressourcen schonenden Wirtschaftsweise verbessert werden?

—Welchen Beitrag leisten regionale Marktstrukturen zur Sicherung einzelbetrieblicher Existenzen sowie zur Etablierung einer nachhaltigen Wirtschaftsweise?

—Welche den Natur- und Umweltschutz integrierende Ansätze für eine zukünftige Landnutzung gibt es im mittleren Jagsttal?

—Welchen ökonomischen Nutzen besitzt eine umweltgerechte Ausrichtung touristischer Entwicklungsstrategien für die unterschiedlichen Akteure (Gastwirte, Besucher, Betreiber von Freizeiteinrichtungen, politisch Verantwortliche, Bevölkerung)?

—Welchen Beitrag kann Öffentlichkeits-, Bildungs- und Beratungsarbeit leisten, um die Akteure für natur- und umweltschutzrelevante Themen zu sensibilisieren und ihnen Handlungsanreize für ein umweltrelevantes Verhalten anzubieten?

Wissenschaftliche Fragestellungen
Die übergeordneten wissenschaftlichen Fragestellungen, die in Form von Erkenntnissen primär an die disziplinäre Wissenschaft gerichtet sind, beziehen sich auf die Bewertung von Potenzialen und Prozessen anhand von Indikatoren sowie die Formulierung von Standards:

— Mit welchen naturwissenschaftlichen Indikatoren können in Verbindung mit einer betriebswirtschaftlichen Betrachtung unter Berücksichtigung der Ressourcennutzungseffizienz Entwicklungs- und Gefahrenpotenziale für landwirtschaftliche Produktionsverfahren im Hinblick auf eine nachhaltige, naturschutzintegrierende Landnutzung bewertet werden?

— Welche Indikatoren eignen sich zur Erstellung von Ökobilanzen für landwirtschaftliche Betriebe, Kommunen und Landkreise und wie sind sie hinsichtlich der angestrebten Erfolgskontrolle anzupassen?

— Anhand welcher ökologischer, ökonomischer und sozialer Standards lässt sich in diesem Zusammenhang Nachhaltigkeit definieren?

Umsetzungsmethodische Fragestellungen
Bei den umsetzungsmethodischen und prozessorientierten Fragestellungen sind das interne (Wissenschaftler) und externe Projekt (Wissenschaftler und Akteure) zu unterscheiden. Entsprechend sind die Fragen ausgerichtet:

— Mit welchem organisationsdiagnostischen Instrumentarium lassen sich prozessbegleitend die relevanten Leistungs- und Prozessmerkmale in der interdisziplinären Zusammenarbeit im internen Projekt identifizieren? Durch welche Maßnahmen können die Mitarbeitenden (individuell und als Gruppe) und die Projektorganisation bei der Optimierung der interdisziplinären Kooperation unterstützt werden?

— Welche Instrumente und Methoden sind geeignet, um im externen Projekt die Initiierung, Begleitung und Unterstützung von Veränderungen bei Akteuren, Gruppen und Organisationen durch Gestaltung und Optimierung von Kooperation und Kommunikation zu fördern?

In den Fragestellungen, die eine Problemlage grob umreißen, sind die Ziele eines Forschungsvorhabens bereits angelegt. Für die Zielformulierung werden sie in einen stringenten Zusammenhang gebracht, thematisch geordnet, Handlungsebenen zugeordnet und hierarchisiert. Dies wird in Kap. 3 vollzogen.

Literatur

Konold, W., R. Kirchner-Heßler, N. Billen, A. Bohn, W. Bortt, St. Dabbert, B. Freyer, V. Hoffmann, G. Kahnt, B. Kappus, R. Lenz, I. Lewandowski, H. Rahmann, H. Schübel, K. Schübel, S. Sprenger, K. Stahr, A. Thomas, 1997: BMBF-Förderschwerpunkt »Ökologische Konzeptionen für Agrarlandschaften« – Wege zu einer multifunktionalen, umweltschonenden Agrarlandschaftsgestaltung – Definitionsprojekt Hohenlohe-Franken. Unveröffentlichter Antrag mit Anhang zu Hauptphase, Universität Hohenheim, Institut für Landschafts- und Pflanzenökologie

BMBF 1996: Ökologische Konzeptionen für Agrarlandschaften – Rahmenkonzept Bundesministerium für Bildung und Forschung. Bonn

3

Interdisziplinär und problemorientiert arbeiten, Akteure beteiligen, nachhaltige Projekte umsetzen: Die Ziele des Modellvorhabens Kulturlandschaft Hohenlohe

Alexander Gerber, Ralf Kirchner-Heßler, Werner Konold, Hubert Schübel

Wie die Fragestellungen gezeigt haben, bewegt sich das *Modellvorhaben Kulturlandschaft Hohenlohe* auf verschiedenen Ebenen. Im Kern sollen Erkenntnisse darüber erlangt werden, wie der Wissenstransfer zwischen Wissenschaft und Praxis für eine nachhaltige Landnutzung methodisch optimiert werden kann. Darüber hinaus sollen mit den Akteuren, also den Menschen, die im Untersuchungsgebiet leben, arbeiten, gestalten und entscheiden, konkrete Projekte ländlicher Regionalentwicklung umgesetzt werden. Denn es sind diese Menschen, die konkret vor Ort eine umweltgerechte Landnutzung verwirklichen können, weil sie unmittelbar in die Gegebenheiten ihrer Region eingebunden sind, die Bewirtschafter der Fläche oder die Entscheidungsträger sind. Sie verknüpfen ihre eigenen Interessen mit konkreten Handlungen in der Lebenswelt, die im positiven Sinne eigennützig zielgerichtet sind. Erst durch diese konkreten Handlungen zeigt sich die Realisierbarkeit von Konzepten.

Unter diesen Gesichtspunkten können drei Zielebenen unterschieden werden: Das Modellvorhaben verfolgt umsetzungsbezogene, umsetzungsmethodische und disziplinäre wissenschaftliche Ziele. Bei den *umsetzungsbezogenen* Zielen geht es darum, mehrere ganz konkrete, miteinander vernetzte Einzelprojekte zu realisieren, die für alle nachvollziehbar der nachhaltigen Entwicklung der Untersuchungsregion dienen. Diese Ziele, respektive die daraus resultierenden konkreten Projektergebnisse, sind für alle Beteiligten in der Region und darüber hinaus unmittelbar oder mittelbar, etwa über die Medien, wahrnehmbar.

Die *umsetzungsmethodischen* Ziele beziehen sich auf den Prozess und die Organisation der Kooperation innerhalb der interdisziplinären Wissenschaft sowie zwischen Wissenschaft und Praxis und deren Evaluierung. Um diese Ziele zu erreichen, werden Handwerkszeug und Begründungen für die Anwendung bestimmter Methoden vermittelt. Die Erkenntnisse darüber sind nützlich für die methodische Herangehensweise zukünftiger, ähnlich komplexer Projekte. Die umsetzungsmethodi-schen Ziele sind auch von *wissenschaftlicher* Bedeutung. Es geht darum, neue Erkenntnisse zur Methodik des Wissenstransfers sowie zur inhaltlichen Konzeption und der Umsetzung einer nachhaltigen Regionalentwicklung zu erlangen.

Eine weitere Zielebene besteht darin, zu sektoralen, disziplinären wissenschaftlichen Ergebnissen zu gelangen, die in einschlägigen Fachzeitschriften publiziert werden können und die der engeren wissenschaftlichen Qualifizierung und Profilierung der MitarbeiterInnen dienen.

Einerseits definiert die Projektgruppe *Kulturlandschaft Hohenlohe* also für sich selbst Ziele und andererseits legt sie gemeinsam mit den Akteuren für die Einzelprojekte Ziele fest. Diese Ziele auf Teilprojektebene werden bei der Darstellung der einzelnen Teilprojekte in Kapitel 8 jeweils genannt, während an dieser Stelle die von der Projektgruppe für das Gesamtprojekt definierten Ziele erläutert werden. Um sie entsprechend einer zielorientierten Projektplanung zu strukturieren und in der internen Projektlogik nachvollziehbar zu machen, wurden die Ziele innerhalb einer Projektplanungsübersicht, wie sie die GTZ in ihren Planungsmethoden verwendet, formuliert (vgl. Kap. 6.2).

Die Arbeit der Projektgruppe richtet sich nach dem **Oberziel**, dass menschliches Handeln und Gestalten in landwirtschaftlich geprägten Regionen dem Leitbild einer nachhaltigen Entwicklung folgt. Das Oberziel skizziert das übergeordnete Leitbild.

Das **Entwicklungsziel** beschreibt die angestrebte Verbesserung in der Zukunft. Es gibt den Handelnden Orientierung und Motivation. Das Entwicklungsziel ergibt sich aus dem »Wollen« und »Können« der Zielgruppen. Es ist in der Regel nur erreichbar, wenn die betroffenen Menschen für die notwendigen Veränderungen selbst Initiative ergreifen und Verantwortung übernehmen. Im Falle des Modellvorhabens soll als Entwicklungsziel erreicht werden, dass die Menschen in der Projektregion bessere Möglichkeiten haben, die Kulturlandschaft nachhaltig zu nutzen und zu gestalten und diese Möglichkeiten anwenden.

Das Projektziel schließlich umfasst erwartete Ergebnisse, die durch Leistungen des Projektes selbst auf Zielgruppenebene eintreten sollen, sowie notwendige Veränderungen im Handeln der Menschen, die ihre Situation verbessern wollen. Folgende Projektziele sollten nach Durchführung des *Modellvorhabens Kulturlandschaft Hohenlohe* erreicht worden sein:
— In der Projektregion sind zusammen mit den Akteuren ökologische, wirtschaftliche und soziale Potenziale für eine nachhaltige Landnutzung identifiziert und weiterentwickelt.
— Als Beitrag zur Regionalentwicklung sind auf dieser Grundlage Konzepte für die Nutzung und Gestaltung der Kulturlandschaft erstellt und umgesetzt.
— Die Umsetzung ist wissenschaftlich begleitet, Ergebnisse und Methoden sind evaluiert und hinsichtlich ihrer Übertragbarkeit bewertet.

Arbeitsziele beschreiben Zustände, die zur Erreichung des Projektziels als Vorbedingung notwendig sind. Sie werden von den Mitarbeitern und den Partnern des Projekts unter Nutzung der dem Projekt und den Partnern zur Verfügung stehenden Ressourcen erarbeitet. Um zu verdeutlichen, welcher Zustand erreicht werden soll, werden die Ziele aktiv als dieser erreichte Zustand formuliert. Wie im Folgenden dargestellt, wurden im *Modellvorhaben Kulturlandschaft Hohenlohe* zunächst übergeordnete Arbeitsziele formuliert:

Potenziale, nachhaltige Landnutzung, Leitbilder
— Vorhandene Informationen über ökologische, ökonomische und soziale Entwicklungs- und Gefahrenpotenziale der Landnutzung sind zusammengetragen und, soweit notwendig, durch eigene Untersuchungen ergänzt.
— Hemmnisse für die Umsetzung nachhaltiger Landnutzung sind identifiziert.
— Wissenschaftler und Akteure kennen die Zusammenhänge und die gegenseitige Beeinflussung zwischen landwirtschaftlicher und gewerblicher Produktion, Vermarktung, Siedlungsentwicklung, Ressourcenschutz, Naturschutz, Wasserwirtschaft, Fremdenverkehr sowie sozialem Empfinden und regionaler Identität.
— Die Akteure haben sich auf verschiedenen Handlungsebenen über Leitbilder und Ziele für die nachhaltige Entwicklung verständigt.
— Für das Untersuchungsgebiet stehen Szenarien sowie Entscheidungshilfen und -instrumentarien für die Landschaftsplanung und Landnutzung zur Verfügung. Sie werden für die unterschiedlichen Flächeneinheiten, z.B. Betrieb, Talaue, Gemeinde und in aggregierter Form für die Region, genutzt.

Konzepte und Maßnahmenbündel – Erstellung und Umsetzung
— Um bestehende Entwicklungspotenziale zu nutzen, Gefahrenpotenziale zu reduzieren und praktische Probleme zu lösen, sind im Dialog mit den Akteuren gemeinsame Handlungskonzepte und Verfahren entwickelt, erprobt und angewandt.
— Die Beteiligten an diesen Vorhaben haben die verschiedenen Interessen und Wechselwirkungen abgewogen und sind zu einem tragbaren Konsens gekommen.
— Die Akteure sind bereit, erprobte Maßnahmen weiterhin umzusetzen. Sie sind in der Lage, Ressourcen schonende Verfahrensalternativen selbständig zu planen und zu bewerten.

— Durch Zielgruppen- und Teilnehmerorientierung sind die Forschungsaktivitäten transparent verlaufen und den Bedürfnissen angepasst worden. Dies hat die Umsetzung gefördert. Zwischenergebnisse, neue Erkenntnisse oder veränderte Bedingungen sind während des Projekts zum Tragen gekommen und haben im Bedarfsfall zur Anpassung von Zielen und Vorgehensweisen geführt.

Bewertung, Erfolgskontrolle, Übertragbarkeit

— Die Wirkungen und Ergebnisse umgesetzter Maßnahmen sind festgestellt, von Akteuren und Wissenschaftlern bewertet und in den laufenden Prozess konstruktiv eingeflossen.

— Auf einzelbetrieblicher oder kommunaler Ebene gewonnene Erkenntnisse sind hinsichtlich ihrer Übertragbarkeit auf die Region überprüft. Auch die entwickelten Methoden und die umgesetzten Maßnahmen sind bezüglich ihrer Übertragbarkeit auf andere Regionen bewertet.

— Für Ist-Analyse und Erfolgskontrolle sind jeweils geeignete Indikatoren gefunden und eingesetzt. Sie sind in einem Erfolgskontrollsystem für die verschiedenen Bereiche (sozial, ökonomisch, ökologisch, politisch) zusammengefasst.

— Methoden und Vorgehensweisen für interdisziplinäre und partizipative Zusammenarbeit sind erprobt, dokumentiert und bewertet. Die gewonnenen Erfahrungen sind für zukünftige, vergleichbare Projekte verfügbar.

— Aktuelle agrar- und umweltpolitische Instrumente sind im Hinblick auf die Förderung einer nachhaltigen Entwicklung bewertet und Vorschläge für eine zielkonforme Anpassung bzw. Weiterentwicklung sind erarbeitet.

Die wissenschaftliche Auseinandersetzung mit den komplexen Problemen nachhaltiger Entwicklung bedarf der Zusammenarbeit zwischen gesellschaftswissenschaftlichen, ökonomischen und ökologischen Disziplinen. Diese Zusammenarbeit stellt eine anspruchsvolle Aufgabe dar, deren methodische und soziale Herausforderung bisher wenig bekannt sind. Deshalb war ein weiteres Ziel des Modellvorhabens, Erkenntnisse über die Faktoren erfolgreichen Arbeitens in interdisziplinär und problemorientiert zusammenarbeitenden Projektteams zu erlangen. Die interne Kooperation selbst ist somit Gegenstand begleitender organisationspsychologischer Forschung (siehe Kap. 6.6, 9.1).

4

Die Projektregion

Ralf Kirchner-Heßler

4.1 Abgrenzung des Untersuchungsgebiets

Der Untersuchungsraum liegt im Nordosten Baden-Württembergs in der Region Franken. Schwerpunkte der Aktivitäten des Forschungsvorhabens erstreckten sich auf das »engere Untersuchungsgebiet«. Es umfasst die Jagsttalgemeinden zwischen Langenburg im Landkreis Schwäbisch Hall, Mulfingen, Dörzbach, Krautheim und Schöntal im Hohenlohekreis und die im Landkreis Heilbronn gelegenen Gemeinden Jagsthausen, Widdern, Möckmühl und Neudenau. Das »weitere Untersuchungsgebiet« bezog sich ursprünglich auf die drei genannten Landkreise. Im Zuge der Projektentwicklung ergaben sich infolge der thematischen oder akteursorientierten Ausrichtung neue räumliche Schwerpunkte. So wurde im Teilprojekt *Konservierende Bodenbearbeitung* (Kap. 8.1) die Gemeinde Roigheim im Landkreis Heilbronn einbezogen. Da die Teilprojekte *Panoramakarte* (Kap. 8.13) und *Themenhefte* (Kap. 8.14) die touristische Inwertsetzung des naturräumlich vergleichbaren, in den Muschelkalk eingetieften Jagsttals verfolgten, konnten die Kommunen Bad Friedrichshall, Kirchberg a. d. Jagst, Satteldorf und Crailsheim für die Zusammenarbeit interessiert werden. Mit zwei vermarktungsorientierten Teilprojekten wurden drei weitere Landkreise tangiert. So umfasst das Einzugsgebiet der Erzeugergemeinschaft Bœuf de Hohenlohe (Kap. 8.3) auch den Ost-Alb- und Rems-Murr-Kreis. Die »Erzeugergemeinschaft ökologischer Streuobstanbau Hohenlohe-Franken« ist gleichfalls im Main-Tauber-Kreis aktiv. Im Arbeitskreis Landschaftsplanung (Kap. 8.8) sowie im Teilprojekt *Gewässerentwicklung* (Kap. 8.11) wurde der Erlenbach, ein Nebengewässer der Jagst, eingehend bearbeitet, wodurch die Gemeinden Ravenstein (Neckar-Odenwald-Kreis) und Assamstadt (Main-Tauber-Kreis) zu einem weiteren räumlichen Arbeitsschwerpunkt wurden.

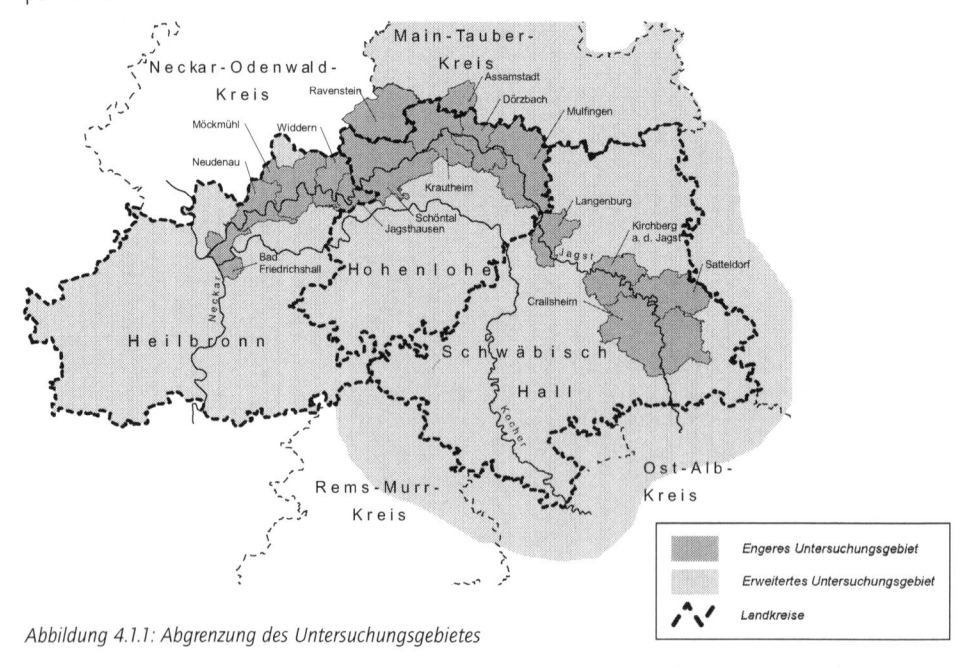

Abbildung 4.1.1: Abgrenzung des Untersuchungsgebietes

Norbert Billen, Kirsten Schübel, Ralf Kirchner-Heßler, Berthold Kappus

4.2 Naturraum

Das Projektgebiet ist ein Ausschnitt des südwestdeutschen Schichtstufenlandes und gehört drei Naturräumen an. Den größten Teil nimmt der Naturraum »Kocher-Jagst-Ebene« ein. Kleinere Gebiete sind der »Hohenloher-Haller-Ebene« und dem »Bauland« zuzuordnen (MEYNEN & SCHMITHÜSEN 1962). Das Gebiet ist durch den Wechsel von flachwelligen Ebenen und tief eingeschnittenen Flusstälern geprägt. Die Ebenen liegen auf einer Höhe von 300 bis 400 Meter über dem Meeresspiegel. Die Flusstäler der Jagst mit ihren Nebenflüssen sind bis zu 200 Meter tief in die Hochflächen eingeschnitten und zerteilen die Hochfläche stark (HEIN 1999). Die ackerbaulich intensiv genutzten Hochflächen entsprechen dem flachwelligen und großräumig gegliederten Landschaftsbild des Korngäu, die durch Steinriegel gegliederten Talhänge dem des kleinräumig gegliederten Heckengäu.

4.2.1 Historische Entwicklung

Vom Gestein zur Landschaft
Die an der Erdoberfläche des Untersuchungsgebietes sichtbaren Gesteine sind in der Triaszeit entstanden. Vor 210 Millionen Jahren senkte sich Süddeutschland so weit ab, dass von Norden her Meer eindrang. Das Muschelkalkmeer bedeckte große Teile von Deutschland und Teile der Nachbarländer (GEYER & GWINNER 1991: 76). Der Muschelkalk verdankt seinen Namen dem Reichtum an Meeresmuscheln. Er besteht aus marinen Flachwasserablagerungen v.a. von Kalk-, Tonsteinen und Mergeln. Vor 200 Millionen Jahren, am Ende der Muschelkalkzeit, verlandete das Meer. Während der Keuperzeit (200 bis 195 Millionen Jahre) war das Gebiet zeitweise Festland und zeitweise vom Meer überflutet. Während der Festlandzeiten wurden Sande und Tonsteine abgelagert, während der Überflutungszeiten bildeten sich Mergel, Dolomitschichten und Gips (STIER et al. 1989: 31). Seit dem Ende der Jurazeit vor 145 Millionen Jahren blieb das Untersuchungsgebiet ununterbrochen Festland. In der folgenden Kreidezeit begann die Ausbildung der Schichtstufenlandschaft, die während des Tertiärs (vor 65 Millionen bis 2 Millionen Jahre) und Quartärs (Beginn vor 2 Millionen Jahre) andauerte. Vor ca. 40 Millionen Jahren setzte die Absenkung des Oberrheintalgrabens und Oberschwabens unter gleichzeitiger Anhebung des Untersuchungsgebietes ein. Eine besondere Bedeutung für die Ausbildung der Schichtstufenlandschaft kommt der Quartärzeit zu, da während der Eiszeiten massive Verwitterungsvorgänge stattfanden. Das Gebiet war in den Glazialzeiten nicht vergletschert, die Böden bei entsprechender Gründigkeit aber mehrere Meter tief gefroren (HAGDORN & SIMON 1988: 120). Die Vereisungen beschleunigten die Abtragungsvorgänge, wobei sich die verschiedenen Gesteine gegenüber der Verwitterung unterschiedlich widerstandsfähig erwiesen. Die Kalksteine des Jura wurden durch Erosionsvorgänge wieder abgetragen (HAGDORN & SIMON 1988: 118). Die tektonische Aufwölbung des fränkischen Schildes steigerte die Erosionsleistung der Jagst derart, dass sie sich bis zu 200 Meter tief in die Ebene eingraben konnte. Eiszeitliche und nacheiszeitliche Bildungen sind die Schwemmfächer. Sie entstanden an den Einmündungen von Seitenzuflüssen in das Jagsttal durch die bei Hochwasser abgelagerten Schuttmassen. Nacheiszeitliche Bildungen sind auch die Kalksinter.

Siedlungsgeschichte

Vor unserer Zeitrechnung
Schon in vorgeschichtlicher Zeit war die Hohenloher Ebene besiedelt. So sind z.b. aus der Zeit der Kelten Ringwälle (große Festungen) und Grabhügel erhalten. Letztere findet man vor allem auf dem Höhenzug zwischen Kocher und Jagst (SAENGER 1957: 25). In der La-Täne-Zeit wies die Hohenloher Ebene eine dichte und wohlhabende Besiedlung auf (KOST 1936: 64).

Römische Zeit
In den ersten Jahrhunderten unserer Zeitrechnung wurde die Kontinuität der Besiedlung unterbrochen (SAENGER 1957: 25). Die Römer dehnten ihren Herrschaftsbereich, den sie mit dem Limes befestigten, Mitte des zweiten Jahrhunderts bis zum Westrand der Hohenloher Ebene aus. Der Unterlauf der Jagst gehörte bis zur Höhe von Jagsthausen zum Römischen Reich. Das Gebiet war der Römischen Provinz Obergermanien zugeteilt. In Jagsthausen selbst ist ein Römerlager nachweisbar. Der größte Teil des Jagsttales lag außerhalb des römischen Herrschaftsbereiches und war weitgehend unbewohnt. WELLER (1923: 65 ff.) vermutet, dass die Römer das Gebiet zur Sicherung ihrer Grenzen bewusst veröden ließen.

Alemannen und Franken
Das Jagsttal wurde erst ab dem fünften Jahrhundert durch die Alemannen besiedelt (SAENGER 1957: 26). Die Besiedlung erfolgte talaufwärts, ausgehend vom Neckarbecken. Die Mehrzahl der Siedlungen wurde im Talraum bevorzugt auf den Schwemmfächern der Seitenbäche gegründet, da die Schwemmfächer erhöht lagen und daher weniger durch Hochwasser gefährdet waren (SAENGER 1957: 54). Diese ältesten Siedlungen weisen sehr oft Ortsnamen mit der Endung »ingen« auf (z.B. Berlichingen, Mulfingen).

Um das Jahr 500 n. Chr. wurden die Alemannen von den Franken besiegt und Richtung Süden gedrängt. Die von den Franken seit dem sechsten Jahrhundert gegründeten Siedlungen sind an der Endung »heim« der Ortsnamen erkennbar (z.B. Krautheim).

Als die Bevölkerung zunahm, wurden auch dorfferne Teile der Gemarkungen gerodet und neue Ortschaften, die so genannten »Ausbauorte« angelegt. Diese Siedlungen entstanden entweder in den Seitentälern der Jagst oder, falls diese keinen Platz für eine Ansiedlung boten, am Rand der Hochebene (SAENGER 1957: 27). Häufig trifft man hier auf die Nachsilben »bach«, »feld« und »hausen«, wie z.B. Dörzbach, Laibach, Aschhausen). Die Hochebene wurde erst im Hochmittelalter, im zehnten bis zwölften Jahrhundert, besiedelt.

Weiterer Siedlungsausbau und Wüstungsperiode
Seit der Karolingerzeit wurde die Rodung des Waldes, der in den Besitz verschiedener großer Grundherrschaften gelangt war, immer stärker vorangetrieben und im Wesentlichen im 13. Jahrhundert abgeschlossen (SAENGER 1957: 28). Zwischen der Mitte des 13. Jahrhunderts und dem Anfang des 16. Jahrhunderts trat eine rückläufige Siedlungsentwicklung ein, die sogenannte Wüstungsbildung. In dieser Zeit wurden auf Grund von Kriegseinwirkungen und Seuchen ca. zwei bis drei Ortschaften pro Gemarkung aufgegeben. Eine weitere Ursache für die Aufgabe von Siedlungen waren die neu erfolgten Stadtgründungen, die eine verstärkte Landflucht zur Folge hatten (SAENGER 1957: 29/30).

Neue Siedlungsformen Burgen und Städte
Ab dem zwölften Jahrhundert wurde das Siedlungsbild um zwei völlig neuartige Siedlungsformen bereichert, die Burgen und die Städte. Hohenlohe – Land der Burgen und Schlösser – so liest man in zahlreichen Werbeprospekten. Im Jagsttal sind zwischen Crailsheim und Bad Friedrichshall heute noch 22 Burgen und Schlösser sowie fünf Ruinen erhalten. Die meisten der Burgen entstanden im 12. und 13. Jahrhundert. Zwei Voraussetzungen förderten die Anlage von Burgen. Das Relief, verbunden mit dem Einschnitt des Jagsttales in die Hochebene, bot an den Talkanten ideale Bedingungen für den Bau von Burgen. Außerdem war das Gebiet im Mittelalter im Besitz des salisch-staufischen Königshauses, das hier seine ritterlichen Dienstmannen mit eigenen Herrensitzen ansiedelte. Im Laufe der Jahrhunderte verfielen zahlreiche Burgen, da mit dem Untergang des salisch-staufischen Hauses und dem Aufkommen der Territorialherren sowie der Söldnerheere dem Dasein der Ritter die Grundlage entzogen wurde. Burgen, in deren Umgebung Dorf- oder Stadtgründungen stattgefunden hatten, blieben dagegen meist erhalten und wurden später zu Residenzschlössern umgebaut, wie z.B. in Langenburg und Bartenstein (SAENGER 1957: 30). Die Schlossbauten erforderten in der Regel eine größere Grundfläche als die vorangegangene Burg. So wurde diese häufig abgetragen, zu einer Bastion umgestaltet und dahinter, auf einem größerem Platz, ein Schloss errichtet. Aber auch vollständige Neubauten entstanden, die meisten in der zweiten Hälfte des 16. Jahrhunderts bis in das 18. Jahrhundert hinein.

Die Stadtgründungen des Mittelalters hatten besonders weit reichende Bedeutung, da sich hier das Gewerbe und Marktwesen weiterentwickelte und die Landbevölkerung in die Städte zog. In der Regel wurden die Städte an der Stelle eines bereits bestehenden Dorfes errichtet. Die meisten Städte wurden vom 13. Jahrhundert bis zur ersten Hälfte des 14. Jahrhunderts gegründet, wie z.B. Langenburg und Kirchberg (SAENGER 1957: 31).

Territorialherrschaften
Die Siedlungsentwicklung vom späten Mittelalter bis ins 19. Jahrhundert hinein war stark durch die zahlreichen Territorialherrschaften geprägt. Sichtbare Zeugen dieser kleinteiligen Territorialgeschichte sind die zahlreichen historischen Bauwerke wie Burgen, Schlösser, Klöster und Kirchen. Die Territorialherren beeinflussten die Entwicklung hauptsächlich durch die Aufteilung von eigenem Grundbesitz, die Gründung neuer bäuerlicher Siedlungen und den Bau herrschaftlicher Höfe (SAENGER 1957: 85, vgl. auch Kap. 4.4.1).

19. und 20. Jahrhundert
Da sich die Industrialisierung im 19. Jahrhundert auf den Unterlauf der Jagst nahe Heilbronn konzentrierte, kam es nur dort zur Ansiedlung von Industrie oder Gewerbe. Der jagstaufwärts gelegene Talraum blieb ausschließlich agrarisch geprägt (WIELAND 1999). Die Dörfer zeigten im 19. Jahrhundert nur selten eine Vergrößerung ihrer Siedlungsfläche (SAENGER 1957: 87). Nach dem Zweiten Weltkrieg nahm die Ansiedlung von Industrieunternehmen stark zu. Erst jetzt wurden in den verkehrgünstiger gelegenen Städten neue Wohnsiedlungen angelegt (vgl. Kap. 4.3.1).

Diese Siedlungsstruktur hat sich bis heute in weiten Teilen erhalten. Die Mehrzahl der Städte und der bevölkerungsstarken Orte befindet sich in den Tallagen oder an den Talhängen; hin und wieder gesäumt von Burgen, Schlössern oder Ruinen. Die Hochflächen sind nur dünn besiedelt, kleine Weiler und Einzelgehöfte, die oft in Mulden eingebettet sind, bestimmen das Bild (HEIN 1993).

Ansicht

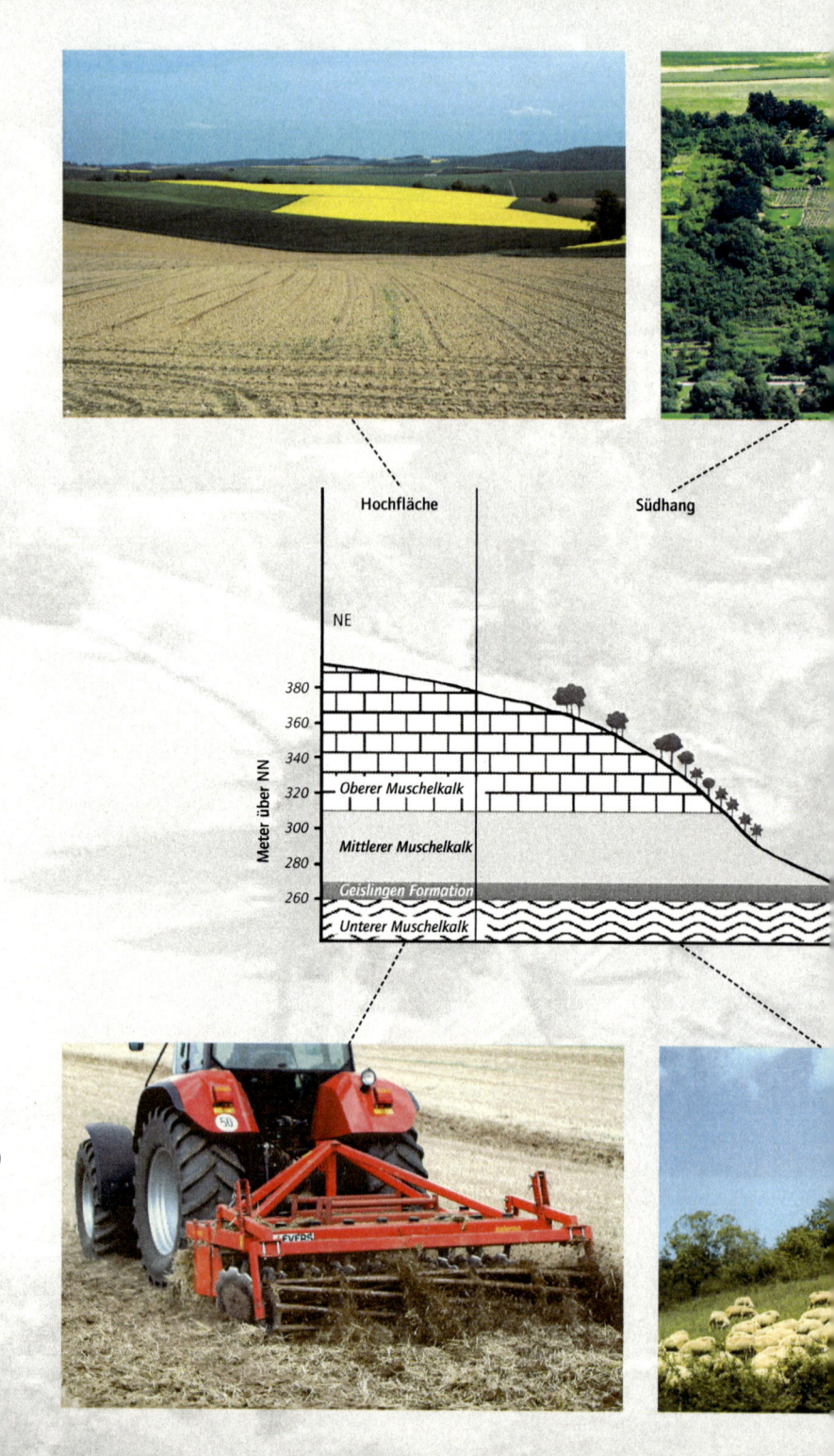

Übersicht

Hochfläche | Südhang

NE

Meter über NN
- 380
- 360
- 340
- 320 *Oberer Muschelkalk*
- 300
- 280 *Mittlerer Muschelkalk*
- 260 *Geislingen Formation*
- *Unterer Muschelkalk*

Nutzung

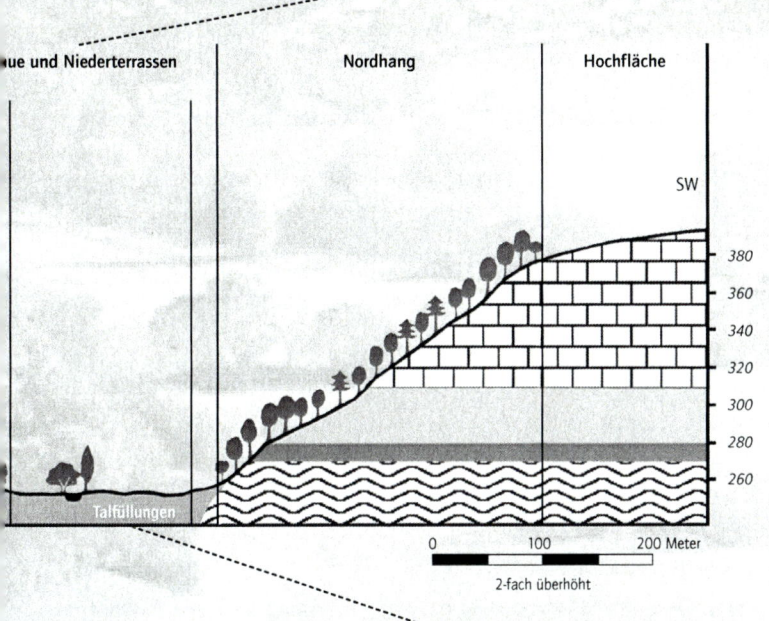

| Aue und Niederterrassen | Nordhang | Hochfläche |

SW

380
360
340
320
300
280
260

Talfüllungen

0   100   200 Meter

2-fach überhöht

Kulturlandschaftsgeschichte
Mit der Besiedlung des Jagsttals im 5. Jahrhundert wurden auch die ersten Wälder gerodet (SAENGER 1957). Im Mittelalter wurde Subsistenzwirtschaft in Form der Dreifelderwirtschaft kombiniert mit ausgedehnter Weidewirtschaft betrieben (BRENDLER 1930, HEROLD 1965). Die besiedelte Landschaft war von Ackerflächen und Beweidung geprägt. Nur die bestellten Felder und die Flächen innerhalb des Dorfetters, der die Dörfer in Form von Zäunen oder Hecken von der restlichen Gemarkung abtrennte, waren von der Beweidung ausgenommen. Alle übrigen Flächen, also auch die Wälder, wurden beweidet.

Im 10. Jahrhundert begann im Jagsttal mit der Anlage der ersten Weinberge die Umgestaltung der Talhänge (DORNFELD 1868, VOLZ 1850, SCHRÖDER 1953). Viele nach Süden, Westen oder auch Osten geneigte Hänge wurden terrassiert und mit Trockenmauern befestigt. Bis zum 17. Jahrhundert dehnte sich der Weinbau talaufwärts aus. Wein war das Alltagsgetränk der Bevölkerung und erzielte den höchsten Gewinn pro Fläche. Da im 17. Jahrhundert neben den Hängen auch zum Teil im Talraum und auf der Hochebene Weinbau betrieben wurde, prägten damals die Rebflächen die Landschaft des Untersuchungsgebietes (SCHRÖDER 1953). Seit dem 18. Jahrhundert ging der Weinbau kontinuierlich zurück (OAB Gerabronn 1847, OAB Neckarsulm 1881, OAB Künzelsau 1883, SCHRÖDER 1953).

Im 18. und verstärkt im 19. Jahrhundert kam der Streuobstbau auf. Oft wurden Rebanlagen in Baumwiesen umgewandelt. Zudem fanden großflächige Pflanzungen, vor allem von Apfel- und Birnbäumen entlang der Wege und Strassen, auf den Allmendflächen, auf Wiesen und Äckern sowie in den Gärten statt (OAB Gerabronn 1847, OAB Neckarsulm 1881, OAB Künzelsau 1883, SAENGER 1957). Einerseits trugen wirtschaftliche Gründe zur Ausbreitung des Streuobstbaus bei, für Most wurden z. T. höhere Preise als für Wein erzielt und auch der Absatz von Dörrobst entwickelte sich lukrativ. Andererseits erfuhr der Obstbau in Württemberg eine gesetzliche Förderung (SAENGER 1957).

Der Ackerbau in Form der verbesserten Dreifelderwirtschaft dominierte im 19. Jahrhundert die landwirtschaftlich genutzten Flächen im Untersuchungsgebiet (SAENGER 1957). Daneben gab es noch ausgedehnte Flächen, die regelmäßig durch Schafe beweidet wurden. Die Schafzucht bildete damals einen wichtigen Pfeiler der Landwirtschaft (OAB Gerabronn 1847, OAB Neckarsulm 1881, OAB Künzelsau 1883). Exporte von »gemästeten« Schafen hielten sich bis zum Ersten Weltkrieg. Auch die Gemeinden verdienten durch das Pachtgeld und die Pferchnutzung an den Weideflächen, da ihnen noch fast überall das Weiderecht zustand (OAB Neckarsulm 1881, RAUSER 1980).

Im 20. Jahrhundert ging sowohl der Streuobstbau als auch der Weinbau wegen mangelnder Rentabilität zurück. Reste der ehemals großen Streuobstbestände sind zum Teil noch an den Talhängen und im Umkreis der Siedlungen vorhanden. Die Relikte der ehemaligen weinbaulichen Nutzung, wie die dem Gefälle folgenden Steinriegel, die mit Trockenmauern gebauten Terrassen oder die Wasserstaffeln sind zum Teil noch erhalten. Die landwirtschaftliche Nutzung weist im Untersuchungsgebiet im 20. Jahrhundert zwei getrennte Entwicklungen auf. In den westlichen, am Unterlauf der Jagst gelegenen Gemarkungen blieb der Anteil der Ackerflächen konstant hoch. Dagegen wurden in den weiter jagstaufwärts gelegenen Gemarkungen viele Ackerflächen in Grünland umgewandelt (OAB Gerabronn 1847, OAB Neckarsulm 1881, OAB Künzelsau 1883, SCHRÖDER 1953, Statistisches Landesamt Baden-Württemberg 1993). Seit der Mitte des 20. Jahrhunderts kam es insgesamt zu einem Rückgang der landwirtschaftlich genutzten Flächen an den Hängen, da deren Nutzung unrentabel wurde. Als Folge davon nimmt einerseits durch Sukzession und andererseits durch Aufforstung der Waldanteil an den Hängen zu (KIRCHNER-HEßLER et al. 1997).

4.2.2 Aktuelle Situation

Das Gestein

Der geologische Untergrund des Gebietes wird von den Triasgesteinen Muschelkalk und Keuper gebildet, teilweise findet sich auch Buntsandstein. Im Talgrund der Jagst herrschen lehmige Auensedimente vor (GLA-BW 1993). Die Talhänge werden im westlichen Untersuchungsgebiet ab Schöntal-Winzenhofen fast ausschließlich vom Oberen Muschelkalk, im mittleren und östlichen Untersuchungsgebiet vorherrschend von allen drei Muschelkalkschichten gebildet. Im mittleren Projektgebiet schließt der Obere Muschelkalk die Hochfläche ab. Im westlichen und östlichen Projektgebiet steht im Übergangsbereich der Oberhänge zur Hochfläche häufig der untere Keuper (Lettenkeuper) an. Auf den Hochflächen wird an vielen Stellen der untere Keuper oder der Obere Muschelkalk von mehr oder weniger mächtigem Lösslehm überlagert. Das Kalkgestein ist teilweise verkarstet, was schwebende Karstgrundwässer zur Folge haben kann und sich im Landschaftsbild durch Trockentäler, Dolinen, Bachschwinden, Hang- und Kalktuffquellen sowie schroffe Klingen bemerkbar macht.

Die Böden

Das Bodenmuster der Hochfläche und Hänge ist vom Ausgangsgestein, vom Relief und der Nutzung abhängig. An den Talhängen sind Rendzinen bis hin zu (Pelosol-) Braunerden ausgeprägt. In sonnenexponierten Lagen sind jedoch infolge des Weinbaus Rigosole entstanden. Auf der Hochfläche haben sich auf Oberen Muschelkalk verschiedene Braunerden entwickelt. Auf Lettenkeuper sind mehr oder weniger steinhaltige Tonböden (Braunerde-Pelosole) entstanden, zum Teil vergesellschaftet mit wechselfeuchten Stauwasserböden (Pseudogleye). Dort wo die Gesteine der Hochfläche von Lösslehm überdeckt sind, kommen teilweise tiefgründige, steinfreie schluffige Böden (Parabraunerden) vor. Kolluvien lassen in den unterschiedlichen Kleinlandschafen auf eine weit zurückreichende Landbewirtschaftung schließen. In den Talauen herrschen tiefgründige, kalkreiche braune Auenböden mit differierendem Grundwassereinfluss aus schluffigem Lehm vor (GLA-BW 1993, LEHMANN et al. 1999). Die von LEHMANN et al. 1999 (vgl. auch Kap. 8.10) mit Angaben zur Geologie, Relief, repräsentativen Bodenformgruppen und Nutzung entworfenen Konzeptbodenkarte im Maßstab 1:25.000 weist 47 unterschiedliche Bodeneinheiten auf. Die mittleren Ertragsmesszahlen liegen zwischen 63 im Landkreis Heilbronn und 37 im Landkreis Schwäbisch Hall. Die Erosionsgefahr der Böden ist zum Teil sehr groß (K-Faktor bis 0,7, nach SCHWERTMANN et al. 1987), die Gefahr von Nitratverlusten durch Auswaschung ebenfalls (jährliche Austauschhäufigkeit des Bodenwassers nach FREDE & DABBERT 1998, bis 480 Prozent).

Das Klima

Das Projektgebiet ist im westlichen Neckarbecken ozeanisch geprägt und weist eine mittlere jährliche Lufttemperatur von über 9° C auf. Nach Osten hin nimmt es mit zunehmender Höhenlage kontinentalere Züge an, die mittlere jährliche Lufttemperatur beträgt 7° C. Die Anzahl der Frosttage liegt zwischen 70 und 96 Tagen (ALLB Öhringen 2002, ALLB Ilshofen 200, ALLB Heilbronn 2002). Die mittlere jährliche Niederschlagssumme liegt im Westen bei ca. 700 mm, im Osten bei ca. 820 mm (HÖHL 1993).

Die Kulturlandschaft

Den standortkundlichen Bedingungen folgend ist das westliche Projektgebiet (Landkreis Heilbronn, westlicher Hohenlohekreis) besonders für Ackerbau (76 Prozent der landwirtschaftlichen

Nutzfläche) aber auch Grünlandwirtschaft (12 Prozent) sowie Obst- und Weinbau (11 Prozent) geeignet, das östliche Gebiet (östlicher Hohenlohekreis, Landkreis Schwäbisch Hall) hingegen zunehmend für Grünlandwirtschaft (36 Prozent), abnehmend für Ackerbau (64 Prozent) sowie gar nicht für Obst- und Weinbau (WELLER 1999, Statistisches Landesamt BW 2002). Die Schwerpunkte der heutigen Landwirtschaft liegen insbesondere auf den flurbereinigten, vergleichsweise strukturarmen und flächenmäßig vorherrschenden Hochflächen. Die Talräume besitzen einen sehr großen Strukturreichtum, wie z.B. Steinriegel, Steinmauern, Weinbergtreppen und Wasserstaffeln infolge der intensiven Rebnutzung bis ins 19. Jahrhundert. Diese Grenzertragsstandorte sind infolge des Agrarstrukturwandels von der Nutzungsaufgabe bedroht, ihre Offenhaltung wird durch Agrarumweltprogramme des Landes Baden-Württemberg (z.B. MEKA 2000, Landschaftspflegerichtlinie 2001) angestrebt.

Die **Acker**-Feldfrüchte werden in der Region Franken als landesstatistische Einheit, in welcher das Untersuchungsgebiet liegt, mit 64 Prozent vom Getreide dominiert. Mit Abstand folgen Handelsgewächse wie z.b. Raps (11 Prozent), Futterpflanzen mit einem Maisanteil von mehr als 2/3 (10 Prozent) und Hackfrüchte wie z.b. Zuckerrüben und Kartoffeln (7 Prozent). Um 40 Prozent und mehr haben die Anteile von Kartoffeln, Roggen und Hafer von 1979 bis 1999 abgenommen. Diese Flächen werden nun großteils von Handelsgewächsen wie z.b. Raps eingenommen (Statistisches Landesamt BW 2002). Die Begleitflora auf den Äckern wird von Kalk- und Basenzeigern charakterisiert. Exemplarischen Untersuchungen im Raum Mulfingen zufolge (SEKINE 2000) sind auf den noch ackerbaulich genutzten Muschelkalkstandorten seltene Kalkackerunkräuter vertreten, z.b. solche der Adonisröschen-Gesellschaft in Winterfruchtkulturen. Mittlere bis gute Standorte auf Löss oder Lettenkeuper sind überwiegend durch das gänzliche Fehlen von Assoziations- und Verbandskennarten gekennzeichnet. Auf mehr als drei Viertel der Ackerfläche kommen in der Regel artenarme Klatschmohn- und Ackerspörgel-Gesellschaften vor, die durch verschiedene hochstete Arten gekennzeichnet sind. Die Fauna der Äcker auf den Hochflächen ist aufgrund der vielerorts fehlenden Randstrukturen wie Hecken, Bäume oder Ackersäume stark verarmt. So sind z.b. die Populationen der Rebhühner stark zurückgegangen bzw. lokal erloschen. Auch für die Insekten sind die Rahmenbedingungen teilweise ungünstig. So wurde für die Gemarkungen Ailringen und Hollenbach z.b. anhand von Heuschrecken nachgewiesen, dass lediglich wenige, und kaum wertgebende Arten auf Grünland und entlang von Saumstrukturen oder Randstreifen von Äckern vorkommen (KAPPUS et al. 2000).

Im **Grünland** haben sich in Abhängigkeit von Standort und Nutzung Fettwiesen und -weiden, Glatthaferwiesen, Salbei-Glatthaferwiesen, Kalkmagerwiesen, Weiden mittlerer Standorte, Kalkmagerweiden und vereinzelt Feuchtwiesen eingestellt (KIRCHNER-HEßLER et al. 1997, SCHÖNKE 2002). Die in der Fläche dominierenden Glatthaferwiesen herrschen auf der Hochfläche, in der Talaue sowie auf gut Wasser versorgten Standorten der Nordhänge vor. In nassen Mulden und Quellsümpfen der Aue, wie auch auf nassen Böden des Lettenkeupers treten vereinzelt Seggen-Glatthaferwiesen, auf feuchten Standorten Kohldistel-Glatthaferwiesen auf. Der Schwerpunkt des extensiv genutzten Grünlands liegt in den Hanglagen. An den südexponierten Talhängen herrschen die aus naturschutzfachlicher Sicht wertvollen Salbei-Glatthaferwiesen und Kalkmagerrasen vor. Beweidung leitet in Abhängigkeit von der Nutzungsintensität zu Weidelgras-Weißkleeweiden oder Kalkmagerweiden über. Auf den Kalkmagerweiden treten Weideunkräuter wie Golddistel, Aufrechter Ziest oder Stengellose Kratzdistel in Erscheinung (KIRCHNER-HEßLER et al. 1997, FISCHER 2000, DRÜG 2000, SCHÖNKE 2002). Die Fettwiesen der Aue werden aufgrund der großen Produktivität mehrmals im Jahr geschnitten. Die Wiesen der Hochflächen ähneln denen der Auenwiesen. Die floristisch reichen, wechselfrischen Magerwiesen sowie die feuchten Wiesen sind auf der Hohenloher Ebene durch Drainage und Düngung sehr selten geworden (NEBEL 1986, DRÜG 2000). Im Übergang vom Grünland zu angrenzenden Gebüschen finden sich artenreiche Saumgesellschaften (LUICK 1988, KIRCHNER-HEẞLER et al. 1997). Für die Fauna wie z.B. Ameisen, Laufkäfer, Schwebfliegen, Spinnen, Heuschrecken und Vögel, bietet das zumeist extensiv genutzte und vielfältig untergliederte Hanggrünland wichtige Lebensräume (GLÜCK et al. 1996). In einem typischen Seitental im mittleren Jagsttal wurde an Süd- und Westhängen eine hohe Artenzahl von Wert gebenden Tagfaltern und Widderchen nachgewiesen, die über dem Durchschnitt vergleichbarer Standorte in Baden-Württemberg liegt (KAPPUS et al. 2000).

Streuobstflächen sind in den Talräumen Hohenlohes ein landschaftsprägendes, ästhetisch wertvolles Kulturlandschaftselement. Sie finden sich an den Talhängen zumeist an den Hangschultern, am flachen Unterhang oder auf den tiefgründigeren Böden im Mittleren Muschelkalk und wurden häufig nach Aufgabe des Weinbaus angelegt. Sie sind meist arten- und sortenreich und beherbergen Apfel-, Birnen-, Zwetschgen-, Kirsch- und Walnussbäume, so beispielsweise in den bei Mulfingen und Dörzbach am Hang und auf der Hochfläche untersuchten Beständen. In ausgewählten Streuobstwiesen der Gemeinden Siglingen, Möckmühl und Widdern im unteren Jagsttal konnten 17 unterschiedliche Apfelsorten sowie 7 alte Mostbirnensorten nachgewiesen werden. Hierzu zählen alte, regionale Sorten wie *Öhringer Blutstreifling* und *Brettacher* (HÖCHTL 1997). Die heutigen Bestände sind mit einem Alter 35 bis 65 Jahren oftmals überaltert, das anfallende Streuobst wird nur bedingt genutzt. Mehr als drei Viertel der Bestände ausgewählter Flächen in den Gemeinden Mulfingen und Dörzbach sind der Alters- (circa 40–50 Jahre) und Abgangsphase zuzuordnen. Rund 80 Prozent der Bestände werden nicht gepflegt, was wiederum zu einem frühzeitigen Altern der Bäume führt (GRAF 1997, ECKSTEIN 2001).

An Weinbergsmauern der bewirtschafteten **Rebflächen** sind mediterrane und submediterrane Arten vertreten. Die Bewirtschaftung erfolgt im mittleren Jagsttal (Bieringen, Klepsau, Dörzbach) auf flurbereinigten, zumeist strukturarmen Flächen intensiv, im unteren Jagsttal (Neudenau, Möckmühl, Widdern) auf historischen, strukturreichen Rebflächen hingegen extensiv. Auf die traditionellen, in früheren Jahrhunderten angelegten Rebflächen an den südexponierten Hängen weisen die verbreiteten Steinriegel hin. Entscheidend für deren Zustand – die Steinriegel wurden ursprünglich offen gehalten – ist die Art der Nutzung sowie die angrenzende Vegetation. Auf brach gefallenen Rebflächen sind je nach Brachealter, Vorgeschichte und Umweltfaktoren Möhren-Bitterkraut-, Quecken-Ackerwinden-Gesellschaften oder Domoninanzbestände der kanadischen Goldrute sowie der Fiederzwenke anzutreffen. Mahd fördert einen Trespen-, Brand einen Fiederzwenken-Halbtrockenrasen (HÖCHTL 1997, KIRCHNER-HEẞLER et al. 1997, HÖCHTL & KONOLD 1998). Im ungestörten **Sukzessionsverlauf** kommt es zur Verbuschung z.B. mit Schlehen, Schlehen-Hartriegel- oder Schlehen-Liguster-Gebüschen mit hohen Deckungsgraden. Schlehen können durch Wurzelbrut-Ausläufer in nur 10 Jahren zur Dominanz gelangen und selbst noch nach 50 Jahren die Ausbildung einer Baumschicht verhindern. Wo dies nicht der Fall ist, setzen sich mit fortschreitender Sukzession z.B. Hasel, Feldahorn oder Stieleiche durch. Ihr Deckungsgrad reicht von 70 bis zu 100 Prozent, so dass die Krautschicht deutlich zurückgeht. In den darauf folgenden Vorwaldstadien treten z.B. Buche, Eiche, Esche, Feldahorn oder Hainbuche auf sowie Elemente der nitrophilen Säume und Waldbodenvegetation. (KIRCHNER-HEẞLER et al. 1997, HÖCHTL & KONOLD 1998, OSSWALD 2002).

In den naturnahen, standortgerechten **Wäldern** stellt die Buche die wichtigste Baumart dar. Waldbestände sind in den Talräumen vornehmlich an den Nordhängen und Oberhängen anzutreffen. Naturnahe Buchen-Eichwälder befinden sich auf den vergleichsweise tiefgründigen Böden der Hochflächen (OSSWALD 2002). Auf kalkarmen Standorten der Hochflächen sind Hainsimsen- und Waldmeister-Buchenwälder anzutreffen (NEBEL 1986). An den Prallhängen des Jagsttales treten so genannte Kleebwälder auf. Mit dem regional in Südwestdeutschland verwendeten Begriff »Kleebwald« werden geophytenreiche Wälder auf sehr tätigen Böden umfasst, die Elemente der Schlucht- und Blockwälder, Hainbuchen-Eichen-Wälder und Buchenwälder basenreicher Standorte enthalten (LfU 1997). In den Flussauen der Jagst fehlen hingegen ausgedehnte Waldbestände. Es lassen sich lediglich Fragmente der Hart- und Weichholzaue nachweisen, wie z.b. ein Eschen-Auwald bei Gommersdorf. Auf der Keuperhochfläche wurden große Teile der Waldbestände in Nadelholzkulturen (Fichte) umgewandelt. Auf kalkreichen, eher trockenen Böden können aus naturschutzfachlicher Sicht wertvolle, orchideenreiche Platterbsen- und Seggen-Buchenwälder ausgeprägt sein. An ebenfalls trockenen Standorten vorkommende Eichen-Hainbuchenwälder weisen auf die heute nicht mehr betriebene Mittelwaldwirtschaft hin. In scharf eingeschnittenen Klingen sind edellaubholzreiche Eschen-Ahorn-Schluchtwälder ausgebildet. An den Bächen und in Wasser führenden Dolinen dominieren Schwarzerle und Esche (NEBEL 1986, Forstamt Künzelsau 1976, OSSWALD 2002).

Das **Fließgewässer** Jagst ist ein naturnaher, sommerwarmer Fluss. Die Linienführung der Jagst ist weitgehend naturnah, während der Ufer begleitende Gehölzsaum, die Randstreifen sowie die Talbodennutzung häufig als »beeinträchtigt« zu bewerten sind. Im Raum Mulfingen besitzt die Jagst beispielsweise eine Gewässerstrukturgüte von 2 bis 4; Defizite bestehen hier vor allem in der Laufentwicklung, im Längsprofil sowie dem Gewässerumfeld. Ebenfalls problematisch ist die longitudinale Durchgängigkeit der Jagst. Zwischen Kirchberg und der Mündung wurden auf rund 115 Flusskilometern insgesamt 34 Querbauwerke erfasst, die für Fische überwiegend nicht passierbar sind (KAPPUS et al. 1999, SILIGATO et al. 2000, KIRCHNER-HEßLER et al. 2003). Bei den Ufergehölzen dominieren an der Jagst in der Gemeinde Mulfingen Esche, Schwarzerle, verschiedene Weidenarten (z. B. Purpurweide, Rötel-, Silberweide), Haselnuss, Pfaffenhütchen und Roter Hartriegel. An lichten Uferabschnitten bilden Rohrglanzgras und Brennnessel monodominante Bestände. Flügel-Braunwurz, Pestwurz, Wasserpfeffer, Ampfer-Knöterich oder Blutweiderich finden sich vor allem auf den von Sedimentumlagerungen geprägten Kies- und Sandbänken. Neophyten wie Topinambur und Drüsiges Springkraut wachsen in gehölzfreien, unbeschatteten Bereichen (KIRCHNER-HEßLER et al. 2003). Als submerse Makrophyten sind Knoten-Laichkraut und Wechselblütiges Tausendblatt fast in allen Abschnitten der Jagst im Gemeindegebiet Mulfingen vertreten. Häufig kommen Kamm-Laichkraut und Großes Quellmoos vor. Raues Hornblatt, Gelbe Teichrose und Kleine Wasserlinse besiedeln Gewässerabschnitte mit geringer Fließgeschwindigkeit. Selten findet sich der Haarblättrige Wasser-Hahnenfuß (KAISER 2001). Mit Eisvogel, Wasseramsel, Pirol, Flussuferläufer, seltenen Fischen, artenreichen Libellen- und Köcherfliegengemeinschaften ist das faunistische Inventar von landesweiter Bedeutung (PEISSNER & KAPPUS 1998). Die Jagst weist als eines der wenigen Gewässer Baden-Württembergs keine wesentlichen Gütedefizite auf (Gewässergüteklasse II), d.h. der Grad der organisch abbaubaren Belastung ist mäßig. In den Nebengewässern, vor allem in den kleineren Bächen auf der landwirtschaftlich intensiv genutzten Hochfläche, treten nicht selten Gütedefizite (Güteklasse >II) auf, so z.B. am Kressbach bei Neudenau (SCHWEIKER et al. 2000). Die Defizite der kleinen Fließgewässer spiegeln sowohl punktförmige Belastungsquellen (überwiegend Einleitungen) wider, als auch diffuse Stoffeinträge aus der Landnutzung (SCHWEIKER et al. 2002). Dies wird auch durch die Larven des Feuersalamanders indiziert (WILLIG & KAPPUS 2000). Von den auf der Kocher-Jagst-Ebene erfassten Gewässer (rund 300 km) ist die morphologische Gewässerstruktur auf 54 Prozent der Fließstrecke als »beeinträchtigt« und bei 6 Prozent als »naturfern« (LfU 1995) einzustufen. Zurückzuführen ist dies auf Begradigungen und Verbauungen im Zuge der Flurneuordnung in den 50er Jahren des 20. Jahrhundert. In den Ortslagen sind die Seitenzuflüsse der Jagst zum Teil erheblich verbaut, wie z.B. der Rötelbach in der Gemarkung Mulfingen (Gewässerstrukturgüteklasse 7 [dominierend] bis 5, KIRCHNER-HEßLER et al.

2003). Die Jagst führt regelmäßig Hochwasser. Dies ist, trotz zunehmender Flächenversiegelung und Begradigung der Nebengewässer, auf ein auch heute noch weit gehend natürliches Abflussregime zurückzuführen. Auch der verstärkte Bau von Hochwasserrückhaltebecken in den letzten 20 bis 30 Jahren hält die bei Hochwasser auftretenden Wassermengen nicht vollständig zurück. Dadurch werden wiederholt Siedlungsflächen, die auch gegenwärtig noch in den Jagstauen außerhalb der rechtskräftigen Überschwemmungsflächen zunehmen, überschwemmt.

Stillgewässer sind im Hohenloher Raum selten zu finden. Je nach Ausbildung weisen die Primär- oder Sekundärbiotope geschützte Röhrichte, Schlammboden- oder Tauch- bzw. Schwimmblattvegetation auf. Darüber hinaus bestehen im Projektgebiet im wesentlichen zwei Grundwassersysteme: das Karstwasser im Muschelkalk und das Grundwasser in den Flusskiesen und -sanden. Mehrere Brunnen zur Trinkwassergewinnung sind aufgrund zurückgehender Schüttung oder zunehmender Nitratbelastung geschlossen worden oder aktuell gefährdet. Ersatz wurde in den Auen durch tiefere, weniger belastete und ergiebigere Brunnen sowie durch den Anschluss an die Landesfernwasserversorgung vom Bodensee geschaffen.

Literatur

Brendler, E., 1930: Die Dreifelderwirtschaft in Württemberg. Ihre historische, natürlich und wirtschaftliche Begründung; Parey Verlag, Berlin: 221 S.
Dornfeld, J., 1868: Die Geschichte des Weinbaues in Schwaben; Cohen & Risch Verlag, Stuttgart: 272 S.
Drüg, M., 2000: Vegetation und Entwicklungszustand der Grünlandbiotope im mittleren Jagsttal in Hohenlohe. Unveröffentlichte Diplomarbeit im Fachbereich Landschaftsnutzung und Naturschutz der Fachhochschule Eberswalde
Eckstein, K., 2001: Qualitative und quantitative Analyse Wert bestimmender Kriterien für Streuobstbestände, dargestellt an Streuobstwiesen in Hohenlohe (Baden-Württemberg). Unveröffentlichte Diplomarbeit am Lehrstuhl für Vegetationsökologie der Technischen Universität München-Weihenstephan.
Fischer, B., 2000: Das mittlere Jagsttal bei Ailringen im Hohenlohekreis – Ein landschaftsökologisches Transekt. Unveröffentlichte Diplomarbeit am Geographischen Institut der Universität Tübingen
Forstamt Künzelsau, 1976: Beschreibung der Standortseinheiten und Wuchsbezirke 4/03 b und 4/17 im Forstbezirk Künzelsau, Forstliche Versuchs- und Forschungsanstalt, Freiburg
Frede, H.-G., S. Dabbert (Hrsg.), 1998: Handbuch zum Gewässerschutz in der Landwirtschaft. – ecomed Verlagsgesellschaft, Landsberg
Geyer, O. F., M. P. Gwinner, 1991: Geologie von Baden-Württemberg. – 4. neubearb. Aufl., Schweizerbart, Stuttgart
GLA-BW (Geologisches Landesamt Baden-Württemberg), 1993: Bodenübersichtskarte von Baden-Württemberg 1:200000, Blatt CC 7118, Stuttgart Nord, Karte und tabellarische Erläuterung. Freiburg
Glück, E., J. Deuschle, C. Trojan, S. Winterfeld, J. Blank, J. Spelda, s. Lauffer, 1996: Aufstellung regionalisierter Leitbilder zur Landschaftspflege und -entwicklung an brachgefallenen Talhängen von Kocher und Jagst – Tierökologischer Fachbeitrag. Unveröffentlichter Anhang zum Abschlußbericht des Instituts für Zoologie der Universität Hohenheim für das Institut für das Institut für Landschafts- und Pflanzenökologie der Universität Hohenheim im Auftrag der Bezirksstelle für Naturschutz und Landschaftspflege Stuttgart
Graf, S., 1997: Möglichkeiten der Nutzung von trockenen Talhängen im mittleren Jagsttal am Beispiel der Gemeinden Dörzbach und Ailringen – eine empirische Untersuchung. Unveröffentlichte Diplomarbeit am Institut für landwirtschaftliche Betriebslehre der Universität Hohenheim
Hagdorn, H., T. Simon, T., 1988: Geologie und Landschaft des Hohenloher Landes. 2. überarbeitete und erweiterte Auflage. Thorbecke; Sigmaringen
Hein, E., 1993: Ein geographischer Überblick. In: Bauschert, O. (Hrsg.) Hohenlohe. Kohlhammer Verlag; Stuttgart: 86-104
Hein, E., 1999: Die Hohenloher Landschaft: Porträt einer Region aus geographischer Sicht. Unveröffentlichter Beiträge zur Tagung »Eigenart und Schönheit der Hohenloher Landschaft« am 21.06.1999 in Schöntal

Herold, A., 1965: Der zelgengebundene Anbau im Randgebiet des Fränkischen Gäulandes und seine besondere Stellung innerhalb der südwestdeutschen Agrarlandschaften. Würzburger Geographische Abhandlungen 15. Selbstverlag des Geographischen Instituts der Universität Würzburg

Höchtl, F., 1997: Struktur und Vegetation von Weinbergen und Sukzessionsflächen brachgefallener Rebflächen im unteren Jagsttal – eine Analyse und Bewertung. Unveröffentlichte Diplomarbeit am Institut für Landschafts- und Pflanzenökologie der Universität Hohenheim

Höchtl, F., W. Konold, 1998: Dynamik im Weinberg-Ökosystem – Nutzungsbedingte raum-zeitliche Veränderung im unteren Jagsttal. Naturschutz und Landschaftsplanung 30 (8/9): 249-253

Höhl, G., 1993 in Borcherdt, C. (Hrsg.): Geographische Landeskunde von Baden-Württemberg, S. 225-250, Stuttgart

Kaiser, O., 2001: Kommentare zur Strukturgütekartierung der Jagst zwischen km 75,2 und 89,8. Unveröffentlichter Bericht am Institut für Landespflege der Albert-Ludwigs-Universität Freiburg

Kappus, B., S. Siligato, J. Böhmer, H. Rahmann, 1999: Ökologische Durchgängigkeit der Jagst zwischen Mündung Neckar und Langenburg. – Beiträge der Akademie für Natur- und Umweltschutz Baden-Württemberg 28: 103-114

Kappus, B., J. Böhmer, H. Rahmann, 2000: Modellvorhaben Kulturlandschaft Hohenlohe – Erprobung von sozialen, wirtschaftlich und ökologisch tragfähigen Konzepten der Landnutzung. Zwischenbericht über Zoologisch-faunistische sowie limnologische Beiträge für den Untersuchungszeitraum Januar 1999 bis Dezember 1999. Unveröffentlicher Bericht des Zoologischen Instituts der Universität Hohenheim, im Auftrag des Bundesministeriums für Bildung und Forschung (BMBF), Stuttgart – Hohenheim

Kirchner-Heßler, R., K. Schübel, P. Bosch, F. Höchtl, S. Graf, B. Altmann, J. Böhmer, B. Kappus, W. Konold, 1997: Aufstellung regionalisierter Leitbilder zur Landschaftspflege und -entwicklung an brachgefallenen Talhängen von Kocher und Jagst. Unveröffentlicher Bericht des Instituts für Landschafts- und Pflanzenökologie der Universität Hohenheim im Auftrag der Bezirksstelle für Naturschutz und Landschaftspflege Stuttgart

Kirchner-Heßler, R., O. Kaiser, W. Konold, 2003: Gewässerstrukturgüte. In: Beuttler, A., R. Lenz (Hrsg.), 2003: Umweltbilanz Gemeinde Mulfingen. Ökom-Verlag, München, im Druck

Kost, E., 1936: Die Besiedlung Württembergisch Frankens in vor und frühgeschichtlicher Zeit. Zeitschrift für Württembergisch Franken, N. F. 17/18

Landschaftspflegerichtlinie, 2001: Richtlinie des Ministeriums für Ernährung und Ländlichen Raum Baden-Württemberg zur Förderung und Entwicklung des Naturschutzes, der Landschaftspflege und Landeskultur – Landschaftspflegerichtlinie – vom 18.10.2001, Az.: 64-8872.00.

Lehmann, D., N. Billen, R. Lenz, 1999: Anwendung von neuronalen Netzen in der Landschaftsökologie – Synthetische Bodenkartierung im GIS. – In: Strobl, J., T. Blaschke (Hrsg.): Angewandte Geographische Informationsverarbeitung, XI. Beiträge zum AGIT-Symposium in Salzburg 1999: 330-336, Wichmann, Heidelberg

LfU (Landesanstalt für Umweltschutz Baden-Württemberg), 1995: Morphologischer Zustand der Fließgewässer in Baden-Württemberg. Handbuch Wasser 2, Karlsruhe

LfU (Landesanstalt für Umweltschutz Baden-Württemberg), 1997: Fachdienst Naturschutz, Allgemeine Grundlagen: §-24a-Kartieranleitung Baden-Württemberg – Kartieranleitung für beseonders geschützte Biotope nach § 24 a NatSchG. 4. Aufl., Karlsruhe

Luick, R., 1988: Die ökologische Landschaftsbewertung in der Flurbereinigung Ingelfingen/Hohenlohekreis. In: Naturschutzforum, Band 1/2, Deutscher Bund f. Vogelschutz, Deutscher Naturschutzverb. Bad.-Württ. e.V., Stuttgart

Meynen, E., J. Schmithüsen, 1962: Handbuch der naturräumlichen Gliederung Deutschlands. – Bundesanstalt fur Landeskunde und Raumforschung, Selbstverlag, Bad Godesberg, 608 S.

MEKA, 2000: Richtlinie des Ministeriums Ländlicher Raum zur Förderung der Erhaltung und Pflege der Kulturlandschaft und von Erzeugungspraktiken, die der Marktentlastung dienen (Marktentlastungs- und Kulturlandschaftsausgleich – MEKA II -). GABL

Nebel, M., 1986: Vegetationskundliche Untersuchungen in Hohenlohe. Dissertationes Botanicae, 97, Stuttgart

OAB Gerabronn, 1847: Beschreibung des Oberamts Gerabronn, hrsg. von dem königlichen statistisch-topographischen Bureau, Cotta'sche Buchhandlung, Stuttgart und Tübingen, 314 S.

OAB Künzelsau, 1883: Beschreibung des Oberamts Künzelsau, hrsg. von dem königlichen statistisch-topographischen Bureau, W. Kohlhammer, Stuttgart, 911 S.

OAB Neckarsulm, 1881: Beschreibung des Oberamts Neckarsulm, hrsg. von dem königlichen statistisch-topographischen Bureau, W. Kohlhammer, Stuttgart, 716 S.
Osswald, S., 2002: Untersuchungen der Vegetationsentwicklung auf brachgefallenen Flächen im Jagsttal. Unveröff. Diplomarbeit im Fachbereich Landespflege, Fachhochschule Nürtingen,
Peissner, T., B. Kappus, 1998: Zur Köcherfliegenfauna (Insecta, Trichoptera) der Jagst (Baden-Württemberg). Lauterbornia 34: 159-168
Rauser, J. H., 1980: Mulfinger Heimatbuch – aus der Ortsgeschichte der Altgemeinden Ailringen, Buchenbach, Eberbach, Hollenbach, Mulfingen, Jagstberg, Simprechtshausen, Zaisenhausen. Mulfingen
Saenger, W. (1957): Die bäuerliche Kulturlandschaft der Hohenloher Ebene und ihre Entwicklung seit dem 16ten Jahrhundert. Selbstverlag der Bundesanstalt für Landeskunde; Remagen/ Rhein
Schönke, A., 2002: Grünlandgesellschaften des Jagsttals. Unveröffentlichte Diplomarbeit am Institut für Geobotanik der Universität Albert-Ludwigs Universität Freiburg
Schröder, K. H., 1953: Weinbau und Siedlung in Württemberg. Forschungen zur deutschen Landeskunde, Band 73; Bonn
Schweiker, D., B. Kappus, S. Maier, H. Rahmann, 2000: Einfluß der landwirtschaftlichen Nutzung auf kleine Fließgewässer am Beispiel des Kreßbaches im Einzugsgebiet der Unteren Jagst (Nord-Baden-Württemberg).- Jahrestagung der Deutschen Gesellschaft für Limnologie vom 27.09.-01.10.1999 in Rostock: 146-151
Schweiker, D., B. Kappus, S. Bogusch, J. Böhmer, 2002: Ökologische Bewertung des Erlenbachs (Zufluß zur Jagst im Landkreis Hohenlohe) anhand benthosbiologischer Analysen – Beispiele zum Vorgehen und zur Ableitung von Maßnahmen.- Deutsche Gesellschaft für Limnologie, Tagungsbericht Kiel 2001: 128-133, Tutzing
Schwertmann, U., W. Vogl, M. Kainz, 1987: Bodenerosion durch Wasser. Verlag Eugen Ulmer, Stuttgart
Sekine, A., 2000: Ermittlung und Bewertung von Ackerwildkrautbeständen in zwei Gemarkungen des mittleren Jagsttals im Raum Hohenlohe. Unveröffentlichte Diplomarbeit am Institut für Landschafts- und Pflanzen-ökologie der Universität Hohenheim
Siligato, S., B. Kappus, H. Rahmann, 2000: Querverbauungen in der Jagst und deren Einfluss auf die Längsdurchgängigkeit für die Fischfauna. Jahresheft der Gesellschaft für Naturkunde in Württemberg 156: 279-295
Statistisches Landesamt Baden-Württemberg (Hrsg.), 1993: Gemeindestatistik 1993, Band 470, Heft 5, Stuttgart
Stier, C., H. Behmel, U. Schollenberger, 1989: Wüsten, Meere und Vulkane. Baden-Württemberg in Bildern aus der Erdgeschichte. Peter-Grohmann Verlag; Stuttgart
Volz, 1850: Beiträge zur Geschichte des Weinbaus in Württemberg. Württembergische Jahrbücher Jahrgang 1850 II
Weller, F., 1999: Ökologische Standorteignungskarte für den Landbau in Baden-Württemberg 1: 250 000, Ministerium für Ländlichen Raum, Ernährung, Landwirtschaft und Forsten (Hrsg.), Stuttgart
Weller, K., 1923: Die Besiedlung des württembergischen Frankenlandes in deutscher Zeit. Beilage des Staatsanzeigers für Württemberg
Wieland, H., 1999: Wirtschaft und Landschaft am Beispiel des Hohenloher Landes. Unveröffentlichter Beitrag zur Tagung »Eigenart und Schönheit der Hohenloher Landschaft« am 21.06.1999 in Schöntal
Willig, T., B. Kappus, 2000: Zur Verbreitung des Feuersalamanders im mittleren Jagsttal und seiner Bedeutung als Bio-Indikator. In: Kappus, B., Böhmer, Rahmann, H.: Unveröffentlichter Zwischenbericht an das BMBF vom Institut für Zoologie der Universität Hohenheim

Internet-Quellen

ALLB Heilbronn, 2002: http://www.infodienst-mlr.bwl.de/allb/Heilbronn/start.htm. - Informationen des Amtes für Landwirtschaft, Landschafts- und Bodenkultur Heilbronn, Erstellung: 28.10.2002, Abruf: 16.12.2002
ALLB Ilshofen, 2002: http://www.infodienst-mlr.bwl.de/allb/Ilshofen/start.htm. - Informationen des Amtes für Landwirtschaft, Landschafts- und Bodenkultur Ilshofen, Erstellung: 28.10.2002, Abruf 16.12.2002
ALLB Öhringen, 2002: http://www.infodienst-mlr.bwl.de/allb/Oehringen/start.htm. - Informationen des Amtes für Landwirtschaft, Landschafts- und Bodenkultur Öhringen, Erstellung: 28.10.2002, Abruf 16.12.2002
Statistisches Landesamt BW, 2002: http://www.statistik-bw.de/Landwirtschaft/, Erstellung: keine Angabe, Abruf: 16.12.2002

Kirsten Schübel, Gottfried Häring

4.3 Wirtschaftsraum

4.3.1 Historische Entwicklung

Vorbemerkung
Vom Beginn des 19. Jahrhunderts bis zum Anfang des 20. Jahrhunderts unterstand der größte Teil des Untersuchungsgebiets dem Königreich Württemberg, ein kleiner Teil dem Großherzogtum Baden. Die württembergischen Gemeinden waren von West nach Ost den Oberämtern Neckarsulm, Künzelsau und Gerabronn zugehörig, der badische Teil den Ämtern Neudenau und Krautheim.

Bevölkerungsdichte
Die Gemeinden unter württembergischer Herrschaft gehörten innerhalb des Königreichs zu den dünn besiedelten Gebieten. Ende des 19. Jahrhunderts (1895) betrug die Bevölkerungsdichte 69 Personen pro km^2. Im Vergleich dazu wurden damals im gesamten Königreich Württemberg durchschnittlich 107 Einwohner pro km^2 gezählt (Königl. Statistisches Landesamt 1898). Anfang des 20. Jahrhunderts sank die Bevölkerungsdichte auf 66 Einwohner pro km^2. Im Königreich Württemberg lebten damals im Durchschnitt 120 Einwohner pro km^2 (Königl. Statistisches Landesamt 1910). Dabei zeigte die Bevölkerungsdichte ein leichtes West-Ost Gefälle innerhalb der damaligen Gemeinden. Die Gebiete im Westen des Untersuchungsgebiets waren etwas dichter bevölkert als die im Osten gelegenen. In Möckmühl z.B. lebten im Jahre 1895 ca. 92 Personen pro km^2, während in Mulfingen 74 und in Langenburg ca. 62 Einwohner pro km^2 gezählt wurden. (Königl. Statistisches Landesamt 1898). Nach dem Zweiten Weltkrieg erfolgte im Gebiet eine vorübergehende Bevölkerungszunahme durch »Heimatvertriebene«, die zum großen Teil aber wieder abwanderten (SAENGER 1957).

Wirtschaftsstruktur
Im 19. Jahrhundert war die Landwirtschaft die Haupterwerbsquelle der Bevölkerung im Jagsttal. Die Bewohner lebten vor allem von Ackerbau und Viehzucht; im unteren Jagsttal auch von Weinbau. Ein bedeutender Zweig der Landwirtschaft war die Schaf- und Schweinehaltung. Hinzu kam noch Ochsen- und Hammelmast sowie der Handel mit Vieh, Hammeln und jungen Schweinen (OAB Gerabronn 1847, OAB Neckarsulm 1881, OAB Künzelsau 1883). Der Schwerpunkt der Ochsenmast lag vor allem im oberen Jagsttal. Hier wurde der »hallisch-hohenlohische Schlag« oder »Braunblassenschlag« gezüchtet (OAB Gerabronn 1847). Die Konzentration der Mast in diesem Bereich des Jagsttals hatte zwei Gründe. Einerseits zeigte die hier gezüchtete Rasse besonders gute Masterfolge – das Fleisch galt als zart und schmackhaft. Andererseits waren wegen der ungünstigen Verkehrslage alternative Absatzmöglichkeiten für Getreide und Grünfutter beschränkt. Die gemästeten Ochsen wurden nach Frankfurt, Darmstadt, Augsburg und Straßburg ausgeführt (OAB Gerabronn 1847). In Frankreich wurde das Fleisch der Ochsen unter der Bezeichnung »Boeuf de Hohenloh« verkauft.

Hammelmast wurde hauptsächlich im östlichen Teil des Untersuchungsgebiets und im unteren Jagsttal auf den Flächen der Zuckerfabrik in Züttlingen betrieben. Gezüchtet wurde das »Bastardschaf«, das sich durch Wollreichtum und bedeutendes Körpergewicht auszeichnete. Die gemästeten Hammel wurden fast alle über Händler nach Frankreich, vor allem nach Straßburg, verkauft (OAB Neckarsulm 1881, OAB Gerabronn 1847, OAB Neckarsulm 1881, BOHLER 1989). Neben dem Handel mit Vieh und Schafen spielte im oberen Jagsttal auch der Handel mit jungen Schweinen eine Rolle. Die Schweine wurden zum Teil nach Blaufelden, Rothenburg o. d. Tauber sowie Schwäbisch Hall verkauft oder in die Rheingegenden getrieben (OAB Gerabronn 1847). Ein besonderer Handel ist noch für den westlichen Teil des Untersuchungsgebiets belegt. Mit Schwerpunkt in den Gemeinden Möckmühl und Widdern wurden jährlich viele tausend Zentner Wiesenfutter teils ins Weinsberger Tal und teils nach Baden verkauft (OAB Neckarsulm 1881).

Im 19. Jahrhundert erfolgte der Ackerbau hauptsächlich in Form der Dreifelderwirtschaft (SAENGER 1957). Dieses Flursystem regelte die Fruchtfolge und war zugleich mit einer ausgedehnten Weidewirtschaft gekoppelt. Als Winterfrucht wurde vor allem Dinkel und Roggen angebaut, außerdem noch Weizen, Gerste sowie wenig Einkorn und Emmer. Auf den Feldern der Hochebene wurde auch eine Mischfrucht aus Dinkel und Roggen gesät. Im Sommerfeld dominierten Gersten- und Haferanbau. An weiteren Fruchtarten wurden Weizen und Dinkel verwendet. Zum Teil blieb das Brachfeld als Schwarzbrache unbebaut, zum Teil wurden Leguminosen, Hackfrüchte, besonders Kartoffeln und Zuckerrüben, Hülsenfrüchte wie Erbsen und Linsen sowie Raps und Hanf angebaut (OAB Gerabronn 1847, OAB Neckarsulm 1881, OAB Künzelsau 1883).

Im 19. Jahrhundert waren zweischürige Wiesen die Regel. Außer Heu wurde noch Öhmd gewonnen. Ein dritter Schnitt, der bei den Talwiesen noch möglich gewesen wäre, war vieler Orts verboten, da die Wiesen im Herbst noch beweidet wurden. Nur die Wässerwiesen und Wiesen in der Nähe der Siedlungen wurden dreimal geschnitten. Die einmalige Schnittnutzung beschränkte sich auf steile Talhänge. Auf sieben Gemarkungen des Untersuchungsgebietes bestanden Anlagen zur Wiesenbewässerung (OAB Gerabronn 1847, OAB Neckarsulm 1881, OAB Künzelsau 1883).

Bis weit in das 19. Jahrhundert hinein blieb das Jagsttal ein reines Agrarland. Die Landwirtschaft war die Haupteinkommensquelle. Mit der beginnenden Industrialisierung in der zweiten Hälfte des 19. Jahrhunderts zeichnete sich eine gegensätzliche Entwicklung zwischen dem westlichen Teil des Jagsttals und dem flussaufwärts gelegenen östlichen Teil ab. Nur am Unterlauf der Jagst, nahe Heilbronn, entstanden Industriebetriebe, die auch einen Teil der Bevölkerung beschäftigten. Im weiter östlich gelegenen Talraum kam es aufgrund der schlechten Verkehrsanbindung und Absatzlage zu keiner nennenswerten Industrie- oder Gewerbeansiedlung. Er blieb ausschließlich agrarisch geprägt (GIEHRL 1993, SAENGER 1957, WIELAND 1999).

Größere Industrieansiedlungen gab es in Bad Friedrichshall (Saline), in Möckmühl (Papierfabrik) und in Züttlingen (Zuckerfabrik). Die Saline in Friedrichshall, die 1875 den Betrieb aufnahm, lieferte jährlich über 1 Million Ztr. Steinsalz und beschäftigte im Durchschnitt 250 Arbeiter. Die Zuckerfabrik in Züttlingen verarbeitete Ende des 19. Jahrhunderts jährlich 500.000 Ztr. Zuckerrüben, die zum größten Teil im Bezirk angebaut wurden. Hier wurden durchschnittlich 100 Arbeiter beschäftigt. Eine weitere Bedeutung besaßen noch einige große Mühlen. Sonst dienten die Gewerbe nur dem lokalen Bedarf (OAB Neckarsulm 1881). Diese Entwicklung setzte sich im 20. Jahrhundert fort. Nur in einzelnen jagstaufwärts gelegenen Gemeinden kam es zu einer nennenswerten Industrieansiedlung, wie z.B. in Mulfingen und Dörzbach. 1950 wurde der zum Hohenlohekreis und Kreis Schwäbisch Hall gehörende östliche Bereich des Untersuchungsgebits von der Landesregierung zum Förderbezirk erklärt und seit 1957 durch das »Hohenloheprogramm« in der Infrastrukturausstattung vom Land Baden-Württemberg gefördert. 1969 bis 1981 wurde die Förderung mit dem Programm zur »Verbesserung der regionalen Wirtschaftsstruktur« fortgesetzt (GIEHRL 1993, WIELAND 1999).

Verkehrsverbindungen
Das tief eingeschnittene Jagsttal stellte lange Zeit ein gewichtiges Verkehrshindernis dar. Die Straßen spielten für die Wirtschaft und Besiedlung des Raumes eine wichtige Rolle. Die Hohenloher Ebene wurde im Mittelalter von belebten Fernstraßen durchzogen. Das Gebiet stellte ein Bindeglied zwischen dem rheinischen Tiefland und dem Donauraum dar und wurde daher von verschiedenen West-Ost-Verbindungen durchquert. Die sogenannte »Nibelungenstraße« verlief über Sinsheim – Wimpfen – Öhringen weiter nach Sulzdorf und Crailsheim. Etwas weiter nördlich befand sich die »Hohe Straße«, die auf einem alten vorgeschichtlichen Höhenweg entlang der Wasserscheide zwischen Kocher und Jagst verlief. Am Ostrand der Hohenloher Ebene befand sich die so genannte »Kaiserstraße«, die zu einer Fernverkehrsstraße vom Niederrhein nach Oberitalien gehörte (SAENGER 1957). Gegen Ende des Mittelalters verlor der deutsche Handelsverkehr mit Italien an Bedeutung und die sich bildenden Territorialstaaten wie zum Beispiel das Fürstentum und spätere Königreich Württemberg zogen den Verkehr an sich. Die Hohenloher Ebene, die zuvor verkehrsgünstig lag, entwickelte sich allmählich zu einem abgelegenen Raum (SAENGER 1957). Die politische Umgestaltung Süddeutschlands zu Beginn des 19. Jahrhunderts verschlechterte die Lage weiter (SAENGER 1957). Die Hohenloher Ebene war im Königreich Württemberg durch die Keuperberge vom Zentrum des Staates und durch die neuen Grenzen von den Städten des Mainlandes und Mittelfrankens abgetrennt (SAENGER 1957). Das tief eingeschnittene Tal der Jagst stellte im 19. Jahrhundert für die damaligen Verkehrsmittel ein großes Problem dar. Daher kam es hier nur vereinzelt zu gewerblichen Entwicklungen. Deshalb wurden von den Regierungsstellen in Karlsruhe und Stuttgart das Kocher- und Jagsttal als »Notstandsgebiete« eingestuft und wirtschaftlich gefördert (GIEHRL 1993).

Mit dem Bau der Eisenbahnen zwischen 1860 und 1870 änderte sich die Situation der Randlage nur für einen Teil des Untersuchungsgebietes. Die Eisenbahnstrecken stellten die Grundlage für die weitere Erschließung des Raumes dar und waren wichtige Verbindungen für den Güteraustausch. Eisenbahnlinien wurden zwischen Schwäbisch Hall – Öhringen – Heilbronn, Heilbronn – Würzburg, Aalen – Crailsheim – Wertheim und Stuttgart – Schwäbisch Hall – Crailsheim gebaut. Fast alle Industriebetriebe des 19. Jahrhunderts entstanden in Orten mit Eisenbahnanbindung (HEIN 1993). Da nur der Unterlauf der Jagst mit der Eisenbahn erschlossen wurde, gelangte das östlich gelegene Jagsttal ins Abseits. Um dieser Entwicklung entgegenzuwirken, wurde zu Beginn des 20. Jahrhunderts eine Stichbahn von Möckmühl nach Dörzbach gelegt. Sie folgte dem schmalen, kurvenreichen Flusslauf, um Höhenunterschiede für die steigungsempfindliche Bahn zu vermeiden. In den 70er Jahren des 20. Jahrhunderts wurde sie wieder aufgegeben, da sie aufgrund des stark zunehmenden Individualverkehrs nicht mehr rentabel war (HEIN 1993).

In der Nachkriegszeit fand durch den Bau der Autobahnen A 6 (Heilbronn – Nürnberg) und A 81 (Heilbronn-Würzburg) nochmals eine bedeutende Umstrukturierung statt. Die naturräumlichen Gegebenheiten waren beim Autobahnbau kaum von Bedeutung und das Jagsttal, das früher ein Verkehrshindernis dargestellt hatte, wurde durch eine 85 Meter hohe Autobahnbrücke überwunden. Damit verbesserte sich die verkehrgeographische Lage des Untersuchungsgebietes entscheidend. An den Autobahnkreuzen und -abfahrten kam es zu einer industriellen Urbanisierung. Ein Beispiel hierfür ist die Industrieansiedlung an der Autobahnausfahrt Möckmühl (HEIN 1993).

4.3.2 Aktuelle Situation

Bevölkerungsdichte
Die Jagsttalgemeinden weisen im Vergleich zum Land Baden-Württemberg (293,1 Einwohner/ km² im Jahre 1999) eine geringe Bevölkerungsdichte auf, auch wenn in den letzten 20 Jahren die Einwohnerdichte um knapp 20 Prozent auf 87,3 Einwohner/km² im Jahr 1999 anstieg. Die im westlichen Teil des Untersuchungsgebietes gelegenen Gemeinden Möckmühl und Neudenau im unteren Jagsttal haben die höchste Bevölkerungsdichte mit 167,8 und 151,6 Einwohner/km² dagegen sind die Gemeinden Langenburg und Mulfingen im mittleren Jagsttal mit 60,4 bzw. 47,6 Einwohner/km² am wenigsten dicht besiedelt. Betrachtet man die Altersstruktur im Vergleich zu Baden-Württemberg, so ist ersichtlich, dass in den Projektgemeinden der Anteil der unter 15-Jährigen etwas höher als im Landesdurchschnitt liegt (19,0 Prozent in den Projektgemeinden 1999 zu 17 Prozent im Landesdurchschnitt im Jahre 2000). Allerdings entspricht der Anteil der über 65-Jährigen in den Projektgemeinden mit 15,7 Prozent annähernd dem Landesdurchschnitt mit 16 Prozent (StaLa BW 2001).

Wirtschaftsstruktur
Über die Aufteilung der Beschäftigten auf die einzelnen Wirtschaftssektoren liegen nur statistische Daten auf Kreisebene vor. Lag der Anteil der Beschäftigen in der Landwirtschaft an der Gesamtzahl der Erwerbstätigen in den drei Landkreisen Heilbronn, Hohenlohekreis und Schwäbisch Hall Ende der 1970er Jahre noch bei 2 Prozent (1978), so verringerte sich dieser auf 1,3 Prozent im Jahr 1998; diese erwirtschafteten 1996 3,6 Prozent der Bruttowertschöpfung. Im produzierenden Gewerbe sank der Anteil der Beschäftigten in den letzten 20 Jahren von 64,6 Prozent auf 55 Prozent, welche im Jahre 1996 42 Prozent des Bruttosozialprodukts erwirtschafteten. Im Dienstleistungssektor dagegen stieg der Anteil der Beschäftigten von 33,4 Prozent im Jahre 1978 auf 43,7 Prozent im Jahr 1998 in den drei Landkreisen. Dieser Sektor trug 1996 mit 45,3 Prozent zum Bruttosozialprodukt von insgesamt 11,45 Mrd. € bei. Betrachtet man die ungebundene Kaufkraft pro Einwohner in den drei Landkreisen, d.h. wie viel Geldmittel pro Einwohner zu Konsumzwecken frei zur Verfügung stehen, so zeigt sich, dass diese mit 12.717 € geringfügig unter dem Landesdurchschnitt von 13.029,25 € liegt, wobei im Landkreis Heilbronn ein leicht überdurchschnittlicher und im Hohenlohekreis ein leicht unterdurchschnittlicher Wert erreicht wird.

Der ländliche Charakter der Jagsttalgemeinden wird bei der Betrachtung der landwirtschaftlich genutzten Fläche deutlich. Im Durchschnitt werden 57,8 Prozent der Gemeindefläche landwirtschaftlich genutzt, wobei die Anteile von 50,2 Prozent in Langenburg bis 63,4 Prozent in Dörzbach reichen. Durchschnittlich sind in den Jagsttalgemeinden 88,7 landwirtschaftliche Betriebe vorhanden, wobei die Anzahl in den einzelnen Gemeinden von 23 Betriebe in Jagsthausen bis 174 Betriebe in Mulfingen stark variiert. Die überwiegende Zahl der Betriebe wird in allen Gemeinden im Nebenerwerb bewirtschaftet. So liegt der durchschnittliche Anteil der Haupterwerbsbetriebe bei 28,3 Prozent. In Neudenau wird noch knapp die Hälfte aller Betriebe im Haupterwerb bewirtschaftet (46,2 Prozent); dagegen kommt in Krautheim nicht einmal in jedem fünften Betrieb der überwiegende Teil des Erwerbseinkommens aus dem landwirtschaftlichen Unternehmen, es gibt 17,7 Prozent Haupterwerbsbetriebe (Statistisches Landesamt Baden-Württemberg 2001).

Die Aufteilung der Landwirtschaftsbetriebe auf die Betriebsformen stellt sich wie folgt dar: In den Jagsttalgemeinden überwiegen Marktfruchtbetriebe mit einem Anteil von 39,3 Prozent. Neudenau hat den höchsten Anteil mit 62 Prozent und jagstaufwärts kommt diese Betriebsform in den Gemeinden immer weniger vor, in Mulfingen und Langenburg sind nur noch 17,2 Prozent bzw. 17,6 Prozent Marktfruchtbetriebe. Die nächst verbreitete Betriebsform ist mit 23 Prozent der Futterbaubetrieb. Jagsthausen hat mit 13 Prozent den geringsten Anteil an Futterbaubetrieben. Dieser Anteil steigt kontinuierlich bis Langenburg an, welche die Gemeinde ist, die mit 47,1 Prozent den höchsten Anteil dieser Betriebsform hat. In den Gemeinden im unteren Jagsttal bewegt sich der Anteil der Futterbaubetriebe im mittleren Bereich. Veredlungs- und Gemischtbetriebe kommen in den Jagsttalgemeinden mit durchschnittlich 11,7 Prozent bzw. 10,9 Prozent ungefähr gleich häufig vor. In Neudenau ist kein Veredlungsbetrieb ansässig. In den Gemeinden jagstaufwärts bis Krautheim sind jeweils zwischen 5 und 6 Prozent der landwirtschaftlichen Unternehmen Veredlungsbetriebe mit einer Ausnahme: in Jagsthausen ist jeder fünfte ein Veredlungsbetrieb (21,7 Prozent). Ab Dörzbach steigt der Anteil der Veredlungsbetriebe in den Gemeinden an, um in Langenburg mit 27,5 Prozent den höchsten Anteil zu erreichen. In Möckmühl ist der Anteil an Gemischtbetrieben mit 1,3 Prozent am geringsten. Mulfingen und Dörzbach haben mit 21,8 Prozent bzw. 23,3 Prozent einen relativ hohen Anteil an Gemischtbetrieben; in den anderen Gemeinden bewegt sich dieser Anteil zwischen 4,0 und 8,3 Prozent. Dauerkulturbetriebe haben in den Jagsttalgemeinden den geringsten Anteil, sie umfassen durchschnittlich 6,1 Prozent der Betriebe. In Mulfingen gibt es keinen Dauerkulturbetrieb. In Dörzbach mit seinen vielen Rebflächen, ist der Anteil an Dauerkulturbetrieben mit 14,5 Prozent am höchsten (Statistisches Landesamt Baden-Württemberg 2001).

Verkehrsverbindungen
Während von den Gemeinden Neudenau und Möckmühl der Heilbronner Verdichtungsraum noch gut erreichbar ist und diese auch an den Schienenverkehr angeschlossen sind, liegen die übrigen Gemeinden verkehrsgeographisch ungünstiger; für sie besteht kein direkter Anschluss an das Autobahnnetz. Auch zu den Flughäfen besteht eine große Distanz. Insgesamt ist die Anbindung des Gebiets an überregionale Verkehrsverbindungen als unzureichend einzustufen. Der Anteil der Verkehrsfläche an der Gesamtfläche ist mit durchschnittlich 6,3 Prozent leicht über dem Landesdurchschnitt von 5,3 Prozent, wobei der Anteil in den einzelnen Gemeinden zwischen 4,0 Prozent (Langenburg) und 7,8 Prozent (Dörzbach) schwankt (Statistisches Landesamt Baden-Württemberg 2001).

Die Zahl der Berufsein- bzw. -auspendler in den Gemeinden lässt sich nicht über die Ausrichtung und Entfernung zum Heilbronner Raum erklären. Die geringste Anzahl Berufseinpendler von 105 hat Widdern. Wegen eines in Mulfingen ansässigen Automobilzulieferers hat diese Gemeinde die höchste Anzahl Berufseinpendler in Höhe von 1522. Die geringste Zahl Berufsauspendler hat Jagsthausen mit 351, die höchste Möckmühl mit 1677. Insgesamt ist in den Jagsttalgemeinden im Jahr 1998 die Summe der Berufsauspendler mit durchschnittlich 952,2 deutlich höher als die durchschnittliche Anzahl der Berufseinpendler mit 589,4 (Statistisches Landesamt Baden-Württemberg 2001).

Auch die Zu- und Abwanderungsbewegungen in den Gemeinden lassen sich nur bedingt durch deren geografische Lage erklären. So haben die Gemeinden Neudenau und Schöntal ein negatives Wanderungssaldo. Dagegen weisen die Gemeinden Krautheim und Möckmühl 1999 die höchsten positiven Wanderungssalden auf. Für die Jagsttalgemeinden insgesamt ergibt sich ein durchschnittlicher Wanderungssaldo von +17,7 Personen (Statistisches Landesamt Baden-Württemberg 2001).

Literatur

Bohler, K. F. 1989: Der bäuerliche Geist Hohenlohes und seine Stellung im neuzeitlichen Rationalisierungsprozess; Dissertation Frankfurt am Main: 263 Seiten.
Giehrl 1993: Entwicklung von Bevölkerung und Wirtschaft. In: Bauschert, O.: Hohenlohe. Schriften zur politischen Landeskunde Baden-Württembergs. Band 21. Landeszentrale für politische Bildung: 109–140.
Hein, E. 1993: Ein geographischer Überblick. In: Bauschert, O. (Hrsg.) Hohenlohe. Schriften zur politischen Landeskunde Baden-Württembergs, Band 21. Stuttgart: 86–104.
Königlich Statistisches Landesamt Stuttgart (Hrsg.) 1910: Württembergische Gemeindestatistik zweite Ausgabe nach dem Stand vom Jahre 1907. Verlag W. Kohlhammer, Stuttgart
OAB Gerabronn 1847, Beschreibung des Oberamts Gerabronn, hrsg. von dem königlichen statistisch-topographischen Bureau, Cotta'sche Buchhandlung, Stuttgart und Tübingen: 314 S.
OAB Künzelsau 1883, Beschreibung des Oberamts Künzelsau, hrsg. von dem königlichen statistisch-topographischen Bureau, W. Kohlhammer, Stuttgart: 911 S.
OAB Neckarsulm 1881, Beschreibung des Oberamts Neckarsulm, hrsg. von dem königlichen statistisch-topographischen Bureau, W. Kohlhammer, Stuttgart: 716 S.
Saenger, W. 1957: Die bäuerliche Kulturlandschaft der Hohenloher Ebene und ihre Entwicklung seit dem 16. Jahrhundert. Forschungen zur Deutschen Landeskunde Band 101, Selbstverlag der Bundesanstalt für Landeskunde, Remagen/ Rhein: 137 S.
Statistisches Landesamt (Hrsg.) 1898: Grundlagen einer württembergischen Gemeindestatistik. Ergänzungsband zu den württembergischen Jahrbüchern für Statistik und Landeskunde; Verlag W. Kohlhammer; Stuttgart

Internet-Quellen

Statistisches Landesamt Baden-Württemberg, 2001: Struktur- und Regionaldatenbank. Online im Internet: URL: http://www.statistik-bw.de/SRDB [Stand: 11.01]
Wieland, H. 1999: Wirtschaft und Landschaft am Beispiel des Hohenloher Landes.- Beitrag zur Tagung »Eigenart und Schönheit der Hohenloher Landschaft« am 21.06.1999 in Schöntal, unveröffentlicht

Kirsten Schübel

4.4 Politisch-administrativer Raum

4.4.1 Historische Entwicklung

Das Jagsttal ist ein Paradebeispiel für den oft beschriebenen »Flickenteppich« der Territorien des alten Deutschen Reiches gegen Ende des 18. Jahrhunderts – ein buntes Nebeneinander kleinerer und größerer Herrschaften. Die Struktur des Untersuchungsgebietes wurde im Wesentlichen durch die aus den mittelalterlichen Edelfreien aufsteigenden Territorial- und Kirchenherren beeinflusst (SCHUMM 1965). Die Zeugen dieser kleinteiligen Territorialgeschichte – die zahlreichen historischen Bauwerke, wie Burgen, Schlösser, Klöster und Kirchen – prägen noch heute das Landschaftsbild entscheidend. In Südwestdeutschland reichen die Wurzeln der Vielgestaltigkeit politischer wie administrativer Strukturen geschichtlich weit zurück (KLEIN 1988). Politisch etablierten sich im deutschen Südwesten zunächst hauptsächlich Alemannen und Franken. Mit ihrem Aufstieg zur Vormacht Westeuropas überzogen die Franken das Land mit ihren Verwaltungseinteilungen, die über und neben bestehenden personalen Verbänden des Adels neue Zusammenhänge schufen (KLEIN 1988). Nach BADER (1953) könnte mit dieser Überlagerung der Grundstein für die spätere territoriale Zersplitterung gelegt worden sein.

Territorialstaaten
Das Aussterben der Staufer Mitte des 13. Jahrhunderts führte dazu, dass die Position des Herzogs in Schwaben, die Südwestdeutschland bedingt zusammenhielt, erlosch. Als Reichsoberhaupt erweiterte Rudolf von Habsburg vorwiegend die Machtbasis seines Hauses, die aber im Südwesten Deutschlands an Grenzen stieß. Hier ließ sich keine zentrale Machtposition mehr aufbauen. Alle Nutznießer des Untergangs der Staufer versuchten ihre Basis zu halten und zu vergrößern (KLEIN 1988). Einzelne Adelsfamilien und auch kirchliche Institutionen schufen die Grundlage ihrer späteren Territorialherrschaft (SCHUMM 1965). Seit dem hohen Mittelalter wurde die Geschichte des Gebietes von den einzelnen Territorien gesteuert (Statistisches Landesamt Baden Württemberg 1953). Die Territorialbildung setzte Grundbesitz und die Erlangung von Hoheits- und Kirchenrechten, die für eine Regierung notwendig sind, voraus. Durch den allmählichen Zerfall der Reichsgewalt wurde es dem Adel möglich, die ursprünglich der königlichen Gewalt vorbehaltenen Rechte in eigener Verantwortung wahrzunehmen. Hierzu gehörte die Verleihung von Lehen, das Geleit der Reichsstraßen, die Zollerhebung, die Besteuerung und Schatzung, die gesetzgebende Gewalt sowie das Forst- und Jagdrecht (SCHUMM 1965). Seit dem 15. Jahrhundert wurden diese Rechte von den Territorialherren in eigener Verantwortung übernommen. Nun war der Weg geebnet, dass sie ihre eigene Territorialpolitik betreiben konnten.

Der Dreißigjährige Krieg brachte letzte größere Gebietsveränderungen, bestätigte aber in der Mehrzahl der Fälle das, was sich in Jahrhunderte langer Entwicklung herausgebildet hatte – samt dem Zurückdrängen der Befugnisse der Zentralgewalt des Reiches. Damals wurde die Selbständigkeit der vorhandenen Territorien endgültig abgesichert. Spätere kriegerische Auseinandersetzungen verschoben zwar einzelne Gewichte, stellten aber bis zum Ende des 18. Jahrhunderts das vielgestaltige Gefüge des Reiches nicht mehr grundsätzlich in Frage. Jedes Territorium nahm innerhalb dieser Vielfalt seine eigene Entwicklung (KLEIN 1988).

Bis zum Anfang des 19. Jahrhunderts war das Jagsttal in viele Territorien gegliedert. So war z.B. die Strecke zwischen Crailsheim und Jagstfeld in elf verschiedene Landesherrschaften geteilt. Diese lassen sich zu folgenden drei Gruppen zusammenfassen: den weltlichen Hochadel, den Reichsrittern und den geistlichen Herrschaften (SAENGER 1957). Zu den ersten gehörten z.B. die Hohenloher Fürsten und der Herzog von Württemberg. Zu den Rittern z.B. die Freiherren von Berlichingen und die Herren von Stetten. Und zu den Vertretern der geistlichen Herrschaftsgebiete die Zisterzienserabtei Schöntal und das Erzbistums Mainz. Die aufstrebenden Landesherren schufen in ihren Territorien Verwaltungsmittelpunkte. Diese Amtsorte waren zugleich kirchliche Mittelpunkte, wie z.B. Mulfingen (Bistum Würzburg), Ailringen (Deutschorden), Hohebach (Hohenlohe), Dörzbach (Reichsritterschaft), Bieringen (Kloster Schöntal) und Hollenbach (Hohenlohe) (WEBER 1993).

Mit dem Vordringen Frankreichs an den Rhein zerfiel die bisherige Organisation. Anfang des 19. Jahrhunderts kam es mit der Auflösung des Deutschen Reiches auch zur politischen Neuordnung des Untersuchungsgebietes. Von der Säkularisation des Kirchengutes, dem Reichsdeputationshauptschluss (Aufteilung geistlicher Gebiete, Reichsstädte, kleinerer Fürstentümer und Grafschaften), der Mediatisierung und Rangerhöhung deutscher Fürsten mit Zustimmung Napoleons profitierten auch Württemberg und Baden. Württemberg wurde 1805 Königreich und Baden 1806 Großherzogtum (KINDER & HILGEMANN 1979).

Die Anfang des 19. Jahrhunderts geschaffenen Strukturen hatten bis nach dem Zweiten Weltkrieg Bestand (KLEIN 1988).

Königreich Württemberg
Der württembergische Zentralstaat war in Oberämter aufgeteilt. Nach der Übernahme der Territorien durch Württemberg im Jahr 1806 wurde die württembergische Behördenorganisation auch auf die neu hinzukommenden Gebiete (Neuwürttemberg) übertragen. Die Verwaltung war hierarchisch gegliedert. Die unterste Einheit stellten die Stabs- oder Oberämter dar, die in Württemberg bis zum Jahr 1810 bzw. 1818 noch in Unterämter gegliedert waren. Die Oberämter hießen nach den Orten, in denen der Oberamtmann waltete, im Gebiet (von Westen nach Osten) Neckarsulm, Künzelsau und Gerabronn. Die Oberämter mit dem Oberamtmann an der Spitze nahmen Aufsichtsrechte den Gemeinden gegenüber wahr und alle Aufgaben, die weder den Gerichts- noch den Finanzbehörden zugeteilt waren, also die allgemeine Verwaltung sowie die Innen- und Polizeiverwaltung (WEBER 1993).

Land Württemberg und Baden-Württemberg
Die Aufteilung der Oberämter wurde bis in die 1930er Jahre beibehalten. Im Jahr 1938 wurde das Land Württemberg neu gegliedert. Die Oberämter wurden aufgelöst und zu Landkreisen zusammengefasst. Das Jagsttal gehörte nun den Landkreisen (von Westen nach Osten) Heilbronn, Buchen, Künzelsau und Crailsheim an. Diese Struktur wurde bis zur Kreisreform im Jahr 1972 beibehalten. Im Zuge dieser Reform wurden die Kreise Künzelsau und Öhringen zum Hohenlohekreis und die Kreise Schwäbisch Hall und Crailsheim zum Kreis Schwäbisch Hall zusammengeführt. Seit 1973 ist das im engeren Untersuchungsgebiet gelegene Jagsttal in den Landkreisen Heilbronn, Hohenlohekreis und Kreis Schwäbisch Hall gelegen (WEBER 1993).

Literatur

Bader, K. S. ,1953: Territorialbildung und Landeshoheit. In: Blätter für deutsche Landesgeschichte 90: 109–131
Kinder, H., W. Hilgemann, 1979: dtv Atlas zur Weltgeschichte. Karten und chronologischer Abriß. Band II. Deutscher Taschenbuchverlag, München: 342 S.
Klein, M., 1988: Herrschaftsgebiete und Ämtergliederung in Südwestdeutschland 1790. Historischer Atlas von Baden-Württemberg: Erläuterungen. VI,13. Herausgegeben von der Kommission für geschichtliche Landeskunde in Baden-Württemberg. 11. Lieferung. Offizin Chr. Scheufele, Stuttgart
Saenger, W., 1957: Die bäuerliche Kulturlandschaft der Hohenloher Ebene und ihre Entwicklung seit dem 16ten Jahrhundert. Selbstverlag der Bundesanstalt für Landeskunde; Remagen/ Rhein: 137 S.
Schumm, K., 1965: Aus der Geschichte des Kreisgebiets. In: Der Kreis Künzelsau. Verlag Heimat und Wirtschaft; Aalen, Stuttgart: 98–159
Statistisches Landesamt Baden Württemberg (Hrsg.), 1953: Der Landkreis Crailsheim. Kreisbeschreibung. M. Rückert's Buch und Verlagsdruckerei, Gerabronn: 494 S.
Weber, H., 1993: Hohenlohische Unterlandesherrschaft, Politik und Verwaltung. In: Bauschert, O.: Hohenlohe. Schriften zur politischen Landeskunde Baden-Württembergs. Band 21. Landeszentrale für politische Bildung: 54–85

Frank Henssler

4.4.2 Die aktuelle Situation

Die Gebietskulisse des Forschungsvorhabens erstreckte sich in seiner weiteren Gebietsabgrenzung über die Landkreise Schwäbisch Hall, Heilbronn und den Hohenlohekreis (vgl. Kap. 4.1). Im Folgenden soll ein kurzer Überblick zur jetzigen politisch-administrativen Raumgliederung, zur Wirtschafts- und Tourismusförderung, zu Land-, Forst- und Wasserwirtschaft sowie zu Naturschutz und Landschaftspflege gegeben werden.

Politisch-administrative Raumgliederung

Mit der in den Jahren 1970 bis 1975 in Baden-Württemberg vollzogenen Gemeinde- und Kreisreform erfolgte eine wesentliche Umgestaltung der Landkreise und Kommunen im Projektgebiet. Der Hohenlohekreis mit seiner Kreisstadt Künzelsau wurde aus den ehemaligen Landkreisen Künzelsau und Öhringen sowie dem zum früheren Kreis Buchen gehörenden Siedlungsraum Krautheim an der Jagst gebildet und ist administrativ dem Regierungsbezirk Stuttgart zugeordnet. Seit dem Abschluss der Gemeindereform umfasst der Hohenlohekreis 16 Gemeinden, darunter die Gemeinden des engeren Untersuchungsraums Dörzbach, Krautheim, Mulfingen und Schöntal. Die größte Gemeinde des Landkreises ist die Große Kreisstadt Öhringen mit 22.648 Einwohnern, die kleinste Zweiflingen mit 1.545 Einwohnern, jeweils bezogen auf das Jahr 2002. Die Einwohnerdichte beträgt bei einer Fläche von 776 Quadratkilometern – der Hohenlohekreis ist der kleinste Landkreis in Baden-Württemberg – und 109.519 Einwohner im Jahr 2002 rund 141 E/km² (Land Baden-Württemberg: 298 E/km²).

Der östlich davon gelegene Landkreis Schwäbisch Hall gehört ebenfalls dem Regierungsbezirk Stuttgart an und ging am 1. Januar 1973 aus den Altkreisen Crailsheim und Schwäbisch Hall sowie aus dem Raum Gaildorf des ehemaligen Kreises Backnang hervor. Er setzt sich aus 30 Städten und Gemeinden zusammen, darunter die mit dem Projekt enger kooperierenden Kommunen Crailsheim, Kirchberg/Jagst, Langenburg und Satteldorf. Mit 188.229 Einwohnern im Jahr 2002, einer Fläche von 1.490 km² und einer Einwohnerdichte von 127 Einwohnern (E)/km² zählt der Landkreis zu den dünn besiedelten Gebieten Baden-Württembergs.

Dem Landkreis Heilbronn, Regierungsbezirk Stuttgart, wurden in der Kreisreform Gebietsteile der früheren Kreise Buchen, Mosbach, Schwäbisch Hall, Sinsheim und Öhringen zugeordnet. Einige Kreisgemeinden wurden dem Stadtkreis Heilbronn angegliedert. Der Landkreis besaß im Jahr 2002 bei 326.229 Einwohner und einer Fläche von 1100 km² eine Einwohnerdichte von rund 297 E/km². Er besteht aus 46 Städten und Gemeinden, darunter die mit dem Forschungsvorhaben enger kooperierenden Kommunen Bad Friedrichshall, Jagsthausen, Möckmühl, Neudenau, Roigheim und Widdern (aus: LINDER & OLZOG 1996, Hohenloher Zeitung 1998, BÜHN 2002, Statistisches Landesamt Baden-Württemberg 2002).

Im Hinblick auf die Gestaltung der zukünftigen regionalen Raumstruktur wurde 1973 der Regionalverband Franken durch das Landesgesetz als kommunaler Planungsverband gegründet. Der Regionalverband Franken umfasst den Stadtkreis Heilbronn und die Landkreise Heilbronn, Hohenlohekreis, Schwäbisch Hall und Main-Tauber. Die vorrangigen Aufgaben des Regionalverbandes bestehen in der Aufstellung eines Regionalplans sowie in der Mitwirkung bei den Fachplanungen des Landes und den weisungsfreien Planungen der insgesamt 111 Gemeinden und vier Landkreise. Der Regionalplan konkretisiert die Grundsätze des Raumordnungsgesetzes und formt die Grundsätze und Ziele der Raumordnung und Landesplanung aus und trifft u.a. Aussagen zur regionalen Siedlungs-, Freiraum- und Infrastruktur. Aufgabe des Verbandes ist es außerdem, die Planungsträger über die Erfordernisse der Raumordnung und Landesplanung zu informieren, die Zusammenarbeit der Beteiligten für die Verwirklichung des Regionalplans zu fördern sowie die Zusammenarbeit von Gemeinden zur Stärkung teilräumlicher Entwicklungen zu unterstützen. Mit den Leitbildern für die Region Franken wurde ein inhaltliches Instrument für die gemeinschaftliche räumliche Entwicklung der Region geschaffen, das die Verwirklichung des Regionalplans unterstützt (Regionalverband Franken 1998, T. HEINL, Regionalverband Franken, mündl. Mitt.).

Wirtschafts- und Tourismusförderung
Für die Wirtschafts- und Tourismusförderung auf Landkreisebene zeichnen die Wirtschaftsinitiative Hohenlohe (WIH) in Künzelsau und die Wirtschaftsförderungsgesellschaften (WfG) in Heilbronn und Schwäbisch Hall verantwortlich. Zentrales Ziel dieser Gesellschaften ist es, die Entwicklung und Ansiedlung von Unternehmen zur Sicherung und Steigerung der Arbeitsplätze sowie der Wirtschaftskraft in den genannten Landkreisen zu fördern. Neben der Landkreis bezogenen Wirtschaftsförderung betreibt die »Wirtschaftsregion Heilbronn-Franken GmbH (WHF) – Gesellschaft für Marketing, regionale Wirtschaftsförderung und Tourismus in Heilbronn« das Standortmarketing für die gleichnamige Region. Die WHF setzt sich für die Förderung harter und weicher Standortfaktoren in der Region Heilbronn-Franken ein. Ziel ist es, ein positives Image der Region sowohl im wirtschaftlichen, touristischen als auch im kulturellen Bereich zu schaffen (vgl. Wirtschaftsregion Heilbronn-Franken 2003). Dabei sollen unter dem Dach Heilbronn-Franken verschiedene starke regionale Marken etabliert und die Kräfte gebündelt werden (S. SCHOCH, mündl. Mitt.).
Die Bürgerinitiative »Pro Region Heilbronn-Franken e.V.« in Künzelsau verfolgt den gleichen Regionalgedanken, in dem sie das »Wir-Gefühl der Region Heilbronn-Franken fördert und sich für die Belange der Region einsetzt« (vgl. Verein Bürgerinitiative pro Heilbronn-Franken e.V. 2003). Bei Vertretern des regionalen Agrarmarketings in den Landkreisen Schwäbisch Hall und Hohenlohekreis findet dieses Regionalverständnis jedoch keine Akzeptanz. »Heilbronn-Franken« wird als ein auf die Region Hohenlohe »übergestülptes Kunstgebilde« betrachtet, das allenfalls für die Vermarktung des Industriestandorts Heilbronn-Franken stehen kann, nicht jedoch für ein erfolgreiches Agrarmarketing, da es Hohenlohe als gewachsene soziokulturelle und positiv besetzte Raumschaft unberücksichtigt und sich nicht gegenüber den Verbrauchern kommunizieren lässt (R. BÜHLER, mündl. Mitt.) Auch von Seiten des Tourismus wird die Etablierung einer »Dachmarke Heilbronn-Franken«, wie von der WHF beabsichtigt, bemängelt, weil diese nicht in der Lage sei, »Erlebnis und Freizeit« zu vermarkten. Die Touristikgemeinschaften (TG) Hohenlohe e.V. mit Sitz in Künzelsau, Hohenlohekreis und Neckar-Hohenlohe-Schwäbischer Wald e.V. mit Sitz in Schwäbisch Hall, Landkreis Schwäbisch Hall, betonen daher bei ihrem Marketing die Hohenloher Landschaft und deren Erlebniswert. Die TG Hohenlohe verfolgt die Strategie der »Profilierung einer einheitlichen Dachmarke 'Hohenlohe'« (G. LANG, Landratsamt, Hohenlohekreis, mündl. Mitt.). Allerdings gelingt es den Tourismusgemeinschaften derzeit nicht, über die Landkreisgrenzen hinweg, »unter einer gemeinsamen Flagge« mit dem Begriff Hohenlohe zu werben (Haller Tagblatt 2000).

Land-, Forst- und Wasserwirtschaft, Naturschutz und Landschaftspflege
Für die Belange der Landwirtschaft sind die Ämter für Landwirtschaft (ALLB) in Öhringen (Hohenlohekreis), Ilshofen (Landkreis Schwäbisch Hall) sowie Heilbronn (Landkreis Heilbronn) zuständig.
Die berufständische Interessensvertretung der Landwirtschaft findet im Projektgebiet durch die Bauernverbände im Hohenlohekreis, Kreis Schwäbisch Hall und Crailsheim sowie im Kreis

Heilbronn statt. Die Aufgaben der staatlichen Forstverwaltung werden von den Staatlichen Forstämtern Künzelsau, Schwäbisch Hall, Schrozberg, Schöntal und Neuenstadt wahrgenommen (Landesforstverwaltung Baden-Württemberg 2003). Was sowohl die Belange der Land- und Forstwirtschaft, des Naturschutzes, des ländlichen Raums und der Dorferneuerung anbelangt, sind die Ämter für Flurneuordnung und Landentwicklung in Crailsheim und Heilbronn mit ihren Außenstellen in Schwäbisch Hall und Künzelsau zuständig (Landentwicklung Baden-Württemberg 2003).

Die wasserwirtschaftlichen Aufgaben werden im Projektgebiet durch die Gewässerdirektion Neckar mit Sitz in Besigheim und ihren Bereichen in Künzelsau und Ellwangen vertreten. Die Gewässerdirektion und ihre Bereiche sind »Technische Fachbehörden« sowie Träger öffentlicher Belange bei Planungsvorhaben, wie z.B. in der Bauleitplanung und der Raumordnung. Auf Ebene der drei Landkreise Heilbronn, Schwäbisch Hall und Hohenlohekreis bestehen daneben die unteren Wasserbehörden, die den Landratsämtern angeschlossen sind (Gewässerdirektionen BW 2003).

Die Aufgaben des staatlichen Naturschutzes werden in den drei Landkreisen jeweils von den an den Landratsämtern angesiedelten Unteren Naturschutzbehörden und den ehrenamtlichen Naturschutzbeauftragten wahrgenommen. Darüber hinaus ist der auf der Ebene des Landkreises Schwäbisch Hall angesiedelte Landschaftserhaltungsverband e.V. Träger und Dienstleister für kommunale Maßnahmen des Naturschutzes und der Landschaftspflege. Im Hohenlohekreis wird diese Aufgabe von der Unteren Naturschutzbehörde im Rahmen des Landschaftspflegeprojekts »Trockenhänge im Kocher- und Jagsttal« wahrgenommen. Beim ehrenamtlichen Naturschutz bestehen auf der Ebene der Landkreise »Arbeitskreise für Naturschutz und Umwelt (ANU)«, die im Landesnaturschutzverband (LNV) organisiert sind. Auf kommunaler Ebene werden in einigen Orten die Belange von Naturschutz und Landschaftspflege über die ehrenamtliche Arbeit von Ortsgruppen des Naturschutzbundes (NABU) bzw. Bund für Umwelt- und Naturschutz (BUND) wahrgenommen (NABU Baden-Württemberg 2003, BUND Baden-Württemberg 2003). Im Landkreis Schwäbisch Hall gibt es darüber hinaus das Umweltzentrum Schwäbisch Hall e.V. Hierbei handelt es sich um eine vom gemeinnützigen Trägerverein »Umweltzentrum Kreis Schwäbisch. Hall e.V.« auf privater Basis seit 1992 betriebene Geschäftsstelle nahezu aller im Landkreis Schwäbisch Hall aktiven Umwelt- u. Naturschutzverbände (Umweltzentrum Schwäbisch Hall 2003).

Literatur

Bühn, J. (Hrsg.), 2002: Wachstumsregion Heilbronn-Franken. Kunstverlag Josef Bühn GmbH, München
Hohenloher Zeitung, 1998: 25 Jahre Hohenlohekreis, Hohenloher Zeitung, Sonderveröffentlichung vom 9.4.1998, Künzelsau
Haller Tagblatt, 2000: Hohenlohe als Leitbild, Haller Tagblatt, Zeitungsartikel vom 8.8.2000, Schwäbisch Hall
Linder, E. D., G. Olzog, 1996: Die deutschen Landkreise. Battenberg Verlag, Augsburg
Regionalverband Franken, 1998: Leitbilder für die Region Heilbronn-Franken (Entwurf) – Regionalverband Franken (Hrsg.), Heilbronn

Internet-Quellen

BUND Baden-Württemberg, 2003: http://vorort.bund.net/bawue (Stand: 11.7.2003)
Regionalverband Franken 1998: Leitbilder für die Region Heilbronn-Franken (Entwurf) – Regionalverband Franken (Hrsg.), Heilbronn.
BUND Baden-Württemberg, 2003: http://vorort.bund.net/bawue (Stand: 11.7.2003)
Gewässerdirektionen BW 2003: Gewässerdirektionen in Baden-Württemberg, http://www.4gwd.de (Stand: 3.7.2003)

Landentwicklung Baden-Württemberg, 2003: Verwaltung für Flurneuordnung und Landentwicklung Baden-Württemberg, http://www.landentwicklung.bwl.de/fno/index.htm (Stand: 11.7.2003)
Landesforstverwaltung Baden-Württemberg, 2003: http://www.wald-online-bw.de (Stand: 11.7.2003)
NABU (Naturschutzbund) Baden-Württemberg e.V., 2003: http://www.nabu-bw.de (Stand: 11.7.2003)
Regionalverband Heilbronn-Franken, 2003: http://www.regionalverband-franken.de (Stand: 2.7.2003)
Statistisches Landesamt Baden-Württemberg, 2002: http://www.statistik.baden-wuerttemberg.de (Stand: 2.7.2003)
Umweltzentrum Schwäbisch Hall e.V., 2003: http://www.umweltzentrum-schwaebisch-hall.de (Stand 2.7.2003)
Verein Bürgerinitiative pro Heilbronn-Franken e.V., 2003: http://www.pro-region.de (Stand: 2.7.2003)
Wirtschaftsregion Heilbronn-Franken GmbH, 2003: http://www.heilbronn-franken.com (Stand: 2.7.2003)

5

Landwirtschaft, Tourismus und Landschaftsplanung: Die Handlungsfelder für die Weiterentwicklung der Landnutzung in der Projektregion

In diesem Kapitel werden die für die Projektregion wichtigen Handlungsfelder aufgegriffen, in denen sich mutmaßlich die wichtigsten Prozesse in Richtung einer zukunftsorientierten, nachhaltigen Landnutzung abspielen. Die Felder werden an Hand von vorhandenen sozioökonomischen und ökologischen Daten analysiert und bewertet. Von besonderer Bedeutung ist, dass – nachdem wichtige Interessensgruppen bekannt sind – einerseits die in der Region auch subjektiv erlebten Probleme aufgegriffen und andererseits Potenziale eruiert werden, die es erlauben, an der richtigen Stelle mit den gemeinsamen Aktivitäten anzusetzen.

Frank Henssler, Beate Arman, Gottfried Häring, Ralf Kirchner-Heßler

5.1 Landwirtschaft: Probleme und Handlungsansätze

5.1.1 Landwirtschaftliche Nutzung zwischen Intensivierung und Marginalisierung

Grünlandwirtschaft
Der Anteil von Dauergrünlandfläche an der landwirtschaftlich genutzten Fläche (LF) hat sich in den Jagsttalgemeinden (engeres Untersuchungsgebiet) in den letzten 20 Jahren von durchschnittlich 26,5 Prozent auf 24,8 Prozent leicht verringert. Allerdings verlief der Rückgang in den Gemeinden unterschiedlich. So verringerte sich dieser in Jagsthausen von 24,6 Prozent auf 9,6 Prozent. Demgegenüber ist in den Gemeinden Neudenau, Möckmühl, Krautheim und Dörzbach der Grünlandanteil gestiegen, weil die Dauergrünlandfläche absolut zunahm. Rinder, Schafe und Pferde können den Aufwuchs dieser Flächen verwerten. Nachdem sich der Rinderbestand seit 1979 um

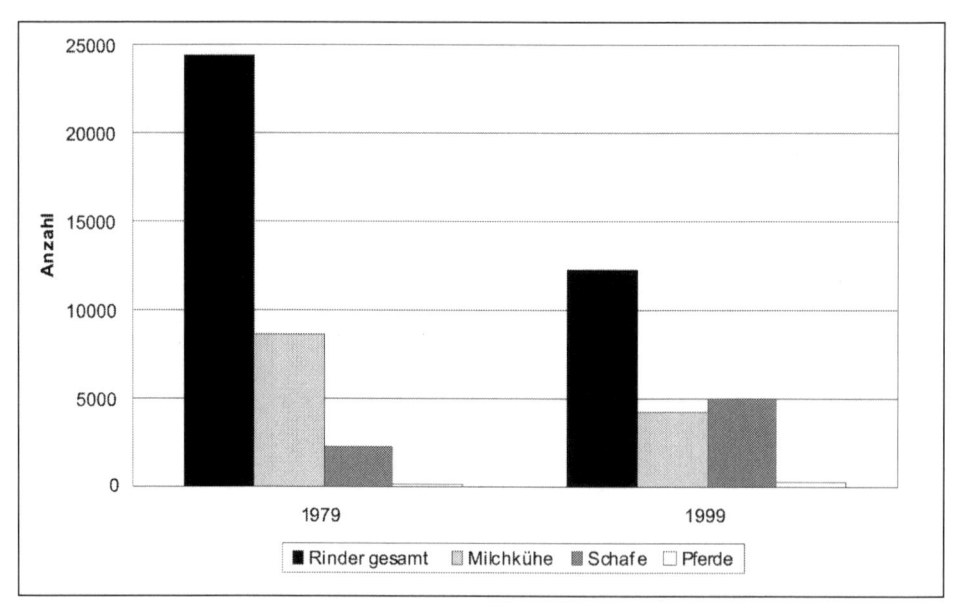

Abbildung 5.1.1: Entwicklung der Bestände an Raufutterfressern im Jagsttal
(Quelle: Statistisches Landesamt Baden-Württemberg 2001)

*Abbildung 5.1.2: Grünland der Hanglagen und der Aue im mittleren Jagsttal, Gemeinde Mulfingen
(Foto: Ralf Kirchner-Heßler)*

50,1 Prozent verringert hat, wurden im Jahr 1999 in den Jagsttalgemeinden 12.257 Rinder gehalten (Statistisches Landesamt Baden-Württemberg 2001). In genau der gleichen Größenordnung reduzierte sich die Anzahl der Milchkühe. Der Schaf- und Pferdebestand hat sich im gleichen Zeitraum auf einem sehr niedrigen Niveau verdoppelt. So wurden 1999 in den Jagsttalgemeinden 4.966 Schafe und 259 Pferde gehalten (Abb. 5.1.1). Die Veränderungen der Betriebsstrukturen werden bei einem Vergleich der Tierzahl je Betrieb deutlich. Zwischen 1979 (durchschnittlich 13,4 Rinder/Betrieb) und 1999 (durchschnittlich 30,9 Rinder/Betrieb) wurde in den Jagsttalgemeinden die Tierzahl pro Betrieb mehr als verdoppelt. Da die einzelnen Betriebe mehr Einheiten (Rinder und Milchkühe) halten, steigt die Arbeitsbelastung. Um dieser entgegen zu wirken, erfolgt ein »Ausweichen« auf ertragreiche, großflächige Grünlandschläge, die mit einem geringeren Arbeitsbedarf bewirtschaftet werden können. Zudem kommt dem Energieertrag des Grundfutters mit zunehmender Milchleistung eine immer größere Bedeutung zu. So ist es verständlich, dass vermehrt Silomais angebaut und verfüttert wird, da er einen höheren Energieertrag als der Anbau von Klee, Gras und deren Gemenge liefert. Verstärkt wurde diese Entwicklung durch die Agrarpolitik der Europäischen Union, da für Mais Ausgleichszahlungen nach der Kulturpflanzenregelung gewährt wurden, für Klee, Gras und deren Gemenge hingegen nicht.

Nimmt in einer Region der Bestand an Raufutterverwertern ab und die Dauergrünlandfläche bleibt dagegen annähernd gleich, so kommt es zur Aufgabe oder extensiveren Bewirtschaftung von Grünland. Aufgrund der vorgenannten einzelbetrieblichen Gründe werden dann vorzugsweise extensive, klein strukturierte Grünlandflächen aufgegeben. Aus den oben genannten Zahlen wird deutlich, dass diese Entwicklung auch im Jagsttal stattfand. Bei den freigesetzten Flächen handelt es sich hier vornehmlich um die das Landschaftsbild prägenden Hanglagen (Abb. 5.1.2). Werden diese Flächen nicht mehr bewirtschaftet, setzt die Sukzession ein oder aber die Eigentümer forsten sie auf. Beides hat letztendlich den Übergang von Offenland zu Wald zur Folge und bedingt eine Veränderung des Landschaftsbildes und des Lebensraums für Tiere und Pflanzen.

Politische Instrumente, diese Veränderungsprozesse im Sinne des Erhalts und der Weiterentwicklung der Kulturlandschaft zu begleiten, existieren z.B. in Form des MEKA- (MEKA 2000) und Landschaftspflegeprogramms (Landschaftspflegerichtlinie 2001).

Ackerbau

Mit dem Leitbild einer nachhaltigen Landnutzung ist der Schutz von Ressourcen eng verknüpft. Der intensive Ackerbau im unteren Jagsttal und auf den angrenzenden Hochflächen mit einem für das Jagsttal vergleichsweise hohen Anteil an Zuckerrüben-, Silomais- und Gemüseanbau und der Produktion von Qualitätsgetreide birgt ein hohes Gefahrenpotenzial für die Ressourcen Boden und Wasser. Insbesondere beim Anbau von Reihenfrüchten kommt es durch den Abtrag von Boden zu Erosion. Der überhöhte oder unsachgemäße Einsatz von Dünge- und Pflanzenschutzmitteln führt zum Eintrag dieser Stoffe in Grund- und Oberflächengewässer.

Ansätze aus der Politik mit dem Ziel einer umweltgerechteren Landbewirtschaftung stützen sich im Wesentlichen auf zwei Instrumente, zum einen auf eine zunehmende Reglementierung der Landwirtschaft durch Gesetze, Verordnungen (Düngeverordnung BML 1996), Richtlinien »Gute fachliche Praxis im Pflanzenschutz« (BML 1998) und der landwirtschaftlichen Bodennutzung (BML 1999) sowie in der Ausweisung von Schutzgebieten. Zum anderen werden umweltschonende Anbauverfahren im Zuge der EU-Verordnung 2078/92 gefördert, in Baden-Württemberg in Form des MEKA-Programms. Die freiwillige Teilnahme an dieser Förderung bedeutet für den Landwirt eine mittelfristige (fünfjährige) Bindung an Anbauvorschriften.

Abbildung 5.1.3: Ackerbaulich genutzte Hochfläche, Gemeinde Widdern (Foto: Ralf Kirchner-Heßler)

Diese Instrumente, die zu einer Verringerung der Umweltbelastungen führen sollen, erfordern einen hohen Kontrollaufwand und erzeugen bei den Landwirten im unteren Jagsttal zunehmenden Unmut und Widerstand. Hauptkritikpunkte insbesondere am MEKA-Programm sind dabei u.a. die eingeschränkten Möglichkeiten, auf marktwirtschaftliche und jährlich schwankende natürliche Anbaubedingungen flexibel reagieren zu können. Außerdem werden Ziele, wie die Produktion und Vermarktung von Qualitätsgetreide, als eine bislang erfolgreiche und besondere Anbaustrategie der Region, als gefährdet angesehen (HÄRING & ARMAN 2002).

Hofnachfolge

Ein vorhandener oder in Aussicht stehender Hofnachfolger ist ein zentrales Kriterium für den Fortbestand und die Entwicklungsmöglichkeiten eines landwirtschaftlichen Betriebes. Eine für das gesamte Untersuchungsgebiet repräsentative Darstellung der Hofnachfolgesituation ist aufgrund der fehlenden Datengrundlage nicht möglich. Eine von der Landsiedlung Baden-Württemberg im Jahr 1988 durchgeführte Strukturuntersuchung Hohenlohe Ost (Teile der Landkreise Schwäbisch Hall und Main-Tauber-Kreis), bei der 1.133 Haupterwerbs- (HE) und 288 Nebenerwerbslandwirten (NE) in den Altersgruppen von unter 40 bis über 60 Jahren erfasst wurden, weist auf das Problem einer zunehmend ungelösten Frage der Hofnachfolge hin. Bei den befragten HE-Betrieben haben 44,3 Prozent einen sicheren, 14,4 Prozent keinen Hofnachfolger sowie 41,3 Prozent der Befragten eine offene oder unsichere Hofnachfolge. Bei den NE-Betrieben gaben 26,1 Prozent der Befragten an, einen sicheren Hofnachfolger zu besitzen. 15,6 Prozent der Befragten hatten keinen Hofnachfolger und 58,3 Prozent eine offene bzw. unsichere Hofnachfolge (Landsiedlung 1988).

Auch jüngere Ergebnisse einer Untersuchung von GRAF (1997) bei Landwirten im Alter zwischen 45 und 55 Jahren in den Jagsttalgemeinden Mulfingen und Dörzbach zeigten das Bild einer insgesamt angespannten Hofnachfolgesituation. So ist nur bei der Hälfte der befragten Dörzbacher Landwirte die Hofnachfolge geklärt. Im Mulfinger Teilort Ailringen hingegen ist die Hofnachfolge bei keinem der befragten Landwirte gesichert. Besonders ungünstig sieht die Situation bei den Nebenerwerbsbetrieben in beiden Gemeinden aus. Hier ist bei der überwiegenden Mehrheit die Hofnachfolge nicht geklärt oder noch offen. Deshalb werden trotz gleich bleibender staatlicher Transferzahlungen insbesondere in Ailringen Parzellen des Hanglagengrünlands aus der Nutzung genommen.

Eigene Erhebungen bei Schafhaltungsbetrieben in neun Jagsttalgemeinden (Kap. 8.4), bei Bewirtschaftern des Rötelbachtals (Gemeinde Mulfingen, Kap. 8.7) sowie bei Futter- und Ackerbaubetrieben in den Gemeinden Mulfingen, Roigheim und Neudenau (Kap. 8.1) bestätigten die oben dargestellte Problematik. Lediglich ein Viertel (24 Prozent) der insgesamt 17 befragten Betriebsleiter wussten bereits, wer ihren Hof voraussichtlich übernehmen wird. Ein gutes Drittel (35 Prozent) der Betriebe ist dagegen ohne Nachfolger, bei 41 Prozent der Befragten ist die Nachfolge noch ungeklärt. Angesichts dieser Problematik droht besonders in den Grenzertragsgebieten Hohenlohes, dass eine flächendeckende Landbewirtschaftung und damit die Offenhaltung im derzeitigen Umfang nicht mehr gesichert ist.

Image der Landwirtschaft

Von Seiten der landwirtschaftlichen Akteure wird, vor allem vor dem Hintergrund der Lebensmittelskandale BSE und MKS[1], ein zunehmender Imageverlust des Berufsstandes in der Gesellschaft beklagt. Die Bäuerinnen und Bauern fühlen sich benachteiligt und von der Öffentlichkeit und den Verbrauchern immer weniger in ihrer Arbeit und ihren Leistungen für die Gesellschaft anerkannt. Hinzu kommen die häufig zu Realitätsferne, Negativismus und Agrarromantik neigenden Massenmedien (Presse, TV, Werbung) sowie die zunehmende Entfremdung der Verbraucher von der Landwirtschaft. Vor diesem Hintergrund bestehen Forderungen nach einer grundsätzlichen Neuorientierung und Professionalisierung der berufsständischen Öffentlichkeitsarbeit.

---

[1] BSE = Bovine Spongioforme Enzephalopathie; MKS = Maul- und Klauenseuche

Betriebskooperationen
Um sich im immer schärfer werdenden Strukturwandel behaupten zu können, kann die überbetriebliche Zusammenarbeit für viele Betriebe eine Lösung sein, um Kosteneinsparpotenziale, Arbeitsentlastung und Effizienzsteigerung realisieren zu können. Im Untersuchungsgebiet sind Kooperationen in Form von Betriebs- oder Betriebszweiggemeinschaften trotz den damit verbundenen arbeits- und betriebswirtschaftlichen Vorteilen bislang kaum entwickelt. Gründe dafür sind im Wesentlichen, besonders was den Aufbau von großflächigen Weidegemeinschaften anbelangt, die Verfügbarkeit von Flächen und die produktionstechnischen Anforderungen an das Weidemanagement (GRAF 1997). Darüber hinaus stehen aber auch sozialpsychologische Gründe (wie z.B. Eigenständigkeitsdenken der Landwirte, Status) der Einführung solcher neuen Unternehmenskonzepte entgegen.

Landnutzungsplanung
Die Landnutzung betreffende Planungen existieren in Form des Regional- (Regionalplan Franken 1995) und Landschafsrahmenplans (Landschaftsrahmenplan Region Franken 1988). Hierbei liefert der Landschaftsrahmenplan für den Regionalplan relevante Daten und Bewertungen zu Schutzgütern und natürlichen Ressourcen. Der Regionalplan (vgl. Kap. 4.4.2) legt auf regionaler Ebene Vorrangflächen z.B. für Naturschutz, Landschaftspflege, Bodenerhaltung und Landwirtschaft per Satzungsbeschluss fest und ist folglich auch für die Planungen auf kommunaler Ebene verbindlich.

Auf kommunaler Ebene wurden fast in jeder Gemeinde, insbesondere auf den landwirtschaftlichen Gunstflächen, Flurneuordnungsverfahren unter Beteiligung der Eigentümer durchgeführt. Auch die rechtsverbindlichen Flächennutzungspläne liegen in den Kommunen in wiederholt weiter geführten Fortschreibungen vor. Sie integrieren neuerdings den Landschaftsplan, der erst hierdurch Rechtsverbindlichkeit erlangt und, vergleichbar dem Landschaftsrahmenplan auf regionaler Ebene, eine Analyse und Bewertung des Freiraums liefert und Maßnahmen vorschlägt. In den Jagsttalgemeinden zwischen Neudenau und Langenburg wurde der erste Landschaftsplan 1976 in Krautheim fertig gestellt. In der Verwaltungsgemeinschaft Möckmühl (Möckmühl, Widdern, Jagsthausen, Roigheim) wurde der Landschaftsplan 1991 abgeschlossen. In Langenburg lag der erste Landschaftsplan im Jahr 1999 vor, im Gemeindeverwaltungsverband Krautheim (Krautheim, Dörzbach, Mulfingen) seit Januar 2003. In der Gemeinde Schöntal befindet sich der Landschaftsplan im Jahr 2003 in der Abschlussphase. Nachfragen in den Gemeindeverwaltungen ergaben, dass im Zuge der Planerstellung Abstimmungen mit den Fachbehörden erfolgen, die Bürger jedoch nicht eingebunden werden. Die Öffentlichkeit wird nur in Verbindung mit dem Flächennutzungsplan beteiligt. Die schwache Stellung des Landschaftsplans (vgl. Kap. 5.3), obgleich ein potenziell umfassendes Instrument der Landnutzungsplanung, wird auch darin deutlich, dass ältere Planungen kaum noch im Bewusstsein der Kommunalvertreter sind und dass in den genannten Gemeinden in der Regel keine über die Flächennutzungsplanung hinaus reichende Umsetzung des Landschaftsplans stattfindet. Freiwillige Biotopvernetzungsplanungen wurden in den Gemeinden Möckmühl, Widdern, Schöntal, Krautheim und Mulfingen zwischen 1985 und 1991 erstellt und bisher in den Gemeinden Mulfingen und Krautheim auch umgesetzt.

Als rechtlich nicht normierte, informelle landwirtschaftliche Fachplanung nach dem Gesetz über die Gemeinschaftsaufgabe »Verbesserung der Agrarstruktur und des Küstenschutzes« (GAK-G) (BMVEL, 1988) wurde im Jahr 1992 für das Gebiet Limpurger Land (Teilräume im Landkreis Schwäbisch Hall und die Gemeinde Gschwend) eine Agrarstrukturelle Vorplanung (AVP) erstellt. Hauptanliegen der AVP war es, über ein Landnutzungskonzept einen an Maßnahmen orientierten Interessensausgleich landwirtschaftlich-ökonomischer und landschaftlich-ökologischer Zielsetzungen herzustellen (vgl. Landsiedlung 1993). Aufgrund der o.g. Ausführungen besitzt die AVP jedoch keinen gesetzlichen Anspruch für eine verpflichtende Übernahme in die kommunale Planung.

5.1.2 Bestehende und verfolgte Handlungsansätze

Entwicklung wettbewerbsfähiger Konzepte der Grünlandnutzung

Flurneuordnung
Die im Abschnitt »Kooperationen« beschriebene Möglichkeit des Aufbaus von Weidegemeinschaften ist ohne eine Änderung der Flächenverfügbarkeit und angesichts der im Jagsttal stark ausgeprägten Flurzersplitterung nur schwer umsetzbar. Über die »klassischen« Instrumente der Flurneuordnung wie »Vereinfachte Flurbereinigung«, »Beschleunigte Zusammenlegung« und »Freiwilliger Landtausch« (Flurneuordnung Baden-Württemberg 2003) besteht grundsätzlich die Möglichkeit, diese Hemmnisse zu beseitigen und größere zusammenhängende Flächen für Extensiv-Weidesysteme zur Verfügung zu stellen. Allerdings stehen die meist langwierigen Verfahren und die oftmals fehlende Bereitschaft der Eigentümer zum Verkauf oder Flächentausch häufig der Umsetzung der genannten Verfahren entgegen. Mit Hilfe der »Richtlinie zur Förderung des freiwilligen Nutzungstauschs in Baden-Württemberg« (MLR 2001), die derzeit erprobt wird, wird daher versucht, die Arrondierung landwirtschaftlich genutzter Flächen so zu organisieren, dass dabei kein Eingriff in das Eigentumsrecht notwendig wird. Bemühungen zum Aufbau einer Weidegemeinschaft wurden im Teilprojekt *Bœuf de Hohenlohe* (Kap. 8.3) unternommen. Die Verbesserung der Flächenverfügbarkeit in der Grünlandwirtschaft bildete ein strategisches Element in der Konzeptentwicklung *Landnutzungsszenario Mulfingen* (Kap. 8.7).

Direkt- und Regionalvermarktung
Im Projektgebiet haben viele Landwirte in den vergangenen Jahren die Möglichkeit genutzt, ihre Einkommenssituation über den Aufbau einer einzelbetrieblichen Direktvermarktung ihrer Produkte zu verbessern. Zur weiteren Erschließung der Märkte und der Angebotsentwicklung wurde 1996 der »Bauernland Hohenlohe – Verein zur Förderung der Direktvermarktung e.V.« gegründet. Der mittlerweile als GbR aktive Erzeugerzusammenschluss von derzeit 36 direkt vermarktenden Betrieben in den Kreisen Schwäbisch Hall und Hohenlohe widmet sich u.a. dem Auf- und Ausbau eines Belieferungsservices mit regionalen Produkten für die Gastronomie (vgl. Bauernland Hohenlohe GbR, 2003).

Neben der klassischen einzelbetrieblichen Direktvermarktung entstanden in den vergangenen Jahren einige Vermarktungskooperationen, die im Sinne der bäuerlichen Selbsthilfe sowie im horizontalen als auch vertikalen Marketingverbund das Ziel verfolgen, die Marktposition und die Wertschöpfung der landwirtschaftlichen Erzeuger durch den Aufbau regionaler Erzeugungs-, Verarbeitungs- und Vermarktungsstrukturen zu sichern und auszubauen. Hierzu gehören im einzelnen:
— Die Bäuerliche Erzeugergemeinschaft Schwäbisch Hall mit Sitz in Wolpertshausen: Der seit 1988 bestehende Erzeugerzusammenschluss setzt sich für die Erhaltung alter Haustierrassen, insbesondere des Schwäbisch-Hällischen Landschweins und des Limpurger Rinds ein. Die Erzeugergemeinschaft (EZG) umfasst mittlerweile 400 Mitgliedsbetriebe aus den Landkreisen Schwäbisch-Hall, Hohenlohe- und Ostalbkreis sowie der Region um Tauberbischofsheim und Ansbach, wovon 55 Betriebe ökologisch wirtschaften. Zur EZG zugehörig sind darüber hinaus drei Bauernmärkte in Schwäbisch Hall und Stuttgart (Rebmann, mündl. Mitt., 2003).
— Die Erzeugergemeinschaft Hohenloher Höfe mit Sitz in Geißelhardt: Seit 1990 vermarktet die EZG schwerpunktmäßig Getreide aus integriertem Anbau. Die EZG hat derzeit rund 70 Mitglieder, davon 10 ökologisch wirtschaftende Betriebe. Die Erzeugungs- und Vermarktungsregion umfasst die Gebiete Hohenlohe-Heilbronn, Reutlingen-Alb, Freiburg und Bodensee.

- Der Verein Hohenloher Weide-Rind: Der im Jahr 2001 gegründete Förderverein umfasste im Jahr 2001 insgesamt 15 Betriebe und zielt auf die Förderung der Vermarktung (Direkt- und Metzgereivermarktung) von Qualitätsrindfleisch als Hohenloher Weide-Rind ab, das ausschließlich von Mutterkuhhaltern stammt (Hohenloher Weiderind 2001).
- Die im Jahr 1999 durch bayerische und baden-württembergische Bioland-Bauern gegründete Bio Fleisch Süd GmbH, mit Geschäftssitz in Nürtingen: Die im Untersuchungsgebiet tätige EZG entwickelt gemeinsam mit der baden-württembergischen Bioland-Handelsgesellschaft auch Marketingkonzepte und ist aus der EZG Fleisch aus Hohenlohe GbR hervorgegangen. Die derzeit 80 Mitglieder umfassende Organisation, der überwiegend Bioland-Betriebe angehören, vermarktet in den Produktsegmenten Rind-, Schweine-, Geflügel- und Lammfleisch (Bioland BW 2003)
- Die Organisch-biologische Erzeugergemeinschaft (OBEG) GmbH mit Sitz in Schrozberg: Die in den 1980er Jahren gegründete OBEG vermarktet schwerpunktmäßig Getreide und ist organisatorisch, ebenso wie Biofleisch Süd, in die baden-württembergischen Bioland Handelsgesellschaft eingebunden. Das Erzeugungs- und Vermarktungsgebiet umfasst Heilbronn, Buch, Bad Mergentheim, Schrozberg, Schwäbisch Hall und Backnang.
- Die Streuobstinitiativen: Für die Vermarktung von Streuobst konstituierten sich im Untersuchungsgebiet Anfang bis Mitte der 1990er-Jahre so genannte »Aufpreisinitiativen«, die über einen höheren Erzeugerpreis – den sogenannten »Aufpreis« auf den handelsüblichen Erzeugerpreis – den Streuobstanbau für die Bewirtschafter attraktiver gestalten wollen. Im Landkreis Heilbronn ist dies der Förderkreis Unterländer Streuobstwiesen GbR (FUS), gegründet im Jahr 1992, im Landkreis Hohenlohe die »Fördergemeinschaft für Hohenloher Streuobstbäume (FHS)« gegründet im Jahr 1993 sowie im Landkreis Schwäbisch Hall der »Förderkreis Ökologischer Streuobstbau e.V. (FÖS)«, gegründet im Jahr 1988 (vgl. REGINET 2003).

Trotz der im bundesweiten Vergleich relativ weit fortgeschrittenen regionalen Vermarktungsstrukturen ist im Projektgebiet die Markterschließung regionaler Produkte insgesamt als gering einzustufen. Um die Ansprüche des Marktes kompetent und Wert schöpfend bedienen und Marktanteile weiter ausbauen zu können, sind aus Sicht der oben beschriebenen Vermarkter daher folgende Handlungsansätze zu verfolgen:

- Erschließung und Ausbau neuer Absatzwege in die angrenzenden Verdichtungsgebiete,
- verstärkte Kooperation mit dem Lebensmitteleinzelhandel,
- Diversifikation des regionalen Angebots im Bereich Rind- und Lammfleisch zur Offenhaltung marginaler Grünlandstandorte,
- Marketing-Kooperation mit dem Ernährungshandwerk und der Gastronomie zur Bündelung des Angebots,
- Professionalisierung der Vermarktung (Qualifizierung der Erzeuger im Bereich der Qualitätserzeugung und Qualifizierung der Marktpartner (Point of Sale), z.B. im Bereich Verkaufsschulung,
- Etablierung einer regionalen Dachmarke Hohenlohe.

Vor dem Hintergrund der beschriebenen Grünlandproblematik setzten sich die vermarktungsorientierten Teilprojekte (8.3 *Bœuf de Hohenlohe*, 8.4 *Hohenloher Lamm*, 8.5 *Öko-Streuobst*, 8.6 *Heubörse*) im *Modellvorhaben Kulturlandschaft Hohenlohe* mit den Möglichkeiten zur Einkommensverbesserung sowie betrieblichen Kooperation auseinander.

5.1.3 Etablierung von Verfahren zur Ressourcen schonenden Ackernutzung

Neben den etablierten ordnungsrechtlichen Steuerungsinstrumenten und Anreizprogrammen zur Förderung Ressourcen schonender Anbauverfahren werden auch Handlungsansätze in der Sensibilisierung der Landwirte für die Gefahrenpotenziale ihrer Schläge und einer daran angepassten ökologisch und ökonomisch sinnvollen Bewirtschaftung gesehen. Hierzu sind Instrumente nötig, die es dem Landwirt ermöglichen, die wichtigsten Gefahrenpotenziale schlaggenau abzuschätzen, zu bewerten und wenn nötig, geeignete Maßnahmen zu ergreifen sowie die ökologischen und ökonomischen Auswirkungen abzuschätzen. Bei geringem Gefahrenpotenzial wird dadurch dem Landwirt eine angepasste, intensive Nutzung ermöglicht. Ergänzend ist sicher auch eine über die bestehenden Beratungsdienste hinausgehende Beratung sinnvoll und notwendig. Durch die Zusammenarbeit von Wissenschaftlern und Landwirten an gemeinsamen Fragestellungen zur Entwicklung und Optimierung nachhaltiger Anbauverfahren kann deren Implementierung in der Praxis gefördert werden. Möglichkeiten dazu bieten Praxisversuche, in denen unter Praxisbedingungen und den Standortbedingungen vor Ort Anbauverfahren geprüft und an die regionalen Gegebenheiten angepasst werden können. Diesem Arbeitsschwerpunkt widmete sich das Teilprojekt *Konservierende Bodenbearbeitung* (Kap. 8.1) sowie eine Dissertation zum Thema »Die Ökobilanz zur Abschätzung von Umweltwirkungen in der Pflanzenproduktion« (ARMAN 2003). Von Seiten der Landwirtschaft wurde in der Definitionsphase des Forschungsvorhabens die mit der Düngeverordnung im Zusammenhang stehende Problematik der Gülleverwertung angeführt. Dieser Ansatz wurde in der Hauptphase nicht weiter verfolgt, nachdem ein gesondertes vom Land Baden-Württemberg gefördertes Vorhaben zum Tragen kam.

5.1.4 Partizipative Landnutzungsplanung

Die auf Landwirtschaft und Siedlungsentwicklung zurückzuführenden Umweltbelastungen, wie auch die Frage nach dem Umgang mit den aus der Landwirtschaft im Zuge des Agrarstrukturwandels freigesetzten Flächen haben dazu geführt, dass Planungen zu einem festen Bestandteil der Umweltvorsorge wurden. Die Erkenntnis, dass die Planerstellung noch keinen Umsetzungserfolg garantiert, hat die Bedeutung der Kommunikation und Kooperation in Planungsprozessen gestärkt. Optimierungsmöglichkeiten werden darin gesehen, die Beteiligten bereits in der Planungsphase einzubeziehen. Hierbei sollen Umweltwissen vermittelt, Strategien und Lösungsvorschläge gemeinsam entwickelt und Konflikte in einem konstruktiven Milieu, das von einer gegenseitigen Wertschätzung der Akteure geprägt ist, gelöst werden.

In den Teilprojekten *Landnutzungsszenario Mulfingen* (Kap. 8.7) und *Ökobilanz Mulfingen* (Kap. 8.9) wurden partizipativ Landnutzungsstrategien entwickelt bzw. eine landschaftsbezogene Ökobilanz als Grundlage für Entscheidungsprozesse in der Landnutzungsplanung in Zusammenarbeit mit den Beteiligten durchgeführt. Auch die öffentliche Leitbilddiskussion »Flächeninanspruchnahme und Siedlungsentwicklung« und der Themenschwerpunkt »Hochwasserschutz und Gewässerentwicklung« im Arbeitskreis *Landschaftsplanung* (Kap. 8.8) und dem Teilprojekt *Gewässerentwicklung* (Kap. 8.11) stehen im Zusammenhang mit der Förderung von Kommunikations- und Kooperationsprozessen in der Landnutzungsplanung.

5.1.5 Öffentlichkeitsarbeit

Bereits vor BSE und MKS sind im Untersuchungsgebiet Projekte zur erfahrungs- und erlebnisorientierten Öffentlichkeitsarbeit initiiert worden. Allerdings ist deren Bekanntheitsgrad zum Teil noch gering. Neben der bundes- und landesweit mittlerweile populären Aktion »Gläserne Produktion« bestehen von Seiten der Kreisbauernverbände und der Landjugend seit vielen Jahren Bemühungen zur Verbesserung des Images der Landwirtschaft. Beispiele hierfür sind die »Berufsnachwuchs- und Imagekampagne« und das Projekt zur Dialog-bezogenen Kommunikation zwischen Bauern und Konsumenten »Schüler auf dem Bauernhof«. Neben dem Engagement von Einzelpersonen in diesem Bereich fördert das Evangelische Bauernwerk in Hohebuch außerdem den Dialog zwischen Landwirtschaft und Verbrauchern im Rahmen seiner Projekte »Stadt-Land-Partnerschaft«, »Hohenloher Bauernlehrpfad« und »Landleben live«. Letzteres vermittelt Jugendliche auf Bauernhöfe der Region. Nicht zuletzt stellen die bestehenden regionalen Vermarktungsprojekte wichtige Kommunikationsplattformen zur Imageverbesserung der Landwirtschaft dar. Neben diesen Maßnahmen bedarf es weiterer vielseitiger Anstrengungen seitens des landwirtschaftlichen Berufsstandes für die Etablierung einer Zielgruppen orientierten Öffentlichkeitsarbeit. Hierfür ist auch, stärker als bisher, an das »grundsätzlich positive Basisvertrauen, das die Gesellschaft den heimischen Bäuerinnen und Bauern ausspricht« (DIRSCHERL 2002) anzuknüpfen.

Literatur

Arman, B., 2003: Die Ökobilanz zur Abschätzung von Umweltwirkungen in der Pflanzenproduktion – dargestellt anhand von Praxisversuchen zur konservierenden Bodenbearbeitung und von unterschiedlich intensiv wirtschaftenden konventionellen Betrieben, Diss. Uni Hohenheim
BML (Bundesministerium für Ernährung, Landwirtschaft und Forsten) 1999: Gute fachliche Praxis der landwirtschaftlichen Bodennutzung. Bonn
BML (Bundesministerium für Ernährung, Landwirtschaft und Forsten), 1996: Düngeverordnung 1996, In: Bundesministerium für Ernährung, Landwirtschaft und Forsten (Hrsg.), 1998: Die neue Düngeverordnung. Bonn.
BML (Bundesministerium für Ernährung, Landwirtschaft und Forsten) 1998b: Gute fachliche Praxis im Pflanzenschutz. Bonn
BMVEL (Bundesministerium für Verbraucherschutz, Ernährung und Landwirtschaft), 2002: Gesetz über die Gemeinschaftsaufgabe »Verbesserung der Agrarstruktur und des Küstenschutzes« (GAK-Gesetz – GAKG). In der Fassung der Bekanntmachung vom 21. Juli 1988 (BGBl. I S. 1055)
Dirscherl, C., 2002: Die Landwirtschaft im Spannungsfeld gesellschaftsethischer Erwartungen. Landinfo 5/6/2002: 21
EU-Verordnung 2078/92: Verordnung (EWG) Nr. 2078/92 des Rates vom 30. Juni 1992 für umweltgerechte und den natürlichen Lebensraum schützende landwirtschaftliche Produktionsverfahren, Amtsblatt Nr. L 215 vom 30/07/1992: 0085-0090
Graf, S., 1997: Möglichkeiten der Nutzung von trockenen Talhängen im mittleren Jagsttal am Beispiel der Gemeinden Dörzbach und Ailringen – eine empirische Untersuchung. Unveröff. Diplomarbeit am Institut für landwirtschaftliche Betriebslehre, Universität Hohenheim
Häring, G., B. Arman, 2002: MEKA II nachbessern. Landwirtschaftliches Wochenblatt 169(6): 32, Stuttgart
Hohenloher Weide-Rind, 2001: Werbeflyer Erzeugergemeinschaft Hohenloher Weide-Rind, Öhringen
Landschaftspflegerichtlinie, 2001: Richtlinie des Ministeriums für Ernährung und Ländlichen Raum Baden-Württemberg zur Förderung und Entwicklung des Naturschutzes, der Landschaftspflege und Landeskultur – Landschaftspflegerichtlinie – vom 18.10.2001, Az.: 64-8872.00.
Landschaftsrahmenplan Region Franken, 1988: Region Franken – Landschaftsrahmenplan, Landschaftsanalyse und Freiraumbewertung. Regionalverband Franken, Heilbronn
Landsiedlung Baden-Württemberg GmbH, 1998: Strukturuntersuchung Hohenlohe Ost. Stuttgart

Landsiedlung Baden-Württemberg GmbH, 1993: Agrarstrukturelle Vorplanung »Limpurger Land«, Stuttgart
MEKA 2000: Richtlinie des Ministeriums Ländlicher Raum zur Förderung der Erhaltung und Pflege der Kulturlandschaft und von Erzeugungspraktiken, die der Marktentlastung dienen (Marktentlastungs- und Kulturlandschaftsausgleich – MEKA II -), vom 12.09.2000, Az. 65–8872.53
MLR (Ministerium für Ernährung und Ländlichen Raum Baden-Württemberg), 2001: Richtlinie zur Förderung des freiwilligen Nutzungstauschs in Baden-Württemberg: Entwurf, Stand 13.12.2001
Regionalplan Franken, 1995: Region Franken – Regionalplan 1995. Regionalverband Franken, Heilbronn

Internet-Quellen

Bauernland Hohenlohe GbR 2003: http://www.bauernland-hohenlohe.de (Stand: 11.6.2003)
Bioland BW 2003: Neue süddeutsche Erzeugergemeinschaft für Öko-Fleisch – Mehr Service im Biofleisch-Markt, Pressemitteilung von 25.8.1999, Bioland-Landesverband Baden-Württemberg:
(http://www.bioland.de/presse, 20.5.2003)
Flurneuordnung BW 2003: Verwaltung für Flurneuordnung und Landentwicklung Baden-Württemberg: http://www.landentwicklung.bwl.de (Stand: 2.7.2003)
REGINET – Netzwerk der Regionalinitiativen: http://www.reginet.de (Stand: 11.6.2003)
Statistisches Landesamt Baden-Württemberg, 2001: Daten des Statistischen Landesamts Baden-Württemberg – http://www.statistik.baden-wuerttemberg.de (Stand: Mai 2002)

Kirsten Schübel, Gabi Barisic-Rast

5.2 Tourismus: Probleme und Handlungsansätze

5.2.1 Tourismus – eine wirtschaftliche Chance für ländliche Gebiete

Die traditionelle Vorstellung vom »Leben auf dem Lande« ist im Umbruch. Viele ländliche Regionen in West- und Mitteleuropa durchlaufen seit Jahren einen Prozess tiefgreifender Veränderungen. Die Erwerbsquelle Landwirtschaft verliert fortschreitend an Bedeutung. An ihre Stelle treten zunehmend alternative Erwerbsquellen wie z.b. verarbeitendes Kleingewerbe, Dienstleistungen und der Tourismus (HOFFMANN & WOLF 1998: 123). Gleichzeitig hat für die Gesamtbevölkerung die Bedeutung von Naherholung und Tourismus in den letzten Jahrzehnten aufgrund von steigenden Einkommen, der Zunahme der frei verfügbaren Zeit und des Trends zu aktiver Erholung zugenommen. Viele politische Akteure sehen angesichts fehlender wirtschaftlicher Alternativen in der touristischen Entwicklung ländlicher Räume ein geeignetes Mittel, die Probleme der Regionen nachhaltig zu lösen.

Die Schwächen des Wirtschaftsraumes Jagsttal spiegeln sich etwa im geringen Bekanntheitsgrad, der benachteiligten verkehrsgeographischen Lage, einer sehr geringen Bevölkerungs- und Siedlungsdichte und in der starken räumlichen Streuung der Gewerbestandorte wider. Die landwirtschaftliche Nutzung hat an Bedeutung verloren, während im produzierenden Sektor, aber vor allem im Dienstleistungsbereich, eine positive Entwicklung zu verzeichnen ist. Vor dem Hintergrund der räumlichen und wirtschaftlichen Rahmenbedingungen der Region wurden in den letzten Jahren unterschiedliche Ansätze zur Regional- und Standortentwicklung unternommen. Dabei wird auf den Tourismus als einen wichtigen Wirtschaftsfaktor gesetzt. Die wirtschaftliche Entwicklung der Region soll direkt, z.B. über touristische Leistungsträger wie Gastronomie, Hotellerie, Ferien auf dem Bauernhof, oder indirekt, z.B. über Nachfrage nach regionalen Produkten und der damit verbundenen Existenzsicherung von landwirtschaftlichen Betrieben, gefördert werden.

Den erhofften wirtschaftlichen Chancen steht jedoch eine mögliche Belastung natürlicher Ressourcen gegenüber, die Touristen bei der Nutzung der Landschaft bei bestimmten Aktivitäten verursachen können. Im Fremdenverkehr müssen über die ökonomische Dimension hinaus gesellschaftliche, soziale und immer stärker auch ökologische Komponenten in die Betrachtung einbezogen werden. Die Umwelt, vor allem mit ihren landschaftlichen und Ortsbildqualitäten, stellt dabei eine von den Urlaubern besonders geschätzte, aber auch immer stärker beeinträchtigte Voraussetzung für die Tourismusentwicklung dar (SCHARPF 1998: 9).

5.2.2 Das Jagsttal als Freizeit- und Tourismusregion

Landschaft als touristisches Kapital
Das Jagsttal zwischen Crailsheim und Bad Friedrichshall zeichnet sich durch eine hohe Attraktivität für die naturnahe Erholung aus. Aus touristischer Sicht ist die wesentliche Stärke der Region die abwechslungsreiche Landschaft. Vor allem der Talraum mit dem windungsreichen Verlauf der Jagst erfüllt für viele Besucher die Vorstellung einer naturnahen und harmonischen Landschaft, einer ländlichen Idylle. Hinzu kommen ein preiswertes Niveau der Beherbergung und der Gastronomie sowie der reichhaltige Bestand an historischen Gebäuden und Dorfstrukturen.

Touristische Situation im Jagsttal
Beim Jagsttal handelt es sich um keine Destination mit touristischer Tradition, während sich in unmittelbarer Nachbarschaft eine Reihe traditioneller Naherholungs- und Ausflugsziele, wie z.B. das Taubertal und das Neckartal, befinden. Touristische Entwicklungsimpulse in der Region gehen vor allem vom Fahrradtourismus entlang der Jagst und des benachbarten Kocher aus. So gehört der Kocher-Jagst-Radweg zu den Geheimtipps seiner Gattung. Durch eine vorbildhafte Vermarktung in den letzten Jahren zieht er immer mehr Fahrradtouristen an. Als zweites touristisches Standbein hat sich der Kulturtourismus herausgebildet. Wichtige Anziehungspunkte sind die Burg des Götz von Berlichingen in Jagsthausen, das Kloster Schöntal und zahlreiche kultur- und landschaftshistorische Güter wie Schlösser, Burgen, Mühlen und Kirchen. Diese Gebäude bilden den Rahmen für eine Reihe von (teilweise überregional bekannten) kulturellen Veranstaltungen. Der Hohenloher Kultursommer oder die Burgfestspiele in Jagsthausen haben inzwischen als hochrangige Veranstaltungen im Jahreskalender von Kulturinteressierten einen festen Platz. Als Freizeit- und Tourismusregion weist das Jagsttal folgende Schwächen auf: eine unzureichende Inwertsetzung des landschaftlichen und kulturellen Potenzials, mangelnde Landschaftsinterpretation, unzureichende Gast- und Serviceorientierung sowie eine fehlende gemeinsame Vermarktung des Jagsttals (ECON-CONSULT 1996: 90).

Das touristische Angebot einer Tourismusgemeinde setzt sich aus dem Ort insgesamt, der Unterkunft, der Landschaft, der Infrastruktur, dem Verkehr und dem Service zusammen. Vor allem in der Harmonie des Zusammenwirkens entscheiden die Einzelfaktoren über die Qualität des Produktes »Urlaubsreise« und damit über den Markterfolg (SCHARPF 1998). In den einzelnen Gemeinden des Jagsttals stellt sich die touristische Situation sehr unterschiedlich dar. Während sich einige Gemeinden vor allem im Kulturbereich etabliert haben und das vorhandene Beherbergungsangebot einen gewissen Anteil der Nachfrage auffangen kann, können andere Gemeinden kaum ausreichend Beherbergungskapazitäten aufweisen. Trotz des vielfältigen touristischen Potenzials bewegen sich die Ankunfts- und Übernachtungszahlen im Jagsttal allerdings auf eher niedrigem Niveau.

Touristische Vermarktungsstrukturen

Bislang erfolgte die touristische Vermarktung des Jagsttales überregional durch die bestehenden Touristikgemeinschaften mit der Bewerbung einzelner Produkte wie dem Kocher-Jagst-Radweg oder den Burgfestspielen in Jagsthausen und durch die einzelnen Kommunen. Die Kommunen haben allerdings nur geringe Möglichkeiten zur professionellen Werbung und bieten allein meist zu wenig Anreize für einen mehrtägigen Aufenthalt. Wie in vielen, vor allem ländlich strukturierten Räumen besteht deshalb auch hier ein »übergeordnetes Problem«: Die gemeinsame, kommunenübergreifende touristische Vermarktung der »Destination Jagsttal« als Naturraum. Eine solche gemeinsame Vermarktung wird zusätzlich dadurch erschwert, dass das Gebiet drei Landkreisen angehört (vgl. Kap. 4.4), die von unterschiedlichen Touristikgemeinschaften beworben werden. Die Touristikgemeinschaft Hohenlohe ist für das Gebiet des Hohenlohekreises zuständig und vertritt somit die Gemeinden des mittleren Jagsttals. Der obere Abschnitt des in den Muschelkalk eingetieften Jagsttals bis zur Höhe von Crailsheim gehört zum Kreis Schwäbisch-Hall und wird durch die Touristikgemeinschaft Neckar-Hohenlohe-Schwäbischer Wald vermarktet. Die im Kreis Heilbronn gelegenen Gemeinden des unteren Jagsttales, haben sich ebenfalls dieser Touristikgemeinschaft angeschlossen.

Diese touristischen Vermarktungsstrukturen im Raum Hohenlohe sind bis heute Gegenstand von heftigen Auseinandersetzungen zwischen den Landkreisen. Auch für die Zufriedenheit der Gäste ist die vorhandene Situation nicht förderlich. Für einen (potenziellen) Besucher des Jagsttales steht vielmehr die geographische Einheit der Region, die er besuchen möchte, im Vordergrund. Zu diesem Zweck wünscht der Gast umfassende Informationen über die gesamte Region – möglichst aus einer Hand. Dies fängt an bei allgemeinen Informationen über die Region, die im Rahmen der Reiseentscheidung eine Rolle spielen (Landschaft, Sehenswürdigkeiten, kulturelle Aspekte) bis hin zu konkreten Buchungswünschen, die sich auf Übernachtungen, gastronomische Einrichtungen, Besichtigungen und spezielle Anforderungen von Gruppen beziehen können.

Umweltkonflikte

Neben den erwähnten Stärken und Schwächen besteht die Gefahr der Umweltgefährdung und Landschaftsbelastung durch eine ungesteuerte touristische Entwicklung im Jagsttal. Bestehende Konflikte zwischen Tourismus und Naturschutz stellen z.B. verschiedene Freizeitnutzungen der Jagst dar, wie etwa Kanufahren, Angeln oder ufernahe Campingplätze. Da die Jagst als Fließgewässer in der Vergangenheit keine wesentlichen Gütedefizite aufwies und somit eine reichhaltige Artenvielfalt von bundesweiter Bedeutung aufweist (vgl. Kap. 4.2), wurde ihre Nutzung eingeschränkt. Dies führte zur Teilsperrung besonders sensibler Zonen und stellt einen Kompromiss zwischen ökologischen und ökonomischen Interessen dar. Trotz dieser Regelungen gehen die jeweiligen Auffassungen noch sehr stark auseinander, der erzielte Kompromiss hat den Grundkonflikt noch nicht gelöst.

5.2.3 Nachhaltige Tourismusentwicklung

Die Einbeziehung des landschaftlichen Charakters der Regionen, der Kultur, der Geschichte und die Beteiligung der Bewohner werden als wesentliche Bestandteile einer dauerhaften und tragfähigen Tourismusentwicklung gesehen (HAART & STEINECKE 1995). Grundsätzlich hängen Umwelteinwirkungen des Tourismus vor allem von der Tourismusart, dem individuellen Verhalten der Gäste (Freizeitaktivitäten) sowie der Qualität der Tourismusdienstleistungen ab. Daher sind auch im Jagsttal Konzepte gefragt, die Wege zur Förderung eines gesteuerten Tourismus bei gleichzeitiger Schonung der ökologischen Ressourcen aufzeigen. In diesem Zusammenhang kommt der Sensibilisierung der Akteure vor Ort für die Sicherung und Bewahrung der natürlichen Potenziale eine zentrale Bedeutung zu. Damit stellt die Sensibilisierung der handelnden Akteure, wie z.b. Hoteliers, Gastwirte, Reisemittler, Touristikfachleute, Verwaltungsmitarbeiter und politische Entscheidungsträger, über die Bedeutung der Kulturlandschaft als wichtigstem Kapital des Tourismus, eine wichtige Voraussetzung für nachhaltige Entwicklungsstrategien im Jagsttal dar. Die Akzeptanz von entsprechenden Strategien zur nachhaltigen Regionalentwicklung mit Tourismus wird aufgrund der Strukturschwäche der Region im Wesentlichen von den ökonomischen Effekten abhängig sein. Denn unter ökonomischen Gesichtspunkten muss eine nachhaltige Wirtschaftsweise und damit auch eine nachhaltige touristische Aktivität langfristig die wirtschaftlichen Möglichkeiten der Wertschöpfung in einer Region garantieren. Aus diesem Grund muss der Tourismus möglichst weit gehend Bestandteil einer diversifizierten regionalen Wirtschaftsstruktur sein (MÜLLER 1995). Zusätzlich muss die Umsetzung formulierter Ziele und Maßnahmen sowohl auf kommunaler als auch auf regionaler Ebene erfolgen. Durch einen intensiven Dialog sollte die Motivation der Akteure gestärkt und die Bildung von Netzwerken aktiv unterstützt werden. Im Diskussionsprozess muss auf einen Ausgleich von ökonomischen, ökologischen und sozialen Interessen geachtet werden.

5.2.4 Handlungsfelder

Zusammengefasst ergeben sich im Jagsttal Hemmnisse in der Entwicklung des touristischen Potenzials aus einer unzureichenden Inwertsetzung der landschaftlichen und kulturellen Gegebenheiten, einer ausgeprägten Saisonalität, einer in Quantität und Qualität verbesserungswürdigen Gastronomie, einer mangelhaften lokalen Kooperation des Gastgewerbes, einem eingeschränkten Beherbergungsangebot (kleinbetriebliche Strukturen, Kapazitäten, Qualitätsstandard), einer unzureichenden Gast- und Serviceorientierung sowie der bislang fehlenden Konfliktregelung zwischen Tourismus und Naturschutz. Als Handlungsfelder ergaben sich aus der Analyse der touristischen Situation im Jagsttal folgende Handlungsfelder:
—Marketingkonzept für das gesamte in den Muschelkalk eingeschnittene Jagsttal als abgegrenztem Naturraum.
—Kooperation der in diesem Naturraum liegenden Kommunen zur Bündelung der Kräfte und unter Beachtung bestehender touristischer Organisationsstrukturen.
—Stärkere Inwertsetzung des landschaftlichen und kulturellen Potenzials.
—Verbesserung des gastronomischen- und des Beherbergungs-Angebots.
—Entschärfung der bestehenden Konflikte zwischen Tourismus und Naturschutz.
In einem offenen partizipativen Prozess wurden im Arbeitskreis Tourismus die Handlungsfelder konkretisiert und priorisiert. Erste Priorität wurde dabei dem Marketingkonzept, als gemeinsamem Kooperationsprojekt der betroffenen Gemeinden, gegeben. Daraus ergaben sich die zwei touristischen Teilprojekte (Kap 8.13, 8.14) als zwei erste Stufen des Marketingkonzepts. Die *Panoramakarte* (mit einheitlichem Design für den touristischen Auftritt des Naturraums Jagsttal) dient als Erstinformationsmaterial, um Gäste für den Besuch im Jagsttal zu gewinnen. Mit Hilfe der *Themenhefte* können die ins Jagsttal gekommen Gäste ihre Urlaubsaktivitäten dann konkret planen. In beiden Projekten arbeiteten Tourismus- und Naturschutzvertreter zusammen und konnten seit langem bestehende Konflikte entschärfen. Beispielsweise wurden gemeinsam Empfehlungen für das Kanufahren auf der Jagst erarbeitet, ein Inhalt der bislang bis vor die Gerichte getra-

gen wurde. Das Landartprojekt *eigenART* (Kap. 8.15) hatte die unkonventionelle Inwertsetzung der Landschaft im Jagsttal zum Ziel. Aufgrund der zeitlichen Möglichkeiten und der personellen Ressourcen konnte im Rahmen des Modellvorhabens nicht an einer Verbesserung des gastronomischen- und Beherbergungs-Angebots gearbeitet werden.

Literatur

ECON-CONSULT, 1996: Entwicklungskonzept mittleres Jagsttal. Erstellt im Auftrag der Gemeinden Dörzbach, Krautheim, Mulfingen und Schöntal. Unveröffentlichter Bericht
Haart, N., A. Steinecke, 1995: Umweltschonender Tourismus – Eine Entwicklungsalternative für den ländlichen Raum in Europa? In: Moll, P. (Hrsg.): Umweltschonender Tourismus – eine Entwicklungsperspektive für den ländlichen Raum; Bonn: 17-32
Hoffmann, J., A. Wolf, 1998: Umwelt- und sozialverträglicher Tourismus als Impulsgeber für eine eigenständige Regionalentwicklung im ländlichen Raum. In: Buchwald, K., W. Engelhardt (Hrsg.): Freizeit, Tourismus und Umwelt. Umweltschutz – Grundlagen und Praxis. Band 11. Bonn; Economia Verlag: 123-149
Müller, H., 1995: Nachhaltige Regionalentwicklung durch Tourismus: Ziele – Methoden – Perspektiven. In: Steinecke, A. (Hrsg.): Tourismus und nachhaltige Entwicklung, ETI-Texte, Trier 1995: 11-18
Scharpf, H., 1998: Umweltvorsorge in Fremdenverkehrsgemeinden. In: Buchwald, K., W. Engelhardt (Hrsg.): Freizeit, Tourismus und Umwelt. Umweltschutz – Grundlagen und Praxis. Band 11. Bonn; Economia Verlag: 9-42

Angelika Beuttler, Ralf Kirchner-Heßler, Roman Lenz

5.3 Landschaftsplanung: Probleme und Handlungsansätze

5.3.1 Hintergrund

Die Landschaftsplanung ist das Hauptinstrument des Naturschutzes zur planerischen Konkretisierung seiner Ziele und Grundsätze in der Fläche und stellt die wesentliche Handlungsgrundlage des Naturschutzes dar. Rechtsgrundlage ist das Bundesnaturschutzgesetz als Rahmengesetz. In Baden-Württemberg hat der Landschaftsplan einen gutachtlichen Charakter und erhält erst durch die Aufnahme in den Flächennutzungsplan Rechtsverbindlichkeit. Über diese Aufnahme entscheidet die Gemeinde. Der hierzu notwendige Abwägungsvorgang unterliegt der Rechtskontrolle durch die Genehmigungsbehörde nach dem Baugesetzbuch (LfU 1992). Das neue Bundesnaturschutzgesetz sieht vor, Landschaftspläne Flächen deckend zu erstellen und »... fortzuschreiben, wenn wesentliche Veränderungen der Landschaft vorgesehen oder zu erwarten sind« (BNatSchG 2002, §16, Abs. 1). Einschränkend heißt es jedoch, »sie (die Länder) können darüber hinaus vorsehen, dass von der Erstellung eines Landschaftsplans in Teilen von Gemeinden abgesehen werden kann, soweit die vorherrschende Nutzung den Zielen und Grundsätzen des Naturschutzes und der Landschaftspflege entspricht und dies planungsrechtlich gesichert ist« (BNatSchG 2002, §16, Abs. 2).

Für die örtliche Landschaftsplanung wurden Mindestanforderungen aufgestellt (z.B. LANA 1999, v. HAAREN & HORLITZ 2002), die jedoch in diesem Umfang und der Detailliertheit nicht rechtlich verankert sind (HOAI 2000, v. HAAREN & HORLITZ 2002). Folglich fehlt »eine klare Richtschnur für ein praxistaugliches Vorgehen im konkreten Fall (gemeint ist die Zielentwicklung im Landschaftsplan), die den Stand der wissenschaftlichen Entwicklung in der Landschaftsplanung widerspiegelt«. Nach Ansicht von v. HAAREN & HORLITZ (2002) kann dies durch eine modulare Zielentwicklung (Flexibilisierung des Vorgehens im Hinblick auf Problemlage und finanzielle Spielräume) und eine breitere Beteiligung der relevanten Akteure erreicht werden.

Die Beteiligung der Träger öffentlicher Belange ist geregelt, nicht jedoch die der Bürger, deren Beteiligung lediglich empfohlen wird (MLR 1979). So stellt sich die Landschaftsplanung heute als ein gesellschaftlich notwendiges Instrument dar, das »... durch Information und gute Entscheidungsvorbereitung wirkt, jedoch nur in geringem Maße mit hoheitlichen oder ökonomischen Umsetzungsmechanismen ausgestattet ist« (v. HAAREN & HORLITZ 2002). DEBES et al. (2001) sowie RAMSAUER (1993) sehen in dem Anspruch einer (interdisziplinären) Querschnittsplanung und der sektoralen Fachplanung schwer auflösbare Zielkonflikte, so dass sich DEBES et al. (2001) für eine deutliche Trennung beider Planungen sowie die Abgrenzung von der Raumordnung aussprechen.

In der Praxis ist zu beobachten, dass der kommunale Landschaftsplan zunehmend direkt in den Flächennutzungsplan – und dort auch nur in die relevanten Bereiche, wo z.B. Eingriffe stattfinden – eingearbeitet wird. Damit erfolgt zwar einerseits eine Schutzgutbewertung, aber andererseits werden Entwicklungspotenziale o.ä. gar nicht bearbeitet und der Landschaftsplan wird de facto bereits als Teil einer Eingriffs-Ausgleichsregelung bzw. vorbereitenden Grünordnungsplanung genutzt. Der ganzheitliche, integrative, sowohl reaktive wie auch aktive Ansatz wird also durch die Art der praktischen Umsetzung zunehmend in Frage gestellt (vgl. RIEDEL & LANGE 2001) und auf die reaktive Komponente reduziert. Damit ist der o.g. Anspruch einer (interdisziplinären) Querschnittsplanung faktisch bereits ausgehöhlt. Dies ist sicherlich nicht nur ein baden-württembergisches Phänomen, wie u.a. neuere Untersuchungen zur Umsetzung der kommunalen Landschaftsplanung in die Flächennutzungsplanung in Sachsen zeigen (REINKE 2002).

Der Rat von Sachverständigen für Umweltfragen (SRU) begrüßt die Stärkung der Landschaftsplanung durch die bereits im Sondergutachten geforderte Überarbeitung der gesetzlichen Vorgaben in den § 13ff. BNatSchG n.F. (SRU 1996, Tz. 145). Besonders wichtig ist hierbei die detaillierte bundeseinheitliche Festlegung der Inhalte der Landschaftsplanung in § 14 Abs. 1. Hierdurch werden inhaltliche Mindeststandards gegeben, die zu einer möglichst einheitlichen Bearbeitung der Landschaftsplanung in den Ländern führen sollen. Ebenso wichtig und begrüßenswert ist die verbindliche Einführung der Flächen deckenden Landschaftsplanung in den §§ 15 und 16. Hierdurch wird sichergestellt, dass die Ziele und Maßnahmen überall in der Abwägung der Gesamt- und Fachplanung einfließen können und dass Informations- und Entscheidungsgrundlagen zu Natur und Landschaft für eine breite Nutzung aufbereitet werden, womit das Vorsorgeprinzip gestärkt wird.

Die begrenzte Wirksamkeit herkömmlicher raumbezogener Planungs- und Entscheidungsprozesse hat die Bedeutung von Partizipation aller betroffenen Akteure, z.B. im Rahmen der Lokalen Agenda 21, verdeutlicht. Auch EDV-technische Anwendungen (z.B. Geografische Informationssysteme, Datenbanken, Internet) verbessern die fachlich-inhaltlichen, organisatorischen wie auch kommunikativen Leistungen der Raumplanung (vgl. DURWEN 1985, DURWEN et. al 1996, LENZ 1999, KUNZE et al. 2002). Erfolgreich sind diese Systeme dann, wenn sie von der Zielgruppe eingesetzt werden, d.h. eine gut handhabbare, leistungsfähige, handelübliche Software sowie eine tragbare Kosten-Nutzen-Relation hinsichtlich des Aufbaus und der anschließenden Pflege der Systeme besitzen. Auch indikatorenbasierte ökologische Bilanzierungen können die Qualität der Raumplanung unterstützen. Ihre Anwendung, z.B. als kommunales Öko-Audit (LfU 1997, LfU 2003, Ecolup 2003, BEUTTLER & LENZ 2003) hat jedoch noch keine breitere Anwendung erreicht und beschränkt sich in der Regel auf Modellprojekte, da sie mit einem vergleichsweise hohen Arbeitsaufwand in der Entwicklung und Fortführung verbunden ist. Bilanzierungen mit reduzierten Indikatorensätzen auf der Basis leicht verfügbaren Grundlagendaten haben dem gegenüber im Rah-

men der Nachhaltigkeitsberichtserstattung (vgl. MÄHLENHOFF & HEILAND 2002) auf kommunaler Ebene eine größere Verbreitung erfahren.
Die oben angedeuteten Schwächen gesetzgeberischer Regelungen in der Landschaftsplanung waren gleichfalls im Gewässerschutz anzutreffen. Eine auf die 1970er Jahre zurückgehende Wasserpolitik der Europäischen Gemeinschaft führte durch unterschiedliche, teils inkonsistente oder widersprüchliche Teilregelungen zu einem »Flickenteppich« des europäischen Gewässerschutzes (BREUER 1995, SRU 1996 TZ 346, KNOPP 1999), der nutzungsspezifisch und sektoral ausgerichtet war (BLÖCH 2001). Mit der Europäischen Wasserrahmenrichtlinie (EU-WRRL 2000) wurde für Grund-, Oberflächen- und Küstengewässer ein Ordnungsrahmen zur nachhaltigen Nutzung der europäischen Wasserressourcen geschaffen, verbunden mit der Ausrichtung an Gewässereinzugsgebieten und der Entwicklung eines kohärenten Bewirtschaftungskonzepts (APPEL 2001, HOLZWARTH & JEKEL 2001).

Ausgangslage in der Projektregion – Probleme und Handlungsansätze
In der einjährigen Definitionsphase des *Modellvorhabens Kulturlandschaft Hohenlohe* (1996/1997) wurden folgende, im weiteren Sinne landschaftsplanerische Problemlagen aus Sicht der Akteure identifiziert und mit Zielsetzungen und Fragestellungen versehen. Sie beziehen sich insbesondere auf Fragen der Siedlungsentwicklung, Trinkwasserversorgung, Offenhaltung der Landschaft, Biotopverbundplanung, Abwasserreinigung, Gewässerentwicklung sowie der Nutzung regenerativer Energien.

5.3.2 Probleme

Siedlungsentwicklung: Eingeschränkte Siedlungsentwicklung im Talraum infolge bestehender Schutzgebiete und einer topographisch bedingten, begrenzten Flächenverfügbarkeit; Ausweitung von Siedlungsflächen ohne Berücksichtigung der Bodenqualität, Konflikte in der Flächennutzung; fehlende Beurteilungsgrundlagen für die Siedlungsentwicklung;
Trinkwasserversorgung: Schließung von Hangquellen (Karstproblematik), Verunreinigung durch Keime nach Hochwasser sowie Atrazin, Nitrat im Trinkwasser (Möckmühl, Neudenau), Tiefbrunnenschließung auch in der Jagstaue (Herbolzheim);
Abwasserreinigung: Kapazitäten der Abwasserreinigung in einigen Gemeinden erschöpft, fehlender Anschluss von Weilern und Teilorten an die Abwasserentsorgung; Klärschlammentsorgung;
Gewässerentwicklung: Gewässerentwicklung, -schutz, Ankauf von Gewässerrandstreifen meist nur bei Flurneuordnungen, Unverständnis der Landwirte hinsichtlich Uferbepflanzungen; Biotopverbund entlang der Jagst, Freizeitnutzung der Jagst;
Landschaftspflege, Arten- und Biotopschutz:
a) Verbuschung der Talhänge mit Auswirkungen auf den Arten- und Biotopschutz sowie das Landschaftsbild;
b) Ziele von Maßnahmen des Naturschutzes und der Landschaftspflege sind unzureichend bekannt, wie z.B. die Gehölzpflege bzw. Entbuschung in den Hanglagen einerseits und das Anpflanzen von Gebüschen auf der Hochfläche andererseits;
c) Biotopvernetzungsplanungen liegen in fünf der neun Jagsttalgemeinden des »engeren Untersuchungsgebiets« vor, von denen aufgrund der finanziellen Situation nur zwei weitgehend umgesetzt wurden;
Umweltplanung: begrenzte Verfügbarkeit aktueller Planungsdaten; Gemeinden sind mit der Erstellung von Energieversorgungs- und Klimaschutzkonzepten überfordert.

5.3.3 Zielsetzung

__*Siedlungsentwicklung*__: eine landschafts- und umweltgerechte Siedlungsentwicklung verfolgen; Baugelände bereitstellen, um hierdurch Abwanderung zu verhindern; Neuordnung von Flurstücken in Ortslagen durchführen; im Ortskern verdichtet bebauen; Wege zur Konfliktentschärfung zwischen den unterschiedlichen Interessensgruppen aufzeigen; Flächenversiegelung reduzieren und Regenwasser nutzen; Siedlungsszenarien entwickeln; Datenbasis für die Beurteilung der Siedlungsentwicklung bereit stellen;
__*Trinkwasserversorgung*__: Eigenwasserversorgung aufrechterhalten; eine »nahe Wasserversorgung« optimieren, zum Teil Anschluss an Fern-, Jagsttal-Wasserversorgung;
__*Abwasserreinigung*__: Defizite im Abwassernetz darstellen, Weiler und Teilorte dezentral erfassen;
__*Gewässerentwicklung*__: Gewässerentwicklung fördern, Längsdurchgängigkeit der Fließgewässer verbessern;
__*Landschaftspflege, Arten- und Biotopschutz*__: Landschaftspflegekonzept erarbeiten, nutzungsorientierte Landschaftspflege betreiben, Biotopverbundsysteme realisieren; Bildungs- und Öffentlichkeitsarbeit;
__*Umweltplanung*__: eine überschaubare Verwaltung von Sachdaten durch ein regionales Informationssystem installieren; Gemeinde-Hilfestellungen für die Erarbeitung von Klimaschutzkonzepten anbieten; Gemeinde-bezogene Ökobilanz aufstellen;
__*regenerative Energien*__: regenerative Energien fördern (z.B. Hackschnitzel, Solartechnik, Windkraft).

Diese Problemlagen und Fragestellungen wurden demzufolge als Vorschläge in den Arbeitskreis Landschaftsplanung und in mehrere Teilprojekte eingebracht. Dabei waren auch die Vorgaben übergeordneter Planungen bzw. bereits bestehender Planwerke zu beachten.

5.3.4 Vorgaben übergeordneter Planungsträger

Folgende Planwerke aus dem Regionalplan der Region Franken (Regionalverband Franken 1995) und dem Landschaftsrahmenplan (Regionalverband Franken 1988) enthalten Vorgaben, die bei der weiteren Bearbeitung von Problemlagen und Handlungsansätzen zu berücksichtigen waren:
1. Vorgaben für die ländlichen Teilräume der Region Franken (Regionalverband Franken 1995)
2. Grundsätze zur regionalen Siedlungsstruktur
3. Regionale Freiraumstruktur (v.a. Bodenschutz, Regionale Grünzüge und Grünzäsuren, Schutz bedürftige Bereiche, z.B. für Wasserwirtschaft, Naturschutz und Landschaftspflege)
4. Erneuerbare Energien (Wasserkraft, Windkraft)
5. Schwerpunkte der Raumnutzung im Untersuchungsgebiet;

aus der Bauleitplanung:
1. Flächennutzungsplan und Landschaftsplan (vorbereitende Bauleitplanung)
2. Bebauungspläne und Grünordnungspläne (GOP) (verbindliche Bauleitplanung)

5.3.5 Verfolgte Handlungsansätze

Das Hauptproblem der Landschaftsplanung liegt in der mangelnden Umsetzung und einer mangelnden Akzeptanz der Praxis insbesondere bzgl. der Querschnittsorientierung. Ansätze zur Verbesserung der inhaltlichen Qualität der Landschaftsplanung – im weiteren Sinne – wurden im Rahmen des Forschungsvorhabens demzufolge in der Förderung partizipativer Planungsprozesse, dem verstärkten Einsatz von EDV, der Bereitstellung relevanter Grundlagendaten, -informationen, ökologischer Bewertungsmaßstäbe sowie der Strategieentwicklung hinsichtlich der zukünftigen Raumnutzung gesehen. Vor diesem Hintergrund sowie unter Berücksichtigung der oben dargestellten Planwerke, die eine ganze Reihe von – im weiteren Sinne landschaftsplanerischen – Fragestellungen beinhalten, sowie den in der Definitionsphase eruierten Problemlagen ergab sich die folgende Themenauswahl für eine Bearbeitung bzw. einer Zuarbeit im *Modellvorhaben Kulturlandschaft Hohenlohe*. Hierbei wurden die Arbeitsschwerpunkte in Abstimmung mit den Beteiligten in den jeweiligen Arbeitskreisen vorgenommen, so dass neue, aktuelle Themen aufgegriffen (z.B. Hochwasserschutz, Kap. 8.8, 8.11) oder andere Fragestellungen nicht aufgegriffen wurden, weil die nötige Priorisierung fehlte oder die Arbeitskapazitäten begrenzt waren.

Siedlungsentwicklung und Flächeninanspruchnahme

Die Problematik der wachsenden Flächeninanspruchnahme durch Siedlungsentwicklung wurde im Arbeitskreis Landschaftsplanung (Kap. 8.8) vorbereitet und im Zuge einer öffentlichen Leitbilddiskussion mit Entscheidungsträgern des Gemeindeverwaltungsverbands Krautheim sowie Interessierten vertiefend behandelt. Eine Datenbasis lieferten hierzu u.a. Bilanzierungen des Teilprojekts *Ökobilanz Mulfingen* (Kap. 8.9) sowie Studien- und Diplomarbeiten, in denen Siedlungsszenarien erarbeitet wurden.

Trinkwasserbereitstellung

Die Ursachen der Nitratbelastungen im Trinkwasser wurden im Teilprojekt *Konservierende Bodenbearbeitung* (Kap. 8.1) in Verbindung mit weiteren Umweltgefährdungen (Bodenerosion, Austrag von Pflanzenschutzmitteln) eingehend bearbeitet. Im Teilprojekt *Ökobilanz Mulfingen* (Kap. 8.9) wurden im Handlungsfeld Wasserwirtschaft Bilanzierungen zu Trinkwasserverbrauch, Substitutionspotenzial Trinkwasser, Nachhaltigkeit der Grundwassernutzung und der Auswaschungsgefahr von Nitrat in das Grundwasser durchgeführt.

Abwasserreinigung

Im Teilprojekt *Gewässerentwicklung* (Kap. 8.11) wurden für das Fließgewässer Erlenbach durch Gewässergüteuntersuchungen Defizite in der Abwasserreinigung aufgezeigt. Darüber hinaus bestanden keine direkten Handlungsansätze im Forschungsvorhaben.

Gewässerentwicklung und Hochwasserschutz

Der Themenschwerpunkt Gewässerentwicklung und Hochwasserschutz wurde im Arbeitskreis Landschaftsplanung (Kap. 8.8) sowie dem damit verknüpften Teilprojekt *Gewässerentwicklung* (Kap. 8.11) umfassend behandelt (z.B. Gewässerentwicklung Erlenbach, Längsdurchgängigkeit, Gewässerstrukturgüte und Auenstrukturen der Jagst, Hochwasserschutz inner- und außerorts, Nutzung der Aue und Siedlungsentwicklung). Die Auseinandersetzung zu Fragen des Hochwasserschutzes wurde aus aktuellem Anlass (Flussgebietsuntersuchung Jagst) aufgenommen. Gewässerrelevante Bilanzierungen zu Auenstrukturen, Gewässerstrukturgüte und Makrozoobenthos wurden im Rahmen der *Ökobilanz Mulfingen* (Kap. 8.9) durchgeführt.

Landschaftspflege, Arten- und Biotopschutz

Konzepte für eine nutzungsorientierte Landschaftspflege unter Berücksichtigung des Arten- und Biotopschutzes wurden im Themenschwerpunkt Grünlandwirtschaft (Kap. 8.3 bis 8.7) in Form von Landnutzungsszenarien und Vermarktungsprojekten entwickelt und umgesetzt. Machbarkeitsstudien wie die zur Produktion von Öko-Weinlaub (Kap. 8.2) und zahlreiche Diplom- und Studienarbeiten zu Landschaftsanalyse, -pflege, Arten- und Biotopschutz (vgl. Kap. 6.7) ergänzten den Handlungsansatz. Naturschutzrelevante Bilanzierungen wurden in der Gemeinde Mulfingen durchgeführt (vgl. Kap. 8.9). Mit dem Teilprojekt *eigenART Jagst* (Kap. 8.15) wurde durch die Beteiligung einer breiten Öffentlichkeit versucht, ein Bewusstsein für die Struktur und den Wandel der Kulturlandschaft zu fördern.

Umweltplanung

Die Ämter und Verwaltungen in einem Landkreis verfügen über verschiedenste Daten. Für Planungen ist die Verfügbarkeit dieser Daten von Bedeutung, um auf einer guten Datengrundlage eine qualitativ hochwertige Planung durchführen zu können. Durch den Aufbau des Regionalen Umweltdatenkatalogs (Kap. 8.10) wurde ein Instrument zur Verwaltung von Sachdaten erstellt. Im Teilprojekt *Ökobilanz Mulfingen* (Kap. 8.9) wurde für eine Kommune eine Gemeinde-bezogene Umweltbilanzierung durchgeführt. Sie stellt, ebenso wie das Teilprojekt *Lokale Agenda 21* (Kap. 8.12), in der die Bürger für einen Agenda-Prozess motiviert wurden, auch einen Beitrag zur Auseinandersetzung mit dem Klimaschutz dar. Das zu Beginn der Hauptphase des Forschungsvorhabens formulierte Interesse an der Erstellung eines partizipativen Landschaftsplans konnte nicht realisiert werden, da im engeren Untersuchungsraum keine Kommune zum gegebenen Zeitpunkt die Erstellung eines Landschaftsplans verfolgte (Kap. 8.8).

Regenerative Energien

Das Thema Windkraftnutzung wurde im Arbeitskreis Landschaftsplanung (Kap. 8.8) thematisiert und im Rahmen einer öffentlichen Pro- und Contra-Diskussion zur Nutzung der Windkraft im Jagsttal kontrovers diskutiert. Darüber hinaus wurden Kriterien für die Aufstellung von Windkraftanlagen auf lokaler Ebene entwickelt. Im Teilprojekt *Ökobilanz Mulfingen* (Kap. 8.9) wurden im Handlungsfeld Energiewirtschaft z.B. Indikatoren zum Energieeinsubstitutionspotenzial ermittelt. Die im Arbeitsfeld Landschaftsplanung zusammengefassten Teilprojekte *Ökobilanz Mulfingen, Regionales Informationssystem, Agenda 21* und *Gewässerentwicklung* stellen aus der o.g. Herleitung inhaltlich bedeutsame, klar umrissene, eigenständige Einheiten dar. Während die Initiierung der Teilprojekte *Ökobilanz Mulfingen* und *Regionales Informationssystem* auf die Definitionsphase 1996/97 zurückzuführen ist und sie mit Beginn der Hauptphase ihre Arbeit aufnahmen, wurden die Teilprojekte *Agenda 21* und *Gewässerentwicklung* aus dem Arbeitskreis Landschaftsplanung heraus initiiert und mit den Gemeinden und Behörden konkretisiert. Die im Teilprojekt *Gewässerentwicklung* behandelten Themen haben sich bereits in der Definitionsphase herauskristallisiert.

Die Ergebnisse der Teilprojekte im Arbeitsfeld Landschaftsplanung und damit auch ihre Beiträge insbesondere zum hier schwerpunktmäßig betrachteten Defizit der Umsetzung von Maßnahmen können den jeweiligen Kapiteln zu diesen Teilprojekten (Kap. 8) entnommen werden. In Kap. 10 wird darauf eingegangen, wie darüber hinaus die fachliche Bedeutung der Landschaftsplanung insgesamt gesteigert werden kann. Daher kann an dieser Stelle auf weitere Ausführungen verzichtet werden.

Literatur

Appel, I., **2001**: Das Gewässerschutzrecht auf dem Weg zu einem qualitätsorientierten Bewirtschaftungsregime – Zum finalen Regelungsansatz der EG-Wasserrahmenrichtlinie. ZUR, Sonderheft 2001: 129–137
Beuttler, A., R. Lenz (Hrsg.), 2003: Umweltbilanz Gemeinde Mulfingen. Ökom-Verlag, München
Blöch, H., 2001: Europäische Ziele im Gewässerschutz – Auswirkungen der EU-Wasserrrahmenrichtlinie auf Deutschland. Wasserwirtschaft 48(2): 168–172
BNatSchG, 2002: Gesetz zur Neuregelung des Rechts des Naturschutzes und der Landschaftspflege und zur Anpassung anderer Rechtsvorschriften vom 25.3.2003.Bundesgesetzblatt 2002, Teil1 Nr. 22, 3.4.2002
Breuer, R., 1995: Gewässerschutz in Europa – Eine kritische Zwischenbilanz. Wasser u. Boden 47(11): 10–14
Breuer, R., 2000: Europäisierung des Wasserrechts. Natur u. Recht 22(10): 541–549
Debes, C., S. Körner, L. Trepl, 2001: Landschaftsplanung zwischen Querschnitts- und Fachorientierung – Dilemma oder Chance einer modernen Planungsdisziplin. Naturschutz und Landschaftsplanung 33(7): 218–226
Durwen, K. J., 1985: Landschaftsinformationssysteme – Hilfsmittel der ökologischen Planung? In: Ökologische Planung – Umweltökonomie, Schriftenreihe z. Orts-, Regional- u. Landschaftsplanung 34: 79–95
Durwen, K. J., H. Beck, S. Klein, C. Tilk, 1996: Digitaler Landschaftsökologischrer Atlas Baden-Württemberg. Hrsg. v. Institut f. Angewandte Forschung, Ministerium Ländlicher Raum u. Umweltministerium Bad. Württ.
Ecolup, 2003: ECOLUP – Umweltmanagement für die kommunale Bauleitplanung, www.ecolup.info, Stand: 9.12.03
EU-WRRL, 2000: Richtlinie 2000/60/EG des Europäischen Parlaments und des Rates vom 23.10.2000 zur Schaffung eines Ordnungsrahmens für Maßnahmen der Gemeinschaft im Bereich der Wasserpolitik, EGABl. 2000 Nr. 327: 1 ff.
Haaren, v., C. u. T. Horlitz, 2002: Zielentwicklung in der örtlichen Landschaftsplanung – Vorschläge für ein situationsangepasstes modulares Vorgehen. Naturschutz und Landschaftsplanung 34(1): 13–19
HOAI, 2000: Verordnung über die Honorare für Leistungen der Architekten und der Ingenieure. – Deut. Taschenbuch Verlag, Köln
Holzwarth, F., H. Jekel, 2001: Umsetzung der EU-Wasserrahmenrichtlinie in nationales Recht. Wasserwirtschaft 48(2): 173–180
Knopp, G. M., 1999: Die künftige Europäische Wasserrahmenrichtlinie – Der deutsche Beitrag zur Entstehung und die deutsche Position zum Inhalt. Zeitsch. f. Wasserrecht 38(4): 257–275
Kunze, K., C. v. Haaren, B. Knickrehm, M. Redslob, 2002: Interaktiver Landschaftsplan – Verbesserungsmöglichkeiten für die Akzeptanz und Umsetzung von Landschaftsplänen. Angewandte Landschaftsökologie 43: 137 S., Bonn
LANA, 1999: Mindestanforderungen an den Inhalt der flächendeckenden örtlichen Landschaftsplanung, 2. Aufl.; Ministerium Ländlicher Raum, Stuttgart
Lenz, R., 1999: Regionale Informationssysteme zur Ökobilanzierung und Umweltberichterstattung. Horizonte 14, Ausgabe Mai: 27–30
LfU, Landesanstalt für Umweltschutz Baden-Württemberg, 1992: Landschaft natürlich – Landschaftsentwicklung in der Kommune am Beispiel der örtlichen Landschaftsplanung, Karlsruhe
LfU, Landesanstalt für Umweltschutz Baden-Württemberg, 1997: Kommunales Öko-Audit. Bericht und Materialien zum Workshop am 11.4.1997 in Ulm, unveröffentlicht, Karlsruhe
Mählenhoff, S., S. Heiland, 2002: Nachhaltigkeit messen, kommunizieren, diskutieren. Der Nachhaltigkeitsbericht des Kreises Ostholstein. UVP-Report 2/2002
MLR, 1979: Richtlinien des Ministeriums für Ernährung, Landwirtschaft und Umwelt Baden-Württemberg über die Ausarbeitung von Landschaftsplänen und Grünordnungsplänen
MLR, 2001: Richtlinie des Ministeriums für Ernährung und Ländlichen Raum Baden-Württemberg zur Förderung und Entwicklung des Naturschutzes, der Landschaftspflege und Landeskultur – Landschaftspflegerichtlinie – vom 18.10.2001, Az.: 64-8872.00
Ramsauer, U., 1993: Strukturprobleme der Landschaftsplanung. Natur u. Recht 15(3): 108–117
Regionalverband Franken, 1988: Region Franken – Landschaftsrahmenplan, Landschaftsanalyse und Freiraumbewertung. Heilbronn
Regionalverband Franken, 1995: Region Franken – Regionalplan 1995. Regionalverband Franken, Heilbronn.

Reinke, M., 2002: Qualität der kommunalen Landschaftsplanung und ihre Berücksichtigung in der Flächennutzungsplanung im Freistaat Sachsen. Dissertation TU Dresden

Riedel, W, H. Lange (Hrsg.), 2001: Landschaftsplanung. Spektrum Verlag, Heidelberg.

Schekahn, A., 2001: Naturschutz durch Landwirtschaft – Positionspapier des Agrarbündnisses zur Novellierung des BNatSchG. Naturschutz und Landschaftsplanung 33(1): 34–35

SRU (Der Rat von Sachverständigen für Umweltfragen), 1996: Umweltgutachten 1996. Zur Umsetzung einer dauerhaft-umweltgerechten Entwicklung. Metzler Poeschel Verlag, Stuttgart: 463 S.

Internet-Quellen

LfU, Landesanstalt für Umweltschutz Baden-Württemberg, 2003: 10 Jahre EMAS – 5 Jahre Kommunales Öko-Audit. http://www.lfu.baden-wuerttemberg.de/lfu/abt1/veran/pages/fafo/387.html, Stand: 9.12.2003

6

Umsetzungsorientierung, Bürgerbeteiligung und interdisziplinäre Aktionsforschung: Der methodische Ansatz im Modellvorhaben Kulturlandschaft Hohenlohe

Nachdem das Untersuchungsgebiet abgegrenzt ist und Probleme und Hemmnisse, aber auch Potenziale für die künftige Entwicklung identifiziert sind, wird nun der normative, theoretische, methodische, organisatorische und allgemeine handwerkliche Rahmen vorgestellt. Die genannten Komponenten sind keineswegs unabhängig voneinander zu sehen. Der Primat der Nachhaltigkeit (normativ) impliziert eine geeignete Methode (Aktionsforschung) und diese wiederum spezifische Organisations- und Kommunikationsformen nach innen und nach außen. Nachhaltigkeit besitzt per definitionem einen weiten zeitlichen Horizont; Forschung zu nachhaltiger Entwicklung benötigt daher entsprechende Evaluierungsmethoden und muss die Frage nach der Übertragbarkeit der Erkenntnisse beantworten. Echte Interdisziplinarität muss die Disziplinen aufeinander einstellen, muss sich mit Fachsprachen, Normen und der Gewichtung »weicher« und »harter« Daten auseinander setzen. Transdisziplinarität ist Makulatur ohne die Öffentlichkeit und braucht daher eine wirksame Öffentlichkeitsarbeit. Die folgenden Ausführungen sind überwiegend verallgemeinerbar.

Alexander Gerber

6.1 Definition von nachhaltiger Entwicklung

Mit der Durchführung des *Modellvorhabens Kulturlandschaft Hohenlohe* waren Wissenschaftler beauftragt. Sie sollten in Zusammenarbeit mit Akteuren Projekte für eine nachhaltige Landnutzung entwickeln und durchführen. Nachhaltigkeit ist aber kein Ergebnis wissenschaftlicher, objektiver Erkenntnisse, sondern sie entspringt vielmehr den auf Werten beruhenden Aushandlungsprozessen zwischen verschiedenen gesellschaftlichen Gruppen. Hier scheint also ein Widerspruch vorzuliegen zwischen dem Anspruch einer wertfreien, objektiven Wissenschaft und der Tatsache, dass Wissenschaftler im Modellvorhaben unter der Prämisse einer bestimmten Wertvorstellung arbeiteten. Die Auflösung dieses Widerspruchs erfordert einen kurzen wissenschaftstheoretischen Exkurs.

Wissenschaft soll den Kriterien der Validität (Gültigkeit), Reliabilität (Verlässlichkeit), Repräsentativität und der intersubjektiven Überprüfbarkeit (Objektivität) genügen. Gültig bedeutet, dass tatsächlich das erfasst wird, was erfasst werden soll, verlässliche Methoden sind Methoden, die bei wiederholter Anwendung unter vergleichbaren Bedingungen zu gleichen Ergebnissen führen.

Voraussetzung, um diesen Kriterien entsprechen zu können, sei – so nahmen die Wissenschaftstheoretiker zunächst an – eine Trennung von Subjekt und Objekt. Diese Annahme war in der Wissenschaftsgeschichte der Grund für die strenge Trennung von Kultur- und Naturwissenschaften, also von objekt- und subjektbezogenen Wissenschaften. Man meinte also, durch die Anwendung bestimmter Methoden zu Erkenntnissen zu kommen, die für sich, unabhängig vom Beobachter oder Experimentator,»wahr« sind: objektive Erkenntnisse oder Wahrheiten also. Mit seinem »Kritischen Rationalismus« versuchte POPPER (1973), das in den modernen Naturwissenschaften geltende Postulat einer vom Subjekt losgelösten, objektiven Naturerkenntnis auf die Sozialwissenschaften zu übertragen und damit wieder eine Einheit der Wissenschaft herzustellen. Demnach wird die soziale Realität als objektiv und in dieser Eigenschaft als vom Forscher von außen, unabhängig und objektiv erfassbar angesehen.

Die Schlussfolgerung, die aus diesen Annahmen folgt, liegt auf der Hand: Führt Wissenschaft zu objektiven, vom Menschen unabhängigen Ergebnissen, so sind diese auch wertfrei. Denn es ist der Mensch, der aufgrund seiner subjektiven moralischen und ethischen Vorstellungen Werturteile trifft. So formulierte Max Weber bereits einige Jahrzehnte vor POPPER sein Postulat der werturteilsfreien Wissenschaft (WEBER 1904 und 1917/18).

Die Annahme subjektunabhängiger objektiver Erkenntnis wurde von einer ganz unerwarteten Seite erschüttert: In seinem Beitrag zur Quantentheorie zeigte der Physiker HEISENBERG mit der Unschärferelation, dass die Untersuchung der Geschwindigkeit und der Position eines Teilchens stark von der Position des Beobachters beeinflusst wird, und dass zu einem bestimmten Zeitpunkt nur eines der beiden Phänomene eindeutig bestimmt werden kann (HAWKING, 1988:77).

Ausgehend von den bahnbrechenden Arbeiten der Naturwissenschaftler MATURANA und VARELA zeigen die radikalen Konstruktivisten, dass eine objektive Beschreibung der Wirklichkeit aus erkenntnistheoretischer Sicht nicht möglich ist. Kernaussage des radikalen Konstruktivismus ist, dass der Mensch in seiner Organisation Teil der Welt ist, die er wahrnimmt und von daher nie einen von der Welt losgelösten Beobachterstandpunkt einnehmen kann. Daraus ergibt sich eine weitere Kernaussage: Der Mensch kann die Welt nur im Rahmen seiner eigenen Wahrnehmungsmöglichkeiten erkennen, sie erscheint ihm so, wie er sie durch seine Organisation wahrnehmen kann. Der Akt der Wahrnehmung geschieht ganz ohne eine Veränderung des wahrgenommenen Objektes nur durch Sinnesverarbeitung in uns selbst. Der Mensch konstruiert dabei die Welt in sich selbst als Erfahrungswirklichkeit. Oder wie RICHARDS & v. GLASERFELD (1987) es formulieren: »Es gibt keine Trennung von Wahrnehmung und Interpretation. Der Akt des Wahrnehmens ist der Akt der Interpretation.«

Die Schlussfolgerung aus diesem Gedankengang ist klar. Wissenschaft liefert keine Beschreibung der Wirklichkeit an sich. Was aber leistet sie dann? Hierzu liefert MATURANA (1982: 309) eine prägnante Definition: »Wissenschaft ist kein Bereich objektiver Erkenntnis, sondern ein Bereich subjektabhängiger Erkenntnis, der durch eine Methodologie definiert wird, die die Eigenschaften des Erkennenden festlegt. Mit anderen Worten, die Gültigkeit wissenschaftlicher Erkenntnis beruht auf ihrer Methodologie, die die kulturelle Einheitlichkeit der Beobachter bestimmt, und nicht darauf, dass sie eine objektive Realität widerspiegelt.«

Einzelne Subjekte oder Gruppen von Subjekten (kulturelle Einheiten) unterliegen aber ganz bestimmten Moral- und Wertvorstellungen. Diese beeinflussen – folgen wir der obigen Definition – die Auswahl der Fragen, mit denen sich Wissenschaftler beschäftigen; die Entwicklung und Festlegung der Methoden und die Interpretation der Ergebnisse.

Weshalb sich ein Wissenschaftler einem bestimmten Thema zuwendet, hat mit seinen Neigungen und Vorlieben zu tun, die Entwicklung neuer Methoden mit seinem Können und seinem Geschick. Die Auswahl und Finanzierung bestimmter Forschungsvorhaben hängt von gesellschaftlichen Interessen und Entwicklungen ab. Da Wissenschaft also immer subjektabhängig ist und damit von Wertvorstellungen beeinflusst wird, scheint es kein Widerspruch mehr, unter den Prämissen einer bestimmten Wertvorstellung – wie hier der Nachhaltigkeit – zu forschen. Wichtig ist dabei zweierlei: Zum einen die Einsicht, dass die Kriterien wissenschaftlichen Arbeitens, also Validität (Gültigkeit), Reliabilität (Verlässlichkeit), Repräsentativität und intersubjektive Überprüfbarkeit (Objektivität) die kulturelle Übereinkunft der Beobachter widerspiegeln, die den geregelten Austausch des auf dieser Grundlage gewonnenen Wissens ermöglichen. Um diesen Kriterien genügen zu können, ist es zum andern jedoch unabdingbar, die impliziten Wertvorstellungen oder subjektabhängigen Einflussgrößen auf den wissenschaftlichen Prozess so weit wie möglich offen zu legen.

Für das *Modellvorhaben Kulturlandschaft Hohenlohe* hieß das, dass wir unseren Partnern im Untersuchungsgebiet unser Ziel offen legten, zu einer nachhaltigen Entwicklung beitragen zu wollen, und darstellten, was wir darunter verstehen. Voraussetzung hierfür ist, dass die Mitglieder

der Projektgruppe sich zunächst selbst auf ein gemeinsames Verständnis einigten, was sie unter Nachhaltigkeit verstehen.
Dieses gemeinsame Verständnis wurde in der »Indikator-AG« (vgl. Kap. 7) erarbeitet. Hierzu wurde in folgenden Schritten vorgegangen:
— Sammeln der existenten Definitionen von nachhaltiger Entwicklung
— Extraktion, Kategorisierung und Zusammenstellung der Eckpunkte dieser Definitionen
— Zusammenstellung eines konsistenten und kategorisierten Eckpunktekatalogs
— Formulieren einer eigenen Definition bzw. Einigung auf eine der bestehenden Definitionen, die den erarbeiteten Eckpunktekatalog einschließt
— Erarbeitung und Zuordnung von Kriterien nachhaltiger Entwicklung, die sich aus dieser Definition ableiten
— Auswahl der Kriterien, die für die Inhalte des Modellvorhabens von Relevanz sind
— Entwicklung und Zuordnung von Indikatoren, mit Hilfe derer sich diese Kriterien nachhaltiger Entwicklung überprüfen lassen

Das Verfahren der Herleitung der Indikatoren wird in Kap. 6.9 geschildert, die Indikatoren selbst werden in Kap. 7 vorgestellt. Dort finden sich auch die dem *Modellvorhaben Kulturlandschaft Hohenlohe* zugrunde liegende Definition nachhaltiger Entwicklung, die Kriterien dafür und die Indikatoren zur Überprüfung dieser Kriterien.

Literatur

Hawking, S., 1988: Eine kurze Geschichte der Zeit. Die Suche nach der Urkraft des Universums. Rowohlt Verlag, Reinbek bei Hamburg
Maturana, H. R., 1982: Erkennen: Die Organisation und Verkörperung von Wirklichkeit. Ausgewählte Arbeiten zur biologischen Epistemologie. Wissenschaftstheorie und Philosophie Bd. 19. Vieweg, Braunschweig und Wiesbaden
Popper, K. R., 1973: Objektive Erkenntnis. Ein evolutionärer Entwurf. Hoffmann und Campe, Hamburg
Richards, J., E. v. Glaserfeld, 1987: Die Kontrolle von Wahrnehmung und die Konstruktion von Realität. Erkenntnistheoretische Aspekte des Rückkoppelungs-Kontroll-Systems. In: Schmidt, S. J. (Hrsg.), 1987: Der Diskurs des Radikalen Konstruktivismus. Suhrkamp, Frankfurt/M.: 192-228
Weber, M., 1904: Die »Objektivität« sozialwissenschaftlicher und sozialpolitischer Erkenntnis. In: Archiv für Sozialwissenschaft und Sozialpolitik, 19:22-87
Weber, M., 1917/18: Der Sinn der »Wertfreiheit« der soziologischen und ökonomischen Wissenschaften. In: Logos. Internationale Zeitschrift für Philosophie der Kultur, 7:40-88

Angelika Thomas, Alexander Gerber

6.2 Zielfindung und Operationalisierung der Projektziele

Leitgedanke für die Zielfindung im *Modellvorhaben Kulturlandschaft Hohenlohe* war es, diejenigen Fragestellungen zu bearbeiten, die den Menschen in der Projektregion eine Entwicklung hin zu einer nachhaltigen Landnutzung ermöglichen. Für den zur Zielfindung notwendigen Klärungsprozess diente in besonderem Maße die einjährige Definitionsphase des Projekts, in der auch das

Vorhaben und die Antragstellung für die Hauptphase konzipiert wurden. Neben der Zielfindung mit den Akteuren, insbesondere Interessenvertretern aus der Region, waren innerhalb des vorgegebenen Forschungsrahmens die Ziele der beteiligten wissenschaftlichen Institutionen, ihre Zusammenarbeit und das gemeinsame Vorgehen Gegenstand des Klärungsprozesses. Ergebnis der Zielsuche war zunächst eine Reihe von Fragestellungen, die in den Vorgesprächen mit den Akteuren gesammelt wurden, ihre Zuordnung zu relevanten Arbeitsfeldern sowie Ideen für erste konkrete Umsetzungsprojekte. Die Ziele, die daraus formuliert wurden, wurden im Hinblick auf die komplexe Gesamtfragestellung in anwendungsorientierte, umsetzungsmethodische und wissenschaftliche Ziele differenziert, wie dies in Kapitel 3 erläutert ist.

Für die Festlegung der Ziele von Umsetzungsvorhaben in der Region wurde vereinbart, dies zusammen mit den betroffenen und daran interessierten Akteuren aus der Region vorzunehmen. Diese Offenheit für die gemeinsame Zielfestlegung wurde für den Beginn der Hauptphase, aber auch für den laufenden Prozess als notwendig angesehen, um Anpassungen vornehmen zu können, neuen Fragestellungen nachzugehen oder auch Themen zu streichen. Mit dem Start der Hauptphase wurde eine zweite Runde zur Zielformulierung durchgeführt, um die in der Definitionsphase formulierten Ziele mit der aktuellen Situation abzugleichen und zu präzisieren.

Ansprüche bei der Zielfindung waren somit Partizipation der Akteure, Offenheit und Flexibilität, aber auch eine Strukturierung, die für zielgerichtetes Arbeiten notwendig ist und Transparenz für die am Arbeitsprozess Beteiligten schafft. Wenn man dabei an das flexible Instrumentarium der Aktionsforschung denkt, das Grundlage des Projekts war (vgl. Kap. 6.3), und anderseits an Instrumente zur zielorientierten Projektplanung (ZOPP), so scheinen die Widersprüche auf den ersten Blick groß zu sein (vgl. auch Berater News 1/94, BERNECKER & RIBI 1997, GTZ 1995). Die folgenden Abschnitte stellen dar, wie diese widersprüchlich erscheinenden Ansprüche im Planungsprozess des *Modellvorhaben Kulturlandschaft Hohenlohe* vereint wurden. Weitere Elemente im Zusammenhang mit der Operationalisierung von Zielen sind die Organisation der Projektarbeit, die Festlegung und Überprüfung von Erfolgskriterien und Indikatoren sowie Reflexion und Evaluierung. Sie werden in den Kap. 6.4, 6.8 und 6.9 ausführlich behandelt.

6.2.1 Vorgehen im Zielfindungs- und Planungsprozess

Einschließlich der Vorphase des Modellvorhabens lassen sich folgende Schritte im Projektverlauf benennen, die sich zum Teil überschneiden und wiederholen konnten. Abbildung 6.2.1 ergänzt dies für die Teilprojekte und zeigt, dass die Startphase für einzelne Teilprojekte auch während des Projektverlaufs einsetzte und dass Teilprojekte nach einer ausführlichen Analyse auch vorzeitig beendet wurden.

—Vorphase/Definitionsphase (1996–1997):
  Erarbeiten des Projektkonzepst; Identifikation der Probleme, Fragen und Zielsetzungen in der Region; Diskussion der Arbeitsteilung der wissenschaftlichen Institute; Festlegung themenbezogener Arbeitsfelder
—Strukturierung des »Zielrahmens« für das Gesamtprojekt (Beginn der Hauptphase 1998)
  Projektplanungsübersicht für das Gesamtprojekt
—Zielfindung in den Teilprojekten mit den Akteuren (schwerpunktmäßig bis Anfang 1999):
  Vertiefte Situationsanalyse: Problemanalyse, Partnersuche, Beteiligtenanalyse, Anpassung der Fragestellung, zum Teil auch ökologische und ökonomische Erhebungen

Abschätzung der Erfolgswahrscheinlichkeit von Teilprojekten und Entscheidung zur Durchführung bzw. Weiterführung nach der Situationsanalyse
Vereinbarung gemeinsamer Ziele
—Verabredungen zur Zusammenarbeit und zum Vorgehen sowie Etablierung geeigneter Gremien für die Umsetzung von Aktivitäten in den Teilprojekten (schwerpunktmäßig Anfang 1999)
—Austausch und Abstimmung der Teilprojekte untereinander (ab 1999 verstärkt):
Zielformulierung und Zuordnung von Erfolgskriterien
Inhaltliche Verknüpfung und Zuarbeiten sowie jährliche Arbeits- und Projektplanung (vgl. Kap. 6.4, 6.5)
Koordination begleitender wissenschaftlicher Arbeiten
—Zwischenevaluierungen durch die beteiligten Akteure und Projektmitarbeiter (vgl. Kap. 6.6, 6.8)

6.2.2 Methoden für die Zielfindung und Projektplanung

Für die Zielfestlegung und Projektplanung ist zunächst eine Betrachtung der Ausgangssituation von Bedeutung, um z.b. die vorhandenen Problemsichten oder das Interesse an einer Beteiligung zu klären. Eingesetzte Verfahren und Methoden für Zielfindung und Projektplanung waren:

Auswertung von Sekundärmaterial
— und die Verarbeitung dessen, was über die Region und zur Thematik bereits vorliegt, z.B. von in Literatur, Karten, Dokumenten in Archiven und Materialien zur Projektregion und Thematik.

Befragungen in Form von Einzel- und Gruppengesprächen
—in der Vorphase v.a. von mit Interessenvertretern und Entscheidungsträgern über allgemeine Probleme und Entwicklungschancen im Projektgebiet,
—bei der Planung von Teilprojekten zusätzlich von mit möglichen betroffenen und beteiligten Landnutzern zu bestimmten Problemfeldern, z.B. des Gewässerschutzes,
—auch mit potenziellen Partnern sowie bereits gebildeten Gremien zur Beteiligung am Projekt (Wer ist beteiligt? Wer sollte noch beteiligt sein?), zur Funktion der Beteiligten und deren Beziehung untereinander. Diese Analyse ist auch in Form einer »Beteiligungsmatrix« möglich, die die Einstellung zum Vorhaben und den Einfluss zur Zielerreichung von (möglichen) Beteiligten gegenüberstellt (vgl. Kap. 8.5 Streuobst).

Beobachtungen, Kartierungen, Messungen und Kalkulationen
—auf dem Feld der Ökologie, was über die Recherche bereits vorhandener Untersuchungsergebnisse hinausging,
—auf dem Feld der Ökonomie, z.B. zur Problem- und Potenzialanalyse bei Vermarktungsprojekten.

Öffentlichkeitsarbeit
—um auf vorhandene Probleme aufmerksam zu machen und damit mehr Interessenten für die Projektarbeit zu gewinnen.

Projektplanungsübersicht (PPÜ)
—zur Strukturierung und Übersicht des Zielrahmens und der Zielebenen, um notwendige Leistungen und Bedingungen zuordnen zu können.

Hilfsmittel: Moderation und Dokumentation
—Unterstützung der Entscheidungsfindung durch Moderation und Visualisierung, sowie durch Dokumentation von Prozess und Ergebnissen.
Die Projektplanungsübersicht orientierte sich an der »Zielorientierten Projektplanung« (ZOPP-Methode), wie sie bei der GTZ verwendet wird (GTZ 1995). Andere Bausteine der ZOPP-Methode – z.B. zur Problemanalyse – wurden nicht übernommen, spielten aber ebenso eine wichtige Rolle. Grund für den weiten methodischen Spielraum im Projekt war vor allem, dass ein bedarfs- und zielgruppenorientiertes Vorgehen in den Teilprojekten möglich sein sollte. Auch der Umgang mit der Projektplanungsübersicht als Zielrahmen im *Modellvorhaben Kulturlandschaft Hohenlohe* wurde in angepasster Weise vorgenommen und wird im Folgenden erläutert.

Die Projektplanungsübersicht (PPÜ)

Die Ziele für das Gesamtprojekt wurden zu Beginn der Hauptphase strukturiert, wodurch sich die Mitarbeiter und Mitarbeiterinnen einen gemeinsamen Stand über die Zielsetzungen und den Arbeitsauftrag des Gesamtprojekts erarbeiteten, um im nächsten Schritt die anstehenden Planungen und das Vorgehen für die Teilprojekte anpassen zu können. Die Ziele für das Gesamtprojekt, die in Kap. 3 aufgeführt und erläutert sind, wurden dazu teilweise umformuliert, um sie einheitlich als Zustand oder Ergebnis zu beschreiben, das in der Projektlaufzeit erreicht werden soll. Die Projektplanungsübersicht fasst die in Tab. 6.2.1 dargestellten Elemente zusammen.

Tabelle 6.2.1: Zielebenen und Elemente der Projektplanungsübersicht

Ziele		
	Auftraggeber:	Für welche übergeordnete Zielsetzung soll das Projektziel erreicht werden? (**Oberziel**)
	Zielgruppenebene:	Welche Verbesserungen der Lebenssituationen von Zielgruppen sollen eintreten? (**Entwicklungsziel**)
	Projektgruppe + Zielgruppe:	Welche Veränderung im Handeln der Zielgruppen soll erreicht werden? (**Projektziel**)
	Projektgruppe + Zielgruppe:	Welche Leistungen müssen erzeugt werden, damit diese Wirkung eintreten kann? (**Ergebnisse**)
Aktivitäten		Was muss getan werden, um diese Leistungen zu erbringen?
Annahmen		Welche Rahmenbedingungen müssen gegeben sein, damit die Ergebnisse erreicht werden und die Wirkungen eintreten können?
Arbeits- und Zeitplanung		Welche Ressourcen sind dazu erforderlich?
Indikatoren (»Erfolgskriterien«)		Woran ist das Eintreten von Wirkungen, Ergebnissen und Annahmen erkennbar?

Oberziel, Entwicklungsziel, Projektziel und Ergebnisse bildeten einen allgemeinen und umfassenden Rahmen für das gesamte Vorhaben, während die Operationalisierung vor allem auf der Teilprojektebene stattfand. In den Teilprojekten als der Plattform für die Zusammenarbeit auf Zielgruppenebene erfolgte dazu auch die Bestimmung und Durchführung von Aktivitäten, die Arbeits- und Zeitplanung und die Festlegung von Indikatoren.

Die Verzahnung zwischen Gesamtprojekt und Teilprojekten sah dabei so aus, dass mit dem Erreichen der Teilprojektergebnisse zum Gesamtprojektziel beigetragen werden sollte. Zum Umgang mit komplexen Projekten schlägt die GTZ als Hilfe vor, dass das Projektziel des Gesamtprojekts zum Oberziel des Teilprojekts wird und die Ergebnisse des Gesamtprojekts zum Projektziel des Teilprojekts usw. Angesichts der umfassenden Zielsetzungen im *Modellvorhaben Kulturlandschaft Hohenlohe* wurde hier so vorgegangen, dass die allgemein formulierten Projektziele auf Gesamtprojektebene für die Teilprojekte konkretisiert wurden, insbesondere da in den verschiedenen Teilprojekten unterschiedliche Zielgruppen involviert und betroffen waren und unterschiedliche Aspekte der Landnutzung im Vordergrund standen. Tab: 6.2.2 veranschaulicht dies an einem Beispiel, in dem die Gesamtprojektziele und die Ziele des Teilprojekts *Ressourcenschonende Ackernutzung* gegenübergestellt werden. Zu beachten ist jedoch, dass die Festlegung der Ziele dieses Teilprojekts ihre eigene Vorgeschichte, d.h. eine Situationsanalyse und Verhandlung mit Akteuren, hat. Die Projektplanungsübersicht diente so vorrangig dazu, Teilprojekt- und Gesamtprojektziele miteinander abzustimmen und auch die Verzahnung der Teilprojekte untereinander zu erleichtern und nachvollziehbar zu gestalten. Dabei war die Ausarbeitung der Indikatoren ein wichtiges Anliegen bei der Auseinandersetzung mit dem Zielsystem. Im weiteren Projektverlauf wurde hier zwischen Indikatoren zur Zielüberprüfung unterschieden, die deswegen auch »Erfolgskriterien bzw. -indikatoren« hießen, und den »Indikatoren der Nachhaltigkeit«. Letztere waren Ergebnis der Diskussion darüber, was nachhaltige Entwicklung im Projektgebiet bedeutet und woran sie in Bezug auf die Projektinhalte fest gemacht werden kann. Diese Indikatoren konnten deckungsgleich sein mit denen zur Überprüfung der Projektziele (vgl. Kap. 6.9). Beide Indikatorarten waren Größen, die hauptsächlich der Teilprojektebene zugeordnet wurden.

Moderation von Arbeitsgruppen und Arbeitskreisen
Die Zielfindung ist bereits ein Ergebnis eines Klärungs- und Aushandlungsprozesses. Als Hilfe für diese Verständigungsprozesse in den internen Arbeitsgruppen und den externen Arbeitskreisen wurden alle Sitzungen moderiert und dokumentiert. Moderation wurde dabei verstanden, als:
— Methode, um Gruppen beim Erreichen ihrer Arbeitsziele zu unterstützen;
— Hilfe, um eine hohe Beteiligung aller Gruppenmitglieder zu ermöglichen, sowie eine Konzentration auf den Inhalt, eine hohe Transparenz und gute Dokumentation der Ergebnisse zu erleichtern.
Die verschiedenen Möglichkeiten, die Moderation bietet, helfen in der Projektfindungs- und Planungsphase z.B. beim gegenseitigen Kennenlernen, bei der Erwartungsabfrage, Stärken-, Schwächenanalyse, der Problemanalyse, Ideensammlung, Formulierung von Zielen und Alternativen, Auswahl und bei der Priorisierung von Zielen oder gemeinsamen Themen sowie der Zeit- und Arbeitsplanung.

6.2.3 Möglichkeiten zur Partizipation

Die Einbeziehung und Beteiligung der Akteure in die Zielfindung und Planung waren erklärtes Ziel im *Modellvorhaben Kulturlandschaft Hohenlohe*. Die dafür bereits geschilderten Schritte sind nach der Arbeitsintensität, die sie in internen Gremien der Projektgruppe und in externen Treffen mit den Akteuren einnehmen konnten, zu unterscheiden.

Tabelle 6.2.2: Ziele auf Gesamt- und Teilprojektebene am Beispiel des Teilprojekts Ressourcen schonende Ackernutzung

Gesamtprojektebene	**Oberziel:** Menschliches Handeln und Gestalten in landwirtschaftlich geprägten Regionen folgt dem Leitbild einer nachhaltigen Entwicklung.
	Entwicklungsziel: Die Menschen in der Projektregion haben bessere Möglichkeiten, die Kulturlandschaft nachhaltig zu nutzen und wenden diese Möglichkeiten an.
	Gesamtprojektebene — **Projektziel:** a. In der Projektregion wurden zusammen mit den Akteuren ökologische, wirtschaftliche und soziale Potenziale für eine nachhaltige Landnutzung identifiziert und weiterentwickelt. b. Als Beitrag zur Regionalentwicklung wurden auf dieser Grundlage Konzepte für die Nutzung und Gestaltung der Kulturlandschaft erstellt und umgesetzt. c. Die Umsetzung wurde wissenschaftlich begleitet, Ergebnisse und Methoden wurden evaluiert und hinsichtlich ihrer Übertragbarkeit bewertet.
Teilprojektebene	**Projektziel, konkretisiert für das Teilprojekt:** Am Ende des Projekts sind wirksame standortspezifische Verfahren zum Ressourcenschutz mit den Landwirten entwickelt und erprobt worden.
	Ergebnisse: zu a. Potentiale, nachhaltige Landnutzung, Leitbilder 1. Gemeinden, Landwirte, Verbände und Vereine haben sich auf gemeinsame Ziele verständigt, die zu einer nachhaltigen Landnutzung führen. Landwirte mit gleichen Fragestellungen zur Ressourcen schonenden Landbewirtschaftung arbeiten zusammen und tauschen sich aus. Aktivitäten: 1.1 Kontaktaufnahme zu Landwirten und Bestandsaufnahme der praktizierten Landbewirtschaftung. 1.2 Landwirte und andere Akteure in Neudenau, Roigheim und Möckmühl sind informiert und in den Prozess eingebunden. 1.3 Eine mögliche Zusammenarbeit ist vereinbart 1.4 ... Indikatoren: Einigungsgrundlage, Austausch findet statt, ... (Quelle: Protokolle, Zeitungsartikel) Annahme: Vertrauen kann als Basis der Zusammenarbeit aufgebaut werden
	Ergebnisse: zu b. Konzepte und Maßnahmenbündel – Erstellung und Umsetzung 2. Ressourcen schonende Verfahren sind den Standort- und Betriebsverhältnissen angepasst und hinsichtlich ihrer ökologischen und ökonomischen Wirkungen geprüft. 2.1 Informationen zur Durchführung der Praxisversuche sind recherchiert 2.2 Betreuung und Analyse der Versuche 2.3 ... Indikatoren: Deckungsbeitrag, Aggregatstabilität, Nmin, ...; Einsatz der Verfahren Quellen: Befragung, Buchführung, Messungen, Bilanzen
	Ergebnisse: zu c. Bewertung, Erfolgskontrolle, Übertragbarkeit 3. Landwirte können Ressourcen schonende Verfahren mit Hilfe eines Handbuches selbständig planen und bewerten. 3.1 Indikatoren sind entwickelt und können getestet werden. 3.2 Test der Indikatoren, Einsatz ist möglich und liefert Aussagen zur Bewirtschaftung. Indikatoren: Probeergebnisse vorhanden, Bewertung der Praktikabilität Quellen: Indikatorenset / Handbuch, Befragungen

Vornehmlich mit den Akteuren zusammen erfolgten:
— Problem- und Ideensammlungen für die Schwerpunkte des Gesamtprojekts;
— die Bildung von Gremien für bestimmte Bereiche (Tourismus, Grünland, Landschaftsplanung, Ackerbau) und daraufhin Verabredung von Arbeitskreistreffen;
— der Austausch über bestehende Teilprojektideen oder die Entwicklung von Teilprojekten in den Arbeitskreistreffen, Planung der gemeinsamen Arbeit;
— die Kurzevaluierungen zu den Sitzungen und Zwischenevaluierungen zur Teilprojekt- und Arbeitskreisarbeit zur Anpassung von Zielen.

Vornehmlich in internen Gremien der Projektgruppe erfolgten:
— die Verzahnung und Überprüfung von Teilprojektzielen mit dem Gesamtauftrag;
— die Übersetzung der Ziele und Planungselemente in Projektplanungsübersichten;
— die Auswahl und Entwicklung von Indikatoren;
— die Vorbereitung von Evaluierungsinstrumenten.

Die Entscheidungsstrukturen der Arbeitskreise in den Teilprojekten waren nicht im Vorfeld festgelegt. Anliegen war es, Gremien zu schaffen, die offen zugänglich für Betroffene und Interessierte sind, zu denen persönlich und öffentlich eingeladen wird und über die transparent informiert wird. Entscheidungen über Ziele oder inhaltliche Schwerpunkte wurden mit den bei den Sitzungen Anwesenden getroffen, mit der Voraussetzung, dass alle relevanten Akteure anwesend oder zumindest informiert waren. Weitere Voraussetzungen waren dabei eine Einbindung der bestehenden Entscheidungsstrukturen in der Region oder aber Teilprojektziele, die auch unabhängig von vorhandenen Strukturen und Trägern verwirklicht werden können. Eine Entwicklung der Gremien zu selbst tragenden Strukturen wurde in einigen Teilprojekten allerdings für möglich oder erstrebenswert angesehen und konnte entsprechende Selbstverpflichtungen (Mitgliedschaft, Richtlinien) beinhalten.

6.2.4 Zielformulierung in den Teilprojekten

Bereits in der Definitionsphase wurden »Initialprojekte« für bestimmte Schwerpunktthemen festgelegt, die mit Beginn der Hauptphase aufgegriffen und fortgeschrieben werden sollten (KIRCHNER- HEßLER et al. 1999:279). Solche Initialprojekte, bei denen die Projektidee schon aus der Vorphase stammt, sind die Teilprojekte *Ökobilanz Mulfingen, Regionaler Umweltdatenkatalog* und *Boeuf de Hohenlohe*. Auch das Teilprojekt *Konservierende Bodenbearbeitung* ist aus einem Initialprojekt hervorgegangen, allerdings erst, nachdem weitere Gespräche über die Gewässerproblematik im unteren Jagsttal zu einer Verlagerung des gemeinsamen Arbeitsschwerpunktes vom Grundwasser- auf den Erosionsschutz geführt hatten. Eine Anpassung der Zielsetzung ist auch in anderen Teilprojekten vorgenommen worden, da bei den meisten Projektideen aus der Vorphase Ideen und mögliche Partner zwar benannt waren, es zu Beginn der Hauptphase aber noch nötig war, eine verfeinerte Situationsanalyse vorzunehmen, Beteiligte zu finden, deren Zielvorstellungen zu klären und die Realisierbarkeit von Projekten zu prüfen. Die Arbeiten, die in Abb. 6.2.1 zu dem Balken »Situationsanalyse« zusammengefasst sind, können im Einzelnen sehr variieren. Neben der Partnersuche und Zielvereinbarung sind in einigen Teilprojekten auch umfangreichere Recherchen (z.B. zur Potenzialanalyse für eine Heubörse) oder wissenschaftliche Untersuchungen (z.B. als Vorarbeiten für die Szenarioentwicklung im Landnutzungsszenario Mulfingen) vorgenommen worden. Abbildung 6.2.1 gibt hier nur einen groben Überblick, der erst zu Projektende so zusammengefasst werden konnte, verdeutlicht aber auch, dass Teilprojekte ebenso während der Projektlaufzeit aus der Zusammenarbeit in den Arbeitskreisen entstehen konnten.

Zeitlicher Verlauf der Teilprojekte

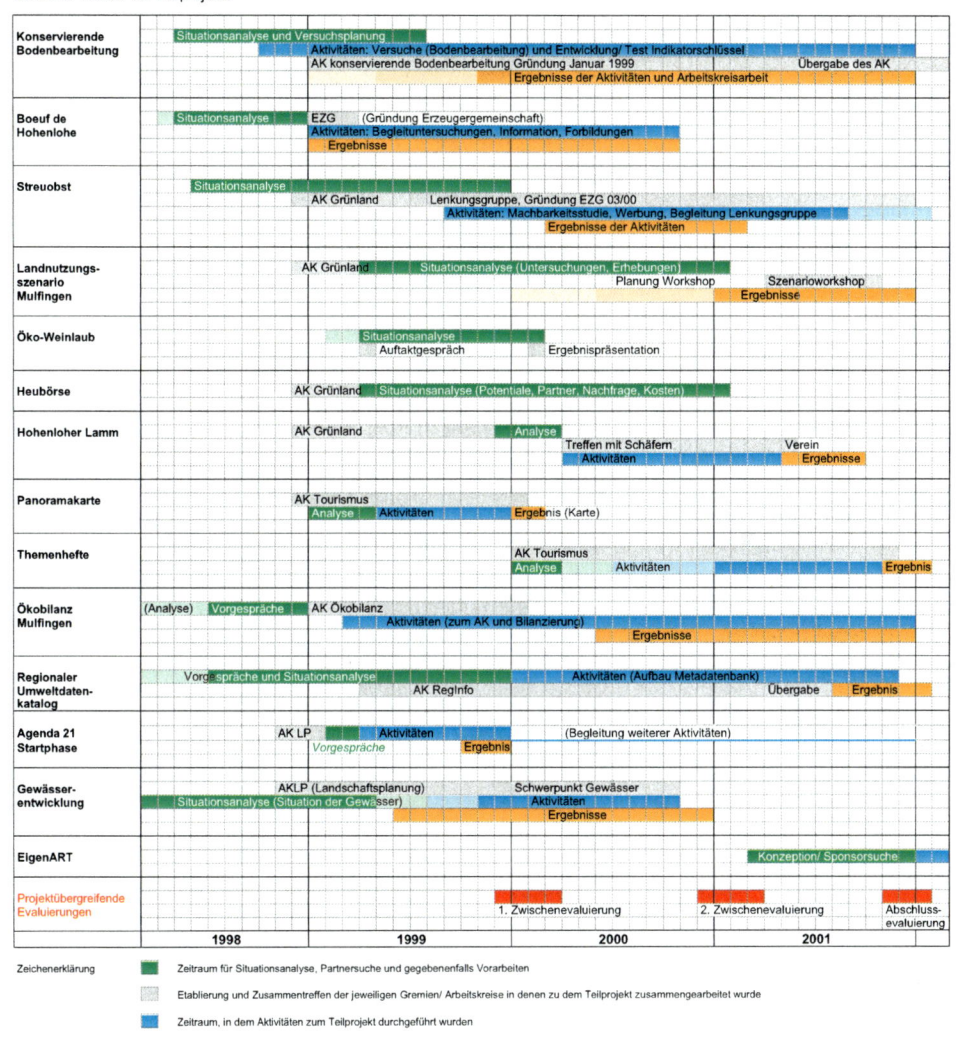

Abbildung 6.2.1: Überblick über den zeitlichen Verlauf der Teilprojekte

Literatur

Bernecker, K.; M. Ribi, 1997: Combining Objective Oriented Project Planning and Participatory Rural Appraisal: ZOPP/OOP and PRA »Twinship«. BeraterInnen News 1/97:37-43

Berater News, 1994: ZOPP und Aktionsforschung - wie geht das zusammen? Ein Interview. Berater News 1/94:8-13

GTZ (Gesellschaft für Technische Zusammenarbeit (GTZ) GmbH), 1987: Zielorientiertes Planen von Projekten und Programmen der Technischen Zusammenarbeit. Einführung in Grundlagen und Methoden. 3/87. GTZ. Eschborn

GTZ (Gesellschaft für Technische Zusammenarbeit (GTZ) GmbH), 1995: Project Cycle Management (PCM) und Zielorientierte Projektplanung (ZOPP). Ein Leitfaden. Hrsg. von der Deutschen Gesellschaft für Technische Zusammenarbeit (GTZ) GmbH. Oktober 1995

Kirchner-Heßler, R., W. Konold, R. Lenz, A. Thomas, 1999: Ökologische Konzeptionen für Agrarlandschaften. Modellprojekt Kulturlandschaft Hohenlohe – ein Forschungskonzept. In: Naturschutz und Landschaftsplanung 31(9):275-278

Alexander Gerber, Volker Hoffmann

6.3 Aktionsforschung

> »*One must learn by doing the thing: for though you think you know it you have no certainty, until you try*«. SOPHOCLES, Trichiniae, 415 BC

Die Grundsätze der transdisziplinären Projektarbeit im *Modellvorhaben Kulturlandschaft Hohenlohe* – Interdisziplinarität, Umsetzungsorientierung und Einbeziehung der Akteure – stellten neue Herausforderungen an das wissenschaftliche Arbeiten und erforderten ein methodisches Herangehen, mit dem diesen Prinzipien entsprochen werden konnte. Damit ist die Frage nach der anzuwendenden Forschungsmethode eine zentrale Ausgangsfrage des Modellvorhabens gewesen. Aktionsforschung bot sich als zentraler methodischer Ansatz an, da Aktionsforschung die Forschungsmethode ist, die den genannten Anforderungen am besten entspricht. In diesem Teilkapitel werden die Grundzüge dieses Forschungsansatzes erläutert.

Was ist Aktionsforschung?

Aktionsforschung nahm ihren Anfang innerhalb der Sozialwissenschaften. Bis in die 1960er-Jahre hinein wurde sozialwissenschaftliche Forschung nahezu ausschließlich als quantitativ-empirische Forschung betrieben. Damit verbanden sich jedoch folgende Probleme (MOSER, 1977: 11 f.):

— Relativ sichere Ergebnisse können nur dann erzielt werden, wenn die Fragestellung stark eingeschränkt wird, mit der Gefahr, dass die Ergebnisse einer solchen Forschung letztendlich Trivialitäten darstellen.

— Sozialwissenschaftliche Fragen sind meistens sehr komplex und von vielen unkontrollierbaren Einflussfaktoren abhängig. Die starke Einschränkung auf quantitative Methoden führte deshalb in einigen sozialwissenschaftlichen Gebieten zu einer Vielzahl widersprüchlicher Ergebnisse.

— Zwischen Forschung und Praxis entsteht eine Lücke. Ob die Forschungserkenntnisse praxisrelevant sind, entzieht sich dem Forschungsprozess. Fehlende Praxisrelevanz ist daher ebenso möglich wie die Gefahr der Fehlinterpretation. Praxisferne kann auch dadurch zustande kommen, dass die Fragestellungen von den Wissenschaftlern selbst gewählt und formuliert werden. Wissenschaftliche Arbeit erhält dadurch den Charakter der Selbstbezogenheit.

— Die Wissenschaftler wahren Distanz zum Geschehen, sehen sich als neutrale Beobachter und versuchen die Ereignisse im Rückblick zu erklären. Für die nach vorwärts gerichteten Fragen der Praxis haben sie keine klaren Antworten. Treffend bringt dies BENNIS (1965) zum Ausdruck: »They are theories of change not of changing«.

Bereits in den 1940er- und 50er-Jahren ging es der Arbeitsgruppe um KURT LEWIN vor allem darum, diese Lücke zwischen Praxis und Wissenschaft zu schließen (LEWIN 1946, 1953). Ziel war es, mit Forschung zur unmittelbaren Lösung sozialer Probleme beizutragen. Erkenntnisgewinn durch konkretes Tun war dafür ein wichtiger Leitsatz. Der Ursprung von Aktionsforschung lässt sich aus der Literatur nicht klar erschließen. Gemeinhin werden jedoch die methodischen Ansätze, die von LEWIN dafür entwickelt wurden, als Ausgangspunkt und Grundlage der Aktionsforschung angesehen (KEMMIS & MCTAGGERT 1990, ZUBER-SKERRIT 1992, HOLTER & SCHWARTZ-BARCOTT 1993). KURT LEWIN entwarf eine Theorie der Aktionsforschung, in der er Aktionsforschung als »proceeding in a spiral of steps, each of which is composed of planning, action and the evaluation of the result of action« beschrieb (KEMMIS & MCTAGGERT 1990: 8). Will man soziale Prozesse verstehen und verändern, so argumentierte LEWIN, müsse man Praktiker der »realen sozialen Welt« in alle Phasen des Forschungsprozesses einbeziehen (MCKERNAN 1991: 10). Lewins Definition von Aktionsforschung führte zur wissenschaftlichen Anerkennung von Aktionsforschung. In Anlehnung an nachfolgende Wissenschaftler umfasst LEWINS Definition folgende wesentliche Punkte:

—Um soziale Veränderungsprozesse in Gang bringen zu können, sollte stets vom ganzen Menschen in seinem sozialen Lebensumfeld ausgegangen werden (vgl. hierzu auch die Feldtheorie LEWINS, beispielsweise in LÜCK 1992: 138).

—»In der Aktionsforschung sind jene Menschen und Menschengruppen, welche von den Wissenschaftlern untersucht werden, nicht mehr bloße Informationsquelle des Forschers, sondern Individuen, mit denen sich der Forscher gemeinsam auf den Weg der Erkenntnis zu machen versucht« (MOSER 1977: 13).

—Soziale Situationen sind komplexe Situationen. Sie können nie von vornherein überblickt werden. Daher muss der Forschungsprozess offen gestaltet werden, d.h. er muss jederzeit modifizierbar sein.

—Daraus leitet sich ein zyklischer Forschungsprozess ab. Ein Zyklus umfasst die Schritte Situationsanalyse, Planung, Durchführung und Beobachtung sowie Evaluierung. Je nach Ergebnis der Evaluierung kann dieser Zyklus erneut durchlaufen werden (LEWIN 1946: 37-38).

»Herkömmliche Forschung ist im wesentlichen monologisch. D.h. ein Wissenschaftler bzw. eine Wissenschaftlergruppe misst mittels Instrumenten (Fragebogen, Tests usw.) bestimmte Aspekte der sozialen Realität und zieht daraus – auf geregelte Art und Weise – ihre Schlüsse. Aktionsforschung ist demgegenüber dialogisch. Der Forscher setzt sich in der Diskussion mit den Menschen auseinander, »über die er forscht«. Seine Informationen, die er über diese Menschen gewinnt, werden immer wieder in den gemeinsamen Handlungsprozess eingegeben und diskutiert« (MOSER 1977: 16; vergleiche auch ARGYRIS & SCHÖN 1989: 613).

»The distinctions drawn by academians between research, action, learning and communication are highly artificial, if not kurwingly misconceived. There can be no action without learning, and no learning without action« (REVANS 1998: 14).

Aktionsforschung ist daher als ein gemeinsamer Lernprozess zwischen Forschern und Praktikern zu verstehen und ein Versuch, die Trennung von Wissenschaft und Praxis zu überwinden. Der Forscher bringt einerseits sein theoretisches Wissen in den Forschungsprozess ein; andererseits ist es dem Forscher durch den gleichberechtigten und offenen Austausch mit den Akteuren möglich, Details und Wechselwirkungen kennen zu lernen, die ihm mit vorformulierten Arbeitshypothesen und quantitativen Erhebungsmethoden verborgen geblieben wären. Das stärker fallweise und mit qualitativen Methoden arbeitende Vorgehen der Aktionsforschung eignet sich daher besonders bei der Exploration von wissenschaftlichem Neuland und dient der Hypothesenfindung. Die Hypothesenprüfung dagegen ist im weiteren Forschungsverlauf meist auf repräsentative Stichproben und stärker auf quantitative Methoden angewiesen.

Praktisches Handeln, wissenschaftliches Forschen sowie aufklärende Bildung von Handelnden und Wissenschaftlern sind die drei gleichberechtigten Seiten der Aktionsforschung. Die auf diesen Prinzipien aufbauende Aktionsforschung wurde in verschiedenen Strängen aufgegriffen und weiterentwickelt (WHYTE 1991 & SELENER 1997):
— als sozialwissenschaftliche Forschungsmethode;
— als Instrument zur Verbesserung der Arbeit in Organisationen und sozialen Einrichtungen;
— als Verfahren, um die Partizipation der Bevölkerung in Dorfentwicklungsprogrammen zu gewährleisten;
— als Vorgehensweise in der landwirtschaftlichen Entwicklungszusammenarbeit.
Zusammengefasst lässt sich sagen, dass Aktionsforschung auf die Lösung aktueller oder zu erwartender Probleme, und den daraus resultierenden Erkenntnisgewinn zielt.

Zur Methodik der Aktionsforschung

Um durch wissenschaftliche Unterstützung zu einer konkreten Veränderung zu kommen, die eine möglichst optimale Lösung des Problems für alle Betroffenen bedeutet, setzt der Aktionsforscher oder das Forschungsteam in einem sozialen Beziehungsgefüge in Kooperation mit den betroffenen Personen aufgrund einer ersten Analyse Veränderungsprozesse in Gang und beschreibt, kontrolliert und bewertet deren Effektivität zur Lösung des Problems (PIEPER 1972: 100 f.). Grundsätzlich kann Aktionsforschung dabei auf zweierlei Weise stattfinden:
— Der Aktionsforscher versucht durch eigenes Handeln, in einem sozialen Kontext Impulse für eine Veränderung der Situation zu geben (Aktion) und analysiert deren Wirkung (Forschung).
— Der Forscher versteht und gestaltet die Situationsanalyse, Planung und Umsetzung von Maßnahmen (Aktionen) und die Beschreibung und Evaluierung ihrer Wirkungen (Forschung) als gemeinsamen Lernprozess zwischen Handelnden und Forschern.

Im *Modellvorhaben Kulturlandschaft Hohenlohe* kommt in erster Linie die zweite der genannten Vorgehensweisen zum Tragen, also partizipative Aktionsforschung.

Da der Mensch als Handelnder und als Gestalter von Veränderungsprozessen im Zentrum der Aktionsforschung steht, ist die Aktionsforschung im Kern eine sozialwissenschaftliche Methode. Andererseits hat die Aktionsforschung aber sämtliche Problemfelder menschlichen Handelns zum Gegenstand und will diese auf eine Lösung hinführen. Deshalb können mit Methoden der Aktionsforschung auch ökologische und ökonomische Probleme bearbeitet werden, bei denen Menschen als Akteure auftreten. Aktionsforschung ist keine feststehende und klar definierte Forschungsmethode, sondern vielmehr ein variabel auszufüllendes Forschungskonzept. Die Einbeziehung der betroffenen Personen in die Schritte der Aktionsforschung und der Aktionsforschungszyklus sind jedoch zwei methodische Grundprinzipien der Aktionsforschung. Für die Umsetzung dieser Grundprinzipien kommt das Handwerkszeug der Bürgerbeteiligung und der Projektplanung zum Einsatz. Bürgerbeteiligung wird in erster Linie durch verschiedene Moderationsmethoden erreicht. Dazu zählen:
— Arbeitssitzungen und Workshops unter Einsatz von Moderationstechniken und Visualisierung. Wichtigstes Hilfsmittel ist hierfür die Metaplan-Technik (vgl. HOFFMANN 1990)
— Runde Tische
— Mediation (BESEMER 1995)
— Participatory Rural Appraisal (PRA) (SCHÖNHUTH & KIEVELITZ 1994). PRA wurde entwickelt als Methodenset zur einfachen und schnellen Analyse der Situation in ländlichen Gemeinden oder Gemeinschaften durch die Bürger selbst. Zu den Methodenbausteinen zählen beispielsweise das offene Interview, die Transektwanderung zu Punkten, die wichtige Sachverhalte oder Ereig-

nisse erschließen, die Darstellung der historischen Entwicklung einer Gegebenheit in einer Karte oder die Erstellung einer Beziehungsmatrix zwischen zwei Sachverhalten.
_Zukunftswerkstatt (JUNGK & MÜLLERT 1994). Die Zukunftswerkstatt dient der kreativen Identifizierung möglicher Handlungsfelder.
_Szenario-Technik (V. REIBNITZ 1992)

Als Methoden der Projektplanung eignen sich vor allem:
_Zielorientierte Projektplanung (ZOPP) (GTZ 1987, 1996). Diese Methode kommt im *Modellvorhaben Kulturlandschaft Hohenlohe* zum Einsatz und wird im Kap. 6.2 näher beschrieben.
_Participatory Extension Approach (PEA) Learning Cycle (HAGMANN et al. 1998, HAGMANN 2000). Diese Methode ist eine verfeinerte Weiterentwicklung von ZOPP und beinhaltet in ihrer Grundstruktur den Aktionsforschungszyklus.
_Methodik des komplexen Problemlösens. Durch die zielgerichtete Aufeinanderfolge verschiedener Kreativitäts- und Moderationstechniken werden auf der Grundlage einer Situationsanalyse Handlungsmöglichkeiten identifiziert, priorisiert und deren Durchführung geplant (GOMEZ & PROBST 1987, 1997).

Nach der Festlegung des Handlungsfeldes und der Planung des Vorgehens durch Akteure und Wissenschaftler können nun bei Bedarf alle gängigen Forschungsmethoden zum Einsatz kommen. Für eine erfolgreiche Durchführung der Aktionsforschung müssen folgende Bedingungen erfüllt sein (SPÖHRING 1995: 285):
_Einbeziehung aller für die zu bearbeitende Fragestellung wichtigen Personen oder Gruppen und deren bewusste und begründete Auswahl.
_Bei den Betroffenen muss ein Problembewusstsein über unbefriedigende Verhältnisse vorhanden sein, das zu einem Veränderungswunsch führt.
_Betroffene und Wissenschaftler müssen die Einschätzung haben, dass unter den gegebenen und von ihnen beeinflussbaren Rahmenbedingungen eine realistische Veränderungschance besteht.
_Alle beteiligten Menschen müssen für die Analyse und Aktion Interesse, Zeit und persönliche Handlungsbereitschaft mitbringen.
_Die Wissenschaftler müssen ihre eigenen Ziele und Werthaltungen transparent machen und eine Balance von Engagement (Aktion) und Distanz (Forschung) einhalten.

Vor- und Nachteile der Aktionsforschung
Neben vielen Vorteilen weist die Aktionsforschung auch nicht zu unterschätzende Schwierigkeiten auf. In Anlehnung an ALBRECHT (1992) und SPÖHRING (1995) sind im Folgenden die wichtigsten Vor- und Nachteile zusammengestellt.

Vorteile für den Wissenschaftler:
_Keine »Selbstbeschäftigung« und bedeutungslose Theoriebildung.
_Die Brauchbarkeit und Anwendbarkeit von Wissen und Theorien kann unmittelbar getestet werden.
_Aktionsforschung bewahrt vor disziplinären »Scheuklappen« und fördert inter- und transdisziplinäre Arbeit.

Vorteile für den Praktiker:
_Der Praktiker profitiert unmittelbar von wissenschaftlichen Erkenntnissen.
_Der Praktiker kann seine eigenen theoretischen Konzepte (»Privattheorien«) überprüfen, die subjektiv nicht bezweifelt, deren objektive Richtigkeit aber nicht überprüft wurde.

_Aus der Begleitforschung von Umsetzungen werden »Wenn-dann-Beziehungen« sichtbar, die auch für weitere Projekte Bedeutung erlangen. Dies ist deshalb wichtig, weil sich Erfahrungen in spezifischen Situationen nicht auf andere Situationen übertragen lassen, es sei denn, es werden übergeordnete theoretische Aussagen formuliert.

Schwierigkeiten der Aktionsforschung:
_Aktionsforschung erfordert vom Forscher eine sehr gute Methodenkenntnis sowie eine hohe methodische Flexibilität, da er neben seiner Fachdisziplin auch das methodisch anspruchsvolle Handwerkszeug der Aktionsforschung beherrschen muss. Dies umfasst Methoden der Bürgerbeteiligung, der Projektplanung und der Dokumentation und Auswertung des Forschungsprozesses. Sind keine entsprechend ausgebildeten Sozialwissenschaftler in den Projekten beteiligt, müssen sich die Natur- oder Wirtschaftswissenschaftler eines Projekts diese Methodenkompetenz aneignen.
_Als methodisch variabel auszufüllender Forschungsansatz erfordert Aktionsforschung in besonderem Maße die Klärung und Erklärung des eigenen Wissenschaftsverständnisses.
_Aktionsforschung verlangt vom Wissenschaftler, dass er sich auf die Offenheit und die damit verbundene Eigendynamik und Unberechenbarkeit des Forschungsprozesses einlässt. Dies heißt auch, dass die Ungewissheit, inwiefern das Projekt fachwissenschaftliche und veröffentlichungswürdige Ergebnisse »liefert«, ausgehalten werden muss. Diese Offenheit bedeutet aber auch, dass der notwendige Zeitrahmen und die erforderlichen finanziellen Mittel nicht genau vorhersehbar sind und laufende Plananpassungen nötig werden können.
_Es besteht die Gefahr, dass sich die Praktiker aufgrund von Unterlegenheitsgefühlen hinsichtlich der theoretischen Ausbildung von den Wissenschaftlern beobachtet und bewertet fühlen. Die Wissenschaftler hingegen werden als realitätsfern angesehen. Eine gemeinsame Sprache muss also entwickelt und gepflegt werden.
_Dadurch dass die Forscher voll in den Aktionsprozess involviert sind, ist es für sie zum Teil schwer, die für den Forschungsprozess notwendige Distanz zu gewinnen bzw. zu wahren. Daher ist es unabdingbar, den Forschungsprozess kontinuierlich zu reflektieren, um Methodenkritik und die Bewertung der erarbeiteten Ergebnisse vornehmen zu können.
_Aktionsforschung ist ein ständiger Balanceakt zwischen dem Überhandnehmen des Aktions- oder des Forschungsteils.
_Aufgrund der Vielfalt anzuwendender Methoden ist die wissenschaftliche Klarheit und Auswertbarkeit der Ergebnisse oftmals beeinträchtigt. Eine genaue Dokumentation der einzelnen Schritte ist deshalb wesentlich.
Die Kenntnis und das Vorausbedenken dieser Schwierigkeiten sind unabdingbar für eine erfolgreiche Durchführung eines Aktionsforschungsprozesses.

Aktionsforschung im Modellvorhaben Kulturlandschaft Hohenlohe

Die Darstellung der Aktionsforschung macht deutlich, dass zwischen den Prinzipien der Aktionsforschung und den Grundsäulen des *Modellvorhabens Kulturlandschaft Hohenlohe* eine sehr hohe Kongruenz besteht. Da alle Ansprüche des Modellvorhabens an die Methode – von der Partizipation über Umsetzungsorientierung und Interdisziplinarität bis hin zu einzeldisziplinären Fragestellungen – im Aktionsforschungsansatz umgesetzt werden können, haben wir uns für diesen Ansatz als grundlegendes Forschungsprinzip entschieden.

Bereits in der Definitionsphase des Projekts und im ersten Jahr der Hauptphase wurden die von den Menschen im Projektgebiet als relevant empfundenen Themen durch zahlreiche Interviews sowie einzelne Workshops und Veranstaltungen erfasst. Auf dieser Grundlage wurden - wie in nachfolgenden Kapiteln genauer beschrieben - Arbeitskreise zu verschiedenen Oberthemen ins Leben gerufen, die sich aus Akteuren des Untersuchungsgebiets und aus Mitarbeitern der Projektgruppe zusammensetzten. Sie bildeten den Kern des Aktionsforschungsprozesses. Innerhalb dieser Arbeitskreise wurde an konkreten Teilprojekten gearbeitet, wozu verschiedene Disziplinen fachwissenschaftliche Beiträge lieferten.

Sowohl die Arbeit innerhalb der *Projektgruppe Kulturlandschaft Hohenlohe* als auch die Arbeit in den Arbeitskreisen und in den Teilprojekten soll dem beschriebenen Projektzyklus der Aktionsforschung folgen. Diesen Zusammenhang darzustellen dient die Abb. 6.3.1.

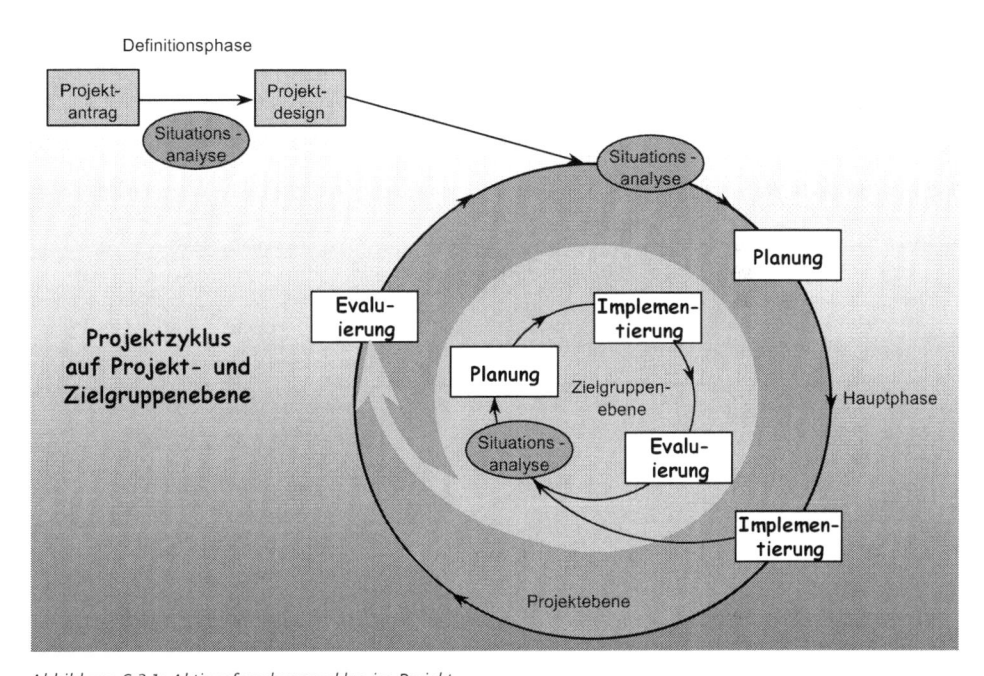

Abbildung 6.3.1: Aktionsforschungszyklus im Projekt

Das Grundprinzip des Aktionsforschungsansatzes sollte von allen Mitarbeitern der Projektgruppe *Kulturlandschaft Hohenlohe* möglichst früh verstanden sein, um es in der Projektarbeit dann anzuwenden und selbständig auszugestalten. Trotz intensiver Schulung und Diskussion blieben offenbar bis zum Projektende noch Zweifel und Unklarheiten hinsichtlich der eigenen Methodenkompetenz bei einzelnen Mitarbeitern bestehen, die im Abschlussworkshop geäußert wurden.

Zusätzlich zur Schulung aller Mitarbeiter gab es zwei Begleitforschungskomponenten, die Begleitung der projektinternen Prozesse und die Begleitung der projektexternen Arbeit, also der Zusammenarbeit mit den Akteuren und Aktionspartnern in der Untersuchungsregion. Die für die Begleitforschung zuständigen Projektmitarbeiter beobachteten und dokumentierten Prozesse und Ergebnisse und sie regten die Projektmitarbeiter zur Reflexion im Sinne einer laufenden Situationsanalyse an, sei es in den projektinternen Sitzungen, sei es gemeinsam mit den Akteuren in den Arbeitskreisen.

Literatur

Albrecht, H. 1992. Sozialwissenschaftliche Aktionsforschung in Entwicklungsprogrammen: Bedeutung und Bedingungen. In: Hoffmann, V. (Hrsg.). 1992: Beratung als Lebenshilfe. Humane Konzepte für eine ländliche Entwicklung. Margraf, Weikersheim: 113–128

Argyris, C., D. Schön, 1989: Participatory Action Research and Action Science compared. In: American Behavioral Scientist 32: 612-623

Bennis, W. G., 1965: Theory an Method in Applying Behavioral Science to Planned Organizational Change. The Journal of Applied Behavioral Science 1: 337–360

Besemer, C., 1995: Mediation. Vermittlung in Konflikten. Stiftung Gewaltfreies Leben, Königsfeld

Gomez, P., G. J. B. Probst, 1997: Die Praxis ganzheitlichen Problemlösens: vernetzt denken, unternehmerisch handeln, persönlich überzeugen. Haupt, Bern, Stuttgart, Wien

Gomez, P., G. J. B. Probst, 1987: Vernetztes Denken im Management. Die Orientierung H. 89, Bern

GTZ, 1987: ZOPP. Zielorientiertes Planen von Projekten und Programmen der Technischen Zusammenarbeit (Einführung in Grundlagen und Methoden). 3/87. GTZ, Eschborn

GTZ, 1996: GTZ – Projektmanagement. Grundlagen, Instrumente und Verfahren. GTZ, Eschborn

Hagmann, J., E. Chuma, M. Connolly, K. Murwira, 1998: Client-Driven Change and Institutional Reform in Agricultural Extension: An Action Learning Experience from Zimbabwe. Agreen, Network Paper No. 78

Hagmann, J., 2000: Learning Together for Change. Facilitating innovation in natural resource management through learning process approaches in rural livelihood in Zimbabwe. Margraf Verlag, Weikersheim

Hoffmann, V.,1990: Using Visualisation to Improve Group Communication. In: Albrecht, H., H. Bergmann, G. Diederich, E. Großer, V. Hoffmann, P. Keller, G. Payr, R. Suelzer: Rural Development Series, Agricultural Extension, Volume 2. GTZ, Eschborn: 329–334

Holter, I. M., D. Schwartz-Barcott, 1993: Action Research: What is it? How has it been used and how can it be used in nursing? Journal of Advanced Nursing 1993: 128; 298–304

Jungk, R., N. R. Müllert, 1994: Zukunftswerkstätten: Mit Phantasie gegen Routine und Resignation. Heyne, München

Kemmis, S., R. McTaggert, 1990: The Action Research Planner. Deakin University Press, Geelong.

Lewin, K., 1946: Action Research and Minoritiy Problems. Journal of Social Issues 2: 34-36

Lewin, K., 1953: Die Lösung sozialer Konflikte. Bad Nauheim

Lück, H. E., 1994: Kurt Lewin – ein praktischer Theoretiker. In: Albrecht, H. (Hrsg.) 1994,: Einsicht als Agens des Handelns. Margraf Verlag, Weikersheim. 131–141

McKernan, J., 1991: Curriculum Action Research. A Handbook of Methods and Resources for the Reflective Practitioner. Kogan Page, London.

Moser, H., 1977: Praxis der Aktionsforschung, ein Arbeitsbuch. Kösel, München

Pieper, R., 1972: Aktionsforschung und Systemwissenschaften. In: Haag, F.; Krüger, H.; Schwärzel, W.; Wildt, J. (Hrsg.): Aktionsforschung. Juventa, München. 137–159

v. Reibnitz, U., 1992: Szenario-Technik – Instrumente für die unternehmerische und persönliche Erfolgsplanung. Verlag Gabler, Wiesbaden

Revans, R., 1998: ABC of Action Learning. Lemos and Crave, London

Schönhuth, M., U. Kievelitz, 1994: Participatory Learning Approaches. Rapid Rural Appraisal. Participatory Appraisal. An Introductory Guide. TZ Verlagsgesellschaft, Rossdorf

Selener, D., 1997: Participatory Action Research and Social Change. Cornell Participatory Action Research Network. Cornell University Ithaca

Spöhring, W., 1995: Qualitative Sozialforschung. Teubner, Stuttgart

Whyte, W. F., 1991: Participatory Action Research. Sage Publications, London

Zuber-Skerrit, O., 1992: Action Research in Higher Education: Examples & Reflections. London: Kogan Page Ltd.

Ralf Kirchner-Heßler, Alexander Gerber, Werner Konold, Inge Keckeisen

6.4 Organisation der Projektarbeit

In inter- und transdisziplinären Verbundprojekten arbeiten Wissenschaftler und Akteure verschiedener Disziplinen und Organisationsebenen zusammen. Diese Zusammenarbeit findet über einen begrenzten Zeitraum hin statt und ist von hoher Ressourcenintensität und dem Ziel bestimmt, ein spezifisches Ergebnis zu erreichen. Um solche inter- und transdisziplinären Forschungsvorhaben effizient durchzuführen, spielt das Projektmanagement eine entscheidende Rolle. Ein wichtiges Element stellt die Organisation der Zusammenarbeit dar. Im Folgenden wird dargestellt, wie sich die Projektgruppe *Kulturlandschaft Hohenlohe* in der internen und externen Projektarbeit organisierte. Die Struktur sowie die einzelnen Organisationselemente sind in den Abb. 6.4.1 und 6.4.2 dargestellt und werden im Folgenden beschrieben.

6.4.1 Organisation der internen Projektarbeit

Aufgrund der bestehenden Erfahrungen aus anderen Forschungsverbünden haben die Mitglieder der Projektgruppe *Kulturlandschaft Hohenlohe* beschlossen, sich eine gemeinsame **Geschäftsordnung** zu geben. Diese stellte die Grundlage für die gemeinsame Zusammenarbeit sowie für die Regelung von Konfliktsituationen dar und wurde nach Prüfung durch die Justitiare der beteiligten Forschungseinrichtungen zum Bestandteil der F&E-Verträge. Die Geschäftsordnung (Anhang 6.4.1) regelte folgende Punkte:

1. Ziel
2. Projektpartner (wissenschaftliche, nichtwissenschaftliche Einrichtungen, assoziierte Projektpartner, Beendigung der Partnerschaft)
3. Organisation der Projektgruppe
4. Projektleitung (Projektsprecher, Führung der Geschäfte)
5. Vollversammlung
6. Verantwortliche Wissenschaftler und verantwortliche Personen nicht-wissenschaftlicher Einrichtungen
7. Mitarbeiter
8. Prozessbegleitung
9. Datenmanagement
10. Veröffentlichungswesen

Zum Inhalt:
Die **Vollversammlung** setzt sich aus allen wissenschaftlichen und nichtwissenschaftlichen Mitarbeitern sowie den Leitern der beteiligten wissenschaftlichen Institute der Projektgruppe *Kulturlandschaft Hohenlohe* zusammen. Sie beriet die Projektleitung und entschied über alle inhaltlichen, organisatorischen und finanziellen Fragen, die das Gesamtprojekt in seiner Zielsetzung betrafen. Sie fand mindestens einmal jährlich statt.

Die **Projektleitung** bestand aus dem Sprecher (wissenschaftlicher Leiter), zwei Stellvertretern und zwei bzw. drei Geschäftsführern. Die Projektleitung traf sich in der Regel einmal monatlich zu einer von der Geschäftsführung vorbereiteten Sitzung. Sie entschied mit einfacher Mehrheit.

Bei Stimmengleichheit entschied die Stimme des Projektsprechers, der zudem ein Vetorecht inne hatte. Der Projektsprecher trug die Verantwortung für das Gesamtvorhaben und sorgte für einen geregelten Ablauf des Projektes in allen seinen Phasen, was auch das Recht, Pflichten der Mitglieder einzufordern, beinhaltete. In Konfliktsituationen übernahm der Projektsprecher oder einer seiner Vertreter die Rolle des Vermittlers. Die Vertreter des Projektsprechers hatten beratende Funktion und übernahmen nach Rücksprache mit dem Projektsprecher Teilverantwortungen und -aufgaben. Der Projektsprecher delegierte Aufgaben an die Geschäftsführung.

Die **Geschäftsführung** trug Sorge für die interne und externe Projektkoordination und realisierte die praktische Durchführung im Rahmen der vom Projektsprecher delegierten Aufgaben und Verantwortungen. Die Geschäftsführer trafen sich in der Regel einmal wöchentlich, um sich gegenseitig zu informieren und sich zu anstehenden Themen abzustimmen. Sie vertraten inhaltlich die drei Säulen: Nachhaltigkeit, Ökonomie, Ökologie und Soziales im Projektmanagement und widmeten sich mit je einem halben Stellenumfang den Geschäftsführungsaufgaben.

Das **Plenum**, ein Treffen aller Mitarbeiter, der verantwortlichen Wissenschafter und der verantwortlichen Personen nichtwissenschaftlicher Einrichtungen, beriet über inhaltliche und organisatorische Fragen des Gesamtprojektes. Hier wurde regelmäßig über den aktuellen Stand der Projektarbeit informiert und durch Vorträge aus den einzelnen Teilprojekten bestand die Möglichkeit, einen vertieften Einblick in die verschiedenen Aktivitäten zu erhalten. Das Plenum fand einmal monatlich statt.

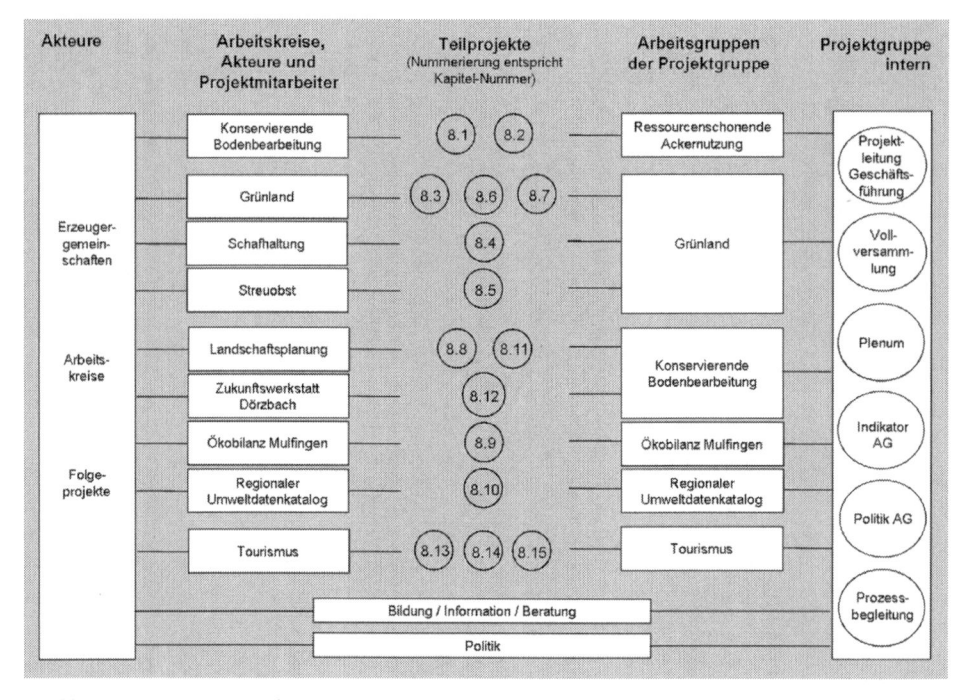

Abbildung 6.4.1: Organisation der internen und externen Projektarbeit

Der einmal jährlich stattfindende zweitägige Planungsworkshop diente einer vertiefenden Arbeits- und Projektplanung, die gemeinsam, jedoch auf der Ebene der Teilprojekte stattfand. Die Arbeitsplanung ergab für das Gesamtprojekt die Möglichkeit, die Arbeitsschwerpunkte im Gesamtprojekt zu identifizieren und aktiv zu steuern. Die interdisziplinär bearbeiteten Teilprojekte wurden auf der Ebene des Gesamtprojektes zusammengefasst, um einen Überblick über die Arbeitsauslastung der einzelnen Mitarbeiter zu erhalten. Dies ermöglichte, die Mitarbeiter – sofern notwendig – zu entlasten, ihren Beitrag in einem oder mehreren Teilprojekten zu kürzen, zu stärken oder auf einen späteren Zeitpunkt zu verlagern. Ebenso konnten freie Kapazitäten erkannt werden.

Die **Indikator-AG** griff übergeordnete wissenschaftliche und Theorie-geleitete Themen auf und bearbeitete diese interdisziplinär für das Gesamtprojekt. Hierzu gehörten die Themen Zielformulierung, Nachhaltigkeit, Indikatoren, Aktionsforschung, Erfolgskontrolle und Übertragbarkeit. Zu dieser Arbeitsgruppe trafen sich die Mitarbeiter monatlich. Nach der Bearbeitung der genannten Themen und mit zunehmendem Projektfortschritt ging die Indikator-AG in der zweiten Hälfte der Projektlaufzeit in die **Politik-AG** über, die sich intensiver mit den politischen Rahmenbedingungen und der Bewertung der Ergebnisse aus den Teilprojekten hinsichtlich der Ausarbeitung politischer Empfehlungen (Kap. 10) beschäftigte.

Die **Prozessbegleitung** wurde im Forschungsverbund von einem unabhängigen Diplom-Psychologen durchgeführt und war ein fester Bestandteil des Projektes. Aufgaben der Prozessbegleitung waren die Begleitforschung und die Rückmeldung der Erkenntnisse aus der Begleitforschung an die verantwortlichen Wissenschaftler, die verantwortlichen Personen nichtwissenschaftlicher Einrichtungen und die Mitarbeiter, mit dem Ziel, die internen Kommunikationsprozesse zu optimieren (Kap. 6.6, 9). Sie waren verpflichtet die Begleitforschung zu unterstützen. Zwischen ihnen und dem Prozessbegleiter wurde die konkrete Gestaltung des Rückkoppelungsprozesses vereinbart.

Die **Arbeitsgruppen** Ressourcen schonende Ackernutzung, Grünland, Landschaftsplanung und Tourismus waren eine Arbeitsebene des internen Forschungsprojektes, die inhaltlich nahe stehende Teilprojekte zusammenfassten und koordinierten. Je ein Geschäftsführer war verantwortlich für ein bis zwei Arbeitsgruppen. Die Häufigkeit der Treffen war abhängig von den zu bearbeitenden Fragestellungen. Die hierdurch abgegrenzten Arbeitsfelder spiegelten sich in der externen Projektarbeit in Form der Arbeitskreise wider.

Die **Teilprojekte** waren das Bindeglied zwischen den internen Arbeitsgruppen und den externen Arbeitskreisen. Dort fand die eigentliche, konkrete und inhaltliche Projektarbeit statt. Sie entwickelten sich aus den Problemen, Ideen und Interessen der Akteure vor Ort und wurden mit diesen transdisziplinär umgesetzt. Verantwortlich für ein Teilprojekt war jeweils ein Mitarbeiter der Projektgruppe *Kulturlandschaft Hohenlohe*. Damit waren alle Mitarbeiter verantwortlich in das Gesamtprojekt eingebunden.

6.4.2 Organisation der externen Projektarbeit

Die Zusammenarbeit mit den Akteuren fand in erster Linie in externen, d.h. in der Untersuchungsregion veranstalteten **Arbeitskreisen** statt, die in der Regel thematisch den projektinternen Arbeitsgruppen entsprechen. Im Zuge der Projektentwicklung mit den Akteuren wurden die Projektstrukturen flexibel an die jeweiligen Bedürfnisse angepasst. So fand beispielsweise im Arbeitsfeld Grünland nach der Initiierung der Teilprojekte die konkrete Zusammenarbeit mit den Akteuren mehr und mehr in kleineren Arbeitskreisen, Workshops oder Steuerungsgruppen statt (Teilprojekte *Streuobst* aus ökologischem Anbau, *Hohenloher Lamm*, *Landnutzungsszenario Mulfingen*), wodurch der Arbeitskreis Grünland als solcher zunehmend an Bedeutung verlor. Auch im Arbeitsfeld Landschaftsplanung bildeten sich im internen Projekt in der Arbeitsgruppe Landschaftsplanung Kleingruppen zu den Teilprojekten *Ökobilanz Mulfingen* oder *Regionaler Umweltdatenkatalog*. Andere Teilprojekte hatten entweder eine sehr lockere oder keine Bindung an einen externen Arbeitskreis, wie z.b. das Projekt *eigenART* oder die Machbarkeitsstudie *Weinlaub*.

Durch die Projektarbeit entstanden in der Untersuchungsregion als Ergebnis der Arbeit in den Arbeitskreisen und Teilprojekten Arbeitszusammenhänge, die von den Akteuren nach der Projektlaufzeit fortgeführt wurden. Hierzu gehören **Erzeugergemeinschaften** und **Vereine**, die Fortführung initiierter **Arbeitskreise** oder die Initiierung von **Folgeprojekten**.

6.4.3 Datenmanagement

In einem großen intersdiziplinären Projekt wie dem *Modellvorhaben Kulturlandschaft Hohenlohe* spielt die EDV- und IT-gestützte Kommunikation eine wesentliche Rolle bezüglich der Information, der Arbeitserleichterung und Effektivitätssteigerung. Das Datenmanagement beinhaltet die fünf Bereiche Intranet, Internet, Datenablage und -austausch, Literaturverwaltung und Adressenverwaltung (Abb. 6.4.2). Als technische Basis diente der afs-Server der Universität Hohenheim. Dort wurde der Projektgruppe dem Bedarf entsprechend 10 GB Speicherplatz zur Verfügung gestellt. Über persönliche Benutzerzugänge (accounts) hatten alle Mitarbeiter der Projektgruppe Zugriff. Der Speicherplatz wurde aufgeteilt in Bereiche für die Datensicherung der Institute/Einrichtungen, Datenaustausch unter den Mitarbeitern, Ablage und Bereitstellung von Software, Arbeitsvorlagen, Protokolle, Literaturdaten, Metadaten für das Intranet sowie für die HTML-Seiten und den Download-Bereich der öffentlichen Homepage. Die Verzeichnisse waren mit unterschiedlichen Zugangsberechtigungen belegt, so dass bestimmte Bereiche z.b. nur den Geschäftsführern, andere allen Mitgliedern mit Lese-, Schreib- und Änderungsrechten und wiederum andere nur den Mitarbeitern der jeweiligen Institute mit Leserechten für alle restlichen Mitarbeitern der Projektgruppe vorbehalten waren. Im afs ist es möglich, Einzelpersonen Gruppenmitgliedschaften zuzuweisen und diesen Gruppen unterschiedliche Zugriffsrechte zu übertragen. So wird die Verwaltung der Zugriffsrechte übersichtlicher und die einzelnen Mitarbeiter können sich mit ihrem eigenen Benutzernamen und Kennwort einloggen; folglich muss das Administrator-Kennwort nicht jedem Einzelnen bekannt gegeben werden. Für Mitarbeiter an der Universität Hohenheim war es über einen afs-client oder samba möglich, den Projekt-Account direkt in den Windows-Explorer als Netzlaufwerk einzubinden. Die Mitarbeiter außerhalb der Universität Hohenheim stellten die Verbindung über ftp her.

Internet
Die Projektgruppe stellte sich auf einer Homepage der breiten Öffentlichkeit vor. Unter der Adresse http://www.uni-hohenheim.de/~kulaholo konnte sich jeder über das Modellprojekt, dessen Themenschwerpunkte und Untersuchungsgebiet informieren. Es wurden hier alle Mitarbeiter mit Kontaktadressen aufgelistet, öffentliche Termine und offene Diplomarbeitsthemen bekannt gegeben, Pressemitteilungen zum Download angeboten sowie Links zu ähnlichen Forschungsprojekten wie auch Internetseiten der Region Hohenlohe angegeben.

---

[2] Andrew File System

Intranet

Das Intranet stellte ein projektinternes Informationssystem dar, das auf der Grundlage von MS Internet Information Server (IIS), MS Access, HTML-Scripten wie z.b. Internet-Database-Connector (IDC) und der Programmiersprache Java, erstellt wurde. Über den Link »Intern« der Homepage der Projektgruppe oder die direkte Adresse auf dem Server der Fachhochschule Nürtingen konnten Mitarbeiter mit Angabe eines Kennworts auf die Oberfläche des Intranets gelangen. Hier konnten alle Termine und Aktivitäten mit Verweis der jeweiligen Protokolle eingetragen und abgerufen werden. Eine Metadatenbank, in der alle Datenerhebungen und -anschaffungen des Projekts zum Download bereitgestellt waren, konnte abgerufen werden. Des Weiteren wurde ein projektinternes Handbuch mit Anleitungen zur Einrichtung von Netzwerkdruckern, Verknüpfung mit dem Netz-Laufwerk, Benutzung der Literaturdatenbank und Adressdatenbank, Download von Arbeitsvorlagen und Ähnlichem im Intranet zur Verfügung gestellt.

Datensicherung und Datenablage

Bestimmte Verzeichnisse auf dem so genannten H-Laufwerk wurden nur für bestimmte Nutzergruppen freigegeben, um deren Daten dort zu sichern. Andere Verzeichnisse waren explizit für den Datenaustausch gedacht und deshalb für alle Mitarbeiter offen. So konnten auch größere Datenmengen kurzfristig Interessierten zur Verfügung gestellt werden, ohne dass diese als E-Mail-Anhang verschickt werden mussten.

Literaturdatenbank

Zur Archivierung der verwendeten und veröffentlichten Literatur wurde das Literaturdatenbankprogramm »LiteRat« der Universität Düsseldorf auf allen Projektrechnern installiert. Das Programm ist netzwerkfähig und somit konnten zumindest die Mitarbeiter in Hohenheim gleichzeitig ihre Daten eingeben oder abrufen. Auswärtige Mitarbeiter bearbeiteten zunächst eine Kopie der Datenbank, die sie zuvor per ftp heruntergeladen hatten, und schickten die bearbeitete Version dann einem Verantwortlichen, der die Dateien schließlich in die Datenbank importierte.

Adressdatenbank

Die Verwaltung der Adressen wurde über das Microsoft-Programm Outlook 2000 abgewickelt. Dieses Programm macht es möglich, auf einem so genannten »Haupt-PC« Outlook-Ordner, in diesem Falle Adressverzeichnisse, für einzutragende »Mitglieder« freizugeben. Die Mitglieder bekommen den Ordnerinhalt des Haupt-PCs über versteckte Emails zugeschickt, d.h. dass die Adressen über Email verschickt werden und beim Adressaten automatisch in einem Adressordner abgelegt werden. Ebenso automatisch erfolgte eine regelmäßige Synchronisation, die auf jedem der eingetragenen Teilnehmer-PCs den selben Datenbestand gewährleistete. Für die einzelnen Mitglieder konnten unterschiedliche Rechte vergeben werden, so dass manche Benutzer der Adressdatenbank auch selbst neue Adressen eingeben konnten, die dann an alle restlichen Mitglieder verschickt wurden.

Vorteil dieses Systems waren die geringen Voraussetzungen für die Nutzung. So genügte es, über das Programm Outlook 2000 sowie über eine Email-Adresse zu verfügen. Nachteile ergaben sich durch gewisse Unzulänglichkeiten dieses Netzwerksystems, die eventuell durch gleichzeitig angemeldete Benutzer mit allen Editierrechten und sich zeitlich überschneidenden Synchronisationen hervorgerufen wurden.

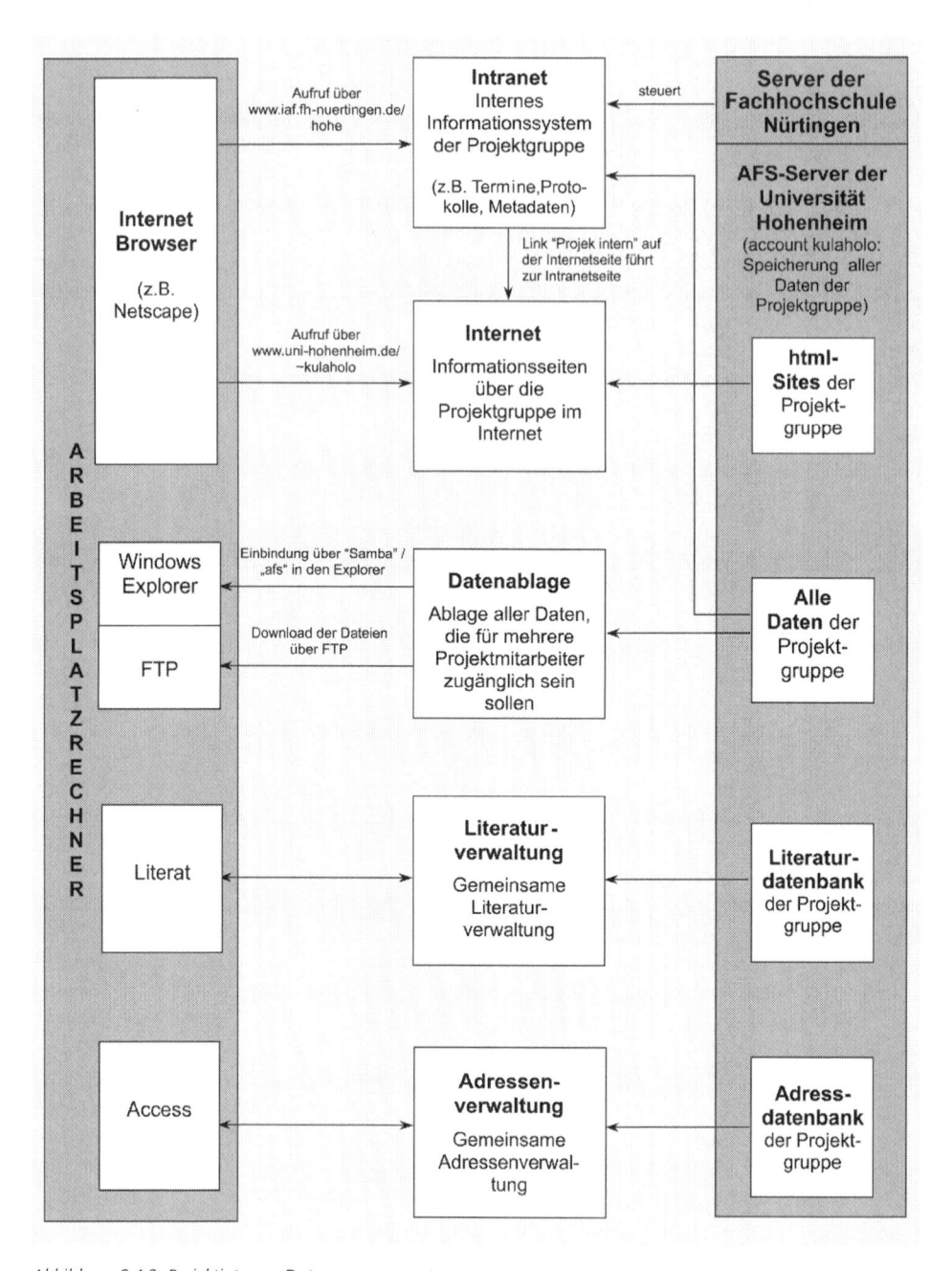

Abbildung 6.4.2: Projektinternes Datenmanagement

Ralf Kirchner-Heßler, Alexander Gerber, Werner Konold

6.5 Projektsteuerung

Ein komplexes Projekt wie das *Modellvorhaben Kulturlandschaft Hohenlohe* bedarf neben einer Organisation, die eine möglichst effektive und Ziel gerichtete Arbeit sicherstellt, Instrumente, um innerhalb der gewählten Organisation die laufende Arbeit steuern zu können. Dabei muss zweierlei gesteuert werden: die inhaltlich-fachliche Arbeit auf Gesamtprojektebene und in Abhängigkeit davon die Zuordnung von personellen und finanziellen Ressourcen. Dementsprechend folgt die Projektsteuerung folgenden Schritten:
— Charakterisierung und Bewertung der Teilprojekte (Bedeutung, Zielerreichung, Beitrag zur Nachhaltigkeit und dementsprechend Einstellung oder Fortführung des Projekts und Ressourcenbedarf)
— Arbeitskapazität und deren Zuordnung zu einzelnen Teilprojekten, einschließlich der Arbeitsplanung
— Zuteilung der finanziellen Ressourcen
— Verknüpfung der Teilprojekte
Die Bedeutung dieser Schritte und deren methodische Umsetzung ist Inhalt der folgenden Darstellung.

6.5.1 Charakterisierung und Bewertung der Teilprojekte

Um eine Grundlage für die inhaltliche Beurteilung der Teilprojekte und eine davon abhängige Ressourcenzuteilung zu einzelnen Teilprojekten vornehmen zu können, wurden Kriterien zur vergleichenden Charakterisierung der Teilprojekte aufgestellt, die zum einen das methodische Vorgehen und zum anderen die zu erwartenden Ergebnisse beleuchten sollen:

Kriterien zum methodischen Vorgehen
— Räumliche Bedeutung für das Untersuchungsgebiet: Welchen räumlichen Bezug hat das Teilprojekt?
— Inhaltliche Bedeutung für Akteure: Werden drängende Fragen aufgegriffen?
— Maßgebliche Beteiligung der Akteure: Sind alle relevanten Akteure einbezogen?

Kriterien bezüglich der erwarteten Ergebnisse
— Erzielen umsetzungsorientierter Ergebnisse
— Erzielen von Verbesserungen im Sinne der Nachhaltigkeit
— Überführen in einen selbst tragenden Prozess
— Verknüpfung mit anderen Teilprojekten
— Erzielen wissenschaftlicher Ergebnisse
— Erzielen übertragbarer Ergebnisse
In Tab. 6.5.1 sind die Kriterien und die zugehörigen Bewertungsstufen detailliert dargestellt.

Tabelle 6.5.1: Kriterien und Bewertungsstufen zur Bewertung der Teilprojekte (TP)

Kriterien	Bewertungsstufen			
Räumliche Bedeutung für das Untersuchungsgebiet	Beschreibung der räumlichen Bedeutung: Räumliche Ausdehnung des Teilprojekts (administrative oder naturräumliche Grenze) Flächenanteil oder Anteil an Unternehmen innerhalb der räumlichen Grenzen des Teilprojekts			
Inhaltliche Bedeutung für Akteure	TP greift Fragestellungen auf, deren Bearbeitung eine innovative Verbesserung der Situation erwarten lässt. Thema für Akteure sehr relevant.	TP greift Fragestellungen auf, deren Bearbeitung eine Nutzung vorhandener Potenziale erwarten lässt. Thema für Akteure relevant.	TP greift Fragen von untergeordneter Bedeutung auf. Eine Verbesserung der Situation ist zu erwarten. Thema ist für Akteure relevant.	TP greift Fragen von Bedeutung auf, deren Bearbeitung keine Verbesserung der Situation erwarten lässt. Thema ist für Akteure kaum von Bedeutung.
Maßgebliche Beteiligung der Akteure	Alle entscheidungsrelevanten und weitere interessierte Akteure sind beteiligt.	Die meisten entscheidungsrelevanten sowie interessierten Akteure sind beteiligt.	Interessierte, aber nur wenige entscheidungsrelevante Akteure sind beteiligt.	Nur wenige Akteure sind beteiligt, darunter sind keine entscheidungsrelevanten Akteure.
Erzielen umsetzungsorientierter Ergebnisse	TP führt zu praktischen Ergebnissen, die sofort umgesetzt werden.	TP führt zu praktischen Ergebnissen, die höchstwahrscheinlich im weiteren Projektverlauf umgesetzt werden.	TP führt zu praktischen Ergebnissen, deren Umsetzung jedoch fraglich ist.	TP führt zu keinen praktischen Ergebnissen.
Erzielen von Verbesserungen im Sinne der Nachhaltigkeit[1]	TP führt zu sozialen, ökologischen und ökonomischen Verbesserungen innerhalb des Untersuchungsobjekts.	TP führt zu sozialer, ökologischer oder ökonomischer Verbesserung, ohne eine Verschlechterung im jeweils anderen Bereich hervorzurufen.	TP führt zu sozialer, ökologischer oder ökonomischer Verbesserung, führt aber zu einer Verschlechterung in einem anderen Bereich.	TP führt zu keiner sozialen, ökologischen oder ökonomischen Verbesserung oder führt eine Verschlechterung in einem oder allen Bereichen herbei.
Überführen in einen selbst tragenden Prozess	Das TP ist bereits jetzt selbständig tragfähig.	Das TP lässt eine selbst tragende Weiterführung nach Projektende erwarten.	Das TP ist nur durch die Aktivität der Projektgruppe aufrechtzuerhalten und wird nach Projektende langsam auslaufen.	Das TP ist nur durch große Anstrengung der Projektgruppe aufrechtzuerhalten und wird nach Projektende sofort abgeschlossen.
Verknüpfung der Teilprojekte	Das TP stellt zwingende Ansprüche in großer Zahl an andere TP.	Das TP stellt zwingende Ansprüche in geringer Zahl oder mögliche Ansprüche in großer Zahl	Das TP stellt mögliche Ansprüche in geringer Zahl an andere TP.	Das TP stellt keine Ansprüche an andere TP.

Kriterien	Bewertungsstufen			
Verknüpfung der Teilprojekte	Das TP bedient zwingende Ansprüche anderer TP in großer Zahl.	Das TP bedient zwingende Ansprüche anderer TP in geringer Zahl oder mögliche Ansprüche anderer TP in großer Zahl.	Das TP bedient mögliche Ansprüche anderer TP in geringer Zahl.	Das TP bedient keine Ansprüche anderer TP.
Erzielen umsetzungsmethodischer Ergebnisse	Die Erarbeitung umsetzungsmethodischer Ergebnisse ist Kern des TP.	Die Erarbeitung umsetzungsmethodischer Ergebnisse ist ein Teilaspekt des TP.	Umsetzungsmethodische Ergebnisse können aus dem TP abgeleitet werden.	Aus dem TP können keine umsetzungsmethodischen Ergebnisse abgeleitet werden.
Erzielen wissenschaftlicher Ergebnisse	Es werden neue wissenschaftliche Methoden und Theorien entwickelt.	Es werden mit vorhandenen Methoden und Theorien neue wissenschaftliche Erkenntnisse erarbeitet.	Bereits erarbeitete wissenschaftliche Erkenntnisse kommen zur Anwendung.	Es wird nicht auf wissenschaftliche Methoden zurückgegriffen.
Erzielen übertragbarer Ergebnisse[2]	Es werden in hohem Maße leicht übertragbare Ergebnisse erzielt.	Es werden leicht übertragbare Ergebnisse erzielt.	Es werden schwer übertragbare Ergebnisse erzielt.	Es werden keine übertragbaren Ergebnisse erzielt.

[1] Nachhaltigkeit:
Um Verbesserungen im Sinne der Nachhaltigkeit zu bewerten, sind soziale, ökonomische und ökologische Veränderungen innerhalb der Projektlaufzeit zu identifizieren. Grundlage für die Beurteilung des Nachhaltigkeitsgrades eines Teilprojekts waren die für das *Modellvorhaben Kulturlandschaft Hohenlohe* erarbeiteten Kriterien der Nachhaltigkeit (vgl. Kap. 6.1 und 6.9 und 7)

[2] Übertragbarkeit:
Ergebnisse sind leicht übertragbar, wenn sie verallgemeinerbar sind, ein feststehender „Werkzeugkoffer" existiert, benötigte Daten vorhanden oder leicht zu erhalten sind und eine geringe Bindung an Rahmenbedingungen besteht.

Da die Zwischenschritte der Projektevaluierung (Kap. 6.8) ebenfalls wichtige Instrumente der Projektsteuerung waren, sind die in Tab. 6.5.1 dargestellten Bewertungskriterien in enger Abstimmung mit den Fragen der Projektevaluierung entwickelt worden. Dienten die Fragen der Zwischenevaluierung mehr der Teilprojektsteuerung, so sollte durch das hier dargestellte Instrumentarium eine schematische, jedoch genaue Gesamtbewertung aller Teilprojekte ermöglicht werden. Dies ist notwendig, um die Teilprojekte miteinander vergleichen, sie priorisieren und ihnen entsprechende Ressourcen zuordnen zu können. Zu berücksichtigen ist dabei, dass der Ressourcenbedarf auch vom Inhalt und den jeweiligen Maßnahmen des Teilprojekts abhängig ist. Beispielsweise benötigt ein Teilprojekt mit Feldversuchen mehr Ressourcen als ein Projekt, in dem eine touristische Broschüre erarbeitet wird.

6.5.2 Arbeitsplanung

Grundlage für die Zuordnung von personellen Ressourcen für die einzelnen Aufgabengebiete und Teilprojekte im *Modellvorhaben Kulturlandschaft Hohenlohe* war zum einen der geschätzte Arbeitsbedarf für die einzelnen Teilprojekte und zum anderen die persönliche Arbeitsplanung der einzelnen Mitarbeiter.

Die **persönliche Arbeitsplanung** wurde von jedem Mitarbeiter, bezogen auf die jeweiligen Teilprojekte und sonstige, abgrenzbare Arbeitsschwerpunkte (z.b. Geschäftsführung, Öffentlichkeitsarbeit, projektinterne Sitzungen), jährlich erstellt. Sie diente der eigenen Arbeitsplanung, um die verfügbare Arbeitszeit unter Berücksichtigung eines »Puffers« für Unvorhergesehenes mit den Notwendigkeiten in den jeweiligen Arbeitsbereichen abzustimmen. Bereits auf der personenbezogenen Ebene wurde hierdurch z.b. deutlich, inwieweit einzelne Teilprojekte durch den jeweiligen Mitarbeiter sinnvoll bearbeitet werden konnten. Ein Abgleich zwischen der anfänglichen Planung und der abschließenden Gegenüberstellung der tatsächlichen Arbeitsleistung erlaubte eine Selbstkontrolle und trug zu einer sukzessiven Verbesserung der persönlichen Arbeitsplanung bei. Die Arbeitsplanung als persönliches Controlling-Instrument einzusetzen, lag in der Verantwortung der Mitarbeiter. Für die Geschäftsführung war die persönliche Arbeitsplanung Grundlage, die Gesamtprojektplanung vorzubereiten. Letztlich festgelegt wurde diese auf den jährlich stattfindenden Planungsworkshops, an denen alle Mitarbeiter beteiligt waren.

Um einen Überblick über die Arbeitsauslastung der einzelnen Mitarbeiter sowie die Arbeitsleistung in den jeweiligen interdisziplinär bearbeiteten Teilprojekten und sonstigen Arbeitsschwerpunkten zu erhalten, wurde auf der Grundlage der persönlichen Arbeitsplanungen eine zusammenführende **Projektplanung** erstellt. Sie ermöglichte es, die Mitarbeiter – sofern notwendig – zu entlasten, ihren Beitrag in einem oder mehreren Teilprojekten zu kürzen, zu streichen oder auf einen späteren Zeitpunkt zu verlagern. Ebenso konnten freie Kapazitäten erkannt und Arbeitsschwerpunkte im Gesamtprojekt identifiziert werden. Auf die Schwerpunktsetzung in den jeweiligen Teilprojekten konnte hierdurch steuernd eingewirkt werden. Zusätzliche Informationen, wie z.B. der Arbeitsinput der Akteure oder der zeitliche Verlauf des Arbeitsinputs der Projektmitarbeiter, lieferten zusätzliche Informationen, um die verfügbaren Ressourcen gezielt einzusetzen.

6.5.3 Finanzielle Ressourcen

Für ein Projekt, das partizipativ und mit einem Aktionsforschungsansatz arbeitet, wäre ein flexibel einzusetzendes Finanzbudget, über dessen Verwendung in regelmäßigen Abständen Rechenschaft abgelegt werden muss, die ideale Finanzierungsform. Dies war von Seiten der fördernden Stelle jedoch nicht vorgesehen und so waren die Mittel von vorneherein entsprechend des Antrags an bestimmte Institute und Aufgaben gebunden. Um dennoch ein Mindestmaß an Flexibilität zu erreichen, wurde in der Geschäftsordnung festgelegt, dass bei Bedarf finanzielle Umschichtungen zwischen den Unterauftragnehmern vorgenommen werden können. Es ist jedoch sicherlich leicht nachzuvollziehen, dass es problematisch ist, einmal zugesagte Finanzmittel frei zu geben und anderen Instituten zur Verfügung zu stellen. Deshalb wurde von dieser Möglichkeit im Projekt nur in Ausnahmefällen und in direkten bilateralen Verhandlungen Gebrauch gemacht, um Konflikte nach Möglichkeit zu vermeiden. Eine gewisse Neuordnung der Ressourcen war allerdings mit personellen Veränderungen in der Projektgruppe möglich, wie z.B. nach dem Weggang einer der drei Geschäftsführer und der nachfolgenden Stärkung der Öffentlichkeitsarbeit. Gemeinschaftliche Aufgaben, wie z.B. die EDV-Betreuung, wurden durch Umlagen aller Projektbeteiligten mitfinanziert. Hinsichtlich der finanziellen Ressourcen war eine wirkliche Projektsteuerung folglich nur in geringem Umfang möglich.

6.5.4 Verknüpfung der Teilprojekte

Bei der Verknüpfung der Teilprojekte sollte grundsätzlich gezeigt werden, wie die Teilprojekte inhaltlich miteinander verbunden sind und durch die Einzel- und Verbundleistungen zur Erreichung des Gesamtprojektziels beitragen. Die Verknüpfung der Teilprojekte hatte jedoch auch die Aufgabe, Doppelarbeit zu vermeiden, Synergien zu fördern und sich gegenseitig zuzuarbeiten. Dies wiederum bedurfte einerseits der Planung, trug aber andererseits selbst zu einer effektiven Gesamtprojektplanung bei. Für die Planung wurde eine Matrix der Teilprojekte erstellt, in der definiert wurde, wie der Informations- und Datenfluss verläuft, bzw. inwieweit ein- oder wechselseitige Ansprüche bestehen (vgl. Kap. 9, sowie die jeweiligen Teilprojektberichte in Kap. 8). Die Feststellung eines Anspruchs wurde dann mit den konkreten Inhalten und dessen Begründung hinterlegt.

Hubert R. Schübel, Angelika Thomas

6.6 Prozessbegleitung und Qualifizierung

In der Darstellung des Förderschwerpunktes »Ökologische Konzeptionen für Agrarlandschaften« (BMBF 1996) wurden verschiedene Umsetzungshemmnisse vorhandener wissenschaftlicher Erkenntnisse der Agrarlandschaftsforschung benannt. Betont wurden u.a. Defizite in der interdisziplinären Zusammenarbeit einzelner Fachwissenschaften sowie Mängel in der Kooperation zwischen Wissenschaft und Praxis. Dem entsprechend stand das *Modellvorhaben Kulturlandschaft Hohenlohe* vor der Herausforderung, Strategien zur Überwindung dieser Hemmnisse zu entwickeln.

Dabei sollte der kritischen Selbstreflexion der Kooperation ein hoher Stellenwert eingeräumt werden (ISERMEYER 1996).

Das organisatorische Grundkonzept, das in der Definitionsphase des Projektes entwickelt wurde, sollte zu guten Produkten interdisziplinärer Kooperation, wie auch zu einer fruchtbaren transdisziplinären Zusammenarbeit mit den Akteuren im Projektgebiet beitragen. Dieses dynamische Grundkonzept unterscheidet *externe* Prozesse von *internen* Prozessen. Unter externen Prozessen sind in diesem Zusammenhang solche Kommunikations- und Kooperationsprozesse zu verstehen, die zwischen Projektbearbeitenden und Akteuren stattfanden, unter internen Prozessen wiederum solche, die sich innerhalb der Gruppe der Projektbearbeitenden ereigneten. Sowohl interne wie auch externe Prozesse in transdisziplinären Projekten stellen die Mitarbeitenden vor hohe kommunikative Anforderungen. Während bei externen Prozessen der Zusammenhang zwischen inhaltlichen und methodischen Aspekten besonders bedeutsam ist, haben bei internen Prozessen methodisch-organisatorische und emotionale Aspekte stärkeres Gewicht. Die kontinuierliche interne Arbeit stellt außerdem nicht nur ein operatives Arbeitsfeld dar, sondern kann auch als Lern- und Erprobungsumgebung zur Vorbereitung extern anzuwendender Methoden (z.B. Moderation) verstanden werden.

Für beide Prozesse waren unterstützende Funktionen konzipiert: Die Verantwortung für die Unterstützung der Projektbearbeitenden im externen Prozess lag beim Institut für landwirtschaftliche Kommunikations- und Beratungslehre (KBL) an der Universität Hohenheim (Prof. Volker Hoffmann, Dr. Alexander Gerber, Dipl.-Ing. agr. Angelika Thomas), die Verantwortung für die Unterstützung der internen Prozesse lag bei Dipl.-Psych. Hubert R. Schübel (Stuttgart) als wissenschaftlichem Prozessbegleiter (PRO). In der Anfangsphase des Hauptprojektes konnte Dr. Antonio Valsangiacomo (Bern) für eine wissenschaftsphilosophische Unterstützung der interdisziplinären Kooperation gewonnen werden. In beiden Verantwortungsbereichen waren Qualifizierungsmaßnahmen für die Mitarbeitenden vorgesehen, die aufeinander abzustimmen waren. Teilaufgaben waren hier
—die Klärung des Qualifizierungsbedarfes in der Projektgruppe,
—die Konzeption und Durchführung bedarfsgerechter Maßnahmen.
Die Mitarbeiter des Institutes für landwirtschaftliche Kommunikations- und Beratungslehre (KBL) waren nicht nur in die Unterstützung der externen Kommunikationsprozesse (s. Kap. 6.4) eingebunden, sondern auch in Projektleitungs- und Geschäftsführungsfunktionen. Außerdem waren sie in die inhaltliche Arbeit involviert. Insofern waren sie aus der Sicht des Prozessbegleiters nicht nur Partner bei Qualifizierungsmaßnahmen, sondern auch Teil des Klientensystems der projektbezogenen Organisationsentwicklung (vgl. VON ROSENSTIEL et al. 1988: 184 ff). Diese - prinzipiell betrachtet - nicht ganz unproblematische Vereinigung verschiedener Rollen in je einer Person bedurften der Klärung und klarer genauer Absprachen.

Hubert R. Schübel

6.6.1 Prozessbegleitung

Bei der Analyse von Erfahrungsberichten über Hemmnisse in der interdisziplinären Zusammenarbeit (z.B. Stiftung Mensch - Gesellschaft - Umwelt 1996) lassen sich vier Problembereiche zusammenfassen (Abb. 6.6.1)
Im Feld der Rahmenbedingungen finden sich Hemmnisse, die durch Vorgaben z.B. seitens der Projektträger verursacht sind. Beispielsweise können zu starre inhaltliche oder finanzielle Vorgaben die Flexibilität von Entscheidungen innerhalb eines Projektes und damit auch die problemorientierte Zusammenarbeit stark beeinträchtigen. Ein anderer Problembereich ist die fachlichinhaltliche Projektarbeit. Die Unterschiedlichkeit von Theorien und Konzepten, methodologischen Herangehensweisen, mangelnde Kenntnisse über Partnerdisziplinen, fachwissenschaftliches Karrieredenken etc. können eine Zusammenarbeit in gegenseitigem Verständnis wesentlich beeinträchtigen und eine konstruktive Zusammenarbeit behindern. Die Interpretation von Schwierigkeiten in der Interdisziplinarität beschränkt sich oft auf dieses Segment (Schübel 2002).
Seltener werden Gründe für problematische interdisziplinäre Zusammenarbeit reflektiert, die in der *Organisation* und im *methodischen Vorgehen* liegen: Lückenhafte Transparenz und fehlender Konsens bei Planungen und Entscheidungen, mangelhafte Diskussionskultur, unzureichende Dokumentation von Beschlüssen sind Beispiele für Gründe aus diesem Segment, die zum Scheitern interdisziplinärer Kooperation beitragen können. Auch Probleme unterschiedlicher methodologischer Herangehensweisen (VALSANGIACOMO 1998, SCHÜBEL & REIF 2003/2005) können diesem Problembereich zugeordnet werden.

Rahmenbedingungen

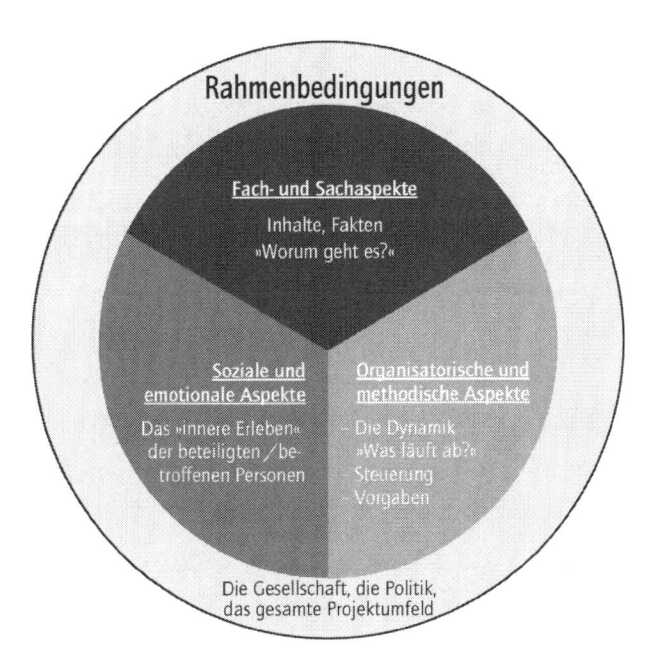

Fach- und Sachaspekte
Inhalte, Fakten
»Worum geht es?«

Soziale und emotionale Aspekte
Das »innere Erleben« der beteiligten / betroffenen Personen

Organisatorische und methodische Aspekte
- Die Dynamik »Was läuft ab?«
- Steuerung
- Vorgaben

Die Gesellschaft, die Politik, das gesamte Projektumfeld

Abbildung 6.6.1: Vier Teilaspekte des Kooperationsprozesses in der interdisziplinären Zusammenarbeit (Schübel 2002)

Schwierigkeiten der interdisziplinären Kooperation im Problemfeld des *sozialen und emotionalen* Geschehens dürften wohl nicht selten vorkommen, werden aber in aller Regel in Projektdarstellungen nicht präsentiert. Solche Schwierigkeiten können beispielsweise in unklaren Spielregeln, Rollen und Konfliktformen liegen, an geringer emotionaler Offenheit und persönlicher Wertschätzung oder auch am Führungsverhalten der Führungspersonen im Projekt. Die wissenschaftliche Prozessbegleitung im *Modellvorhaben Kulturlandschaft Hohenlohe* versuchte auf der Grundlage von Prinzipien der Organisationsentwicklung (COMELLI 1985), Schwierigkeiten des Projektes in diesen vier Problembereichen auf drei sozialen Integrationsebenen zu begegnen:

1. Organisatorische Strukturen und Prozesse
Auf dieser Ebene bestand die Aufgabe darin, eventuell bestehende oder entstehende suboptimale Organisationsformen und -strukturen möglichst frühzeitig gemeinsam mit den Betroffenen zu identifizieren und geeignete Maßnahmen zur Optimierung der Strukturen und Prozesse zu initiieren. Ein Beispiel: Im Spätjahr 1998 entstand zunehmende Unzufriedenheit zwischen den Mitarbeitern, der Geschäftsführung und der Projektleitung. Eine Klärung und Neudefinition der Rollen, also der gegenseitigen Erwartungen, zum Jahresbeginn 1999 konnte hier weit gehende Verbesserungen bewirken. Ein anderes Beispiel: Wenn in Sitzungen unzweckmäßige Arbeitsformen, z.B. durch starke inhaltliche Einflussnahme des Moderators oder durch unzureichende Visualisierung von komplexen Diskussionsinhalten zustande kamen, wurden vom Prozessbegleiter dazu zeitnah Rückmeldungen und Anregungen gegeben. So konnten häufig in nachfolgenden Sitzungen bessere Arbeitsmethoden zur Anwendung kommen.

2. Persönliche Beziehungen

Auf dieser Ebene war wichtig, möglichst früh kontraproduktive Kommunikations- und Konfliktmuster zu erkennen und aufzugreifen. Wenn z.b. erkennbar zwischen Personen im Projekt spannungsreiche Beziehungen entstanden, dann konnten oft in moderierten Konfliktgesprächen die Gründe ausgeräumt oder doch wenigstens in geordnete Bahnen gebracht werden. Auch das Ermutigen der Mitarbeitenden zu häufigem gegenseitigem Feedback als Unterstützung für die individuelle Kompetenzentwicklung kann beispielsweise hier eingeordnet werden.

3. Individuelle Leistungsfähigkeit

Zur Förderung individueller sozialer und methodischer Kompetenz (vgl. SATTELBERGER 1989), aber auch zur Bewältigung persönlicher Krisensituationen von Mitarbeitenden wurden durch den Prozessbegleiter unterschiedliche Maßnahmen eingesetzt (s.u.). Die Bereitschaft, sich für solche Unterstützungen zu öffnen, war bei einem überwiegenden Teil der Projektbearbeiter durchgängig gegeben.

Auf allen Ebenen wurde vom Prozessbegleiter mit ineinander *verwobenen Problemlösezyklen* gearbeitet: Aus Situationsanalysen wurden Änderungsziele abgeleitet, entsprechende Änderungsschritte bzw. Interventionen konzipiert und durchgeführt, um dann zu einer erneuten Analyse der Situation zu gelangen. Zur mittelfristigen Situationsanalyse wurden in einem ca. achtwöchigen Zyklus *Befragungen* mit Fragebögen zur Arbeitssituation und Arbeitszufriedenheit von allen Mitarbeitern bearbeitet, die Befragungsergebnisse wurden an die Mitarbeiter rückgemeldet und zur Änderungsplanung verwendet (v. ROSENSTIEL et al. 1988). Weiterhin nahm der Prozessbegleiter als Beobachter mit wenigen Ausnahmen an allen Besprechungen und Veranstaltungen teil, für welche die Teilnahme aller Projektbearbeiter vorgesehen war (Planungsworkshops, Vollversammlungen, Plenen, Indikator-AG, Politik-AG, Projektbegegnungen mit dem Schwesterprojekt GRANO, Veranstaltungen zur Öffentlichkeitsarbeit) sowie an einigen Arbeitssitzungen einzelner kleinerer Arbeitsgruppen im Projekt. Aufgrund der *Beobachtungen* wurden zeitnah *Rückmeldungen* an die Mitarbeiter gegeben. Bei internen Sitzungen wurden für diese Rückmeldungen i.d.R. die letzten 10 bis 15 Minuten verwendet, in denen die gesamte Gruppe der Teilnehmenden über die Beobachtungseindrücke und deren Interpretationen seitens des Prozessbegleiters sowie über Anregungen zur Optimierung des Kooperationsprozesses in Kenntnis gesetzt wurden. Dazu gab es auch jeweils Gelegenheit zur Diskussion in der Gruppe. Ergänzend zu diesen *Feedbacks auf Gruppenebene* bestand durchgehend ein entsprechendes Angebot *individueller Rückmeldungen* an die jeweiligen Moderatoren, das von den meisten Mitarbeitenden während der gesamten Projektlaufzeit rege genutzt wurde.

Ein weiterer wichtiger Interventionstyp war die *Beratung von Funktionsbereichen* (mehrere Personen) des Projektes. Hierunter fallen die beratende Teilnahme an den Sitzungen der Projektleitung sowie phasenweise (s.o.) der Geschäftsführung und inhaltlicher Arbeitsgruppen. *Individuelle Beratungen* wurden angeboten und in Anspruch genommen, wenn die Betroffenen problematische Entwicklungen im Projekt erkannten, bei deren Lösung sie die Unterstützung des Prozessbegleiters als nützlich erkannten. Solche problematischen Entwicklungen hatten ihre Gründe teilweise direkt in Ereignissen innerhalb des Projektes, teilweise auch in der jeweiligen persönlichen Situation der ratsuchenden Person. Zu den Interventionen sind auch Qualifizierungsmaßnahmen zu rechnen, die im Folgenden beschrieben sind.

6.6.2 Qualifizierung

In Unternehmen wird Weiterbildungsbedarf allgemein als Unterschied zwischen dem Anforderungsprofil (Soll) und dem Leistungsprofil (Ist) der Mitarbeitenden gesehen (vgl. LEITER et al. 1982). Zwischen einem Projekt und einem Unternehmen gibt es natürlich Unterschiede, insbesondere in Bezug auf die Kurz- oder Langfristigkeit von Planungen und Maßnahmen. Anderseits sind die Herausforderungen in komplexen Situationen, für die es keine Standardlösungen gibt, z.B. bei raschen Entwicklungen oder schnellem Wissenszuwachs, zum Teil in Unternehmen ähnlich denen in Projekten. Genaue Anforderungsprofile liegen dann nicht vor.

Vergleichbar ist auch, dass ein Betrieb idealer Weise über eine Unternehmensphilosophie verfügt, die nicht nur die Unternehmensziele erklärt, sondern auch die dahinterliegenden Werte und wie das Unternehmen vorgehen will, um seine Ziele zu erreichen (RÜCKLE 1994). Über das, »was wie erreicht werden soll«, muss auch in einem Forschungsprojekt ein gemeinsames Verständnis herrschen und die Mitarbeitenden müssen in der Lage sein, in ihren Aufgabenbereichen eigenverantwortlich dazu beizutragen. Darauf kann die Ausbildung nur begrenzt vorbereiten. Für transdiziplinäre Projekte wird zudem ein Manko in der vorwiegend disziplinär strukturierten Ausbildung und in den Rahmenbedingungen für die Forschung an den Universitäten festgestellt, so dass wissenschaftliche Mitarbeiter zum Teil schlecht für inter- und transdisziplinäres Arbeiten vorbereitet sind und wenig dabei unterstützt werden (BRAND 2002: 27).

Die Zusammenarbeit innerhalb des Forscherteams (interne Projektarbeit) und die Arbeit mit den Akteuren im Projektgebiet (externe Projektarbeit) erfordern und regen eine Reihe von Lernprozessen an. Analog der Darstellung in Abb. 6.6.1 wird hierfür von den Mitarbeitern nicht nur fachliche, sondern auch methodische und soziale Kompetenz gefordert. Allein die Formierung einer arbeitsfähigen Gruppe erfordert beispielsweise den Umgang mit den gewählten technischen Hilfsmitteln (z.B. Intranet), Fähigkeiten zur Kommunikation in der Gruppe, den Austausch über das eigene Wissenschaftsverständnis und den Einblick in andere Disziplinen. Die Möglichkeit, sich auch in neuen Aufgabenbereichen weiter zu qualifizieren, entsprach zugleich der Erwartung der meisten Mitarbeiter im Projekt.

Um die Mitarbeiter im *Modellvorhaben Kulturlandschaft Hohenlohe* bei der Erfüllung der an sie gestellten Anforderungen zu unterstützen, bot das Projekt Qualifizierungsmaßnahmen insbesondere im Bereich methodischer und sozialer Fragen an. Mit den Maßnahmen sind vor allem Angebote gemeint, die sich an die gesamte Gruppe der Mitarbeiter richten. Als Qualifizierungsmaßnahme kann aber auch die Unterstützung individueller Lernprozesse durch das Beratungsangebot der Prozessbegleitung gesehen werden (s.o.). Um speziell die Umsetzungsorientierung und Partizipation im externen Prozess methodisch zu gewährleisten, wurde bereits im Vorfeld ein Angebot von Qualifizierungsmaßnahmen formuliert. Dies sollte zu Beginn und je nach Bedarf an methodischer Hilfestellungen zu Vorgehensweisen, Moderation und Gesprächsführung geschehen. Neben Information und Beratung umfasste das Angebot vor allem Trainings und Erfahrungsaustausch. Zusammen mit Feedbacks und ‚Learning-by-doing' sind diese Maßnahmen direkt auf die Erhöhung der Handlungskompetenz und auf die Anwendung des Gelernten bezogen (siehe Abb. 6.6.2).

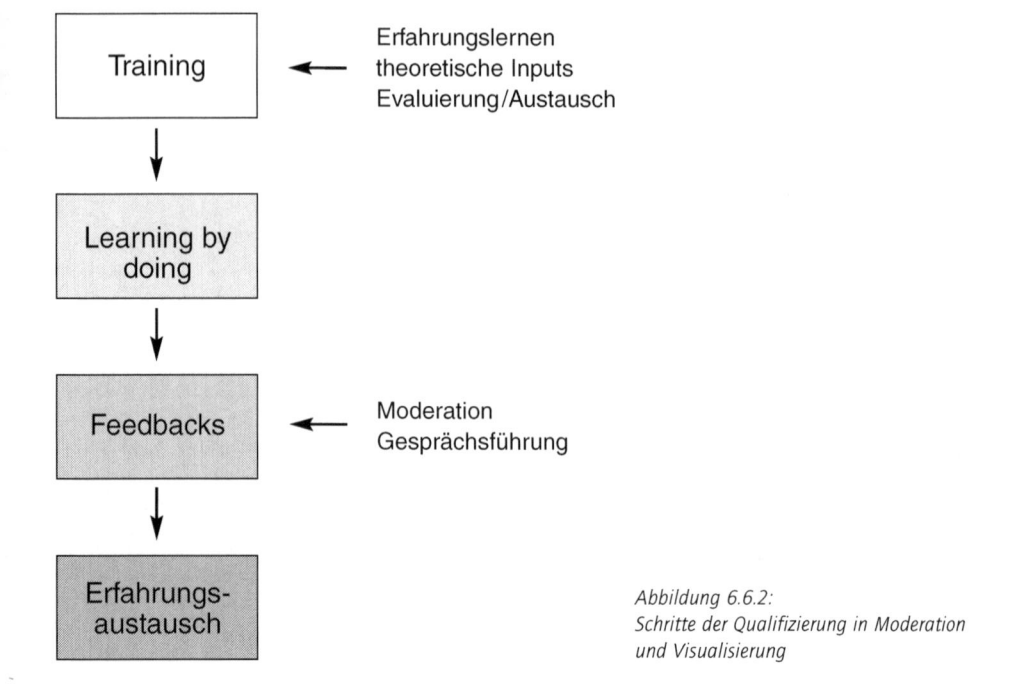

```
┌─────────┐
│Training │ ◄───  Erfahrungslernen
└─────────┘       theoretische Inputs
     │            Evaluierung/Austausch
     ▼
┌─────────┐
│Learning by│
│  doing  │
└─────────┘
     │
     ▼
┌─────────┐
│Feedbacks│ ◄───  Moderation
└─────────┘       Gesprächsführung
     │
     ▼
┌─────────┐
│Erfahrungs-│
│ austausch │
└─────────┘
```

Abbildung 6.6.2:
Schritte der Qualifizierung in Moderation und Visualisierung

Qualifizierungsmöglichkeiten kamen wie folgt zustande:
— Aktiv formulierte Angebote der Mitarbeiter des Fachgebietes Landwirtschaftliche Kommunikations- und Beratungslehre (Gesprächsführung, Moderation I);
— nach Bedarfsabfrage zur Weiterbildung (EDV, Moderation II);
— auf individuelle Nachfrage nach Beratung und Vorschlägen für Qualifizierungsmaßnahmen (Präsentation, Rhetorik);
— aufgrund der Befragungen und Rückmeldungen innerhalb der Prozessbegleitung ;
— bei der Evaluierung von Maßnahmen (Projektplanung und -management);
— nach Auseinandersetzungen mit Themen, die intern auf die Agenda gesetzt wurden (Schreibwerkstatt);
— auf externen Anstoß (Wissenschaftsphilosophie);
— durch Vortragsangebote der beteiligten Institute;
— durch die gemeinsame Bearbeitung aktueller Themenschwerpunkte in der »Indikator-AG« (vgl. 6.4) als wichtiger Plattform für die interdisziplinäre Zusammenarbeit.

Die beschriebenen Mechanismen machen deutlich, dass es kein festgelegtes Curriculum zur Qualifizierung gab. Die Angebote im Bereich der Kommunikation und Prozessbegleitung waren in der Ausgestaltung flexibel und weitere Themen aus anderen Bereichen konnten ebenfalls aufgegriffen werden.

Qualifizierungsmaßnahmen, die schließlich auf Gruppenebene realisiert wurden, fanden vor allem in Form von Trainings statt (Tab. 6.6.1). Hier lag der Schwerpunkt auf Erfahrungslernen z.B. in simulierten Übungssituationen, während theoretische Inputs in Form von Kurzvorträgen hilfreiche Hintergrundinformationen zum besseren Verständnis liefern sollten. Weitere Hintergrundin-

formationen zu den Trainings lieferten Skripte des Fachgebiets Landwirtschaftliche Kommunikations- und Beratungslehre sowie Arbeitsunterlagen und Fotoprotokolle, die zu den Trainings im Projekt angefertigt wurden.
Theoretische Informationsvermittlung und Wissensaustausch fand daneben in den übergreifenden Gremien (Plenum, Indikator-AG) statt, z.B. zum Umgang mit der Literaturdatenbank oder zum Verständnis von Landschaft, zu Leitbildern oder zu Kriterien von Indikatoren. Eine besondere Bedeutung für das Entwickeln eines Selbstverständnisses der transdisziplinären Gruppe hatten dabei die verschiedenen Beiträge zur Wissenschaftstheorie.

Tabelle 6.6.1: Qualifizierungsmaßnahmen für die Mitarbeiter der Projektgruppe

Qualifizierungsmaßnahmen für Mitarbeiter der Projektgruppe
Trainings und Übungen: __Gesprächsführung mit Akteuren im Projekt (31.07.1998):** *Kontaktaufnahme, Vor- und Nachbereitung von Gesprächen, Rollenverständnis und Gesprächshaltung.* Halbtags (KBL) __Moderation (07.-08.12.1998):** *Grundlagen der Moderation von Gruppen und der Visualisierung.* Halbtags (KBL+PRO) __Gesprächsführung in Gruppen, Kommunikation und Konflikte (15.11.1999):** *Moderations- und Gesprächssituationen, theoretische Modelle, Umgang mit schwierigen Personen/Situationen, Einsatz von Moderationswerkzeugen.* Ganztägig (PRO+KBL) __Schreibwerkstatt (12.10.1999):** *Verständlich schreiben, Pressemitteilungen, Übungen und Beispieltexte.* Ganztägig (Tanja Kurz, Stuttgarter Nachrichten) __Moderation (14.12.1999):** *Vertiefung in Moderation und Visualisierung, Instrumente zur Problemanalyse und Entscheidungsfindung.* Ganztägig (KBL+PRO) __Präsentationstraining (15.01.2001):** *Vor- und Nachbereitung, Sicherheit beim Präsentieren und im Umgang mit Medien.* Ganztägig (KBL) __Rhetorik-Seminar (05.07.2001):** Ganztägig (Franz Kunstleben, Freie Kunstschule Cell u. Aichelberg)
Schulungen: __Access-Datenbanken anlegen und verwalten (08.06.1999).** Ganztägig (Rechenzentrum Universität Hohenheim)
Inputs mit Diskussion im Plenum: __Wissenschaftstheorie (14.12.1998 u. 11.10. 1999):** *Formen von Wissen und Wissensgenerierung.* (Dr. Antonio Valsangiacomo, Universität Bern) __Weitere Inputs, z.B. zu Verbundprojekten im Umweltbereich, Leitbilddiskussion, Wahrnehmung von Landschaft etc.

Legende:
KBL: Kommunikations- und Beratungslehre
PRO: Prozessbegleitung

Für Kompetenzen in der Moderation, Gesprächsführung oder Präsentation lieferte das Lernfeld innerhalb der Mitarbeitergruppe zugleich eine »geschützte« Gelegenheit, Erfahrungen zu sammeln, indem z.B. die Moderation für interne Sitzungen wechselte. Dies wurde durch gezieltes Feedback zum Sitzungsverlauf und zur Moderation seitens des Prozessbegleiters unterstützt. »Learning-by-doing«, zusammen mit dem wiederholten Angebot von Moderationstrainings zur

Vertiefung und zum Erfahrungsaustausch waren wichtige Elemente zur Unterstützung der externen Arbeit, da hier Mitarbeiter relativ schnell die Durchführung von Veranstaltungen selbständig übernehmen mussten, um die geplanten Aktivitäten in der Teilprojektarbeit zu realisieren. Eine spezielle Möglichkeit für »Learning-by-doing« stellte die Projektwoche in Dörzbach dar, in der das Team zur Durchführung von Interviews und Moderation vor Ort zusammenkam und wo Training, Durchführung und Reflexion zeitlich geblockt stattfand.

Aufgrund der Evaluierung zum Projektende liegen nicht nur die jeweiligen Trainingsbewertungen vor, sondern auch eine rückblickende Bewertung seitens der Mitarbeiter zum Angebot an Fortbildungen insgesamt (vgl. Kap. 9.2.9). Beides wurde überwiegend positiv bewertet. Jedoch sehen viele Mitarbeiter im Nachhinein eine konzentriertere Durchführung von Trainings, die Moderation, Projektplanung und auch Wissenschaftstheorie umfassen, zu Beginn des Projektes als empfehlenswerter an. Der zu geringe zeitliche Vorlauf in der Hauptphase des Projektes zwischen Bewilligung und tatsächlichem Projektbeginn sowie Schwierigkeiten bei der Terminfindung mit geringer Bereitschaft der Mitglieder für mehrtägige Trainings sind hier wesentliche Hindernisfaktoren gewesen. Für die geringe Bereitschaft spielte es eine Rolle, dass sich viele Mitarbeiter voll auf ihre praktische und wissenschaftliche Arbeit konzentrieren wollten und dafür zum Teil nur begrenzte Ressourcen (Teilzeit) zur Verfügung hatten.

Literatur

BMBF (Bundesministerium für Bildung, Wissenschaft, Forschung und Technologie), 1996:
Förderschwerpunkt: Ökologische Konzeptionen für Agrarlandschaften – Rahmenkonzept – Bonn: BMBF
Brandt, K.-W., 2002: Nachhaltigkeitsforschung – Besonderheiten, Probleme und Erfordernisse eines neuen Forschungstypus. In: Brandt (Hrsg.): Nachhaltige Entwicklung und Transdisziplinarität. Analytica, Berlin. 9-28
Comelli, G., 1985: Training als Beitrag zur Organisationsentwicklung. Handbuch der Weiterbildung für die Praxis in Wirtschaft und Verwaltung; Bd. 4. München: Hanser
Isermeyer, F., 1996: Organisation von Interdisziplinären Forschungsvorhaben in der Agrarforschung.
In: Agrarspectrum, 25, 151-163
Leiter, R., T. Runge, T. Busschik, G. Grausam, 1982: Der Weiterbildungsbedarf in Unternehmen. Methoden der Entwicklung. In: Jeserich, Woltal, (Hrsg.): Handbuch der Weiterbildung für die Praxis in Wirtschaft und Verwaltung. München: Hunger
Rückle, H., 1994: Unternehmensphilosophie und Unternehmensziele als Grundlage für unternehmensspezifische Aus- und Weiterbildung. In: Lehmann, R. G.: Weiterbildung und Management. Planung, Praxis, Methoden, Medien. Verlag Moderne Industrie, Landsberg/Lech. S. 93-103
Sattelberger, H. (Hrsg.) 1989: Innovative Personalentwicklung. Grundlagen, Konzepte, Erfahrungen.
Gabler-Verlag, Wiesbaden
Stiftung Mensch – Gesellschaft – Umwelt, 1996: Interdisziplinarität. Arbeitspapier. Basel: MGU
Schübel, H. R,. 2002: Optimierung interdisziplinärer Kooperation durch psychologische Prozessbegleitung.
In K. Müller, A. Dosch et al. (Hg.): Wissenschaft und Praxis der Landschaftsnutzung. Formen interner und externer Forschungskooperation, 308-316. Weikersheim: Markgraf
Schübel, H. R., A. Reif, 2005: Interdisziplinarität und Transdisziplinarität – wissenschaftliche Anforderungen an das Proiect Apuseni. In: Culterra 34. Freiburg i. Br.: Institut für Landespflege an der Universität Freiburg
von Rosenstiel, L., Molt, W., B. Rüttinger, 1988: Organisationspsychologie. Stuttgart: Kohlhammer
Valsangiacomo, A., 1998: Die Natur der Ökologie. Anspruch und Grenzen ökologischer Wissenschaften. Zürich: vdf.

Frank Henßler, Alexander Gerber

6.7 Öffentlichkeitsarbeit

Ziele
Die Öffentlichkeitsarbeit der Projektgruppe *Kulturlandschaft Hohenlohe* war im Rahmen des Projektmanagements ein wichtiges Instrument, um die Unterstützung des Projekts durch Politik, Wissenschaft und Bevölkerung sicherzustellen. Im Einzelnen galten folgende Zielvorgaben:
— die Aktivitäten der Projektgruppe bekannt machen,
— ein positives Projektimage fördern,
— die Unterstützung von politischen Entscheidungsträgern gewinnen,
— für die Ziele und Inhalte einer nachhaltigen Landnutzung sensibilisieren,
— eine Vertrauensbasis zwischen der Projektgruppe und den Akteuren schaffen,
— die Akteure zur Mitarbeit motivieren,
— die Anerkennung innerhalb der Wissenschaften fördern,
— einen Beitrag zur Umweltbildung leisten.

Kommunikationskonzept
Um die Öffentlichkeitsarbeit effizient und effektiv gestalten zu können, wurde ein Kommunikationskonzept erstellt, das die Definition von Zielgruppen und einzusetzenden Kommunikationsformen (Veranstaltungen, Aktionen, Printmedien, TV, Hörfunk, Internet) beinhaltete. Darüber hinaus war die Zuordnung der Ziele und Aktivitäten zu den jeweiligen Zielgruppen Inhalt des Konzepts (siehe Tab. 6.7.1).

Eine der Grundlagen des Kommunikationskonzepts war die Gestaltung eines professionellen und unverwechselbaren Corporate Designs. Dies beinhaltete die grafische Gestaltung des Projektlogos (siehe Titelseite des vorliegenden Bandes), die Verständigung auf ein Projektmotto (»Kulturlandschaft gemeinsam gestalten«) und darauf aufbauend Gestaltungsvorschriften für die Geschäftsausstattung, alle Druckerzeugnisse und den Internetauftritt. Angesichts der über die gesamte Projektlaufzeit von allen Mitarbeitern kontinuierlich zu leistenden Pressearbeit fand außerdem eine Mitarbeiterschulung durch eine Journalistin statt.

Aktivitäten
Im Folgenden werden beispielhaft einige der genannten Aktivitäten vorgestellt. Eine detaillierte Übersicht über alle Aktivitäten findet sich im Anhang 6.7.1 bis 6.7.4.

Veranstaltungen
<u>Arbeitskreise:</u> Die öffentliche Einladung, die Konstituierung und die Durchführung der Arbeitskreise Grünland, Ressourcen schonende Ackernutzung, Tourismus und Landschaftsplanung waren im Kontext des partizipativen und umsetzungsorientierten Forschungskonzeptes ein zentrales Element der Öffentlichkeitsarbeit im Projekt (Kap. 6.3). Ziel war es, lokale Akteure zur Mitarbeit in den Arbeitskreisen und Teilprojekten zu gewinnen.
<u>Symposium:</u> An dem unter dem Motto »Nachhaltige Regionalentwicklung durch Kooperation – Wissenschaft und Praxis im Dialog« im Kloster Schöntal (Jagsttal) veranstaltetem Wissenschaftssymposium nahmen insgesamt rund 160 Teilnehmer aus dem gesamten Bundesgebiet, aus Österreich und der Schweiz teil (dazu GERBER & KONOLD 2002). Die Auswertung der Veranstaltung ergab eine insgesamt hohe Zufriedenheit bei den Tagungsteilnehmern mit der inhaltlichen und methodischen

Tabelle 6.7.1: Kommunikationskonzept

Zielgruppe	Ziele	Kommunikationsform				
		Veranstaltungen	Printmedien	Hörfunk	Internet	Fernsehen
Fachöffentlichkeit (Wissenschaft/Politik)	• den wissenschaftlichen Austausch und die Anerkennung innerhalb der Wissenschaften fördern • die Aktivitäten der Projektgruppe bekannt machen • ein positives Projektimage fördern • die Unterstützung von politischen Entscheidungsträgern gewinnen		←——→		←→	
Breite, überregionale Öffentlichkeit / Populärwissenschaftlich Interessierte	• die Aktivitäten der Projektgruppe bekannt machen • ein positives Projektimage fördern • für die Ziele und Inhalte einer nachhaltigen Landnutzung sensibilisieren		←——→		←——→	
Lokale und regionale Öffentlichkeit	• die Aktivitäten der Projektgruppe bekannt machen • ein positives Projektimage fördern • die Unterstützung von politischen Entscheidungsträgern gewinnen • für die Ziele und Inhalte einer nachhaltigen Landnutzung sensibilisieren	←———————→				
Akteure, Partner in der Region	• die Aktivitäten der Projektgruppe bekannt machen • ein positives Projektimage fördern • die Unterstützung von politischen Entscheidungsträgern gewinnen • für die Ziele und Inhalte einer nachhaltigen Landnutzung sensibilisieren • eine Vertrauensbasis zwischen der Projektgruppe und den Akteuren schaffen, die Akteure zur Mitarbeit motivieren	←———————→				
Nutzer und Multiplikatoren (z.B. Kanuten, Landwirte, Lehrer, Touristen, Verbraucher etc.)	• einen Beitrag zur Umweltbildung leisten		←→			

←——→ = Aktivitäten

Gestaltung der im Rahmen des Symposiums durchgeführten Workshops, Vortragssessions und besonders den Fachexkursionen in die Projektregion.

Posterausstellung: Die Landratsämter Hohenlohe und Schwäbisch Hall sowie die Gemeinden Mulfingen, Widdern und die Ämter für Flurneuordnung und Landentwicklung in Künzelsau und Crailsheim konnten für die Durchführung einer mehrwöchigen Posterausstellung über das Forschungsvorhaben gewonnen werden. In Ergänzung zur Pressearbeit konnten mit dieser Maßnahme die regionale und lokale Öffentlichkeit angesprochen werden.

Aktionen: Hierzu zählen insbesondere die Mitwirkung an einem »Tag des offenen Hofes« zu den Themen »Streuobst« und »Boden«, die Durchführung einer Maschinenvorführung zur konservierenden Bodenbearbeitung und eines Gewässeraktionstages. Die Aktionen zeichneten sich insgesamt durch eine gute Besucherzahl aus.

Bildungsmaßnahmen: Die Durchführung von allgemeinen und fachspezifischen Fortbildungen und Exkursionen wurde von den angesprochenen Zielgruppen (Landwirten, Studenten, Lehrern, landwirtschaftliche Beratern und [Berufs-]schülern) allgemein positiv bewertet.

Printmedien
Fach- und Tagespresse: Dieses Handlungsfeld umfasste zum einen die Veröffentlichung der Projektaktivitäten in nationalen und internationalen wissenschaftlichen Fachzeitungen und -büchern (s. Abb. 6.7.1). Hinzu kam die Pressearbeit in überregionalen und vor allem regionalen Tageszeitungen und örtlichen Gemeindeblättern. Dabei erschienen von 1998 bis 2001 insgesamt über 100 Presseberichte. Die Veröffentlichung einer mehrmonatigen Artikelserie im Jahr 2001 in der Hohenloher Zeitung, der Heilbronner Zeitung und dem Hohenloher Tagblatt bewirkte eine gute Medienpräsenz.

Abbildung 6.7.1: Hohenloher Zeitung vom 23. Februar 2001

Projektbroschüre: Ziel der Projektbroschüre war es, einen leicht verständlichen Überblick über den aktuellen Stand und die geplanten Aktivitäten der Teilprojekte zu geben. Die mit einer Auflage von 3.000 Exemplaren gedruckte Broschüre stieß bei allen Zielgruppen (Wissenschaftlern, Politikern, lokalen Akteuren und sonstigen Interessierten) auf eine äußerst positive Resonanz.

Teilprojektprodukte: Zum Teil entstanden auch in den Teilprojekten Druckerzeugnisse für unterschiedliche Zielgruppen. So wurden im Teilprojekt *Ressourcen schonende Ackernutzung* (vgl. Kap. 8.1) Bewertungsschlüssel für die Praktiker zur Abschätzung von Erosion, Nitrateintrag und Pflanzenschutzmittelaustrag erarbeitet und gedruckt. Im Arbeitskreis Tourismus entstanden eine Panoramakarte und Themenhefte für potenzielle touristische Besucher des Jagsttals (vgl. Kap. 8.13, 8.14).

Hörfunk und Fernsehen
Im Hörfunk wurden im SWR (Südwestrundfunk) 4 Frankenradio in Heilbronn in mehreren Sendungen über aktuelle Projektgeschehnisse berichtet. Dreimal waren Mitarbeiter der Projektgruppe gemeinsam mit Akteuren der Region bei einstündigen Interviewsendungen zu verschiedenen Teilprojekten zu Gast, die live gesendet wurden. Der Südwestrundfunk sendete zudem einen Fernsehbeitrag über das Teilprojekt *Bœuf de Hohenlohe*.

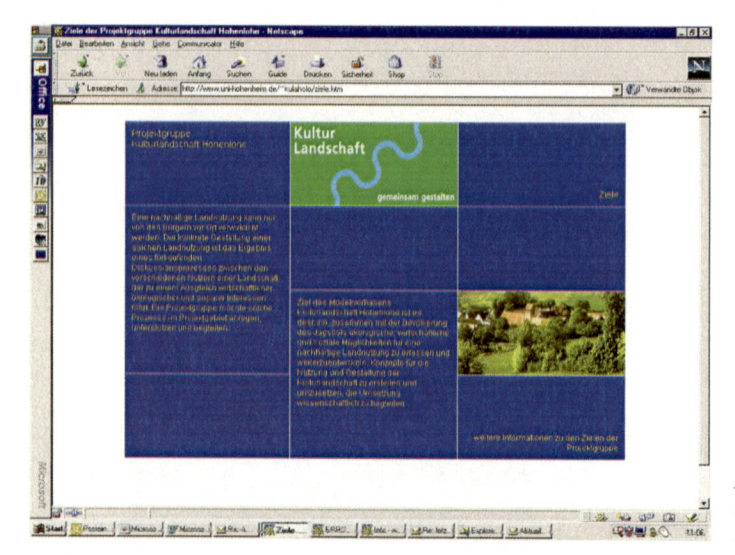

Abbildung 6.7.2:
Homepage des
Modellvorhabens

Internet

Die Homepage (www.uni-hohenheim.de/~kulaholo/) sollte gleichermaßen Fachwissenschaftler, die interessierte Öffentlichkeit in und außerhalb der Projektregion sowie Akteure und Partner des Projekts ansprechen. Durch dieses Medium wurde die Möglichkeit geboten, sich einen raschen Überblick über die Ziele und Arbeiten der Projektgruppe zu verschaffen sowie Ansprechpartner zu finden. Darüber hinaus konnten detaillierte Beschreibungen der Teilprojekte, aktuelle Pressemitteilungen im pdf-Format sowie Bilder aus der Projektregion herunter geladen werden. Informiert wurde auch über erschienene Veröffentlichungen, bevorstehende Veranstaltung oder zu vergebende Diplomarbeiten.

Reflexion

Öffentlichkeitsarbeit ist besonders in beteiligungs- und umsetzungsorientierten Forschungsprojekten ein sehr wichtiges Arbeitsfeld und darf keine »Restgröße« innerhalb des Projektmanagements darstellen. Die Bereitstellung ausreichender personeller Kapazitäten zur Koordination und Organisation der Öffentlichkeitsarbeit im Gesamtprojekt ist dabei unabdingbare Voraussetzung. Medienarbeit ist Beziehungsarbeit und benötigt Zeit. Gute Kontakte zu Presse- und Hörfunkvertreter sind für eine erfolgreiche Öffentlichkeitsarbeit essentiell. Hierfür müssen Beziehungen zu Medienvertretern aufgebaut und gepflegt werden. Auch Aktionen und Veranstaltungen haben einen hohen Zeitbedarf. Professionelle Öffentlichkeitsarbeit bedarf einer hohen Kompetenz. In ähnlich komplexen Projekten wie dem *Modellvorhaben Kulturlandschaft Hohenlohe* bedeutet dies, dass mindestens eine halbe, besser jedoch eine ganze Personalstelle für die Öffentlichkeitsarbeit vorzusehen ist.

Dieser Aspekt wurde in der Planung des Modellvorhabens nicht ausreichend berücksichtigt. Zwar gehörte der Bereich der Öffentlichkeitsarbeit zum Aufgabengebiet eines der Geschäftsführer, die zeitlichen Ressourcen dafür waren jedoch beschränkt. Durch eine Neugliederung der Aufgabengebiete und die Reorganisation nach Ausscheidens einer der drei Geschäftsführer konnte die Situation jedoch entschärft werden: Dem Geschäftsführer stand nun ein Mitarbeiter mit dem Umfang von etwa einer viertel Stelle für die Öffentlichkeitsarbeit zur Seite. Sehr positiv zu bewerten ist auch, dass sämtliche Mitarbeiter in die Öffentlichkeitsarbeit einbezogen wurden und sich dort auch eigeninitiativ engagierten. So konnte eine hohe Präsenz in der lokalen Presse erreicht werden.

Ein hoher Bekanntheitsgrad, ein positives Projektimage und die Bereitschaft der Akteure zur Mitarbeit bedürfen einer kontinuierlichen, zielgruppenspezifischen Öffentlichkeitsarbeit. Im Rahmen der Öffentlichkeitsarbeit der Projektgruppe ist es nicht immer gelungen, das Projekt bei einzelnen Zielgruppen bekannt zu machen und eine positive Akzeptanz herzustellen. Konnte bei den politischen Entscheidungsträgern auf Landes- und Untersuchungsgebietsebene und in der Wissenschaft ein allgemein gutes Bild hinsichtlich der Projektgruppe geschaffen werden, so muss bei den anderen Zielgruppen differenziert werden. In der breiten, überregionalen Öffentlichkeit scheint das Projekt inhaltlich nur wenig bekannt geworden zu sein. Auch in der lokalen, regionalen Öffentlichkeit und bei einzelnen Akteursgruppen wurden häufig die wissenschaftlichen und regionalentwicklerischen Leistungen der Projektgruppe zu wenig gewürdigt. Auf der anderen Seite war die Akzeptanz und das Image bei denjenigen Akteursgruppen besonders hoch, die von den Aktivitäten und Maßnahmen der Teilprojekte direkt betroffen waren und/oder sich hieraus einen konkreten Nutzen schaffen konnten. Für die methodisch-inhaltliche Gestaltung der Öffentlichkeitsarbeit heißt dies, auf die »klassische« Kommunikation über Print-Medien ein ebenso starkes Gewicht wie auf dialogorientierte, informelle Gespräche im Rahmen bestehender Kommunikationsstrukturen wie z.B. Tag des offenen Hofes, Hoffeste, lokale Messen usw. zu setzen.

Es muss jedoch auch vor zu hohen Erwartungen an die Öffentlichkeitsarbeit gewarnt werden, wie sie unter den Mitarbeitern des Modellvorhabens in Form von Unzufriedenheit immer wieder zum Ausdruck kam. Öffentlichkeitsarbeit ist ein Fass ohne Boden. Man könnte immer noch mehr tun! Deshalb muss die Verhältnismäßigkeit im Auge behalten werden. Insgesamt betrachtet, bewegte sich die Öffentlichkeitsarbeit im Modellvorhaben vor dem Hintergrund der vorhandenen Ressourcen qualitativ und quantitativ auf hohem Niveau.

Literatur

Gerber, A., W. Konold (Hrsg.), 2002: Nachhaltige Regionalentwicklung durch Kooperation – Wissenschaft und Praxis im Dialog. Culterra, Schriftenreihe des Instituts für Landespflege der Albert Ludwigs-Universität Freiburg 29

Alexander Gerber, Angelika Thomas, Ralf Kirchner-Heßler

6.8 Die Evaluierung des Modellvorhabens Kulturlandschaft Hohenlohe

Ziele der Projektevaluierung

Eine Projektevaluierung dient dazu, den Prozess der Projektdurchführung zu optimieren und den Projekterfolg festzustellen. Im *Modellvorhaben Kulturlandschaft Hohenlohe* war die Projektevaluierung darüber hinaus fester Bestandteil der wissenschaftlichen Begleitforschung zur Forschungs- und Umsetzungsmethodik. Daher wurden mit der Evaluierung des *Modellvorhabens Kulturlandschaft Hohenlohe* in Anlehnung an allgemeine Prinzipien der Projektevaluierung (vgl. HRUSCHKA 1970) im Wesentlichen drei Ziele verfolgt:

_Durch Evaluierung wird die **laufende Projektarbeit unmittelbar verbessert**. Die selbstkritische Reflexion dient dazu, die Zielgerichtetheit, Methodik und Effektivität der eigenen Arbeit zu überprüfen und zu optimieren.

—Durch Evaluierung wird der **Erfolg des Projektes untersucht und bewertet**. Es wird festgestellt, ob Maßnahmen umgesetzt werden, mit denen die Projektziele effektiv erreicht werden.
—Die Dokumentation und Analyse der Evaluierungsschritte und -ergebnisse dienen dem **wissenschaftlichen Erkenntnisgewinn**. Hemmende und treibende Kräfte für den Erfolg von Projekten zur Umsetzung einer nachhaltigen Landnutzung sollten identifiziert und aufbereitet werden, um Empfehlungen für das Vorgehen zukünftiger Projekte geben zu können.

Grundfragen der Projektevaluierung

Aus den oben genannten Zielen lassen sich die Grundfragen der Projektevaluierung ableiten. Die Kernfrage ist, ob die Projektziele erreicht wurden. Daraus ergeben sich folgende weitere Fragen:
—Was wurde inwieweit erreicht? Hier geht es also um das inhaltliche Ergebnis der Projektarbeit. Wurde das erreicht, was beabsichtigt war oder gab es Abweichungen? Ist das Ausgangsproblem des Projektes gelöst und wie hoch ist der Zielerreichungsgrad?
—Welche wirksamen Faktoren (hemmende und treibende Kräfte) beeinflussten die Zielerreichung? Hier soll analysiert werden, was einen hohen Zielerreichungsgrad begünstigte, bzw. was zu einem niedrigen Zielerreichungsgrad führte. Daraus können Schlussfolgerungen gezogen werden, wie das anvisierte Ziel möglichst effektiv erreicht werden kann.
—Wie wurden die Ziele erreicht? Mit dieser Frage soll beantwortet werden, ob die eingesetzte Methodik angemessen und zweckmäßig war.
—Mit welchem Aufwand wurden die Ergebnisse erreicht? Die Beantwortung dieser Frage gibt Aufschluss über das Verhältnis von Aufwand und Ertrag und die Verhältnismäßigkeit der eingesetzten Mittel.

Im *Modellvorhaben Kulturlandschaft Hohenlohe* wurden Ziele auf drei verschiedenen Ebenen verfolgt (vgl. Kap. 3). Anwendungsorientierte Ziele beziehen sich auf die konkreten inhaltlichen Ergenisse von Teilprojekten. Umsetzungsmethodische Ziele beziehen sich auf das erfolgreiche Vorgehen zur Erreichung der anwendungsorientierten Ziele. Drittens sollen wissenschaftliche Erkenntnisse aus beiden, den inhaltlichen Ergebnissen und den Ergebnissen zum methodischen Vorgehen gewonnen werden.

Für die Evaluierung müssen zunächst Erfolgskriterien und Indikatoren gefunden werden, anhand derer sich Aussagen zur Zielerreichung treffen lassen. Sie bestimmen auch, welche Evaluierungsmethoden eingesetzt werden. Quantitative Indikatoren können gemessen, abgeschätzt, gezählt oder errechnet werden. In Zahlen darstellbare Ergebnisse sind beispielsweise die Reduzierung von Nitrat im Grundwasser durch die getroffenen Maßnahmen oder eine Veränderung der Gästezahl im Untersuchungsgebiet durch die erstellte Panoramakarte.

Die inhaltliche Zielerreichung wurde mit Indikatoren ermittelt (vgl. Kap. 6.9), mit Hilfe derer auch wissenschaftliche Erkenntnisse zu den Inhalten der Projektarbeit erarbeitet wurden. In vielen Fällen lässt sich das Ergebnis jedoch nicht quantitativ messen. Probleme sind die zeitliche Nähe der erwarteten Wirkung (wie beim Nitrat im Grundwasser), die klare Zuordnungsmöglichkeit von Ursache und Wirkung (wie im Falle der Gästezahlerhöhung durch die Panoramakarte) oder der Aufwand für eine entsprechende Datenerhebung.

Die in diesem Kapitel beschriebene Evaluierung bezieht sich auf die umsetzungsmethodischen Ziele, die daraus abzuleitenden Erkenntnisse sowie die subjektive Einschätzung der Akteure zur anwendungsorientierten Zielerreichung. Hier spielen neben den objektiv messbaren Veränderungen in erster Linie die Wahrnehmung und Zufriedenheit der betroffenen Akteure über die Maßnahmen und die erreichten Veränderungen eine zentrale Rolle. Als Methode, um die dafür gewählten Erfolgskriterien zu erheben, kommen verschiedene Beobachtungs- und Befragungsformen in Frage. Beobachten lässt sich beispielsweise die Zahl der Anwesenden bei Veranstaltungen, die Resonanz auf Vorschläge oder der Beteiligungsgrad. Mit der Befragung können Einschätzungen, die Zufriedenheit mit dem Vorgehen und die Bewertung des Erreichten erfasst werden. Die Bewertung von inhaltlichen und methodischen Ergebnissen stehen in einer engen Beziehung zueinander. Schließlich werden die Methoden ja angewandt, um bestimmte inhaltliche Ziele zu erreichen. In Abbildung 6.8.1 sind diese Beziehungen, die verschiedenen Zielebenen und deren Evaluierung dargestellt.

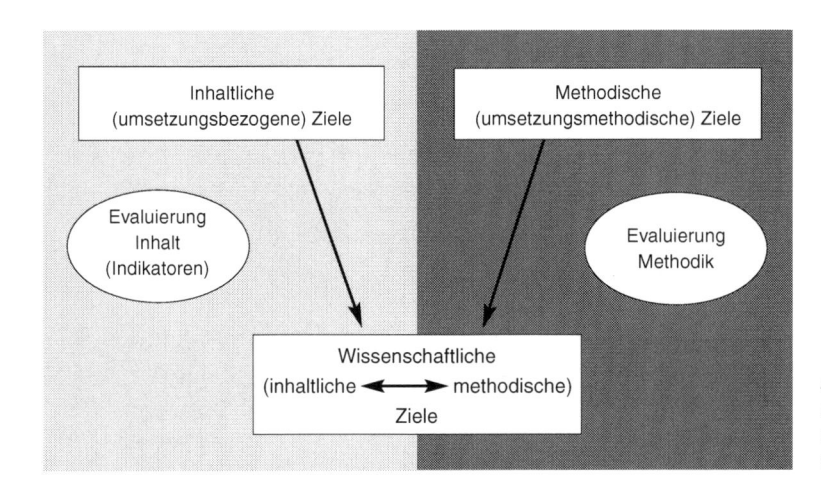

Abbildung 6.8.1: Evaluierung der verschiedenen Zielebenen im Projekt

Methoden und Schritte der Evaluierung

Teilweise standen Instrumente für die Projektevaluierung (ATTESLANDER 1995, BORTZ & DÖRING 2001) zur Verfügung, die sich aber nicht immer unmittelbar übernehmen ließen. Geeignete Instrumente müssen an die Zielsetzungen, das gewählte Vorgehen, die organisatorischen und zeitlichen Bedingungen und die Beteiligten angepasst oder speziell dafür entwickelt werden. Vor allem die Festlegung der Projektziele und deren Evaluierung stehen in enger Wechselbeziehung. Projektziele sind die Voraussetzung, dass eine Projektevaluierung stattfinden kann. Es müssen jedoch Ziele gefunden und festgelegt werden, deren Ergebnisbewertung überhaupt möglich ist. Für die Evaluierung des Modellvorhabens wurden folgende Evaluierungsinstrumente erarbeitet:
— Für die laufende Optimierung der Projektarbeit wurde eine Kurzbefragung entwickelt, die am Ende jeder Sitzung angewandt werden konnte.
— Für die Bewertung des Projekterfolgs wurden zwei Zwischenevaluierungen und eine Abschlussevaluierung durchgeführt.
— Aus der Analyse aller vorhandenen Evaluierungsdaten und der erhobenen Indikatoren wurden die wissenschaftlichen Ergebnisse abgeleitet.
Diese Evaluierungsinstrumente waren gleichzeitig Managementinstrumente, um den Regelkreis der Aktionsforschung von Analyse, Planung, Durchführung und Evaluierung, der dem Vorgehen in den Teilprojekten zugrunde lag, zu handhaben. Dadurch konnte vermieden werden, dass nur am Projektende, wenn auch die Ergebnisdokumentation vorgenommen wird, Reflexion und Bewertung stattfinden. Die Möglichkeit, das Vorgehen anzupassen und zu optimieren, wäre dann nicht mehr gegeben gewesen.

Die Evaluierung von anwendungsorientierten, umsetzungsmethodischen und wissenschaftlichen Zielen wurde auf Teilprojektebene vorgenommen. Auf Gesamtprojektebene wurde aufgrund dieser Erkenntnisse eine Synthese auf den verschiedenen Zielebenen erarbeitet. Unterstützt wurde dies durch Fragen an Mitarbeiter und Akteure, die sich auf das Gesamtprojekt bezogen. Für den inhaltlichen Zielerreichungsgrad des Gesamtprojekts wurden keine eigenen Indikatoren oder Erfolgskriterien eingesetzt. Ziele, Inhalte und Methoden der einzelnen Teilprojekte waren hierfür zu unterschiedlich. Der inhaltliche Erfolg des *Modellvorhabens Kulturlandschaft Hohenlohe* insgesamt konnte deshalb nur durch die Diskussion der Teilergebnisse und eine Bewertung durch Akteure und Mitarbeiter festgestellt werden.

Situationsbezogene Evaluierungen

Ziel der Kurzevaluierungen war es, zeitnah die Arbeitssituation erfassen und Korrekturen ergreifen zu können. In einer Punktabfrage (siehe Abb. 6.8.2) wurden die folgenden vier Bereiche abgefragt:

— Ergebniszufriedenheit
— Zufriedenheit mit dem methodischen Vorgehen
— Arbeitsatmosphäre
— Berücksichtigung der eigenen Anliegen

Durch das eingesetzte große Abfrageplakat waren die Ergebnisse sofort sichtbar. Die Ergebnisse konnten bei Bedarf mit Hilfe einer Blitzlichtrunde oder einer offenen Abfrage mit Diskussion ergänzt und vertieft werden. So war der Rückblick auf Prozess und Ergebnis der jeweiligen Sitzung mit den Teilnehmern möglich und es konnten eventuell notwendige Änderungen im Arbeitsprogramm beschlossen werden. Dieses Evaluationsinstrument erwies sich als sehr brauchbar und äußerst effektiv.

Veranstaltung: **Ak LaPla**   Datum: **20.9.2004**   Ort: **Rulfingen**

Auswertung der Veranstaltung	ja sehr	weitgehend	weniger	nein gar nicht
Sind Sie mit den Ergebnissen dieser Veranstaltung zufrieden?	I	⫽III		
Sind Sie damit zufrieden, wie wir die Ergebnisse erreicht haben (methodischer Verlauf der Veranstaltung)?	III	⫽I /		
Hat Ihnen die Arbeitsatmosphäre während der Veranstaltung gefallen?	⫽	III		
Fanden Sie ihre Anliegen in dieser Veranstaltung ausreichend berücksichtigt?		II⫽ III		

Abbildung 6.8.2: Beispiel für die Abfrage zur Bewertung der Arbeitstreffen (hier mit Strichmarkierung statt Klebepunkten)

Zwischenevaluierungen und Abschlussevaluierungen

Entsprechend dem oben dargestellten Sinn und den Zielen von Evaluierungen lassen sich den Zwischenevaluierungen und der Abschlussevaluierung folgende Schwerpunkte zuordnen (vgl. DEFILA & DI GIULIO 1999):

— In der ersten Zwischenevaluierung im Winter 1999/2000 sollte vornehmlich geprüft werden, ob die Projekte operativ sind. Folglich sollte erfasst werden, inwieweit die Situationsanalyse (soweit notwendig) beendet war, die in Frage kommenden und notwendigen Akteure beteiligt und Maßnahmen geplant waren und ob eine für die Beteiligten zufriedenstellende Arbeitsform gefunden worden war (vgl. Anhang 6.8.1)

— Mit der zweiten Zwischenevaluierung im Winter 2000/2001 sollte festgestellt werden, ob die Projekte produktiv sind. Von Interesse war vor allem, ob Zwischenergebnisse erreicht wurden und sich der Projektplan als durchführbar erwies bzw. ob Abweichungen begründet waren (vgl. Anhang 6.8.2).

— Die Schlussevaluierung Ende 2001 diente zur Feststellung der Projekterfolge: Wurden die Ziele erreicht und wenn ja, in welchem Maße, welche Faktoren beeinflussten die Zielerreichung? Standen Aufwand und Ertrag in einem angemessen Verhältnis zueinander? (vgl. Anhang 6.8.3).

Grundlage dieser Evaluierungen war ein Fragebogen mit geschlossenen und offenen Fragen, der für die einzelnen Teilprojekte angepasst werden konnte. Ein Teil der Fragen wiederholte sich in den drei Befragungen, um zeitliche Verläufe feststellen zu können. Ebenso gab es Fragen, die sowohl von den Akteuren vor Ort als auch von den Mitgliedern der Projektgruppe zu beantworten waren. Damit sollte ein Vergleich der Wahrnehmung und Beurteilung durch Akteure und Mitarbeiter ermöglicht werden. Die offenen Fragen wurden zum Teil auch als Kartenabfragen in den Teilprojekten gestellt, so dass auch die Befragten ein zeitnahes Feedback ihrer Bewertungen als Gruppe bekamen. Ebenso waren Nachfragen durch die Evaluierer möglich.

Mitarbeiterbefragung zum Vorgehen und methodischen Ansatz

Als Teil der Abschlussevaluierung wurden die Mitarbeiter und die Projektsprecher Ende 2001 zu ihren Erfahrungen mit dem methodischen Ansatz und Vorgehen in den Teilprojekten und im Gesamtprojekt befragt. Vornehmliches Ziel dieses Teils der Abschlussevaluierung war die Bewertung und Reflexion umsetzungsmethodischer Ziele (vgl. Abb. 6.8.1).

Beteiligte der Projektevaluierung

Die bisherige Darstellung macht deutlich, dass das Projekt von den mitarbeitenden Wissenschaftlern bewertet wurde und vor allem die Sicht der beteiligten Akteure zentrale Quelle für die Evaluierung des Modellvorhabens war. Dies ist für ein Forschungsprojekt wie das *Modellvorhaben Kulturlandschaft Hohenlohe* von zentraler Bedeutung, denn partizipative Projekte für eine nachhaltige Entwicklung müssen neben einer indikatorengestützten Bewertung vor allem von den Akteuren selbst als erfolgreich durchgeführte Projekte wahrgenommen und bewertet werden. Eine weitere Besonderheit in einem Aktionsforschungsprojekt ist, dass hier bei der Evaluierung auch der Beziehungszusammenhang zwischen Forschern und Akteuren beachtet werden muss. Aus diesen Gründen wurde die Evaluierung im *Modellvorhaben Kulturlandschaft Hohenlohe* überwiegend im Charakter einer Selbstevaluierung durch die beteiligten Forscher und Akteure durchgeführt. Eine Ausnahme bestand nur in den Rückmeldungen zur internen Kommunikation im Projekt durch den Prozessbegleiter, der die Sitzungen als nicht-teilnehmender Beobachter begleiten sollte (vgl. Kap. 6.6, 9). Eine gewisse distanzierte, weniger auf subjektive Bewertungen der Beteiligten beruhende Evaluierung war über die festgelegten Indikatoren möglich.

Ein weiterer Vorteil des gewählten Vorgehens war, dass die Evaluierungsschritte als wesentliche und häufige Bestandteile in das Projektvorgehen integriert werden konnten. Da der Evaluierer mit dem Ziel und der Methode des Projekts vertraut war, ermöglichte dies gezielte Fragen und eine genaue Analyse. Demgegenüber besteht bei einer punktuellen Fremdevaluierung die Gefahr, dass der Evaluierer verfälschte Einsichten der tatsächlichen Gegebenheiten gewinnt, da ihm – von den Akteuren leicht als »Inquisitor« missverstanden – nicht offen Auskunft gegeben wird. Dies hängt damit zusammen, dass eine Fremdevaluierung oft nicht als Chance zur Projektverbesserung, sondern als Beurteilung gesehen wird. Besonders stark tritt dieser Aspekt zu Tage, wenn weitere Projektfinanzierungen davon abhängen. Kritisch an einer Selbstevaluierung ist sicherlich die fehlende Unabhängigkeit sowie die geringe Distanz zu der eigenen Arbeit. Dem konnte bedingt dadurch begegnet werden, dass die Vorbereitung und Auswertung der Evaluierung (Entwicklung der Fragebögen, Datenauswertung) einerseits und die Durchführung der Befragungen (Teilprojektverantwortliche, Akteure) in unterschiedlichen Verantwortlichkeiten lag. Ideal wäre sicherlich eine Mischung aus Fremd- und Selbstevaluierung.

Tabelle 6.8.1 fasst die Evaluierung im *Modellvorhaben Kulturlandschaft Hohenlohe* nochmals als Übersicht zusammen.

Datenauswertung

Auswertung und Verwendung der Evaluierungsergebnisse erfolgten je nach Instrument unterschiedlich. Die Ergebnisse der Zwischenevaluierungen lieferten z.B. wichtige Entscheidungsgrundlagen für die Projektplanungstreffen und zugleich die Basis für die Begleitforschung, so dass bei der Auswertung nicht nur die einzelnen Teilprojekte für sich betrachtet wurden, sondern auch im Vergleich untereinander und als Aussage für die Bewertung des Gesamtprojekts (vgl. Kap. 9.2).

Situationsbezogene Evaluierungen

Ergebnisse der situationsbezogenen Evaluierungen waren durch die Punktabfragen und Blitzlichtrunden unmittelbar sichtbar und konnten direkt in die Nachbereitung der Treffen oder Vorbereitung des weiteren Vorgehens Eingang finden. Zum Teil wurden wie im Arbeitskreis konservierende Bodenbearbeitung auch Zusammenhänge im Verlauf der anhaltenden Zusammenarbeit deutlich.

Fragebögen für die Zwischenevaluierungen und Abschlussevaluierung

Die Befragung der Akteure fand in den einzelnen Teilprojekten und Arbeitskreisen statt. Die Ergebnisse der Fragebögen wurden bei Durchführung der Evaluierung innerhalb eines Arbeitskreistreffens durch die Häufigkeit der Antwortnennungen ermittelt und in derselben Sitzung präsentiert und mit den Teilnehmern diskutiert. Antworten zu den offenen Fragen wurden entweder durch verdeckte Kartenabfragen visualisiert oder aber durch den Übertrag von Antworten aus den Fragebögen auf Präsentationsfolien, behielten dabei die Anonymität und konnten ebenfalls direkt kommentiert und diskutiert werden. Konnte dies nicht im Zusammenhang mit Arbeitskreistreffen stattfinden, wurden die Fragebögen zugesandt und ausgewertet. Bei nächster Gelegenheit wurden die Resultate präsentiert.

Zusätzlich wurden die Fragebögen auch von den beteiligten Mitarbeitern der Projektgruppe ausgefüllt und es wurden zur besseren Übersicht und Vergleich der Antworten in den verschiedenen Teilprojekten und der Antworten von Projektmitarbeitern und Akteuren Mittelwerte gebildet.

In bestimmten Fällen ist es in den Sozial- und Wirtschaftswissenschaften üblich, ordinal skalierte Daten unter der Annahme vergleichbarer Relationen zwischen den einzelnen Einstufungswerten als Intervalldaten zu behandeln, für die Mittelwerte oder Interpolationen berechnet werden können, und

Tabelle 6.8.1: Überblick über die Evaluierung und ihre Durchführung im Modellvorhaben

Evaluierer	Evaluierungsebene	Ziel der Evaluierung	Zeitpunkt	Methode	Inhalt
Gutachter, Mitarbeiter → Gesamtprojekt Mitarbeiter → Arbeitsgruppen Akteure, Mitarbeiter → Teilprojekte Akteure, Mitarbeiter → Arbeitskreise Akteure, Mitarbeiter → Gesamtprojekt		unmittelbare Verbesserung laufender Prozesse (situationsbezogen)	laufend; am Ende von Sitzungen oder Arbeitseinheiten	Blitzlichtrunden Punkte kleben auf Auswertungsmatrix	Situationsbezogene Fragen. Grundfrage: „Was hat mir gut, was hat mir nicht gefallen?" • Zufrieden mit den erreichten Ergebnissen? • Zufrieden, wie die Ergebnisse erreicht wurden? • Zufrieden mit der Arbeitsatmosphäre? • Fanden Sie Ihre Anliegen ausreichend berücksichtigt?
		Zwischenevaluierung 1+2: auf den Projektverlauf bezogene Erfolgskontrolle und gegebenenfalls Korrektur laufender Projekte	Jahreswechsel 1999 / 2000 und 2000 / 2001 erforderlichenfalls auch nach Abschluss von Teilprojekten	Teilprojektbezogene Evaluierungsworkshops Befragung von Mitarbeitern und Akteuren	Fragen zu folgenden Themenkomplexen: • Bedeutsamkeit des Projekts • Erwarteter Erfolg • Nutzung vorhandener Potenziale • Beteiligung der Akteure • Erzielung konkreter Ergebnisse • Dauerhaftigkeit der Ergebnisse • Beitrag zur nachhaltigen Entwicklung • Klarheit von Ziel und Vorgehen • Angewandte Methoden • Arbeitsatmosphäre • Gemeinsame Beschlussfassung • Verhältnis zwischen Aufwand und Ertrag • Arbeit der Projektgruppe • Zielerreichung • Zufriedenheit mit erzielten Ergebnissen • Lernerfolg • Berücksichtigung der Anliegen der einzelnen Akteure • Was ist gut, was weniger gut gelungen • Anstehende Aufgaben Analyse des Vorgehens Inhalte, Auswertung und Bewertung der einzelnen Teilprojekte
		Abschlussevaluierung: Bewertung des Projektverlaufs und der erzielten Ergebnisse, Abgleich mit den gesetzten Zielen	Herbst / Winter 2001	Teilprojektbezogene Evaluierungsworkshops Evaluierungsworkshop auf Gesamtprojektebene mit Akteuren und Mitarbeitern Ausführliche Befragung von Akteuren und Mitarbeitern Dokumentenstudium Erhebung der festgelegten Indikatoren	

nicht beim eigentlich korrekten Verfahren, der Bildung von Medianwerten stehen zu bleiben. Zwischen den Merkmalsausprägungen ordinal skalierter Variablen besteht ein rangbildender Unterschied. Es können theoretisch aber keine Aussagen zu Verhältnissen zwischen den Rängen getroffen werden. Ein Beispiel für eine ordinal skalierte Variable wäre eine Variable mit den Merkmalsausprägungen gut – mittelmäßig – schlecht. Bei intervallskalierten Variablen können die Merkmalsausprägungen auf einer Skala ohne Nullpunkt angesiedelt werden. Das heißt, dass der Differenz zwischen zwei Werten eine gleiche Bedeutung zukommt (diese aber kein absolutes Verhältnis wiedergibt).

Problematisch kann die Interpretation von ordinal skalierten Variablen als intervallskalierte Daten deshalb sein, weil prinzipiell unklar ist, ob sich (1) die Befragten in gleicher Weise in die ordinalen Kategorien einordnen und (2) in welche Kategorie die Befragten die gefragte Merkmalsausprägung tatsächlich einordnen. Verschiedene Untersuchungen zeigen jedoch, dass in den meisten Fällen eine enge Korrelation zwischen der tatsächlichen Größe und der gefragten Einordnung in Kategorien bei Abfragen von persönlichen Einschätzungen besteht. Aus diesen Gründen erscheint es zulässig, in der empirischen Sozialforschung unter Vorbehalt ordinal skalierte Variable als intervallskaliert zu interpretieren. Dies ist eingehend bei BAUR (2003) dargestellt.

Bei den in den Ergebniskapiteln der Teilprojekte (Kap. 8) und der Begleitforschung (Kap. 9.2) dargestellten Evaluierungsergebnissen wurden für die Variablen durchgängig Mittelwerte berechnet, um die Ergebnisse vergleichen zu können.

Alle weiteren Auswertungen wurden mit den statistischen Verfahren durchgeführt, die für die jeweiligen Skalenwerte der erhobenen Variablen zulässig sind. Neben der deskriptiven Statistik wurden die erhobenen Variablen auf Abhängigkeiten und die Stärke der Abhängigkeiten geprüft.

Abschlussinterviews mit den Mitarbeitern zum Projektvorgehen

Die Interviews mit den Projektmitarbeitern enthielten zum einen die geschlossenen Fragen der Abschlussevaluierung zu den Teilprojekten/Arbeitskreisen, wie sie auch den Akteuren gestellt worden waren. Diese Fragen wurden wie eben beschrieben ausgewertet. Ein weiterer wesentlicher Fokus lag auf den Erfahrungen, die im Vorgehen in den Teilprojekten gewonnen wurden. Dazu wurde ein Fragenkatalog erstellt und die Punkte wurden in einem offenen, teilstrukturierten Interview erfragt. Ein weiterer Fragenteil zum methodischen Vorgehen im Gesamtprojekt enthielt sowohl geschlossene Fragen als auch ergänzende offene Fragen (vgl. Anhang 6.8.4, Abschlussevaluierung, interne Befragung 2001).

Die befragten Mitarbeiter erhielten die Protokolle, die von den Interviews angefertigt wurden, so dass sie auch als Grundlage für die Auswertung der Teilprojekte und bei der Endberichtfassung zur Verfügung standen (vgl. Kap. 8). Waren mehrere Mitarbeiter in einem Teilprojekt involviert, boten deren Antworten und Kommentare wesentliche Erklärungen dazu, wie gleichgerichtete oder abweichende Antwortnennungen bei den geschlossenen Fragen zu verstehen sind. Auswertungen der offenen Fragen dienten so vor allem der Ergänzung und Interpretation der Fragebogenergebnisse der Teilprojektevaluierung (vgl. Kap. 9.2). Zur leichteren Auswertung der Interviews wurden die Protokolle in ein Softwareprogramm für qualitative Datenanalyse eingelesen.

Übertragbarkeit der Ergebnisse

Mit einer wissenschaftlichen Arbeit wird in der Regel die Anforderung verbunden, die angewandte Methodik und den erzielten Erkenntnisgewinn so zu verallgemeinern, dass von unbeteiligten Dritten anderenorts unter ähnlichen Bedingungen ein vergleichbares Vorhaben durchgeführt werden kann. Ebenso muss abgeschätzt werden können, inwiefern ein ähnliches Vorhaben unter anderen Bedingungen zum Erfolg führen kann. Neben den oben beschriebenen Evaluierungen und dem entwickel-

Tabelle 6.8.2: Leitfragen zur Analyse der Übertragbarkeit der Ergebnisse von
Teilprojekten zur Umsetzung einer nachhaltigen Entwicklung

I. Beschreibung der Ausgangssituation	II. Analyse der Maßnahmen	III. Analyse der Endsituation Vergleich mit Ausgangssituation
Flächenbezug und Flächenanteil (Betrieb, Gemeinde, Region)	Ergebnisse: a) notwendige Ergebnisse b) Charakterisierung der Ergebnisse (wissenschaftlich, umsetzungsmethodisch, anwendungsorientiert)	Flächenbezug und Flächenanteil (Betrieb, Gemeinde, Region)
Teilnehmer: (Differenzierung Beteiligte / Betroffene) a) aktuelle Teilnehmer b) fehlende Teilnehmer c) Veränderung im Zeitverlauf	Maßnahme (Verknüpfung zu "Kräfte" herstellen): a) Inhalt b) Initiator c) Durchführung von wem? d) Notwendige Dauer	Teilnehmer: (Differenzierung Beteiligte / Betroffene) a) aktuelle Teilnehmer b) fehlende Teilnehmer c) Veränderung im Zeitverlauf
Rahmenbedingungen (ökonomisch, ökologisch, personell, rechtlich, eventuell Systemgrenzen nennen)	Methode	Rahmenbedingungen (ökonomisch, ökologisch, personell, rechtlich)
Kräfte: Analyse der hemmenden / treibende Kräfte gegen / für die Umsetzung nachhaltiger Entwicklungsprozesse	Arbeitsaufwand (Personen, Arbeitszeit)	Kräfte: Analyse der hemmenden und treibende Kräfte. Wo konnten wir "drehen"?
Problem: a) Problemstellung b) Von wem wurde das Problem formuliert? c) Besteht ein ausreichender Problemdruck?	Notwendige Beiträge von anderen Teilprojekten	Problem: War die Problemstellung richtig definiert?
Datenlage (benötigte, vorhandene, fehlende Daten)		Datenlage (aufbereitete, erhobene Daten)
Festlegung der Arbeitsziele und Indikatoren im Rahmen der zielorientierten Projektplanung (vgl. Kap. 6.2)		Abgleich Arbeitsziele und Indikatoren aus der zielorientierten Projektplanung (vgl. Kap. 6.2)

ten projektbezogenen Indikatorenkonzept (vgl. Kap. 6.9, 7) kam deshalb der Frage der Übertragbarkeit eine entsprechende Bedeutung zu. Vor diesem Hintergrund wurde ein Analyserahmen entwickelt, mit dem anhand unterschiedlicher Kriterien die Übertragbarkeit analysiert und anschließend bewertet werden kann (vgl. Tab. 6.8.2). Übertragbar sind demnach Ergebnisse (Inhalte, Methoden) von Teilprojekten, wenn

— die Ausgangssituation,
— die hemmenden und treibenden Kräfte,
— die Maßnahmen und
— die Endsituation

detailliert erfasst und analysiert sind. Diese Ergebnisse können übertragen werden, wenn vergleichbare Situationen wie in den durchgeführten Teilprojekten vorliegen und entsprechend den Abweichungen der neuen Situation anpasst werden, und wenn in den Teilprojekten analysiert wurde, welche veränderbaren Bedingungen vorliegen, um zu gleichen oder ähnlichen Ergebnissen zu gelangen.

Die durchgeführten Maßnahmen als solche müssen hierbei jeweils geeignet sein, das definierte Arbeitsziel im Rahmen einer umweltgerechten nachhaltigen Landnutzung zu erreichen. Der entwickelte Analyserahmen wurde nach Möglichkeit in jedem Teilprojekt eingesetzt.

Literatur

Atteslander, P., 1995: Methoden der empirischen Sozialforschung. Walter de Gruyter, Berlin, New York
Baur, N., 2003: Bivariate Statistik, Drittvariablenkontrolle und das Ordinalskalenproblem. Eine Einführung in die Kausalanalyse und den Umgang mit zweidimensionalen Häufigkeitsverteilungen mit SPSS für Windows. Bamberger Beiträge zur empirischen Sozialforschung. Band 9. Bamberg
Bortz, J., N. Döring, 2001: Forschungsmethoden und Evaluation. für Human- und Sozialwissenschaftler Springer-Verlag, Berlin, Heidelberg
Hruschka, E. 1970: Probleme der Evaluierung von Extensionsprogrammen. 7. Kongress, Europäische Gesellschaft für ländliche Soziologie, Münster, 1970
Defila, R., A. Di Giulio, 1999: Transdisziplinarität evaluieren – aber wie? Evaluationskriterien für inter- und transdisziplinäre Forschung. In: Panorama. Sondernummer 1999

Beate Arman, Alexander Gerber

6.9 Indikatoren

Indikatoren wurden in den letzten Jahren bei der Bewertung von nachhaltigen Prozessen für die unterschiedlichsten Bereiche als integrierende Parameter für nicht direkt messbare Größen entwickelt und eingesetzt. Im Zuge der Agenda 21 wurden vor allem auf nationaler Ebene von der Weltbank, dem WWF und dem CSD (Commission for Sustainable Development) Indikatorensets für eine nachhaltige Entwicklung erarbeitet. In diesen Indikatorensets wurden im Sinne der Nachhaltigkeit Indikatoren für ökologische, ökonomische und soziale Aspekte aufgestellt. Dem »Driving-Force-State-Response Modell« (OECD 1994) folgend wurden dabei je nach Einsatzbereich unterschiedliche Arten von Indikatoren entwickelt: Indirekte Produktions- und Wirkungsindikatoren, direkte Zustandsindikatoren sowie Reaktionsindikatoren.

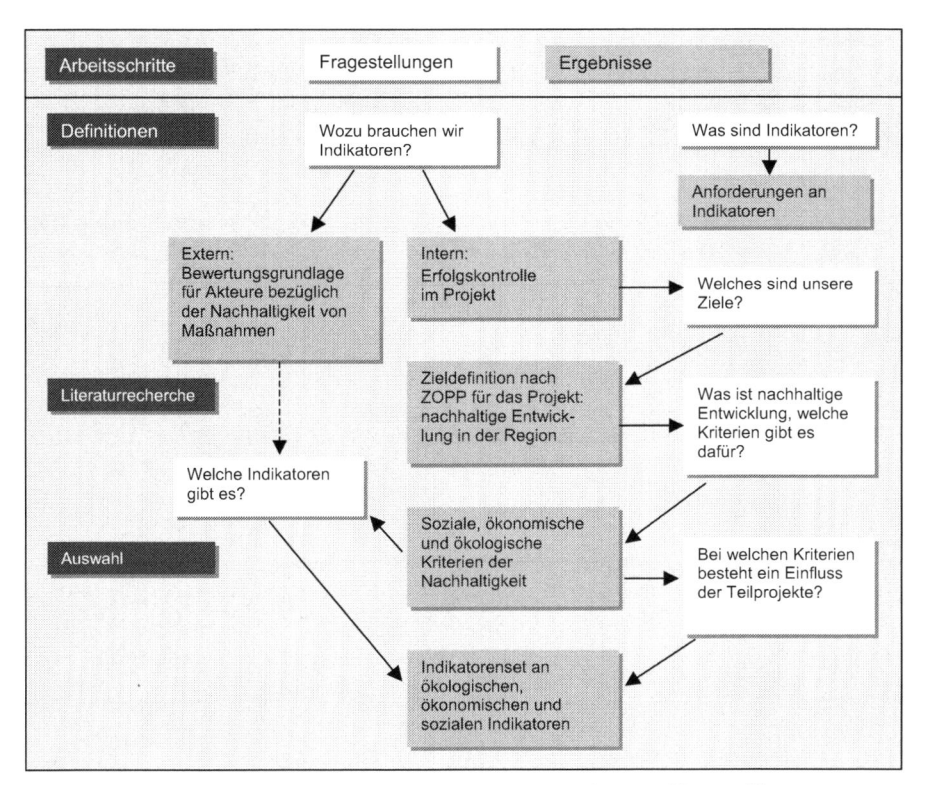

Abbildung 6.9.1: Arbeitsschritte, Fragestellungen und Ergebnisse bei der Auswahl von Indikatoren

Diese Indikatorensysteme sind jedoch nicht bei einer höheren räumlichen Auflösung – Kommune, Betrieb, Schlag, wie im *Modellvorhaben Kulturlandschaft Hohenlohe* notwendig – und unter dem besonderen Aspekt der nachhaltigen Landnutzung anwendbar. Im Bereich der landwirtschaftlichen Produktion waren zu Projektbeginn Ansätze für Indikatorensysteme (KUL, Repro, AEI) vorhanden (vgl. ECKERT & BREITSCHUH 1997; HÜLSBERGEN & DIEPENBROCK 1997; BOCKSTALLER & GIRARDIN 1997), mit denen ausschließlich Umweltbelastungen abgeschätzt werden konnten. Zeitlich parallel zum Forschungsvorhaben wurde von FEST (TEICHERT et al. 2004) ein Set an Nachhaltigkeitsindikatoren für die regionale Ebene entworfen.

Zu Beginn des Projektes stand kein geeignetes Indikatorenset zur Verfügung. Deshalb war es notwendig für die Fragestellungen der Projektgruppe geeignete Indikatoren zu finden und zu Indikatorensets zusammen zu stellen. Hierfür konnte weit gehend – vor allem im ökologischen und ökonomischen Bereich – auf bestehende Indikatoren zurückgegriffen werden.

Einsatzbereiche von Indikatoren im Projekt

Indikatoren wurden im *Modellvorhaben Kulturlandschaft Hohenlohe* in der internen und externen Arbeit eingesetzt. Intern sollten sie helfen zu überprüfen, ob die Ziele der Teilprojekte erreicht wurden und ob die umgesetzten Maßnahmen zu einer nachhaltigen Entwicklung in der Projektregion beitragen würden. Sie dienten also der Überprüfung der Zielerreichung. Die Indikatoren wurden von den Projektmitarbeitern erhoben.

Die Entwicklung von externen Indikatoren war Gegenstand der Projektarbeit (vgl. Kap. 7). Es sollten für bestimmte Themen Indikatoren entwickelt werden, die den Akteuren ermöglichten, die ökologischen und ökonomischen Wirkungen verschiedener Maßnahmen abzuschätzen. Diese Indikatoren konnten und können von den Akteuren selbst erhoben werden.

Vorgehensweise beim Erarbeiten interner Indikatoren

Das Erarbeiten von im internen Forschungsprozess verwendeten Indikatoren fand in einer hierfür eingerichteten internen Arbeitsgruppe (Indikator-AG, vgl. Kap. 6.4) statt, an der alle Projektmitarbeiter beteiligt waren. Die Gruppe traf sich einmal im Monat über einen Zeitraum von zweieinhalb Jahren. In Anbetracht der zur Verfügung stehenden Zeit wurde vereinbart, soweit wie möglich (siehe soziale Indikatoren, einige Indikatoren der Ökobilanz) keine neuen Indikatoren zu entwickeln, sondern auf bestehende Indikatoren zurückzugreifen. Bis zur eigentlichen Auswahl der Indikatoren waren zahlreiche Arbeitsschritte notwendig, in denen grundsätzliche Fragen der Projektarbeit geklärt wurden. So musste beispielsweise im Vorfeld geklärt werden, mit welcher Definition von Nachhaltigkeit die Projektgruppe arbeiten will (Kap. 6.1).

Was sind Indikatoren?

Grundlage für das Erarbeiten von Indikatoren war, ein gemeinsames Verständnis darüber zu finden, was Indikatoren sind, welche Arten von Indikatoren und Indikatorensysteme es gibt und welche Mindestanforderungen an Indikatoren gestellt werden sollen. Tabelle 6.9.1 zeigt die wissenschaftlichen, pragmatisch-politischen und ökologischen Anforderungen, die bei der Auswahl von Indikatoren im Projekt berücksichtigt werden sollten.

Tabelle 6.9.1: Anforderungen an Indikatoren

Allgemeine wissenschaftliche Anforderungen	Pragmatische und politische Anforderungen	Ökologische Grundanforderungen bei Umweltindikatoren
_Transparenz des Modells, bzw. der Methode _Verläßlichkeit _Reproduzierbarkeit _Repräsentativität _Sensitivität _Nachprüfbarkeit (Verifizierbarkeit) _Nachvollziehbarkeit der Aggregation _möglichst hohe Aggregation _Nachvollziehbarkeit der Selektion _möglichst eindeutige Wirkungszuordnung	_ökonomische, ökologische und/oder soziale Relevanz _politische Steuerbarkeit und Zielorientierung _Leitbildorientierung _Verständlichkeit, Überschaubarkeit, einfach zu interpretieren und verständlich für verschiedene Nutzer, Entscheidungsträger _nationale und internationale Kompatibilität _Vertretbarkeit des Aufwandes und vernünftiges Kosten-Nutzen-Verhältnis _Bezug zu menschlichen Aktivitäten	_räumliche Erfassung, Bewertung und Darstellung der Umweltbelastung, _räumliche Vergleichbarkeit und Differenzierung, _Angemessenheit der Zeiträume, d.h. der Fragestellung angemessen _Darstellung zeitlicher Veränderungen

Als Rahmen für die Indikatorenauswahl wurden Bereiche für die unterschiedlichen Betrachtungsebenen (inhaltlich, räumlich, zeitlich) festgelegt, in denen Wirkungen anhand der Indikatoren aufgezeigt werden sollen. Die Festlegung der Wirkungsbereiche orientierte sich am Leitbild einer nachhaltigen Entwicklung, die als Oberziel für das Projekt definiert wurde.

Tabelle 6.9.2: Wirkungsbereiche für die unterschiedlichen Betrachtungsebenen

Betrachtungsebene	Wirkungsbereiche
inhaltlich	Ökologie, Ökonomie, Soziales
räumlich	Region, Gemeinde, Betrieb, Schlag
zeitlich	die nächsten 150 Jahre

Was ist nachhaltige Entwicklung?

Da mit den internen Indikatoren der Erfolg der Teilprojekte, einen Beitrag zur nachhaltigen Entwicklung im Projektgebiet zu leisten, festgestellt werden sollte, war die Definition von Nachhaltigkeit eine Voraussetzung für die weitere Arbeit (Kap. 6.1). Um ökologische, ökonomische und soziale Kriterien der Nachhaltigkeit festzulegen, wurde eine Literaturrecherche durchgeführt (Kap. 7).

Welche Kriterien werden von den Teilprojekten beeinflusst?

Es war abzusehen, dass verschiedene geplante Maßnahmen der einzelnen Teilprojekte nicht auf alle Kriterien Einfluss haben werden. Da beim Einsatz von Indikatoren allgemein das Problem besteht, Ursache – Wirkungsbeziehungen herzustellen, wurde vereinbart, dass die Teilprojekte für die Kriterien der Nachhaltigkeit Indikatoren erheben, in denen ein direkter Einfluss zu erwarten ist. Eine Tabelle, in der die Kriterien und Indikatoren den einzelnen Teilprojekten zugeordnet sind, findet sich in Kap. 7.

Welche Indikatoren gibt es?

Eine umfangreiche Literaturrecherche ergab bei den ökonomischen und ökologischen Indikatoren ein Set möglicher Indikatoren. Im sozialen Bereich zeigten sich deutliche Lücken. So mussten eigene soziale Indikatoren für die kommunale und regionale Ebene entwickelt werden. Aus dem Indikatorenset wählte jedes Teilprojekt die geeigneten Indikatoren für die Kriterien der Nachhaltigkeit aus, bei denen ein direkter Einfluss zu erwartet war (Kap. 7).

Dabei wurde festgestellt, dass es nicht möglich ist, ein Indikatorenset zu finden, das einheitlich in allen Teilprojekten eingesetzt werden konnte. Eine Charakterisierung der Indikatoren fand anhand bestimmter Merkmale statt. Angegeben wurden die räumliche Bezugsebene, bei quantitativen Indikatoren das Rechenmodell, bei qualitativen Indikatoren die Erhebungsmethode, benötigte Daten, die Datenquellen, wer den Indikator erhebt und ob eine Zielgröße für den Indikator vorhanden ist, die eine Bewertung der Ergebnisse ermöglicht. War keine Zielgröße vorhanden, wurde zumindest eine Zielrichtung (Erhöhung, Erniedrigung) entsprechend den Zielen im Projekt festgelegt.

Eine weitere Aufgabe war, Indikatoren zu finden und zu benennen, die einen Vergleich der betrachteten Systeme vor dem Projekt und nach dem Projekt ermöglichen. Mit einem solchen Vergleich müssten sich Veränderungen und damit ein möglicher Einfluss durch die Projektarbeit feststellen lassen. Ein Problem hierbei ist jedoch der benötigte Zeithorizont innerhalb dessen sich Veränderungen bemerkbar machen, denn viele Veränderungen sind erst nach Jahren und meistens außerhalb von Projektlaufzeiten messbar. Näheres zu den ausgewählten Indikatoren findet sich in Kap. 7.

Parallel zur Festlegung der Indikatoren wurden in den Teilprojekten mit Hilfe der »Zielorientierten Projekt-Planung« (ZOPP) Erfolgsindikatoren für Teilziele festgelegt. Beinhalten diese Teilziele mittelbar einen Beitrag zur nachhaltigen Entwicklung im Projektgebiet, stimmen die dabei festgelegten Indikatoren mit den Indikatoren zur Bewertung der Nachhaltigkeit überein. Darüber hinaus gibt es aber auch Größen, die außerhalb des Nachhaltigkeitskontextes zur Erfolgskontrolle des Projekts dienen. Hierzu gehörte z.b. die Zufriedenheit mit dem methodischen Vorgehen im Projekt.

Diskussion
Die Vorgehensweise bei der Auswahl der Indikatoren für eine nachhaltige Entwicklung erstreckte sich über einen langen Zeitraum und konnte erst nach drei Viertel der Projektlaufzeit abgeschlossen werden. Gründe hierfür waren, dass zunächst ein gemeinsames Verständnis für Begriffe und Ziele erarbeitet werden musste. Umfangreiche Literaturstudien hinsichtlich des komplexen Gebiets der Nachhaltigkeit waren notwendig. Diese Literaturstudien ergaben im Bereich sozialer Indikatoren einen deutlichen Mangel, der die Entwicklung eigener Indikatoren erforderlich machte.
Die späte Verfügbarkeit der Indikatoren im Projekt hatte folgende Konsequenzen:
—Die Ausgangsgrößen der Indikatoren zu Beginn des Projektes sind nicht immer bekannt, je nachdem ob die erforderlichen Daten vorliegen oder nicht. Ist das nicht der Fall, ist ein Vergleich der Ausgangssituation mit dem Zustand zu Ende des Projektes nicht mehr möglich. Hier lässt sich der Einfluss, der die Projektarbeit auf den Indikator ausgeübt hat, nicht beurteilen. Soll mit Hilfe von Indikatoren der Beitrag von Projekten zu einer nachhaltigen Entwicklung erfasst werden, sollten sie - wenn möglich - zu Beginn des Projektes festgelegt werden. Dies erfordert ein genaues Zeitmanagement. Das Festlegen von Indikatoren zu Projektbeginn ist besonders dann schwierig, wenn - wie im vorliegenden Projekt - durch den partizipativen Aktionsforschungsansatz die Projektinhalte nicht im Detail zu Projektbeginn bekannt sind.
—Die Akteure wurden bei der Auswahl und der Bewertung der Indikatoren nicht beteiligt, es sei denn die Entwicklung von Indikatoren selbst war Gegenstand des mit den Akteuren durchgeführten Projekts. Problematisch daran ist, dass die Auswahl und Bewertung kein objektiv wissenschaftlicher Prozess ist. Vielmehr ist dieser Prozess stark von Werthaltungen verschiedener Menschen und Gruppen zu Inhalten der Nachhaltigkeit geprägt.
Ein weiteres Problem war, dass in den Teilprojekten oft Maßnahmen umgesetzt wurden, deren tatsächliche ökologische, ökonomische oder soziale Wirkungen erst zu einem späteren Zeitpunkt festgestellt werden können. Dennoch ist es dann zum Teil im Sinne einer Prognose möglich, Wahrscheinlichkeitsaussagen über die Entwicklung eines Indikators zu treffen.

Vorgehensweise beim Erarbeiten von Indikatoren für die externe Arbeit
Externe Indikatoren, die von den Akteuren im Projektgebiet eingesetzt werden können, um die Auswirkung von Prozessen abzuschätzen, wurden in den Teilprojekten *Konservierende Bodenbearbeitung* und *Ökobilanz Mulfingen* angewandt. Im Teilprojekt *Konservierende Bodenbearbeitung* wurden Indikatoren im Bereich Gewässer schonende Landwirtschaft in Form von Bewertungsschlüsseln ausgearbeitet. Diese Bewertungsschlüssel ermöglichen den Landwirten im Projektgebiet, die potentielle Umweltgefährdung durch Bodenabtrag, Nitrat- und Pestizidaustrag ohne technische Voraussetzungen auf einfache Art selbst abzuschätzen. Besteht auf ihren Schlägen auf Grund der praktizierten Anbau-

verfahren eine Gefährdung, können sie geeignete Maßnahmen zur Verringerung der Gefährdung aus einem Maßnahmenkatalog auswählen. Gleichzeitig ist angegeben, welche ökonomischen Auswirkungen bei einer entsprechenden Änderung des Anbauverfahrens zu erwarten sind (ARMAN et al. 2002). Die Bewertungsschlüssel wurden gemeinsam mit den Landwirten erarbeitet und getestet (siehe auch Kap. 8.1). Interne Arbeitsschritte der Projektmitarbeiter wurden durch externe Arbeitsschritte mit den Akteuren ergänzt (vgl. Abb. 6.9.2).

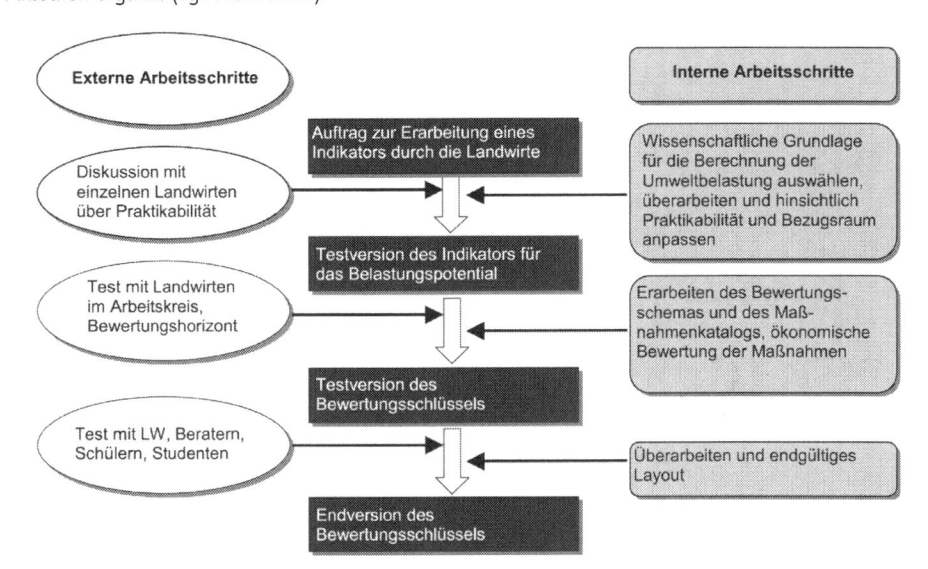

Abbildung 6.9.2: Vorgehensweise bei der Erarbeitung der Bewertungsschlüssel

Literatur

Bockstaller, C., P. Girardin, 1997: Les indicateurs Agro-écologiques. INRA, Colmar.
Hülsbergen, K.-J., W. Diepenbrock, 1997: Das Modell REPRO zur Analyse und Bewertung von Stoff- und Energieflüssen in Landwirtschaftsbetrieben. In: Diepenbrock, W., M. Kaltschmitt, H. Nieberg und G. Reinhardt (Hrsg.): Umweltverträgliche Pflanzenproduktion: Indikatoren, Bilanzierungsansätze und ihre Einbindung in Ökobilanzen. Initiativen zum Umweltschutz, Bd. 5. Zeller Verlag Osnabrück, S. 159-184.
Eckert, H. & G. Breitschuh, 1997: Kriterien umweltverträglicher Landbewirtschaftung (KUL): Ein Verfahren zur Erfassung und Bewertung landwirtschaftlicher Umweltwirkungen. In: Diepenbrock, W., M. Kaltschmitt, H. Nieberg und G. Reinhardt (Hrsg.): Umweltverträgliche Pflanzenproduktion: Indikatoren, Bilanzierungsansätze und ihre Einbindung in Ökobilanzen. Initiativen zum Umweltschutz, Bd. 5. Zeller Verlag Osnabrück, S. 185-195.
OECD, 1994: Environmental Indicators. Indicateurs d'environnement. OECD Core Set. Corps central de l'OCDE. Organisation for Economic Co-operation and Development, Paris.
Teichert, V., H. Diefenbacher, A. Frank, I. Leipner und S. Wilhelmy, 2004: Indikatoren nachhaltiger Entwicklung in Deutschland. Ein alternatives Indikatorensystem zur nationalen Nachhaltigkeitsstrategie. Texte und Materialien, Reihe B, Nr. 30, Heidelberg: FEST.

Internet-Quellen

Arman, B., N. Billen, G. Häring, 2002: Ein Nährstoff macht sich vom Acker – Ökologische und betriebswirtschaftliche Bewertung von Nitratverlusten und Maßnahmen zu deren Verminderung. Broschüre Projektgruppe Kulturlandschaft Hohenlohe. Universität Hohenheim. http://www.uni-hohenheim.de/~kulaholo/public_data/nkey0305www.pdf

7

Indikatoren der Erfolgskontrolle

Jürgen Böhmer, Alexander Gerber, Berthold Kappus,
Beate Arman, Angelika Beuttler, Gottfried Häring, Ralf Kirchner-Heßler,
Dieter Lehmann, Angelika Thomas

Oberziel des Projektes ist es, mit den Akteuren vor Ort Projekte einer nachhaltigen Landnutzung zu entwickeln und durchzuführen. Voraussetzung dafür ist ein gemeinsames Verständnis von Nachhaltigkeit zu haben (vgl. Kap. 6.1). Zur Erfolgskontrolle muss der Begriff der Nachhaltigkeit mit Kriterien hinterlegt werden, die anhand von Indikatoren überprüft werden. Die Ergebnisse dieser Vorarbeit im *Modellvorhaben Kulturlandschaft Hohenlohe*, also die Definition von Nachhaltigkeit, das Festlegen von Kriterien und das Entwickeln entsprechender Indikatoren ist in diesem Kapitel dargestellt.

7.1 Definition von Nachhaltigkeit

Die Grundgedanken der Nachhaltigkeit – die eigenen Lebensgrundlagen auch für die Zukunft zu erhalten – wurden schon in früheren Jahrhunderten des Öfteren geäußert: Im Kontext dieses Verständnisses taucht der Begriff der Nachhaltigkeit erstmals in der Forstwirtschaft im vorletzten Jahrhundert auf (dazu DRL 2002). Die älteste vorliegende Nennung des Begriffes Nachhaltigkeit in dem Kontext, in dem wir ihn heute verwenden, stammt aus dem Jahre 1985: »Der Kern der Nachhaltigkeits-Idee ist das Konzept, wonach heutige Entscheidungen die Aussicht, künftige Lebensstandards beizubehalten oder zu verbessern, nicht beeinträchtigen sollten«. Diese Grundidee wurde 1987 im so genannten Brundlandt-Report aufgegriffen, in dem nachhaltige Entwicklung (sustainable development) als neues Konzept für die Lösung globaler Krisen definiert wurde (HAUFF 1987). Bei der Umweltkonferenz der Vereinten Nationen 1992 in Rio de Janeiro wurde dieses Konzept von der Staatengemeinschaft zum Leitbild für politisches und gesellschaftliches Handeln erhoben und mit der »Agenda 21« weltweit operationalisiert. In dem vereinbarten Agenda-21-Prozess kommt ein wichtiges Ergebnis der Konferenz von Rio zum Ausdruck, wonach Nachhaltigkeit nicht statisch gesehen werden kann, sondern vielmehr als politisch ausgehandeltes dynamisches Gleichgewicht zwischen sozialen, ökonomischen und ökologischen Anforderungen betrachtet werden muss. Die Definition für nachhaltige Entwicklung nach dem »Brundlandt-Report« (HAUFF 1987: 46) lautet: »Nachhaltige Entwicklung ist eine Entwicklung, die die Bedürfnisse der Gegenwart befriedigt, ohne die Bedürfnisbefriedigung zukünftiger Generationen zu gefährden«. Noch differenzierter bringt die englische Originalfassung den Sachverhalt zum Ausdruck: »Sustainable development is development that meets the needs of the present without compromising the ability of future generations to meet their own needs«.

Diese Definition wurde vielfach variiert, ohne jedoch wesentlich verändert zu werden. Bei den meisten dieser Definitionen werden nur ökonomische und soziale Gesichtspunkte genannt, z.B.: »Nachhaltige Entwicklung kann verstanden werden als ein Muster von sozialen und strukturellen, ökonomischen Veränderungen, bei dem das in der Gegenwart beanspruchte Bündel von ökonomischen und sozialen Gütern optimiert wird, ohne aber gleichzeitig die Möglichkeit zu unterminieren, dass ähnliche Standards auch in Zukunft erreicht und aufrechterhalten werden können« (die Weltbank-Autoren Goodland und Ledec, zitiert in HARBORTH 1991), oder: »Nachhaltigkeit ist eine Politik fortgesetzter Entwicklung in ökonomischer und sozialer Hinsicht ohne negative Auswirkungen auf die Umwelt« (EU nach Technische Universität Graz 1995).

Man erkannte jedoch, dass diese Ziele ohne eine funktionierende Umwelt nicht erreicht werden können, wie es beispielsweise in den folgenden beiden Zitaten zum Ausdruck kommt: »Mit dem Begriff ‚nachhaltige Entwicklung' ist ein Wirtschaftsprozess gemeint, der langfristig aufrechterhalten werden kann, ohne das Ökosystem Erde zu überlasten« (SCHMIDHEINY 1992), und »Nachhaltigkeit beinhaltet das wachsende Bewusstsein, dass Wirtschaftswachstum und Entwicklung innerhalb der Grenzen, die die Ökologie im weitesten Sinn setzt, stattfinden und überdauern müssen. Die Idee der Nachhaltigkeit hält zudem fest, dass ein vernünftiger Lebensstandard auch für die weniger entwickelten Länder ermöglicht werden muss, um das ökologische Gleichgewicht zu schützen, das auch für das Glück der wohlhabenden Länder von Bedeutung ist« (Übers. RUCKELSHAUS 1989).

Moderne allgemeine Definitionen beinhalten deshalb eigentlich immer – zumindest sinngemäß – die Begriffe Ökonomie, Ökologie und Soziales, beispielsweise: »Sustainable development meint eine wirtschaftlich-gesellschaftliche Entwicklung, in der Ökonomie, Ökologie und soziale Ziele so in Einklang gebracht werden, dass die Bedürfnisse der heute lebenden Menschen befriedigt werden, ohne die Bedürfnisbefriedigung künftiger Generationen zu gefährden« (Deutsches Institut für Fernstudienforschung an der Universität Tübingen 1997).

Die vielen weiteren existierenden Definitionen führen diese allgemeinen Grunddefinitionen nur weiter aus, indem sie Kriterien für eine nachhaltige Entwicklung nennen, z.B.: »Vor diesem Hintergrund soll Nachhaltigkeit für alle weiteren Überlegungen verstanden werden als das Charakteristikum einer menschlichen Lebens- und Arbeitsweise, die eine ‚menschenfreundliche' Umwelt sichert, d.h. die Lebensgrundlagen auf der Erde nicht gefährdet und dadurch das Leben zukünftiger Generationen gewährleistet, folglich nicht auf die Nutzung endlicher Ressourcen angewiesen ist und diese – wenn überhaupt – nur in engen, im Einzelfall zu definierenden Grenzen einsetzt, erneuerbare Ressourcen nur im Rahmen ihrer Regenerationsfähigkeit nutzt. Die Regenerationsfähigkeit muss erhalten bzw. gestärkt werden.

Ferner gilt für eine solche Form des Lebens und Arbeitens, dass sie jedem Menschen die Befriedigung seiner Grundbedürfnisse ermöglicht (wobei die Bevölkerung nicht beliebig groß sein kann) und hinreichend flexibel ist, um auf veränderte Rahmenbedingungen reagieren zu können. Nachhaltigkeit ist somit nicht als Zweck aufzufassen, sondern dient ‚als Mittel innerhalb bestimmter Zielsetzungen' (aus HEINL et al. 1996). Oder: »Beim Nachhaltigkeitsgedanken werden Gesichtspunkte der intragenerativen und insbesondere intergenerativen Verteilungsgerechtigkeit stark betont. Es geht darum, einen Pfad der wirtschaftlichen Entwicklung zu finden, der die Wohlfahrt nachfolgender Generationen nicht beeinträchtigt. Es handelt sich also um die Frage der intertemporalen Allokation, bei deren Beantwortung sich Umwelt- und Ressourcenökonomie und Wachstumstheorie verbinden. Eine wesentliche Voraussetzung für eine im Zeitablauf nicht abnehmende Wohlfahrt besteht darin, dass die jeweilige Gegenwartsgeneration den zukünftigen Generationen einen unangetasteten Kapitalbestand als Quelle der Wohlfahrt hinterlässt. Dabei ist nicht der physische Kapitalbestand gemeint, sondern ein aus menschengemachtem und natürlichem Vermögen zusammengesetzter wertmäßig konstanter Kapitalbestand gemeint« (ENDRES & RADKE 1998).

Eine Diskussion aller dieser Ausführungen zur Nachhaltigkeit würde zu weit führen. Wichtig ist hierbei nur, dass sie durch weitere Kriterien immer spezieller werden und sich oft nur auf einen der drei Hauptbereiche Ökonomie, Ökologie und Soziales oder sogar nur einen Teilaspekt dieser Bereiche, wie Wirtschaft oder Landwirtschaft, konzentrieren. Beispiele: »Nachhaltige Landwirtschaft ist die Verwaltung und Nutzung des Agrarökosystems in einer Weise verstanden, welche die biologische Vielfalt, die Produktivität, die Regenerationsfähigkeit und die Funktionsfähigkeit erhält, jetzt und in Zukunft bedeutsame ökologische, ökonomische und soziale Funktionen in lokalem, nationalem und globalem Maßstab zu erfüllen, und anderen Ökosystemen nicht schadet«

(ECKERT & BREITSCHUH 1994), oder »Beim nachhaltigen Wachstum lebt die Volkswirtschaft nur vom Ertrag ihrer Ressourcen, es kann deshalb über eine beliebig lange Zeitperiode aufrechterhalten werden« (Dokumentation zur Wirtschaftskunde, Nr. 7/8).

Die Projektgruppe hat all diese Definitionen gesichtet, um zu einer Definition zu kommen, die den Aspekten des Konzepts der Nachhaltigkeit möglichst umfassend gerecht wird. Letztlich hat sich die Projektgruppe aus zwei Gründen auf die ursprüngliche Definition der Brundlandt-Kommission geeinigt: Zum einen, weil dies die am häufigsten verwendete Definition ist und deshalb davon auszugehen war, dass auf Grundlage dieser Definition bereits am ehesten ein gesellschaftliches Grundverständnis zum Konzept der nachhaltigen Entwicklung vorhanden ist. Zum anderen umfasst diese Definition in knapper und doch verständlicher Weise die wesentlichen Prinzipien des Nachhaltigkeitskonzepts, wie sie sich auch idealtypisch aus der Schnittmenge aller anderen Definitionen ergeben würden.

Die vier wichtigsten Prinzipien, die dieser Definition zugrunde liegen umfassen:
— Die Verteilungsgerechtigkeit innerhalb einer Generation (Intragenerationalität).
— Den Schutz der Fähigkeit zur Bedürfnisbefriedigung künftiger Generationen (Intergenerationalität).
— Den Ausgleich zwischen sich weiter entwickelnden ökonomischen und sozialen Interessen sowie ökologischen Erfordernissen (Retinität).
— Wertmäßig mindestens konstanter Kapitalbestand aus menschengemachtem und natürlichem Vermögen für die jeweilige Gegenwartsgeneration.

7.2 Kriterien der Nachhaltigkeit

Aus der im Kap. 7.1 zitierten Literatur zur Nachhaltigkeit lassen sich die folgenden übergeordneten Kriterien zusammenstellen. Diese Kriterien hinterlegen die Definition nachhaltiger Entwicklung mit konkreten Annahmen und Zielvorstellungen.

Allgemeine Kriterien
— Menschliches Leben wird über eine unendlich große Anzahl weiterer Generationen fortbestehen.
— Menschliche Individuen können gedeihen und sich entwickeln.
— Für die Einwirkungen des Menschen auf seine Mitwelt bestehen Grenzen.
— Die Landschaftsgestaltung wird letztlich von zukünftigen Generationen ebenso gut eingeschätzt wie heute.
— Die Verfügbarkeit der Ressourcen wird auf Dauer sichergestellt.
— Eine menschenfreundliche Umwelt wird gefördert.
— Die Menschen sind nicht auf die Nutzung endlicher Ressourcen angewiesen.
— Erneuerbare Ressourcen werden nur im Rahmen ihrer Regenerationsfähigkeit genutzt.
— Jedem Menschen wird die Befriedigung seiner Grundbedürfnisse ermöglicht (wobei die Bevölkerung nicht beliebig groß werden kann).
— Die menschliche Arbeitsweise muss hinreichend flexibel sein, um auf veränderte Rahmenbedingungen reagieren zu können.
— Gefahren und unvertretbare Risiken für den Menschen und die Umwelt durch anthropogene Einwirkungen sind zu vermeiden.
— Das Zeitmaß anthropogener Eingriffe in die Umwelt muss in einem ausgewogenen Verhältnis zu der Zeit stehen, die die Umwelt zur selbststabilisierenden Reaktion benötigt.

Soziale Kriterien
—Menschliche Kulturen können sich entwickeln.
—Der soziale Rechtsstaat soll die Menschenwürde und die freie Entfaltung der Persönlichkeit sowie Entwicklungschancen für heutige und zukünftige Generationen gewährleisten, um auf diese Weise den sozialen Frieden zu bewahren.
—Jedes Mitglied der Gesellschaft erhält Leistungen von der solidarischen Gesellschaft:
    —entsprechend geleisteter Beiträge für die sozialen Sicherungssysteme,
    —entsprechend der Bedürftigkeit, wenn keine Ansprüche an die sozialen Sicherungssysteme bestehen.
—Jedes Mitglied der Gesellschaft muss entsprechend seiner Leistungsfähigkeit einen solidarischen Beitrag für die Gesellschaft leisten.
—Die sozialen Sicherungssysteme können nur in dem Umfang wachsen, wie sie auf ein gestiegenes wirtschaftliches Leistungspotential zurückgehen.
—Das in der Gesellschaft insgesamt und in den einzelnen Gliederungen vorhandene Leistungspotential soll für künftige Generationen zumindest erhalten werden.

Ökonomische Kriterien
—Das ökonomische System soll individuelle und gesellschaftliche Bedürfnisse effizient befriedigen. Dafür ist die Wirtschaftsordnung so zu gestalten, dass sie die persönliche Initiative fördert (Eigenverantwortung) und das Eigeninteresse in den Dienst des Gemeinwohls stellt (Regelverantwortung), um das Wohlergehen der derzeitigen und künftigen Bevölkerung zu sichern. Es soll so organisiert werden, dass es auch gleichzeitig die übergeordneten Interessen wahrt.
—Preise müssen dauerhaft die wesentliche Lenkungsfunktion auf Märkten wahrnehmen. Sie sollen dazu weitestgehend die Knappheit der Ressourcen, Produktionsfaktoren, Güter und Dienstleistungen wiedergeben.
—Die Rahmenbedingungen des Wettbewerbs sind so zu gestalten, dass funktionsfähige Märkte entstehen und aufrechterhalten bleiben, Innovationen angeregt werden, dass langfristige Orientierung sich lohnt und der gesellschaftliche Wandel, der zur Anpassung an zukünftige Erfordernisse nötig ist, gefördert wird.
—Die ökonomische Leistungsfähigkeit einer Gesellschaft und ihr Produktiv-, Sozial- und Humankapital müssen im Zeitablauf zumindest erhalten werden. Sie sollten nicht bloß quantitativ vermehrt, sondern vor allem auch qualitativ ständig verbessert werden.
—Die ökonomischen Prozesse müssen an der Tragekapazität der ökologischen Systeme ausgerichtet und koordiniert werden.

Ökologische Kriterien
—Die Artenvielfalt muss erhalten werden.
—Die Abbaurate erneuerbarer Ressourcen soll deren Regenerationsfähigkeit nicht überschreiten.
—Nicht-erneuerbare Ressourcen sollen in dem Umfang genutzt werden, in dem ein physisch und funktionell gleichwertiger Ersatz in Form erneuerbarer Ressourcen oder höherer Produktivität der erneuerbaren sowie der nicht-erneuerbaren Ressourcen geschaffen wird.
—Stoffeinträge in die Umwelt sollen sich an der Belastbarkeit der Umweltmedien orientieren, wobei alle Funktionen zu berücksichtigen sind, nicht zuletzt auch die »stille« und empfindlichere Regelungsfunktion.

— Die Schadstoffabgabe muss unter der Assimilationskapazität des Ökosystems bleiben, regional ist die Ausgleichsfunktion von Flächen zu beachten.
— Das Zeitmaß anthropogener Einträge bzw. Eingriffe in die Umwelt muss im ausgewogenen Verhältnis zum Zeitmaß der für das Reaktionsvermögen der Umwelt relevanten natürlichen Prozesse stehen.
— Gefahren und unvertretbare Risiken für die menschliche Gesundheit durch anthropogene Einwirkungen sind zu vermeiden.

Für die Themenstellung des Modellvorhabens wurden diese Kriterien weiter spezifiziert und denn inhaltlich-thematischen Erfordernissen der einzelnen Teilprojekte angepasst:

Soziale Kriterien
— Beteiligung an Rechten und Macht (Partizipation und Kommunikation)
— Zugang zu Ressourcen und Dienstleistungen
— Soziale Geborgenheit (Wertschätzung und Solidarität zwischen Einzelnen und verschiedenen Gruppen)

Von den vielen möglichen Kriterien, die der sozialen Dimension der Nachhaltigkeit zugeordnet werden können, berühren die Arbeiten im *Modellvorhaben Kulturlandschaft Hohenlohe* vor allem diese drei Kriterien. Zu anderen Kriterien, wie z.B. einer ausgewogene Bevölkerungs- und Siedlungsstruktur, konnte das Modellvorhaben aufgrund seiner Zielsetzung und auch wegen der dafür nötigen Arbeitskapazitäten nichts beitragen. Sie wurden daher nicht berücksichtigt.

Soziale Kriterien und Indikatoren spielen insbesondere in bezug auf die Prinzipien der Verteilungsgerechtigkeit innerhalb der Generationen und die Partizipation als ein zentrales Element beim Interessenausgleich im Nachhaltigkeitsprozess eine Rolle: »Nachhaltigkeit ist in ihrem Wesen nach nur als gesellschaftlich diskursives Leitbild bestimmbar. Nachhaltiges Wirtschaften und nachhaltige Entwicklung setzen weniger allgemeine Rezepte, als jeweils vor Ort in »bestmöglicher« Lebensnähe partizipativ und selbstorganisierend gestaltete Prozesse der Konsens- und Entscheidungsfindung voraus« (BUSCH-LÜTY 1995: 124).

Das Kriterium »Beteiligung an Rechten und Macht« basiert auf den Grundsätzen der Gleichberechtigung, der freien Meinungsäußerung sowie der Möglichkeiten der Mitbestimmung. Für die nachhaltige Landnutzung hat die Partizipation eine besondere Bedeutung gewonnen: Es müssen Regelungen oder Maßnahmen gefunden werden, die sozial akzeptiert sind, im besten Fall also von allen Landnutzern gemeinsam vereinbart sind. Vorhandene Interessenkonflikte sollen wenn möglich adressiert und gelöst sein (HERWEG et al. 1999: 29). Im Ressourcenmanagement spielt die Förderung der Beteiligung ebenfalls eine wichtige Rolle, um in einer prozesshaften Vorgehensweise situationsangepasste Lösungen zu finden, für die sich die Akteure mitverantwortlich fühlen (SCHWEDERSKY 1997: 28-29). Mitbestimmung über den Verbrauch, Erhalt oder die Entwicklung von Ressourcen ist insbesondere in Zusammenhang mit den ökologischen Kriterien (Erhalt von Gütern und Entwicklung von Ökosystemen, s.u.) von Bedeutung. Partizipation dient dazu, die Transparenz des Entscheidungsprozesses zu erhöhen.

Das Kriterium »Zugang zu oder Verfügbarkeit über Ressourcen und Dienstleistungen« umfasst folgende Gesichtspunkte: Mit Ressourcen sind alle Güter gemeint, die zum Leben oder Wirtschaften benötigt werden, beispielsweise Ackerboden, Trinkwasser, Energieträger. Bildung und Information sind ebenfalls wichtige Ressourcen; sie können gleichzeitig auch zu den Dienstleistungen gezählt werden. Andere Beispiele für den Zugang zu Dienstleistungen sind der Zugang zu Transportmitteln und zum Markt.

Bei Fragen zum Thema Landnutzung wird das Kriterium »Zugang zu oder Verfügbarkeit über Ressourcen und Dienstleistungen« oft gleich nach dem Stichwort Partizipation genannt, da Beteiligung alleine nichts an Besitzverhältnissen oder Land(nutzungs-)rechten ändern kann. Der Zugang zu Ressourcen und Dienstleistungen entspricht den Ansprüchen an Verteilungsgerechtigkeit und Chancengleichheit. Teilweise wird auch von »key goods and services« gesprochen: »Im Brundtland-Report sind das ökonomische und das ökologische Ziel zugleich mit einem sozialen Ziel verbunden, dem Ziel einer gerechten Ressourcenverteilung, oder besser vorsichtiger gesagt, dem Ziel einer gerechteren Verteilung der Ressourcennutzungschancen« (HUBER 1995: 32).

Der »kategorische Verteilungsimperativ« des Nachhaltigkeitskonzepts wirft Fragen auf, wenn z.B. seine Prinzipien der Gerechtigkeit und des gesellschaftlichen Ausgleichs (»equity and the common interests«) als Gleichheit (equality) verstanden werden und die Forderung nach »equal access to the resource base« und »equal distribution« erhoben wird (HUBER 1995: 36-37). Dabei gibt es drei verschiedene Gerechtigkeitsprinzipien zu beachten oder abzuwägen (HUBER 1995: 38):

Das Problem des Prinzips der Bedürfnisgerechtigkeit, nämlich die Intensität der Ressourcennutzung für Jedermann gleich zu gestalten, ist schwer zu lösen. Eine Lösung wäre, allen Menschen auf der Erde ein bestimmtes Ressourcenminimum zuzuerkennen, das groß genug sein muss, eine menschenwürdige Existenz zu garantieren, das aber auch nicht zu groß sein darf, um die Leistungsgerechtigkeit (s.u.) nicht zu verletzen.

Das Prinzip der Leistungsgerechtigkeit: Es berücksichtigt, dass aufgebaute Leistungskapazitäten anerkannt werden.

Das Prinzip der Bestandesgerechtigkeit. Kritisch ist bei diesem Prinzip, wenn z.B. eine gerechte Ressourcenverteilung die Enteignung vorhandener Besitzstände voraussetzt. Bei Fragen, die sich um die Landnutzung drehen, wird dieses Kriterium oft gleich nach dem Stichwort Partizipation genannt, da Beteiligung alleine nichts an Besitzverhältnissen oder Land(nutzungs-)rechten ändern kann.

Bildung nimmt einen besonderen Stellenwert ein, weswegen sie in der Literatur oft als eigenes Kriterium geführt wird mit zugeordneten Indikatoren wie Einschulungsrate, Analphabetentum sowie Anzahl von Jungen und Mädchen, die eine bestimmte Schulbildung erhalten. Das Kriterium kann auch über die Anzahl freier oder gebührenpflichtiger Bildungsangebote auf den verschiedenen benötigten Bildungsstufen formuliert werden. Als wichtiges Schlüsselgut erschien es in unserem Zusammenhang dem Kriterium »Zugang zu Ressourcen und Dienstleistungen« zuordenbar.

Das Kriterium der »Sozialen Geborgenheit« betrifft die soziale Gerechtigkeit, die Menschenwürde und die freie Entfaltung der Persönlichkeit. Ein Beispiel hierzu aus einem bereits erarbeiteten Indikatorenset ist die Integration benachteiligter Bevölkerungsgruppen. Beispiele, die auf die gegenseitige Akzeptanz und Anerkennung zielen, wurden in keinem bislang bekannten Indikatorenset gefunden. Gerade im Untersuchungsraum des *Modellvorhabens Kulturlandschaft Hohenlohe* ist aber zu beobachten, dass sich die Landwirte bei Umweltfragen oft als »Sündenböcke« und folglich von der Gesellschaft ausgeschlossen fühlen. Die generelle Gleichbehandlung aller, also auch solcher Gruppen, wurde deswegen als wichtiger sozialer Aspekt aufgenommen, um in Kontakt mit allen Akteuren und in Entscheidungs- oder Lösungsprozesse zu kommen.

Ökonomische Kriterien
—Wirtschaftliche Leistungsfähigkeit
—Wirtschaftliche Existenzfähigkeit

Die wirtschaftliche Leistungsfähigkeit beinhaltet einen möglichst effizienten Einsatz der eingesetzten Ressourcen. Sie muss im Zeitablauf einer Gesellschaft zumindest erhalten werden. Ziel sollte sein, diese nicht nur quantitativ, sondern auch qualitativ zu verbessern. Die wirtschaftliche Leistungsfähigkeit lässt sich mit Merkmalen wie Erträgen aus eingesetzten Ressourcen (z.B. Produktivität der Arbeitskräfte) belegen.

Die wirtschaftliche Existenzfähigkeit beinhaltet, dass die individuellen und gesellschaftlichen Bedürfnisse effizient befriedigt werden können. Dazu bedarf es geeigneter Rahmenbedingungen, die funktionsfähige Märkte begünstigen, aufrechterhalten und eine langfristige Orientierung möglich machen. Für die wirtschaftliche Existenzfähigkeit können Merkmale wie Einkommen und Stabilität herangezogen werden.

Ökologische Kriterien

—Erhaltung von Schutzgütern (Bezug: Lebewesen, natürliche Ressourcen, Kultur-, Sachgüter, Ökosysteme)
—Entwicklungsfähigkeit von Systemen (Umwelt-, Mensch-Umweltsysteme) in Selbstorganisationsprozessen (Funktionalität, Biodiversität, Evolution, Landschaft)
—Vermeidung unvertretbarer ökologischer Gefahren und Risiken durch anthropogene Einwirkungen

Die Erhaltung von Schutzgütern bezieht sich auf Lebewesen, natürliche Ressourcen, Kultur- und Sachgüter sowie Ökosysteme. Dieses Kriterium umfasst folgende Aspekte: Verbrauch erneuerbarer Rohstoffe innerhalb der Regenerationsrate, Verbrauch nicht-erneuerbarer Rohstoffe im Umfang der Entwicklung von Ersatztechnologien, Emissionen maximal bis zur natürlichen Aufnahmekapazität der aufnehmenden Systeme, die Reduzierung der anthropogenen Flächeninanspruchnahme sowie den Schutz von Ökosystemen.

Die Entwicklungsfähigkeit von Systemen in Selbstorganisationsprozessen richtet sich auf die Funktionalität von Ökosystemen, die Erhaltung der Biodiversität und den Schutz der Evolutionsfähigkeit (verhindert langfristig Zusammenbrüche natürlicher Systeme), damit verknüpft die Aufrechterhaltung der genetischen Diversität und die Lebensraumvielfalt (Vielfalt an Biotopen in Landschaften oder Landschaftsausschnitten).

Beim dritten Kriterium soll durch die Vermeidung anthropogen verursachter Risiken (z.B. Strahlenbelastung, Emissionen) die menschliche Gesundheit geschützt werden.

Zur Überprüfung der festgelegten sozialen, ökologischen und ökonomischen Kriterien wurden Indikatoren festgelegt, deren Entwicklung und Anwendung in Kap. 6.9 dargestellt ist.

Die vorgestellten Kriterien sind solche, die relativ leicht den drei Dimensionen der Nachhaltigkeit, Ökonomie, Soziales und Ökologie zugeordnet werden konnten. Es sind aber auch andere Beispiele denkbar. Das Kriterium »Gerechte Einkommens- und Vermögensverteilung« steht im Übergang zwischen Ökonomie, und sozialer Gerechtigkeit. »Ausgewogenheit in der Bevölkerungs- und Siedlungsstruktur« betrifft als Bestandteil von Vorstellungen von Nachhaltigkeit Soziales wie Ökologisches. Dies zeigt, dass die Trennung in die ökonomische, ökologische und soziale Dimension der Nachhaltigkeit nur bedingt hilfreich ist und bei der vorliegenden Erläuterung ein Hilfskonstrukt darstellt.

7.3 Entwicklung von Indikatoren

Will man die zuvor genannten Kriterien der Nachhaltigkeit zur Anwendung bringen, sind Zeiger oder Messgrößen, so genannte Indikatoren nötig, um die Kriterien zu operationalisieren.

Zunächst wurde versucht, vor dem Hintergrund der vorgestellten Definitionen und Kriterien zum Thema Nachhaltigkeit ein einheitliches Indikatorenset für alle Teilprojekte zu entwickeln. Hierzu wurden in einem ersten Schritt die jeweiligen Kriterien gelistet (s. Tab. 7.1) und anschließend geeignete Indikatoren zugeordnet. Im Laufe der Teilprojektbearbeitung wurde deutlich, dass die Unterschiedlichkeit der bearbeiteten Teilprojekte es notwendig machte, für jedes Teilprojekt ein spezifisches, auch der verfügbaren Datenbasis angepasstes Indikatorenset zu entwickeln (vergleiche hierzu auch Kap. 6.9). Die jeweiligen in den Teilprojekten verwendeten Indikatoren sind in den entsprechenden Teilkapiteln des Kap. 8 aufgeführt. Eine Übersicht der in allen Teilprojekten verwendeten Indikatoren und ihrer Ausprägung findet sich in Tab. 11.3 in Kap. 11.

7.3.1 Soziale Indikatoren der Nachhaltigkeit

Tabelle 7.1: Übersicht verwendeter sozialer Indikatoren

Soziale Kriterien der Nachhaltigkeit	Indikatoren
Beteiligung an Rechten und Macht (Kommunikation und Partizipation)	1. Partizipation Partizipationsmöglichkeiten (objektiv) Partizipationsausmaß (objektiv) Zufriedenheit mit der Partizipation (subjektiv)
Zugang zu Ressourcen und Dienstleistungen	1. Wissen über Möglichkeiten nachhaltiger Landnutzung: Angebot zur Wissensaneignung (objektiv) Zufriedenheit mit dem Angebot (subjektiv) 2. Zugang zu Ressourcen und Dienstleistungen, die für die betreffenden Akteure nötig sind, um ihr Teilprojektziel zu erreichen: Vorhandensein zugänglicher Ressourcen und Dienstleistungen (objektiv) Zufriedenheit mit Angebot (subjektiv)
soziale Geborgenheit (Wertschätzung und Solidarität)	1. Solidarität von Gruppen Organisationsgrad in Selbsthilfeorganisationen, z.B. Kooperativen, Erzeugergemeinschaften (objektiv) 2. Wertschätzung von verschiedenen Gruppen bzw. deren Anliegen (bezogen auf Teilprojekte) Vertretung und Akzeptanz betroffenen Gruppen (objektiv) Berücksichtigung der einzelnen Anliegen/ Interessen (subjektiv)

Die beschriebenen sozialen Indikatoren basieren auf einer objektiv oder subjektiv belegbaren Informationsbasis. Subjektive Indikatoren betonen die individuellen Erwartungen und Bewertungen von sozialen Bedingungen. Als objektive Indikatoren sind Statistiken, die soziale Fakten präsentieren ohne eine persönliche Bewertung, z.B. Arbeitslosenrate, Arbeitsstunde/ Woche zu nennen.

Eine ausführliche Beschreibung der definierten sozialen Indikatoren findet sich im Anhang (vgl. Anhang 7.1).

Tabelle 7.2: Soziale Indikatoren zur Beteiligung an Rechten und Macht.

soziale Kriterien	Indikatoren			Ziel	Erhebung, Methodenvorschrift, Quellen
Beteiligung an Rechten und Macht (Kommunikation und Partizipation)	objektiv:				
	Möglichkeiten der Partizipation	institutionalisierte Entscheidungsverfahren (Wahlen, Bürgerentscheide)		vorhanden	
		vorhandene, nicht-institutionalisierte Entscheidungs- und Beteiligungsverfahren: Agenda-Gruppen, Gremien, Runde Tische		viele	Hinweis: bis auf Agenda-Gruppen, schwer über Statistiken zu erfassen
		vorhandene Vereine			
	Ausmaß der Partizipation	Wahlbeteiligung		hoch	
		Anteil der Bevölkerung, die an nicht-institutionalisierten Entscheidungs- und Beteiligungsverfahren (z.B. Bürgerforen, Runde Tische) teilgenommen hat		hoch	
		passive und aktive Mitgliedschaft in Vereinen		hoch	
	subjektiv:				
	Zufriedenheit mit der Partizipation	individuelle Zufriedenheit mit den Partizipationsmöglichkeiten		hoch	Wie zufrieden sind Sie mit den Möglichkeiten, an Entscheidungsprozessen in ihrer Gemeinde teilzuhaben, a) durch Wahlen, Bürgerbegehren, Bürgerentscheide b) durch Mitarbeit in Vereinen, runden Tischen, Agenda-Gruppen o.ä. sehr zufrieden, zufrieden, weniger zufrieden, gar nicht zufrieden. Die Indikatorwerte sind die Befragtenanteile, die jeweils angaben zufrieden, oder sehr zufrieden mit ihren Partizipationsmöglichkeiten zu sein.

Tabelle 7.3: Soziale Indikatoren zur Beteiligung an Ressourcen und Dienstleistungen.

soziale Kriterien	Indikatoren		Ziel	Erhebung, Methodenvorschrift, Quellen
Zugang zu Ressourcen und Dienstleistungen	1. Wissen über Möglichkeiten nachhaltiger Landnutzung			
	objektiv: Angebot zur Wissensaneignung	vorhandene Bildungs-, Beratungs- und Informationsangebote	viele	
	subjektiv: Zufriedenheit mit dem Angebot und Zugang	individuelle Zufriedenheit mit den Möglichkeiten der Wissensaneignung	hoch	Haben Sie ausreichend (viele) Möglichkeiten, sich ihr Wissen anzueignen? sehr viele, ausreichend, weniger, gar nicht Wie zufrieden sind Sie mit dem Angebot? sehr zufrieden, zufrieden, weniger zufrieden, gar nicht zu frieden
	2. Zugang zu Ressourcen und Dienstleistungen, die für die betreffenden Akteure nötig sind, um ihr Teilprojektziel zu erreichen			
	objektiv:	zugängliche Ressourcen und Dienstleistungen	Vorhanden	1. Welche Ressourcen sind notwendig? (z.B. Tourismusverband nötig für überregionale Werbung) 2. Sind Ressourcen und der Zugang dazu vorhanden? (gibt es einen Verband und arbeitet er mit den Jagsttalgemeinden zusammen)
	subjektiv: Zufriedenheit mit dem Angebot und Zugang	Wie zufrieden sind Sie mit dem Angebot?	hoch	

Tabelle 7.4: Soziale Indikatoren zur sozialen Geborgenheit.

soziale Kriterien	Indikatoren		Ziel	Erhebung, Methodenvorschrift, Quellen
soziale „Geborgenheit" (Wertschätzung und Solidarität)	1. Solidarität innerhalb von Gruppen			
	objektiv:	Organisationsgrad in Selbsthilfeorganisationen, z.B. Kooperativen, Erzeugergemeinschaften	hoch	a) Welche Selbsthilfeorganisationen, Kooperativen gibt es? b) Wie viele von den potentiellen Mitgliedern sind tatsächlich Mitglied?
	subjektiv:	Zufriedenheit mit Selbsthilfe		Wie zufrieden sind Sie mit den bestehenden Selbsthilfeorganisationen?
	2. Wertschätzung (bezogen auf Teilprojekte)			
	objektiv:	Vertretung und Akzeptanz betroffenen Gruppen	hoch	Frage in AK Sind alle Gruppen, die von dem Problem betroffen sind, vertreten? Wer fehlt noch?
	subjektiv:	Berücksichtigung der einzelnen Anliegen/Interessen	hoch	Werden Ihre Anliegen ausreichend berücksichtigt (innerhalb des AK, des Berufsstands, Nachbarn, Gemeinde?)

Tabelle 7.5: Überblick über relevante Ressourcen und Dienstleistungen.

Ressourcen		Dienstleistungen (handlungsbezogen)
Materielle Güter	Wissen	
– Boden	– Bildung	– Versorgungsmöglichkeiten: (Einkauf, ärztliche Versorgung, Altenversorgung)
– Wasser	– Beratung	
– Luft	– Information	– Schulen, Bildungsangebote
– Rohstoffe	– Austausch in Netzwerken	– Freizeitmöglichkeiten
– Betriebsmittel	– Lerngruppen	
– Fläche	– Erfahrungsaustausch	
– Vermarktungsmöglichkeiten	– Selbsthilfegruppen	
– Transport/Mobilität	– (Agenda-Gruppen)	

7.3.2 Ökonomische Indikatoren der Nachhaltigkeit

Unter den ökonomischen Kriterien wurden im Projekt zwei, nämlich die wirtschaftliche Leistungsfähigkeit und die wirtschaftliche Existenzfähigkeit verwendet.

A) Die wirtschaftliche Leistungsfähigkeit beinhaltet einen möglichst effizienten Einsatz der Ressourcen. Sie muss im Zeitablauf einer Generation mindestens erhalten werden.
Anwendung im Projekt: Der Indikator wurde in den Teilprojekten *Boeuf de Hohenlohe, Heubörse, Streuobst, Konservierende Bodenbearbeitung* und *Themenkarten* angewendet.
__Deckungsbeitrag ist ein Produktionsindikator und wird je eingesetzter Ressourceneinheit (Fläche, Produktionsmittel, Arbeitskraft) oder je Einheit Naturalertrag angegeben. Ein Vergleich zwischen Verfahren, Kulturen, Betrieben oder Jahren ist möglich. Methodenvorschrift: Marktleistungen abzüglich variabler Kosten je Bezugsgröße;
__Produktionsmittelkosten je erzeugter Einheit Naturalertrag
__Berechnung der Vollkosten, das bedeutet Verrechnung sämtlicher Kosten (Einzel- und Gemeinkosten) zu den Kostenträgern.

B) Das Kriterium wirtschaftliche Existenzfähigkeit beinhaltet, dass die individuellen und gesellschaftlichen Bedürfnisse effizient befriedigt werden können.
Indikatoren:
__Gesamtdeckungsbeitrag (als Produktionsindikator) je Betrieb (Vergleich zwischen Betrieben, Jahren); er ist die Summe der einzelnen Deckungsbeiträge der Produktionsverfahren eines Betriebes.
__Gewinn je Betrieb (mit Hilfe der Buchführung bzw. Statistik); das ist der Gesamtdeckungsbeitrag abzüglich der festen Spezial- und Gemeinkosten.

Eine ausführliche Beschreibung der definierten ökonomischen Indikatoren findet sich im Anhang 7.2.

7.3.3 Ökologische Indikatoren der Nachhaltigkeit

Die Qualität der zu einem Zeitpunkt vorhanden Landschaften, Ökosystemtypen und Umweltbestandteile lassen sich hinsichtlich eines Indikatorensystems den drei unterschiedlichen Blickwinkeln Funktionalität, Struktur und Stoffe zuordnen (Statistisches Bundesamt 1998).
In Anlehnung an Statistisches Bundesamt (1998) wurde ein Gliederungsvorschlag für die ökologischen Kriterien erarbeitet (Tab. 7.7). Er basiert darauf, dass der Umweltzustand aus dem Blickwinkel der »Funktionalität« (integrierte Stoffe und Struktur) heraus am Besten zu beurteilen wäre. Dies ist jedoch derzeit nicht möglich, da kein operationalisiertes Indikatorensystem vorliegt. Das Leitprinzip für die ökologischen Kriterien ist die Minimierung der menschlichen Eingriffe und Belastungen.

Tabelle 7.6: Blickwinkel des Umweltzustandes und Indikatoren.

Blickwinkel des Umweltzustandes	Aussagegehalt der Indikatoren	Beispiel für Indikatoren
Funktionalität	Beste theoretische Konsistenz, bilden strukturelle und stoffliche Aspekte ab, kurzfristig nicht umsetzbar, da bislang kein operationalisiertes Indikatorenset vorliegt	Nutzung von Strahlungsenergie in Produktionsprozessen; Stoff- und Energieflussdichte in Systemen; Stoffverluste; Diversität und Organisationsgrad der Systeme
Struktur	Geringere theoretische Konsistenz, kurzfristig verfügbar	Flächenanteil natürlicher und naturnaher Biotoptypen in Prozent; Biotopqualität von Ackerflächen; durchschnittliche Artenzahl von Gefäßpflanzen
Stoffe	Geringere theoretische Konsistenz, kurzfristig verfügbar	PSM-Einsatz (Herbizide, Insektizide, Fungizide); Treibhausrelevante Gase; Schwermetalle

Tabelle 7.7: Ökologische Kriterien für Nachhaltigkeit.

Ebene 1	Ebene 2	Ebene 3
1) Erhaltung von Schutzgütern (Bezug: Lebewesen, natürliche Ressourcen, Kultur-, Sachgüter, Ökosysteme)	Verbrauch erneuerbarer Rohstoffe innerhalb der Regenerationsrate (erstes Inputprinzip)	
	Verbrauch nicht-erneuerbarer Rohstoffe im Umfang der Entwicklung von Ersatztechnologien (zweites Inputprinzip)	
	Emissionen maximal bis zur natürlichen Aufnahmekapazität (Output-Prinzip)	
	Reduzierung der anthropogenen Flächeninanspruchnahme	
	Schutz von Ökosystemen (Funktion, Prozesse)	
	.....	
2) Entwicklungsfähigkeit von Systemen (Umwelt-Mensch-Umwelt-Systeme) in Selbstorganisationsprozessen (Funktionalität, Biodiversität, Evolution)	Funktionalität von Ökosystemen (kurzfristiger Gleichgewichtszustand)	
	Erhaltung der Biodiversität / Schutz der Evolutionsfähigkeit (verhindert langfristig Zusammenbrüche natürlicher Systeme)	Genetische Diversität (erbliche Variation innerhalb / zwischen Populationen von Arten)
		Artenvielfalt (Anzahl verschiedener Arten pro Raumausschnitt)
		Landschaftsraumvielfalt (Vielfalt an Biotopen in Landschaften oder Landschaftsausschnitten)
3) Vermeidung unvertretbarer ökologischer Gefahren und Risiken durch anthropogene Einwirkungen (z.B.Kernenergie, Abfall, Emissionen, ...)		

Anmerkung: Die Kriterien sind nicht unabhängig voneinander, z.B.:

—Kriterium 1, »Schutz von Ökosystemen«, und Kriterium 2, »Funktionalität von Ökosystemen«, sind inhaltlich miteinander verknüpft.

—Kriterium 1 und 3: Kriterium 3 ist eindeutig auf den Schutz der menschlichen Gesundheit ausgerichtet (Strahlenbelastung, Emissionen), Kriterium 1 eher auf die Regenerationsfähigkeit und Belastbarkeit der natürlichen Grundlagen (Trennung Mensch/Umwelt).

Tabelle 7.8: *Beispiele für komplexe ökologische Indikatoren, entsprechend der ökologischen Kriterien und Wirkungskategorien.*

Kriterien (Statistisches Bundesamt 1998)	Wirkungskategorie (in Anlehnung an Umweltbundesamt 1995)	Komplexe Indikatoren
Erhaltung von Schutzgütern (Bezug: Lebewesen, natürliche Ressourcen, Kultur-, Sachgüter, Ökosysteme)	Energieverbrauch	Energieeinsatz Energiesubstitutionspotential
	Bodenschutz und Flächenverbrauch	Flächenverbrauch Bodenversiegelung Bodenerosion Standortgerechte Landbewirtschaftung Ökologisches Ertragspotential Abfallaufkommen
	Wasserressourcen, Wasserverschmutzung, Gewässereutrophierung	Trinkwasserverbrauch Substitutionspotential Trinkwasser Nachhaltigkeit der Grundwassernutzung Auswaschungsgefahr von Nährstoffen in Oberflächengewässer Gewässerstrukturgüte Gewässerbiozönose Hydrochemie
	Klimaschutz, Luftverschmutzung, Versauerung	Luftschadstoffe klimawirksame Gase
Entwicklungsfähigkeit von Systemen (Umwelt- Mensch-Umweltsysteme) in Selbst-organisationsprozessen (Funktionalität, Biodiversität, Evolution)	Biotopqualität, Biotopdiversität, genetische Diversität	Ausprägung und Zustand (Fauna, Flora) Arten-, Sortenvielfalt Strukturelle Vielfalt
	Seltenheit und Gefährdung	Gefährdete Arten, Biotope
	Nutzungsintensität	Natürlichkeit Zerschneidung und Isolation
Vermeidung unvertretbarer ökologischer Gefahren und Risiken durch anthropogene Einwirkungen	Human- und Ökotoxizität	Ökotoxikologisches Potential (Klärschlamm) Kontaminationsrisiko durch Schwermetalle
	Lärm	Lärmbelastung

In Tabelle 7.8 sind, ausgehend von den ökologischen Kriterien, beispielhaft komplexe Indikatoren angeführt. Eine ausführliche Beschreibung der definierten ökologischen Einzelindikatoren findet sich einschließlich der Rechenvorschriften in Anhang 7.3).

Literatur

Busch-Lüty, C., 1995: Nachhaltige Entwicklung als Leitmodell einer ökologischen Ökonomie. In: Fritz, P., J. Huber, H. W. Levi (Hrsg.): Nachhaltigkeit in naturwissenschaftlicher uns sozialwissenschaftlicher Perspektive. Hirtzel, Stuttgart: 115-126

Deutsches Institut für Fernstudienforschung an der Universität Tübingen, 1997: Veränderung von Böden durch anthropogene Einflüsse: Ein interdisziplinäres Studienbuch. Berlin

DRL (Deutscher Rat für Landespflege), 2002: Die verschleppte Nachhaltigkeit: frühe Forderungen – aktuelle Akzeptanz. Schriftenreihe des Deutschen Rates für Landespflege 74. Bonn

Eckert, H., G. Breitschuh, 1994: Kritische Umweltbelastung Landwirtschaft (KUL). In: Effiziente und umweltgerechte Landnutzung. Schriftenreihe Thüringer Landesanstalt für Landwirtschaft 10: 47–62

Endres, A., V. Radke, 1998: Indikatoren nachhaltiger Entwicklung. Elemente ihrer wirtschaftstheoretischen Fundierung. Volkswirtschaftliche Schriften 479. Duncker und Humblot, Berlin: VI

Harborth, H. J., 1991: Dauerhafte Entwicklung statt globaler Zerstörung. Berlin 1991

Hauff, V. (Hrsg.), 1987: Unsere gemeinsame Zukunft. Der Bericht der Weltkommission für Umwelt und Entwicklung (Brundlandt-Bericht). Deutsche Ausgabe, Greven

Heinl, W., M. Leibenath, S. Radlmaier, 1996: Nachhaltigkeit in der Landwirtschaft – Ein Szenario am Beispiel Tertiärhügelland Nord in Bayern. – Naturschutz und Landschaftsplanung 28 (2): 45–53

Herweg, K., K. Steiner, J. Slaats, 1999: Sustainable Land Management. Guidelines for Impact Monitoring. Volume 1. Workbook. GTZ Eschborn

Huber, J., 1995: Nachhaltige Entwicklung durch Suffizienz, Effizienz und Konsistenz. In: Fritz, P., J. Huber, H. W. Levi (Hrsg.): Nachhaltigkeit in naturwissenschaftlicher und sozialwissenschaftlicher Perspektive. Hirtzel, Stuttgart: 30–46

Ruckelshaus, W. D., 1989: Toward a sustainable world. Scientific American 261(3): 166–175

Schmidheiny, S., 1992: Kurswechsel. Globale unternehmerische Perspektiven für Entwicklung und Umwelt. München

Schwedersky, T., 1997: Förderung von Beteiligung und Selbsthilfe im Ressourcenmanagement. Ein Leitfaden für Projektmitarbeiterinnen und Projektmitarbeiter. Hrsg. v. Schwedersky, T., Karkoschka, O., Fischer, W., Bonn 1997: 240 S.

Statistisches Bundesamt, 1998: Entwicklung eines Indikatorensystems für den Zustand der Umwelt in der Bundesrepublik Deutschland mit Praxistest für ausgewählte Indikatoren und Bezugsräume; Schriftenreihe Beiträge zur Umweltökonomischen Gesamtrechnung, Band 5, Statistisches Bundesamt, Wiesbaden

Technische Universität Graz, 1995: Leitfaden zur Projektbeurteilung nach dem Gesichtspunkt der Nachhaltigkeit. – Sustain, Verein zur Koordination von Forschung über Nachhaltigkeit

Umweltbundesamt (UBA, Hrsg.), 1995: Methodik der produktbezogenen Ökobilanzen – Wirkungsbilanz und Bewertung. UBA-Texte 23/95, Berlin

8

Die Projekte des Modellprojekts Kulturlandschaft Hohenlohe

Wie bereits in Kapitel 1 angedeutet und wie in Kap. 6.2 ausgeführt beschrieben, wurden die in der Region gestellten Aufgaben sinnvoll geordnet und in operationale Teilprojekte umgeformt, die ihrerseits in unterschiedlichem Umfang, je nach Funktion, Fragestellung und Abstraktionsgrad inter- und transdisziplinär bearbeitet wurden. Die Vorstellung der Teilprojekte geschieht nach einem einheitlichen Muster: Einer *Zusammenfassung* folgt die *Problemstellung*, wo die Relevanz des Themas, insbesondere auch aus der Sicht der Akteure (damit die auch die Praxisrelevanz) aufgezeigt wird. Die Vorgeschichte bzw. den *historischen Kontext* zu kennen ist wichtig, um das Problem überhaupt zu verstehen. Die *Ziele* werden entsprechend der Gliederung in Kapitel 3 formuliert. Der *räumliche Bezug* bewegte sich von der Parzelle bis zur Region; entsprechend unterschiedlich waren auch die Gruppen der *Beteiligten* bei der transdisziplinären Arbeit. Die *Methoden* werden nun Teilprojekt-spezifisch beschrieben, immer ergänzt um disziplinäre Methoden, aber auch beispielsweise um Methoden der Kommunikation. Im Abschnitt *Ergebnisse* werden zunächst »wissenschaftliche Ergebnisse« vorgestellt; das sind disziplinäre Daten (z.B. Messergebnisse) und sonstige disziplinäre oder interdisziplinäre neue Erkenntnisse, die Fachleute ansprechen. Die »umsetzungsmethodischen Ergebnisse« dokumentieren den Ablauf des transdisziplinären Prozesses und dessen Evaluierung von Seiten der Akteure, aber auch der Forschergruppe. Diese Ergebnisse sind in ihrem Gehalt mehrschichtig, da Akteure und Forscher das eigene Tun bewerten und offenbaren, ob die angewandte Methode zielführend war und möglicherweise übertragbar ist. Die »anwendungsorientierten Ergebnisse« sind die Ergebnisse, die direkt praxisrelevant sind und meist auch mit den Akteuren gemeinsam erarbeitet wurden, also die diese primär interessiert. Außerdem werden die Kohärenzen und die gegenseitigen Abhängigkeiten zwischen den Teilprojekten aufgezeigt. Der Öffentlichkeitsarbeit wird ein weiterer Abschnitt gewidmet. Die *Diskussion* greift die Grundsatzfragen des *Modellprojekts Kulturlandschaft Hohenlohe* auf: ob alle Akteure beteiligt waren, ob die gesetzten Ziele erreicht wurden, ob ein selbsttragender Prozess initiiert werden konnte, ob die Erkenntnisse übertragbar sind und ob Verbesserungen im Sinne der Nachhaltigkeit erzielt wurden. Schließlich werden die Erkenntnisse im Kontext anderer Vorhaben diskutiert. Die *Schlussfolgerungen* beschließen die Teilprojektberichte.

Beate Arman, Norbert Billen, Gottfried Häring, Angelika Thomas, Berthold Kappus

8.1 Konservierende Bodenbearbeitung – Feldversuche und Entwicklung ökonomisch-ökologischer Bewertungsschlüssel zum Ressourcen schonenden Ackerbau für die Praxis

8.1.1 Zusammenfassung

Das Teilprojekt *Konservierende Bodenbearbeitung* spiegelt die Ansprüche der Projektgruppe wider, die Umsetzung wissenschaftlicher Erkenntnisse in der Praxis zu begleiten. Die Landwirte wurden am Forschungsprozess beteiligt und mit Ihnen ihnen zusammen wurden Lösungen erarbeitet, die zu einer Ressourcen schonenden Landbewirtschaftung beitragen. Offene Fragen und Zweifel der Landwirte an den Vorteilen konservierender Bodenbearbeitungsverfahren hemmten eine stärkere Umsetzung dieser Verfahren in die Praxis. Aus diesem Grund gründete die Projektgruppe *Kulturlandschaft Hohenlohe* mit Landwirten aus dem unteren Jagsttal einen den Arbeitskreis »Konservierende Bodenbearbeitung« und legte Praxisversuche mit den Bodenbearbeitungsvarianten Mulchsaat, Grubber und Pflug an. Um Gefährdungen im Bereich Bodenabtrag, Nitrat- und Pflanzenschutzmittelaustrag sowie ökonomische Auswirkungen unterschiedlicher Anbauverfahren abschätzen zu können, entwickelte sie zusammen mit Landwirten Bewertungsschlüssel, die einfach zu handhaben sind. Die gemeinsame Planung der Versuche und der Themen für den Arbeitskreis führten zu einem konstanten Interesse und reger Teilnahme der Landwirte im Arbeitskreis. Die Ergebnisse aus den Versuchen entsprachen weit gehend den Ergebnissen aus früheren Versuchen zur konservierenden Bodenbearbeitung. Sie waren dennoch für viele Landwirte überraschend. Im Mittel der Standorte und Jahre waren die Unterschiede bei den Erträgen zwischen den Bodenbearbeitungsvarianten nur gering, die Deckungsbeiträge fielen für die Mulchsaatvariante meist etwas höher aus. Die Versuche hatten zur Demonstration von Effekten und Wirkungen der unterschiedlichen Anbauverfahren und als Grundlage für den Erfahrungsaustausch eine wichtige Funktion.

8.1.2 Problemstellung

Bedeutung für die Akteure

In Gesprächen mit Akteuren des unteren Jagsttals, vornehmlich Gemeinde- und Behördenvertretern, in der Definitionsphase des Projektes kristallisierten sich innerhalb des Themenbereichs Landwirtschaft und Ressourcenschutz zwei Problembereiche heraus. In der Gemeinde Möckmühl waren Probleme mit erhöhten Nitratwerten im Trinkwasser bekannt, die mit der Landwirtschaft als Verursacher in Verbindung gebracht wurden. Eine chemisch-biologische Analyse der Qualität der Oberflächengewässer in den Gemeinden Möckmühl und Neudenau (KAPPUS 1999) und eine Analyse des Einflusses der landwirtschaftlichen Nutzung auf die Fließgewässer (SCHWEIKER et al. 2000) ergaben mehrere mögliche Einflussfaktoren, die mit der landwirtschaftlichen Nutzung verbunden sind. Dazu gehören die Nutzung der Auenböden mit Sonderkulturen und Ackerbau und die stofflichen Einträge in Jagstzuflüsse, die im Unterschied zur Jagst mehr von Dränierung und Begradigung betroffen sind. Die Gemeinden sind inzwischen zum Teil an die Fernwasserversorgung angeschlossen, um Versorgungsengpässe auszuschließen und die Nitratwerte durch die Beimischung unbelasteten Wassers zu senken.

Das Amt für Landwirtschaft, Landschafts- und Bodenkultur (ALLB) Heilbronn, der Kreisbauernverband Heilbronn und Landwirte in den beteiligten Teilgemeinden nannten zu Beginn des Hauptprojektes den Verlust von Boden durch Bodenabtrag und den damit verbundenen Bodeneintrag in die Gewässer als wichtigstes Problem. Die erosionsanfälligen Lössböden im Teilprojektgebiet ergeben zusammen mit dem hügeligen Relief ergeben eine mittlere bis hohe Erosionsanfälligkeit der Ackerbaustandorte. Der durch starke Regenfälle in den Wintermonaten verursachte Bodenabtrag war für die Gesprächspartner in der Gemeindeverwaltung eher von untergeordneter Bedeutung.

Um mit den Landnutzern eine nachhaltige, Ressourcen schonende Landbewirtschaftung umzusetzen, hat die Projektgruppe *Kulturlandschaft Hohenlohe* dort angesetzt, wo die betroffenen Landwirte subjektiv Handlungsnotwendigkeiten in Bezug auf Landwirtschaft und Gewässerschutz sahen. Die Projektgruppe ist deshalb primär in den Themenkomplex erosionsmindernde, konservierende Bodenbearbeitung eingestiegen. Begleitend wurden Fragen des effizienten Einsatzes von Stickstoffdünger und des Pflanzenschutzes aufgegriffen, vor dem Hintergrund, Gewässerbelastungen zu verringern.

Tabelle 8.1.1: Hemmnisse bei der Einführung konservierender Bodenbearbeitungsverfahren und mögliche Ansätze, die Hemmnisse abzubauen

Hemmnisse	Ansätze
pflanzenbaulich-ökologische	**Praxisversuche**
_Saatzeitpunkt verzögert	_Messung Bodenfeuchte/ Bodentemperatur
_Feldaufgang/Ertrag niedriger	_Messungen, Vergleiche
_Totalherbizid notwendig	_Schadschwellen
_Fusariumbefall höher	_Bonitur, Sorten, Fruchtfolge
_mehr tierische Schädlinge	_Schädlings-/Nützlingsbeziehung
_Fruchtfolgeänderung nötig	_Anbaualternativen
_ökologische Gesamtwirkungen	_Ökobilanz
_Erosionsgefährdung	
ökonomische	**Bewertungsschlüssel** für Landwirte
_neue Maschinen nötig	_Maschinengemeinschaften
_Beobachtungs- und Managementaufwand höher	_Einsatz von EDV, Umverteilung von Arbeitszeit
_Einkommensverluste	_Deckungsbeitragsrechnungen
soziale	**Arbeitskreis**
_Risikobereitschaft	_Risiken aufzeigen
_Skepsis	_Erfahrungen austauschen
_Ordnung auf dem Acker	_Werte überdenken
_Angst vor Spott	_gegenseitige Unterstützung
_widersprüchliche Aussagen	_Verfahren definieren
	_eigene Erfahrungen, wissenschaftlicher Beitrag

Wissenschaftliche Fragestellung

Konservierende Bodenbearbeitungsverfahren und andere Ressourcen schonende Anbauverfahren werden im Projektgebiet trotz des Problembewusstseins nur zögerlich umgesetzt. Eine Analyse der Umsetzungshemmnisse bei der Einführung konservierender Bodenbearbeitungsverfahren in Gesprächen mit Landwirten in den Gemeinden ergab offene Fragen im pflanzenbaulich-ökologischen, ökonomischen und sozialen Bereich (Tab. 8.1.1.1). Im Teilprojekt sollte untersucht werden, inwieweit sich unterschiedliche Instrumente eignen, diese offenen Fragen zu beantworten, um damit die Umsetzung zu fördern. Als Instrumente wurden Praxisversuche angelegt, ein Arbeitskreis gegründet und Bewertungsschlüssel entwickelt, mit deren Hilfe eine Abschätzung von Umweltgefährdungen für Landwirte möglich ist.

Historischer Kontext

Im unteren Jagsttal lag schon Mitte des 19. Jahrhunderts der Anteil der Ackerfläche an der landwirtschaftlichen Nutzfläche bei über 75 Prozent (OAB Neckarsulm 1881). Dieser Anteil hat sich bis heute nur wenig verändert. Bodenerosion und Nitratauswaschung wurden begünstigt durch die Flurbereinigung, Änderungen in den Fruchtfolgen, Änderungen im Transportsystem der Zuckerrüben sowie der Entwicklung und dem vermehrten Einsatz von mineralischem Stickstoffdünger nach dem Zweiten Weltkrieg.

In den Gemeinden im Teilprojektgebiet setzte die Flurbereinigung schon sehr früh, Anfang der 1960er Jahre, ein und fand im Jahr 1998 in einer zweiten Phase ihren vorläufigen Abschluss. Die größeren Flurstücke, die eine effizientere Bewirtschaftung ermöglichen, fördern gleichzeitig aufgrund der Verlängerung der Hänge die Erosion. Der Anbau von erosionsanfälligen Reihenfrüchten mit weitem Reihenabstand nahm in der gleichen Zeit zu. Der Zuckerrübenanbau ist seit über 150 Jahren infolge der Gründung der Zuckerfabrik Waghäusel im Jahr 1837 in der Region verwurzelt. Doch erst in der zweiten Hälfte des letzten Jahrhunderts dehnte sich der Zuckerrübenanbau in der privaten Landwirtschaft aus. Wurden die Zuckerrüben bis in die 1980er Jahre von den Landwirten mit Traktoren und Anhängern an Bahnverladestationen angeliefert, werden sie heute im Gebiet ausschließlich mit LKWs abtransportiert. Für den Transport mit Lastwägen sind befestigte Wirtschaftswege nötig, die meist in der Talsohle oder am Hangrücken verlaufen. Dies führte dazu, dass wegen der Ablage der geernteten Rüben an den befestigten Wegen die Anbaurichtung geändert wurde. War zuvor eine Bewirtschaftung quer zum Hang möglich, wurde sie jetzt parallel zum Hang durchgeführt, was den potenziellen Bodenabtrag erhöht. Mit dem zunehmenden Anbau von Silomais für die Rindviehfütterung anstelle von Kleegras und Luzerne als Futterpflanzen gewann eine zweite Fruchtart Bedeutung, die unter den Standortbedingungen des unteren Jagsttal zur Erosionsgefährdung beiträgt. Die Förderung des Silomaisanbaus im Rahmen der Zahlung von EU-Flächenprämien machte den Anbau von Silomais gegenüber anderen Futterpflanzen, für die keine Flächenprämien gezahlt wurden, wirtschaftlich noch attraktiver.

Die Einführung konservierender Bodenbearbeitungsverfahren wird als wirksame Maßnahme gegen Erosion gesehen. Das Land Baden-Württemberg fördert seit 1994 im Rahmen des Marktentlastungs- und Kulturlandschaftsausgleichs (MEKA) die Begrünung der Felder in der Zwischenbrachezeit sowie Mulchsaatverfahren. Begrünung wurde zu Projektbeginn im Jahr 1998 in den Teilprojektgemeinden für 11–26 Prozent der Ackerfläche beantragt, Mulchsaat für 5–13 Prozent. Der Anteil an Sommerfrüchten (Zuckerrüben, Silomais, Kartoffeln, Sommergetreide), die aufgrund langer Zwischenbrachezeiten je nach Standort besonders erosionsgefährdend sind, liegt im Untersuchungsgebiet zwischen 28 und 38 Prozent der Ackerfläche. Folglich wurde ein erheblicher Flächenanteil noch nicht erosionsmindernd bewirtschaftet. Mögliche Gründe dafür können der Tab. 8.1.1 entnommen werden.

8.1.3 Ziele

Ziel des Teilprojektes war es, dass am Ende wirksame, standortspezifische Verfahren zur Ressourcen schonenden Ackernutzung zur Verfügung stehen, die mit den Landnutzern entwickelt und erprobt wurden und bereits vermehrt umgesetzt werden. Dazu sind folgende Schritte zum Erreichen der umsetzungsmethodischen und wissenschaftlichen Ziele notwendig.

Wissenschaftliche Ziele
_Ressourcen schonende Verfahren sind in Praxisversuchen den Standort- und Betriebsverhältnissen angepasst und auf ihre ökologischen und ökonomischen Wirkungen hin geprüft.
_Modelle zur Abschätzung relevanter Umweltgefährdungen in der Landwirtschaft sind hinsichtlich ihrer Eignung als Instrument für Landwirte und ihrer Gültigkeit im Projektgebiet geprüft und entsprechend angepasst.

Umsetzungsmethodische Ziele
_Die Akteure haben nach gemeinsamen Zielen gesucht, die zu einer nachhaltigen Landnutzung führen, und sich auf diese Ziele verständigt.
_Akteure mit gleichen Fragestellungen und Interessen zur Ressourcen schonenden Landbewirtschaftung arbeiten zusammen und tauschen sich aus.
_Akteure werden partizipativ in die Entwicklung von Bewertungsschlüsseln zur Abschätzung von Umweltgefährdungen einbezogen.

Anwendungsbezogene Ziele
_Anhand von Praxisversuchen sind Wirkungen und Ergebnisse Ressourcen schonender Anbauverfahren für die Landwirte sichtbar und fassbar.
_Es sind Bewertungsschlüssel entwickelt, mit deren Hilfe Landwirte Gefahrenpotenziale für die Umwelt aufgrund ihres Anbaus abschätzen können, Ressourcen schonende Verfahrensalternativen selbständig planen sowie ökologisch und ökonomisch bewerten können.

8.1.4 Räumlicher Bezug

Das Teilprojekt *Konservierende Bodenbearbeitung* konzentriert sich auf die Gemeinden Möckmühl (1820 ha Ackerfläche), Neudenau (1371 ha Ackerfläche) und Roigheim (491 ha Ackerfläche) im unteren Jagsttal, Landkreis Heilbronn (Abb. 8.1.1). Der Anteil der Ackerfläche an der landwirtschaftlichen Nutzfläche beträgt durchschnittlich 79,1 Prozent. Er liegt damit über dem Schnitt der Jagsttalgemeinden im Projektgebiet von 73,9 Prozent bzw. der Region Franken von 74,7 Prozent, aber gleichauf mit dem benachbarten und ackerbaulich intensiv genutzten Kraichgau (Landkreise Heilbronn und Karlsruhe mit 78,9 Prozent Ackerfläche) (Statistisches Landesamt 1996). Die Gründe hierfür sind in den standörtlichen Gegebenheiten zu finden. Die auf den Hochflächen im Jagsttal vorherrschenden Muschelkalk- und Lettenkeuperschichten sind im Teilprojektgebiet im Gegensatz zum Gesamtprojektgebiet in großen Teilen von Löss beeinflusst oder überlagert. Daraus resultieren verschiedene Bodensubtypen von Parabraunerden mit einem Flächenanteil von bis zu 75 Prozent. Subtypen von Braunerden, Pelosolen und Terrae fuscae mit mittlerer bis hoher Ertragskraft treten mit Flächenanteilen von maximal 25 Prozent zurück. Im übrigen Projektgebiet ist das Bodenverteilungsmuster umgekehrt. Dies spiegeln auch die durchschnittlichen

Ertragsmesszahlen der beiden zuständigen Ämter für Landwirtschaft wider: 63 im Dienstbezirk Heilbronn, welchem auch das Teilprojektgebiet zugehört, gegenüber 45 im Dienstbezirk Öhringen, welchem das östliche Gesamtprojektgebiet zugehört. Aus den standörtlichen Gegebenheiten resultiert auch die Erosionsproblematik im Teilprojektgebiet. Der K-Faktor, als Maß für die Erosionsanfälligkeit eines Standorts aufgrund der Bodenart (SCHWERTMANN et al. 1990) ist mit Werten bis 0,7 relativ hoch (Geologisches Landesamt Baden- Württemberg 1993) und ähnelt den Verhältnissen im westlich gelegenen Kraichgau. In den östlich gelegenen Gebieten des Gesamtprojektes wird dieser Wert nur selten erreicht. Insgesamt sind die vorherrschenden Böden unter landwirtschaftlicher Nutzung durch Erosion und Auswaschung je nach Ausgangsgestein, Entwicklungszustand und Reliefposition der Böden häufig mittel bis hoch gefährdet.

In den drei Gemeinden des Teilprojektes (engeres Teilprojektgebiet, vgl. Abb. 8.1.1) waren 1999 insgesamt 62 Haupterwerbsbetriebe (HE = 44,9 Prozent) ansässig und 76 Nebenerwerbsbetriebe (NE = 55,1 Prozent; Statistisches Landesamt 1999). Dies weicht nur geringfügig ab von dem Verhältnis in den drei vom Projekt tangierten Landkreisen (HE = 41,4 Prozent; NE = 58,6 Prozent) bzw. in der Region Franken (HE = 40,4 Prozent, NE = 59,6 Prozent). Am Arbeitskreis waren 41 Landwirte beteiligt, die ihren Hof überwiegend im Haupterwerb bewirtschaften, wobei 11 Landwirte aus angrenzenden Gemeinden (erweitertes Teilprojektgebiet) kamen.

Mit den gegebenen Standortverhältnissen und der Agrarstruktur des Teilprojektgebietes wird ein Gebiet der Projektregion mit ackerbaulichem Schwerpunkt und den daraus resultierenden Problemen repräsentiert. Dadurch ergeben sich auch Vergleichbarkeiten über die Projektgrenzen hinaus.

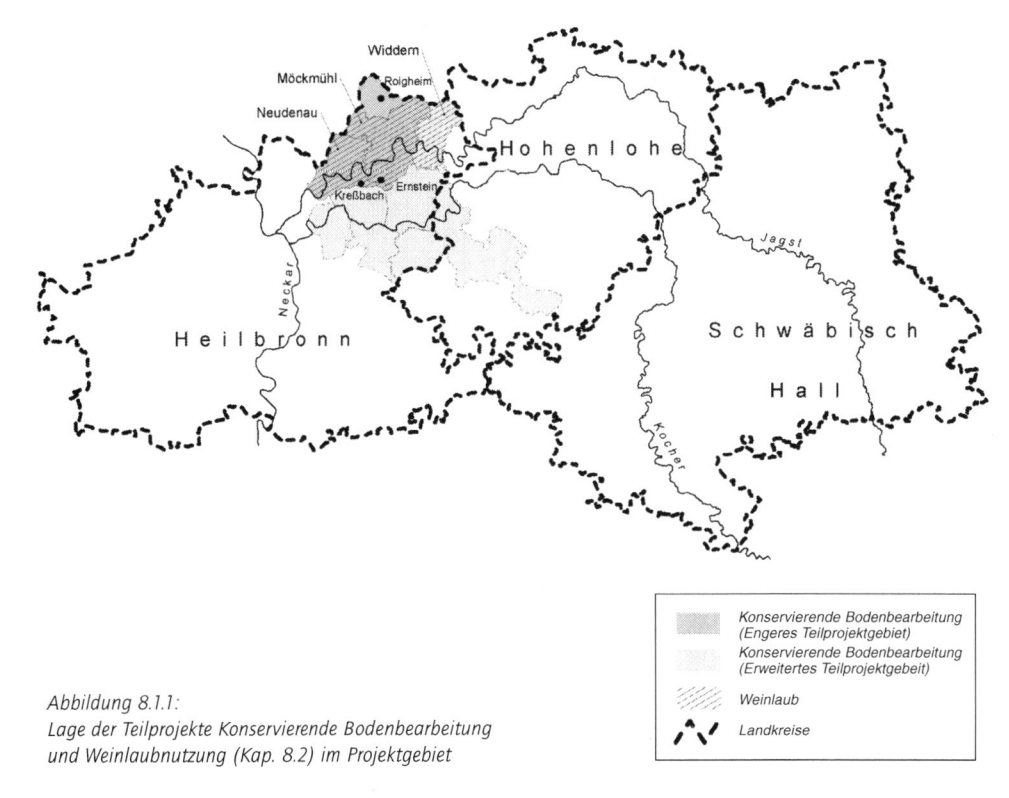

Abbildung 8.1.1:
Lage der Teilprojekte Konservierende Bodenbearbeitung und Weinlaubnutzung (Kap. 8.2) im Projektgebiet

8.1.5 Beteiligte Akteure, Mitarbeiter und Institute

Die Aktivitäten wurden gemeinsam mit Landwirten des Arbeitskreises konservierende Bodenbearbeitung und mit dem Amt für Landwirtschaft, Landentwicklung und Bodenkultur (ALLB) Heilbronn unternommen. Als wissenschaftliche Mitarbeiter von Seiten der Projektgruppe *Kulturlandschaft Hohenlohe* wirkten mit:
__Beate Arman (Teilprojektverantwortliche), Institut für Pflanzenbau und Grünland
__Dr. Norbert Billen (Teilprojektverantwortlicher), Institut für Bodenkunde und Standortslehre
__Gottfried Häring und Sabine Sprenger, Institut für Landwirtschaftliche Betriebslehre
__Angelika Thomas, Institut für Sozialwissenschaften des Agrarbereichs
__Dr. Berthold Kappus, Institut für Zoologie
Alle Institute befinden sich an der Universität Hohenheim.

8.1.6 Methoden

Die einzelnen Phasen des Teilprojektes orientierten sich am Aktionsforschungsansatz und wurden gemeinsam mit den Akteuren durchlaufen. Sie umfassten die Problem- und Zieldefinition, die Planung, Umsetzung und Evaluierung der Arbeit (siehe auch Billen et al. 2001). Um diesen partizipativen Ansatz zu verwirklichen, wurden unterschiedliche **Instrumente** eingesetzt.

Von den 40 Landwirten, die insgesamt an den Gruppengesprächen zu Beginn des Teilprojektes teilnahmen, äußerten 23 Landwirte das Interesse, an **Praxisversuchen** mitzuarbeiten. Drei Betriebe wurden nach folgenden Kriterien als Versuchsbetriebe ausgewählt: Es sollten für das Untersuchungsgebiet typische Haupterwerbsbetriebe (Milchvieh- oder Gemischtbetriebe mit ca. 50 ha Nutzfläche) sein, um die nötige Zeit und Flexibilität zu gewährleisten, die Versuche auf ihren Schlägen durchzuführen. Die Betriebsfläche sollte außerdem für das Untersuchungsgebiet repräsentative und erosionsanfällige Böden umfassen. Die durchgeführten Praxisversuche zur konservierenden Bodenbearbeitung wurden gemeinsam mit den Betriebsleitern geplant und auf die Situation der einzelnen Standorte und Betriebe abgestimmt. Ergänzt wurde das Konzept durch eine ausführliche Literaturrecherche und die Integration von Erfahrungen aus anderen Versuchen zur konservierenden Bodenbearbeitung über persönliche Kontakte.
Als Versuchsvarianten wurden drei unterschiedliche Verfahren der Bodenbearbeitung festgelegt:
__Pflugvariante; die Grundbodenbearbeitung wird mit dem Pflug auf Krumentiefe durchgeführt.
__Grubbervariante; die Grundbodenbearbeitung wird mit dem Grubber auf Krumentiefe durchgeführt. Vor Sommerungen wird die Zwischenfrucht im Winter bei leichtem Frost als Frostbearbeitung eingearbeitet.
__Mulchsaatvariante; die Grundbodenbearbeitung findet erst kurz vor der Aussaat mit Rototiller oder Kreiselegge statt, bis maximal 10 cm Tiefe.
In der Grubber- und Mulchsaatvariante wurde vor Sommerungen im Frühjahr ein Totalherbizid zur Unkrautbekämpfung eingesetzt. Die sonstigen Arbeitsschritte wurden in allen Varianten gleich durchgeführt. Die Versuche fanden in Kreßbach (K), Ernstein (E) und Roigheim (R) auf insgesamt sechs Standorten statt. Die Varianten waren in Bearbeitungsrichtung parallel zum Hang in der Reihenfolge Pflug (oben), Grubber (Mitte) und Mulchsaat (unten) angelegt. Die Parzellengröße pro Variante umfasste eine Breite von 15 m und eine Länge zwischen 68 und 100 m, je nach Schlaggröße. Um offenen Fragen der Landwirte nachzugehen, fanden Messungen und Bonituren zum Feldaufgang, zur Bodentemperatur, zur Bodenfeuchte, zur Bestandesentwicklung, zum Unkrautbesatz, zum Stickstoffhaushalt und zum Ertrag statt.

In **Gruppengesprächen** mit Landwirten in den einzelnen Teilgemeinden wurden Probleme im Bereich Landwirtschaft und Umwelt aus Sicht der Landwirte definiert. Im daraufhin gebildeten **Arbeitskreis** Konservierende Bodenbearbeitung wurden Themen gesammelt, Ergebnisse und vorhandene wissenschaftliche Erkenntnisse von den Projektmitarbeitern vorgestellt, Erfahrungen und praktisches Wissen ausgetauscht, sowie die Arbeit der Projektgruppe *Kulturlandschaft Hohenlohe* von den Akteuren evaluiert. Ergänzend gaben informelle **Gespräche** mit Landwirten Hinweise auf aktuelle Themen für den Arbeitskreis und halfen die gegenseitige Wertschätzung und Vertrauensbildung zwischen Wissenschaftlern und Landwirten zu fördern.

Tabelle 8.1.2: Übersicht über Inhalt, Form und Umfang der Bewertungsschlüssel

Erosion	Nitratverlust	Pflanzenschutzmittelaustrag
Quellen der wissenschaftlichen Modelle und Datengrundlage		
Mosimann & Rüttimann (1996) Schwertmann et al. (1990) Frede & Dabbert (1998)	LAP Forchheim (1998) MLRBW (1996) Bockstaller & Girardin (2000) Frede & Dabbert (1998)	Bockstaller & Girardin (2000)
Anzahl der Eingangsgrößen aus Felderhebungen / aus Betriebsunterlagen		
3 / 4	2 / 10	3 / 1
Bewertungsgröße		
5 Gefährdungsstufen, abhängig vom Zeitraum (Jahre), in dem durch Bodenabtrag die Bodenfruchtbarkeit verloren geht. Von Stufe 1, geringe Gefährdung (Verlust der Bodenfruchtbarkeit in ca. 500 Jahren) bis Stufe 5, sehr hohe Gefährdung (Verlust der Bodenfruchtbarkeit in ca. 70 Jahren).	3 Gefährdungsstufen, abhängig vom Risiko des Nitratverlustes durch Auswaschung (mg Nitrat/l Sickerwasser). Von Stufe 1, geringe Gefährdung mit weniger als 25 mg Nitrat/l Sickerwasser, bis Stufe 3, sehr hohe Gefährdung mit mehr als 50 mg Nitrat/l Sickerwasser.	3 Gefährdungsstufen der Umweltbelastung durch Pflanzenschutzmittelaustrag. Von Stufe 1, geringe Gefährdung, d.h. geringer Pflanzenschutzmitteleinsatz mit umweltverträglichen Mitteln, bis Stufe 3, d.h. hoher Pflanzenschutzmitteleinsatz mit umweltgefährdenden Mitteln.
Anzahl der Maßnahmenvorschläge, Wirkungen sind mit dem Schlüssel prüfbar / nicht prüfbar		
10 / 10	8 / 10	5 / 8
alternative Standardverfahren mit ökonomischer Bewertung		
_Bodenbearbeitung mit Pflug _Bodenbearbeitung bis auf Krumentiefe mit Grubber _Mulchsaat, flache Bodenbearbeitung direkt vor der Saat _Direktsaat	_N-Düngung nach Abfuhr _N-Düngung nach Bedarf _um 20% verringerte N-Düngung nach Bedarf _um 20% verringerte N-Düngung nach Bedarf mit Mulchsaat	_Pflanzenschutz (PS) „konventionell" _PS nach MEKA im Ackerbau (CCC-Verzicht, 17 cm Reihenabstand mit nur 1 Fungizidapplikation in Getreide) _PS alternativ unter Beachtung der Umweltverträglichkeit _PS integriert (Schadschwellen, Pro Plant)

Es wurden drei Indikatoren als **Schlüssel zur Bewertung** von potenziellen Umweltbelastungen durch die Pflanzenproduktion – Erosion, Nitratverlust und Pflanzenschutzmittelaustrag – für die Projektregion ausgearbeitet. Die Bestimmung des Belastungspotenzials geschieht in mehreren Arbeitsschritten mittels Tabellen und Baumdiagrammen und fließt in eine Bewertung mit drei bis fünf Gefährdungsstufen ein. In Abhängigkeit von den ermittelten Gefährdungsstufen können verschiedene Maßnahmen aus einem Katalog gewählt werden, für welche die geschätzten Auswirkungen auf den Deckungsbeitrag angegeben sind. Für definierte Standardverfahren liegen die berechneten Deckungsbeiträge in tabellarischer Form vor (siehe Tab. 8.1.2). Die Landwirte des Arbeitskreises wurden in den Test der Modelle, die als Berechnungsgrundlage der Umweltgefährdung dienen, einbezogen. Damit sollte die Praxistauglichkeit und Akzeptanz der Berechnung geprüft werden. Um die Bewertungsgrößen und Gefährdungsklassen festzulegen, wurden die Landwirte nach ihrer Einschätzung befragt. Bewertung ist ein Prozess, der stark durch subjektive, gesellschaftspolitische Meinungen geprägt ist und ausgehandelt werden sollte. Dabei dienten bestehende Richt- oder Grenzwerte zur Orientierung. Im Endtest wurden vor allem Kriterien der Handhabbarkeit und Vollständigkeit aus Sicht der Landwirte berücksichtigt.

Evaluierungen am Ende jedes Arbeitskreises (vgl. Kap. 6.8) sollten Hinweise liefern über die Zufriedenheit mit dem Vorgehen, den Ergebnissen, der Atmosphäre und der Möglichkeit, sich im Arbeitskreis einzubringen. Zwischen- und Abschlussevaluierungen erfolgten jährlich und am Ende des Projekts. Sie ergaben zum einen Hinweise über Erfolg und Defizite der Teilprojektarbeit und zum anderen neue Themen für die weitere Planung im Arbeitskreis.

8.1.7 Ergebnisse

Wissenschaftliche Ergebnisse

Messungen in den **Praxisversuchen** ergaben, dass der Feldaufgang in der Mulchsaat- und Grubbervariante gegenüber der Pflugvariante meist verzögert war, sich nach einigen Wochen jedoch nahezu angeglichen hatte. Die Differenz beim Feldaufgang zwischen Pflugvariante und Mulchsaatvariante beträgt im Durchschnitt mehrerer Standorte bei Zuckerrüben 2 Prozent (n=5), bei Mais 13 Prozent (n=4) und bei Winterweizen 3 Prozent (n=6). Ein Grund für den verzögerten Feldaufgang bei Zuckerrüben und Mais kann die niedrigere Bodentemperatur nach der Aussaat sein. Sie ist in der Mulchsaatvariante in den ersten fünf bis sieben Wochen im Durchschnitt 0,5 °C (Mittelwert aus fünf Standorten) geringer als in der Pflugvariante. Dabei sind die Unterschiede bei tonigen Böden größer als bei schluffigen (siehe auch Billen et al. 2001). Die Unterschiede zwischen den Varianten ergeben sich hauptsächlich durch eine raschere Erwärmung der Pflugvarianten bei einem Anstieg der Tagestemperaturen, eine Folge der um durchschnittlich 5 Prozent geringeren Wassergehalte. Die Stabilität der Bodenkrümel ist nach den drei Versuchsjahren in der Mulchvariante um durchschnittlich 20 Prozent höher als in der Pflugvariante. Dies kann auch auf die um ca. 0,5 Prozent gestiegenen Humusgehalte zurückgeführt werden.

Die Erträge unterscheiden sich im Durchschnitt über die Standorte und Jahre bei Zuckerrüben und Winterweizen zwischen den Bodenbearbeitungsvarianten nur wenig (Abb. 8.1.2). Lediglich beim Anbau von Silomais ist der Ertrag im Durchschnitt mit 142 dt TM/ha in der Mulchsaatvariante deutlich geringer als in der Pflugvariante mit 153 dt TM/ha und der Grubbervariante mit 158 dt TM/ha. Der geringere Ertrag in der Mulchsaatvariante kann die Folge des niedrigeren Feldaufgangs sein. Ein Grund dafür ist die ungenügende, zu flache Einbettung des Saatgutes in ein zu grobes Saatbett, da die Tiefenführung des Sägerätes in der Mulchsaatvariante nicht an die Voraussetzungen angepasst wurde.

Die Bewertung der drei Versuchsvarianten hinsichtlich ihrer potenziellen Umweltwirkungen zeigte bei der Erosion auf allen Standorten eine abnehmende Gefährdung von der Pflugvariante über die Grubber- zur Mulchsaatvariante (Tab. 8.1.3). Durch die Einführung des Mulchsaatverfahrens verringert sich die Erosionsgefährdung je nach Anfälligkeit des Standortes auf ein geringes oder sehr geringes Maß. Hinsichtlich der Nitratauswaschung lassen sich Unterschiede hauptsächlich zwischen den Fruchtarten feststellen. Zwischen den Versuchsvarianten sind die Unterschiede mit den Ertragsdifferenzen zu erklären. Bei gleicher Düngung der Varianten ist der Stickstoffentzug bei einem höheren Ertrag größer und damit der Stickstoffüberschuss und die Gefahr der Auswaschung geringer. Da sich der Betrachtungszeitraum vom Frühjahr des Anbaujahres der betrachteten Fruchtart bis zum folgenden Frühjahr erstreckt, ergeben sich beim Anbau von Zuckerrüben und Silomais mit anschließender Winterweizenaussaat nur geringe Nitratauswaschungspotenziale, vorausgesetzt, es findet eine bedarfsgerechte Düngung der Hauptfrucht statt. Beim Anbau von Wintergetreide mit nachfolgendem Zwischenfruchtanbau sind mittlere bis hohe Auswaschungspotenziale festzustellen. Hier wurde im Herbst zur Zwischenfrucht durch die Gabe von Wirtschaftsdünger mehr Stickstoff ausgebracht, als die Zwischenfrucht potenziell aufnehmen kann. Die Gefahr, dass Pflanzenschutzmittel ausgewaschen werden, ist auf den betrachteten Standorten und Spritzfolgen beim Anbau von Silomais gering. Beim Anbau von Zuckerrüben und Winterweizen ist die Auswaschungsgefährdung bei der Pflug- und Grubbervariante mittel bis hoch. Durch den geringeren Oberflächenabfluß und die damit verbundene geringere Abschwemmung von Pflanzenschutzmitteln in der Mulchsaatvariante lässt sich die Austragsgefährdung verringern.

Tabelle 8.1.3: Bewertung der potenziellen Umweltgefährdung hinsichtlich Erosion, Nitrataustrag und Pflanzenschutzmittelaustrag der drei Versuchsvarianten auf unterschiedlichen Standorten

Standort (Ackerzahl)	Variante	Erosion (t/ha*a)	Nitrataustrag (kg Nitrat-N/ha)				Pflanzenschutzmittelaustrag (relative Größe)				Deckungsbeitrag (Euro/ha)
Ernstein (48)	Fruchtart		ZR	WW	WG		ZR	WW	WG		
	Pflug	20	25	15	>60		44	21	18		1289,20
	Grubber	12	25	15	>60		46	21	20		1255,09
	Mulch	7	35	15	>60		17	14	12		1123,23
Kreßbach (71)	Fruchtart		ZR	WW	SM	WW	ZR	WW	SM	WW	
	Pflug	15	<1	52	<1	47	48	35	9	35	1377,34
	Grubber	11	<1	50	<1	44	49	35	12	35	1194,07
	Mulch	3	<1	51	<1	46	16	20	5	20	1571,26
Roigheim 1 (61)	Fruchtart		ZR	WW	SM	WW	ZR	WW	SM	WW	
	Pflug	47	<1	40	4	22	32	26	5	26	1114,65
	Grubber	36	<1	31	4	13	32	26	8	26	1220,81
	Mulch	10	<1	31	4	22	11	13	6	13	1215,70
Roigheim 2 (46)	Fruchtart		SM	WW	SM	WW	SM	WW	SM	WW	
	Pflug	14	<1	35	<1	25	4	25	5	25	-158,54
	Grubber	6	<1	35	<1	25	4	25	8	25	-126,00
	Mulch	4	<1	35	<1	25	5	14	6	14	-138,62

Legende: ▓ hohe Gefährdung ▓ mittlere Gefährdung ▓ geringe Gefährdung

ZR: Zuckerrüben, WW: Winterweizen, SM: Silomais, WG: Wintergerste

Als weiteres Instrument zur Abschätzung potenzieller Umweltbelastungen werden wurden Ökobilanzen im Rahmen einer Dissertation methodisch erweitert und berechnet. Dabei wuerden Grenzen und Möglichkeiten der Ökobilanz anhand des Vergleichs der drei Versuchsvarianten sowie von drei unterschiedlich intensiv wirtschaftenden Betrieben dargestellt (ARMAN 2003).

Die **ökonomische Bewertung** der Versuchsvarianten anhand der Berechnungen zu den Deckungsbeiträgen der einzelnen Fruchtarten ergaben im Mittel der Jahre und Standorte, dass die Leistungen beim Produktionsverfahren Silomais in allen Varianten gleich sind, da hier nur die Flächenausgleichszahlungen und die MEKA-Maßnahme »Begrünung« einfließen. Die Mulchsaatvariante verursacht die geringsten variablen Kosten, sodass hierbei der günstigste Deckungsbeitrag von knapp -400 €/ha erreicht wird, gefolgt von der Pflugvariante mit -419 €/ha und der Grubbervariante mit -430 €/ha (Abb. 8.1.3). In der Mulchsaatvariante werden die erhöhten Pflanzenschutzaufwendungen gegenüber der Pflugvariante durch geringere variable Maschinenkosten mehr als ausgeglichen. In der Grubbervariante können die höheren Pflanzenschutzkosten durch geringere Maschinenkosten nicht kompensiert werden, da in der Grubbervariante bei einem Versuch zusätzlich eine Tiefenlockerung durchgeführt wurde. Dies zeigt sich auch beim Vergleich des Arbeitszeitbedarfs. Der Bedarf ist bei der Grubber- und Pflugvariante annähernd gleich (22,9 Akh/ha bzw. 23,0 Akh/ha), wogegen der Arbeitszeitbedarf der Mulchsaatvariante mit 21,1 Akh/ha geringer ist.

Die Deckungsbeitragsrechnungen bei Zuckerrüben ergeben folgendes Bild: Mit der Mulchsaatvariante wird der höchste Deckungsbeitrag mit 3122 €/ha erwirtschaftet, gefolgt von der Pflugvariante mit 3003 €/ha. Die Grubbervariante erbrachte den geringsten Deckungsbeitrag mit 2946 €/ha in Folge geringerer Leistungen, trotz ähnlicher Frischmasseerträge. Gründe für die geringeren Leistungen sind ein durchschnittlich höherer Standardmelasseverlust und ein geringerer Zuckergehalt als in den anderen Varianten, was zu einem niedrigeren Erzeugerpreis führt. Der höhere Deckungsbeitrag in der Mulchsaatvariante ist zum einen bedingt durch einen durchschnittlich höheren Frischmasseertrag von 739 dt/ha gegenüber der Pflugvariante mit 730 dt/ha und einem geringeren Standardmelasseverlust. Zum anderen sind zwar die Kosten für Pflanzenschutz in der Mulchsaatvariante um 12 €/ha höher als in der Pflugvariante, bei den variablen Kosten der eigenen Maschinen verursacht jedoch die Mulchsaatvariante um 45 €/ha geringere Kosten. Der Arbeitszeitbedarf ist mit 18,8 Akh/ha in der Mulchsaatvariante am Geringsten, gefolgt von der Grubbervariante mit 19,6 Akh/ha bis hin zum höchsten Bedarf bei der Pflugvariante mit 20,3 Akh/ha. Bei Winterweizen erbringt die Pflugvariante mit 539 €/ha den geringsten Deckungsbeitrag. Mulchsaatvariante (583 €/ha) und Grubbervariante (591 €/ha) haben einen nahezu gleichen Deckungsbeitrag. Der geringe Deckungsbeitrag in der Pflugvariante ergibt sich aus einem geringeren Ertrag von durchschnittlich 3 dt/ha und höheren variablen Kosten für die eigenen Maschinen von 20 €/ha. Auch beim Arbeitszeitbedarf liegen die Mulchsaat- und die Grubbervariante mit 6,0 Akh/ha bzw. 5,9 Akh/ha eng beieinander. Demgegenüber hatte die Pflugvariante den höchsten Arbeitszeitbedarf mit 6,9 Akh/ha. Die Deckungsbeitragsrechnungen der untersuchten Produktionsverfahren sind im Anhang 8.1.1 dargestellt.

Insgesamt betrachtet sind die überprüften Produktionsverfahren mit nicht wendender Bodenbearbeitung zum Pflugeinsatz ökonomisch konkurrenzfähig, zumal die Förderung der Mulchsaat nach MEKA noch nicht eingerechnet ist.

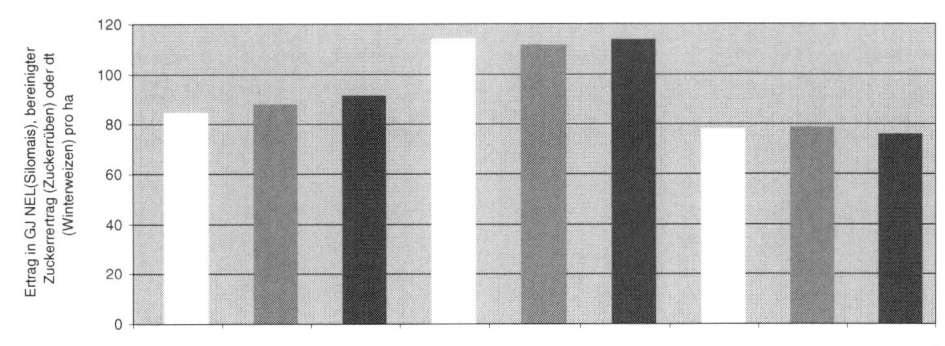

Angaben in Euro/ha	Silomais			Zuckerrüben			Winterweizen		
	Mulchsaat	Grubber	Pflug	Mulchsaat	Grubber	Pflug	Mulchsaat	Grubber	Pflug
Leistungen	503	503	503	4.233	4.070	4.140	1.207	1.217	1.182
variable Kosten	900	933	923	1.108	1.121	1.138	624	625	643
Deckungsbeitrag	–397	–430	–420	3.125	2.949	3.002	583	592	539

Abbildung 8.1.2: Deckungsbeitrag (Euro/ha) und Erträge von Zuckerrüben (bereinigter Zuckerertrag dt/ha), Winterweizen (Kornertrag dt/ha) und Silomais (Netto-Energie-Laktation GJ NEL/ha) bei unterschiedlicher Bodenbearbeitung, Mittelwerte aus 2 Jahren und 6 Standorten.

Umsetzungsmethodische Ergebnisse

Der **Arbeitskreis** konservierende Bodenbearbeitung – als offenes Planungs-, Informations- und Austauschforum – wurde im Januar 1999 gegründet und fand nach Vereinbarung alle zwei bis drei Monate statt. Den persönlichen Einladungen an circa 40 Arbeitskreismitglieder und den Einladungen über das Gemeindeblatt folgten während der Projektlaufzeit im Durchschnitt 16 Landwirte pro Arbeitskreissitzung. Diese fanden abwechselnd in den drei Teilprojektgemeinden statt. Die Zusammensetzung der Teilnehmer war deutlich vom Treffpunkt abhängig, obwohl die Gemeinden max. 15 km auseinander lagen. Themen des Arbeitskreises waren:

_Vorstellung der Versuchsergebnisse
_Düngung und Pflanzenschutz bei Zuckerrüben, Winterweizen und Mais, insbesondere unter dem Aspekt der konservierenden Bodenbearbeitung
_Erprobung der Bewertungsschlüssel
_Methoden zur Messung des Bodenzustandes, Infiltrationsmessung, Spatenprobe, Bestimmen des Regenwurmbesatzes als Parameter für die Bodenfruchtbarkeit

Von den Instrumenten zur Bewertung und Anpassung der Vorgehensweise im Teilprojekt wurden die **Kurzevaluierungen** der Arbeitskreissitzungen zu Projektbeginn insbesondere dazu genutzt, um bei der Vorbereitung der Treffen die Mischung zwischen Theorie, praktischer Anschauung und freier Diskussion zu optimieren. Kam zu viel Input von den Projektmitarbeitern, wurden die Möglichkeiten, eigene Anliegen einzubringen ungünstiger beurteilt (Abb. 8.1.3, 17.8.99). Wurde zu viel Raum für Diskussionen gelassen, war die Zufriedenheit mit den Ergebnissen geringer (30.11.99). Insgesamt zeigen die Ergebnisse eine überwiegende bis volle Zufriedenheit mit den Arbeitskreistreffen. Zu Beginn des dritten Jahres nahm die Beteiligung und Zufriedenheit etwas ab. Gründe dafür werden zum einen in einem Thema »Einfluss der Agrarpolitik auf die Fruchtfolgegestaltung« (22.02.00) gesehen«, bei dem die Landwirte wenig Handlungsmöglichkeiten sahen. Zum anderen gab es einen ungünstigen Termin für eine Arbeitskreissitzung (22.05.01), weil zu dieser Zeit Grassilage gemacht wurde. Allgemein kann gesagt werden, dass eine kurzfristige Terminplanung, die die Wetterverhältnisse und damit verbundene Arbeitsspitzen in der Landwirtschaft berücksichtigt, zu einer höheren Beteiligung führt. Dies ist allerdings aufgrund des damit verbundenen organisatorischen Aufwandes nur schwer möglich.

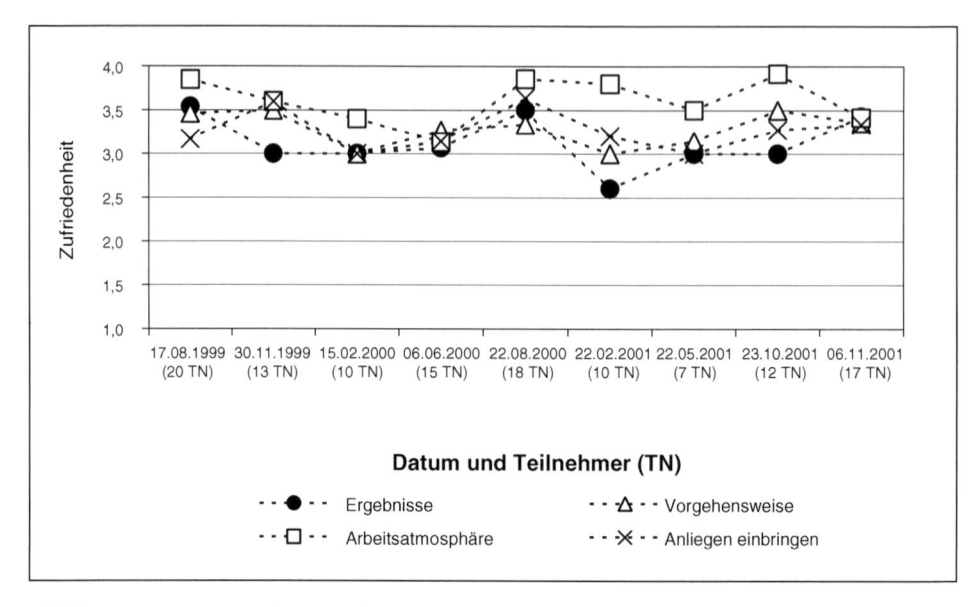

Abbildung 8.1.3: Auswertung der Kurzevaluierungen (Bewertung der Zufriedenheit: 4 = ja sehr, 3 = weitgehend, 2 = weniger, 1 = nein gar nicht; keine Evaluierung in den ersten drei Arbeitskreissitzungen vor dem 17.08.99 und am 11.04. und 21.11.2000).

Die beiden **Zwischenevaluierungen** Anfang 2000 und 2001 ergaben insgesamt eine große Zufriedenheit der Arbeitskreisteilnehmer mit der Arbeit der Projektmitarbeiter. Kritisch wurde die Öffentlichkeitsarbeit der Projektgruppe bewertet, da nach Meinung der Arbeitskreisteilnehmer der Bekanntheitsgrad des Projektes und der darin erzielten Ergebnisse zu gering war. Diese Einschätzung verbesserte sich in der zweiten Zwischenevaluierung etwas, nachdem öffentlichkeitswirksame Maßnahmen in Form von Veröffentlichungen und der Teilnahme an einem Tag des Offenen Hofes stattfanden. Damit und durch die Organisation einer Maschinenvorführung zum Thema »Konservierende Bodenbearbeitung« wurde gleichzeitig dem Wunsch der Landwirte nach einer größeren Verbreitung der Ergebnisse Rechnung getragen. Hierbei konnten die Inhalte des Arbeitskreises und die Versuchsergebnisse aber nur teilweise vermittelt werden. Trotz guter Resonanz bei den Veranstaltungen konnten nur wenige Landwirte zusätzlich zur Mitarbeit im Arbeitskreis gewonnen werden.

Die **Abschlussevaluierung** der Teilprojektarbeit im Arbeitskreis ergab, dass die Kombination der eingesetzten Methoden aus Arbeitskreis und Praxisversuchen, die Art und Weise der Zusammenarbeit sowie die erzielten Ergebnisse sowohl von den Mitarbeitern als auch von den beteiligten Landwirten im Arbeitskreis positiv bewertet wurden (Abb. 8.1.4). Festzustellen ist dabei, dass die ausführlichen Vorgespräche und die Entscheidung, die Fragestellungen der Landwirte aufzugreifen, auch tatsächlich zu einer aktiven Zusammenarbeit zum Thema konservierende Bodenbe-

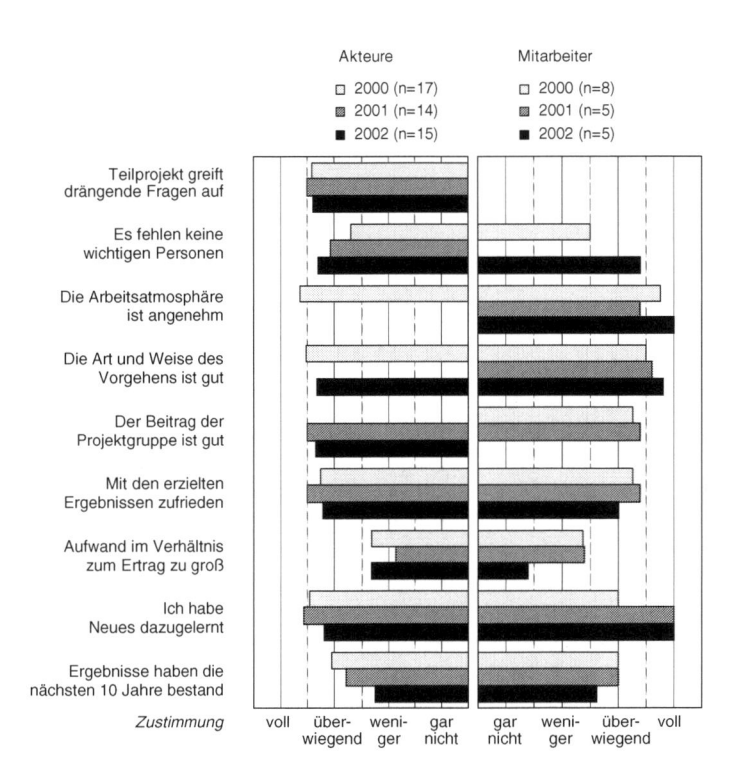

Abbildung 8.1.4: Gegenüberstellung von Ergebnissen der Zwischen- und Abschlussevaluierungen von Arbeitskreisteilnehmern und Projektmitarbeitern (zur graphischen Darstellung wurden Mittelwerte gebildet und den Antwortmöglichkeiten »stimme gar nicht zu« bis »stimme voll zu« die Werte von 1-4 zugeordnet)

arbeitung und weiterer pflanzenbaulichen Themen geführt hat. Die Einschätzung, dass für diese Fragestellungen nahezu alle relevanten Personen einbezogen waren, d.h. insbesondere die interessierten Landwirte selbst und das zuständige Amt für Landwirtschaft, Landschafts- und Bodenkultur Heilbronn, verbesserte sich im Laufe des Projektes. Einige der teilnehmenden Landwirte bemängelten allerdings, dass nicht noch mehr Berufskollegen dem freiwilligen Angebot folgten. Darüber hinaus sahen sich trotz großem Interesse die Gemeinden nicht in der Lage, die Organisation eines Runden Tisches zu Fragen des Ressourcenschutzes in der Landwirtschaft auf kommunaler Ebene zu übernehmen. Aufgrund dieser Tatsache variiert auch die insgesamt positive Zufriedenheit mit den Ergebnissen zwischen Mitarbeitern der Projektgruppe und Arbeitskreisteilnehmern in der Abschlussevaluierung etwas.

Die Gültigkeit der bisher erzielten Ergebnisse für die nächsten zehn Jahre beurteilen die Landwirte kritisch, da mit einer rasch fortschreitenden Entwicklung in der Landwirtschaft, insbesondere im technischen und strukturellen Bereich gerechnet wird. Der Fortbestand des Arbeitskreises ist unter der Federführung des Amtes für Landwirtschaft gesichert.

Mit den Evaluierungen wurden außerdem Hinweise gesammelt, inwieweit Versuche und Arbeitskreis dazu beitragen, Unsicherheiten oder Hemmnisse bei der Anwendung konservierender Bodenbearbeitungsverfahren zu reduzieren. Die Landwirte bestätigten in der Abschlussevaluierung, dass die Versuche offene Fragen geklärt, bzw. Unsicherheiten reduziert hätten und ihnen Anregungen gegeben haben, im eigenen Betrieb etwas zu ändern oder auszuprobieren. Überraschendes Ergebnis für die Landwirte waren die geringen Ertragsunterschiede zwischen den Bodenbearbeitungsvarianten in den Versuchen.

Durch Kommentare wie
»*Auf meinem Betrieb bestelle ich in Mulchsaat weil ich erheblich Kosten einsparen kann und weil die Gesellschaft diese Wirtschaftsweise akzeptiert*«, »*Mulchsaat beginnt im Kopf*« *(Arbeitskreisteilnehmer 6.11.2001)* werden Umdenkungsprozesse deutlich.

Anwendungsorientierte Ergebnisse
Die Versuche zur Konservierenden Bodenbearbeitung wurden unter Praxisbedingungen angelegt, um die Übertragbarkeit der Ergebnisse in die Praxis zu gewährleisten. Näheres zu den einzelnen Ergebnissen in den Versuchen wurde bereits in Kap. 8.1.7 dargestellt.

Mit der Entwicklung der **Bewertungsschlüssel** wurde für Landwirte ein Instrument geschaffen, das es ihnen ermöglicht, potenzielle Umweltgefährdungen ihrer Anbauverfahren hinsichtlich Bodenabtrag, Nitrataustrag und Pflanzenschutzmittelaustrag abzuschätzen und die damit verbundenen Verluste von Produktionsmitteln (Boden, Dünger, Pflanzenschutzmittel) aufzuzeigen. Hierzu wurden verschiedene Modelle hinsichtlich ihrer Eignung für einen Einsatz in der landwirtschaftlichen Praxis geprüft. Kriterien waren dabei die Verfügbarkeit der Eingangsdaten für das Modell beim Landwirt, die Möglichkeit, das Modell in einer Broschüre und ohne EDV darzustellen und zu berechnen, die Gültigkeit für das Projektgebiet, die Berücksichtigung von Standorteigenschaften und der Schlag als räumliche Bezugsebene. Die Bewertungsschlüssel ermöglichen es den Landwirten, weiterhin in Abhängigkeit von der ermittelten Gefährdungsstufe Verfahrensalternativen auszuwählen sowie die damit verbundenen ökologischen und ökonomischen Wirkungen abzuschätzen. Die Abb. 8.1.6 und 8.1.7 zeigen am Beispiel des Nitrataustrages auf, wie aus den in den Arbeitsschritten 1 bis 6 ermittelten Grunddaten »Stickstoffflächenbilanz« und »Bodenwasserhaushalt« die Verlustgefahr an Stickstoff bestimmt wird und welche Maßnahmen beim Erreichen der Grundwassergefährdungsstufe 3 (sehr hoch) ergriffen werden können. (Die kompletten Bewertungsschlüssel sind als pdf-Datei im Iinternet unter *http://www.regionales-informationssystem.de* abrufbar sowie als Anhang 8.1.2 bis 8.1.4 verfügbar.)

Abbildung 8.1.5:
Bewertungsschlüssel zur Abschätzung von Erosion, Nitratverlusten und Pflanzenschutzmittelaustrag, incl. der Maßnahmen zu deren Verminderung und ökonomische Bewertung dieser Maßnahmen.

7. Schritt: Risiko des Nitratverlustes bewerten

1. Gefährdungsstufen ermitteln

Das Risiko des Stickstoffverlustes durch Nitratauswaschung können Sie in Form von Gefährdungsstufen der Abbildung 4 entnehmen. Orientieren Sie sich dazu an Ihren ermittelten Werten zum Bodenwasserhaushalt und gehen Sie in der Zeile so lange nach rechts, bis Sie auf die Spalte mit dem Wert des Herbst / Winter-Saldos stoßen. Der abzulesende Wert entspricht dem ausgewaschenen Stickstoff in kg N/ha, die Grautönung dem Risiko der Nitratauswaschung in das Grundwasser.

Bodenwasserhaushalt		Stickstoffflächenbilanz						
Pflanzenverfügbares Wasser in l/m²	Wassergesamtspeichervermögen in l/m²	Bilanzsaldo Herbst/Winter in kg N/ha						
		0-10	11-20	21-30	31-40	41-50	51-60	über 60
< 50	bis 260	5	15	25	35	45	55	über 60
51-90	bis 260	5	15	25	35	45	55	über 60
91-140	bis 260	5	15	25	35	45	55	über 60
	261-390	5	15	24	34	44	53	über 58
141-220	bis 260	5	15	25	35	45	55	über 60
	261-390	4	13	22	31	40	49	über 54
	391-520	3	10	16	23	29	36	über 39
	über 520	3	8	13	18	23	28	über 31
> 220	261-390	4	12	19	27	35	42	über 46
	391-520	3	9	15	21	26	32	über 35
	über 520	2	7	12	16	21	26	über 28

Gefährdungsstufen	gering	**1**	mittel-hoch	**2**	sehr hoch	**3**
Bezogen auf das Risiko für das Grundwasser	Der Auswaschungsverlust beträgt bis zu 15 kg N/ha, dies entspricht bis zu 25 mg Nitrat je Liter Sickerwasser		Meist 15 -35 kg N/ha = 25-50 mg Nitrat/l Sickerwasser werden ausgewaschen, der Trinkwassergrenzwert ist fast erreicht.		Meist über 35 kg N/ha = 50 mg Nitrat/l Sickerwasser. Damit wird der Grenzwert für Trinkwasser überschritten.	

→ Höhe des Auswaschungsverlustes in Zeile 13 der Rechentabelle B eintragen.

→ Gefährdungsstufe in Zeile 12 der Rechentabelle B eintragen.

Abbildung 4: Verlust an Stickstoff durch Auswaschung von Nitrat-N in kg/ha und Grundwassergefährdungsstufen

➡ Beispiel: Höhe des Stickstoffverlustes durch Auswaschung

Beispielwerte:
- Speichervermögen für pflanzenverfügbares Wasser = 161 l/m²
- Wassergesamtspeichervermögen = 297 l/m²
- Bilanzsaldo Herbst/Winter = 62 kg N/ha

... ergeben einen mittleren Stickstoffverlust von über 54 kg Nitrat N/ha.

Abbildung 8.1.6: Der siebte Arbeitsschritt im Bewertungsschlüssel »Ein Nährstoff macht sich vom Acker« zur Bewertung des Risikos des Nitratverlustes.

Maßnahmenkatalog für Gefährdungsstufe 3 **SEHR HOCH**

Der Auswaschungsverlust beträgt meist über 35 kg N/ha, bzw. über 50 mg Nitrat je Liter Sickerwasser.
Der Grenzwert für Trinkwasser wird somit überschritten.

Wählen Sie Ihre Maßnahmen und notieren die betroffenen Schläge in der letzten Tabellenspalte ⬇

Ursache	Maßnahme	Bemerkungen	Deckungs-beitrag	Schlag- / Maßnahmenwahl
Hoher Bilanzsaldo Frühjahr / Sommer	Bedarfsgerechte Düngung	Um den Stickstoffdüngerbedarf zu berechnen, kann Tabelle 14 (Anhang, S. 25) genutzt werden. Dazu ist die Bestimmung des N-min Wertes im Frühjahr notwendig.	⇧ O ⇩	
	Splitting	Durch die Aufteilung der Stickstoffgaben kann die Gefahr der Nitratauswaschung verringert werden, indem aufgrund der aktuellen Entwicklung des Bestandes die Ertragserwartung angepasst wird. Hinweise hierzu finden sich für Winterweizen- und Mais im Anhang. Bei Qualitätsweizen sollte die Düngung bei Trockenheit nicht über 40 kg N/ha liegen. Dazu Flüssigdünger für Blattaufnahme verwenden. Durch Analysen der Stickstoffversorgung im Pflanzensaft lässt sich auch eine bedarfsgerechte Düngung ermitteln. (Anleitung S. 30).	⇧ O ⇩	
	Einsaat von Untersaaten	Untersaaten (Rotschwingel, Deutsches Weidelgras, Knäulgras) zur N-Aufnahme • bei Ackerbohnen, Drillsaat direkt nach Bohnensaat, 6-10 kg/ha, • bei Mais, Drillsaat oder Bandsaat im 4-6 Blattstadium, 4-6 kg /ha, nur bei ausreichend Feuchtigkeit.	⇩	
Hoher Bilanzsaldo Herbst / Winter	Gülledüngung begrenzen	Gülle und Jauche darf nach der Ernte der Hauptfrucht nur zu Feldgras, Untersaaten, Herbstansaaten einschließlich Zwischenfrüchten oder bei Strohdüngung bis zu einer Höchstmenge von 40 kg Ammoniumstickstoff bzw. 80 kg Gesamtstickstoff je Hektar ausgebracht werden.	⇩ ⬇	
	Anbau von Zwischenfrüchten	Auf gute Etablierung für wüchsige Bestände achten, N-Düngung zur Zwischenfrucht unter 30 kg N/ha. (Zwischenfruchteignung siehe Anhang S. 29).	⇧ O ⇩	
Hohes Auswaschungsrisiko	Keine Gülle im Winter	Keine Gülleausbringung zwischen 15.10. und 15.2. (Sperrfrist 15.11.- 15.1.). Die Lagerkapazität für Gülle sollte möglichst 4 Monate betragen. Beim Ausbringen von Gülle im zeitigen Frühjahr vor Sommerungen Nitrifikationshemmer verwenden.	⇩ ⬇	
	Änderung der Fruchtfolge	Auf Sommerungen mit hohem Auswaschungsrisiko wie Mais, Kartoffeln, Ackerbohnen und Gemüse verzichten.	⇩ ⬇	
	Reduzieren der Stickstoffdüngung	Reduzierung der mineralischen N-Düngung unter den Bedarf (- 20%) / Förderung im Rahmen von Meka möglich. Langfristig ist eine Aushagerung der Standorte möglich.	⇧ ⇩	

Abbildung 8.1.7: Bewertungsschlüssel »Ein Nährstoff macht sich vom Acker«; Maßnahmenvorschläge für die Gefährdungsklasse 3 (weiße/graue Zeilen = mit dem Nitratschlüssel prüfbar/nicht prüfbar, Pfeile: weiß auwärts/ weiß abwärts/schwarz abwärts = voraussichtliche Zunahme/Abnahme/stärkere Abnahme des Deckungsbeitrages, weißes Oval: voraussichtlich keine oder unwesentliche Veränderung des Deckungsbeitrages).

Verknüpfung mit anderen Teilprojekten

Inhaltliche und methodische Verknüpfungen gibt es mit den Teilprojekten *Ökobilanz Mulfingen* und *Regionaler Umweltdatenkatalog*, in dem teilweise oder ganz dieselben Modelle für die Indikatoren Erosion (SCHWERTMANN et al. 1990) und Nitratauswaschung (nach FREDE & DABBERT 1998) angepasst und eingesetzt wurden. Weiterhin wurden dem Teilprojekt *Regionaler Umweltdatenkatalog* Daten zu Eigenschaften von Böden und Standorten geliefert. Ein Transfer von Datengrundlagen und ökonomischen Berechnungen erfolgte ebenso zum Teilprojekt *Landnutzungsszenario Mulfingen* Hohenloher Lamm. Gemeinsam mit dem Teilprojekt *Gewässerentwicklung* wurden im Bereich der Versuchsflächen die Zusammenhänge zwischen ackerbaulicher Nutzung und ökologischer Qualität der entsprechenden Gewässerabschnitte untersucht (SCHWEIKER et al. 1999, 2001). Außerdem wurden Möglichkeiten der Hochwasserverminderung durch Landnutzung, u.a. durch konservierende Bodenbearbeitung, behandelt. Hierzu wurde auch eine Literaturstudie erstellt, welche die Effizienz, die Kosten und die Umsetzungsrelevanz von Maßnahmen zum Hochwasserrückhalt darstellt (KAPPUS & JANKO 2000).

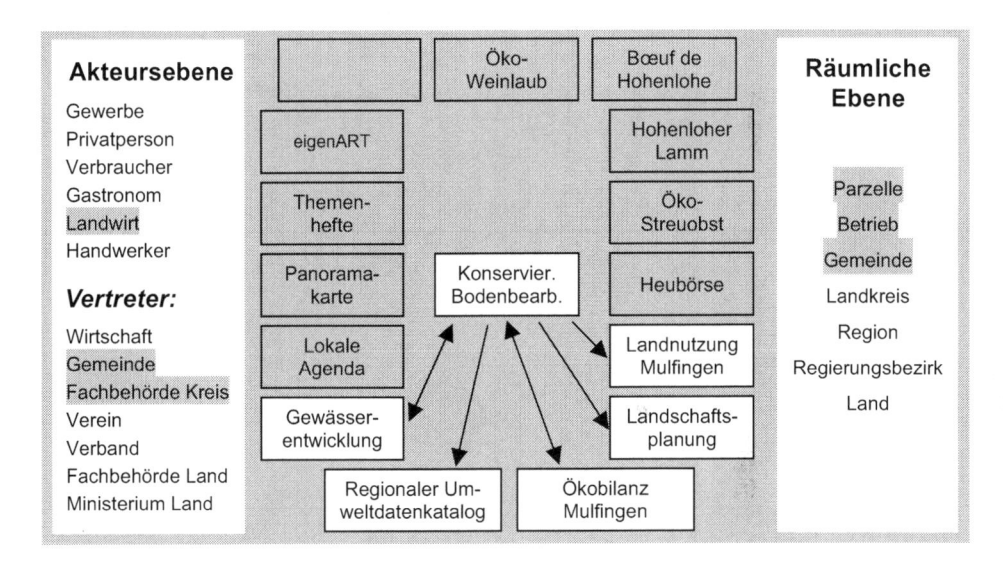

Akteursebene		Öko-Weinlaub	Bœuf de Hohenlohe	**Räumliche Ebene**
Gewerbe			Hohenloher Lamm	
Privatperson	eigenART			
Verbraucher				
Gastronom			Öko-Streuobst	Parzelle
Landwirt	Themenhefte			Betrieb
Handwerker				Gemeinde
	Panoramakarte	Konservier. Bodenbearb.	Heubörse	Landkreis
Vertreter:				
Wirtschaft	Lokale Agenda		Landnutzung Mulfingen	Region
Gemeinde				Regierungsbezirk
Fachbehörde Kreis				Land
Verein	Gewässerentwicklung		Landschaftsplanung	
Verband				
Fachbehörde Land		Regionaler Umweltdatenkatalog	Ökobilanz Mulfingen	
Ministerium Land				

Legende:
einseitiger, zwingender Daten-, Informationsaustausch ⟶
wechselseitiger, zwingender Daten-, Informationsaustausch ⟷

Abbildung 8.1.8: Verknüpfung des Teilprojektes Konservierende Bodenbearbeitung mit anderen Teilprojekten und Bezugsebenen.

Öffentlichkeitsarbeit

Aktive Öffentlichkeitsarbeit

Die Öffentlichkeitsarbeit richtete sich vor allem an Landwirte, die Bevölkerung, Schüler und Lehrer, Behördenvertreter sowie Fachwissenschaftler. Mit rund 50 öffentlichkeitswirksamen Aktivitäten wurde auf die Ziele und Aktivitäten des Teilprojektes *Konservierende Bodenbearbeitung* aufmerksam gemacht. Dies geschah im Einzelnen durch die Lokal- und Fachpresse mittels Präsentationen (Vortrag oder Poster, zum Teil mit Übungen), Exkursionen und anderen Veranstaltungen (vgl. Anhang 8.1.5). So wurde beispielsweise auf einem Hoffest Kindern und Erwachsenen ein Zugang zum Boden aus unterschiedlichen Blickwinkeln heraus vermittelt (Abb. 8.1.9). Sie beantworteten mit großer Motivation an sechs interaktiven Stationen und einem Plakat 10 Fragen, um zum Lösungswort »Boden lebt« zu kommen. Daraufhin wurde dieses Quiz auch 40 Lehrern als Multiplikatoren bei einer Fortbildungsveranstaltung des Amtes für Landwirtschaft Heilbronn vorgestellt. Bei einer Maschinenvorführung zur Stoppelbearbeitung bei *Konservierender Bodenbearbeitung* mit 13 Schlepper-Geräte-Kombinationen nahmen 250 Landwirte teil (Abb. 8.1.10). Sie konnten über die Ziele der Konservierenden Bodenbearbeitung und die Aktivitäten des Arbeitskreises informiert sowie teilweise für die Mitarbeit im Arbeitskreis gewonnen werden. Das Interesse von rund 40 Beratern und Behördenvertretern wurde bei drei Veranstaltungen zur Einführung der Bewertungsschlüssel geweckt.

Abbildung 8.1.9: Bodenquiz mit Kindern auf einem Hoffest

Öffentliche Resonanz

Eine messbare Resonanz der Öffentlichkeit ergibt sich aus den bereits o.g. Teilnehmerzahlen an den öffentlichen Veranstaltungen und aus Anfragen nach der Präsentation von Teilprojektergebnissen oder Teilprojektveröffentlichungen. Dabei war das Interesse an den Bewertungsschlüsseln für Landwirte am größten. Die Präsentation der Bewertungsschlüssel, gekoppelt mit Übungen für Pflanzenbauberater sowie Wasserschutzgebietsberater, wurde vom Regierungspräsidium Stuttgart und für Pflanzenbaureferenten vom Ministerium für Ernährung und Ländlicher Raum Baden-Württemberg nachgefragt. Bei einer Maschinenvorführung wurden 30 Bewertungsbroschüren für Bodenerosion von Landwirten erbeten und bei einer Diskussionsveranstaltung zur Konservierenden Bodenbearbeitung im Februar 2002 wünschten 80 Landwirte eine Zusendung der Bewertungsbroschüren Bodenerosion, Nitratverluste und Pflanzenschutzmittelaustrag. Weitere Anfragen nach den Broschüren gab es seitens der landwirtschaftlichen Fachverwaltung und Beratung im In- und Ausland, z.b. von Landratsämtern, der Landwirtschaftskammer Westfalen-Lippe, dem Anbauberater Langnese-Iglo Westfalen, der Martin-Luther-Universität Halle-Wittenberg, dem Amt der oberösterreichischen Landesregierung (Abt. Umweltschutz/Bodenschutz), der Eidgenössischen Forschungsanstalt für Agrarökologie und Landbau/Schweiz, der Volkswirtschaft- und Sanitätsdirektion des Kantons Basel-Landschaft/Schweiz.

Abbildung 8.1.10:
Maschinenvorführung zur Stoppelbearbeitung bei Konservierender Bodenbearbeitung

8.1.8 Diskussion

Waren alle Akteure beteiligt?
Das Ergebnis der ersten Zwischenevaluierung zeigte, dass von Seiten der Landwirte die Erwartung bestand, übergeordnete Behörden wie Ministerien oder das Regierungspräsidium zu beteiligen. Dahinter stand der Wunsch, mit Behördenvertretern, die Verordnungen und Gesetze im Bereich der Landwirtschaft gestalten, ins Gespräch zu kommen. Der direkte Kontakt zwischen diesen Behörden und den Landwirten kam im Rahmen des Arbeitskreises nicht zustande, da es kein primäres Ziel des Projektes war, die politischen Rahmenbedingungen zu verändern. Statt dessen wurden die für die Landwirte wichtigsten Verordnungen und Gesetze im Arbeitskreis diskutiert und Anregungen und Empfehlungen im Rahmen einer Diskussionsveranstaltung an das Ministerium für Ernährung und Ländlichen Raum Baden-Württemberg Baden Württemberg weitergegeben sowie in einem Presseartikel veröffentlicht (HÄRING & ARMAN 2001).

Der Versuch, die Inhalte des Teilprojektes in Richtung »Ressourcenschutz – Zusammenarbeit zwischen Landwirtschaft und Kommune« zu erweitern und dabei weitere Kreisbehörden und die Gemeinden einzubeziehen, stieß bei den Beteiligten auf unterschiedlich großes Interesse. Bei einem ersten Treffen in Form eines Runden Tisches war reges Interesse von Seiten der Behörden und Landwirte vorhanden. Die Gemeinden waren an einer Zusammenarbeit interessiert, fühlten sich jedoch aus Zeitgründen nicht in der Lage, die Führung eines Runden Tisches zu übernehmen, wie es von den übrigen Beteiligten als sinnvoll erachtet und gewünscht wurde. Da das Ende der Projektlaufzeit in Sicht war, wäre die Übernahme der Verantwortung jedoch Voraussetzung für die Einrichtung eines Runden Tisches gewesen.

Beispiele für Kooperationen, in denen die Gemeinden eine aktive Rolle im Themenfeld Landwirtschaft und Ressourcenschutz spielen, gibt es dabei gerade im Bereich des Trinkwasserschutzes. Im »Otzberger Modell«, einem hessischen Modellprojekt, hat dies zu einer engen Zusammenarbeit zwischen Landwirten und Gemeinde geführt (vgl. HOMM & STEMMER, 1995). Die Zusammenarbeit der verschiedenen Interessengruppen an Runden Tischen und eine breite Öffentlichkeitsarbeit, z.B. mit Wasserwanderungen und im Rahmen der gläsernen Produktion, spielen eine große Rolle. Auch im Rahmen der Lokalen Agenda gibt es Praxisbeispiele für Projekte zum Gewässerschutz auf Gemeindeebene, die aber nicht nur Einflüsse aus der Landwirtschaft betreffen, sondern auch Themen wie den Wasserverbrauch in Privathaushalten (LfU o. J.: 24-26) behandeln.

Wurden die gesetzten Ziele erreicht?
In den Versuchen konnten durch den praxisnahen Vergleich unterschiedlicher Anbauverfahren offene Fragen zur Konservierenden Bodenbearbeitung beantwortet werden. Die befragten Landwirte im Arbeitskreis wollen in Zukunft zu 85 Prozent vermehrt konservierende Bodenbearbeitungsverfahren einsetzten, wobei die Mehrheit mit 64 Prozent nicht auf eine Lockerung auf Krumentiefe verzichten möchte.

> Bei 77 Prozent der befragten Landwirte im Arbeitskreis haben die Versuche offene Fragen und Unsicherheiten bezüglich der konservierenden Bodenbearbeitung geklärt bzw. reduziert. 82 Prozent bekamen Anregungen, im eigenen Betrieb etwas zu ändern oder auszuprobieren.

Das Ziel, die Zusammenarbeit und den Erfahrungsaustausch von Landwirten zum Thema Ressourcen schonende Landwirtschaft zu fördern, wurde mit der Gründung des Arbeitskreises Konservierende Bodenbearbeitung erreicht. Die anfängliche Problemdefinition »Nitratbelastung durch die Landwirtschaft« für das Teilprojekt rührte von Gesprächen mit Interessensvertretern in der Definitonsphase her. Daraus ergab sich der Themenschwerpunkt »Landwirtschaft und Gewässer«, mit dem auf die Landwirte als Landnutzer zugegangen wurde. Dabei wurde deutlich, dass die Landwirte als Projektpartner eine andere Problemwahrnehmung hatten, als die in der Definitionsphase angesprochenen Interessenvertreter, nämlich Bodenerosion als Schwerpunktthema. Indem zuerst das Thema Bodenerosion aufgegriffen wurde und es zu einer Verständigung auf gemeinsame Ziele kam, konnte das Interesse der Landwirte am Arbeitskreis geweckt und über die vier Jahre konstant gehalten werden.

Zur Abschätzung von Umweltgefährdungen im Bereich Bodenerosion, Nitrataustrag und Pflanzenschutzmittelaustrag konnten geeignete Modelle gefunden und für den Einsatz in der Praxis angepasst werden. Die Praxistauglichkeit wurde erhöht, indem die Landwirte bei der Anpassung der Modelle und der Gestaltung mit einbezogen wurden.

Einer Befragung von Landwirten, Beratern und Wissenschaftlern unterschiedlicher Disziplinen zufolge, die den Bewertungsschlüssel Erosion getestet haben, wird von ca. 70 Prozent der Befragten der Schlüssel »im Wesentlichen« oder »voll und ganz«, für leicht verständlich gehalten und die Maßnahmen für realistisch. Ebenfalls 70 Prozent halten den Einsatz in Lehre, Fortbildung und Beratung für sinnvoll, da die Schlüssel für Umweltbelange sensibilisieren.

Die Bewertungsschlüssel bilden wichtige Umweltwirkungen ab, erfassen aber nicht alle Umweltwirkungen, die mit der landwirtschaftlichen Produktion verbunden sind. Die Herausgabe einzelner sektoraler Module birgt die Gefahr, dass bei der Verringerung eines Gefahrenpotenzials ein anderes negativ beeinflusst wird. Durch besondere Hinweise in den jeweiligen Bewertungsschlüsseln wird versucht, dieses zu verhindern.

Selbsttragender Prozess
Berater des Landwirtschaftsamtes in Heilbronn waren im Bereich Pflanzenschutz und Pflanzenbau aktiv im Arbeitskreis eingebunden. Hieraus ergab sich die Möglichkeit, den Arbeitskreis nach Projektende in die Leitung des Landwirtschaftsamtes zu übergeben, sodass eine Weiterführung zu erwarten ist. Die Selbstorganisation des Arbeitskreises durch die Landwirte konnte nicht erreicht werden. Ein Grund dafür wird in der hohen Arbeitsbelastung der Landwirte gesehen.

Übertragbarkeit

Flächenbezug
Das Teilprojektgebiet umfasste zu Beginn, wie in Kapitel 8.1.4 beschrieben, die Gemeinden Möckmühl, Neudenau und Roigheim. Insbesondere durch öffentlichkeitswirksame Aktionen wie die Teilnahme an einem Tag der offenen Tür und eine Maschinenvorführung kamen Landwirte aus angrenzenden Gemeinden (Richtung Kochertal und Heilbronn) zum Arbeitskreis dazu (siehe Abb. 8.1.1). Hier bestehen durch ähnliche Standortbedingungen und Anbaustrukturen ähnliche Probleme. Eine Ausweitung des Teilprojektgebietes wurde auch vom Landwirtschaftsamt Heilbronn als notwendig erachtet, insbesondere vor dem Hintergrund der Leitungsübernahme des Arbeitskreises nach Projektende. Zur räumlichen Übertragbarkeit der Versuchsergebnisse und Bewertungsschlüssel über das Teilprojektgebiet hinaus lässt sich folgendes sagen. Die Ergebnisse aus den Versuchen entsprechen den unter ähnlichen Standortbedingungen in anderen Versuchen zum Vergleich unterschiedlicher Bodenbearbeitungsverfahren gewonnenen Ergebnissen (siehe BECKER 1997, WEGENER & KOCH 1999, LAP Forchheim 2000). Dies unterstützt die Übertragbarkeit der Versuchsergebnisse auf andere Standorte, zumindest unter ähnlichen Standortbedingungen. Die ausgearbeiteten Bewertungsschlüssel wurden in der vorliegenden Form für den Einsatz im Projektgebiet entwickelt. In einem Anschlussprojekt des Ministeriums für Ernährung und Ländlicher Raum Baden-Württemberg werden die Bewertungsschlüssel Erosion und Nitrataustrag hinsichtlich der Übertragbarkeit und des Einsatzes in ganz Baden-Württemberg erweitert.

Teilnehmer
Primäre Partner im Teilprojekt waren Landwirte, als Landnutzer und damit potenzielle Anwender Ressourcen schonender Anbauverfahren. Durch die Kontaktaufnahme zu den Landwirten über die Ortsobmänner des Bauernverbandes konnte zu Projektbeginn die Mehrzahl der Landwirte angesprochen werden. Der Kreis der beteiligten Landwirte erweiterte sich wie oben beschrieben im Laufe des Projekts. Die Gemeinden, als Ansprechpartner während der Definitionsphase des Projektes, waren nur passiv im Teilprojekt beteiligt, näheres hierzu siehe Kapitel 8.1.8.

Arbeitsaufwand
An der Durchführung des Teilprojekts waren sechs Mitarbeiter beteiligt (siehe 8.1.5). Die dabei eingesetzte Arbeitszeit umfasste insgesamt ca. 1 Arbeitsstelle über die gesamte Projektlaufzeit. Dabei wurden ungefähr 20 Prozent der Zeit für Koordination, Planung und interne Sitzungen verwendet. Die externe Zusammenarbeit, Vorbereitung und Durchführung der Arbeitskreise beanspruchte ca. 15 Prozent der Arbeitszeit. Jeweils ca. 25 Prozent der Arbeitszeit wurde zum einen für die Betreuung und Auswertung der Versuche, zum anderen für die Entwicklung der Bewertungsschlüssel eingesetzt. Öffentlichkeitsarbeit, Berichtfassung und ähnliches nahmen ca. 15 Prozent der Zeit ein.

Die Aktionsforschung als Methode, die Akzeptanz und Umsetzung Ressourcen schonender Verfahren zu fördern, indem hemmende Kräfte abgebaut werden (Tab. 8.1.1) hat sich als praktikabel erwiesen und lässt sich in andere Projektgebiete übertragen. Die dabei eingesetzten Instrumente einer ausführlichen Situationsanalyse, Praxisversuche und die Zusammenarbeit in einem Arbeitskreis benötigent jedoch einen hohen Arbeitskrafteinsatz. Die positive Bewertung der Praxisversuche durch die Landwirte, kombiniert mit den Arbeitskreistreffen bestätigt bisherige Erfahrungen in der Beratungs- und Projektarbeit über den hohen Stellenwert praktischer Anschauung und direktem Erfahrungsaustausch.

Datenlage
Benötigte Informationen reichten von Adressdaten zur Kontaktaufnahme mit den Akteuren, über Daten, die offene Fragen der Landwirte bezüglich Ressourcen schonender Anbauverfahren beantworten sollten, bis hin zu Daten, die für die Bewertung der ökologischen und ökonomischen Wirkung von Anbauverfahren mit Hilfe der Bewertungsschlüssel dienen.

Für die Kontaktaufnahme mit Landwirten als wichtige Akteure für die Zusammenarbeit bei der Umsetzung von Landnutzungskonzepten bestand keine frei zugängliche, flächendeckende Adressdatei für das Projektgebiet. Deshalb wurden mit Hilfe des Kreisbauernverbandes die Ortsobmänner zu einer ersten Sitzung eingeladen. Diese arrangierten wiederum, wie schon oben erwähnt, den Kontakt mit den Landwirten in den einzelnen Teilgemeinden. Dies führte zu einem direkten, intensiven Kontakt mit den Landwirten. Ein Nachteil dieser Vorgehensweise bestand darin, dass der Kontakt zu den Landwirten vom Engagement des Ortsobmannes und dessen Interesse am Thema beeinflusst wurde.

Um offene Fragen bezüglich konservierender Bodenbearbeitungsverfahren zu beantworten und damit die Umsetzung zu fördern, wurden in Praxisversuchen Daten zur Bodenfeuchte und -temperatur, zum Nährstoffgehalt im Boden, zum Feldaufgang, zur Bestandesentwicklung, zum Ertrag, zu Krankheitsbefall und Unkrautdichte erhoben. Die dabei gewonnenen Daten unterstützten weitgehend Ergebnisse aus anderen Versuchen unter ähnlichen Standortbedingungen. Rückblickend waren die Versuche ein wichtiges Element für die Landwirte, um Erfahrungen vor Ort mit unterschiedlichen Anbauverfahren zu sammeln. Bei knappen Arbeitsressourcen sollte überlegt werden, in welchen Bereichen auf Messungen aus vergleichbaren Versuchen zurückgegriffen werden kann.

Bei der Konzeption der Bewertungsschlüssel wurde bewusst, so weit wie möglich, auf verfügbare Modelle und Eingangsdaten zurückgegriffen. Schlagabhängige Daten sind dem Landwirt aus seinen Aufzeichnungen bekannt oder können von ihm selbstständig erhoben werden. Neue Daten mussten für den Bewertungsschlüssel Erosion erhoben werden. Um den Einfluss der Fruchtfolge auf den Bodenabtrag anhand des so genannten Fruchtfolgefaktors abzuschätzen, waren nicht für alle im Projektgebiet angebauten Fruchtarten entsprechende Faktoren vorhanden. Insbesondere im Bereich der Sonderkulturen, wie Sonnenblumen und Kohl, mussten Messungen zum Bodenbedeckungsgrad von der Aussaat bis zum Bestandesschluss vorgenommen werden. Dies könnte bei der Übertragung des Bewertungsschlüssels in Gebiete mit anderen Sonderkulturen ebenfalls nötig werden. Im Bereich der ökonomischen Bewertung unterschiedlicher Anbauverfahren war die Zusammenarbeit mit Beratern, der Landesanstalt für die Entwicklung des ländlichen Raums und den Absatzgenossenschaften wichtig. Hierdurch konnten regionale Daten bezüglich Erträgen und Preisen gewonnen oder geprüft werden.

Verbesserungen im Sinne der Nachhaltigkeit

Ob im Teilprojekt Verbesserungen im Sinne der Nachhaltigkeit erzielt wurden, lässt sich anhand von ökologischen (Bodenerosion, Nitrat-, Pflanzenschutzmittelaustrag), ökonomischen (Deckungsbeitrag) und sozialen Indikatoren (Zufriedenheit mit Möglichkeiten der Wissensaneignung, Partizipationsmöglichkeit, Solidarität von Gruppen) aufzeigen. Die ökologischen und ökonomischen Auswirkungen der im Projekt bearbeiteten Ressourcen schonenden Verfahren wurden anhand der Bewertungsschlüssel überprüft und bereits in Tab. 8.1.3 dargestellt. Mit den konservierenden Bodenbearbeitungsverfahren konnten Verfahren aufgezeigt werden, die in ökologischer und ökonomischer Sicht auf fast allen Versuchsstandorten zu Verbesserungen führten. Da in der Abschlussevaluierung 70 Prozent der Befragten angaben, in Zukunft vermehrt konservierende Bodenbearbeitungsverfahren einzusetzen, kann davon ausgegangen werden, dass sich auch die Gesamtsituation im Projektgebiet verbessern wird.

Im sozialen Bereich konnten durch die Zusammenarbeit im Arbeitskreis Verbesserungen bezüglich Bildungs-, Beratungs- und Informationsangeboten erreicht werden und die individuelle Zufriedenheit mit den Möglichkeiten der Wissensaneignung gesteigert werden. In den Evaluierungen im Laufe des Projektes stimmten die beteiligten Landwirte diesbezüglichen Fragen voll und ganz zu (siehe Abb. 8.1.3). Ob durch den Arbeitskreis und die damit verbundene Öffentlichkeitsarbeit dauerhaft die Vertretung und Akzeptanz der Landwirte verbessert werden konnte, hängt vor allem vom Fortbestand des Arbeitskreises ab. Die Partizipation der Landwirte an politischen Entscheidungsverfahren durch die Gründung eines Runden Tisches zu erhöhen, scheiterte daran, dass sich niemand fand, der die Federführung für solch ein Gremium übernehmen konnte.

Vergleich mit anderen Vorhaben

CURRLE (1995) machte die Erfahrung, dass als Voraussetzung für die Etablierung konservierender Bodenbearbeitungsverfahren zunächst die Wahrnehmung von Bodenerosion als Problem durch die Landwirte gegeben sein muss. Dies war im Teilprojekt der Fall, da die Landwirte von sich aus die Erosion als Problem eindeutig benannt hatten. Als nächste Schritte sind notwendig, dass
— die Landwirte den Beitrag ihrer eigenen Wirtschaftsweise am Erosionsproblem erkennen,
— Verfahren unter repräsentativen Verhältnissen erprobt werden und,
— Beratung zu einzelnen Aspekten der Konservierenden Bodenbearbeitung stattfindet.
Mit Hilfe des Bewertungsschlüssels Erosion war es den Landwirten möglich, den Bodenabtrag und damit den Beitrag ihrer eigenen Wirtschaftsweise am Erosionsproblem zu erkennen. Die Erprobung von Verfahren zur Konservierenden Bodenbearbeitung wurde vor Ort unter repräsentativen betrieblichen und standörtlichen Verhältnissen durchgeführt, damit die Übertragbarkeit der Ergebnisse für die Landwirte zweifelsfrei möglich war. Zudem wurde die Akzeptanz durch eine intensive Zusammenarbeit im Arbeitskreis zu speziellen Fragen der Konservierenden Bodenbearbeitung erhöht und damit die Etablierung und Weiterentwicklung der Verfahren gefördert. Erkenntnisse aus dem Sonderforschungsbereich 183 »Umweltgerechte Nutzung von Agrarland-

schaften« über die Vorgehensweise, wie die Akzeptanz konservierender Bodenbearbeitungsverfahren erhöht werden kann (CURRLE, 1995), wurden somit durch die Arbeit im Teilprojekt bestätigt.

Andere Ansätze, Ressourcen schonende Anbauverfahren zu fördern, indem anhand von Indikatoren die Umweltwirkungen von Anbauverfahren aufgezeigt werden, werden in Deutschland in Form der Indikatorensysteme REPRO (HÜLSBERGEN 2001) und USL (ehemals KUL, ECKERT et al. 1999, 2001) entwickelt. Sie unterscheiden sich in wesentlichen Punkten zu den im Projekt entwickelten Bewertungsschlüsseln. Die Indikatorensysteme versuchen nicht nur einzelne, sondern möglichst alle relevanten Umweltwirkungen, die mit der landwirtschaftlichen Produktion verbunden sind, zu erfassen, und zwar mit Unterstützung der elektronischen Datenverarbeitung und von Fachleuten. Tabelle 8.1.4 zeigt Vor- und Nachteile der Bewertungsschlüssel gegenüber diesen Indikatorensystemen auf und wie die Nachteile in der Konzeption der Bewertungsschlüssel begrenzt wurden.

Tabelle 8.1.4: Vor- und Nachteile der Konzeption der Bewertungsschlüssel gegenüber der Anwendung von Indikatorsystemen wie z.B. REPRO, USL.

Vorteile	Nachteile	Begrenzung der Nachteile
Der Landwirt kann die Indikatoren dann berechnen, wenn er Zeit hat, unabhängig von Terminen.	Insgesamt ist der Zeitaufwand für den Landwirt höher.	Um den Zeitaufwand nicht zu groß werden zu lassen, sind die Indikatoren als einzelne Module zu bestimmen und die Anzahl der geplanten Indikatoren auf die Hauptbelastungen, die mit dem Ackerbau verbunden sind, ist beschränkt.
Es entstehen wenig Kosten für den Landwirt.	Nur die dem Landwirt zur Verfügung stehenden technischen Möglichkeiten können eingesetzt werden.	
Durch die Beschäftigung mit den Zusammenhängen und Einflussfaktoren, die eine Umweltbelastung hervorrufen, wird das Verständnis hierfür gefördert.	Zusammenhänge und Berechnungen müssen möglicherweise vereinfacht werden, was zu Pauschalisierungen führen kann.	
Durch die Erhebung der Daten, muss sich der Landwirt intensiv mit den Bedingungen auf seinen Schlägen, seinem Betrieb auseinandersetzen, was zu einer höheren Sensibilisierung führt.	Amtliche Daten, die in der Berechnung eingesetzt werden müssen, stehen dem Landwirt meist nicht kostenlos zur Verfügung.	Amtliche Daten, wie z. B. Wetterdaten, werden durch entsprechende Karten zur Verfügung gestellt.
Der Landwirt kann selbständig die für ihn geeigneten Maßnahmen planen.	Zusätzliche Hilfe bei der Maßnahmenplanung und Beratung muss von dritter Seite erfolgen.	Eine Einführung der Bewertungsschlüssel in die Offizialberatung ist geplant, so dass der Landwirt entsprechend unterstützt werden kann.

Vorteile	Nachteile	Begrenzung der Nachteile
Der Landwirt kann auswählen, welche auf seinem Betrieb relevanten Indikatoren er erhebt.	Werden die Umweltbelastungen, die von einem Anbauverfahren ausgehen, nicht insgesamt betrachtet, besteht die Gefahr, dass durch eine Maßnahme eine Belastung gesenkt, eine andere jedoch erhöht wird oder dass Belastungen unentdeckt bleiben.	Bei der Beschreibung von Maßnahmen werden Hinweise gegeben, wenn die Gefahr besteht, dass dadurch andere Umweltbelastungen erhöht werden.
Durch die unabhängige, freiwillige Erhebung der Indikatoren ist die Angst der Landwirte vor möglichen staatlichen Auflagen und Kontrollen gering und damit die Bereitschaft, die Indikatoren einzusetzen, größer.	Eine Zertifizierung der Produktion mit Hilfe der Bewertungsschlüssel ist nicht möglich, da hierzu ein unabhängiger Gutachter nötig ist.	Eine Zertifizierung landwirtschaftlicher Betriebe ist hauptsächlich für Betriebe mit Direktvermarktung interessant, welche nur einen kleinen Teil der landwirtschaftlichen Betriebe ausmachen.

Die notwendige intensive und persönliche Beratung und Betreuung im Arbeitskreis war möglich, da das Teilprojektgebiet und die Anzahl der betroffenen Landwirte überschaubar waren. Bei großflächigen Projekten, wie zum Beispiel beim GRANO-Projekt in Brandenburg, das sich nicht auf ein Netz staatlicher Beratung stützen kann, war diese intensive Betreuung kaum möglich. Hier erfolgte die Beratung zum einen durch Hoftage auf Demonstrationsbetrieben, die sich verpflichtet hatten, vom Projekt vorgeschlagene, Umwelt entlastende Neuerungen auf ihren Betrieben durchzuführen. Zum anderen wurden Informationsblätter zu sechs verschiedenen Themen erarbeitet, um die Umsetzung umweltverträglicher Verfahren zu fördern (MÜLLER et al. 2002). Dies sind Aufgaben, die in Baden – Württemberg von der Offizialberatung, z.B. durch die Merkblätter zur umweltgerechten Landbewirtschaftung des Ministeriums für Ernährung und Ländlichenr Raum, übernommen werden.

8.1.9 Schlussfolgerungen

Die partizipative, freiwillige Arbeit mit Landwirten in einem Arbeitskreis und begleitenden Praxisversuchen konnte erfolgreich als Methode eingesetzt werden, um Ressourcen schonende Anbauverfahren zu erproben, zu vermitteln, zu diskutieren und in ihrer Anwendung in der Praxis zu fördern. Als Voraussetzung für eine gute Zusammenarbeit kann mithin abgeleitet werden, dass die Landwirte sowohl die Unabhängigkeit der Projektmitarbeiter gegenüber Firmen und Behörden als besonders positiv betrachteten als auch die Offenheit untereinander und gegenüber den Fragen der Landwirte sowie die Kompetenz der Projektmitarbeiter.

Die Kontaktaufnahme zu den Landwirten über die Ortsobmänner der landwirtschaftlichen Ortsvereine stellte sich als geeignete Vorgehensweise heraus, um eine vertrauensvolle Basis für die Zusammenarbeit zu bilden. Sie ist allerdings davon abhängig, dass der Ortsobmann am Thema interessiert und aktiv ist. Die unterschiedliche Wahrnehmung von Problemen zu Beginn des Projektes zwischen Behördenvertretern und den Landwirten macht Folgendes deutlich: Es ist wichtig, die Akteure auf der Ebene, auf der die Projektaktivitäten stattfinden, in die Situations- und Problemanalyse einzubeziehen. Gleiches wäre auch bei der Formulierung von Forschungsfragen wünschenswert. Nach Ansicht von Landwirten aus dem Arbeitskreis werden Landwirte beim Erarbeiten wissenschaftlicher Fragestellungen zu wenig von den Wissenschaftlern beachtet. Der Aufbau von Instrumenten, die diesen Austausch und die Zusammenarbeit fördern, könnte eine weitere Möglichkeit sein, die Umsetzung von Ergebnissen aus der Wissenschaft in die Praxis zu verbessern. Um die dauerhafte und ernsthafte Zusammenarbeit zu fördern sowie passive Erwartungshaltungen zu unterbinden, ist die Institutionalisierung empfehlenswert. Hierzu eignet sich z.B. die Gründung eines Vereins- oder Beratungsringes, der von Mitgliedsbeiträgen getragen wird. Darüber hinaus darf eine zwanglose Kommunikationsmöglichkeit während oder im Anschluss an Veranstaltungen nicht unterschätzt werden, denn innovative Ideen und Strategien ergaben sich häufig in so genannten Nebengesprächen kleiner Gruppen. Das Interesse der Landwirte an den Arbeitskreisen ist häufig größer gewesen, wenn Praxisbeispiele, am besten aus den eigenen Reihen, präsentiert und diskutiert wurden.

Mit der partizipativen Projektarbeit und der Durchführung von Praxisversuchen ist jedoch ein hoher Arbeitsaufwand verbunden. Er ergibt sich aus der Organisation des Arbeitskreises, der Beprobung im Feld, die durch die Landwirte nicht geleistet werden kann, sowie dem Bedarf an Beratung. Durch die gemeinsame Entwicklung der Bewertungsschlüssel konnte ein Instrument bereitgestellt werden, das die ökologischen und ökonomischen Auswirkungen unterschiedlicher Anbauverfahren bewertet. Indem der Landwirt die Bestimmung eigenständig durchführt, erhält er einen Einblick in Wirkungszusammenhänge, lernt die relevanten Einflussfaktoren kennen und wird für Umweltgefährdungen sensibilisiert. Die Bewertungsschlüssel eignen sich deshalb auch besonders zum Einsatz in der Beratung. Für die Übertragbarkeit auf andere Gebietskulissen ist eine Überarbeitung notwendig. Im Auftrag des Ministerium für Ernährung und ländlichen Raum Baden Württemberg findet derzeit eine Anpassung des Erosions- und Nitratschlüssels statt, um einen landesweiten Einsatz zu ermöglichen.

Literatur

MLR (Ministerium für Landwirtschaft) Baden-Württemberg, 1996: Verwaltungsvorschrift zum Vollzug der Düngeverordnung (Az 23-8222.00).
Arman, B., 2003: Die Ökobilanz zur Abschätzung von Umweltwirkungen in der Pflanzenproduktion – dargestellt anhand von Praxisversuchen zur konservierenden Bodenbearbeitung und von unterschiedlich intensiv wirtschaftenden konventionellen Betrieben, Diss. Uni Hohenheim
Becker, C., 1997: Dauerhaft pfluglose Bodenbearbeitungssysteme und Betriebsgröße – eine pflanzenbaulich-ökonomische Analyse. Cuvellier Verlag, Göttingen
Billen, N., B. Arman, A. Thomas, S. Sprenger, G. Häring, G. 2001: Wissenstransfer für eine nachhaltige Landwirtschaft – Zusammenarbeit von Praxis und Forschung am Beispiel des Erosionsschutzes. Landnutzung und Landentwicklung: 166-172
Bockstaller, C., P. Girardin, 2000: Berechnungsverfahren Agrarökologische Indikatoren. Landwirtschaftliche Versuchsanstalt INRA, Colmar
Currle, J., 1995: Landwirte und Bodenabtrag Empirische Analyse der bäuerlichen Wahrnehmung von Bodenerosion und Erosionsschutzverfahren in drei Gemeinden des Kraichgaus, Margraf Verlag, Weikersheim: 244 S.
Eckert, H., G. Breitschuh, D. Sauerbeck, D., 1999: Kriterien umweltverträglicher Landwirtschaft (KUL)- ein Verfahren zur ökologischen Bewertung von Landwirtschaftsbetrieben. Agribiological Research (1): 57-76
Eckert, H., G. Breitschuh, D. Sauerbeck, D., 2001: Umweltverträglich und produktiv: VDLUFA-Initiative zur Messung und Verminderung von Umweltbelastungen in der Landwirtschaft. Neue Landwirtschaft (8): 24-26
Frede, H.-G., S. Dabbert, 1998: Handbuch zum Gewässerschutz. Ecomed Verlagsgesellschaft, Landsberg
Geologisches Landesamt Baden-Württemberg, 1993: Bodenübersichtskarte von Baden-Württemberg 1:200.000. Blatt CC Stuttgart Nord, Karte und Tabellarische Erläuterung, Stuttgart

Häring, G., B. Arman, 2001: MEKA II nachbessern, praktische Bewertung im unteren Jagsttal. BW agrar, (6): 32
Homm, A., F. Stemmer, 1995: Das Otzberger Modell. Landwirtschaftsverlag GmbH, Münster-Hiltrup
Hülsbergen, K.-J., 2001: Einsatz des Modells REPRO zur Stoff- und Energiebilanzierung im Versuchsgut Scheyern. In: Reents, H.-J. (Hrsg.), Von Leit-Bildern zu Leit-Linien: 67–70
Kappus, B., 1999: Analyse der Wasserversorgung in den Gemeinden Neudenau, Roigheim und Möckmühl im unteren Jagsttal im Hinblick auf eine künftige nachhaltige Landschaftsentwicklung. – In: Projektgruppe Kulturlandschaft Hohenlohe – Ansätze für eine dauerhaft umweltverträgliche landwirtschaftliche Produktion. 1. Zwischenbericht im Auftrag des BMBF, Anhang: 41–51
Kappus, B., C. Janko, 2000: Literaturstudie zu Möglichkeiten der dezentralen Wasserrückhaltung in der Fläche. Bericht des Zoologischen Instituts der Universität Hohenheim, Stuttgart: 14 S.
LAP (Landesanstalt für Pflanzenbau) Forchheim, 1998: Beratungsgrundlagen für die Düngung im Ackerbau und auf Grünland. LAP Forchheim (Eigendruck)
LAP Forchheim, 2000: Systemvergleich Bodenbearbeitung – Versuchsbericht 1995–1999. Informationen für die Pflanzenproduktion Sonderheft 2/2000, Eigenverlag
LfU (Landesanstalt für Umweltschutz Karlsruhe), o.J.: Wasser in der Lokalen Agenda 21. Agenda Büro Karlsruhe: 24–26
MLR (Ministerium für Landwirtschaft) Baden-Württemberg, 1996: Verwaltungsvorschrift zum Vollzug der Düngeverordnung (Az 23-8222.00)
Mosimann, T., M. Timann, 1996: Abschätzung der Bodenerosion und Beurteilung der Gefährdung der Bodenfruchtbarkeit. Universität Hannover, Geosynthesis 9
Müller, K., V. Touissant, H.-R. Bork, K. Hagedorn, J. Kern, U.J. Nagel, J. Peters, R. Schmidt, T. Weith, A. Werner, A. Dosch, A. Piorr (Hrsg.), 2002: Nachhaltigkeit und Landschaftsnutzung: neue Wege kooperativen Handelns. Margraf Verlag, Weikersheim: 410 S.
OAB Neckarsulm, 1881: Beschreibung des Oberamts Neckarsulm, hrsg. von dem Königlichen statistisch-topographischen Bureau Neckarsulm. Cotta'sche Buchhandlung, Stuttgart und Tübingen.
Schweiker, D., B. Kappus, S. Maier, 2000: Abiotische Typisierung und Bewertung kleiner Fließgewässer im Unteren Jagsttal (Landkreis Heilbronn, nördliches Baden-Württemberg) im Zusammenhang mit der Landnutzung. Deutsche Gesellschaft für Limnologie, Magdeburg. Jahresheft der Tagung 2000 in Tutzing
Schwertmann, U., W. Vogl, M. Kainz, 1990: Bodenerosion durch Wasser. Eugen Ulmer, Stuttgart: 64 S.
Statistisches Landesamt Baden-Württemberg, 1996: Bodennutzung in den Gemeinden in Baden-Württemberg 1995 – Ergebnisse der Bodennutzungshaupterhebung. Statistische Berichte Baden-Württemberg, C I 1-j/95, Stuttgart
Statistisches Landesamt Baden-Württemberg, 1999: Größenstruktur der landwirtschaftlichen Betriebe in den Gemeinden Baden-Württembergs: Ergebnisse der Agrarstrukturerhebung – allgemeine Bodennutzungserhebung. Statistische Berichte Baden-Württemberg C.IV.7. (2), Stuttgart
Wegener, U., H. J. Koch, 1999: Ausgereifte Verfahren. DLG-Mitteilungen (7): 36–38

Gabriele Jahn

8.2 Weinlaubnutzung im unteren Jagsttal – Machbarkeitsanalyse ökologische Weinlaubproduktion zum Erhalt und zur Entwicklung des Terrassenweinbaus

8.2.1 Zusammenfassung

Charakteristische Strukturen wie Steinriegel, Weinbergterrassen und Trockenmauern zeugen von der einstigen Bedeutung des Weinbaus im unteren Jagsttal. Heutzutage gefährdet die Sukzession auf vielen brach liegenden Flächen diese kulturhistorischen Denkmäler und den Artenreichtum.

Zur Herstellung eines Heilmittels sucht die Firma Weleda eine langfristig gesicherte Rohstoffquelle für qualitativ hochwertiges Weinlaub. In dem Teilprojekt Weinlaubnutzung im unteren Jagsttal galt es festzustellen, ob die Rahmenbedingungen auf den Rebhängen im unteren Jagsttal eine ökonomisch tragfähige und ökologische Doppelnutzung zur Trauben- und Weinlauberzeugung zulassen. Mit einer ökologischen Weinlaubproduktion könnte ein Beitrag zu einer nachhaltigen Nutzung der Rebhänge geleistet und der Sukzession Einhalt geboten werden. Die Rahmenbedingungen für eine ökologische Weinlaubproduktion im unteren Jagsttal fallen jedoch ungünstig aus. Steilhänge, wie sie dort vorliegen, können nur unter einem hohen Arbeitseinsatz genutzt werden und in den Sommermonaten kann das unzureichende Wasserangebot zu Ertragseinbußen führen. Um die Arzneimittelqualität zu garantieren, dürfen die Blätter keine Spritzmittelrückstände aufweisen. Dies setzt den Anbau pilzresistenter Sorten voraus. Im Untersuchungsgebiet bauen die Winzer nur wenige derartige Sorten an, eine Neuanpflanzung wäre folglich notwendig. Auf Standorten, die leicht mit Maschinen zu bewirtschaften sind und auf denen bereits mit pilzresistenten Rebsorten ökologisch gewirtschaftet wird, ist eine Nutzung des Weinlaubs weniger aufwändig. Im Untersuchungsgebiet sollte daher von einer weiteren Fortführung des Projekts abgesehen werden. Die Ergebnisse sind jedoch übertragbar auf andere Gebiete. In einer Publikation wurde darauf aufmerksam gemacht.

8.2.2 Problemstellung

Bedeutung für die Akteure
An den Steilhängen des unteren Jagsttals hat sich über Jahrhunderte ein auf den Terrassenweinbau an den Südhängen zurückzuführendes vielseitiges Biotopmosaik ausgebildet. Ein deutlicher Rückgang des Weinbaus und anderer Folgenutzungen, wie die Wiesenwirtschaft oder der Streuobstanbau, hat in den schwer zugänglichen Lagen zu einer Verbuschung und Wiederbewaldung geführt. Die kleinparzellierte, auch durch morphologische Sonderformen wie Steinriegel und Trockenmauern geprägte Struktur der ursprünglichen und noch in Teilen vorhandenen Rebhänge löst sich auf; die Vielfalt an Tier- und Pflanzenarten geht zurück (KONOLD 1996, KIRCHNER-HEßLER et al. 1997, HÖCHTL 1997). Das von der Bezirksstelle für Naturschutz und Landschaftspflege Stuttgart ins Leben gerufene Landschaftspflegeprojekt »Trockenhänge im Kocher und Jagsttal« (vgl. MATTERN 2002) fördert seit 1989 in den Jagsttalgemeinden des Hohenlohekreises sowie des Landkreises Schwäbisch Hall die Offenhaltung der Landschaft. Ein vergleichbares Landschaftspflegeprojekt existiert für die im Landkreis Heilbronn gelegenen Jagsttalgemeinden nicht. Vor diesem Hintergrund wurde im Definitionsprojekt des *Modellvorhabens Kulturlandschaft Hohenlohe* (KONOLD et al. 1997) von Vertretern der Kommunen wie auch der Naturschutzverwaltung das Interesse dargestellt, Wege einer zukünftigen Nutzung dieser standörtlich benachteiligten und naturschutzfachlich wertvollen Flächen aufzuzeigen.

In Verbindung mit einer Diplomarbeit im unteren Jagsttal zur Struktur und Vegetation von Weinbergen und Sukzessionsstadien (HÖCHTL 1997) entstand ein Erstkontakt zwischen dem Institut für Landespflege der Albert-Ludwigs-Universität Freiburg und der Weleda AG in Schwäbisch Gmünd. Für die Herstellung eines Arzneimittels verwendet die Weleda AG getrocknetes Weinlaub und sucht hierfür eine langfristig gesicherte Rohstoffquelle. Demzufolge bestand die Überlegung, das Untere Jagsttal könne als zukünftiger Standort für die Weinlaubproduktion in Betracht kommen und es könne damit ein Beitrag zu einer nachhaltigen Bewirtschaftung der Rebhänge geleistet werden. Eine Nutzung des Weinlaubs würde den Winzern eine zusätzliche Einkommensquelle bieten und insofern einen Anreiz für die Weiterbewirtschaftung oder eine Rekultivierung bilden (weitere Akteure siehe Abb. 8.2.3).

Wissenschaftliche Fragestellung
Im Mittelpunkt der Untersuchung stand die Frage, inwieweit die Bewirtschaftung der Rebhänge im unteren Jagsttal unter dem Aspekt der Doppelnutzung von Weinlaub und Trauben rentabel und letztlich langfristig ökonomisch tragfähig ist.

Historischer Kontext
Erstmals urkundlich erwähnt wurde die Rebkultur des unteren Jagsttals im 10. Jahrhundert (DORNFELD 1868). In einer größeren Bewirtschaftungswelle forcierten die Winzer im 12. und 13. Jahrhundert die Terrassierung der Steilhänge. Kontinuierlich nahm der Weinbau zu und erlebte im Spätmittelalter bis ins 19. Jahrhundert seinen Höhepunkt. Selbst Nordhänge wurden genutzt und die Rebkultur prägte somit entscheidend das Landschaftsbild.

Abbildung 8.2.1: Steillagenweinbau mit Sukzessionsflächen bei Möckmühl (Foto: Ralf Kirchner-Heßler)

Noch heute zeugen charakteristische Strukturen wie Steinriegel, Weinbergterrassen und Trockenmauern von dieser traditionellen Nutzung (Abb. 8.2.1). Das vielfältige Nebeneinander von Vegetations- und Nutzungsformen führte dazu, dass sich ein breites Spektrum an Tier- und Pflanzenarten ansiedeln konnte. Steinriegel beispielsweise, die durch aktives Steinlesen und Rigolen im Laufe von Jahrhunderten entstanden sind, bieten Schutz vor Wind. Antagonisten von Rebschädlingen, aber auch Sukkulenten finden hier ideale Lebensbedingungen. Die unterschiedliche Bearbeitung vieler Rebstücke führt dazu, dass sich eine mannigfaltige Begleitflora ausbilden konnte, geprägt von ein- und mehrjährigen Vertretern der Unkraut- und Ruderalgesellschaften. Die steilen Rebhänge und ein sowohl ökonomisch als auch sozio-kulturell bedingter Wandel der lokalen Rahmenbedingungen führten dazu, dass die Rebflächen im unteren Jagsttal heute kaum mehr bewirtschaftet werden und infolgedessen zunehmend der Sukzession überlassen sind. Vergleichsweise häufig kommen in frühen Gehölz-Sukzessionsstadien Schlehe und Hundsrose vor, doch auch Blutroter Hartriegel, Feldahorn, Faulbaum und Brombeere. Nach 30 bis 60 Jahren gehen die Bestände in Vorwaldstadien, vor allem mit Buche, Eiche, Esche, Feldahorn und Hainbuche, über. Die kleinparzellierte Struktur auf den Rebhängen löst sich auf; der Artenreichtum geht zurück. Heute ist der einstmals so hohe Anteil weinbaulich genutzter Flächen kaum noch nachvollziehbar (GLÜCK et al. 1996, HÖCHTL 1997, KIRCHNER-HEßLER et. al 1997, HÖCHTL& KONOLD 1998, OSSWALD 2002).

8.2.3 Zielsetzung

Das Oberziel des Teilprojektes bestand darin, die Möglichkeit einer ökologischen Weinlaubproduktion zum Erhalt und zur Entwicklung des Weinbaus auf den Steilhängen des unteren Jagsttals zu analysieren und hinsichtlich der ökonomischen Rentabilität zu bewerten. Die Teilziele des Vorhabens erstrecken sich auf die Erfassung der Rahmenbedingungen für die ökologische Weinlaubproduktion, die Darstellung sowie die ökonomische Bewertung des Produktionsverfahrens.

8.2.4 Räumlicher Bezug

Der Untersuchungsraum erstreckt sich auf die Rebhänge der Gemeinden Widdern, Möckmühl und Neudenau (Ortsteil Siglingen, Abb. 8.1.1). In weiten Talmäandern zieht die Jagst dort durch das tief eingeschnittene Tal. Charakteristische Prall- und Gleithänge prägen die Landschaft. Der Hauptmuschelkalk bildet überwiegend das Ausgangsgestein; im Übergangsbereich zur Hochfläche kommen auf wenig erodierten Hängen Lössauflagen vor (Geologisches Landesamt 1962, 1995, HAGEDORN & SIMON 1988).

Die Winzer der 1952 gegründeten »Weingärtnergenossenschaft unteres Jagsttal« kultivierten anfänglich 30 ha in den Gemeinden Widdern, Möckmühl, und Neudenau (Gemarkung Siglingen), wovon 1971 lediglich 12 ha in Ertrag standen. Heute bewirtschaften die 45 Winzer wieder 14 ha Rebfläche, da kleinere Flächen des brach gefallenen Reblandes von Freizeitweingärtnern wieder in Kultur genommen wurden (Weingärtnergenossenschaft 1990, HÖCHTL & KONOLD 1998). Um 1880 wurden in der Gemarkung Widdern auf rund 49,5 ha, in Möckmühl auf 65,7 ha und Siglingen auf 25,4 ha Weinbau betrieben (OAB Neckarsulm 1881), was die frühere Bedeutung und den Rückgang des Weinbaus bis in die Gegenwart hinein verdeutlicht.

8.2.5 Beteiligte Akteure und Mitarbeiter/Institute

Durchgeführt wurde die Untersuchung von Gabriele Jahn, Institut für Landwirtschaftliche Betriebslehre, Universität Hohenheim, im Rahmen einer Diplomarbeit (Jahn 2000). Unterstützt wurde das Teilprojekt von Sabine Sprenger (Teilprojektverantwortliche), Institut für Landwirtschaftliche Betriebslehre, Universität Hohenheim, und Ralf Kirchner-Heßler, Institut für Landespflege der Albert-Ludwigs-Universität Freiburg.

Die wissenschaftliche Begleitung der Untersuchung stellten die Institute für Obst-, Gemüse- und Weinbau und das Institut für Agrartechnik an der Universität Hohenheim, das Fachgebiet

Ökologischer Landbau der Gesamthochschule Kassel und die staatliche Lehr- und Versuchsanstalt für Wein- und Obstbau in Weinsberg sicher. Beratend wurden das Regierungspräsidium Stuttgart, die Weinbauberatung des Landwirtschaftsamtes Heilbronn, die Untere Naturschutzbehörde des Landratsamtes Heilbronn und der Beratungsdienst ökologischer Weinbau Emmendingen-Hochburg hinzugezogen. Aus dem Unternehmensbereich unterstützte die Firma Weleda die Untersuchung. Als lokale Akteure waren die Mitglieder der »Weingärtnergenossenschaft unteres Jagsttal« und interessierte Winzer beteiligt (Abb. 8.2.3).

8.2.6 Methodik

Die Untersuchungsmethodik kann in drei Abschnitte unterteilt werden:
1. **Situationsanalyse:** Als Basis für die weiteren Untersuchungsschritte mussten vorab die standörtlichen und rechtlichen Rahmenbedingungen für eine ökologische Weinlaubproduktion geklärt werden. Unter Zuhilfenahme leitfadengestützter Experteninterviews und Literaturrecherchen wurden die relevanten Aspekte geklärt.
2. **Aufstellung des Produktionsverfahrens:** In einer zweiten Stufe wurde ein praktikables Produktionsverfahren wiederum mittels Experteninterviews und Literaturrecherchen entwickelt. Zur Weinlaubgewinnung lag kein Datenmaterial vor. Auf den Versuchsflächen des Instituts für Obst-, Gemüse- und Weinbau in Hohenheim wurde daher ein entsprechender Versuch durchgeführt, um den Laubertrag einzelner Rebstöcke in einem Jahr zu ermitteln. Zur Weinlaubernte wurden sechs Rebstöcke der Sorte »Regent« ausgewählt, die frisch geschnittenen Ruten dieser Reben entlaubt, die Blätter in Cellophantüten abgepackt und in einen Trocknungsschrank gestellt. Auf diese Weise konnte das Frischgewicht der Blätter je Rebstock und nach ca. drei Tagen das Trockengewicht der Blätter ermittelt werden (Tab. 8.2.2).
3. **Überprüfung der ökonomischen Rentabilität des Verfahrens:** In einem dritten Abschnitt folgten die betriebswirtschaftlichen Kalkulationen. Zurück gegriffen wurde hier insbesondere auf vergleichende Deckungsbeitragsrechnungen und Vollkostenmodelle (SCHWINGENSCHLÖGL 1997). Das Datenmaterial wurde der KTBL-Datensammlung (1998) und Statistiken des Statistischen Landesamtes Baden-Württemberg (1997) entnommen und in Expertengesprächen diskutiert. Die einzelnen Arbeitsschritte des Teilprojekts sind in ihrer zeitlichen Abfolge in Tab. 8.2.1 zusammenfassend dargestellt.

Tabelle 8.2.1: Vorgehensweise im Teilprojekt Weinlaub

	Arbeitsschritte	Methodik	Dokumentation
1	Allgemeine Vorstudien	• Expertengespräche (u.a. Beratungsdienst Ökologischer Weinbau) • Literaturrecherchen	Gesprächsprotokolle
2	Klärung der lokalen klimatischen Anbaubedingungen	• Expertengespräche mit Berater (Landwirtschaftsamt Heilbronn) und ortsansässigen Winzern	Grobstrukturierter Leitfaden, Gesprächsprotokolle

	Arbeitsschritte	Methodik	Dokumentation
3	Abstecken der rechtlichen Rahmenbedingungen	• Expertengespräche (u.a. Regierungspräsidium Stuttgart) • Literaturrecherchen	Gesprächsprotokolle
4	Entwicklung praktikablen Produktionsverfahrens	• Expertengespräche eines (Weleda AG, Institut für Agrartechnik, Universität Hohenheim, staatliche Versuchsanstalt in Weinsberg) • Literaturrecherchen	Gesprächsprotokolle
5	Diskussion unterschiedlicher Vermarktungsalternativen	• Expertengespräche mit Weingärtnergenossenschaften und Mostereien	Gesprächsprotokolle
6	Ökonomische Kalkulationen zum Produktionsverfahren	• Vergleichende Deckungsbeitragsrechnungen • Vollkostenrechnung	Excel-Datenblätter, Tabellenkalkulationen
7	Öffentlichkeitsarbeit	• Präsentation der Ergebnisse bei der Weleda AG • Publikation in einer Fachzeitschrift	

8.2.7 Ergebnisse

Wissenschaftliche Ergebnisse

Standörtliche und rechtliche Rahmenbedingungen
Die klimatischen Verhältnisse, bezogen auf Exposition, Hangneigung, Meereshöhe sowie die Bodenart (toniger Lehm), führen nach einem Punkteschema von HILLEBRAND et al. (1992) zu einer guten standörtlichen Bewertung (Wert 2,49 für »gute Lage«) der Rebflächen im unteren Jagsttal. Trotzdem ist der Standort nur bedingt für den Weinbau geeignet. Vor allem in den Sommermonaten ist das Wasserangebot ein begrenzender Faktor aufgrund dessen mit Ertrags- und Qualitätseinbußen bei der Traubenerzeugung zu rechnen ist. Da die Hangneigung 55 bis 60 Prozent beträgt, ist ein Maschineneinsatz auf den terrassierten Rebhängen kaum möglich, es fällt viel Handarbeit an. Die kleinklimatischen Verhältnisse variieren an den Rebhängen stark. Stützmauern und Steinriegel bieten beispielsweise Schutz vor Wind und schaffen ein wesentlich wärmeres Eigenklima als offene, ungeschützte Flächen (VOGT & GÖTZ 1977).

Um das Weinangebot an die Marktnachfrage anzupassen und die Weinbaueignung der entsprechenden Flächen sicherzustellen, wurde 1990 der so genannte Rebenaufbauplan eingeführt. Darin sind die für den Weinbau zugelassenen Flächen festgehalten. Die Rebhänge im Untersuchungsgebiet liegen alle im Rebenaufbauplan und es besteht nach Aussagen der Winzer ein Überhang an Rebpflanzrecht, so dass nach weinrechtlichen Bestimmungen für das Produktionsverfahren zur Weinlaubnutzung Flächen zur Verfügung stehen und Rebpflanzen angebaut werden dürfen.

Steinriegel, Hecken, Trockenhänge und -mauern sind als besonders geschützte Biotope nach § 24a des Naturschutzgesetzes von Baden-Württemberg (NatSchG BW 1995) ausgewiesen. Handlungen, die zu einer Zerstörung oder nachhaltigen Beeinträchtigung der Biotope führen können, sind danach verboten. Eine Rekultivierung muss auf die bestehenden Biotopstrukturen Rücksicht nehmen. Die kleinparzellierte Struktur der Rebflächen ist daher im Wesentlichen festgelegt und nur im Einverständnis mit der Naturschutzbehörde zu verändern.

Eine ökologische Bewirtschaftung und die entsprechende Vermarktung setzt eine Einhaltung der Richtlinien des BÖW (Bundesverband Ökologischer Weinbau) bzw. der einzelnen Verbände (z.B. Ecovin oder Bioland) voraus. Insbesondere relevant bei der Entwicklung eines Produktionsverfahrens sind folgende Anbaurichtlinien (BÖW, Bundesverband Ökologischer Weinbau, Stand 31.03.1994, vgl. auch HAMPL et al. 1995, HOFMANN et al. 1995 und PREUSCHEN 1990):
1. Der Weinberg ist grundsätzlich begrünt. Für Bodenpflegemaßnahmen, Bodenlockerung, Neueinsaaten, bei Trockenheit im Sommer und in Junganlagen kann die Begrünung für max. 3 Monate unterbrochen werden.
2. Der Einsatz von Herbiziden ist verboten.
3. Chemisch-synthetische Stickstoffdünger sowie Harnstoff und frischer Hühnermist, leichtlösliche Phosphatdünger, Klärschlämme und Müllklärschlammkomposte sind verboten. Die Stickstoffdüngung darf 150 kg N/ha im dreijährigen Turnus nicht übersteigen, wobei im Jahr der Düngung maximal 70 kg/ha pflanzenverfügbarer Stickstoff als Berechnungsgrundlage anzusetzen sind.
4. Der Einsatz chemisch-synthetischer Insektizide, Akarizide, Nematizide und organischer Fungizide ist verboten.

Produktionsverfahren

Die Expertengespräche ergaben, dass die ausschließliche Nutzung der Blätter aus betriebswirtschaftlichen Gründen ausgeschlossen ist. Die Untersuchung bezieht sich deshalb auf die Ausarbeitung eines Doppelnutzungsverfahrens von Trauben und Laub.

Aufgrund ihrer Verwendung als Arzneimittel unterliegt die Weinlaubproduktion seitens der Weleda AG strikten Anforderungen an die Qualität. Die Blätter müssen ökologisch produziert, pestizidfrei und mikrobiologisch einwandfrei sein. Pflanzenschutzbehandlungen sind daher lediglich im Austriebsstadium möglich. Es kommt ausschließlich vitales, kein seneszentes Weinlaub für die Weiterverarbeitung in Betracht. Diese Anforderungen an das Weinlaub können lediglich pilzresistente Sorten erfüllen, die mit einem geringen Einsatz von Pflanzenschutzmitteln auskommen (BASLER 1999). Bisher betreibt keiner der Winzer im unteren Jagsttal ökologischen Weinbau und baut in größerem Umfang pilzresistente Rebsorten an. Für eine Weinlaubnutzung müsste aus diesem Grund eine Neuanlage erfolgen.

Als Erziehungsform bietet sich die Halbbogenerziehung an, da diese relativ einfach auf den Terrassen zu bewerkstelligen ist. Zum Aufbau der Rebe wird die Fruchtrebe an zwei Biegedrähten festgebunden und über einen Hilfsbiegedraht nach unten gebogen (HILLEBRAND et al. 1992). Die Materialkosten fallen niedriger aus als bei anderen Erziehungsformen (ca. 15.000 €/ha).

Begrünungsmaßnahmen nehmen im ökologischen Weinbau einen hohen Stellenwert ein (HOFMANN et al. 1995). Trotzdem kommen im Untersuchungsgebiet aufwändigere Begrünungsmaßnahmen nicht in Betracht, da die positiven Effekte (z.B. Verbesserung der Bodenstruktur) den damit einhergehenden hohen Arbeitseinsatz (Umbruch, Einsaat) nicht ausgleichen können. Insgesamt wird der Stickstoffbedarf der Rebe die ersten fünf Jahre auf 60 kg N/ha, ab dem fünften Jahr auf 55 kg N/ha geschätzt (FREDE & DABBERT 1998) Eine zusätzliche Düngung kann je nach Bedarf mit Rizinusschrot erfolgen. Zur Mahd (ca. dreimal jährlich) eignet sich auf den Steilhängen die Motorsense.

Der erhöhte Arbeitsaufwand bei Ernteaktionen ist in aller Regel nicht vom Winzer alleine zu bewerkstelligen. Deshalb müssen Erntehelfer herangezogen werden. Die Blätter sind sorgfältig von Hand zu ernten und anschließend vorsichtig zu transportieren. Die Blätter müssen getrocknet am Ort der Weiterverarbeitung (Weleda AG) angeliefert werden und die Produktionskosten erhöhen sich um die Kosten des Trocknungsverfahrens. Die Blättertrocknung kann ein Satztrockner bewerkstelligen, es kommen jedoch auch andere Verfahren in Betracht. Da die Trocknungskosten einen hohen Anteil an den Gesamtkosten ausmachen, ist eine gemeinschaftliche Verwendung mit anderen Nutzern anzustreben.

Die Trauben können zur Kelter in Siglingen gebracht und dort gemeinschaftlich von den Winzern der »Weingärtnergenossenschaft unteres Jagsttal« weiterverarbeitet und vermarktet werden. Der Auszahlungspreis liegt im Schnitt bei 0,84 €/kg Trauben (Stand: 1999). Eine Infrastruktur (z.B. Vermarktung über Erzeugergemeinschaft) müsste damit erst aufgebaut werden und es wäre vor allem in den Anfangsjahren mit einem wesentlich höheren Arbeits- und Kostenaufwand (separate Erfassung, Kelterung, Ausbau usf.) zu rechnen. Inwieweit ein höherer Preis die Kosten für eine ökologische Erzeugung wieder einspielen kann, ist in diesem Fall schwierig zu ermitteln. Die Preise, die für ökologische Weine erzielt werden, liegen zwischen 0,75 und 1,80 €/kg Trauben, in Abhängigkeit der erzeugten Qualität und des Vermarktungserfolgs.

Um abzuschätzen, ob sich ein Einstieg in das Verfahren zur Trauben- und Weinlaubgewinnung lohnt, muss bekannt sein, wie viel vitales Weinlaub ein Rebstock ohne Ertragseinbußen (Trauben) produziert. Nach ersten Versuchsergebnissen fällt je Hektar ca. eine Tonne an Blattfrischmasse – das sind 282 kg getrocknetes Weinlaub – bei Schnittmaßnahmen an, die den Rebenwuchs und die Ausbildung der Trauben fördern (Tab. 8.2.2).

Tabelle 8.2.2: Daten zur Weinlaubernte

Durchschnittsgewicht je Blatt	1,82 g
Durchschnittliches Frischgewicht der geernteten Blätter je Stock	247 g
Anzahl geernteter Blätter je Stock (im Schnitt)	136 g
Anzahl geernteter Ruten je Stock (im Schnitt)	14 g

Ökonomische Auswertung

Eine Übersicht der Ergebnisse der Deckungsbeitragsrechnungen zeigt Tab. 8.2.3.

Tabelle 8.2.3: Deckungsbeitragsrechnung zur ökologischen Weinlaubproduktion im unteren Jagsttal

Produktionsverfahren: Weinbau Ökologischer Anbau; Nutzung von Trauben und Weinlaub; Terrassenlage; Sorte „Regent"			
	Ertragsanlage (in Euro/ha)	Junganlage (in Euro/ha)	Neuanlage (in Euro/ha)
Marktleistung Trauben	7.788	3.932	–
Marktleistung Weinlaub	3.605	1.502	–
Ausgleichsleistungen	614	613	614
Summe Leistungen	12.006	6.048	614
Düngung	294	324	
Pflanzenschutz	262	262	72
Sonstige Kosten	1.124	409	82
Variable Maschinenkosten	555	538	225
Variable Lohnkosten	4.455	2.112	1.545
Zinsansatz	401	219	114
Summe Kosten	7.092	3.864	2.006
Deckungsbeitrag	4.914	2.183	-1.393
Arbeitszeitbedarf (der ständigen AK in Akh/ha)	495	434	1.020

Um Aussagen zur Wettbewerbsfähigkeit des Verfahrens zur ökologischen Weinlaubproduktion im unteren Jagsttal machen zu können, wird in der Untersuchung eine Gegenüberstellung mit einem entsprechenden konventionellen Verfahren vorgenommen (Abb. 8.2.2 und Tab. 8.2.3). Den Kalkulationen liegt der Preis von 0,84 €/kg für die Trauben zu Grunde. Er wird bei einer konventionellen Vermarktung über die Genossenschaft ausgezahlt und stellt somit die untere Preisgrenze für Vermarktung und Verarbeitung der Trauben dar. Für das getrocknete Weinlaub wird der bisherige Auszahlungspreis von 12,78 €/kg angesetzt.

Beim Vergleich der einzelnen Ertragsstufen ist festzustellen, dass im Jahr der Neuanlage (kein Trauben- und Weinlaubertrag) das ökologische Verfahren ein geringeres Defizit in der Deckungsbeitragsrechnung aufweist als das konventionelle Verfahren. Verantwortlich dafür sind die Ausgleichsleistungen für eine ökologische Anbauweise durch das MEKA-Programm des Landes Baden-Württemberg (MLR 1998). Die negativen Deckungsbeiträge erklären sich dadurch, dass im Jahr der Neuanlage noch kein Ertrag anfällt. Der Traubenertrag fällt beim konventionellen Verfahren höher aus als beim ökologischen. Die bessere Ertragsleistung kann weder in der Jung- noch in der Ertragsanlage durch die Ausgleichszahlungen kompensiert werden. Eine zusätzliche Vermarktung des Weinlaubs bewirkt jedoch, dass der Deckungsbeitrag des ökologischen Verfahrens in der Ertragsanlage höher ausfällt als der Deckungsbeitrag des konventionellen Verfahrens.

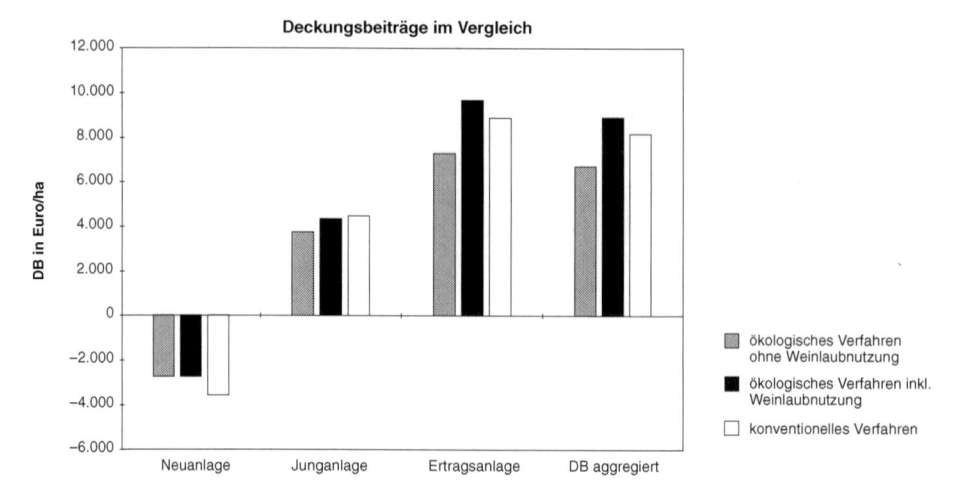

Abbildung 8.2.2: Deckungsbeiträge im Vergleich

Vergleicht man die aggregierten Deckungsbeiträge[1], so zeigt sich, dass das ökologische Verfahren (DB_{agg} = 3394 €/ha) bei einer Vermarktung über die örtliche Weingärtnergenossenschaft gegenüber dem konventionellen Verfahren (DB_{agg} = 4181 €/ha) schlechter abschneidet. Kann der Winzer zusätzlich das Weinlaub vermarkten (DB_{agg} = 4521 €/ha), so ist der Deckungsbeitrag höher als beim konventionellen Verfahren. Die ökologische Traubenerzeugung mit gleichzeitiger Weinlaubgewinnung ist gegenüber der konventionellen Traubenerzeugung im unteren Jagsttal also durchaus wettbewerbsfähig.

Genauere Aussagen über die Herstellungskosten einzelner Leistungen liefert die Vollkostenrechnung. Sie ermöglicht es, den Preis für ein Kilogramm Weinlaub festzustellen, der verlangt werden muss, um eine Entlohnung aller eingesetzten Produktionsfaktoren (einschließlich des unternehmerischen Risikos) sicherzustellen. Hierzu werden zwei Varianten näher untersucht. In der ersten Variante besteht kein Anschluss an einen Betrieb, sodass der Winzer sich alle Maschinen mit Ausnahme eines Satztrockners und einer Motorsense ausleihen muss. Bei der zweiten Variante kann auf Maschinen und Flächen eines Modellbetriebes[2] zurückgegriffen werden, welcher neben einem ha Rebland noch 42 ha Ackerfläche und Grünland bewirtschaftet.

Wie das Ergebnis der Vollkostenrechnung zeigt (Tab. 8.2.4), unterscheiden sich die zwei Varianten bezüglich ihrer Auswirkung auf den Erzeugerpreis für das Weinlaub nur wenig. Um das Defizit ausgleichen zu können, muss der Erzeugerpreis von 12,78 €/kg für das getrocknete Weinlaub bei Variante 1 auf 38,35 €/kg, bei Variante 2 auf 36,81 €/kg erhöht werden.

In Tab. 8.2.5 ist in einer Modellrechnung dargestellt, wie sich die unterschiedlichen Standortbedingungen, der Anbauumfang und die Kosten für das Trocknungsverfahren der Blätter auf den Erzeugerpreis des Weinlaubs zur Deckung der Vollkosten auswirken können. Dabei wird der Erzeu-

---

[1] Um eine vergleichbare Datengrundlage zu erhalten, müssen im Weinbau die Deckungsbeiträge der Neuanlage, Junganlage und Ertragsanlage aufgestellt und anteilig zu einem aggregierten Deckungsbeitrag (DB_{agg}) verrechnet werden (Neuanlage 1/30, Junganlage 2/30 und Ertragsanlage 27/30).

[2] Der Modellbetrieb basiert auf Zahlen des Statistischen Landesamtes Baden-Württemberg (1997).

Tabelle 8.2.4: Vollkostenrechnung zur ökologischen Weinlaubproduktion im unteren Jagsttal

		Variante 1 (Euro/ha [nur Rebland])	Variante 2 (Euro/Gesamtbetrieb [43 ha])
Feste Kosten	Abschreibung a) Maschinen	1.249	15.686
	b) Gebäude	–	4.205
	c) Rebanlage	610	610
	Betriebskosten	482	3.204
	Pacht	256	–
Variable Kosten		6.670	74.070
Lohnansatz		6.499	44.670
Kapitalverzinsung		1.112	16.119
Risikozuschlag (5%)		835	7.928
Vollkosten		**17.712**	**166.492**
Marktleistung*		**11.229**	**145.468**
Differenz Gesamtbetrieb			(-) 21.024
Differenz Rebland		**(-) 6.493**	**(-) 5.991**

* Erzeugerpreis Weinlaub: 12,78 €/kg getrocknetes Weinlaub, bisheriger Auszahlungspreis

Erzeugerpreis für die Trauben konstant (0,84 €/kg, konventionelle Vermarktung über Genossenschaft) und der Preis für das Weinlaub variabel gehalten. Bei einem Erzeugerpreis von 12,78 €/kg getrocknetes Weinlaub können mit einem Preis von 0,84 €/kg Trauben die Vollkosten auch auf besser technisierbaren Standorten (z.B. Direktzuglage) nicht gedeckt werden. Weder eine Erhöhung des Anbauumfangs noch eine Senkung der fixen Kosten (z.B. Trocknungskosten) auf der Terrassenlage ermöglichen dies. Folglich müsste auf jeden Fall ein höherer Preis für die ökologisch erzeugten Trauben erreicht werden.

Tabelle 8.2.5: Modellrechnung 1: Vollkostenrechnung mit variablem Weinlaub-Preis

Standort	Anbauumfang	Erzeugerpreis je kg getrocknetem Weinlaub
Terrassenlage am Beispiel unteres Jagsttal Variante 1/Variante 2	1 ha	38,35/36,81 €/kg
Variante 1	10 ha	28,12 €/kg
Terrassenlage, Trocknungskosten reduziert Variante 1	1 ha	30,68 €/kg
Direktzuglage	1 ha	20,45 €/kg
Direktzuglage	10 ha	17,90 €/kg

In einer zweiten Modellrechnung (Tab. 8.2.6) bleibt der Erzeugerpreis für eine ökologische Traubenerzeugung variabel und der Preis für das Weinlaub konstant (12,78 €/kg). Eine Erhöhung des Erzeugerpreises von 0,84 €/kg Trauben auf 1,02 €/kg Trauben in Direktzuglage (Anbauumfang 10 ha) lässt eine Deckung der Vollkosten zu. Für ökologisch erzeugte Trauben lässt sich dieser Preis in der Regel realisieren. Im unteren Jagsttal bleibt bei Terrassenlage fraglich, ob der Preis von 1,28 €/kg für die Trauben (Anbauumfang 10 ha) zur Deckung der Vollkosten erreicht werden kann. Hierzu müsste bekannt sein, welche Qualität die ökologisch erzeugten Trauben, aber auch das Weinlaub letztendlich haben und mit welchem Erfolg verarbeitet und vermarktet wird.

Tabelle 8.2.6: Modellrechnung 2: Vollkostenrechnung mit variablem Traubenpreis

Standort	Anbauumfang	Erzeugerpreis je kg Trauben
Terrassenlage am Beispiel unteres Jagsttal Variante 1	1 ha 10 ha	1,63 €/kg 1,28 €/kg
Terrassenlage, Trocknungskosten reduziert Variante 1	1 ha	1,43 €/kg
Direktzuglage	1 ha	1,18 €/kg
Direktzuglage	10 ha	1,02 €/kg

Verknüpfung mit anderen Teilprojekten
Das Teilprojekt *Weinlaubnutzung im unteren Jagsttal* stellt eine Eingangsuntersuchung dar und wurde aus den genannten Gründen nicht weiter verfolgt (Kap. 8.2.9). Daher bestanden keine Verknüpfungen zu anderen Teilprojekten (Abb. 8.2.3). Auf der Akteursebene haben Vertreter der Wirtschaft (Firma Weleda) wichtige Impulse zum Zustandekommen des Projekts geliefert. Auf lokaler Ebene waren Winzer in die Untersuchung involviert. Wichtige Informationen lieferten Fachbehörden, Verbände und Berater.

Öffentlichkeitsarbeit
Die Ergebnisse wurden bei der Weleda AG in Schwäbisch Gmünd präsentiert und in einer Fachzeitschrift (JAHN & SPRENGER 2001) publiziert. Daneben wurde das Teilprojekt im Rahmen der allgemeinen Öffentlichkeitsarbeit der Projektgruppe dargestellt.

8.2.8 Diskussion

Wurden alle Akteure beteiligt?
Die für die Situationsanalyse relevanten Akteure (vgl. Kap. 8.2.5) konnten im Verlauf der Untersuchung auf unterschiedliche Weise eingebunden werden (vgl. Kap. 8.2.6). Die mögliche Umsetzung des Verfahrens ökologische Weinlaubproduktion wurde den ortsansässigen Winzern vorgestellt und mit ihnen diskutiert. Vor dem Hintergrund der Untersuchungsergebnisse zeigte sich jedoch eine geringe Bereitschaft und Motivation der Winzer, sich mit dieser Verfahrensalternative auseinander zu setzen, da die Umsetzung des Produktionsverfahrens mit einem hohen finanziellen Eingangsaufwand im Untersuchungsraum verbunden ist.

Wurden die gesetzten Ziele erreicht?
In der Untersuchung wurde das Produktionsverfahren ökologische Weinlaub- und Traubennutzung, die damit verbundenen Rahmenbedingungen sowie die ökonomische Rentabilität analysiert und bewertet. Das Ziel, die Machbarkeit dieses Verfahrens im Untersuchungsraum zu untersuchen und eine Empfehlung hinsichtlich einer möglichen Umsetzung auszusprechen, wurde demnach erreicht.

Übertragbarkeit der Ergebnisse

Ein Produktionsverfahren zur ökologischen Weinlaubproduktion setzt im unteren Jagsttal eine Neuanlage mit pilzresistenten Rebsorten voraus, was einen hohen Einsatz an Arbeitskraft erfordert. Die steilen Rebhänge erschweren die Arbeiten zusätzlich. Terrassen müssten beispielsweise in Handarbeit neu angelegt oder alte ausgebessert werden. Für die befragten ortsansässigen Winzer kam ein Einstieg und somit die Realisierung des Verfahrens zur ökologischen Weinlaubproduktion nicht in Betracht. Sie betreiben den Terrassenweinbau ausschließlich im Nebenerwerb oder als Freizeitbeschäftigung.

Die klimatischen und wasserhaushaltlichen Rahmenbedingungen wirken hemmend. Übertragen auf andere potenzielle Anbauflächen heißt dies, dass die Wasserhaushaltsverhältnisse geprüft werden müssen. Flächen, die bereits aus der Nutzung genommen waren, also brach gefallen sind, sind möglicherweise gerade deshalb aufgegeben worden.

Die rechtlichen Rahmenbedingungen sind als günstig zu bewerten. Grundsätzlich stünden ausreichend Flächen für eine Umsetzung des Verfahrens in vielen Gebieten zur Verfügung.

Tabelle 8.2.7: Bewertung der hemmenden und treibenden Kräfte

	Benennung der Kraft	hemmend (h)/ fördernd (f)	Bewertung der Kraft (stark, mittel, schwach)	In welcher Weise konnte die Projektgruppe auf diese Kraft Einfluss nehmen?
Soziale Kräfte	Bedürfnis, die Landschaft offen zu halten (Erhalt der Kulturlandschaft)	f	mittel	Sensibilisierung durch Öffentlichkeitsarbeit,
	Bereitschaft zur Umstellung auf eine ökologische Wirtschaftsweise	h	stark	Vorstellung der Untersuchungsergebnisse, Information der Akteure
	Risikobereitschaft der Winzer Neues auszuprobieren	h	mittel / stark	Vorstellung der Untersuchungsergebnisse, Chancen und Risiken aufzeigen, möglicher Abnehmer Firma Weleda
Ökonomische Kräfte	Rentabilität des Produktionsverfahrens	h	stark	Deckungsbeitragsrechnungen, Darstellung von Verfahrensalternativen, Klärung der Anforderungen seitens der Firma Weleda
	Förderung des Produktionsverfahrens sowie der Umstellung auf ökologischen Landbau	f	mittel	
	Rechtliche Rahmenbedingungen	f	gering	Überprüfung Rebenaufbauplan, es stehen ausreichend Flächen zur Verfügung
Ökologische Kräfte	Arten- und Biotopschutz	f	mittel	Verfahrensalternative ökologische Weinlaubproduktion aufzeigen, Kooperationsbereitschaft der Kommunen und Naturschutzverwaltung, Positiv-Image für die Firma Weleda
	Standortkundliche Voraussetzungen (Wasser)	h	stark	Machbarkeitsanalyse

Die Ergebnisse der einzelnen Deckungsbeitragsrechungen und die Vollkostenrechnung sind auf andere Standorte übertragbar (Tab. 8.2.5, 8.2.6). Bei einer Ausweitung des Verfahrens auf 10 ha stellen sich in erster Linie durch die Reduzierung der Trocknungskosten Degressionseffekte. Auf einem gut technisierbaren Standort (z.b. in Direktzuglage) genügen rund 1,02 €/kg für die ökologisch erzeugten Trauben (fixer Weinlaubpreis von 12,78 €/kg) zur Deckung der Vollkosten. Positiv wirken sich vor allem Faktoren wie Technisierbarkeit, Klima und/oder der bereits praktizierte Anbau pilzresistenter Rebsorten in größerem Umfang aus.

Vergleich mit anderen Vorhaben
Den Literaturrecherchen zu Folge gibt es keine vergleichbaren Untersuchungen. Die ökonomischen Berechnungen basieren auf dieser Grundlage. Daten zum Produktionsverfahren sind im Laufe der Untersuchung selbst erhoben (Tab. 8.2.2) oder aber in Anlehnung an die KTBL-Datensammlung (1998) aus der Literatur entnommen worden. Deckungsbeitragsrechnungen in Kombination mit einer Aufstellung der Vollkosten sind in der Betriebswirtschaft verbreitet, um Aussagen zur langfristigen Rentabilität treffen zu können.

8.2.9 Schlussfolgerungen

Wesentliche Erkenntnisse
Nach den betriebswirtschaftlichen Kalkulationen könnte sich auf einer Anbaufläche von 10 ha durchaus eine Rentabilität einstellen. Allerdings müssten sich hierzu qualitativ hochwertige Trauben und Blätter erzeugen lassen. Dies wird von den ortsansässigen Winzern als höchst problematisch beurteilt, da vor allem in den letzten Jahren zunehmend das Problem der Wasserknappheit aufgetreten ist. Der zweite, vielleicht noch wichtigere Grund, der gegen die Einführung des Verfahrens spricht, ist der hohe Arbeitsaufwand, der mit einer Rekultivierung der Flächen einhergehen würde. Die Hänge werden weiterhin nur mit viel Handarbeit zu bearbeiten sein. Unter den gegebenen Rahmenbedingungen und den angesetzten Erzeugerpreisen von 0,84 €/kg für eine konventionelle Traubenerzeugung und 12,78 €/kg für getrocknetes Weinlaub stellt sich keine ökonomische Rentabilität ein. Die Trauben hätten konventionell vermarktet werden müssen, da die örtliche Winzergenossenschaft keine Ökolinie fährt und die Winzer die langjährige und bewährte Bindung zur Genossenschaft nicht aufgeben wollten. Eine Vermarktung von ökologisch erzeugtem Wein oder Traubensaft im unteren Jagsttal ist daher nicht möglich.

Um einen ausreichend hohen Anreiz für Winzer an einem Standort wie dem Jagsttal zu schaffen, wären zur Umsetzung des Verfahrens daher eine finanzielle Unterstützung oder höhere Preise für das Weinlaub erforderlich.

Weiterführende Aktivitäten
Nachdem die Ergebnisse der Situationsanalyse vorlagen, wurde das Teilprojekt eingestellt, da nicht zu erwarten war, dass es am Standort Jagsttal zu einer Umsetzung der Projektidee kommen würde. Trotzdem bleiben viele Fragestellungen offen, die bei einer Umsetzung anderenorts von Interesse sind. Zu untersuchen wäre beispielsweise die Variabilität der Blattqualität und des Blatterags (Tab. 8.2.2) in Abhängigkeit von den stark variierenden standörtlichen Bedingungen sowie unter Berücksichtigung unterschiedlicher Rebsorten, da letztendlich die Qualität über den Absatzerfolg entscheidet. Zudem sollte das Produktionsverfahren Öko-Weinlaub durch faunistische und vegetationskundliche Untersuchungen auf (re-)kultivierten und ökologisch geführten Rebflächen begleitet werden.

Empfehlungen für eine erfolgreiche Projektdurchführung

Für Öko-Weinlaub besteht eine beschränkte Nachfrage zur Arzneimittelproduktion. Rentabel ist diese Produktion nur in einer Doppelnutzung von Blatt und Rebe. Stehen hierfür geeignete Sorten zur Verfügung, kann die Weinlaubproduktion auf bestimmten Standorten durchaus rentabel sein und zu höheren Gewinnen als bei einer reinen Traubennutzung führen. Ausreichende Wasserversorgung, eine Anbaufläche von ca. 10 ha und die Möglichkeit, auf nicht zu steilen Flächen arbeitswirtschaftlich sinnvoll arbeiten zu können, sind Standortvoraussetzungen für eine rentable Weinlaubproduktion.

Auf der Grundlage der hier erarbeiteten Erkenntnisse und Daten und nach Klärung der noch als offen geltenden Fragen (s.o) sind also folgende Einflussgrößen zu erheben und untereinander abzuwägen, um die Produktion ökologischen Weinlaubs erfolgreich etablieren zu können:
— Hängigkeit des Geländes (Arbeitswirtschaftliche Folgen)
— Wasserhaushalt des Standorts
— Mögliche Flächenausdehnung des Anbaus
— Aufwand der Rekultivierung bzw. einer Neuanpflanzung
— Geeignete Sorten
— Vermarktungsmöglichkeiten für ökologisch erzeugten Wein
— Preise für das Weinlaub
— Trocknungskosten

Letztendlich spielt bei der Umstellung auf ökologische Weinlaubproduktion die Einstellung und Bereitschaft der Winzer eine entscheidende Rolle, die wiederum vom sozialen Umfeld abhängig sind. Insofern empfiehlt sich das Verfahren eher als Alternative für Ökowinzer, die nach einer zusätzlichen Einkommensquelle suchen. Insgesamt muss klar gestellt werden, dass der Markt für Ökoweinlaub ein äußerst kleines Segment darstellt. Andererseits könnte über einen Abnahmevertrag eine hohe Vermarktungssicherheit erreicht werden. Wenig geeignet scheint die Erzeugung von Ökoweinlaub, um marginale Weinbaustandorte in Kultur zu halten bzw. zu rekultivieren. Den zusätzlichen durch das Weinlaub erzielten Einnahmen steht eine hohe Arbeitsbelastung gegenüber, so dass auf diesen Standorten auch die Doppelnutzung des Weins nicht rentabel ist.

Literatur

Basler, P., 1999: Interspezifische Rebsorten – Sortenbeschreibungen, Eidgenössische Forschungsanstalt Wädenswil
Geologisches Landesamt Baden-Württemberg, 1995: Bodenübersichtskarte von Baden-Württemberg, M 1:200.000. Landesamt für Geologie, Rohstoffe und Bergbau Baden-Württemberg, Freiburg
Dornfeld, I., 1868: Die Geschichte des Weinbaus in Schwaben. Stuttgart
Frede, H.-G., S. Dabbert (Hrsg.), 1998: Handbuch zum Gewässerschutz in der Landwirtschaft. Ecomed Verlagsgesellschaft Landsberg
Glück, E., J. Deuschle, C. Trojan, S. Winterfeld, J. Blank, J. Spelda, S. Lauffer, 1996: Aufstellung regionalisierter Leitbilder zur Landschaftspflege und -entwicklung an brachgefallenen Talhängen von Kocher und Jagst – Tierökologischer Fachbeitrag. Unveröff. Anhang zum Abschlußbericht des Instituts für Zoologie für das Institut für Landschafts- und Pflanzenökologie der Universität Hohenheim, im Auftrag der Bezirksstelle für Naturschutz und Landschaftspflege Stuttgart
Geologisches Landesamt Baden-Württemberg, 1962: Geologische Übersichtskarte von Baden-Württemberg, M 1:200.000. Landesvermessungsamt Baden-Württemberg, Stuttgart
Hagdorn, H., T. Simon, 1988: Geologie und Landschaft des Hohenloher Landes, Sigmaringen
Hampl, U., U. Hofmann, P. Köpfer, 1995: Umstellung auf ökologischen Weinbau. Stiftung Ökologie und Landbau, Bad Dürkheim

Hillebrand, W., G. Schulze, W. Walg, 1992: Weinbau-Taschenbuch. Mainz
Höchtl, F., 1997: Struktur und Vegetation von Weinbergen und Sukzessionsstadien brachgefallener Rebflächen im unteren Jagsttal – eine Analyse und Bewertung. Unveröff. Diplomarbeit am Institut für Landschafts- und Pflanzenökologie, Universität Hohenheim
Höchtl, F., W. Konold, 1998: Dynamik im Weinberg-Ökosystem, Nutzungsbedingte raum-zeitliche Veränderungen im unteren Jagsttal. Naturschutz und Landschaftsplanung 30(8/9): 249-253
Hofmann, U., P. Köpfer, W. Arndt, 1995: Ökologischer Weinbau. Stuttgart
Jahn, G., 2000: Ökologische Weinlaubproduktion im unteren Jagsttal. Unveröff. Diplomarbeit im Fachgebiet Ökologischer Landbau, Universität Gesamthochschule Kassel, Witzenhausen
Jahn, G., S. Sprenger, 2001: Laubnutzung im ökologischen Weinbau. Ökologie und Landbau 118: 46, Bad Dürkheim
KTBL-Datensammlung, 1998: Weinbau und Kellerwirtschaft. Hrsg. v. Kuratorium für Technik und Bauwesen in der Landwirtschaft, Münster-Hiltrup
Kirchner-Heßler, R., K. Schübel, W. Konold, P. Bosch, 1997: Aufstellung regionalisierter Leitbilder zur Landschaftspflege und -entwicklung an brachgefallenen Talhängen von Kocher und Jagst. Unveröff. Bericht am Institut für Landschafts- und Pflanzenökologie der Universität Hohenheim im Auftrag der Bezirksstelle für Naturschutz und Landschaftspflege Stuttgart
Konold, W., 1996: Liebliche Anmut und wechselnde Szenerie – Zum Bild der ehemaligen Kulturlandschaft in Hohenlohe. Mitt. Hohenloher Freilandmuseum 17: 6-22
Konold, W., R. Kirchner-Heßler, N. Billen, A. Bohn, W. Bortt, S. Dabbert, B. Freyer, V. Hoffmann, G. Kahnt, B. Kappus, R. Lenz, I. Lewandowski, H. Rahman, H. Schübel, K. Schübel, S. Sprenger, K. Stahr, A. Thomas, 1997: BMBF-Förderschwerpunkt »Ökologische Konzeptionen für Agrarlandschaften« – Wege zu einer multifunktionalen, umweltschonenden Agrarlandschaftsgestaltung – Definitionsprojekt Hohenlohe-Franken. Unveröff. Antrag zur Hauptphase, Universität Hohenheim, Institut für Landschafts- und Pflanzenökologie
Mattern, H., 2002: Die Steinriegelhänge an Jagst und Kocher müssen erhalten bleiben!
In: Mattern, H.: Aus Liebe zur Heimat: 125-126, Baier Verlag, Crailsheim
MLR, Ministerium Ländlicher Raum (Hrsg.), 1999: Richtlinie des Ministerium Ländlicher Raum für die Förderung von Investitionen im Regionalprogramm des Landes, vom 25. März. Ziffer 4.7
Osswald, S., 2002: Untersuchungen der Vegetationsentwicklung auf brachgefallenen Flächen im Jagsttal. Unveröff. Diplomarbeit im Fachbereich Landespflege, Fachhochschule Nürtingen
OAB Neckarsulm, 1881: Beschreibung des Oberamts Neckarsulm. Hrsg. von dem Königlichen statistisch-topographischen Bureau, W. Kohlhammer, Stuttgart
Preuschen, G., 1990: Der ökologische Weinbau – Ein Leitfaden für Praktiker und Berater. Karlsruhe
Schwingenschlögl, P., 1997: Aus der Praxis – für die Praxis: Vollkostenkalkulation im Weinbau, Rebe und Wein, (2) 1997: 112-115
Statistisches Landesamt Baden-Württemberg (Hrsg.), 1997: Statistik von Baden-Württemberg, Agrarberichterstattung 1995, Gemeindestatistik 1996, Band 510 Heft 3, Stuttgart
Vogt, E., B. Götz, 1977: Weinbau, Stuttgart
Weingärtnergenossenschaft unteres Jagsttal, 1990: Bericht der Weingärtnergenossenschaft unteres Jagsttal, Siglingen

Thomas Wehinger, Rudolf Bühler, Michael Rebmann, Anette Engel, Elke Dagenbach

8.3 Bœuf de Hohenlohe – Förderung der Grünlandwirtschaft durch die Vermarktung qualitativ hochwertiger Rindfleischerzeugnisse aus artgerechter Tierhaltung mit regionaler Identität

8.3.1 Zusammenfassung

Der Abbau der Handelsschranken an den Grenzen der EU führte zu einem Preisverfall, der vor allem kleine und mittlere landwirtschaftliche Betriebe an die Grenzen der ökonomischen Tragfähigkeit bringt. Im Besonderen die Milcherzeugung ist langfristig nur dann ökonomisch tragfähig, wenn der Betriebsumfang und die Anzahl der Milchkühe eine rationelle und auf Hochleistung ausgerichtete Produktion zulässt. Die Bewirtschaftung von extensivem Grünland, die Erhaltung der Artenvielfalt und des abwechslungsreichen Landschaftsbildes sowie die Offenhaltung der gewachsenen Kulturlandschaft sind dadurch gefährdet. Um diesem Trend entgegen zu wirken, sollte im Untersuchungsgebiet die Entwicklung einer regionalen Qualitätsfleischvermarktung initiiert werden, die auf der Basis besonderer, an der Nutzung von Grünland orientierter Erzeugungsrichtlinien einen höheren Preis für Rindfleisch erzielt. Das Projektgebiet umfasste den Landkreis Schwäbisch Hall, den Hohenlohekreis sowie angrenzende Landkreise. Aufgrund der Verarbeitungs- und Vermarktungsstrukturen musste das Einzugsgebiet des Projektes über die engen Grenzen des Jagsttales ausgeweitet werden. Eine Schlüsselrolle bei der Projektentwicklung kam der Bäuerlichen Erzeugergemeinschaft Schwäbisch Hall (BESH) zu, die mit den Erfahrungen zur Vermarktung des Schwäbisch-Hällischen Schweins wichtige Voraussetzungen für das Gelingen des Projektes geschaffen hatte und die notwendigen Kompetenzen und Vermarktungsstrukturen bereitstellte. Bereits zu Beginn der Projektentwicklung waren Vertreter der landwirtschaftlichen Interessenvertretung, der Naturschutzverbände und der Verwaltung am Prozess beteiligt. Die Projektgruppe *Kulturlandschaft Hohenlohe* unterstützte das Projekt auf verschiedenen Ebenen.

Der methodische Schwerpunkt des Projektes verfolgte ein differenziertes und zielgruppenorientiertes Kommunikationskonzept. Von der einzelbetrieblichen Beratung über Qualifizierungsmaßnahmen bis hin zu einem professionellen Werbekonzept wurden verschiedenste Maßnahmen während des Projektverlaufs durchgeführt. Damit war es möglich, alle von diesem Prozess Betroffenen in angemessener Weise an der Projektentwicklung zu beteiligen. Nicht zuletzt förderte eine intensive Öffentlichkeitsarbeit den Informationsaustausch mit den Betroffenen, die nicht direkt beteiligt waren. Die Projektgruppe *Kulturlandschaft Hohenlohe* unterstützte das Projekt mit der Organisation der Qualifizierungsmaßnahmen, an denen durchschnittlich 20 Teilnehmer teilnahmen. Zwei wissenschaftliche Untersuchungen im Rahmen von Diplomarbeiten untermauerten die ökologische und ökonomische Bedeutung der landwirtschaftlichen Nutzung von extensivem Grünland in Form von Weidehaltung mit Rindern. Die historische Recherche zum Markenbegriff »Bœuf de Hohenlohe« lieferte wesentliche Grundlagen für das Kommunikationskonzept der Vermarktungsinitiative.

Schon im Jahr 2000 wurden von 74 Bœuf-Mitgliedsbetrieben 712 Tiere mit insgesamt 185.096 kg Schlachtgewicht über die Bäuerliche Erzeugergemeinschaft Schwäbisch Hall vertrieben. Davon wurden 556 Tiere (78 Prozent) im Rahmen des Markenfleischprogramms »Bœuf de Hohenlohe« vermarktet, 74 Tiere (10 Prozent) über das Markenfleischprogramm HQZ (Herkunfts- und Qualitätszeichen Baden-Württemberg). Die restlichen Tiere wurden über konventionelle Vertriebsschienen abgesetzt. Zum Ende des Jahres 2000 umfasste die Erzeugergemeinschaft »Bœuf de Hohenlohe« 78 Vollmitgliedsbetriebe und 44 Umstellungsbetriebe. Der Erfolg der Vermarktungsinitiative kann zunächst als Bestätigung für die anwendungsorientierte Vorgehensweise betrachtet werden. Die wissenschaftlichen Ergebnisse sind für die Umsetzung des Projektes von eher untergeordneter Bedeutung.

Für das Ergebnis des Projektes und die gelungene Markteinführung war die Bäuerliche Erzeugergemeinschaft Schwäbisch Hall w.V. als kompetente und erfahrene Vermarktungsorganisation von zentraler Bedeutung. Ohne diesen Partner wäre eine solch positive Projektentwicklung nur schwerlich zu erreichen gewesen. Dass die BESH als Projektinitiator und durchführende Organisation zusammen mit dem Kreisbauernverband Schwäbisch Hall die Markenrechte an der Schrift-Bild-Marke »Bœuf de Hohenlohe« besaß, ist als Voraussetzung für das erfolgreiche Marketingkonzept zu sehen.

Als umsetzungsrelevante Erfolgsfaktoren für das Vermarktungsprojekt können (1) das Marketingkonzept (mit Situationsanalyse, Zielsetzung, Produkt-, Preis-, Distributions- und Preispolitik), (2) die angemessene Beteiligung von Multiplikatoren und Betroffenen und auch den Markenschutz als Ausschlusskriterium sowie (3) die geeigneten organisatorischen Rahmenbedingungen mit kompetenten, motivierten und risikobereiten Akteure betrachtet werden. Sind diese Faktoren in entsprechender Weise berücksichtigt, ist das Konzept zumindest in Teilen auch auf andere Regionen übertragbar. Die wissenschaftlichen Untersuchungen zur Beweidung von ökologisch wertvollen Grünlandflächen bestätigen den positiven Einfluss der Beweidung auf die Artenvielfalt. Aus ökonomischer Sicht ist das Haltungsverfahren von Bœuf de Hohenlohe dann wirtschaftlich interessant, wenn tatsächlich ein höherer Preis für das Rindfleisch am Markt erzielt werden kann. Diese Wertschätzung und die Bereitschaft der Kunden, tatsächlich auch etwas mehr Geld für ein Qualitätsprodukt auszugeben, bedarf wiederum eines guten Marketingkonzeptes.

8.3.2 Problemstellung

Bedeutung für die Akteure
Landwirtschaftliche Betriebe, welche die marginalen Grünlandstandorte der Talhänge bewirtschaften, stehen vor der Entscheidung, die landwirtschaftliche Nutzung dieser Flächen aufzugeben oder alternative Produktionsverfahren zur Bewirtschaftung zu entwickeln. Die Tierprämien bei der Schaf- und der Mutterkuhhaltung sowie die Kontingentierung der Milcherzeugung beschränken die Möglichkeiten zur Nahrungsmittelerzeugung. Für die Nutzung marginaler Grünlandflächen kommen neben der Haltung von kleinen Wiederkäuern wie Schafen und Ziegen oder der Färsenaufzucht für die Milchviehhaltung nur extensive Verfahren der Rinderfleischerzeugung wie Mutterkuhhaltung, Ochsen- und Färsenmast in Frage. Die relative ökonomische Vorzüglichkeit dieser extensiven Verfahren hängt von dem erzielten Preis ab. Für die betroffenen Landwirte ist es daher von größter Bedeutung, dass zuverlässige Absatzwege mit einem angemessenen Preisaufschlag auf den Basispreis von Rindfleisch aus Intensivhaltung vorhanden sind.

Wissenschaftliche Fragestellung
Aus wissenschaftlicher Sicht war es von besonderer Bedeutung, welche Faktoren die erfolgreiche Implementierung des Vermarktungsprojektes bestimmen. Dabei konzentrierten sich die Betrachtungen auf die Erzeugung von Qualitätsrindfleisch zur Nutzung marginalen Grünlands und die Erfüllung der Kriterien der Nachhaltigkeit. Die folgenden Leitfragen bestimmten die Forschungsarbeit:

—Welchen Beitrag leisten extensive Rinder-Weidesysteme für eine nachhaltige Grünlandnutzung auf Grenzertragsstandorten?
—Welche extensiven Rinderhaltungsverfahren sind unter naturschutzfachlichen Aspekten und unter Einkommensaspekten umsetzbar?
—Welche Potenziale ergeben sich hieraus für eine Regionalvermarktung für Rindfleisch?
—Welche Marketingstrategien lassen die höchste Wertschöpfung erwarten?
—Wie kann der historisch überlieferte Begriff »Bœuf de Hohenlohe« produktionstechnisch und marketingstrategisch genutzt werden?

Allgemeiner Kontext
Die flächendeckende Bewirtschaftung von Grünland ist durch den Rückgang der Milchkuhbestände um durchschnittlich 2,9 Prozent pro Jahr seit 1990 (Statistisches Landesamt Baden-Württemberg, 1999) langfristig in Frage gestellt. Die geringe Rentabilität der Grünlandbewirtschaftung sowie der allgemeine agrarstrukturelle Anpassungsprozess führt an den Hängen der Flusstäler Hohenlohes (Kocher, Jagst und Bühler) im Untersuchungsgebiet nach und nach zur Nutzungsaufgabe. Die Erhaltung der Artenvielfalt und des abwechslungsreichen Landschaftsbildes sowie die Offenhaltung der gewachsenen Kulturlandschaft ist dadurch zunehmend gefährdet (siehe auch Kapitel 5.1).

Die Erzeugung und Vermarktung von Rindfleisch unterliegt den schwierigen Rahmenbedingungen, welche durch die EU-Agrarpolitik im weitesten Sinne vorgegeben sind. Die Ausgleichszahlungen für die Rindfleischerzeugung bestimmen den wirtschaftlichen Erfolg der Landwirte wesentlich mit. Der Deckungsbeitrag für einen gemästeten Bullen unter Berücksichtigung der Grundfutterkosten lag im Jahr 2000 bei ca. 150,- €. Der Anteil der Tierprämien am Gesamterlös beträgt 155,- € (LEL 2000).

Die Vermarktung von qualitativ hochwertigem Rindfleisch im Rahmen eines Markenprogramms kann einen erheblichen höheren Deckungsbeitrag erzielen. Bei einem Schlachtgewicht von 350 kg macht ein um 30 Cent höherer Preis – was einem Preisaufschlag von 10 Prozent entspricht – eine Verbesserung des Deckungsbeitrags um 100 € aus. Die Erhöhung der Preise wirkt sich extrem steigernd auf das wirtschaftliche Ergebnis der landwirtschaftlichen Betriebe aus. Daher ist es verständlich, dass viele Betriebe versuchen, zumindest einen Teil der eigenen Erzeugung direkt an den Kunden zu vermarkten. Neben der Direktvermarktung haben die Betriebe nur beschränkten Einfluss auf die Preisgestaltung und damit auch auf den wirtschaftlichen Erfolg.

Als weiteren Vertriebsweg entdeckten Landwirte und deren Organisation die Regionalvermarktung. Diese zeichnet sich dadurch aus, dass Landwirte wesentlich an der Vermarktungsorganisation beteiligt sind und das Marketingkonzept einen starken Bezug zur regionalen Herkunft der Erzeugnisse herstellt. Für den Erfolg von Regionalvermarktungsprojekten sind verschiedenste Faktoren von Bedeutung. Neben einer Vielzahl von gesetzlichen Rahmenbedingungen wie beispielsweise der EU-Agrarpolitik, das Wettbewerbs-, Gewerbe-, Handwerks- und Lebensmittelrecht (NISCHWITZ 1998) sind verschiedene projektinterne Faktoren zu beachten, die z.B. von HENSCHE et al. (1999) beschrieben wurden:
—ein strukturiertes Vorgehen (Marketingkonzept);
—motivierte Beteiligte;
—eine schlüssige Unternehmensphilosophie;
—Monitoring und eine beratende Begleitung.
Mit der Vermarktung regionaler Produkte werden in der Regel besondere Effekte im Sinne einer nachhaltigen Entwicklung erwartet wie sie von KINDERMANN (1997) beschrieben sind, die eine

Förderung und eine Unterstützung auch mit Mitteln der öffentlichen Hand rechtfertigen. KINDERMANN bewertet verschiedene Projekte anhand der folgenden ökologischen und ökonomischen Kriterien:
— Verringerung der verkehrsbedingten Umweltbelastung;
— Direkte ökologische Verbesserung der genutzten Fläche;
— Erhöhung der Biodiversität;
— Sonstigen ökologischen Verbesserungen;
— Erhöhung der Wertschöpfung in der Region;
— Qualitätsverbesserung der Produkte/ Langlebigkeit.

Nicht zuletzt sind jedoch das Einkaufsverhalten und die Präferenzen der Kunden für den Erfolg von Vermarktungsprojekten von zentraler Bedeutung. Das Einkaufsverhalten bezüglich regionaler Produkte wird nach WIRTHGEN (1999) von einigen wenigen Aspekten bestimmt, wozu er die Erkennbarkeit der Produkte, die Wahl der Einkaufsstätten in Abhängigkeit vom Produkt, die Kaufintensität der regionalen Produkte und die kaufbeeinflussende Einstellungen zählt.

Die vorliegenden Untersuchungen weisen alle darauf hin, dass ein konzeptionelles Vorgehen unter Berücksichtigung der politischen und rechtlichen Rahmenbedingungen als entscheidende Erfolgsfaktoren für ein regionales Marketingkonzept zu betrachten sind.

8.3.3 Ziele

Für das Teilprojekt *Bœuf de Hohenlohe* wurde zu Beginn des Projektes das folgende Oberziel formuliert: Steigerung der Wertschöpfung und der Einkommenspotentiale durch Vermarktung einer regionalen Rindfleischmarke.

Wissenschaftliche Ziele
Die wissenschaftlichen Ziele konzentrierten sich vor allem auf Fragen der Grünlandnutzung durch extensive Beweidungssysteme. Im Rahmen des Projektes wurden daher:
— die Möglichkeiten der rentablen Nutzung marginaler Grünlandstandorte und der damit verbundenen Offenhaltung der Landschaft untersucht;
— extensive Weideformen hinsichtlich ihrer Möglichkeiten für die nutzungsorientierte Landschaftspflege untersucht und erprobt;
— Beispiele für die nachhaltige, standortverträgliche und rentable Nutzung der Talhänge durch die Landwirtschaft entwickelt und überprüft;
— nachhaltige, standortverträgliche Nutzungsmöglichkeiten mit ausreichendem Deckungsbeitrag identifiziert.

Umsetzungsmethodische Ziele
Um die anwendungsorientierten Ziele zu erreichen, bedarf es einer methodischen Vorgehensweise, die eine möglichst hohe Wahrscheinlichkeit der Umsetzung bzw. der Akzeptanz mit sich bringt. Dies sollte erreicht werden mit:
— geeigneten Kooperationsmodellen zur Verbesserung der Wettbewerbsfähigkeit der Grünlandbetriebe und
— betriebsbezogenen Szenarien, aus denen Handlungsempfehlungen für eine nachhaltige Grünlandnutzung abgeleitet werden können.

Anwendungsorientierte Ziele

Im Mittelpunkt des Projektes stand die Zielsetzung, den historischen Markenbegriff »Bœuf de Hohenlohe« zur Vermarktung von Rindfleisch aus extensiver Haltung auf den Grenzertragsstandorten der Talhänge einzuführen, um eine positive Wahrnehmung auf dem Markt zu erreichen und qualitativ hochwertige Rindfleischerzeugnisse mit »regionaler Identität« aus der Projektregion und aus artgerechter bzw. ökologischer Tierhaltung zu vermarkten.

bœuf de Hohenlohe

Abbildung 8.3.1:
Markenzeichen »Bœuf de Hohenlohe«

8.3.4 Räumlicher Bezug

Der räumliche Bezug des Teilprojektes *Bœuf de Hohenlohe* stellte sich wie folgt dar. Ausgehend von den flächenbezogenen Fragestellungen konzentrierten sich die Untersuchungen auf Grünlandflächen, die im Rahmen extensiver Verfahren der Rindfleischerzeugung genutzt wurden. Zum Teil lagen diese Flächen im Jagsttal, d.h. im engeren Projektgebiet. Ökonomische und soziale Fragestellungen wurden auf der Ebene der Erzeugergemeinschaft untersucht, deren Mitgliedsbetriebe sich auf die Landkreise Hohenlohe und Schwäbisch Hall sowie vereinzelt auf die angrenzenden Landkreise verteilten (vgl. Abb. 8.3.2).

8.3.5 Beteiligte Akteure

Das Teilprojekt *Bœuf de Hohenlohe* wurde maßgeblich von der Bäuerlichen Erzeugergemeinschaft Schwäbisch Hall als Mitglied der Projektgruppe umgesetzt. Darüber hinaus waren verschiedene Kooperationspartner im Projekt eingebunden, wie z.B. die Landwirtschaftsverwaltung, das Umweltzentrum Schwäbisch Hall und der Naturschutzverband Euronatur (Stiftung europäisches Naturerbe).
 Folgende Mitglieder der Projektgruppe *Kulturlandschaft Hohenlohe* waren am Projekt »Bœuf de Hohenlohe« beteiligt: Thomas Wehinger (Teilprojektverantwortlicher), Institut für Landespflege der Albert-Ludwigs-Universität Freiburg; Rudolf Bühler und Michael Rebmann von der Bäuerlichen Erzeugergemeinschaft Schwäbisch Hall; Larissa Ermel und Kirsten Schübel, Institut für Landespflege der Albert-Ludwigs-Universität Freiburg; Elke Dagenbach und Anette Engel, Fachbereich Landespflege der Fachhochschule Nürtingen.

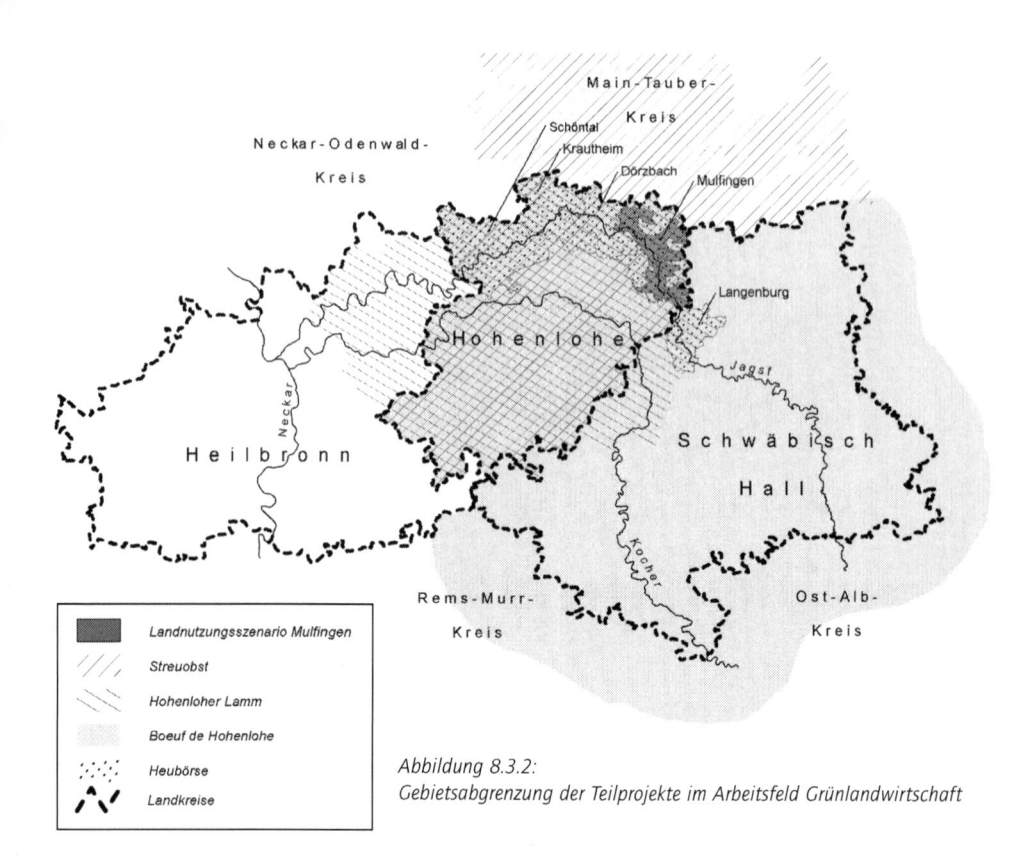

Abbildung 8.3.2:
Gebietsabgrenzung der Teilprojekte im Arbeitsfeld Grünlandwirtschaft

Legende:
- Landnutzungsszenario Mulfingen
- Streuobst
- Hohenloher Lamm
- Bœuf de Hohenlohe
- Heubörse
- Landkreise

Akteure in der Konzeptionsphase
Zu Beginn der Projektarbeit, d.h. bei der Entwicklung der Erzeugerrichtlinien, waren zunächst Vertreter der Landwirtschaftsverwaltung, der Naturschutzverbände und der Kreisbauernverbände beteiligt. Sieben Landwirte hatten sich zu einem wirtschaftlichen Verein mit dem Namen »Erzeugergemeinschaft Bœuf de Hohenlohe« zusammengeschlossen.

Akteure in der Umsetzungsphase
Während der Umsetzung wurden immer mehr Betriebe Mitglied in der Erzeugergemeinschaft. Die Beteiligung an dem Aufbau von Weidegemeinschaften bzw. Betriebskooperationen war im Gegensatz dazu sehr gering und führte letztlich zur Einstellung dieser Bemühungen.

Akteure bei der Markteinführung
Die Bäuerliche Erzeugergemeinschaft Schwäbisch Hall als Vermarktungspartner der Erzeugergemeinschaft »Bœuf de Hohenlohe« bemühte sich bei der Markteinführung um eine breite Unterstützung. Dazu gehörte die Zusammenarbeit mit der Zentralen Marketinggesellschaft der deutschen Agrarwirtschaft (CMA) und der Marketinggesellschaft Baden-Württemberg (MBW) im Rahmen eines zentral-regionalen Kooperationsprojektes. Eine Qualifizierungsmaßnahme zur Erzeugung, Verarbeitung und Vermarktung von Qualitätsrindfleisch, gefördert durch Mittel des Europäischen Sozialfonds, motivierte viele landwirtschaftliche Betriebe, sich am Marketingprojekt zu beteiligen.

8.3.6 Methodik

Im Rahmen des Projektes wurden verschiedene methodische Ansätze verfolgt, die einen interdisziplinären Ansatz dokumentieren und die Notwendigkeiten eines Umsetzungsprojektes berücksichtigen.

Wissenschaftliche Methoden
— Literaturrecherchen zum historischen Markenbegriff *Bœuf de Hohenlohe*;
— Landschaftsökologische Untersuchungen zur Entwicklung von Pflanzengesellschaften marginaler Grünlandstandorte (Vegetation, Flora) unter Berücksichtigung des Weidemanagements;
— Betriebswirtschaftliche Untersuchungen zur Ökonomie der Rindfleischerzeugung unter Einschluss von Fleischzuwächsen auf der Weide.

Umsetzungsorientierte Methoden
— Moderation
— Workshops
— Beratungsgespräche
— Exkursionen
— Öffentlichkeitsarbeit

Anwendungsorientierte Methoden
— Entwicklung von Erzeugungsrichtlinien unter gleichzeitiger Definition der Produktqualität;
— Qualitätsmanagementsystem im Sinne von Kontrollmaßnahmen zur Qualitätssicherung;
— Produktdiversifizierung in der konventionellen und der kontrolliert ökologischen Landwirtschaft;
— Entwicklung und Anwendung des Kommunikationskonzeptes.

8.3.7 Ergebnisse

Die Landwirte in der Region Hohenlohe besannen sich auf einen überlieferten Begriff, der in der Vergangenheit für qualitativ hochwertiges Rindfleisch aus der Region Hohenlohe stand, das *Bœuf de Hohenlohe*. Ein Mehrwert für das erzeugte Rindfleisch wird mit diesem Markenbegriff und Erzeugungsrichtlinien realisiert, welche den aktuellen Rahmenbedingungen angepasst und auf eine artgerechte Tierhaltung sowie die Nutzung von marginalem Grünland ausgerichtet sind.

Wissenschaftliche Ergebnisse

Historische Recherche
Über eine intensive Recherche zum geschichtlichen Hintergrund von *Bœuf de Hohenlohe* wurde ein Fundus an Quellen und Hinweisen hinsichtlich der traditionellen Produktionsweise (Rassen, Aufzucht und Vermarktung) der Erzeugung und Vermarktung von Rindfleisch erschlossen. Die Ergebnisse der Forschungsarbeiten flossen sowohl in die Erzeugungsrichtlinien als auch in das Kommunikationskonzept ein.

*Abbildung 8.3.3:
Historisches Bild des
»Bœuf de Hohenlohe«
(Foto: Haller Fleckvieh-
zuchtverband)*

Im 19. Jahrhundert hatte in der Region Hohenlohe die Aufzucht und Mast von Ochsen und deren Vermarktung in die angrenzenden Ballungsräume und bis nach Frankreich eine große Bedeutung. Der in Frankreich vom Ende des 18. Jahrhunderts bis zum Anfang des 20. Jahrhunderts verwendete Begriff *Bœuf de Hohenlohe* stand für Rindfleisch hoher Qualität, erzeugt in der Region Hohenlohe. Der Viehhandel nach Frankreich besaß eine große wirtschaftliche Bedeutung und war Grundlage für den Wohlstand der Region. Dieser Export kam nach dem ersten Weltkrieg aufgrund der hohen Zölle zum Erliegen.

In der Oberamtsbeschreibung von Öhringen (1865) heißt es: »Die Ochsenmastung ist seit lang her im Hohenlohischen beliebt; das Bœuf de Hohelohe in Paris ist bis in unsere Zeit die Bezeichnung für gutes Ochsenfleisch«.

Die Erzeugung von guten Ochsen aus Hohenlohe hatte ihren Ursprung in einer arbeitsteiligen Organisation der Rindermast. Die Aufzucht der Tiere – bis mindestens 1 Jahr – fand in Betrieben der Flusstäler Hohenlohes und den angrenzenden Grünlandgebieten statt. Erst danach kamen die Tiere in die Ackerbaubetriebe, die inzwischen mit dem Kleeanbau eine hervorragende Futterbasis für die Rindermast besaßen. Die Bauern bevorzugten Tiere der heimischen Rassen für die Erzeugung des hochwertigen Qualitätsrindfleisches. Für die Mast war zum einen der etwas größere, kastanienbraune Stamm mit weißer Blässe aus der Gegend von Schwäbisch-Hall (»Haller Race«) und zum anderen der etwas kleinere, gelblich, fahle, um Limpurg angesiedelte Stamm von besonderer Bedeutung.

Landschaftsökologie und Vegetation

Die folgenden Ausführungen stützen sich auf Untersuchungen im unteren Bühlertal, welches repräsentativ für die Flusstäler im Projektgebiet steht. Seine Talhänge sind geprägt von Grünland. Insbesondere die steileren Lagen mit ihrer meist großen Artenvielfalt sind von der Nutzungsaufgabe bedroht oder aktuell betroffen. Im Mittelpunkt der Untersuchung stand die extensive

Beweidung mit Fleischrindern als Möglichkeit zum Erhalt der artenreichen Grünlandgesellschaften. Die aktuelle Grünlandsituation wurde mit einer Nutzungs- und Vegetationskartierung erhoben. Die Auswertung der Kartierungen ermöglichte Aussagen über die Wertigkeit des Grünlandes, dessen Eignung für die Beweidung mit Rindern und die ökologischen Erfordernisse, die an eine Beweidung zu stellen sind.

Die meisten Standorte im Gebiet erwiesen sich – bei entsprechendem Weidemanagement – als geeignet für eine extensive Rinderbeweidung. Die Untersuchung der Weiden hat bestätigt, dass der Besatz und die Zeitdauer der Beweidung wichtige Rollen spielen. Auf den empfindlichen Hangflächen waren die Besatzdichten relativ hoch – um einiges höher als die Empfehlungen für Standorte dieser Produktivitätsstufe. Die Beweidungsdauer pro Weidegang und in der gesamten Weideperiode war aber relativ kurz. Die Bewirtschafter haben ihr Weidemanagement der Jahreszeit, dem Futteraufwuchs und den jeweiligen Witterungsverhältnissen angepasst. Die Flächen weisen nach einer bereits seit mehreren Jahren in dieser Form durchgeführten Beweidung artenreiche Grünlandgesellschaften auf. Es gibt keine Anzeichen, etwa hinsichtlich der Trittbelastung oder der Artenzusammensetzung, dass die Beweidung nicht standortgerecht wäre. Die Untersuchungen bestätigen, dass bei der Planung von Weidekonzepten auf starre Angaben zu Besatzdichten verzichtet und die Beweidung vielmehr an kurzfristig wechselnde Erfordernisse angepasst werden kann.

Die Besatzleistung eignet sich als Kriterium für die Tragfähigkeit einer Fläche. Sie macht – im Gegensatz zur Besatzdichte – Angaben zur Anzahl der Rinder pro Flächeneinheit bezogen auf eine bestimmte Zeitdauer (Standweide: Weideperiode, Umtriebsweide: Dauer einer Koppelnutzung) und lässt dabei innerhalb dieser Grenzen Spielraum für kurzfristige Anpassungen. Die Untersuchungen zeigten aber darüber hinaus, dass es Flächen gibt, bei denen die Zeitdauer der Beweidung nicht das entscheidende Kriterium für negative Auswirkungen sein muss. Eine Weide im feuchten Talraum der Bühler wurde zu Beginn der Weideperiode für lediglich drei Tage mit einer hohen Besatzdichte beweidet. Die Grasnarbe wurde dabei so stark geschädigt, dass sie sich im Verlauf der Weideperiode nicht mehr davon erholen konnte, obwohl die Ruhezeiten zwischen den Beweidungsgängen relativ lang waren. Um eine dauerhafte Schädigung der Vegetation zu vermeiden, sollten daher in feuchten Bereichen (Grundwasser, Stauwasser, Quellaustritte), die besonders trittempfindlich sind, hohe Besatzdichten auch kurzzeitig vermieden werden. Flächen unterschiedlicher Produktivität könnten in ein großflächiges Weidesystem einbezogen werden, um den Tieren und den Bewirtschaftern Ausweichmöglichkeiten zu bieten.

Beweidung von Halbtrockenrasen mit Rindern

Im oberen Hangbereich einer Weide ist ein Kalk-Halbtrockenrasen ausgebildet, der seit mehreren Jahren von Milchvieh beweidet wird. Die Fläche weist keine großflächigen Beeinträchtigungen auf, die auf eine nicht standortgerechte Beweidung zurückzuführen sind. Dies ist umso bemerkenswerter, da weder Rasse noch Besatzdichten nach der gängigen Lehrbuchmeinung optimal für diesen Standort sind. Die Untersuchungen im unteren Bühlertal lassen die Aussage zu, dass unter naturschutzfachlichen Gesichtspunkten nichts Grundsätzliches gegen die Beweidung von Magerrasen mit Rindern spricht. Dies wird durch Untersuchungen im Rahmen verschiedener Weideprojekte, z.B. auf hängigen Silikatmagerrasen im Schwarzwald (siehe MAERTENS et al. 1990), auf Wacholderheiden auf der Schwäbischen Alb (Weideprojekt Balingen-Zillhausen, siehe LUICK 1997) und auf Enzian-Schillergrasrasen im Raum Göttingen (RAHMANN 1998) bestätigt. Die derzeitige Form der Bewirtschaftung würde – bei Berücksichtigung der Nutzungsempfehlungen – den Erhalt artenreicher Grünlandbestände im unteren Bühlertal ermöglichen. Die Situation der Landwirtschaft im Gebiet zeigt aber deutlich, dass die Grünlandnutzung im Rahmen der Milchviehhaltung kaum eine Zukunftsperspektive hat und der Erhalt des Grünlandes auf Dauer nicht gewährleistet ist. Die zunehmende Versaumung und Verbuschung, vor allem an Steilhängen, zeigt schon heute die Tendenz zur Nutzungsaufgabe.

Die Untersuchung erbrachte folgende Ergebnisse: Das untere Bühlertal ist für eine großflächige Beweidung mit Rindern geeignet. Über die Hälfte der landwirtschaftlich genutzten Flächen weist eine »gute« Eignung für die Beweidung auf (51 Prozent), 43 Prozent der Flächen haben eine mittlere Beweidungseignung. Nur wenige Flächen sind von »geringer« Beweidungseignung (4 Prozent) bzw. von einer Rinderbeweidung auszuschließen (2 Prozent).

Man benötigt große zusammenhängende Flächen, damit die Bewirtschaftung rentabel ist. Wenn man von einer Mindestherdengröße von 15 Mutterkühen (gerechnet als jeweils 1 GVE) und einer Gesamtfläche von 2 ha Weide- und Wiesenflächen/GVE ausgeht, sollte ein Weidekomplex mindestens 30 Hektar groß sein. Im betrachteten Bühlertal waren im Jahr 2000 zusammenhängende Flächen mit »guter« Beweidungseignung von ca. 6–13 ha Größe vorhanden. Die notwendige Weidefläche könnte relativ problemlos erreicht werden durch Hinzunahme von Flächen mittlerer Beweidungseignung, einen Verbund von bislang getrennten Weiden (einige Weiden sind lediglich durch relativ schmale Wald-/Gebüschstreifen getrennt) und die Aufteilung einer Herde auf Teilweidekomplexe, was speziell für die Nachzucht von Jungkühen und Jungbullen sinnvoll ist (LUICK 1997).

Ökonomische Aspekte

Die Vollkostenrechnung des Produktionsverfahrens Rindermast mit Weidehaltung auf einer 2,38 ha großen Weide und anschließender Endmast im Stall ist in Tab. 8.3.1 dargestellt. Die Berechnungen wurden anhand einer Gruppe von sieben Tieren (Jungrindern) gemacht, welche vor und nach der Weideperiode gewogen wurden. Bei der Kalkulation handelt es sich um eine betriebsspezifische Betrachtung, die nur bedingt zu verallgemeinern ist. Unter den gegebenen betrieblichen Bedingungen erzielt der Betrieb ein kostendeckendes Ergebnis bei einer Arbeitsentlohnung von 10 €. Anhand der Vollkostenrechnungen ist ersichtlich, dass eine rentable Erzeugung durch Verfahren mit extensiver Weidehaltung nur durch günstige Kostenstrukturen und einen hohen Preis erreicht werden kann. Werden diese Zahlen mit denen der Landesanstalt für Landwirtschaft und den ländlichen Raum in Baden-Württemberg (LEL) im Kap. 8.3.8 verglichen, ergibt sich unter Berücksichtigung betrieblicher Besonderheiten eine relativ große Übereinstimmung. Für ökologisch bewirtschaftete Betriebe ergibt sich aus der Vollkostenrechnung der LEL (2000) ein leicht im negativer Deckungsbeitrag.

Durchgeführte Futteruntersuchungen zeigten, dass auf den Untersuchungsflächen die Futterqualität ausreichend war, um Rindern eine Versorgung des Erhaltungsbedarfes zu gewährleisten. Das zeigen Vergleiche zwischen tatsächlich vorhandener umsetzbarer Energie (ME) und Rohprotein (XP) des Futters. Hohe tägliche Zunahmen konnten trotz Beifütterung nur bedingt realisiert werden und waren stark von der Fütterung in der vorausgegangenen Winterperiode abhängig, die nach Angaben des Landwirtes eher in einem Bereich mit höheren Nährstoffkonzentrationen anzusiedeln war. Für höhere tägliche Zunahmen auf der Weide war die ME der limitierende Faktor. Die Versorgung mit XP war ausreichend. Die begrenzten täglichen Zunahmen spiegelten auch das Ergebnis der Nettoweideleistung wider. Sie fiel zwar relativ niedrig aus, ließ aber auf eine Eignung der Weide für Färsen mit mäßigen Zunahmen schließen. Die anschließende Stallendmast bestätigte durch eine hohe Zunahme, dass die Weide Grundlage für dieses kompensatorische Wachstum war.

Tabelle 8.3.1: Vollkostenrechnung der Rindermast mit Agenda 2000

	Menge	á	Summe
Marktleistung (Lebendgewicht in kg)	3692	1,46 €	5.380 €
Sonderprämie für 2 männl. Tiere		150,00 €	300 €
Extensivierungsprämie			100 €
Schlachtprämie			558 €
Summe Leistungen			**6.338 €**
Kauf Jungrind (Lebengewicht in kg)	2714 kg	1,61	4.371 €
Weide 1			32 €
Weide 2			211 €
Stall			485 €
Sonstiges*			70 €
Summe variable Kosten			5.169 €
DB			**1.169 €**
Weide			516 €
Stall			168 €
Summe fixe Kosten			684 €
Ergebnis 1			**485 €**
Arbeitskosten Weide	19	10,00 €	190 €
Arbeitskosten Stall	25,8	10,00 €	258 €
Ergebnis 2			**37 €**

*z. B. variable Kosten wie Energie, Tierarzt, Versicherungen usw.

Potenzialanalyse im Erzeugungsgebiet von Bœuf de Hohenlohe

Die im Erzeugungsgebiet durch den Rückgang der Milchviehhaltung frei werdenden Flächen stellen ein ausreichendes Potenzial für die Erzeugung von Rindfleisch mit regionaler Herkunft dar. Es können ca. 2.443 t Rindfleisch im Jahr 2006 erzeugt werden. Dieser Wert ist auf der Basis des Schlachtgewichtes berechnet. Zu berücksichtigen ist, dass dieses Ergebnis unter der Annahme verschiedener Bedingungen ermittelt wurde.
Nach Angaben der ZMP lag der Pro-Kopf-Verbrauch von Rindfleisch in Deutschland im Jahr 1998 bei 15,0 kg. Der davon abgeleitete menschliche Verzehr liegt nach Abzug von Knochen, Futter, industrieller Verwertung und Verlusten bei ca. 10,3 kg pro Jahr. Vergleicht man diese Menge mit dem berechneten Produktionspotenzial im Erzeugungsgebiet, dann stellt diese einen nicht unerheblichen Versorgungsanteil der Bevölkerung mit regional erzeugtem Rindfleisch dar. Die Bevölkerung der Region Franken könnte danach zu ca. 20 Prozent mit dem Rindfleisch der Erzeugergemeinschaft *Bœuf de Hohenlohe* versorgt werden. Dieser Prozentsatz stellt zugleich den regionalen Marktanteil dar, der erreicht werden müsste, um die errechnete Menge in der Region abzusetzen.

Umsetzungsmethodische Ergebnisse

Für die erfolgreiche Markteinführung waren die folgenden Gegebenheiten und Aktivitäten von großer Bedeutung:

— ein starker Akteur, die Bäuerliche Erzeugergemeinschaft Schwäbisch Hall – BESH, mit hoher Marketingkompetenz und etablierten Vertriebswegen;
— der notwendige Handlungsdruck und der wirtschaftliche Nutzen durch die höheren Preise;
— Unterstützung durch einen breiten Kreis von Akteuren in der Region (Kreisbauernverbände, Landwirtschaftsverwaltung, Umweltschutzverbände, Gastronomiebetriebe usw.);
— Nutzung verschiedenster Vertriebswege und einem professionellen Marketingkonzept.

Herauszustellen sind die vielschichtigen Aktivitäten während der Markteinführung, die sich über alle Ebenen vom Erzeuger über den Vermarkter bis zu den Kunden erstreckte. Diese werden im folgenden Schaubild komprimiert zusammengefasst.

Erzeuger	Vermarkter	Kunden
_Qualifizierung	_Mitarbeiterschulung	_Werbeveranstaltungen
_Einzelberatung	_Beratung	_Presseartikel
_Mitgliederversammlung	_kostenlose Printmedien	_TV-Sendung
_Präsentation auf Messen		_Events (Kochfestival)
Kundenzeitschrift der BESH und intensive Öffentlichkeitsarbeit		

Abbildung 8.3.4: Maßnahmen zur Markteinführung von Bœuf de Hohenlohe-Qualitätsrindfleisch

Ein Pilotprojekt zur großflächigen Beweidung marginaler Grünlandstandorte konnte nicht realisiert werden. Hierzu bedarf es eines großen Vertrauens zwischen den Kooperationspartnern, welches in der Kürze der Zeit nicht erreicht werden konnte. Durch das unkooperative Auftreten eines einzelnen Akteurs wurde das gegenseitige Vertrauen der beteiligten Betriebsleiter so gestört, dass keine Zusammenarbeit mehr möglich war.

Die Abb. 8.3.5 beschreibt die Evaluierung des Projektes über drei Befragungen hinweg. Insgesamt fällt die vorsichtig kritische Beurteilung des Leistungsbeitrags der Projektgruppe *Kulturlandschaft Hohenlohe* auf. Tatsächlich ist es so, dass die Bäuerliche Erzeugergemeinschaft den wesentlichen Anteil am Gelingen und an der Fortführung des Projektes hat. Sie wird jedoch von vielen Akteuren nicht als Mitglied der Forschungsgruppe betrachtet, sondern als regionaler Akteur.

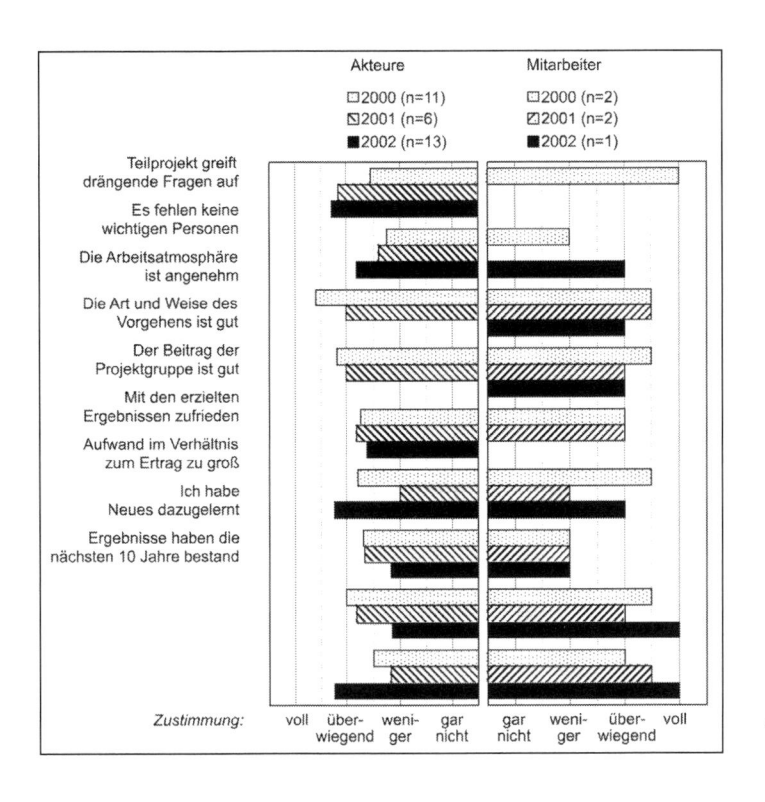

Abbildung 8.3.5:
Evaluierung des Projektes
Bœuf de Hohenlohe

Anwendungsorientierte Ergebnisse

Die Bäuerliche Erzeugergemeinschaft Schwäbisch Hall (BESH) hat in Zusammenarbeit mit dem Kreisbauernverband Schwäbisch Hall ein Markenprogramm für Qualitätsrindfleisch unter dem Namen *Bœuf de Hohenlohe* initiiert. Der Projektverlauf lässt sich wie folgt zusammenfassen:

Projektanbahnung	1998	Gründung der Markenschutz GmbH
Projektentwicklung	Beginn 1999	Markenschutz und Erzeugungsrichtlinien
	1999	Historische Recherche
Projektumsetzung	1999	Kommunikationskonzept
	1999-2001	Qualifizierungsmaßnahme
		Wissenschaftliche Untersuchungen zu ökologischen und ökonomischen Aspekten (2 Diplomarbeiten), Datenerhebung auf den Betrieben
Markteinführung	2000	Werbung, Öffentlichkeitsarbeit, Verkaufsförderung, Beratungen
Marktetablierung	2001	Stabilisierung der Vermarktung, Stärkung der Erzeugergemeinschaft »*Bœuf de Hohenlohe*«
Dokumentation	2002	Berichte, Veröffentlichungen, Präsentationen

Markenschutz
Zur Absicherung des Markenbegriffs *Bœuf de Hohenlohe*-Qualitätsrindfleisch wurde eine Markenschutzgesellschaft mbH mit jeweils 50 Prozent Beteiligung seitens der Bäuerlichen Erzeugergemeinschaft Schwäbisch Hall (BESH) und des Bauernverbandes Kreis Schwäbisch Hall e.V. gegründet. Darüber hinaus erfolgte die patentrechtliche Absicherung des Namens *Bœuf de Hohenlohe* in der Bundesrepublik Deutschland. Die Anerkennung als geschützte Ursprungsbezeichnung auf europäischer Ebene auf Grundlage der EU-Verordnung 2081/92 (geschützte Ursprungsbezeichnung g.U.) wurde eingeleitet. Nahezu zeitgleich hatte eine andere Gruppierung von Landwirten den Namen *Bœuf de Hohenlohe* beim deutschen Patentamt angemeldet. Die Auseinandersetzung um die Rechte am Begriff *Bœuf de Hohenlohe* führte letztlich zu zwei verschiedenen Schreibweisen. Ein geschützter Begriff schreibt sich *Boeufde Hohenlohe*, der andere *Boeuf de Hohenlohe*. Letzterer wird nun von der Bäuerlichen Erzeugergemeinschaft Schwäbisch Hall genutzt.

Erzeugerrichtlinien/Erzeugergemeinschaft
Mitarbeiter der Bäuerlichen Erzeugergemeinschaft Schwäbisch Hall (BESH), der Bauernverband Schwäbisch Hall und die Projektgruppe *Kulturlandschaft Hohenlohe* erarbeiteten in Zusammenarbeit mit Verbraucher- und Naturschutzorganisationen Erzeugerrichtlinien für *Bœuf de Hohenlohe*-Qualitätsrindfleisch. Die historisch überlieferten, traditionellen Produktionsweisen von *Bœuf de Hohenlohe* wurden an die technischen Entwicklungen und die agrarökonomischen Notwendigkeiten angepasst. So entstanden zwei verschiedene Erzeugungsrichtlinien zum einen für *Bœuf de Hohenlohe* (HQZ) nach Maßgabe des Herkunfts- und Qualitätszeichens Baden-Württemberg und zum anderen »*Bœuf de Hohenlohe* (Bio)«, welche den Anforderungen der EG-Verordnung über den ökologischen Landbau (EWG 2090/91) und IFOAM-Basisrichtlinien, sowie den Rahmenrichtlinien der Arbeitsgemeinschaft ökologischer Landbau (AGÖL) entsprechen. Diese Erzeugungsrichtlinien bildeten die Basis für die Werbung der Mitgliedsbetriebe für die gegründete Erzeugergemeinschaft *Bœuf de Hohenlohe*.

Förderung der Erzeugergemeinschaft
Die Gründung der Erzeugergemeinschaft und die Erzeugungsrichtlinien ermöglichten die Antragstellung zur Förderung der Erzeugergemeinschaft im Rahmen eines Zentral-Regionalen Kooperationsprojektes in Zusammenarbeit mit der Marketinggesellschaft Baden-Württemberg (MBW) und der Zentralen Marketinggesellschaft der deutschen Agrarwirtschaft (CMA). Im Rahmen dieser Förderung (Welche Maßnahmen beinhaltete die Förderung? Die im folgenden Absatz dargestellten Maßnahmen?) war die Erstattung von 66 Prozent der förderfähigen Kosten möglich.

Markteinführung und Kommunikationskonzept
Zur Markteinführung wurde ein umfangreiches Paket an Kommunikationsmaßnahmen durchgeführt. Angefangen von Printmedien bis hin zum Fernsehvideo wurde eine breite Palette von Maßnahmen der Werbung, der Öffentlichkeitsarbeit und der Verkaufsförderung eingesetzt. Einige der Maßnahmen wurden im Rahmen einer Qualifizierungsmaßnahme durchgeführt, die mit Mitteln des Europäischen Sozialfonds und Personalmitteln der Projektgruppe *Kulturlandschaft Hohenlohe* finanziert wurden.

Die Preispolitik auf Erzeugerebene sieht Aufschläge von ca. 10 Prozent für das Rindfleisch vor, welches nach den Richtlinien des Herkunfts- und Qualitätszeichens Baden-Württemberg erzeugt wurde. Für Bio-Ware erhalten die Landwirte einen Aufschlag von ca. 20 Prozent.

Mitgliederentwicklung und Vermarktung

Die Entwicklung der Erzeugergemeinschaft wurde nicht zuletzt durch die BSE-Krise im Jahr 2000 stark beeinflusst. Die anfängliche positive Entwicklung der Schlachtungen im Jahr 1999 setzte sich bis 2002 mit 1.259 Tieren fort. Im Jahr 2003 gingen die Schlachtzahlen auf 1.087 etwas zurück. Das Interesse der Kunden an qualitativ hochwertigem und daher auch etwas teurem Rindfleisch ging zurück. Die Tiere werden entsprechend den jeweiligen Richtlinien in verschiedene Qualitätsprogramme vermarktet. Über die Handelskette EDEKA wurden unter der Eigenmarke »Junges Weiderind aus Hohenlohe – ökologisch erzeugt« vor allem Absetzer aus der Mutterkuhhaltung mit einem Schlachtgewicht zwischen 180 und 230 kg vertrieben. In den Fleischer-Fachhandel wurden das Qualitätsfleisch *Bœuf de Hohenlohe* und Tiere vermarktet, die den Erzeugungsrichtlinien des Herkunfts- und Qualitätszeichen (HQZ) Baden-Württemberg entsprechen. Die restlichen Tiere, welche die Anforderungen der Qualitätsprogramme nicht erfüllen, werden als konventionelle Ware vermarktet.

Bereits Ende des Jahres 2000 umfasste die Erzeugergemeinschaft *Bœuf de Hohenlohe* 78 Vollmitgliedsbetriebe. Von den 78 Vollmitgliedern wirtschaften 32 Betriebe nach den Richtlinien des ökologischen Landbaus.

Die Schlachtkörper der Rinder werden nach Fleischigkeit (E-U-R-O-P) und dem Anteil an Fettgewebe (1-2-3-4-5) klassifiziert (Abb. 8.3.7). Der Anteil an mit U und R klassifizierten Tieren betrug 83 Prozent und entsprach damit den gängigen Qualitätsanforderungen. Die Kunden in Deutschland erwarten ein fettarmes Fleisch, daher ist der Fettanteil am Schlachtkörper ein wichtiges Qualitätskriterium, was sich auch im Preis niederschlägt. Eine abgestufte Preisgestaltung, die sich an diesen Qualitätskriterien orientiert, ist daher als Anreiz für die Erzeugung von hochwertigem Rindfleisch besonders wichtig.

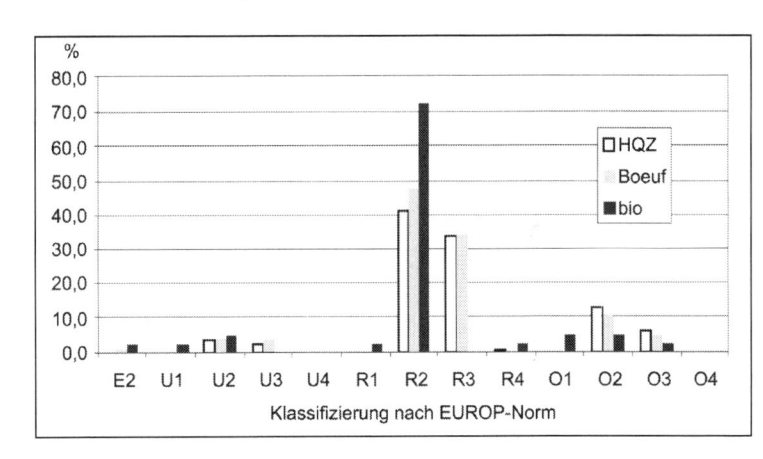

Abbildung 8.3.7:
Klassifizierung der Ochsen in den Qualitätsprogrammen

Die Erzeugergemeinschaft differenziert nach Schlachtgewicht und der jeweiligen Klassifizierung im Rahmen der EUROP-Norm. Den höchsten Preis erzielen dabei Tiere mit einer Schlachtkörperqualität zwischen U2 mit 3,00 € und R2 mit 2,95 €. Abschläge von diesen Höchstpreisen gibt es für ein geringeres Schlachtkörpergewicht und wenn die Fettstufe sich zu U3 hin verändert (siehe Abb. 8.3.8). Trotz schwankender Rindfleischpreise, die sich in den Jahren 2003 um 2,50 € (ZMP 2003) für R3 Tiere bewegten, konnte die Erzeugergemeinschaft diese Preise durchgängig beibehalten und hat sich nicht an die stark schwankenden Marktnotierungen angepasst.

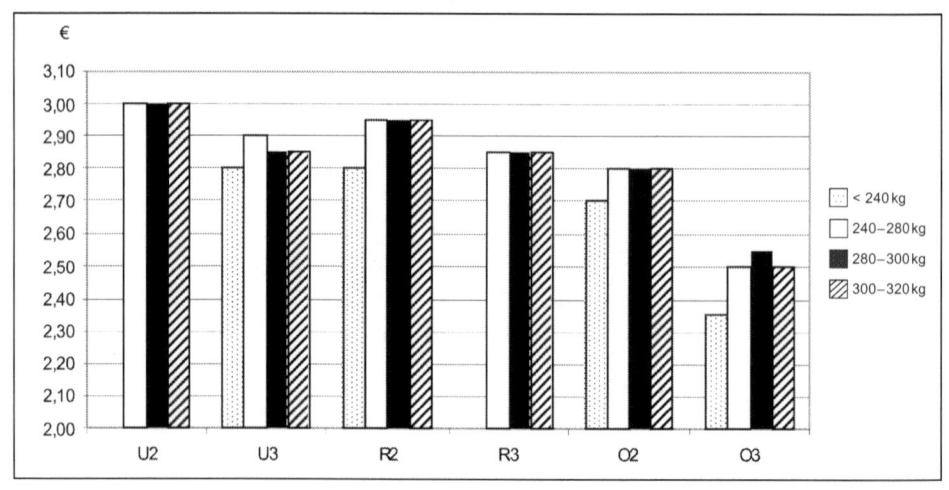

Abbildung 8.3.8: Preisgestaltung im Rahmen des Qualitätsfleischprogramms Bœuf de Hohenlohe seit 03.07.2002

Qualifizierungsmaßnahme »Erzeugung, Verarbeitung und Vermarktung von Qualitätsrindfleisch«

Die Teilnahme von Landwirten an der Qualifizierungsmaßnahme kann ebenfalls als Indikator für das Interesse der Landwirte an der Erzeugung von Qualitätsrindfleisch betrachtet werden. An insgesamt 135 Unterrichtseinheiten zu verschiedenen Themen der Erzeugung und Vermarktung von Rindfleisch nahmen durchschnittlich 20 Personen teil. Viele der Teilnehmer an diesen Veranstaltungen sind heute Mitglied der Erzeugergemeinschaft *Bœuf de Hohenlohe*. Mit Exkursionen und Abendveranstaltungen konnten alle wesentlichen Bereiche der Erzeugung bis zur Vermarktung behandelt werden. Die Maßnahme wurde u.a. durch Mittel des Europäischen Sozialfonds finanziert. Die nationale Kofinanzierung wurde durch die Arbeitsleistung der Mitarbeiter des Forschungsprojektes bereitgestellt.

Zur Zeit der Antragstellung waren 20 Seminartage (160 Unterrichtseinheiten/Teilnehmer), die sich in zehn Zwei-Tages-Veranstaltungen aufspalten sollten, geplant. Anliegen der Veranstaltungen sollte es sein, durch einen guten Methodenmix ein kontinuierliches Interesse an der Qualifizierungsmaßnahme zu erreichen. Um die potentiellen Teilnehmer in die Gestaltung der Seminarinhalte einzubeziehen, wurden Fragebögen ausgeteilt, auf denen verschiedene Themen angeboten wurden. Die Seminare wurden dann auf dieser Grundlage erarbeitet und es wurde zur Information und Einladung ein Prospekt herausgegeben. Leider meldeten sich immer wieder zu wenig Teilnehmer zu den Seminaren an, so dass einige kurzfristig abgesagt werden mussten. Da die Auftaktexkursion in den Südschwarzwald hingegen sehr gut besucht war, wurde die gesamte Qualifizierungsmaßnahme umgestaltet. Die steigende Teilnehmerzahl bewies die Richtigkeit der Konzeptänderung von den Vortragsveranstaltungen hin zu Exkursionen, bei denen erfolgreiche Vermarktungsinitiativen und Musterbetriebe besucht wurden. Das letzte Seminar, in dem gemeinsam mit einem Berater an einem praktischen Beispiel ein kostengünstiger Stallumbau geplant wurde, war mit 35 Personen sehr gut besucht. Die Qualifizierungsmaßnahme beinhaltete letztlich acht Seminare, von denen sich drei über zwei Tage erstreckten. Die Qualifizierungsmaßnahmen wurden immer wieder evaluiert und den aktuellen Anforderungen angepasst.

Das Programm der Qualifizierungsmaßnahme zur Erzeugung, Verarbeitung und Vermarktung von Qualitätsrindfleisch umfasste die folgenden Themen:
— Exkursion in den Südschwarzwald
— Betriebsmanagement und Büroorganisation
— Biotag
— Exkursion in die Schweiz
— Verkaufstraining
— Exkursion Österreich
— Biogas
— Stallumbau

Verknüpfung mit anderen Teilprojekten
Eine inhaltliche Verknüpfung bestand mit den Teilprojekten *Landnutzungsszenario Mulfingen*, *Heubörse* und *Themenhefte*. Eine enge Zusammenarbeit mit den Teilprojekten *Hohenloher Lamm* und *Öko-Streuobst* ergab sich durch die inhaltliche Nähe mit dem Fokus auf Marketingaspekte.

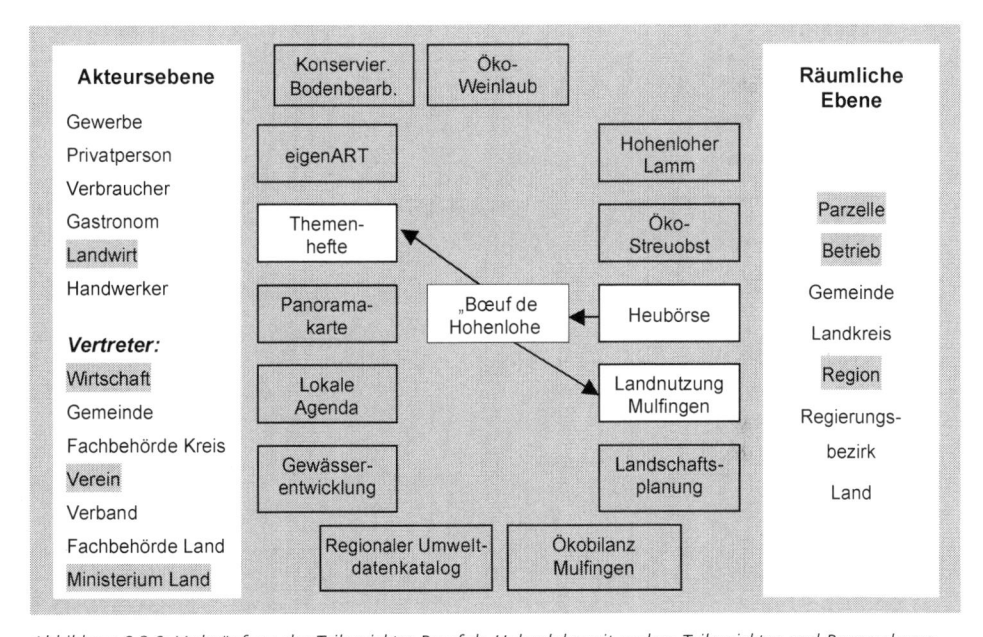

Akteursebene	Konservier. Bodenbearb.	Öko-Weinlaub		Räumliche Ebene
Gewerbe				
Privatperson	eigenART		Hohenloher Lamm	
Verbraucher				
Gastronom	Themen-hefte		Öko-Streuobst	Parzelle
Landwirt				Betrieb
Handwerker				Gemeinde
Vertreter:	Panorama-karte	„Bœuf de Hohenlohe"	Heubörse	Landkreis
Wirtschaft	Lokale Agenda		Landnutzung Mulfingen	Region
Gemeinde				Regierungs-bezirk
Fachbehörde Kreis	Gewässer-entwicklung		Landschafts-planung	
Verein				Land
Verband				
Fachbehörde Land	Regionaler Umwelt-datenkatalog	Ökobilanz Mulfingen		
Ministerium Land				

Abbildung 8.3.9: Verknüpfung des Teilprojektes Bœuf de Hohenlohe mit andern Teilprojekten und Bezugsebenen

---

Legende:
einseitiger, zwingender Daten-, Informationsaustausch ⟶
wechselseitiger, zwingender Daten-, Informationsaustausch ⟵⟶

Öffentlichkeitsarbeit

Bœuf de Hohenlohe hatte bereits vor Beginn der Vermarktung durch eine intensive öffentliche Auseinandersetzung über die Markenrechte ein hohes Maß an Bekanntheit erlangt. Die inhaltliche Diskussion um die Nutzung des Namens konzentrierte sich auf die Auseinandersetzung, ob mit dem Begriff *Bœuf de Hohenlohe* auch Produkte vermarktet werden sollten, die nicht dem Standard für den ökologischen Landbau entsprechen. Der Streit wurde letztlich dadurch umgangen, dass die eine Partei die Schreibweise *Bœuf de Hohenlohe* und die andere *Boeuf de Hohenlohe* benutzte. Beide Schreibweisen wurden vom Patentamt jeweils als Wort-Bild-Marke anerkannt. Der Begriff *Bœuf de Hohenlohe* erreichte jedoch insgesamt einen hohen Bekanntheitsgrad und wurde von der Presse immer wieder als modellhaft und einzigartig dargestellt. Der Erfolg der Bäuerlichen Erzeugergemeinschaft Schwäbisch Hall beruht – neben den organisatorischen Rahmenbedingungen und den kaufmännischen Know-how – auf einer absolut professionellen Marketingstrategie auf der Basis eines abgestimmten Marketingmix. Dazu gehören u.a. eine intensive Öffentlichkeitsarbeit und Pflege der Pressekontakte, Filmbeiträge und der Internet-Auftritt.

8.3.8 Diskussion

Wurden alle Akteure beteiligt?

Die Beteiligung von Akteuren gestaltet sich bei Projekten, in denen es zu Konkurrenzsituationen kommen kann, schwierig. Zu Beginn des Projektes wurde nur eine kleine Gruppe von Landwirten beteiligt, die sich schon sehr früh klar zu diesem Projekt und zur Bäuerlichen Erzeugergemeinschaft Schwäbisch Hall bekannt hatten. Eine Gruppe von Landwirten, die unter dem Namen *Bœuf de Hohenlohe* ausschließlich Rindfleisch aus kontrolliert ökologischem Landbau vermarkten wollte, wurde an der Projektentwicklung nicht beteiligt. Die Geschäftsführung der BESH und der Kreisbauernverband Schwäbisch Hall waren sich darüber einig, dass die Markenrechte an dem regionalen Begriff *Bœuf de Hohenlohe* möglichst vielen, auch konventionell bzw. integriert wirtschaftenden Betrieben offen stehen sollte. Aus dieser Erfahrung heraus muss die breite Beteiligung von möglichst allen Akteuren im Kontext eines Projektes besonders im Bereich der Vermarktung in Frage gestellt werden.

Tabelle 8.3.2: Beteiligungsformen im Projektverlauf

Projektverlauf	Beteiligung von Schlüsselpersonen	Information von Zielgruppen
Projektidee	Abschluss bereits vor Beginn der Projektlaufzeit – Handlungsbedarf wurde durch Landwirte und Vertreter von Landwirten formuliert.	Öffentlichkeitsarbeit
Planung	Entwicklung der Erzeugungsrichtlinien in Zusammenarbeit mit Naturschutzverbänden, Landschaftserhaltungsverband, usw.	Öffentlichkeitsarbeit, Informationsveranstaltung

Projektverlauf	Beteiligung von Schlüsselpersonen	Information von Zielgruppen
Umsetzung	Entwicklung des Marketingkonzeptes unter Ausschluss der konkurrierenden Landwirte. Gründung der Erzeugergemeinschaft »Bœuf de Hohenlohe« in einem kleinen Kreis von Landwirten, nachfolgende öffentliche Gründungsversammlung	Intensive Öffentlichkeitsarbeit – Auseinandersetzung um Markenrechte von »Bœuf de Hohenlohe« Qualifizierungsangebot, Umstellungsberatung durch Spezialberater
Markteinführung	Zusammenarbeit mit Multiplikatoren bei Veranstaltungen und Events	Kommunikationspolitik auf breiter Ebene Intensive Öffentlichkeitsarbeit

Wurden die gesetzten Ziele erreicht?

Wissenschaftliche Ziele

Die gesetzten wissenschaftlichen Ziele des Teilprojektes wurden im Wesentlichen erreicht. Im Besonderen die Recherche zum Markenbegriff »Bœuf de Hohenlohe« und zwei vegetationskundliche bzw. produktionstechnische Untersuchungen des Grünlands im Bühlertal ergaben interessante Ergebnisse. Rentable Konzepte zur Bewirtschaftung marginaler Grünlandstandorte wurden nur in beschränktem Umfang identifiziert. Es konnten jedoch einige zentrale Erfolgsfaktoren erkannt und beschrieben werden. Die Abhängigkeit der Rindfleischerzeugung von der allgemeinen Agrarpolitik lässt jedoch wenig Spielraum zur Verbesserung der Wirtschaftlichkeit. Die Anhebung der Verkaufspreise ist eine Möglichkeit, die sich jedoch auch an den üblichen Marktpreisen orientieren muss.

Umsetzungsmethodische Ziele

Die Kooperation von Landwirten im Bereich der Vermarktung wurde erreicht. Die Organisation der Landwirte hat sich bewährt, um ein gemeinsames Agieren am Markt zu gewährleisten. Die Umstellungsberatung von Landwirten wurde im Rahmen der Qualifizierungsmaßnahmen intensiv unter Kollegen diskutiert und durch die Geschäftsführung der Erzeugergemeinschaft durch Einzelberatungen konkretisiert.

Anwendungsorientierte Zielsetzungen

Die anwendungsorientierten Zielsetzungen wurden alle erfüllt. Sowohl die historische Recherche als Mittel des Marketings als auch der Aufbau einer regionalen Vermarktung wurden innerhalb der Projektlaufzeit realisiert. Während die historische Recherche von Forschenden der Universität Freiburg durchgeführt wurde, bemühten sich die Mitarbeiter der Bäuerlichen Erzeugergemeinschaft Schwäbisch Hall um den Aufbau der Vermarktungsstrukturen und das Kommunikationskonzept.

Selbsttragender Prozess

Die Anbindung des Vermarktungsprojektes an das bewährte Vermarktungskonzept der Bäuerlichen Erzeugergemeinschaft Schwäbisch Hall sichert eine langfristige Projektetablierung. Mit den verschiedenen Markenprogrammen in der ökologischen und kontrolliert integrierten Landwirtschaft können Landwirte mit unterschiedlichen Qualitätsstufen am Vermarktungsprojekt teilnehmen und sich den Richtlinie mit den höchsten Anforderungen an die Erzeugung schrittweise anpassen.

Übertragbarkeit

Veränderungen im Projektverlauf

Veränderungen im Projektverlauf gab es nur bei der angestrebten Etablierung von Weidegemeinschaften, die nicht umzusetzen waren. Die Projektidee wurde hernach nicht mehr aufgegriffen. Im Rahmen der Fortbildungsmaßnahmen wurde der Schwerpunkt auf anschauliche Seminare im Rahmen von Exkursionen gelegt. Die reinen Vortragsveranstaltungen waren schlecht besucht und mussten teilweise abgesagt werden. Das Projekt *Bœuf de Hohenlohe* war im Rahmen des Forschungsprojektes im Wesentlichen durch die Aktivitäten der Bäuerlichen Erzeugergemeinschaft Schwäbisch Hall geprägt. Die Mitarbeiter der Forschungsinstitute waren an verschiedenen begleitenden Maßnahmen beteiligt, hatten jedoch auf die konkreten Marketing-Maßnahmen keinen bzw. nur einen sehr geringen Einfluss.

Tabelle 8.3.3: Analyse der fördernden und hemmenden Kräfte

Kräfte	Benennung der Kraft	Bewertung der Kraft (stark, mittel, schwach)	Funktion und Aktivitäten der Projektgruppe
Soziale	Starker Partner bei der Projektentwicklung	stark	Bäuerliche Erzeugergemeinschaft Schwäbisch Hall als Mitglied der Projektgruppe in leitender Rolle
Soziale	Betreuung und Bindung der Mitglieder an die Organisation	stark	Betreuung durch Mitarbeiter der BESH
Soziale	Unterstützung durch Schlüsselpersonen und Organisationen wie den Kreisbauernverband	mittel	Einbindung von Schlüsselpersonen durch intensive Zusammenarbeit; Qualifizierungsmaßnahme und Beratung
Soziale	Traditionsbewusstsein	mittel	Historische Recherche, Kommunikationskonzept und Öffentlichkeitsarbeit
Ökonomische Kräfte	Höherer Preis für das Qualitätsfleisch	hoch	Kommunikation der Auszahlungspreise durch die Bäuerliche Erzeugergemeinschaft Schwäbisch Hall
Ökonomische Kräfte	Auslastung vorhandener Kapazitäten und Ressourcen	mittel	Qualifizierungsmaßnahme
Ökonomische Kräfte	Erhebung und Darstellung ökonomischer Daten	mittel	Diplomarbeit, Analyse der Schlachtzahlen
Ökonomische Kräfte	Kostenreduzierung durch Kooperation	mittel	Initiierung einer Weidegemeinschaft (gescheitert), Gründung der Erzeugergemeinschaft
Ökologische Kräfte	Beweidung als Maßnahme zur Pflege von extensivem Grünland	hoch	Wissenschaftliche Untersuchungen und Information der zuständigen Behörden; ESF Qualifizierungsmaßnahme
Ökologische Kräfte	Erhalt wertvoller Biotope – insbesondere die Trockenhänge an Kocher, Jagst und Bühler	mittel	Wissenschaftliche Untersuchung – Förderung der Akzeptanz
Ökologische Kräfte	Pflanzenökologische Bedeutung der Beweidung	mittel	Wissenschaftliche Untersuchung zur Grünland-Beweidung – Förderung der Akzeptanz

Zeitlicher Bedarf für die Projektumsetzung

Bei der zeitlichen Belastung zur Projektentwicklung muss entsprechend der verschiedenen Maßnahmen und entsprechend der Aufgabenverteilung zwischen den Mitarbeitern der Bäuerlichen Erzeugergemeinschaft Schwäbisch Hall (BESH) und den Mitgliedern der Projektgruppe differenziert werden. Für die Mitarbeiter der BESH war die Projektarbeit im Wesentlichen durch ihr berufliches Engagement festgelegt. Da es sich bei der BESH um ein Wirtschaftsunternehmen handelt, was zudem in einem schwierigen Wirtschaftsbereich mit geringen Gewinnspannen arbeitet, mussten sich die Mitarbeiter auf die wirtschaftlich relevanten Maßnahmen konzentrieren.

Tabelle 8.3.4: Projektentwicklung und zeitlicher Aufwand der Beteiligten

	Zeit	Maßnahmenbeschreibung	Mitarbeiter BESH (FKT)	Forschende (FKT)
Projektanbahnung	1998	Gründung der Markenschutz GmbH	30	
Projektentwicklung		Markenschutz	40	
	Beginn 1999	Erzeugungsrichtlinien	20	10
	1999	Historische Recherche	20	120
Projektumsetzung	1999	Kommunikationskonzept	30	
	1999 bis 2001	Qualifizierungsmaßnahme	60	120
		wissenschaftliche Untersuchungen zu ökologischen und ökonomischen Aspekten (2 Diplomarbeiten), Datenerhebung auf den Betrieben		260
Markteinführung	2000	Werbung, Öffentlichkeitsarbeit, Verkaufsförderung, Beratungen	300	20
Marktetablierung	2001	Stabilisierung der Vermarktung, Stärkung der Erzeugergemeinschaft „Bœuf de Hohenlohe"	300	10
Allgemein	2002	Berichte, Veröffentlichungen, Präsentationen	50	30
Summe des zeitlicher Aufwands			650	440

Legende:
BESH = Bäuerliche Erzeugergemeinschaft Schwäbisch Hall
FKT = Fachkrafttage (200 FKT entsprechen einer Personalstelle)

Die Übertragbarkeit des Modells von *Bœuf de Hohenlohe* ist an bestimmte Voraussetzungen gebunden, wie sie vermutlich in nur wenigen Regionen vorhanden sind. Eines der zentralen Elemente ist dabei das Vorhandensein einer professionell arbeitenden und erfahrenen Erzeugerorganisation oder ein Vermarktungsunternehmen (beispielsweise Feneberg im Allgäu), welches sich konsequent für das Vermarktungsprojekt entscheidet. Dabei können drei Bereiche definiert werden, die von zentraler Bedeutung sind:
—Organisation (Ressourcen, Kompetenzen und Projektplanung)
—Umfeldmanagement (Schlüsselpersonen, Aufgabenverteilung, Öffentlichkeitsarbeit)
—Marketingkonzept (Situationsanalyse, Ziele sowie Produkt-, Preis-, Distributions- und Kommunikationspolitik).

Das Kommunikationskonzept bei *Bœuf de Hohenlohe* beruht auf einem historisch überlieferten Begriff, der sich im Marketing sehr gut verwenden lässt und ein Alleinstellungsmerkmal darstellt, was nicht ohne weiteres auf andere Regionen übertragbar ist. Doch der Name ist nicht alleine für den Erfolg eines Vermarktungsprojektes entscheidend. Eine besondere Bedeutung für den Erfolg von *Bœuf de Hohenlohe* kann in der vielseitigen Produktpolitik gesehen werden. Durch die Vermarktung konventioneller, integrierter und ökologisch erzeugter Lebensmittel ist es möglich, die vorhandenen Verarbeitungs- und Logistikressourcen optimal auszunutzen und damit wirtschaftlich tragfähig zu machen.

Vergleich mit anderen Vorhaben

Der Erfolg von regionalen Vermarktungsprojekten hängt von verschiedensten Faktoren ab, wie sie KULLMANN (2004) beschrieben hat. Die Bedeutung einzelner Faktoren im Verhältnis zu anderen unterliegt dabei einer schwierigen Bewertung. Letztlich müssen eine Vielzahl von Faktoren zusammenkommen, die in der Summe den Erfolg eines Projektes ausmachen. Weitere Vermarktungsprojekte für extensiv erzeugte Rindfleisch sind beispielsweise neuland, Feneberg und die Vermarktungsinitiativen der Verbände des ökologischen Landbaus (z.B. Biopark, Bioland, Demeter und Naturland).

Wurden Verbesserungen im Sinne der Nachhaltigkeit erreicht?

Ökonomische Indikatoren

Der ökonomische Vergleich extensiver Ochsenmast eines ökologisch wirtschaftenden Betriebes mit der konventionellen Bullenmast beschreibt die betriebswirtschaftliche Bandbreite, in der sich die Betriebe der Erzeugergemeinschaft ökonomisch bewegen. Ausschlaggebend für das betriebswirtschaftliche Ergebnis ist der Auszahlungspreis je kg Schlachtgewicht. Kann der Auszahlungspreis von 3,50 € nicht gehalten werden bzw. wirtschaftet der Betrieb nicht nach den Richtlinien des ökologischen Landbaus und hat dadurch auch einen geringeren Verkaufspreis, müssen die dadurch geringeren Erlöse durch die Senkung der Kosten ausgeglichen werden. Zum Beispiel verringern sich die variablen Kosten der extensiv wirtschaftenden Betriebe beim Zukauf von Getreide, wenn sie nach dem Standard des Herkunfts- und Qualitätszeichens Baden-Württemberg wirtschaften. Insgesamt ist jedoch festzustellen, dass bei einer Vollkostenrechung, das heißt unter Berücksichtigung aller anfallenden Kosten – auch von Arbeitskosten familieneigener Arbeitskräfte – bei der Berechnung der Landesanstalt für die Entwicklung der Landwirtschaft und des ländlichen Raums ein negatives Betriebszweigergebnis zu erwarten ist. Gleichwohl schneidet in dieser Kalkulation das extensive Verfahren besser ab als die konventionelle Variante mit Bullenmast.

Tabelle 8.3.5: Vollkostenrechnung

		Je Einheit u. Jahr	
		konventionell	ökologisch
Leistungsniveau	kg, g TZ, Stück	1200 g TZ	850 g TZ
Hauptleistung	€	1.073	1.173
Nebenleistungen	€	57	101
Ausgleichsleistungen	€	310	600
Summe Leistungen	€	**1.440**	**1.874**
Variable Kosten	€	877	973
Deckungsbeitrag	€	**563**	**901**
Grundfutterkosten	€	301	426
Stall- u. Gemeinkosten	€	208	260
Kosten Arbeit	€	151	269
Summe Kosten	€	**1.536**	**1.928**
Kalkulatorisches Betriebszweigergebnis	€	**-96**	**-54**
Kostendeckender Erlös für das Hauptprodukt	€	1.169	1.227

Quelle: Landesanstalt für die Entwicklung des ländlichen Raums und der Landwirtschaft (2003)

Ökologische Indikatoren

Im Rahmen der Untersuchungen im Bühlertal zur ökologischen Bedeutung der Beweidung auf verschiedenen, teilweise naturschutzfachlich sehr wertvollen Standorten, konnte festgestellt werden, dass die Beweidung eine geeignete Nutzungsform ist. Die Auswirkungen der Beweidung auf die Vielfalt und Zusammensetzung des Pflanzenbestandes lassen sich durch einen Vergleich mit dem westlich an die Weide 3 angrenzenden Magerrasen, der im Rahmen eines Pflegevertrages extensiv gemäht wird, beurteilen:

— Auf beiden Flächen sind die Pflanzengesellschaften der Kalkmagerrasen gut ausgebildet. Die Artenvielfalt und auch die Artenzusammensetzung sind vergleichbar. Im beweideten Teil ist der Anteil an Versaumungs- und Verbuschungszeigern höher. Dies liegt zum einen daran, dass die verbuschenden Randbereiche der Weide vom Vieh seltener begangen, durch die Pflegemahd aber erfasst werden, andererseits gibt es in der Weidefläche einige Steinriegel und randliche Feldgehölze, von denen eine Verbuschung potenziell ausgehen kann.

— Der optische Aspekt der beiden Flächen unterschied sich vor Beginn der Weideperiode kaum.

Die Aussagen zur Bedeutung der Beweidung für Flora und im Speziellen für die Fauna werden von LUICK (1997) und JACOB & ECKERT (1998) bestätigt. Die Weidereste oder auch Bereiche mit Verbuschungen bilden wichtige Lebensräume für Kleinlebewesen und Insekten.

Soziale Indikatoren

Tabelle: 8.3.6: Bewertung der sozialen Indikatoren

	Einheit	Basis- bzw. Vergleichsgröße	Veränderung, die durch das Projekt bedingt sind
Beteiligung an nicht institutionalisierten Entscheidungs- und Beteiligungsverfahren	Teilnehmer	Zu Beginn des Projektes keine verfügbaren Daten	Gründungsversammlung der Erzeugergemeinschaft mit 35 Personen, kontinuierliche Beteiligung an Mitgliederversammlungen der Bäuerlichen Erzeugergemeinschaft Schwäbisch Hall
Anteil Teilnehmer an vorhandenen Bildungs-, Beratungs- und Informationsangeboten	Teilnehmer	Keine verfügbaren Daten – Ausgangssituation	135 Unterrichtseinheiten mit durchschnittlich 20 Teilnehmer = 2700 Teilnehmerstunden
Organisationsgrad in Selbsthilfeorganisationen	Personen	Keine verfügbaren Daten	Schon Ende 2000 waren es 78 Vollmitglieder mit einem kontinuierlichen Wachstum

8.3.9 Schlussfolgerungen

Wesentliche Erkenntnisse zur Umsetzungsmethodik
Bei der Beschreibung der wesentlichen Erkenntnisse zur Umsetzungsmethodik muss zwischen der Einführung der neuen Rindfleischmarke *Bœuf de Hohenlohe* und der Einrichtung von Weidegemeinschaften zur Optimierung der Betriebswirtschaft unterschieden werden. Ersteres ist eindeutig hervorragend gelungen und kann als großer Erfolg der Bäuerlichen Erzeugergemeinschaft Schwäbisch Hall gewertet werden. Dass die Initiierung von Weidegemeinschaften nicht gelang, hängt vermutlich vielmehr von der Mentalität der Landwirte an sich ab, als von der Umsetzungsmethodik. Erfolgreich funktionierende Weidegemeinschaften gibt es eigentlich nur in Regionen, in denen die Tradition einer Allmendweide vorliegt und die Landwirte zur Zusammenarbeit gezwungen sind (z.B. im südlichen Schwarzwald).

Empfehlungen für eine erfolgreiche Projektdurchführung
Die Einführung einer neuen Fleischmarke bedarf einer auf allen Ebenen konzeptionell geplanten Umsetzung. Angefangen von den Erzeugern, die sich an die besonderen Erzeugungsrichtlinien anzupassen haben, über die Verarbeiter und den Vermarkter. Die Kommunikationspolitik muss Zielgruppen orientiert aufbereitet und in angemessener Weise vermittelt werden. Auf Ebene der Erzeuger ist davon auszugehen, dass beispielsweise das Gespräch mit einem erfahrenen Kollegen mehr bewirkt als viele Vorträge. Exkursionen und Betriebsbesichtigungen sind daher ein wichtiges Element, um Landwirte für das Projekt zu gewinnen. Das Marketingkonzept auf der Ebene der Vermarktungspartner und gegenüber den Endverbrauchern bedarf eines professionellen Auftritts und einer konsequenten Linie.

Darüber hinaus sind verschiedene Aspekte von besonderer Bedeutung, wie z.B.:
— eine geeignete Organisation muss bestehen oder aufgebaut werden,
— die gesicherte Finanzierung eines professionellen Kommunikationskonzeptes,
— die Verarbeitung und der Vertrieb durch kompetente Partner,
— der ökonomische Nutzen für alle Partner und
— eine möglichst breite Unterstützung durch Akteure in der Region (wie z.B. Kreisbauernverbände, Landwirtschafts- und Naturschutzverwaltung, Umweltschutzverbände, Gastronomiebetriebe, usw.).
Die Förderung von regionalen Vermarktungsprojekten wird in Zukunft ein wesentlicher Aspekt

flankierender Maßnahmen zur Reform der europäischen Agrarpolitik sein. Mit der Einführung der Förderung von Erzeugergemeinschaften bei der Vermarktung von regionalen Produkten zum Ende 2002 wurden die Weichen für eine Vielzahl solcher Projekte gelegt werden.

Weiterführende Aktivitäten

Die BSE-Krise im Jahr 2001 hat viele Verbraucher verunsichert und den Bedarf nach kontrolliertem und aus regionaler Erzeugung stammendem Rindfleisch gesteigert. Die Bäuerliche Erzeugergemeinschaft Schwäbisch Hall hat von dieser Entwicklung profitiert und auch im Jahr 2001 die Umsätze steigern können. Auch wenn der erste Schock zu einem Rückgang des Rindfleischkonsums geführt hat, gab es bereits zum Ende des Jahres 2001 eine Steigerung und Stabilisierung der Umsatzzahlen und der Verarbeitungsmengen. Hierzu trugen in dieser Zeit vor allem auch die Umsätze im Bereich des ökologischen Landbaus bei. Die Rindfleischmarke *Bœuf de Hohenlohe* hat sich zu einem festen Begriff in der Fleischbranche entwickelt und ist über die Grenzen der Erzeugungsregion bekannt. Inzwischen wurde das Markenfleischprogramm auch von der Zeitschrift Öko-Test als besonders empfehlenswert beurteilt und hat somit noch mehr das Vertrauen der Verbraucher gewonnen.

Literatur

Hensche, H.-U., H. Ullrich, C. Wildraut, 1999: Abschlussbericht zum Forschungs- und Entwicklungsvorhaben »Leitfaden zur Stärkung regionaler Vermarktungsprojekte (Projektleitfaden)«. Ministerium für Umwelt, Raumordnung und Landwirtschaft des Landes Nordrhein-Westfalen. Soest

Jacob, H., G. Eckert, 1998: Integriertes Grünlandkonzept. Wissenschaftliche Begleituntersuchung im Modellprojekt Konstanz, unveröffentlichtes Gutachten

Kindermann, A., 1997: Ökologische Chancen und Perspektiven von Regionalproduktion und Regionalvermarktung. Naturschutzbund Deutschland (Hrsg.), Bonn

Kullmann, A,. 2004: Erfolgsfaktoren für Vermarktungsprojekte. In: Management naturschutzorientierter Regionalentwicklung. Stiftung Naturschutzfonds beim Ministerium für Ernährung und Ländlichen Raum Baden-Württemberg: 50

LEL, Landesanstalt f. Entwicklung der Landwirtschaft und der ländlichen Räume in Baden-Württemberg, 2000: Deckungsbeitragsrechnung für Rindfleischerzeugung in Baden-Württemberg. Schwäbisch Gmünd

LEL, Landesanstalt f. Entwicklung der Landwirtschaft und der ländlichen Räume in Baden-Württemberg, 2003: Kostenrechnung tierische Produktion – Vergleich konventionelle u. ökologische Wirtschaftsweise, Schwäbisch Gmünd

Luick, R., 1997: Erhaltung, Pflege und Entwicklung artenreicher Grünlandbiotope durch extensive Beweidung mit leichten Rinderrassen. Abschlussbericht eines Forschungsvorhabens, Institut für Landschaftsökologie und Naturschutz, Singen

Luick, R., R. Oppermann, 1999: Extensive Beweidung und Naturschutz. Charakterisierung einer dynamischen und naturverträglichen Landnutzung. Natur und Landschaft 74 (10): 411–419

Maertens, T., M. Wahler, J. Lutz ,1990: Landschaftspflege auf gefährdeten Grünlandstandorten. Schriftenreihe Angewandter Naturschutz der Naturlandstiftung Hessen e. V. 9, Lich

Nischwitz, G., 1998: Fördernde und hemmende Faktoren für regionale Produktion und Vermarktung – Untersuchung rechtlicher und gesetzlicher Rahmenbedingungen. Gutachten im Auftrag des NABU; Institut für ökologische Wirtschaftsforschung (IÖW) GmbH

OAB Öhringen, 1865, Beschreibung des Oberamts Gerabronn, hrsg. Von dem königlichen statistisch-topographischen Bureau, H. Lindemann, Stuttgart, Nachdruck Magstadt 1973: 371 S.

Rahmann, G., 1998: Praktische Anleitungen für eine Biotoppflege mit Nutztieren. Schriftenreihe Angewandter Naturschutz der Naturlandstiftung Hessen e. V. 14, Lich

Wirthgen, B., 1999: Akzeptanz von Lebensmitteln aus der Region. In: AID-Ausbildung und Beratung im Agrarbereich: 5–7

Zentrale Markt- und Preisberichtstelle GmbH, 2003: ZMP-Jahresbericht 2003/2004. Rückblick und Vorschau auf die Agrarmärkte. ZMP. Bonn.

Internet-Quellen

Statistisches Landesamt Baden-Württemberg, 1999: Informationen und Veröffentlichungen.
http://www.statistik.baden-wuerttemberg.de/

Gottfried Häring, Ralf Kirchner-Heßler

8.4 Hohenloher Lamm – Förderung der Schafhaltung auf überwiegend extensiv genutzten Grünlandstandorten durch die Vermarktung von Lammfleisch aus artgerechter Tierhaltung mit regionaler Identität

8.4.1 Zusammenfassung

In einer Sitzung des Arbeitskreises Grünland wurde im Jahr 1999 das Interesse geäußert, verbesserte Möglichkeiten zur Vermarktung von Schäfereierzeugnissen zu entwickeln, um die landschaftspflegerische Leistung der Schafhaltung zu erhalten. Das Oberziel des Teilprojektes bestand darin, Möglichkeiten zum Erhalt und zur Förderung der Schafhaltung im Jagsttal zu entwickeln und umzusetzen. Zu Beginn des Projektes wurden Schafhalter im mittleren und unteren Jagsttal angesprochen. Im Zuge der Projektbearbeitung erweiterte sich der Betrachtungsraum auf den Hohenlohekreis, Teile des Landkreises Schwäbisch Hall und auf die an den Hohenlohekreis angrenzenden Gemeinden des Landkreises Heilbronn. Gastronomiebetriebe dieser drei Landkreise wurden im Rahmen der Gastronomie-Kampagne angesprochen.

Um einen fundierten Überblick über das Thema Schafhaltung zu erhalten, wurde zu Beginn des Projektes eine Situationsanalyse durchgeführt. Die historische Betrachtung der Schafhaltung in Hohenlohe macht deutlich, dass sie im 18. und 19. Jahrhundert eine Haupterwerbsquelle der Landwirtschaft war. Gegen Ende des 19. Jahrhunderts verringerte sich ihre Bedeutung, da auf den Wollmärkten durch ausländische Anbieter eine zunehmende Konkurrenz entstand und der Wollpreis fiel. Zollerhöhungen hatten einen Rückgang der Exporte nach Frankreich zur Folge. Im Verlaufe des 20. Jahrhunderts entwickelte sich der Schafbestand im Projektgebiet unterschiedlich. Ein Schwerpunkt der Schafhaltung, insbesondere der stationären Hütehaltung, befindet sich heute im mittleren Jagsttal. Die Schafbeweidung leistet heute einen wichtigen Beitrag zur Landschaftspflege und zum Erhalt extensiver Grünland-Biotope in den Hohenloher Flusstälern. Die Schäfer im Projektgebiet vermarkteten vor Beginn des Projektes ihre Produkte einzelbetrieblich.

Die Situationsanalyse bestand neben einer Befragung von neun Schafhaltungsbetrieben im Jagsttal aus Literaturauswertungen und Recherchen. Die ökonomischen Auswirkungen einer Umstellung auf kontrolliert ökologische Schafhaltung wurde den Schäfern mittels Deckungsbeitragsrechnungen verdeutlicht. Hauptbestandteil der Zusammenarbeit mit den Schäfern bildeten moderierte Arbeitskreissitzungen, in denen informiert und fachlich fundierte Diskussionen angeregt wurden. Die befragten Betriebe praktizieren alle möglichen Formen der Schafhaltung in unterschiedlichen Intensitäten (Haupt-, Nebenerwerb und Hobbyschafhaltung). Die Befragung lieferte einen Überblick über die sozioökonomische Situation der Schafhaltung im Jagsttal. Die errechneten Deckungsbeiträge machen deutlich, dass die ökonomischen Gründe einer Umstellung auf eine kontrolliert, ökologische Produktionsweise stark von der einzelbetrieblichen Vermarktungssituation abhängt. Daneben gibt es außerökonomische (soziale) Gründe, die eine Umstellung beeinflussen.

Einen Arbeitsschwerpunkt im Jahr 2000 bildeten die Auseinandersetzung mit den Qualitätsanforderungen nach bestimmten Erzeugerrichtlinien sowie Rentabilitätsbetrachtungen. Die erste gemeinsame Aktion der Schäfer wurde Anfang 2001 in Zusammenarbeit mit dem Deutschen Hotel- und Gaststättenverband Heilbronn entwickelt, durchgeführt und durch eine vielfältige

Öffentlichkeitsarbeit begleitet. Weitere öffentlichkeitswirksame Auftritte waren zum Beispiel die Teilnahme der Schäfer an der Veranstaltung »Pfännle on Tour« in Künzelsau in Zusammenarbeit mit SWR 1 sowie der Auftritt in einer Radiosendung von SWR 4 Frankenradio. Mit der Belieferung der Mensa der Universität Hohenheim durch die Hohenloher Schäfer im Rahmen der »Hohenloher Woche« wurde ein weiterer Absatzweg eröffnet. Das Bestreben, sich zu organisieren, führte am 27. Juni 2001 zur Gründung des Vereins »Hohenloher Schäfer«. Von den Vorstandsmitgliedern wurde in Zusammenarbeit mit der Fachhochschule Schwäbisch Hall, Hochschule für Gestaltung, die Wort-Bild-Marke »Hohenloher Lamm« entwickelt und beim Deutschen Patentamt wurde der Markenschutz dafür beantragt. Arbeiten zur Verbesserung des Weidemanagements wurden nicht durchgeführt, da dies für die Schäfer von untergeordneter Bedeutung war.

Für die Arbeit im Teilprojekt konnten die relevanten Akteursgruppen eingebunden werden, jedoch wurde die Mitarbeit der Akteure durch ihre hohe Arbeitsbelastung beeinträchtigt. Die moderierten Sitzungen wurden von den Teilnehmern anhand der durchgeführten Kurzevaluierungen überwiegend positiv bewertet. Auch die Zwischen- und die Abschlussevaluierung dokumentieren eine insgesamt positive Bewertung des Teilprojektes durch die Akteure. Eine Bewertung anhand der sozialen Indikatoren zeigt eine positive Entwicklung im Vorhaben. Die gesetzten ökonomischen Ziele konnten erreicht werden. Für den ursprünglich formulierten ökologischen Ansatz bestand seitens der Schäfer keine Bereitschaft an einer Zusammenarbeit in der verfügbaren Zeit. Trotz einiger Schwierigkeiten schätzen die Akteure eine selbständige Fortführung der Aktivitäten positiv ein.

Ein abschließender Vergleich von Regionalentwicklungsinitiativen zur Lammfleischvermarktung zeigte, dass überwiegend der ökonomische Aspekt im Vordergrund steht. Diese Ansätze besitzen jedoch gleichfalls eine ökologische und soziale Dimension. Jedoch findet die soziale Ebene in Erfolgsbewertungen, die sich mit Regionalinitiativen zur Vermarktung von Schäfereiprodukten auseinandersetzen, keine oder nur eine untergeordnete Berücksichtigung.

8.4.2 Problemstellung

Bedeutung für die Akteure

Im Verlauf der Arbeitskreissitzung Grünland am 24.11.1999 in Mulfingen-Ailringen wurde von Schäfern, unterstützt von Vertretern des Naturschutzes, der Landwirtschaft und der Kommune, das Interesse geäußert, verbesserte Möglichkeiten zur Vermarktung von Schäfereierzeugnissen zu entwickeln. Hintergrund bildeten einerseits die niedrigen Verkaufspreise für Lammfleisch, die niedrigen Verkaufserlöse für Altschafe und Schafwolle, die begrenzte Flächenverfügbarkeit und das lückenhafte Triebwegesystem. Andererseits zeigten sich die Vertreter der Kommune sowie des Naturschutzes interessiert, die landschaftspflegerische Leistung der Schäfer zu erhalten. Der Problemkreis Rentabilität der Grünlandwirtschaft und Offenhaltung der Landschaft wurde bereits im Verlauf der Befragungen im Definitionsprojekt seitens der Kommunen, Landrats- und Landwirtschaftsämter, der Bauernverbände sowie des amtlichen und privaten Naturschutzes angeführt (KONOLD et al. 1997). Die Zwischen- und Abschlussevaluierung (Kap. 8.4.7) weisen nach Einschätzung der befragten Schäfer darauf hin, dass mit dem Teilprojekt drängende Fragen ihres Betriebs aufgegriffen wurden.

Wissenschaftliche Fragestellung

Aus Sicht der Schäfer war der primäre Ansatzpunkt zum Erhalt und zur Entwicklung der Schafhaltung die Verbesserung der Vermarktung von Schäfereierzeugnissen. Um die Bedeutung, die aktu-

elle Problemlage sowie die Entwicklungspotenziale der Schafhaltung besser einschätzen zu können, wurde eingangs eine Situationsanalyse durchgeführt. Insgesamt wurden folgende Fragen aufgeworfen:
— Wo liegen die gegenwärtigen Probleme der Schafhaltung im Jagsttal?
— Welche Entwicklungspotenziale für die Schafhaltung existieren im Raum Hohenlohe?
— Wie können die bestehenden Probleme, z.b. hinsichtlich Wirtschaftlichkeit und Kooperation gelöst werden?

Historischer Kontext
Die im Folgenden dargestellte historische und landespflegerische Betrachtung der Schafhaltung im Untersuchungsraum ist ein Ergebnis der im Rahmen der Situationsanalyse durchgeführten Recherchen. Vergleichbar dem Teilprojekt *Bœuf de Hohenlohe* (Kap. 8.3) sollten Anhaltspunkte herausgearbeitet werden, die die historische Entwicklung und Bedeutung sowie die landespflegerische Leistung der Schafhaltung im Betrachtungsraum beleuchten und Informationen für die Öffentlichkeitsarbeit und Produktvermarktung liefern.

Geschichtliche Entwicklung der Schafhaltung[1]
Im Gebiet der Hohenloher Ebene und der darin eingeschnittenen Muschelkalktäler besaß die Schafhaltung und Mästung ehemals eine große Bedeutung. Im 18. und 19. Jahrhundert zählte sie zu den Haupterwerbsquellen der Landwirtschaft. Der enorme Anstieg der Schafhaltung und die Etablierung des Agrarhandels begann im 18. Jahrhundert. Vorausgegangen war dieser Entwicklung der Verkauf der so genannten herrschaftlichen Schafhöfe, der herrschaftlichen Schäfereien und mit ihnen das Recht zur Schafhaltung, das auf die Gemeinden und die Bauern überging (BOHLER 1989). Bis zur Mitte des 18. Jahrhunderts hatten herrschaftliche Verordnungen die bäuerliche Schafhaltung eingeschränkt. Die Bauern durften bis dahin nur eine vorgeschriebene Zahl von Schafen halten, um die herrschaftliche Schafhaltung nicht zu beeinträchtigen (WEIK 1969).

Nachdem das Recht zur Schafhaltung nicht mehr von den Herrschaften reglementiert wurde, entwickelte sich im 18. Jahrhundert ein florierender Handel mit »Masthammeln«, der dem Export von Mastochsen (Boeuf de Hohenlohe) durchaus vergleichbar war (BOHLER 1989). Mayer berichtet, dass nun Ochsen- und Schafmast für die Ausfuhr eine größere Bedeutung erhielten als die traditionellen Sparten, wie z.B. Getreide. Die Preise für Schafe stiegen zwischen 1720 und 1780 um das 4,5-fache (BOHLER 1989). Über den Umfang des Exports gibt folgende zeitgenössische Quelle Auskunft: »Die Schafzucht ist so beträchtlich, dass jährlich einige 1000 Stück für 10 bis 15 Gulden das Stück ins Ausland verkauft werden. Man findet sie sehr schmackhaft, selbst Paris, dem wir so gerne nachbeten, hat sie sehr gut gefunden« (KESSLER UND V. SPRENGEYSEN 1791). Seinen Höhepunkt erreichte der Agrarhandel im 19. Jahrhundert (BOHLER 1989). Jährlich wurden etwa 10.000 bis 12.000 Schafe ins Ausland verkauft. Mindestens 4.000 Hammel wurden jährlich nach Frankreich exportiert (MEMMINGER 1823). BOHLER (1989) relativiert den Handel auf einen Umfang von wenigstens 500 Hammel, die jährlich bei Straßburg abgesetzt wurden. Dieser bedeutende Viehexport mit »Fränkischen Hämmeln« hielt sich bis zum Beginn des Ersten Weltkriegs (BOHLER 1989). Die Schafe wurden hauptsächlich zur Fleischerzeugung gehalten: »Im Hohenlohischen bildet das Schlachtvieh noch mehr die Hauptsache als die Gewinnung von

---

[1] Wir danken Frau Dipl.-Agr. Biol. Kirsten Schübel für das Verfassen dieses Abschnitts.

Wolle, daher stehen sich dort die Schafzüchter bei einer gröberen Bastardwolle oder selbst bei Landschafen am besten« (Wochenblatt für Land und Forstwirtschaft, 1850 (11): 65). Über die Bedeutung des Verkaufs gibt folgende Quelle Auskunft: »Schafe hält sich jeder hällische Bauer, seine Kleider bestehen meist aus eigen erzeugter Wolle, daher auch die Schafzucht im Oberamt in großer Ausdehnung betrieben wird. Auch der Verkauf von »Fetthämmeln« stellt vielfach eine ergiebige Erwerbsquelle dar« (Wochenblatt für Land- und Hauswirtschaft, Gewerbe und Handel 1838, Nr. 7). Zeitgenössische Quellen berichten über die Organisation des Agrarhandels: »Hammelmast wird auf der Kupferzeller Ebene betrieben. Die meisten Masthämmel werden durch die Gebrüder Reidel von Öhringen aufgekauft und nach Straßburg und Paris versandt; auch die Heilbronner und Öhringer Metzger kaufen die fetten Hämmel aus dem Bezirk. Die Hämmel werden ein halbes Jahr mit Heu und Öhmd gemästet. Die Wolle wird auf dem Wollmarkt in Heilbronn abgesetzt« (OAB Öhringen 1865). Sogenannte Schafmäster kauften die Schafe auf, mästeten sie über den Winter und verkauften sie gegen Pfingsten meist truppweise nach Frankreich (OAB Hall 1847).

Als Rassen wurden die sogenannten »Rauhbastarde« (durch wiederholte Kreuzung von Landschafen und Bastarden entstanden) erwähnt (OAB Hall 1847). Vorteil dieser Schafe war, dass sie »besser fett zu machen sind« als andere Rassen und außerdem noch die Produktion von Wolle für den eigenen Bedarf erlaubten (OAB Hall 1847). Im Wochenblatt für Land- und Forstwirtschaft (1865 Nr. 18) wurde berichtet, dass im Hohenlohischen kein bestimmter Schafstamm verbreitet sei, sondern Rauh- und Feinbastarde sowie deutsche Schafe vorkamen.

Wie wurden die Schafe gemästet? Die Schafmäster kauften meistens dreijährige Schafe auf und mästeten diese über den Winter mit Heu, Öhmd, Wickenhafer oder Kartoffeln (OAB Hall 1847, OAB Öhringen 1865). Neben der Fleischerzeugung hatte im 19. Jahrhundert auch die Gewinnung von Wolle eine hohen Stellenwert. »Die Wolle dient der Herstellung von Kleidern für die Einwohner; auch die Dienstboten werden neben dem Lohne damit versehen« (OAB Gerabronn 1847).

Zusammenfassend lässt sich festhalten, dass die Schafhaltung im Gebiet im 19. Jahrhundert einen bedeutenden Pfeiler der Landwirtschaft darstellte. In den Gemeinden, in denen noch Weiden ausgegeben wurden, bildeten diese für die Gemeinden eine bedeutende Einnahmequelle. Denn den Gemeinden stand fast überall das Weiderecht zu und hinzu kam noch der Gewinn aus der Pferchnutzung sowie Einnahmen aus der Brach- und Stoppelweide. Im 19. Jahrhundert förderte eine gute Absatzlage für Schaffleisch die Schafhaltung in Hohenlohe. Mit Änderung der Verkehrsverhältnisse gegen Ende des 19. Jahrhunderts ging diese zurück. Andere intensivere Bewirtschaftungsformen traten an ihre Stelle (SAENGER 1957). Gründe hierfür waren die zunehmende Konkurrenz auf den Wollmärkten durch ausländische Anbieter, das Sinken der Wollpreise und Zollerhöhungen, die einen Rückgang der Hammelexporte nach Frankreich zur Folge hatten.

Entwicklung des Schafbestandes

Zwischen 1873 (577.000) und 1926 (128.000) verringerte sich der Schafbestand in Württemberg auf ein Viertel (Dezember-Werte) und stieg bis zum Jahr 1943 (181.000) wieder langsam an (BEINLICH 1995). Bis zum Ende des 19. Jahrhunderts lässt sich diese Entwicklung auch am Beispiel des Oberamts Heilbronn nachvollziehen: Lag der Schafbestand zwischen 1834 und 1862 jeweils im Januar zwischen 6.347 und 9.054 Tieren, so reduzierte er sich in der Zeit von 1862 (8.212 Schafe im Januar) bis 1897 (3.174 Schafe im Dezember) um mehr als die Hälfte (OAB Heilbronn 1865, 1901).

Im heutigen Baden-Württemberg reduzierte sich der Schafbestand von 342.200 in den Jahren 1935/36 auf ein Drittel im Jahr 1965 (109.924) und stieg hiernach bis 2002 (319.600 Schafe) wieder kontinuierlich an (Statistisches Landesamt Baden-Württemberg). Dieser deutliche Abwärtstrend in der ersten Hälfte des 20. Jahrhunderts in der Schafhaltung lässt sich gleichfalls für alle früheren Landkreise des Untersuchungsraumes im Zeitraum zwischen 1949 und 1969 belegen, in dem der Schafbestand auf rund ein Viertel zurückging (z.B. Landkreis Künzelsau: Dezember 1949: 4.725 Schafe, Dezember 1969: 998 Schafe) (Württembergisches Statistisches Landesamt 1949, Statistisches Landesamt Baden-Württemberg 1970).

Aktuelle Situation
Zwischen 1979 und 1999 hat sich in den Landkreisen Schwäbisch Hall und Hohenlohekreis der Schafbestand von 7.174 auf 16.072 mehr als verdoppelt, wohingegen die Anzahl der landwirtschaftlichen Betriebe mit Schafhaltung von 567 auf 408 zurückging (Statistisches Landesamt Baden-Württemberg 2002). Durchschnittlich werden in beiden Landkreisen pro Betrieb 39 Schafe gehalten. Heute überwiegen Einzel- und Koppelschafhaltung von Hobby- und Nebenerwerbsbetrieben. Haupterwerbsbetriebe praktizieren zumeist stationäre Hütehaltung. Die Schafhaltung besitzt im Raum eine deutlich geringere wirtschaftliche Bedeutung als die Schweine- und Rinderhaltung, was auch am geringen Umfang der Selbstorganisation und Beratungsangebote deutlich wird. Der Anteil an Direktvermarktern unter den Schafhaltern ist vergleichsweise hoch.

Ein Schwerpunkt der Schafhaltung, insbesondere der stationären Hütehaltung, befindet sich im mittleren Jagsttal in den Gemeinden Schöntal, Krautheim, Dörzbach und Mulfingen. In den vier Gemeinden wurden 1999 von 52 Betrieben 3.922 Schafe gehalten, was einem durchschnittlichen Schafbestand von 75 Tieren pro Betrieb entspricht. Hierbei bewirtschaften alleine fünf Hüteschäfer mit mehr als der Hälfte des gesamten Schafbestandes der vier Gemeinden rund 400 ha Grünland, das zu einem Großteil an den Hanglagen gelegen ist. So beträgt das Hanggrünland bei den im Zuge der Situationsanalyse befragten Betrieben im Jagsttal durchschnittlich 63,1 Prozent, bezogen auf die gesamte Grünlandfläche der Betriebe (Tab. 8.4.2). Die in den Hanglagen gelegenen Grünlandflächen können überwiegend als Extensiv-Grünland eingestuft werden, das sich aus stark gefährdeten bzw. vom Aussterben bedrohten Grünlandbiotopen wie z.B. Salbei-Glatthaferwiesen, Kalkmagerrasen, Kalkmagerweiden (vgl. Kap. 4.2) zusammensetzt. In der deutlich von der Hüteschafhaltung geprägten Gemarkung Ailringen (Gemeinde Mulfingen) besitzen alleine die Kalk-Magerweiden mit 66,3 ha einen Flächenanteil von 25 Prozent, bezogen auf die gesamte Grünlandfläche (Drüg 2000). Dieser Umfang mit Schafen beweideter Flächen erhöht sich deutlich bei Einbeziehung der Mähweiden sowie der im Winter beweideten Grünlandflächen.

Die Schafbeweidung leistet heute einen wichtigen Beitrag zur Landschaftspflege und zum Erhalt extensiver Grünland-Biotope in den Hohenloher Flusstälern (Abb. 8.4.1). So wurden im Jahr 2001 im Rahmen des Landschaftspflegeprojektes »Trockenhänge im Kocher- und Jagsttal« im Hohenlohekreis die Schafbeweidung auf 117 ha in 14 Gemarkungen mit insgesamt 11.328 € gefördert (Buss 2002). Die extensive Beweidung mit Schafen führt durch eine vergleichsweise schonende Trittwirkung und einen tiefen, selektiven Verbiss zu einer charakteristischen Ausprägung der Tier- und Pflanzenwelt am jeweiligen Standort. Schafe besitzen darüber hinaus eine große Bedeutung für die Ausbreitung von Pflanzen, z.B. auf Kalkmagerrasen (Fischer et al. 1995). Die über Jahrhunderte praktizierte Schafhaltung und -beweidung hat einen wesentlichen Anteil an der Entstehung und Entwicklung extensiver Grünlandbiotope insbesondere in den Flusstälern Hohenlohes.

Abbildung 8.4.1: Hüteschafhaltung in der Gemeinde Dörzbach (Foto: Ralf Kirchner-Heßler)

Die Schäfer im Projektgebiet vermarkteten ihre Produkte einzelbetrieblich. Vor Beginn des Projektes bestand keine Organisationsform der Schäfer zum Zwecke der gemeinsamen Vermarktung ihrer Produkte. Es gab zwar für die Schäfer die Möglichkeit ihre Lämmer an die Bäuerliche Erzeugergemeinschaft Schwäbisch Hall zu verkaufen, doch diese Vermarktung entsprach hinsichtlich des Erlöses nur derjenigen zum privaten Viehhandel, da die Schäfer keine Mitglieder der Erzeugergemeinschaft waren. Eine Übersicht regionaler Vermarktungsprojekte in Deutschland wurde von DVL und NABU (2003) erstellt. Ausgewählte Projektbeispiele mit Bezug zur Schafhaltung sind im Vergleich mit dem hier durchgeführten Vorhaben in Tab. 8.4.12 dargestellt.

8.4.3 Ziele

Das Oberziel des Teilprojektes bestand darin, Möglichkeiten zum Erhalt und zur Förderung der Schafhaltung im Jagsttal zu entwickeln und umzusetzen.

Wissenschaftliche Ziele
__Analyse der historischen Entwicklung sowie der landespflegerischen und sozioökonomischen Probleme und Entwicklungspotenziale der Schafhaltung im Jagsttal.

Umsetzungsmethodische Ziele
Entsprechend des Aktionsforschungsansatzes wurde auch in diesem Teilprojekt die Form der Einbindung der Akteure analysiert und bewertet.

Anwendungsorientierte Ziele
— Mit den Schäfern werden Möglichkeiten für eine verbesserte Vermarktung von Lammfleisch entwickelt. Als Indikatoren zur Bewertung dieser Veränderungen wurden der Preis und der Anteil des verkauften Lammfleischs festgelegt. Quellen der Nachprüfbarkeit stellen Befragungen bei Schafhaltern, Gastronomen und Metzgern dar.
— Es gibt Vorschläge für ein verbessertes Weidemanagement unter Einbindung vorhandener Weideflächen. Als Kriterien für die Erreichung des Arbeitsziels wurden die Beweidung brach liegender Flächen sowie die Planung eines Triebwegesystems und eines Weideverbunds festgelegt. Als Quellen der Nachprüfbarkeit können amtliche Statistiken, Flächenbilanzen und vorliegende Planung herangezogen werden.

8.4.4 Räumlicher Bezug

Im Blickfeld des Projektes standen Produzenten (Schafhalter), Verarbeiter (Gastronomen) und Konsumenten (Verbraucher) (Abb. 8.4.7), die verschiedenen Räumen zuzuordnen sind.

Richtete sich der Fokus auf Seiten der Schafhalter zunächst auf das mittlere und untere Jagsttal, so erweiterte sich der Betrachtungsraum im Zuge der Projektbearbeitung auf die Ebene des Hohenlohekreises und Teile des Landkreises Schwäbisch Hall, wo eine vergleichbare Problemlage besteht (Abb. 8.3.2). Zudem beteiligten sich Schäfer aus an den Hohenlohekreis angrenzenden Gemeinden des Landkreises Heilbronn. Dem aus den Aktivitäten hervorgehenden Verein der Hohenloher Schäfer gehören 18 Mitgliedsbetriebe aus den drei Landkreisen, mit Schwerpunkt Hohenlohekreis, an. Für die im Jahr 2001 durchgeführte Gastronomie-Kampagne wurde vom Deutschen Hotel- und Gaststättenverband Mitgliedsbetriebe in den Landkreisen Heilbronn, Hohenlohekreis und Schwäbisch Hall angesprochen.

8.4.5 Beteiligte Akteure, Mitarbeiter/Institute

Eingangs standen die Hüteschafhalter des mittleren und unteren Jagsttals im Blickwinkel des Interesses. Im Zuge der Projektdurchführung beteiligten sich weitere Hüte- und Koppelschafhalter aus dem Raum Hohenlohe. An den Arbeitskreistreffen Schafhaltung nahm neben durchschnittlich 10 Schafhaltern ein Mitarbeiter des Amts für Landwirtschaft, Landentwicklung und Bodenkultur Öhringen teil. Verbraucher und Gastronomen waren im Rahmen von Aktionen und Info-Veranstaltungen involviert (Kapitel 8.4.7). An der durchgeführten Gastronomiekampagne beteiligten sich 15 Gastronomen und deren Gäste.

Als wissenschaftliche Mitarbeiter wirkten Gottfried Häring, Institut für Landwirtschaftliche Betriebslehre der Universität Hohenheim, Dr. Ralf Kirchner-Heßler, Institut für Landespflege der Albert-Ludwigs-Universität Freiburg, und Frank Henssler, Institut für Sozialwissenschaften des Agrarbereichs – Fachgebiet Kommunikations- und Beratungslehre der Universität Hohenheim, mit.

8.4.6 Methoden

Wissenschaftliche Methoden
Für die eingangs durchgeführte Situationsanalyse wurden neun Schafhaltungsbetriebe im Jagsttal anhand eines standardisierten Fragebogens (Anhang 8.4.1) zur gesamtbetrieblichen Situation, Vermarktung, Erzeugerpreisen und der wirtschaftlichen Situation befragt. Ergänzt wurde die Situationsanalyse durch Literaturauswertungen und Recherchen zur historischen Entwicklung der Schafhaltung, Vegetation und Fauna sowie Projekten zur regionalen Vermarktung von Schäfereiprodukten.

Um den Schäfern die ökonomischen Auswirkungen einer Umstellung auf ökologische Schafhaltung zu verdeutlichen, wurden Deckungsbeitragsrechnungen erstellt, die, ausgehend von der momentanen Situation, die Auswirkungen einer Umstellung auf eine ökologische Wirtschaftsweise darstellen. Die Daten der Verkaufspreise und die Kosten für die Betriebsmittel wurden von den Betrieben erfragt, die variablen Maschinenkosten und sonstige Kosten sowie die benötigten Arbeitszeiten wurden der entsprechenden Literatur entnommen (KTBL 1998a, KTBL 1999a, SCHMELZLE et al. 2000). Da die Futtergrundlage der betrieblichen Flächen für die Hüteschafhaltungsbetriebe eine große Rolle spielt, wurde die gesamtbetriebliche Situation berücksichtigt. Zum anderen wurden anhand von Literaturdaten (KTBL 1999a; LEL 2000) die Deckungsbeiträge für Koppelschafhaltung ermittelt.

Umsetzungsmethoden
Mit den interessierten Schäfern wurde in moderierten Arbeitskreissitzungen (sog. Schäfertreffen) kontinuierlich zusammengearbeitet. Durch Impulsreferate von Projektmitarbeitern oder externen Fachleuten, z.B. dem Vertreter einer Vermarktungsorganisation und dem Vertreter einer Kontrollstelle, wurden die Teilnehmer informiert und fachlich fundierte Diskussionen angeregt. Einzelgespräche und die Arbeit in Kleingruppen dienten der Vorbereitung von Aktionen, Arbeitskreissitzungen, der Vereinsgründung und der Öffentlichkeitsarbeit. Im Zuge der gemeinsamen Planung und Durchführung konkreter Aktionen (z.B. Gastronomiekampagne, »Pfännle on Tour«) konnten die Beteiligten erste Erfahrungen mit gemeinsamen Vermarktungsbemühungen hinsichtlich der Koordination, Belieferung und Öffentlichkeitsarbeit sammeln. Eine Fachexkursion zu einem Bioland-Betrieb, der Hüteschafhaltung betreibt, diente der vertiefenden und anschaulichen Information in der Phase der Diskussion um Betriebsumstellungen.

8.4.7 Ergebnisse

Vor der Initiierung des Teilprojekts *Schafhaltung* – zu Beginn des Jahres 2000 – wurde eine ausführliche Situationsanalyse durchgeführt, um die Erfolgsaussichten des Vorhabens abschätzen zu können und rasch umsetzbare Ansatzpunkte zu finden. Die Arbeitsplanung für das Teilprojekt ist in Tab. 8.4.1 dargestellt. Aktivitäten und Maßnahmen knüpfen hierbei an die formulierten Ziele an.

Tabelle 8.4.1: Arbeitsplanung für das Teilprojekt Schafhaltung (Stand: Mai 2000)

Aktivitäten	
1. Situationsanalyse der Absatzmöglichkeiten/Kontaktaufnahme zu Abnehmern 2. Marketingkonzept entwickeln 3. Organisationsform klären 4. Produktionstechnische Fragen klären 5. Öffentlichkeitsarbeit 6. Markteinführung Lammfleisch 7. Potenzielle Weideflächen finden und Verfügbarkeit klären 8. Beispielhafte Planung für ein verbessertes Weidemanagement (Biotopverbund, Flächenarrondierung)	
Maßnahmen	**Quellen der Nachprüfbarkeit**
1.1 Gespräche mit Bäuerlicher Erzeugergemeinschaft Schwäbisch Hall, Biofleisch Süd, DEHOGA	Protokolle
1.2 Befragung Gastronomie, Metzger	Fragebogen
1.3 Auswertung und Vorstellung der Ergebnisse	Protokoll
2.1 Ableitung Marketingkonzept aus 1.3	Protokoll
2.2 Erarbeitung Marketingkonzept mit Partnern (vgl. 1.1), Markennamen festlegen	Protokoll
3.1 Organisationsformen darstellen	Protokoll
3.2 Organisationsform festlegen	Protokoll
4.1 Anforderungen (Richtlinien) in Abhängigkeit vom Absatzweg (Bio, HQZ, usw.) darstellen (vgl. 2.2)	Protokoll
4.2 Einfluss auf das Produktionsverfahren darstellen	Protokoll
4.3 Entscheidung über zukünftige Produktionsverfahren	Protokoll
4.4 Beratung der Schäfer	Protokoll
5.1 Info-Material erarbeiten (z.B. Poster, Faltblatt)	Poster, Faltblatt
5.2 Auftritt der Schäfer im Rahmen des „Regionalen Kochfestivals"	Poster, Vortrag
5.3 Gastronomiekampagne „Schmeck den Süden" mit DEHOGA	Kampagne/Speisekarte
6. Belieferung der Abnehmer	Befragung Schäfer
7.1 Brachflächen und potenzielle Weideflächen darstellen	Protokoll
7.2 Möglichkeiten der Flächenbereitstellung klären	Protokoll
7.3 Flächen pachten	Befragung Schäfer/ Pachtverträge
8.1 Bestehendes Weidesystem am Beispiel eines Schäfers erheben	Karte
8.2 Potenzelle Weideflächen erheben	Karte
8.3 Planung Weidesystem unter Einbindung isolierter, aus naturschutzfachlicher Sicht bedeutender Grünlandflächen	Karte/Text
8.4 Vorschläge Weideverbund (Biotopverbund, Arrondierung)	Karte/Text

Legende:
DEHOGA: Deutscher Hotel- und Gaststättenverband
HQZ: Herkunfts- und Qualitätszeichen Baden-Württemberg

Wissenschaftliche Ergebnisse

Die Ergebnisse zur historischen Bedeutung und Entwicklung der Schafhaltung sowie deren landespflegerische Leistung im Raum Hohenlohe sind im Kapitel 8.4.2 nachzulesen.

Sozioökonomische Charakterisierung

Die zur Charakterisierung der Schafhaltung im Jagsttal befragten Betriebe praktizieren die Schafhaltung zu jeweils einem Drittel im Haupterwerb, im Nebenerwerb und als Hobby. Es wird von allen Betrieben Mutterschafhaltung durchgeführt, hiervon in jeweils vier Betrieben Hüte- und Koppelhaltung, ein Betrieb wendet sowohl Hüte- als auch Koppelhaltung an. Fünf Betriebe führen Lämmermast durch, d.h. Lämmer und Mutterschafe bekommen unterschiedliche Futterrationen zugeteilt. Bei den anderen vier Betrieben wird für die gesamte Schafherde nur eine Ration gefüttert.

Die Betriebsstruktur wird durch Tierbestand, Flächenumfang und Alter des Betriebsleiters charakterisiert (Tab. 8.4.2). Die durchschnittliche Herdengröße liegt bei 240 Mutterschafen und reicht von Betrieben mit 13 bis zu 800 Tieren. Die Herdengröße folgt der Erwerbsform. Die drei Hobby-Betriebe besitzen die kleinsten Herden, das mittlere Drittel bilden die Nebenerwerbsbetriebe und die drei größten Herden werden von Haupterwerbsbetrieben geführt.

Tabelle 8.4.2: Größe der befragten Betriebe und Alter der Betriebsleiter

		Durchschnitt	Minimum	Maximum
Mutterschafe	(Tiere)	241,7	13	800
Grünland	(ha)	41,7	4	20
Anteil Hanglagen	(%)	63,1	36	100
Ackerfläche (N = 6)	(ha)	11,5	2	19
Alter des Betriebsleiters	(Jahre)	51,8	36	64

Das Durchschnittsalter der Betriebsleiter liegt knapp über 50 Jahre und reicht von 36 bis 64 Jahren. In vier Betrieben gibt es sicherlich bzw. wahrscheinlich keinen Hofnachfolger. In zwei Betrieben ist über die Hofnachfolge noch nicht entschieden oder die Kinder sind noch zu jung. Zwei Betriebe werden wahrscheinlich oder sicher von der nächsten Generation weiter bewirtschaftet. Die gegenwärtige wirtschaftliche Situation ihres Betriebes beurteilen fünf der Betriebsleiter als »schlecht«, zwei »teils, teils« und jeweils einer mit »gut« bzw. »hervorragend«. Die zukünftige Situation der Wirtschaftlichkeit der Betriebe wird – mit einer Ausnahme – jeweils negativer beurteilt.

Zur Beschreibung des Absatzes wurden die verschiedenen Kanäle, deren Anteil und der dabei erzielte Preis (Tab. 8.4.3) erhoben. Nur zwei Betriebe entnehmen ihrer Herde Tiere in nennenswertem Umfang für den Eigenbedarf; der hohe Prozentsatz ist durch die geringe Herdengröße der entsprechenden Betriebe bedingt. Fünf der befragten Betriebe vermarkten ungefähr die Hälfte ihrer Tiere direkt an Endverbraucher. Weitere fünf Schäfer setzen ihre Tiere zu einem wesentlich geringerem Umfang an Gaststätten/Metzgereien ab. An gewerbliche Großabnehmer (Viehhandel und Großschlachtereien) liefern vier Betriebe über zwei Drittel ihrer Produkte. Drei Schafhalter liefern fast alle ihre Tiere an andere Schafhalter, die Direktvermarktung außerhalb des Projektgebietes – am Rande von oder in Ballungsräumen – betreiben.

Tabelle 8.4.3: Absatzwege der Schafhalter

	Anzahl Nennungen	durchschnittlicher Anteil (Prozent)	N =	erzielter Preis
Eigenverbrauch	2	25,5		
an Endverbraucher	5	49,0	1 2 2	= + ++
Gaststätten	3	19,0	1 2	= ++
Metzgereien	2	3,0	1 1	= ++
Erzeugergemeinschaften	0	-		
Viehhandel	3	68,3	1 2	-- =
Großschlachtereien	1	75,0	1	=
an andere Schafhalter	3	98,7	1 2	= +

Erläuterung: - - Verkaufspreis ist deutlich niedriger als Marktpreis
                  - Verkaufspreis ist geringfügig niedriger als Marktpreis
                  = Verkaufspreis entspricht etwa dem Marktpreis
                  + Verkaufspreis ist geringfügig höher als Marktpreis
                  + + Verkaufspreis ist deutlich höher als Marktpreis

Von den Schafhaltern werden als Hauptproblem die niedrigen Erzeugerpreise (6 Nennungen), der nicht mehr vorhandene Markt für Wolle (2 Nennungen) sowie die Struktur und Verfügbarkeit von Flächen (5 Nennungen) angeführt. Die Wirtschaftsflächen sind teilweise weit verstreut, das Treiben gestaltet sich immer schwieriger und die Konkurrenzsituation zwischen Schafhaltern und Landwirten um günstige Grünlandflächen nimmt zu. Kritik wurde auch über die zunehmende Zahl von Vorschriften (2 Nennungen) und die ungenügende Pflege von Extensivgrünland geäußert (2 Nennungen).

Beispielhaft wurden von zwei Hüteschafhaltungsbetrieben Deckungsbeitragsrechnungen erstellt und den Schäfern präsentiert, wovon im Folgenden eine vorgestellt wird (Tab. 8.4.4). Der ausgewählte Betrieb hat 600 Mutterschafe und vermarktet nur einen sehr geringen Teil direkt (ca. 6 Prozent der vermarktbaren Lämmer). Der größte Anteil wird über den Viehhandel abgesetzt.

Tabelle 8.4.4: Kenndaten der Schafhaltung des Beispielbetriebes

Rasse:	**Merinolandschaf**
Nutzungsdauer:	8 Jahre
Aufgezogene Lämmer:	1,4 Lämmer/Mutterschaf u. Jahr
Tierverlust:	4 Prozent
Weide-/Stallhaltung:	245 / 120 Tage
Mastendgewicht:	(max.) 45 kg
Schlachtausbeute:	47 Prozent
Mastdauer:	180 Tage

Aus der Deckungsbeitragsrechnung in Tab. 8.4.5 ist ersichtlich, dass dieser Betrieb ungefähr 47 € mit einer Produktionseinheit erzielt. Da der Stall des Betriebes nicht im Eigentum des Betriebsleiters ist, fallen zudem noch Pachtkosten an. Bezieht man diese Kosten in die Berechnung ein, so wird von diesem Betrieb ein Deckungsbeitrag von 45 € je Produktionseinheit erwirtschaftet. Der jährliche Arbeitszeitbedarf pro Produktionseinheit beträgt 15 Akh.

Durch die Umstellung auf ökologische Schafhaltung ergeben sich für diesen Betrieb folgende Änderungen: Das gesamte Lammfleisch kann über eine Vermarktungsorganisation für kontrolliert ökologisches Fleisch, die einen hohen Bedarf an Lammfleisch benannt hat, zum durchschnittlichen Preis von 4,86 €/kg Schlachtgewicht abgesetzt werden. Das Grünland wird nach MEKA II[2] mit 13 Punkten/ha (= 130 €) gefördert, allerdings wird mit einem Ertragsrückgang des Grünlandes von 10 Prozent gerechnet. Es werden Grundfutterkosten von 0,02 €/10 MJ ME für Weide und 0,13 €/10 MJ ME[3] für konserviertes Futter angesetzt. Zudem beläuft sich der Preis für Futtergetreide auf 28,12 €/dt. Auf die Verfütterung von Schafkorn muss verzichtet werden. Dadurch ergibt sich der in Tab. 8.4.5 dargestellte Deckungsbeitrag.

Tabelle 8.4.5: Deckungsbeitragsrechnungen des Beispielbetriebes für konventionelle und ökologische Hüteschafhaltung sowie bei Vermarktung über die Gastronomiekampagne (»Projektvermarktung«)

	Konventionell (Euro/PE)	Ökologisch (Euro/PE)	„Projektvermarktung" (Euro/PE)
Marktleistungen			
Lämmer, lebend	81,09	–	78,27
Lämmer, geschlachtet	7,29	133,84	13,21
Altschaf	2,44	2,44	2,44
Wolle	2,04	2,04	2,04
Ausgleichsleistungen			
Mutterschafprämie	21,68	21,68	21,68
Sonderbeihilfe benacht. Gebiet	6,64	6,64	6,64
Förderung MEKA	–	21,67	
Leistungen gesamt	**121,18**	**188,32**	**124,28**
variable Kosten			
Bestandsergänzung	0,00	0,00	0,00
Grundfutter	22,85	33,74	22,85
Kraftfutter	29,57	40,49	29,57
sonstige var. Kosten	21,36	21,36	21,36
variable Kosten gesamt	**73,78**	**95,59**	**73,78**
Deckungsbeitrag 1	**47,40**	**92,73**	**50,50**
Pacht Stall	2,13	2,13	2,13
Deckungsbeitrag 2	**45,27**	**90,60**	**48,37**
Arbeitszeitbedarf (Akh/PE)	15,0	15,0	15,1

PE: Produktionseinheit: Mutterschaf mit anteiligem Lamm, Bock und Nachzucht
LG: Lebendgewicht
SG: Schlachtgewicht
Quelle: KTBL 1998; KTBL 1999; Schmelzle et al. 2000; eigene Erhebung

---

[2] MEKA: Marktentlastungs- und Kulturlandschaftsausgleich. (Agrarumweltprogramm des Landes Baden-Württemberg)
[3] ME: Umsetzbare Energie

Durch die Umstellung auf ökologische Wirtschaftsweise muss dieser Betrieb zwar höhere variable Kosten aufwenden, doch über den deutlich höheren Verkaufspreis von Lammfleisch und die Förderung nach MEKA wird eine Verdopplung des Deckungsbeitrages erreicht. Es wird zwar von einem Ertragsrückgang bei Grünland ausgegangen, doch ist die Futtergrundlage immer noch ausreichend, da die bisherige konventionelle Fütterung über dem Bedarf lag. Aufgrund dessen ergäbe sich für den Betrieb bei der Umstellung keine Notwendigkeit für eine Bestandsabstockung. Daraus resultiert für den Gesamtdeckungsbeitrag auch eine Verdopplung. Geht man nun von einer etwas schlechteren Vermarktungssituation aus, indem nur die Hälfte der erzeugten Lämmer über diese Vermarktungsorganisation vermarktet werden kann und die andere Hälfte konventionell an den Viehgroßhandel veräußert werden muss, wird trotzdem ein um ca. 12 € höherer Deckungsbeitrag gegenüber der konventionellen Produktion erreicht. Dass dieser Betrieb trotzdem nicht umgestellt hat, ist anderweitig begründet.

Beim zweiten untersuchten Betrieb wurde auch ein etwas höherer Deckungsbeitrag je Produktionseinheit nach der Umstellung auf ökologischen Landbau errechnet. Dieses höhere Ergebnis ist vor allem durch die Förderung nach MEKA bedingt, weniger durch einen besseren Verkaufserlös, da der Betrieb all seine Lämmer direkt im Großraum Stuttgart vermarktet. Da das Überfahren von konventionell bewirtschafteten Flächen bei ökologischer Wirtschaftsweise nicht mehr möglich ist, wäre der Betrieb gezwungen, seinen Schafbestand um 49 Prozent zu verringern, damit die Futtergrundlage von den selbst bewirtschafteten Flächen gesichert ist. Dadurch würde sich der Gesamtdeckungsbeitrag um ca. 40 Prozent verringern. Es wird deutlich, dass es für diesen Betrieb aus ökonomischen Gründen nicht lohnend ist, auf eine ökologische Wirtschaftsweise umzustellen.

Die Betrachtung der Deckungsbeitragsrechnung dieser beiden Betriebe zeigt, dass es zum einen sehr stark von der jeweiligen Situation des Schafhaltungsbetriebes abhängt, ob sich die Umstellung auf ökologischen Landbau lohnt, und zum anderen auch außerökonomische Gründe ausschlaggebend sein können. Die Kenndaten einer Koppelschafhaltung, die der Literatur entnommen wurden, sind in Tab. 8.4.6 aufgeführt.

Tabelle 8.4.6: Kenndaten der Koppelschafhaltung

Nutzungsdauer:	5,5 Jahre
aufgezogene Lämmer:	1,5 Lämmer/Mutterschaf u. Jahr
Tierverlust:	4 Prozent
Weide-/Stallhaltung:	265 / 100 Tage
Mastendgewicht:	45 kg
Schlachtausbeute:	48 Prozent
Mastdauer:	210 Tage

Quelle: KTBL 1999

Es wird davon ausgegangen, dass die Vermarktung je zur Hälfte geschlachtet (direkt) und lebend (an den Viehhandel) erfolgt. Die Berechnung (Tab. 8.4.7) zeigt, dass ein Deckungsbeitrag von über 90 € je Produktionseinheit erzielt wird und dazu ein jährlicher Arbeitseinsatz von 14,1 Akh notwendig ist. Durch eine Umstellung auf ökologische Produktion würde statt an den Viehhandel an ein Vermarktungsunternehmen ökologisch erzeugtes Fleisch zum Preis von 4,86 €/kg Schlachtgewicht verkauft. Die Förderung nach MEKA beträgt umgerechnet 13,93 € je Produktionseinheit. Die Grundfutterkosten belaufen sich auf 0,05 €/10 MJ ME für Weide bzw. 0,14 €/10 MJ ME für Heu und Silage. Ebenso wird ein Preis für Futtergetreide von 28,12 €/dt angesetzt. Die sich daraus ergebende Deckungsbeitragsrechnung ist in Tab. 8.4.7 aufgeführt.

Tabelle 8.4.7: Deckungsbeitragsrechnung für konventionelle und ökologische Koppelschafhaltung

	Konventionell (Euro/PE)	Ökologisch (Euro/PE)
Marktleistungen		
Lämmer an Handel	53,66	69,19
Lämmer direkt vermarktet	72,75	72,75
Altschaf	8,40	8,40
Wolle	2,30	2,30
Ausgleichsleistungen		
Mutterschafprämie	21,68	21,68
Sonderbeihilfe benacht. Gebiet	6,64	6,64
Förderung MEKA	–	13,93
Leistungen gesamt	**165,43**	**194,89**
variable Kosten		
Bestandsergänzung	0,00	0,00
Grundfutter	31,59	44,56
Kraftfutter	14,63	34,16
sonstige var. Kosten	38,61	38,61
variable Kosten gesamt	**84,83**	**117,33**
Deckungsbeitrag	**80,60**	**77,56**
Arbeitszeitbedarf (Akh/PE)	14,1	14,1

PE: Produktionseinheit: Mutterschaf mit anteiligem Lamm, Bock und Nachzucht
LG: Lebendgewicht
SG: Schlachtgewicht

Quelle: KTBL 1999, LEL 2000

Hieraus wird ersichtlich, dass durch die Umstellung zwar eine höhere Leistung erzielt wird, dass aber auch die variablen Kosten höher sind. Dadurch wird die Mehrleistung wieder zunichte gemacht, so dass ein um 3 € geringerer Deckungsbeitrag je Produktionseinheit erzielt wird. Auch hier ist die Wirtschaftlichkeit ein wichtiges Kriterium für die Umstellung auf den Ökologischen Landbau und demzufolge stark vom Vermarktungserfolg gegenüber der konventionellen Produktion abhängig.

Umsetzungsmethodische Ergebnisse

Kurzevaluierungen

Zwischen April 2000 und Mai 2001 fanden neun Schäfertreffen statt, an denen durchschnittlich zehn Schäfer teilnahmen. Nach der Gründung des Vereins »Hohenloher Schäfer« am 27. Juni 2001 ging die Verantwortung an den Vorstand über.

Am Ende der Schäfertreffen wie auch der Mitgliederversammlung wurde jeweils eine Kurzevaluierung durchgeführt. Die moderierten Sitzungen wurden von den Teilnehmern überwiegend positiv bewertet. Vergleichsweise positive Bewertungen entfielen auf Arbeitsatmosphäre und Methodik. Die Zufriedenheit mit den Ergebnissen fiel in den ersten vier Sitzungen niedriger aus. Die Bewertungen der jeweiligen Treffen zeigen in ihrem Verlauf eine vergleichsweise hohe Zufriedenheit in der Initiierungsphase, geprägt von einer gewissen Aufbruchstimmung in einem kleinen Teilnehmerkreis (18.4./23.5./29.6.2000). Der auch in der Anfangsphase einsetzende Abwärtstrend umfasst die anfängliche eher konzeptionelle Sondierungsphase (Zielformulierung, Qualitätskriterien für Lammfleischerzeugnisse, Deckungsbeitragsrechnungen, Richtlinien ökologischer Landbau, Möglichkeiten der Kooperation mit Gastronomiebetrieben). Die vergleichsweise negativen Bewertungen in der vierten Sitzung (21.9.2000) sind wohl auf die für die Teilnehmer ernüchternde Einschätzung zurückzuführen, dass die kontrolliert ökologische Produktion nur für wenige Betriebe eine Perspektive darstellt und dass auch der Austausch mit dem Hotel- und Gaststättenverband in punkto regionaler Vermarktung noch keine greifbaren Ergebnisse gebracht hatte. Die Trendwende im Stimmungsbild (2.11.2000) wurde dennoch durch eine vertiefende und umfassende Information zur Zertifizierung und zum Markt von Öko-Lammfleisch unter Einbeziehung von Vertretern einer Vermarktungsorganisation sowie einer Kontrollstelle eingeleitet. Das nachfolgende Stimmungshoch ist auf die umsetzungsorientierte Arbeit in einer überschaubaren, aktiven Gruppe zur Vorbereitung und Durchführung der Gastronomiekampagne (30.1./1.3./19.3.01) und die Vorbereitungen zur Vereinsgründung (19.3./2.5.01) zurückzuführen (Abb. 8.4.2).

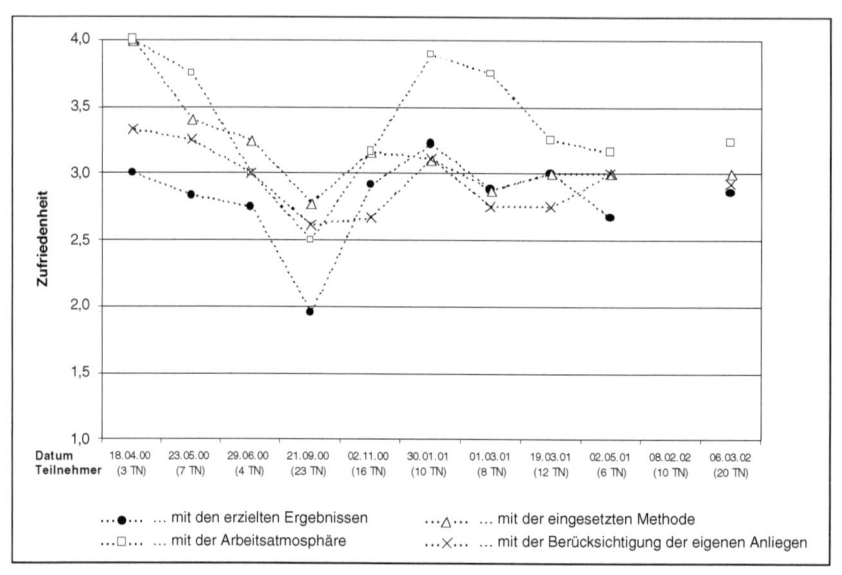

Abbildung 8.4.2: Auswertung der Kurzevaluierungen (Bewertung der Zufriedenheit: 4 = ja sehr, 3 = weitgehend, 2 = weniger, 1 = nein gar nicht; keine Evaluierung am 8.2.02).

Zwischen-, Abschlussevaluierung

Die Zwischenevaluierung wurde im Verlauf einer Sitzung mit den Schäfern am 1.3.2001 (10 Befragte), die Abschlussevaluierung als telefonische Befragung unter Einbeziehung von vier beteiligten Gastronomen im Dezember 2001 (15 Befragte) durchgeführt. Die Projektmitarbeiter wurden Ende November, Anfang Dezember 2001 befragt.

Das Teilprojekt wird von den beteiligten Akteuren – mit leicht steigender Tendenz zum Projektende – insgesamt positiv bewertet (Abb. 8.4.3). Für die Beteiligten war die Zielsetzung des Teilprojektes *Hohenloher Lamm* gut nachvollziehbar (3/01: 4 voll und ganz, 5 im Wesentlichen) und es bestand die Einschätzung, dass mit den Arbeiten drängende Fragen der Betriebe aufgegriffen werden. Diese Bewertungen korrelieren mit den positiven Einschätzungen, dass die Arbeiten zur Problemlösung und innovativen Verbesserung der Situation beigetragen und die Beteiligten durch die Zusammenarbeit Neues dazu gelernt haben. Der Erkenntnisgewinn zeigt auf Seiten der Wissenschaft einen höheren Zufriedenheitswert (Abb. 8.4.3).

Das methodische Vorgehen befanden die Teilnehmer als gut (3/01: 2 voll und ganz, 6 im Wesentlichen, 1 weniger) und es bestand eine hohe, zu Projektende ansteigende Zufriedenheit hinsichtlich der gemeinsamen Vereinbarung und Umsetzung von Beschlüssen. Hierin besteht ein Zusammenhang mit der zunehmend positiv bewerteten Berücksichtigung der Interessen der Teilnehmer (3/01: 9 im Wesentlichen; 12/01: 5 voll und ganz, 9 im Wesentlichen) im Zuge der Durchführung konkreter Aktionen sowie der Vereinsgründung. Die Arbeitsatmosphäre wird von den Akteuren vergleichbar den Kurzevaluierungen positiv bewertet; nach Aussage der Wissenschaftler wurde die Arbeitsatmosphäre zu Projektende zunehmend angenehmer.

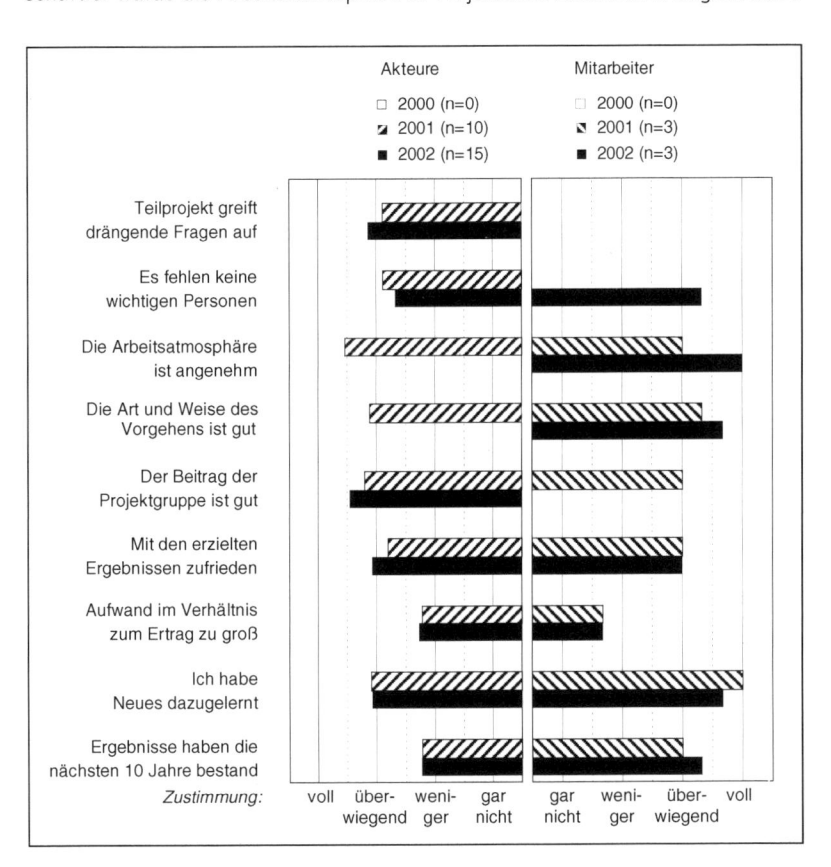

Abbildung 8.4.3: Auswertung der Zwischen- und Abschlussevaluierung

Die Beteiligung wichtiger Personen im Teilprojekt wird zum Abschluss (12/01: 5 voll und ganz, 4 im Wesentlichen, 2 weniger, 4 gar nicht) von den Akteuren deutlich heterogener eingeschätzt als im Projektverlauf (3/01: 2 voll und ganz, 4 im Wesentlichen, 3 weniger), was auf die unterschiedlichen Erfahrungen, die Beteiligungsintensität und Einbindung der Schäfer und Gastronomen im Verlauf der durchgeführten Aktionen zurückgeführt werden kann. Positiver wird dieses Kriterium von den wissenschaftlichen Mitarbeitern bewertet.

Mit den erreichten Ergebnissen sind Akteure und Wissenschaftler gleichermaßen zufrieden. Bewertungsunterschiede bestehen hinsichtlich des betriebenen Aufwands und des Bestands der Ergebnisse für die nächsten 10 Jahre (Akteure 12/01: 6 im Wesentlichen, 5 weniger, 3 gar nicht), was von den Akteuren jeweils kritischer eingestuft wird. Hierbei sind die Einschätzungen zum betriebenen Aufwand sehr heterogen und werden von einer etwa gleich großen Gruppe als angemessen bzw. nicht angemessen beurteilt, wobei letztere tendenziell in einem geringerem Umfang oder nicht an den Arbeitskreistreffen beteiligt war.

Wurde die selbständige Tragfähigkeit des Teilprojektes zum Zeitpunkt der Zwischenevaluierung noch kritisch bewertet (3/01: 3 im Wesentlichen, 6 weniger, 1 gar nicht), so waren die Befragten zu Projektende überwiegend der Auffassung, dass die Initiative auch ohne die Unterstützung durch die Projektgruppe *Kulturlandschaft Hohenlohe* fortgesetzt wird (12/01: 5 voll und ganz, 7 im Wesentlichen, 2 weniger, 1 gar nicht), was auf die Übernahme der Verantwortung durch den Verein »Hohenloher Schäfer« zurückzuführen ist.

Während die von den Mitarbeitern der Projektgruppe *Kulturlandschaft Hohenlohe* erbrachten Beiträge im Teilprojekt von den Akteuren durchaus positiv eingeschätzt wurden (3/01: 3 voll und ganz, 5 im Wesentlichen, 1 weniger) und die Zufriedenheit zum Projektende hin ansteigt (12/01: 8 voll und ganz, 6 im wesentlichen, 1 weniger), wird die Erfüllung der Erwartungen an die Projektgruppe zu Projektende etwas kritischer (12/01: 2 voll und ganz, 8 im Wesentlichen, 5 weniger) eingestuft, als während der intensiven Zusammenarbeit zur Vorbereitung der Gastronomie-Kampagne (3/01: 9 im Wesentlichen). Dabei erachten die Befragten die Arbeit der Projektgruppe *Kulturlandschaft Hohenlohe* als überwiegend sinnvoll und sehen hierin einen wichtigen Beitrag zur Weiterentwicklung der Region. Die eigenen Beiträge werden von den Wissenschaftlern kritischer bewertet als seitens der Akteure.

Mit der Beurteilung der fachlichen (fi 2,3) und methodischen Kompetenz (fi 1,9) sowie dem persönlichen Auftreten (fi 1,7) wurde den Mitarbeitern der Projektgruppe *Kulturlandschaft Hohenlohe* in der Zwischenevaluierung (3/01) eine durchschnittlich gute Note (Schulnoten 1 bis 5) gegeben. Zusätzliche Einschätzungen der Befragten in der Zwischenevaluierung weisen darauf hin, dass folgende Aktivitäten gut gelangen: Situationsanalyse, Organisation der Treffen, demokratisches Vorgehen, Vermittlung von Informationen, Kommunikation zwischen Schafhaltern sowie deren Mitarbeit und Beteiligungszahl, Förderung eines regionalen Bewusstseins, informative Exkursion zu einem Bio-Betrieb wie auch der Kontakt zum Hotel- und Gaststättenverband. Als bis zu diesem Zeitpunkt weniger gut gelungen führen die Akteure folgende Aspekte an: zum Teil rein theoretische Überlegungen, nicht genügend Erzeuger erreicht, Denkstrukturen auf Akteursebene noch nicht aufgebrochen, Bezug des Teilprojektes zur Projektgruppe *Kulturlandschaft Hohenlohe* noch nicht hergestellt.

Bewertungen und Einschätzungen zu förderlichen und hinderlichen Rahmenbedingungen, der Zufriedenheit mit den Ergebnissen und der Zusammenarbeit mit der Projektgruppe *Kulturlandschaft Hohenlohe* zum Zeitpunkt der Abschlussevaluierung geben die Tab. 8.4.8, 8.4.9, 8.4.10 wieder. Empfehlungen der Befragten beziehen sich darauf, dass die Zusammenarbeit zwischen Schäfern und Gastronomen langsam aufgebaut und gepflegt werden sollte. Aus Sicht der Gastronomen wurde gewünscht, die Vermarktungsbemühungen zu regionalisieren.

Tabelle 8.4.8: Förderliche und hinderliche Rahmenbedingungen zur Erreichung der Teilprojektziele (Einschätzungen von Gastronomen (G) und Schäfern (S)).

Rahmen-bedingungen	förderlich	hinderlich
organisatorisch, methodisch	– Vereinbarung der Zielsetzungen (S) – Arbeitskreistreffen bei unterschiedlichen Gastronomen (S) – Integration der und Kooperation mit der Gastronomie (G) – gemeinsames Auftreten (S) – Beteiligung der Wissenschaftler (S)	– Distribution und unterbrochene Kühlkette (G) – Angebotsstruktur (keine Teilstücke, keine Vermarktung über Metzger) (G) – geringe Einbindung Gastronomie (G) – wenige regionale Schlachtstätten (S) – Kooperation der Schäfer bezüglich Menge und Qualität (S) – geringes Engagement der Kommunen (S)
inhaltlich	– Öffentlichkeitsarbeit und Auftakt Gastronomie-Osteraktion (G) – Markteinführung Hohenloher Lamm (S) – stärkere Nachfrage Lammfleisch / Produkte regionaler Herkunft nach BSE-Fällen (S) – Beitrag zur Landschaftspflege (S)	– Abnehmer-unfreundliche Preisgestaltung (G) – hoher Zeitaufwand (G) – geringe Kooperationsbereitschaft der Kommune (S)
sozial	– offenes Gespräch mit Schäfern und Wissenschaftlern (G)	

Tabelle 8.4.9: Zufriedenheit mit den Ergebnissen; Einschätzungen von Gastronomen (G) und Schäfern (S)

	zufrieden	unzufrieden
organisatorisch, methodisch	– Anlaufstelle *Projektgruppe Kulturlandschaft Hohenlohe* im Rahmen der Gastronomie-Osteraktion (G) – Kooperation und Interdisziplinarität (G) – durchgeführte Arbeitskreistreffen (S)	– Informationsfluss in der Vorbereitung der Gastronomie-Osteraktion (G) – keine Festigung der Beziehungen nach der Gastronomie-Osteraktion (G) – Koordination Schlachtung und Vermarktung, lange Wege zum Kunden (S) – schnelle Vereinsgründung und Rückzug der Wissenschaftler (S) – Engagement der Kommunen (S) – geringe Beteiligung der Vereinsmitglieder im Zuge der Vermarktung (S)
inhaltlich	– Preisgestaltung und Produktqualität Lammfleisch (G) – Durchführung der Gastronomie-Osteraktion (S) und Nachfrage nach Lammfleisch (G) – Zusammenarbeit mit der Gastronomie gefördert (S) – Interesse an regionalen Vermarktungsaktivitäten wurde geweckt (S) – Vereinsgründung (S) – Wort-Bild-Marke für Hohenloher Lamm entwickelt (S)	– geringe Kundenfreundlichkeit und Marktorientierung (z.B. Vertrieb Teilstücke) der Schäfer (G) – zu wenig Produktwerbung durch die Mitglieder (S) – zu schnelles Vorgehen im Projektverlauf (S) – nach Vereinsgründung schlechter Informationsfluss durch den Vorstand; Betreuung fehlte nach Rückzug der Wissenschaftler (S) – wenige praktische Ergebnisse (S)
sozial	– Kontakt zwischen Schäfern und Gastronomen, gute Zusammenarbeit (G) – Akzeptanz für Lammfleisch bei Verbrauchern entwickelt (G) – Einigkeit unter Schäfern (S) – Engagement (S)	– geringe Resonanz seitens der Gastwirte (S)

Tabelle 8.4.10: Zusammenarbeit mit den Mitarbeitern der Projektgruppe Kulturlandschaft Hohenlohe (Einschätzungen von Gastronomen (G) und Schäfern (S))

	gefallen	nicht gefallen
organisatorisch, methodisch	– sehr gute Unterstützung (G) – Terminvereinbarung (S) – gute Vorbereitung der Treffen (S)	– Mitarbeiter der *Projektgruppe Kulturlandschaft Hohenlohe* zogen sich zu schnell aus der Projektarbeit zurück (G) – eine Gastronomie-Kampagne hätte sich Herbst 2001 anschließen sollen (G) – Berater sollten aus der Praxis kommen (S)
inhaltlich	– initiierte Kooperation zwischen Gastronomie – Landwirtschaft – Gesellschaft (G) – sehr gute Zusammenarbeit (S) – an aufgestelltem Konzept festgehalten (S) – Anregungen geliefert und Überzeugungsarbeit geleistet (S)	– die Lammfleischvermarktung erhielt durch die Projektarbeit einen hohen Stellenwert, obgleich es für die Landwirtschaftsverwaltung von untergeordneter Bedeutung war (S)
sozial	– immer ein „offenes Ohr", gute Kommunikationsleistung und Ansprechbarkeit (G) – hohes Engagement der Wissenschaftler (S) – gutes Arbeitsklima (G)	– Ergebnisse unbefriedigend, zu starke Orientierung an den Anbietern von Lammfleisch (G)

Anwendungsorientierte Ergebnisse

Die wichtigste Arbeitsplattform bildeten die Arbeitskreistreffen mit den Schäfern. Ausgehend von den bestehenden Kontakten im Arbeitskreis Grünland sowie durch öffentliche Einladungen in den Amts- und Mitteilungsblättern der Gemeinden oder der regionalen Tageszeitung wurden die Schäfer zu den moderierten Arbeitskreissitzungen eingeladen. In diesen wurden die Arbeitsschritte und Maßnahmen (Tab. 8.4.1) gemeinsam erarbeitet, Informationen eingestreut, Ergebnisse von Untersuchungen und Umsetzungsschritte vorgestellt und diskutiert sowie das weitere Vorgehen vereinbart.

Entsprechend der Zielsetzung stand für die Schäfer die Verbesserung der Vermarktung von Lammfleisch im Vordergrund. Bereits in der ersten Arbeitskreissitzung wurden gemeinsam Ideen entwickelt, wie z.b. der Aufbau der Kooperation mit dem Hotel- und Gaststättenverband, Belieferung von Großveranstaltungen, Kontaktaufbau zur Metzgereiinnung, Teilnahme an einem regionalem Kochfestival, Präsenz auf lokalen Märkten und bei lokalen Veranstaltungen sowie die Entwicklung von Qualitätskriterien. Die Schäfer waren daran interessiert, zunächst die Zusammenarbeit und die gemeinsame Vermarktung in konkreten Kampagnen praktisch zu erproben, so dass von der Erstellung eines Marketingkonzeptes abgesehen wurde und zunächst auch kein Interesse an einer Planung zur Verbesserung des Weidemanagements bestand (Tab. 8.4.1).

Einen Arbeitsschwerpunkt im Jahr 2000 bildete die Auseinandersetzung mit den Qualitätsanforderungen nach HQZ (Herkunfts- und Qualitätszeichen Baden-Württemberg) und der EU-Richtlinie 2092 zum Ökologischen Landbau sowie Rentabilitätsbetrachtungen. Hierzu wurden die Schäfer von einem Mitarbeiter der Projektgruppe *Kulturlandschaft Hohenlohe* sowie externen Referenten, z.B. der BioFleisch Süd GmbH und der Kontrollstelle alicon, gezielt informiert. Die ökonomischen Auswirkungen einer Umstellung auf die ökologische Produktion wurden durch die Ermittlung der Deckungsbeiträge zweier Hüteschafhaltungsbetriebe beispielhaft aufgezeigt und vorgestellt. Die im Februar 2001 durchgeführte Betriebsbesichtigung eines nach den Bioland-Richtlinien wirtschaftenden Hüteschafbetriebes diente dazu, den Schäfern ein praktisches Beispiel für die kontrollierte ökologische Produktion von Lammfleisch zu vermitteln. An dieser Besichtigung nahmen neun Personen teil, die diese als sehr lehrreich und informativ bewerteten.

Abbildung 8.4.4 :
Betriebsbesichtigung
Bioland-Betrieb
(Foto: Ralf Kirchner-Heßler)

Die erste gemeinsame Aktion der Schäfer wurde Anfang 2001 in Zusammenarbeit mit dem Deutschen Hotel- und Gaststättenverband (DEHOGA) Heilbronn entwickelt und durchgeführt. Dabei diente der DEHOGA als Bündler/Multiplikator auf Seiten der Gastronomen; für die Schäfer wurden diese Funktionen durch einen Mitarbeiter der Projektgruppe wahrgenommen. In sogenannten Kooperationsgesprächen, bei denen Vertreter der Schäfer und Gastronomen sowie die Mitarbeiter von DEHOGA und der Projektgruppe waren, fand der Interessensausgleich zwischen den Gastronomen und den Schäfern statt. Vorbereitend waren vor allem organisatorische und inhaltliche Fragen, wie z.B. die der Schlachtung, Zerlegung, Kühlung, Belieferung, Preisgestaltung, Finanzabwicklung und Öffentlichkeitsarbeit in Einzelgesprächen und Arbeitskreissitzungen zu klären. Die mit dem DEHOGA Heilbronn im Rahmen der landesweiten Aktion »Schmeck den Süden« durchgeführte Gastronomiekampagne zu Ostern 2001 mit dem regionalen Schwerpunkt um das Hohenloher Lamm zeigte, dass der Bedarf an heimischem Lammfleisch bei einigen Gastronomen vorhanden ist und auch von den Gästen nachgefragt wird. An der Aktion nahmen 15 Gastwirte aus den Landkreisen Hohenlohe und Schwäbisch Hall teil. Die genaue Zahl verkaufter Tiere konnte nicht ermittelt werden, da einige Schäfer bereits Geschäftsbeziehungen zu Gastronomen besaßen. Die beteiligten Gastronomen wurden im Anschluss an die Kampagne befragt (vgl. Fragebogen, Anhang 8.4.2). Von neun der 15 Gastronomiebetriebe wurde der Fragebogen ausgefüllt an die Projektgruppe *Kulturlandschaft Hohenlohe* zurückgeschickt. Mit der Fleischqualität waren die Gastronomen sehr zufrieden. Die Resonanz auf die Aktion war in den Gaststätten unterschiedlich; die Beurteilung der Gastronomen reichte von »beim Gast sehr gut angekommen« bis zu »nicht mehr Lammgerichte als sonst verkauft«. Teilweise wurde von den Gastronomen die Organisation und der kurze zeitliche Vorlauf sowie das Fehlen von weiterem Informationsmaterial (z.B. Flyer) kritisiert. Auch die Öffentlichkeitsarbeit wurde zum Teil bemängelt. Alle Gastronomen gaben an, dass sie »voraussichtlich sicher« bzw. »wahrscheinlich« an der nächsten Gastronomieaktion mit Hohenloher Lamm teilnehmen werden.

Von Seiten der Schäfer wurde die Gastronomie-Osteraktion im Hinblick auf das Echo in der Bevölkerung, die Berichterstattung in der Presse und im Radio sowie die finanzielle Abwicklung positiv bewertet. Negative Einschätzungen bezogen sich auf die geringe Menge abgesetzter Lämmer, die nicht fristgerechte Bestellung durch die Gastronomen, was eine arbeitsaufwändige Nachfassaktion durch den DEHOGA mit sich brachte sowie den vergleichsweise niedrigen Preis. Der Preis war zwar sechs Wochen vor der Kampagne in einem Arbeitskreistreffen gemeinsam festgelegt worden, um der Gastronomie ein Angebot unterbreiten zu können. Durch die Ostersaison und veränderte Rahmenbedingungen (MKS) stieg der Marktpreis jedoch zwischenzeitlich deutlich an, so dass der ursprünglich attraktive Preis für die Schäfer letztlich unattraktiv wurde.

Mit der Belieferung der Mensa der Universität Hohenheim durch die Hohenloher Schäfer im Rahmen der »Hohenloher Woche« vom 22.10. bis 26.10.2001, bei der insgesamt zwei Lammgerichte bei einem Wareneinsatz von ca. 500 kg Lammfleisch angeboten werden konnten, wurde ein weiterer Absatzweg eröffnet. Die Öffentlichkeitsarbeit dazu wurde im Rahmen des Gesamtprojektes realisiert (vgl. Kap. 6.9). Die Qualität des Lammfleisches wurde von der Küchenleitung der Mensa als »sehr gut« beurteilt, die Lammfleischgerichte erfreuten sich einer regen Nachfrage, so dass der Küchenchef die Geschäftsbeziehungen zu den Hohenloher Schäfer aufrechterhalten möchte. Als verbesserungswürdig wurde von der Küchenleitung hingegen die Zuverlässigkeit in der Belieferung eingestuft, da es in der Anlieferung zu einer zeitlichen Verzögerung gekommen war. Eine Teilnahme der Schäfer am »Regionalen Kochfestival« (Tab. 8.4.1) kam nicht zustande, da die Veranstaltung nicht durchgeführt wurde.

Im Januar 2001 wurden in einer Arbeitskreissitzung erste Kriterien für die Lammfleischproduktion aufgestellt. Im März 2001, noch in der Vorbereitungsphase der Gastronomie-Osteraktion, bekundeten die Schäfer ihr Interesse an der Gründung einer Erzeugergemeinschaft. Informationen über unterschiedliche Organisationsformen wurden anhand von Literaturangaben (Arbeitsgemeinschaft der badisch-württembergischen Bauernverbände 1996, JASPER & SCHIEVELBEIN 1997, WIRTHGEN & MAURER 2000) ausgewertet und im Arbeitskreis vorgestellt. In Zusammenarbeit mit einzelnen Schäfern arbeitete ein Mitarbeiter der Projektgruppe *Kulturlandschaft Hohenlohe* den Entwurf für eine Vereinssatzung aus. Das Bestreben, sich zu organisieren führte am 27. Juni 2001 zur Gründung des Vereins der »Hohenloher Schäfer« mit 18 Gründungsmitgliedern und einem fünfköpfigen Vorstand.

»Die Vereinsgründung ist der erste, noch einfache Schritt. In der Arbeit danach wird sich zeigen, wie tragfähig der Verein ist« (Vertreter der Landwirtschaftsverwaltung).

Abbildung 8.4.5: Gründung des Vereins Hohenloher Schäfer am 27.6.2001 in Öhringen (Foto: Ralf Kirchner-Heßler)

Mit der Vereinsgründung ging die Verantwortung für die Treffen mit den Schäfern nunmehr auf den Verein über. Arbeitstreffen fanden in erster Linie im Rahmen von Vorstandssitzungen statt, in denen die Mitarbeiter der Projektgruppe *Kulturlandschaft Hohenlohe* eine beratende Funktion hatten. Inhaltliche Schwerpunkte bildeten die Überarbeitung der Vereinssatzung, die Ausarbeitung einer Erzeugerrichtlinie, die Entwicklung einer Wort-Bild-Marke sowie die Vorbereitung von Aktionen (vgl. auch Absatz Öffentlichkeitsarbeit und Öffentliche Resonanz).

Um Herkunft und Qualität zu sichern, beim Käufer Vertrauen zu schaffen und das Produkt am Markt durch einen hohen Wiedererkennungswert unterscheidbar zu gestalten, wurde in Zusammenarbeit mit der Fachhochschule Schwäbisch Hall, Hochschule für Gestaltung, die Wort-Bild-Marke »Hohenloher Lamm« entwickelt. Zum Schutz dieser Marke wurde beim Deutschen Patentamt der Markenschutz beantragt. In der mit dem Vorstand erarbeiteten Erzeugerrichtlinie ist die Erzeugung von Hohenloher Lamm-Qualitätsfleisch geregelt. Der bisherige Entwurf beruht auf der Überzeugung, dass über eine verbesserte Wertschöpfung des Erzeugers ein Beitrag für den Erhalt und die Pflege der gewachsenen bäuerlichen Kulturlandschaft Hohenlohe geleistet werden kann. Zudem soll die regionale Herkunft der Tiere gesichert, die Landbewirtschaftung umweltschonend und die Tierhaltung artgerecht betrieben werden.

Da die Schäfer die Verbesserung des Weidemanagements in die zweite Priorität eingestuft hatten, bestand innerhalb des Bearbeitungszeitraums keine Bereitschaft, an einer Planung zur Verbesserung des Triebwegesystems und Weideverbunds mitzuwirken. Zudem äußerten Schäfer die Befürchtung, die Konkurrenz um Grünlandflächen könne durch eine öffentliche Debatte verstärkt werden. Demzufolge fanden im Teilprojekt die relevanten ökologischen Indikatoren (vgl. Kap. 7) keine Anwendung.

Abbildung 8.4.6:
Logo »Hohenloher Lamm«

»*Das mit dem Verbund der Weideflächen darf man nicht zu laut sagen. Sonst steigen die Preise. Das verhandelt man besser unter vier Augen*« (*Schäfer*).

Verknüpfung mit anderen Teilprojekten

Die Deckungsbeitragsrechnungen aus dem Teilprojekt standen zur Szenarioentwicklung im Teilprojekt *Landnutzungsszenario Mulfingen* (Kap. 8.7) zur Verfügung. Informationen über Schafhaltungsbetriebe mit Direktvermarktung als auch über Gastronomen, die an der Gastronomiekampagne teilgenommen hatten, flossen in das Teilprojekt *Themenhefte* (Kap. 8.14) zur Erstellung des Heftes »Landschaft erleben und schmecken« ein. Daten des Teilprojektes *Heubörse* (Kap. 8.6) standen für ökonomische Berechnungen zur Verfügung.

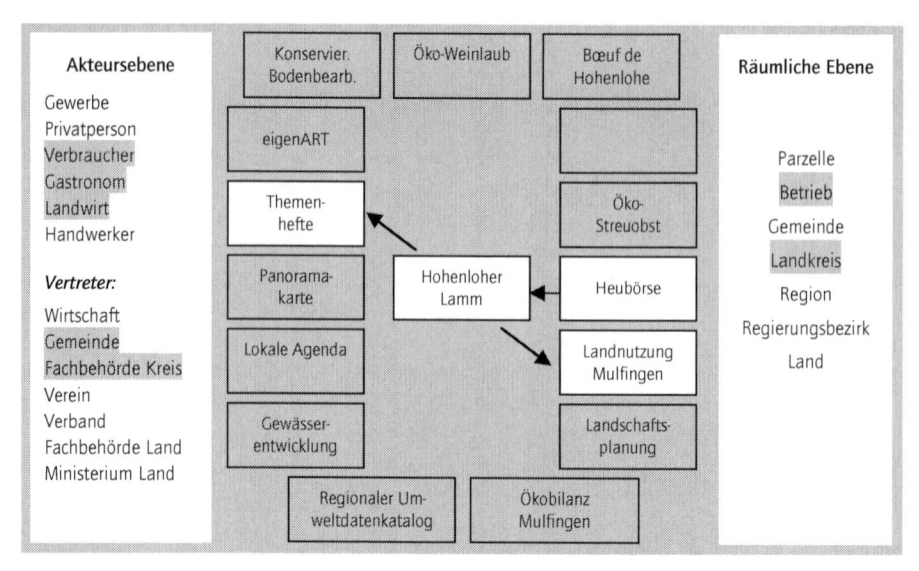

Akteursebene	Konservier. Bodenbearb.	Öko-Weinlaub	Bœuf de Hohenlohe	Räumliche Ebene
Gewerbe Privatperson Verbraucher Gastronom Landwirt Handwerker	eigenART Themen-hefte		Öko-Streuobst	Parzelle Betrieb Gemeinde Landkreis
Vertreter: Wirtschaft Gemeinde Fachbehörde Kreis Verein Verband Fachbehörde Land Ministerium Land	Panorama-karte Lokale Agenda Gewässer-entwicklung	Hohenloher Lamm	Heubörse Landnutzung Mulfingen Landschafts-planung	Region Regierungsbezirk Land
	Regionaler Um-weltdatenkatalog		Ökobilanz Mulfingen	

Abbildung 8.4.7: Verknüpfung des Teilprojektes Hohenloher Lamm und Bezugsebene

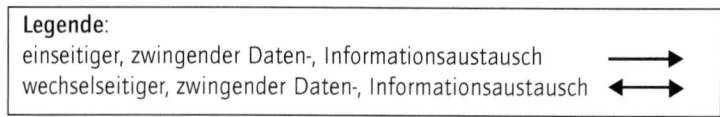

Legende:
einseitiger, zwingender Daten-, Informationsaustausch ⟶
wechselseitiger, zwingender Daten-, Informationsaustausch ⟷

Öffentlichkeitsarbeit und öffentliche Resonanz

Öffentlichkeitsarbeit

Um die Gäste auf die Gastronomiekampagne »Hohenloher Lamm« im Rahmen von »Schmeck den Süden« an Ostern 2001 aufmerksam zu machen (Tab. 8.4.1) und über die Bedeutung der heimischen Schafhaltung zu informieren, wurden für die Aktionswoche Tischaufsteller und Einlegeblätter für Speisekarten vorbereitet und den Gastronomen zur Verfügung gestellt. Zudem konnten die Gastronomen das Poster des Teilprojektes anfordern. Den Auftakt zur Gastronomiekampagne bildete eine Veranstaltung in Kooperation mit der Weingärtnergenossenschaft Heuholz. Kurzvorträge eines Schäfers, einer Vertreterin des Hotel- und Gaststättenverbandes sowie eines Mitarbeiters der Projektgruppe *Kulturlandschaft Hohenlohe* führten die Teilnehmer in die Aktion ein. Gastronomen bewirteten die Teilnehmer. Geladene Vertreter der regionalen und fachlichen Presse informierten die Öffentlichkeit über die Aktion.

Neben dem erwähnten Poster wurde das Teilprojekt im Rahmen einer Artikelserie in der regionalen Presse präsentiert (vgl. Kap. 6.7). Bei der Aktion »Pfännle on Tour« in Künzelsau am 16.9.2001, die in Zusammenarbeit mit SWR 1 im Zeichen regionaler Produkte und Gerichte stand, konnten sich die Schäfer präsentieren. An einem eigenen Stand führten sie neben der Schafschur die Wollverarbeitung vor. Der Stand war trotz der widrigen Witterungsverhältnisse gut besucht. Des Weiteren stellten sich die Schäfer in einer Radio-Sendung des SWR 4 Frankenradio am 30.10.2001 im Rathaus Widdern mit ihren Aktivitäten vor. Die Öffentlichkeitsarbeit im Zuge der Belieferung der Mensa der Universität Hohenheim durch die Hohenloher Schäfer im Rahmen der »Hohenloher Woche« vom 22.10. bis 26.10.2001 wurde im Gesamtprojekt erarbeitet und durchgeführt.

Öffentliche Resonanz

Über die Auftaktveranstaltung zur Gastronomiekampagne Hohenloher Lamm wurde im Haller Tagblatt vom 7. April 2001 und im Landwirtschaftlichen Wochenblatt 15/2001 berichtet. Die Ergebnisse der Befragung der Gastronomiebetriebe nach der Gastronomie-Kampagne werden im Kapitel 8.4.7 dargestellt. Von Seiten der Schäfer wurde die Osteraktion im Hinblick auf das Echo in der Bevölkerung, die Berichterstattung in der Presse und im Radio positiv bewertet.

Über die Gründungsversammlung des Vereins der Hohenloher Schäfer erschien in der Hohenloher Zeitung am 30. Juni 2001 ein Artikel. Die Aktivitäten der Schäfer hatten im Zuge der Vorbereitung der am 16. September 2001 in Künzelsau durchgeführten »Pfännle on Tour« dazu geführt, dass die Schäfer und die Projektgruppe *Kulturlandschaft Hohenlohe* von der Touristikgemeinschaft Hohenlohe wegen einer Teilnahme angesprochen wurden.

Abbildung 8.4.8:
Schafschur bei der SWR 1-Veranstaltung »Pfännle on Tour«
(16.09.2001, Foto: Ralf Kirchner-Heßler)

Abbildung 8.4.9: Gastronomie-Aktion »Hohenloher Lamm« (Haller Tagblatt, 7. 4. 2001)

8.4.8 Diskussion

Wurden alle Akteure beteiligt?
Für die zunächst an der regionalen Vermarktung ausgerichtete Strategie und die primär ins Auge gefasste Kooperation mit der Gastronomie konnten alle relevanten Akteursgruppen eingebunden werden. Die schwankende Beteiligungszahl der Schäfer hängt von den unterschiedlichen Projektphasen ab und ist nach der Vereinsgründung auch vom jeweiligen organisatorischen Rahmen (Vorstandssitzung/Vereinsversammlung) abhängig. Die gemeinsamen Aktivitäten der Schäfer zeigten jedoch auch, dass die Kooperationsbereitschaft stark vom Vermarktungserfolg abhängig ist, d.h. in Niedrigpreisphasen für Lammfleisch waren Engagement und Beteiligung höher als in Hochpreisphasen. Die zum Teil geringe Eigeninitiative oder schleppende Vorgehensweise der ehrenamtlich Tätigen, wie z.B. die organisatorisch-rechtlichen Abstimmungen nach der Vereinsgründung oder das zögerliche Vorgehen im Aufbau eines gemeinsamen Marketings, ist sicherlich auch auf die bereits hohe Arbeitsbelastung infolge der zusätzlichen außerlandwirtschaftlichen Erwerbstätigkeit bei Schafhaltung im Nebenerwerb bzw. der Auslastung bei Haupterwerbsbetrieben zurückzuführen. Die in der Beschreibung der Evaluierungsergebnisse dargestellte kritische Einschätzung der Schäfer und Gastronomen zur Beteiligung wichtiger Personen kann auf das noch zu entwickelnde Engagement der Vereinsmitglieder, die noch zu festigenden Beziehungen zwischen Schäfern und Gastronomie sowie die für eine erfolgreiche Vermarktung noch auszuweitenden Kundenbeziehungen zurückgeführt werden.

Wurden die gesetzten Ziele erreicht?
Mit den Schäfern wurden Möglichkeiten für eine verbesserte Vermarktung von Lammfleisch entwickelt
Durch die Situationsanalyse konnte den Schäfern die Chancen für eine Lammfleischvermarktung aufgezeigt werden. Der Einstieg in gemeinsame Aktivitäten, die Öffentlichkeitsarbeit (z.B. Info-Material, Wort-Bild-Marke, Markenschutz) sowie die Abstimmung produktionstechnischer Fragen und die Festlegung der Organisationsform bildeten die Grundlage für den Einstieg in eine gemeinsame Vermarktung. Zur Messung der Zielerreichung wurden bei der Projektplanung entsprechende Parameter festgelegt (vgl. Abschnitt 8.4.3). Für dieses Teilprojekt ist dies zum einen der erzielte Verkaufspreis für Lammfleisch, der Anteil des Lammfleisches, das über die Vermarktungsaktivitäten abgesetzt werden konnte, und zum anderen ein verbessertes Weidemanagement. In den Absatzbemühungen konnte der von den Schäfern gewünschte Preis erzielt werden. Im Schäfertreffen vom 1. März 2001 wurde der Verkaufspreis für Lammfleisch zur Osteraktion 2001 von 4,50 DM/kg LG (2,30 €/kg LG) vereinbart, welcher dann für die restliche Zeit des Jahres 2001 Gültigkeit hatte. Dieser Preis lag um 11 Prozent höher als der Durchschnittspreis der wöchentlichen Notierung im Landwirtschaftlichen Wochenblatt für 2001 von 4,05 DM/kg LG (2,07 €/kg LG) für Mastlämmer, Klasse 1. Allerdings verlief die Lammfleischandienung im Zuge der Osteraktion 2001 zögerlich, da vorübergehend höhere Marktpreise ausbezahlt wurden.

Der oben dargestellte Hüteschafhaltungsbetrieb konnte im Jahre 2001 seine Direktvermarktung auf 70 Lämmer ausdehnen. Dadurch ergibt sich ein um ca. 3 €/PE höherer Deckungsbeitrag bei sonst gleichen Preisen und Kosten, wie in Tab. 8.4.5 in der dritten Spalte gezeigt; allerdings erhöht sich der Arbeitszeitbedarf geringfügig um 0,1 Akh/PE auf 15,1 Akh/PE. Bezieht man nun den erzielten Deckungsbeitrag auf die eingesetzte Arbeitsstunde, so verbessert sich dies durch den höheren Anteil der Direktvermarktung von 3,02 €/Akh auf 3,20 €/Akh. Hierdurch zeichnet sich die verbesserte Wertschöpfung durch Direktvermarktung deutlicher ab.

Vergleicht man die Deckungsbeitragsrechnung dieses Betriebes mit Deckungsbeitragsrechnungen in der Literatur (TAMPE & HAMPICKE 1995), so zeigt sich, dass der Beispielsbetrieb ein besseres Ergebnis erzielt. So ist zwar der Deckungsbeitrag (einschließlich Fördergelder) bei TAMPE & HAMPICKE (1995) eines ähnlich strukturierten Hüteschafhaltungsbetriebes mit ca. 72 € deutlich höher, allerdings wurde hier ein höherer Betrag an Fördergeldern (annähernd 57 €/Mutterschaf) eingerechnet. Beim Vergleich der beiden Deckungsbeitragsrechnungen ohne Fördergelder erreicht der Beispielsbetrieb mit knapp 38 €/PE ein deutlich besseres Ergebnis als bei TAMPE UND HAMPICKE (1995) aufgeführt (ungefähr 15,50 €/Mutterschaf). Beim Vergleich des Arbeitszeitbedarfs wird deutlich, dass im Beispielsbetrieb noch Potential zur Optimierung der Arbeitsorganisation vorhanden ist (TAMPE & HAMPICKE 1995: 8,2 Akh/Mutterschaf gegenüber 15,0 bzw. 15,1 Akh/Produktionseinheit beim Beispielsbetrieb).

Es gibt Vorschläge für ein verbessertes Weidemanagement unter Einbindung vorhandener Weideflächen
Da die Schäfer die Verbesserung des Weidemanagements in zweiter Priorität eingestuft hatten, bestand zunächst keine Bereitschaft, an einer solchen Planung mitzuwirken, solange sich die erwünschten Erfolge in der Vermarktung nicht einstellten. Zudem bestand die Befürchtung, die Konkurrenz um Grünlandflächen könne durch eine öffentliche Debatte verstärkt werden. Demzufolge konnten die für das Teilprojekt relevanten ökologischen Indikatoren nicht bearbeitet werden. Diese Projektziele wurden folglich nicht erreicht.

Wurden Verbesserungen im Sinne der Nachhaltigkeit erreicht?
Bewertet werden die ökonomischen und sozialen Indikatoren, da im Teilprojekt aus den oben genannten Gründen (vgl. Absatz Zielerreichung) primär keine ökologischen Zielsetzungen verfolgt wurden. Allerdings bedeutet der Fortbestand der Schafhaltung durch erfolgreiche Vermarktungsbemühungen, dass ein wesentlicher Beitrag zur Landschaftspflege und zum Erhalt extensiver Grünlandbiotope geleistet werden kann.

Ökonomische Indikatoren
Die beiden ökonomischen Indikatoren Deckungsbeitrag und Gesamtdeckungsbeitrag sind in den Kapiteln 8.4.7 und 8.4.8 abgehandelt. Die Umstellung auf ökologischen Landbau könnte in einigen Betrieben mittelfristig zu einer deutlichen Verbesserung der wirtschaftlichen Situation führen. Dass Betriebe eine geringe Umstellungsbereitschaft zeigen, liegt in sozialen Motiven begründet (geringer Veränderungswille, geringe Risikobereitschaft, Alter des Betriebsleiters, Vorbehalte gegen ökologischen Landbau). Mit der von den Schäfern gewünschten regionalen Vermarktung ist eine erhöhte Wertschöpfung verbunden.

Soziale Indikatoren
Zufriedenheit mit der Partizipation (subjektiv) – Berücksichtigung der Anliegen
Die durchgeführten Kurzevaluierungen (Abb. 8.4.2) verdeutlichen eine überwiegende Zufriedenheit in der Bewertung der Berücksichtigung der Anliegen in Abhängigkeit von den in Kapitel 8.4.7 (»Anwendungsorientierte Ergebnisse«) dargestellten Schwankungen im Projektverlauf. Auch in der Zwischen- und Abschlussevaluierung bestätigen die Befragten eine hohe Zustimmung zur Berücksichtigung der Interessen mit leicht steigender Tendenz zwischen März und Dezember 2001. Inhaltlich nahe stehende Fragen der Zwischen- und Abschlussevaluierung, wie z.B. hinsichtlich der im Arbeitskreis von allen Mitgliedern gemeinsam vereinbarten und umgesetzten Beschlüsse, zeigen eine sehr hohe Zustimmung und unterstützen somit die oben getroffenen Aussagen.

Zufriedenheit mit der Partizipation (subjektiv) – Zufriedenheit mit der Arbeitsatmosphäre
Sowohl die Kurzevaluierungen wie auch die Zwischenevaluierung (3/01: 5 voll und ganz, 4 im Wesentlichen) weisen auf eine überwiegend hohe Zufriedenheit mit der Arbeitsatmosphäre hin. Die Kurzevaluierungen zeigen aber auch die starke Abhängigkeit dieses Faktors von den übrigen bewerteten Parametern sowie vergleichsweise sehr positiven Einschätzungen in »euphorischen« Projektphasen, wie z.b. der Projektinitiierung und der Vorbereitung der Gastronomie-Kampagne (30.1.2001).

Zugang zu Ressourcen und Dienstleistungen – Zufriedenheit mit dem Zugang zu Wissen über Vermarktungsmöglichkeiten (staatl. Zuschüsse, Organisationsformen, Absatzmärkte)
Zur Bewertung dieses Indikators lässt sich nur die inhaltlich nahe stehende Frage »Durch die Arbeit im Arbeitskreis habe ich Neues dazugelernt« heranziehen. Die Befragten stimmen in der Zwischen- (3/01: 4 voll und ganz, 3 im Wesentlichen, 3 weniger) und Abschlussevaluierung (12/01: 6 voll und ganz, 4 im Wesentlichen, 5 weniger) hierin überwiegend zu.

Soziale Geborgenheit – Solidarität und Wertschätzung innerhalb von Gruppen
Anhand dieses Indikators soll aufgezeigt werden, inwieweit die im Teilprojekt initiierten Aktivitäten zu einer verstärkten Zusammenarbeit der Schäfer geführt haben. Aussagen hierzu lassen sich aus der Zwischen- und Abschlussevaluierung ableiten. Zudem kann das Verhältnis beteiligter zu nicht beteiligten Schäfern im Projektgebiet in Relation gesetzt werden. Aus der Beantwortung der offenen Fragen der Zwischenevaluierung (3/01) ist ersichtlich, dass die »Kommunikation zwischen den Schafhaltern« wie auch deren »Mitarbeit und Beteiligungszahl« aus Sicht der Befragten gut gelungen ist. Zum Zeitpunkt der Abschlussevaluierung (12/01) besteht u.a. Zufriedenheit mit den Schäfertreffen, der Förderung der Zusammenarbeit, der guten Zusammenarbeit, der Einigkeit unter den Schäfern, dem Kontakt zwischen Schäfern und Gastronomen, dem Engagement, dem geweckten Interesse, dem guten Arbeitsklima, der Vereinsgründung. Unzufriedenheit gab es in diesem Zusammenhang mit der nicht gefestigten Beziehung zwischen Schäfern und Gastronomen, dem geringen Einsatz einiger Vereinsmitglieder sowie dem schlechten Informationsfluss nach der Vereinsgründung.

Vergleicht man die statistischen Angaben der Zahl der Schafhaltungsbetriebe im Teilprojektgebiet (197 Betriebe im Jahr 1999; Statistisches Landesamt Baden-Württemberg 2002) mit der Anzahl der Schäfer, die im Verlauf der Schäfertreffen an mindestens einer Sitzung teilnahmen und/oder Mitglied des Schäfervereins sind (47 Schäfer), so wird deutlich, dass knapp ein Viertel der Schäfer (23,9 Prozent) durch die Teilprojektarbeit erreicht werden konnte.

Selbsttragender Prozess?
Mit der Gründung des Vereins Hohenloher Schäfer wurde an ihn die Verantwortung für die Fortführung der Aktivitäten übergeben. Der Einschätzung, dass das Projekt auch ohne die Mitglieder der Projektgruppe *Kulturlandschaft Hohenlohe* fortgeführt wird, stimmten in der Abschlussevaluierung die Befragten überwiegend zu (12/01: 5 voll und ganz, 7 im Wesentlichen, 2 weniger, 1 gar nicht).

Im Jahr 2002 konzentrierten sich die Aktivitäten des Vereinsvorstandes auf die Einrichtung einer gemeinsamen Schlachtstätte für die Vereinsmitglieder. Vor dem Hintergrund der räumlichen Verteilung der Betriebe wurde im Raum Öhringen nach einem Standort gesucht. Ein entsprechendes, jedoch sanierungsbedürftiges Objekt steht im Teilort Unterohrn zur Verfügung. Im Laufe der Abstimmungen zeigte sich, dass der erforderliche Sanierungsaufwand für das Schlachthaus, unter Einbeziehung möglicher Förderungen und einer Zuwendung der Stadt Öhringen, von den Schäfern nicht aufgebracht werden kann. Derzeit (Januar 2003) werden die Möglichkeiten der Einrichtung einer Schlachtstätte auf einem Mitgliedsbetrieb geprüft.

Nach Ansicht des Vorstandes stellt die bislang nicht geklärte Frage der Schlachtung und Weiterverarbeitung derzeit das Nadelöhr der gemeinsamen Vermarktungsbemühungen dar und dominierte die gemeinsamen Aktivitäten. Die bestehenden und sich zunehmend verschärfenden gesetzlichen Regelungen hinsichtlich Schlachtung und Weiterverarbeitung werden als sehr großes Hemmnis empfunden, da insbesondere kleine, dezentrale Strukturen unverhältnismäßig hoch belastet sind (Stichwort: Economy of Scales/Skaleneffekte) und somit Konzentrationsprozesse weiterhin gefördert werden.

Eine für 2002 vorgesehene Oster-Lamm-Aktion mit dem Hotel- und Gaststättenverband wurde nicht durchgeführt, da es Schwierigkeiten in der Organisation und Kommunikation der Beteiligten gab. Im Januar und Februar 2003 liefen Abstimmungen zwischen den Partnern zur Planung einer neuerlichen Aktion mit ausreichendem zeitlichen Vorlauf. In diesem Zusammenhang soll für die Öffentlichkeitsarbeit ein neuer Flyer ausgearbeitet werden.

> *»Es ist nicht klar, ob die Mitglieder wirklich eine gemeinsame Vermarktung wollen. Wir müssen aufpassen, dass das Ganze nicht als Trachtenverein endet!« (Vorstandsmitglied)*

Übertragbarkeit

Wesentliche, für die Bewertung der Übertragbarkeit erforderliche Beschreibungen, wie z.B. Flächenbezug, Teilnehmer, Problemstellung, Rahmenbedingungen, Zielsetzung, Methodik, Datenlage, Beiträge von anderen Teilprojekten, Maßnahmen und Ergebnisse wurden zumeist ausführlich beschrieben, so dass im Folgenden auf die Veränderungen im Teilprojektverlauf sowie nicht behandelte Kriterien eingegangen werden soll.

Flächenbezug und Teilnehmer haben sich im Projektverlauf erweitert. War der Fokus zu Projektbeginn auf die Schäfer des Jagsttals ausgerichtet, so beteiligten sich zunehmend Schäfer aus den drei Landkreisen an den Arbeitskreistreffen, wobei sich der Schwerpunkt im Hohenlohekreis befand. Diese räumliche Verteilung spiegelt sich auch in der Mitgliedschaft des Vereins Hohenloher Schäfer wider. Mit der Gastronomie-Kampagne wurde zudem die Akteursgruppe der Gastronomen einbezogen. Aus Sicht der beteiligten Schäfer hätten sich ihre Berufskollegen noch stärker engagieren sollen. Auch die geringe Unterstützung für die Einrichtung einer Schlachtstätte durch die Kommune wurde bemängelt.

Mit der Erweiterung des Betrachtungsraums veränderten sich geringfügig die Rahmenbedingungen. Personelle wie auch rechtliche Veränderungen ergaben sich durch die Gebietsausdehnung und die damit u.a. verbundene behördliche und verbandliche Zuständigkeit (z.B. Landwirtschaftsverwaltung, Amtsgericht, Hotel- und Gaststättenverband). Die ursprüngliche Problemstellung erfuhr insofern eine Veränderung, als eine ökonomische, auf die Vermarktung ausgerichtete Zielsetzung in den Vordergrund trat.

Die aufbereiteten und erhobenen Daten sind im Kapitel 8.4.7 ausführlich beschrieben. Für die Durchführung des Teilprojektes notwendige Ergebnisse waren die anfängliche Situationsanalyse zur Bewertung der Erfolgsaussichten des Vermarktungsansatzes, die Deckungsbeitragsrechnungen, Informationen über Qualitätssicherung, Betriebsumstellungen und die Auseinandersetzung mit der Organisationsform zur Ausrichtung der Strategie der Schäfer sowie praktische Umsetzungsschritte (z.B. Gastronomie-Kampagne, Tour de Pfännle) zur Förderung der Initiative und Solidarität innerhalb der Gruppe.

	Benennung der Kraft	Bewertung der Kraft (stark, mittel, schwach)	In welcher Weise „drehte" die Projektgruppe an dieser Kraft?
Soziale Kräfte	Risikobereitschaft Neues auszuprobieren	mittel	Risiken und Lösungsmöglichkeiten aufzeigen; erfolgreiche Initiativen präsentieren; Deckungsbeitragsrechnungen; Information Umstellung auf ökologischen Landbau, Kooperation mit Gastronomie
	Soziale Geborgenheit, Solidarität und Wertschätzung innerhalb von Gruppen	stark	Schäfertreffen, Organisation der Schäfer, Vereinsgründung
	Wertschätzung innerhalb der Gesellschaft	mittel	Gemeinsames Auftreten, Öffentlichkeitsarbeit (z.B. Gastronomie-Kampagne, Tour de Pfännle, Radio-Sendung)
	Gesunkenes Vertrauen der Verbraucher in die Sicherheit des Lebensmittels Fleisch	stark	Regionale Vermarktung Lammfleisch, Erzeugerrichtlinien, Öffentlichkeitsarbeit
	Betriebliche Eigenständigkeit	stark	Interessensgegensätze durch Kommunikation und Kooperation ausgleichen, Ansätze für gemeinsame Vermarktung entwickeln
Ökonomische Kräfte	Preisverfall Lammfleisch	stark	Vermarktungsinitiative, Kooperation der Schäfer fördern, Vereinsgründung
	Höhere Rentabilität der Schafhaltung	stark	Deckungsbeitragsrechnungen, Vergleich konventionelle / ökologische Produktion, Hinweise auf Optimierung der Fütterungstechnik
	Interesse an gemeinsamer Markterschließung	mittel	Organisation der Schäfer, Organisation Schlachtung und Distribution
	Eigene ökonomische Interessen	stark	Preisgestaltung und Einhaltung von Lieferungszusagen bei gemeinsamen Vermarktungsinitiativen
	Förderpolitische Benachteiligung der Grünlandwirtschaft gegenüber dem Ackerbau	stark	Entwicklung von Lösungsansätzen zur Steigerung der Rentabilität; Politikempfehlungen
Ökologische Kräfte	Verbessertes Weidemanagement	gering	Planung für Triebwegesystem, Weideverbund, Auswirkungen auf Flora und Fauna darstellen
	Bedürfnis die Landschaft offen zu halten (Erhalt der Kulturlandschaft)	mittel	Sensibilisierung fördern, Problembewusstsein schaffen, Motivation stärken, Entwicklung Absatzstrategien
	Ethisch-moralische Verantwortung, Tiere und Pflanzen sowie deren Lebensraum zu schützen	mittel	Information, Situationsanalyse ausarbeiten, Bedeutung des Lebensraums für Flora und Fauna darstellen

Tabelle: 8.4.11: Analyse der hemmenden und treibenden Kräfte

An dem Teilprojekt wirkten drei Personen mit unterschiedlichem fachlichen Hintergrund mit, wodurch sich die Arbeitsbeiträge in Abhängigkeit vom thematischen Bezug im Projektverlauf unterschieden. Die Arbeitskreissitzungen wurden in der Regel von zwei Wissenschaftlern in meist unterschiedlichen Rollen (Moderation, inhaltlicher Beitrag/Diskussionsbeteiligung) begleitet. Über die Projektlaufzeit betrachtet betrug der durchschnittliche Arbeitszeitaufwand eine halbe Stelle.

Eine Analyse der hemmenden und treibenden Kräfte (Tab. 8.4.11) zeigt, dass in Zusammenhang mit den Vermarktungs- und Kooperationsbemühungen im Teilprojekt überwiegend die sozialen und ökonomischen Kräfte angesprochen wurden. Hierbei stellte der Preisverfall für Lammfleisch und das nachfolgend gesunkene Vertrauen der Verbraucher in die Sicherheit des Lebensmittels Fleisch im Zusammenhang mit BSE starke Kräfte für eine Kooperation der Schäfer dar. Eine hohe Bedeutung kam auch der Zusammenführung der Schäfer an sich zu, wobei Sinn und Zweck dieser Kooperation – die Punkte gemeinsame Vermarktungsbemühungen, Interessensvertretung und Kommunikationsforum Gleichgesinnter – wiederholt thematisiert wurden. Dabei zeigte sich, dass in der Phase der positiven Preisentwicklung von Lammfleisch die Bereitschaft einer gemeinsamen Vermarktung auf der Grundlage des gemeinsam festgelegten Preises stark zu Gunsten der eigenen ökonomischen Interessen und betrieblichen Unabhängigkeit nachließ. Dies gilt gleichfalls für die Einstufung der Risikobereitschaft, fest gemacht an der zum Teil zögerlichen Markterschließung der Schäfer und geringen Umstellungsbereitschaft auf eine ökologische Wirtschaftsweise. Die in Tab. 8.4.11 genannten ökologischen Kräfte waren zwar unter den Schäfern wahrzunehmen und bilden zum Teil eine Grundmotivation, standen aber aus den oben genannten Gründen nicht im Vordergrund der Aktivitäten.

Vergleich mit anderen Vorhaben (Lammfleisch-Vermarktungsinitiativen)
Bundesweit gibt es bereits zahlreiche Ansätze zur Vermarktung von Produkten aus der Schafhaltung. Im Verzeichnis der Regionalinitiativen wurden Ende 1998 (DVL & NABU 1999) 17 unterschiedliche Projekte, hiervon alleine sechs in Bayern, aufgeführt. Insgesamt 14 eingetragene Initiativen fanden sich unter den Suchbegriffen »Lamm«, »Schaf« im Januar 2003 im Verzeichnis der Regionalinitiativen (DVL & NABU 2003), die sich mit der Vermarktung von Lammfleisch bzw. der Landschaftspflege mit Schafen auseinander setzen. Diese sind insgesamt 47 aufgeführten Projekten gegenüber zu stellen, die sich mit der Vermarktung von Fleischerzeugnissen beschäftigen. Von den 14 Initiativen haben sieben einen Markenbegriff (z.B. Coburger Lamm, Altmühltaler Lamm) eingeführt, ein Vorhaben bezieht den Projektnamen auf eine Schafrasse. Zwei Regionalinitiativen führen sog. Lammtage, -wochen durch und weitere vier bieten Lammfleisch als ein Element ihres Produktsortiments an.

Für den in Tab. 8.4.13 dargestellten Projektvergleich wurde auf Angaben des »Reginet« im Jahr 2003 (DVL & NABU 2003) zurückgegriffen. Zudem wurden die Daten durch eine telefonische Befragung aktualisiert. Lediglich von vier Vorhaben lagen detaillierte Angaben zum Projekterfolg vor. Einige Angaben zum Teilprojekt *Hohenloher Lamm* beziehen sich infolge der Befragungsergebnisse auf 9 der 18 Mitgliedsbetriebe.

Die Angaben in Tab. 8.4.13 sind im Vergleich kritisch zu betrachten, da die angeführten Vorhaben zum einen das Ergebnis einer positiven Doppelselektion sind. In erster Linie lassen sich erfolgreiche Initiativen registrieren. Hiervon machen wiederum überwiegend Erfolgreichere genauere Angaben zum Projektergebnis, so dass die angeführten Beispiele sicherlich zur »Spitzengruppe« der bundesdeutschen Lammfleisch-Vermarktungs-Vorhaben zählen. Zum anderen unterscheiden sich die Vorhaben in ihren Rahmenbedingungen deutlich, wie z.B. in der Organisations-, Erwerbsform, der regionalen Bedeutung der Schafhaltung (großräumig von Grünland geprägten Weidelandschaften oder Ackerbau-Region), wie auch in der Unterstützung durch ein Projektmanagement und die Einbindung in Verwaltungsstrukturen.

LUICK (2002) bemerkt hinsichtlich der von DVL und NABU erstellten Übersicht von 286 Regionalinitiativen, dass sich mit 48 Projekten vergleichsweise wenige mit der Produktion und Vermarktung von Fleisch beschäftigen, obwohl die Mehrzahl der Initiativen in grünlandreichen Regionen angesiedelt sind. Für die Baden-Württembergischen regionalen Initiativen zur Fleischvermarktung kommt der Autor zu der Erkenntnis, dass die wenigsten wirtschaftlich erfolgreich sind, viele in der Gründungsphase verharren und »nur (noch) auf dem Papier existent« sind.

Bei der Erfolgsbewertung von Regionalentwicklungsinitiativen steht überwiegend der wirtschaftliche Aspekt im Vordergrund. Diese Ansätze haben jedoch gleichfalls eine ökologische und soziale Dimension. Bei der Vermarktung von Schäfereiprodukten stellten bzw. stellen Naturschutzbemühungen oftmals die Initial-Motivation dar. So wird in den meisten Vermarktungs-Initiativen

Tabelle 8.4.13: Vergleich Vermarktungsprojekte Lammfleisch

Projektname	Jura Lamm	ISE-LAND	Altmühltaler Lamm
Projektbeginn	7/94	11/96	4/97
Stand	14.4.2003	28.4.2003	14.4.2003
Gebiet	Naturpark Fränkische Schweiz, 4 Landkreise	Ise-Niederung, bis 25 km Entfernung von Ise, Landkreis Gifhorn	7 Landkreise, Naturpark / Naturpark Altmühltal (ca. 300.000 ha)
Ziel	Erhalt Mager-, Trockenbiotope; Lammfleischvermarktung	Naturschutzgerechte Agrarprodukte, Sicherung bäuerlicher Betriebe	Erhalt Mager-, Trockenbiotope Naturpark Altmühltal; Lammfleischvermarktung
Beteiligte	6 Schäfer, 10 Gastronomen (davon 1 Gastronom mit Schafhaltung), 5 Metzgereien	15 landwirtschaftliche Erzeuger, davon 1 Schäfer (170 Mutterkühe, 1.000 Mutterschafe), 3 Metzgereien, Verbraucher als passive Mitglieder	35 Schäfer, ca. 40 Gastronomen, ca. 13 Metzgereien, Großabnehmer, Verwaltung
Organisationsform	Erzeugergemeinschaft	Verein (e.V.)	Verein
Projektbetreuung	Anfängliche Projektunterstützung durch Regierung Oberfranken, Selbstorganisation	Anfangs ein Hauptamtlicher für 2 Jahre, derzeit ehrenamtlich für Schafe, Rinder	Organisationsteam der Landkreise zu Projektbeginn
Betriebsform	Hüteschäfer	Hüteschäfer	Hüte-, Wanderschäfer
Erwerbsform	Haupterwerb	Schäfer Haupterwerb	Haupterwerb (zu 90 %)
Betriebsfläche Grünland	ca. 460 ha, ca. 95 % der LF	450 ha (Hüteschäferei)	ca. 100–200 ha / Betrieb ca. 90 % der LF
Teilnahme an Agrarumweltprogramm	Vertragsnaturschutzprogramm Bayern, Kulturlandschaftsprogramm Bayern	Niedersächsisches Agrarumweltprogramm (für Ökologischen Landbau, Pflege von Naturschutzgebiete)	Vertragsnaturschutzprogramm Bayern (VNP), Kulturlandschaftsprogramm Bayern (KULAP)
Anzahl Mutterschafe	ca. 1600	ca. 1.000	ca. 17.500 (35 Betriebe mit je ca. 500 Mutterschafen)
Tierrassen	Merino-Landschaf, Fuchsschaf	Moorschnucken	Merino-Fleischschaf (überwiegend), Merino-Landschaf
Abnehmer	Privatkunden (überwiegend), Gastronomen, Metzgereien	Privatkunden (95 %), Rest Fleischer, Großküchen Weibliche Tiere für Zucht	Gastronomie (90–95%), Metzgereien, Großabnehmer
Vermarktete Lämmer / Jahr	ca. 1.600	ca. 1000 (weibliche für Zuchtzwecke, männliche als Schlachtkörper)	1.500 (1997) ca. 2.500 (2002, 2003)
Verkaufserlös	6,03 bis 6,38 Euro/kg SG incl. Mwst.	ca. 6,50 Euro/kg SG incl. Mwst.	6,60 Euro/kg SG incl. Mwst.

VNP   Vertragsnaturschutzprogramm Bayern
KULAP Kulturlandschaftsprogramm Bayern
SG   Schlachtgewicht

LF   Landwirtschaftliche Nutzfläche
RGV   Raufutter verzehrende Großvieheinheit
HFF   Hauptfutterfläche

Hesselberg-Lamm	Frankenhöhe-Lamm	Hohenloher Lamm
01/98	10/99	4/00
14.4.2003	14.4.2003	3/2002
Gebiet Hesselberg, im Landkreis Ansbach	Naturpark Frankenhöhe, 2 Landkreise, angrenzende Städte	Region Hohenlohe, 2 Landkreise
Landschaftspflege, Erhalt Magerrasen, Biotopverbund, Imageverbesserung, Lammfleischvermarktung	Erhalt Halbtrockenrasen, Einkommenssteigerung Hüteschäfer, Stärkung Gastronomie	Lammfleischvermarktung; Pflege Extensiv-Grünland; Verbesserung Weidemanagement
2 Schäfer, 15 Gastronomen, 1 Metzger	13 Hüteschäfer, über 30 Gastronomiebetriebe, 2 Metzgereien, Landschaftspflege-Verband	18 Schäfer, 15 Gastronomen, Landwirtschaftsverwaltung, Universität
Zusammenschluss bei Aktionswochen	Zusammenschluss bei Aktionswochen	Verein
Landschaftspflege-Verband Mittelfranken, Unterstützung rückläufig	Landschaftspflege-Verband Mittelfranken	Projektmanagement 60 Arbeitstage
Hüteschäfer	Hüteschäfer	Koppel- (16) und Hüteschäfer (2)
Haupterwerb	Haupterwerb	Haupterwerb (2), Nebenerwerb, Hobby
200-250 ha, mind. 60 % der LF	ca. 100-200 ha / Betrieb, ca. 90 % der LF	249 ha ([1])
Vertragsnaturschutzprogramm Bayern (VNP), Kulturlandschaftsprogramm Bayern (KULAP)	Vertragsnaturschutzprogramm Bayern (VNP), Kulturlandschaftsprogramm Bayern (KULAP)	240 ha (MEKA - Extensive Grünlandnutzung), 5 Betriebe 0,5-1,4 RGV/ha HFF ([1])
ca. 1000	ca. 5000	1492 ([1])
Merino-Landschaf (90 %) und Kreuzungen mit Suffolk	Merino-Landschaf (ca. 90%), Fuchsschaf, Schwarzkopf, Suffolk	Merino Landschaf, Merino Schwarzkopf, Schwarzkopf, Merino Milchschaf, Heidschnucke ([1])
Gastronomie, Privatkunden, Metzgerei	Gastronomiebetriebe, Metzgereien	Gastronomie, Großküche
jährlich 1-2 Aktionswochen, ca. 30 Lämmer / Aktionswoche	150-200 (durch Aktionswochen)	ca. 50 (1. Jahr)
6,38 Euro/kg SG incl. Mwst.	6,50 Euro/kg SG incl. Mwst. (4,26 Euro/kg SG incl. Mwst. an Schäfer)	2,30 Euro/kg LG

---

[1] Angaben beziehen sich auf 9 der 18 Mitgliedsbetriebe.
Quelle: eigene Erhebungen, DVL & NABU 2003

der Erhalt schutzwürdiger Grünland-Biotope als wesentliche Zielsetzung genannt. Hierbei sind Naturschutzbehörden (z.B. BNL Tübingen, Stiftung Landesbank Baden-Württemberg) oder Landschaftspflegeverbände (DVL & NABU 2003) oftmals an der Initiierung und Umsetzungsbegleitung beteiligt, federführend oder fungieren als Träger. Nach Auskunft der Befragten ist hierin ein wesentlicher Faktor für den Projekterfolg zu sehen, da die Schäfer in der Regel nicht in der Lage sind, den Koordinationsaufwand insbesondere in der Initialphase zu leisten. Die Projektbeispiele zeigen auch, dass sich bereits innerhalb eines Jahres Absatzerfolge einstellen, wenn durch ein ausreichendes Engagement neue Vermarktungswege erschlossen werden. Positiv wirken sich diese öffentlichkeitswirksamen Aktionen auch auf die Wahrnehmung der Landschaftspflegeproblematik sowie die Bekanntheit des jeweiligen Markenprodukts aus. Allerdings brechen die erzielten Absatzerfolge in sich zusammen, wenn die neu erschlossenen Absatzwege nicht kontinuierlich betreut bzw. gepflegt werden. Ein mittel- bis langfristiges Projektmanagement bei größeren Erzeugerzusammenschlüssen, wie z.B. Altmühltaler Lamm, ist deshalb erforderlich. Die damit verbundenen Aufwendungen öffentlicher Mittel sind nach Einschätzung einiger Befragter durch die ökologische und landespflegerische Leistung der Schafbeweidung zu rechtfertigen. Hierbei wird angestrebt, dass die Geschäftsführungsaufgaben langfristig von den Erzeugerzusammenschlüssen übernommen werden, was eine ausreichende Absatzmenge und Anzahl beteiligter Schäfer voraussetzt. In kleineren Erzeugerzusammenschlüssen, wie z.B. Jura Lamm, Hesselberg-Lamm, werden die Koordinationsaufgaben durch die beteiligten Schäfer realisiert, zumal viele Schäfer bereits eine funktionierende Eigenvermarktung aufweisen.

Die soziale Ebene findet in der Erfolgsbewertung, die sich mit Regionalinitiativen zur Vermarktung von Schäfereiprodukten auseinandersetzt, keine oder nur eine untergeordnete Berücksichtigung. Einerseits verschmelzen soziale und ökonomische Zielsetzungen bei der Betrachtung von Kriterien wie der Einkommens- und Beschäftigungssicherung, so dass aus Hinweisen zum wirtschaftlichen Erfolg Rückschlüsse hinsichtlich der Erreichung sozialer Zielsetzungen möglich sind (Tab. 8.4.13). Primär soziale Kriterien, wie die Zusammenführung von Markpartnern, die Verbesserung der Beziehung zwischen Erzeugern und Verbrauchern und somit die Stärkung des Vertrauens in das Produkt, können indirekt über die Anzahl von Kooperationen sowie die Nachfrage durch den Verbraucher (Tab. 8.4.13) abgeleitet werden. Anhaltspunkte zur Bewertung von Veränderungen, z.B. bezüglich der Solidarität und Wertschätzung oder der Förderung des Wissens innerhalb der entstanden Kooperationen, liegen mit Blick auf diesen Regionalvermarktungstyp nach dem derzeitigen Stand der Recherche nicht vor.

8.4.9 Schlussfolgerungen, Empfehlungen

Wesentliche Erkenntnisse zur Umsetzungsmethodik
Niedrige Erzeugerpreise, insbesondere für Lammfleisch, in Verbindung mit einer landschaftspflegerischen Motivation waren ausschlaggebend für die Initiierung des Teilprojektes durch Schäfer sowie weitere Teilnehmer des Arbeitskreises Grünland. Die Auseinandersetzung mit den Chancen und Möglichkeiten einer Umstellung der Produktionsweise und alternativen Absatzwegen war wesentlich für die Entscheidungsfindung der Schäfer. Erste Vermarktungsansätze, Kooperationen und öffentliche Auftritte förderten die Motivation der Beteiligten erheblich, zeigten aber gleichfalls die Möglichkeiten und Grenzen der Handlungsspielräume auf. Das Zusammenwirken von Haupt-, Nebenerwerbs- sowie Hobby-Schäfern wirkte förderlich, da die Nebenerwerbs- und Hobby-Schäfer zeitlich flexibler agieren und mehr zeitliche Ressourcen in der Initiierungsphase der Initiative ein-

bringen konnten. Die Haupterwerbsschäfer bildeten wiederum das Rückgrat in den Vermarktungsbemühungen, da sie ein wesentlich höheres Erzeugungspotential zur Verfügung stellen konnten. Der Aufbau der Kooperation zeigte zunehmend die soziale Dimension, nämlich die Förderung der Kommunikation und Solidarität, sowie die gemeinsame Außendarstellung der Schäfer. Die Stabilisierung des Marktpreises für Lammfleisch brachte einen deutlichen Rückgang des Interesses an den gemeinsamen Vermarktungsbemühungen mit sich. Dies zeigte sich bereits innerhalb der durchgeführten Gastronomie-Kampagne. Hierbei ist zu berücksichtigen, dass die meisten Nebenerwerbs- und Hobby-Schäfer sowie ein großer Hüteschäfer bereits eine gut funktionierende Eigenvermarktung mit einem den gemeinsamen Vermarktungsbemühungen vergleichbaren Mehrerlös besaß. Zur ersten Vermarktungsinitiative, bei der ca. 50 Lämmer abgesetzt werden konnten, ist festzuhalten, dass selbst das sich hieraus direkt ergebende Nachfragepotenzial (z.B. Gastronomie-Kampagne im Herbst 2001, Abnahme-Interesse der Mensa der Universität Hohenheim) von den Schäfern in der Folge nicht bedient wurde. Dies unterstreicht einerseits das geringe ökonomische Interesse an einer gemeinsamen Vermarktung. Andererseits lassen die Ergebnisse aus der Evaluierung darauf schließen, dass einigen Beteiligten das Vorgehen in den Vermarktungsbemühungen zu schnell vor sich ging und die neuen Beziehungen zwischen Produzenten und Gastronomie bzw. anderen Abnehmern, langsam und sukzessiv gefestigt und aufgebaut werden müssen.

Empfehlungen für eine erfolgreiche Projektdurchführung

Grundvoraussetzungen
Für den Einstieg in gemeinsame Vermarktungsbemühungen von Lammfleisch ist ein ausreichender Problemdruck und Kooperationswille erforderlich, verbunden mit dem Ziel, die aktuelle Situation verbessern und die vorhandenen Möglichkeiten besser auszuschöpfen zu wollen. Anlässe bilden z.B. eine Verschlechterung der wirtschaftlichen Situation des Betriebs infolge einer geringen Wertschöpfung in der Produktvermarktung, der Verknappung von Produktionsfaktoren (z.B. Verfügbarkeit von Weideflächen) oder Veränderungen der Förderung durch die Agrarpolitik und durch Agrarumweltprogramme. Auch landespflegerische oder naturschützerische Motivationen können den Ausgangspunkt bilden, so dass sich der Initiatorenkreis u.a. aus Schäfern, Kommunal-, Behörden- oder Verbandsvertretern zusammensetzen kann.

Potentialanalyse und Erfolgschancen
Vor dem Einstieg in die Vermarktungsbemühungen sollten die Erfolgschancen einer solchen Initiative abgeschätzt werden. Hierzu gehören die Klärung der rechtlichen und fördertechnischen Voraussetzungen sowie eine Marktanalyse, in der u.a. Angebots- und Nachfrageseite, Preisniveau, Absatzwege, Anbieterstruktur und Kooperationsmöglichkeiten analysiert und bewertet werden. Durch eine Aufarbeitung historischer Bezüge, z.B. Geschichte der Schafhaltung im Raum, ursprüngliche Tierrassen, Fütterungs- und Haltungsformen, Triebwegesysteme, Handelsbeziehungen, wie auch die Darstellung der aktuellen und potentiellen landespflegerischen Leistung der Schafhaltung können zusätzliche Kooperationspartner gefunden werden und wichtige Anhaltspunkte für die praktizierte Produktions- und Haltungsform, Produktentwicklung und Vermarktung liefern.

Projektinitiierung und -management
Die Gestaltung der personellen Zusammensetzung einer regionalen Vermarktungsinitiative ist u.a. von der räumlichen Ausdehnung, der Anzahl und Art der Erzeuger und Marktpartner, von Produktpalette und -umfang wie auch den finanziellen Möglichkeiten der Initiatoren abhängig.

Der Bezugsraum und die personellen Möglichkeiten sind entscheidend. Lammfleisch-Vermarktungsinitiativen können aus dem Zusammenschluss mit nur zwei Schäfern in einem sehr eng abgesteckten Gebiet oder durch die Kooperation zahlreicher Schäfer über mehrere Landkreise hinweg in einem abgrenzbaren Natur- oder Kulturraum funktionieren (Tab. 8.4.13).

Die Initiierungsphase sollte durch ein entsprechendes Management (z.B. Landschaftspflegeverbände, Naturschutz- oder Landwirtschaftsverwaltung) unterstützt werden, da insbesondere die im Haupterwerb tätigen Schäfer aufgrund der bereits hohen Arbeitsbelastung kaum in der Lage sind, in größerem Umfang Managementaufgaben, insbesondere in der Initiierungsphase, zu übernehmen. Je nach Ausrichtung der Vermarktungsinitiative nimmt das Projektmanagement Aufgaben der Moderation, z.B. Zusammenführung der Schäfer und Gastronomen, Vermittlung zwischen Schäfern und Administration, Beratung, z.B. Qualitätsanforderungen und Erzeugerrichtlinien, Produktentwicklung, Weideverbund und Koordination, wie Termin- und Ablaufkoordination, Vorbereitung von Aktionen, Einbindung von Entscheidungsträgern, interner Informationsfluss, wahr und kann ebenso für die Öffentlichkeitsarbeit und Finanzabwicklung verantwortlich sein.

Der Umfang des Projektmanagements ist abhängig von der Art der Initiative sowie deren Absichten. Steht die gemeinsame Außendarstellung des Produktes im Vordergrund, weil die Betriebe bereits über eine ausreichende Eigenvermarktung verfügen oder Schäfer bereit sind, Koordinationsleistungen zu übernehmen, so ist die zusätzliche, auch finanziell zu honorierende Arbeitsleistung vergleichsweise gering. Solche Konstellationen können auch durch die Kooperation von Haupt- und Nebenerwerbsbetrieben gefördert werden: Nebenerwerbs-Schäfer können zum Teil zeitlich flexibler agieren und Koordinationsleistungen übernehmen, verfügen in der Regel aber nur über eine geringe Anzahl vermarktbarer Lämmer. Schäfereien im Haupterwerb weisen ein höheres Absatzpotential auf, sind jedoch zeitlich stärker eingebunden.

Die Kooperationen zahlreicher Schäfer erfordert eine höhere Managementleistung. Dies um so mehr, wenn nicht alleine die Imageentwicklung, sondern die Verbesserung des Absatzes im Vordergrund steht. Nach Ansicht der befragten Organisationen, die die Vermarktung von Lammfleisch unterstützen (Tab. 8.4.13), führt ein auf die Gastronomie ausgerichtetes, vorübergehendes Projektmanagement von ein bis zwei Jahren zu einem Einbruch in der Nachfrage nach Einstellung der Koordinationsleistung. Hierbei ist durchaus ein Image- und Bekanntheitsgewinn für das Produkt zu erwarten, der sich positiv auf die Nachfrage bei Privatkunden auswirkt. Um eine anhaltende Nachfrage nach Lammfleisch in der Gastronomie zu induzieren, ist bei größeren Initiativen, wie z.B. »Altmühltaler Lamm«, mit einer Managementleistung von etwa 10 Jahren zu rechnen. Die anfängliche Förderung dieser Initiativen mit öffentlichen Mitteln ist vor dem Hintergrund der naturschutzfachlichen Bedeutung der Schafbeweidung zu sehen. Da größere Erzeugerzusammenschlüsse sicherlich auch langfristig einen beträchtlichen Koordinationsbedarf besitzen, sollte ein ausreichender Umsatz erzielt werden, um die anfallenden Geschäftsführungsaufgaben zu finanzieren.

Kooperation und Vorgehen

Die Kooperation der Erzeuger besitzt neben der ökonomischen Komponente eine soziale Funktion: Personen einer Berufsgruppe werden zusammen geführt, es entstehen Möglichkeiten zum Informationsaustausch, zur gemeinsamen Willensbildung und Stärkung des Wir-Gefühls.
Folgende Aspekte können diesen Prozess fördern:
—regelmäßige Sitzungen,
—angenehme bzw. anregende Arbeitsatmosphäre,
—Moderation der Sitzungen durch eine neutrale Person,
—Kombination von Information und Projektentwicklung in den Sitzungen,

__ausreichend Zeit zum Kennen lernen der Teilnehmer in lockerer Atmosphäre,
__Berücksichtigung des Informationsbedarfs und Kenntnisstandes der Teilnehmer,
__Darstellung der Bandbreite der potentiellen Möglichkeiten (z.b. Produktionsverfahren, Wirtschaftsweisen, Qualitätsrichtlinien) in der Sondierungsphase,
__Ausrichtung des Projektfortschritts an den Teilnehmern und der Absatzentwicklung (»organisches Wachsen« der Initiative).

Folgende Aspekte wirken sich positiv auf die Zusammenarbeit zwischen Erzeugern und Abnehmern aus:
__Einbeziehung der Marktpartner (z.B. Gastronomen) in Vorbereitungstreffen,
__Durchführung der Sitzungen in den beteiligten Gaststätten (fördert Annäherung, Verbundenheit, stärkt das Vertrauen zwischen Erzeugern und Abnehmern),
__Kundenorientierung (z.B. Erreichbarkeit, Belieferung, Preisgestaltung und Angebotsstruktur),
__Kontakt nach gemeinsamen Aktionen aufrecht erhalten.
Die Außenwirkung der Vermarktungsinitiative lässt sich fördern durch
__ein gemeinsames Erscheinungsbild,
__Transparenz der Erzeugungskriterien,
__gute Qualität,
__Darstellung der Naturschutz-Leistungen,
__regelmäßige Aktionen,
__Einbindung von Entscheidungsträgern/Mobilisierung von Politik und Verwaltung.

Weiterführende Aktivitäten

Nachdem in der Projektlaufzeit die Grundlagen für die Vermarktung von Lammfleisch gelegt waren und aufgezeigt werden konnte, dass u.a. die Gastronomie wie auch Großküchen als Abnehmer gewonnen werden können, mangelt es bislang an einer konsequenten Anknüpfung an diese Initiativen. Folglich muss der Verein Hohenloher Schäfer zeigen, dass er als Organisation handlungsfähig ist und ggf. auch Kooperationen eingehen, um bestehende Hemmnisse, wie z.B. das der Schlachtung oder Mobilisierung der Mitglieder für eine gemeinsame Vermarktung, aufzugreifen. Nach den bisherigen Recherchen liegen keine vergleichenden Untersuchungen zum Erfolg von Lammfleisch-Vermarktungsinitiativen in der Bundesrepublik Deutschland vor. Es ist wünschenswert, die bestehenden Ansätze sowohl in ihrer ökonomischen, als auch in ihrer ökologischen und sozialen Dimension eingehender zu betrachten.

Literatur

Arbeitsgemeinschaft der badisch-württembergischen Bauernverbände (Hrsg.), 1996: Leitfaden für Bauernmärkte in Baden-Württemberg – Ein Planungsordner für Gründer und Betreiber von kooperativen Direktvermarktungseinrichtungen. Stuttgart, Freiburg

Beinlich, B., 1995: Die historische Entwicklung der Schäferei. In: Beinlich, B. und H. Plachter (Hrsg.): Schutz und Entwicklung der Kalkmagerrasen der Schwäbischen Alb. Beih. Veröff. Landschaftspflege Bad.-Württ. 83, S. 97-107.

Bezirksstelle für Naturschutz und Landschaftspflege (BNL) Tübingen, o.J.: Faltblätter zu »Heideverbund und Extensivweidelandschaft Laichinger Kuppenalb« und »Lamm genießen, Landschaft schützen – Alblamm von der Wacholderheide«, Tübingen

Bohler, K. F., 1989: Der bäuerliche Geist Hohenlohes und seine Stellung im neuzeitlichen Rationalisierungsprozess; Dissertation Frankfurt am Main: 263 S.

Buss, M., 2002: Bilanz Landschaftspflegeprojekt Trockenhänge im Kocher- und Jagsttal 2001. – Unveröffentlichte Bilanz Landratsamt Hohenlohekreis, Fachdienst Bauen, Landwirtschaft und Kreisentwicklung

Drüg, M., 2000: Vegetation und Entwicklungszustand der Grünlandbiotope im mittleren Jagsttal in Hohenlohe. Diplomarbeit FH Eberswalde, Fachbereich Landschaftsnutzung und Naturschutz, unveröffentlicht

DVL (Deutscher Verband für Landschaftspflege) + NABU (Hrsg.), 1999: Verzeichnis der Regionalinitiativen – 230 Beispiele zur nachhaltigen Entwicklung. Ansbach: 274 S.

Fischer, S. F., P. Poschlod, B. Beinlich, 1995: Die Bedeutung der Wanderschäferei für den Artenaustausch zwischen isolierten Schaftriften. Beih. Veröff. Naturschutz Landschaftspflege Bad. Württ. 83: 229–256

Jasper, U., C. Schievelbein, (Hrsg.) 1997: Leitfaden zur Regionalentwicklung. ABL Bauernblatt Verlag, Rheda-Wiedenbrück

Kessler v., C. F. Sprengeysen, (Hrsg.) 1791: Fränkisches Magazin für Statistik, Naturkunde und Geschichte. Band II Statistisch-topographische Übersicht des ganzen Fürstentums Hohenlohe. Sonnenberg

Konold, W., R. Kirchner-Heßler, N. Billen, A. Bohn, W. Bortt, St. Dabbert, B. Freyer, V. Hoffmann, G. Kahnt, B. Kappus, R. Lenz, I. Lewandowski, H. Rahman, H. Schübel, K. Schübel, S. Sprenger, K. Stahr, A. Thomas, 1997: BMBF-Förderschwerpunkt »Ökologische Konzeptionen für Agrarlandschaften« – Wege zu einer multifunktionalen, umweltschonenden Agrarlandschaftsgestaltung – Definitionsprojekt Hohenlohe-Franken. Unveröffentlichter Antrag zu Hauptphase, Universität Hohenheim, Institut für Landschafts- und Pflanzenökologie

KTBL (Kuratorium für Technik und Bauwesen in der Landwirtschaft) (Hrsg.), 1998: Taschenbuch Landwirtschaft 1998/99 – Daten für die Betriebskalkulation in der Landwirtschaft . Landwirtschaftsverlag GmbH, Münster-Hiltrup, Darmstadt

KTBL (Kuratorium für Technik und Bauwesen in der Landwirtschaft), 1999: Betriebsplanung 1999/2000 – Daten für die Betriebsplanung in der Landwirtschaft. Landwirtschaftsverlag Münster, Darmstadt

LEL (Landesanstalt für Entwicklung der Landwirtschaft und der ländlichen Räume mit Landesstelle für landwirtschaftliche Marktkunde), 2000: Evaluierung von Programmen nach der Verordnung (EWG) Nr. 2078/92; Teil 1 Marktentlastungs- und Kulturlandschaftsausgleich (MEKA). Selbstverlag, Schwäbisch Gmünd

Luick, R., 2002: Strategien nachhaltiger Regionalwirtschaft – Überlegungen mit besonderer Berücksichtigung von Projekten zur Fleischvermarktung. Naturschutz und Landschaftsplanung 34 (6), 2002: 181–189

Memminger, J. D. G. (1823): Beschreibung von Würtemberg, nebst einer Uebersicht seiner Geschichte. 2. Völlig umgearb. u. stark verm. Auflage. Cotta Verlag, Stuttgart u. Tübingen: 703 S.

OAB Gerabronn, 1847: Beschreibung des Oberamts Gerabronn, hrsg. Von dem königlichen statistisch-topographischen Bureau, Cotta'sche Buchhandlung, Stuttgart und Tübingen: 314 S.

OAB Hall, 1847: Beschreibung des Oberamts Gerabronn, hrsg. Von dem königlichen statistisch-topographischen Bureau, Cotta'sche Buchhandlung, Stuttgart und Tübingen: 325 S.

OAB Heilbronn, 1865: Beschreibung des Oberamts Heilbronn. Königlich statistisch-topographisches Bureau (Hrsg.). Lindemann, Stuttgart

OAB Heilbronn, 1901: Beschreibung des Oberamts Heilbronn, Statistisches Landesamt (Hrsg.). Kohlhammer, Stuttgart

OAB Öhringen, 1865: Beschreibung des Oberamts Gerabronn, hrsg. Von dem königlichen statistisch-topographischen Bureau, H. Lindemann, Stuttgart, Nachdruck Magstadt 1973: 371 S.

Saenger, W. 1957: Die bäuerliche Kulturlandschaft der Hohenloher Ebene und ihre Entwicklung seit dem 16. Jahrhundert. Forschungen zur Deutschen Landeskunde Band 101, Selbstverlag der Bundesanstalt für Landeskunde, Remagen/ Rhein: 137 S.

Schmelzle, H., M. Stolze, A. Häring, T. Winter, S. Sprenger, S. Dabbert, 2000: Produktionsverfahren des Ökologischen Landbaus in Baden-Württemberg. Selbstverlag, Stuttgart-Hohenheim

Statistisches Landesamt Baden-Württemberg (Hrsg.), 1970: Statistische Berichte – Viehbestände Dezember 1969. C III 1, vj 4/69

Stiftung Landesbank Baden-Württemberg (Hrsg.), o.J.: Schäferei in Baden-Württemberg, Tradition & Kultur – Natur & Produkte. Manufaktur im Kleinen, Heft 21

Tampe, U, U. Hampicke, 1995: Ökonomik der Erhaltung bzw. Restitution der Kalkmagerrasen und des mageren Wirtschaftsgrünlandes durch naturschutzkonforme Nutzung. Beih. Veröff. Naturschutz Landschaftspflege Bad. Württ. 83: 361-389.

Weik, H. 1969: Die Agrar- und Wirtschaftsverhältnisse des Fürstentums Hohenlohe im 18. Jahrhundert. Dissertation Universität Köln: 230 Seiten.

Wirthgen, B., O. Maurer, 2000: Direktvermarktung – Verarbeitung, Absatz, Rentabilität, Recht. Ulmer, Stuttgart

Wochenblatt für Land und Forstwirtschaft 1850 Nr.11, herausgegeben von der Königlich-Württembergische Zentralstelle für die Landwirtschaft, Cotta Verlag, Stuttgart

Wochenblatt für Land- und Hauswirtschaft, Gewerbe und Handel 1838 Nr.7, herausgegeben von der Centralstelle des Landwirtschaftlichen Vereins zu Stuttgart, Cotta Verlag, Stuttgart, Tübingen

Württembergisches Statistisches Landesamt (Hrsg.), 1949: Mitteilungsdienst Agrarstatistik 49/1949 – Vorläufiges Ergebnis der Viehzählung vom 3.12.1949 in Württemberg – Baden

Internet-Quellen

Deutscher Verband für Landschaftspflege & Naturschutzbund (DVL & NABU) 2003: Online im Internet: URL: http://www.reginet.de [Stand: 01.03]

Statistisches Landesamt Baden-Württemberg (StaLa BW) 2002: Struktur- und Regionaldatenbank. Online im Internet: URL: http://www.statistik-bw.de/SRDB [Stand: 01.02]

Thomas Wehinger, Frank Henssler, Ralf Kirchner-Heßler

8.5 Streuobst aus kontrolliert ökologischem Anbau – Erhalt und Förderung des Streuobstanbaus durch die Produktion und Vermarktung von Streuobst auf der Grundlage der EU-Ökoverordnung

8.5.1 Zusammenfassung

Das Teilprojekt *Streuobst aus kontrolliert ökologischem Anbau* führte zum Aufbau einer Erzeugerorganisation mit 290 Mitgliedern, welche ihre Streuobstbestände nach der EU-Öko-Verordnung bewirtschaften. Bereits im dritten Jahr des Teilprojektes wurden vier Keltereien mit Öko-Äpfeln aus der Region Hohenlohe-Franken beliefert. Die beteiligten Landwirte erhalten mit einem Aufpreis von ca. 6 € je 100 kg Äpfel einen nahezu doppelt so hohen Preis wie die Erzeuger, die konventionell wirtschaften.

Aus wissenschaftlicher Sicht sind die sozial-ökonomischen Aspekte der Projektentwicklung und der damit verbundene theoretische und methodische Ansatz von zentraler Bedeutung. Um ökologisches Verhalten im sozial-ökonomischen Umfeld zu untersuchen, bedarf es einer Weiterentwicklung bestehender Forschungsansätze. Im Rahmen der hier beschriebenen Fallstudie war es möglich, einen Innovationsprozess wissenschaftlich zu begleiten.

Die Interaktion und Abhängigkeiten zwischen Individuen und deren sozial-ökonomischem Umfeld, wie sie in der »Theory of planned Behavior« (TpB) beschrieben sind, bilden die Grundlage der methodischen Vorgehensweise zur Analyse und der konzeptionellen Einbindung des Umfeldes in den Veränderungsprozess und dem damit verbundenen Wissens- und Erfahrungsaustausch. Unter Berücksichtigung der besonderen Umstände der Fallstudie können einige Erfahrungen zusammengefasst werden, die für Beratende und Forschende gleichermaßen bedeutend sind. Bei der Zusammenarbeit zwischen Forschenden und Akteuren hat sich die Beteiligungsanalyse nach BECKARD in Anlehnung an die TpB als hilfreiches Instrument erwiesen, um die entscheidungsrelevanten Personen und Personengruppen zu identifizieren und in angemessener Weise am Veränderungsprozess zu beteiligten.

Die Beteiligungsanalyse in Anlehnung an die Theorie des geplanten Verhaltens scheint geeignet zu sein, komplexe sozial-ökonomische Zusammenhänge bei Veränderungsprozessen auf einer operationalen Ebene zu veranschaulichen und macht es daher möglich, sowohl effizient als auch effektiv in den Veränderungs- und Lernprozess einzugreifen. Auch wenn die TpB weniger als Analyse denn als Erklärungsansatz diente, ließ sie Möglichkeiten der Untersuchung menschlichen Verhaltens durch qualitative (z.B. Focus-Gruppen, Interviews) und quantitative Methoden (z.B. schriftliche Befragung) zu.

Der Wissens- und Erfahrungsaustausch zwischen Forschenden und Akteuren wird am ehesten gelingen, wenn dabei das relevante sozial-ökonomische Umfeld in angemessener Weise in einen konkreten Veränderungs- und Lernprozess eingebunden wird. Für die Beteiligten muss ein konkreter Nutzen erkennbar sein, der jedoch nicht ausschließlich ökonomischer Natur sein muss. Eine Vertiefung der methodischen Vorgehensweise wäre für zukünftige Projekte wünschenswert.

8.5.2 Problemstellung

Die geringe Rentabilität des Streuobstanbaus führt in zunehmendem Maße zur Nutzungsaufgabe der regionaltypischen Streuobstwiesen. Die fehlende Pflege führt zu einer Überalterung und zum Zusammenbruch der Baumbestände. Diese Entwicklung hat den Verlust eines ästhetisch reizvollen und ökologisch vielfältigen Elements der gewachsenen Kulturlandschaft zur Folge.

Bedeutung für die Akteure
In der jüngsten Zeit bildeten sich in den Landkreisen Heilbronn, Hohenlohe und Schwäbisch Hall Streuobst-Aufpreisinitiativen mit dem Ziel, über einen höheren Erzeugerpreis den Streuobstanbau für die Bewirtschafter attraktiver zu machen und damit die Pflege und den Erhalt der Streuobstbestände zu sichern. Im Landkreis Heilbronn ist das der Förderkreis Unterländer Streuobstwiesen GbR (FUS), im Hohenlohekreis die Fördergemeinschaft für Hohenloher Streuobstbäume (FHS) und im Landkreis Schwäbisch Hall der Förderkreis Ökologischer Streuobstbau e.V. (FÖS).

In Gesprächen mit Vertretern der Streuobstinitiativen zu deren aktueller Vermarktungssituation wurde der geringe Marktanteil der Initiativen im Hohenlohekreis und Heilbronn als Beschränkung bei der Ausdehnung der Initiativen benannt. Als Kernprobleme der Vermarktung wurden die geringen Absatzmengen im Direktabsatz, der damit zusammenhängende hohe Zeitaufwand und die unzureichende Werbung für Streuobstgetränke als Ursachen genannt. Um die Vermarktung von Streuobst zu intensivieren und möglichst vielen Landwirten einen höheren Preis für das Obst bezahlen zu können, sollten neue Vertriebswege gesucht und eingerichtet werden. Als neuer Vertriebsweg wurde der Markt für ökologische Produkte betrachtet, welcher jedoch eine Zertifizierung des Streuobstanbaus nach der VO (EWG) 2092/91 voraussetzt.
Aus dieser Anregung der Streuobstinitiativen haben sich die folgenden Fragestellungen ergeben:
— Welche Vermarktungspotentiale gibt es für die Vermarktung für Streuobst, das als kontrolliert ökologische Ware in den Handel gelangt?
— Welche Marketingstrategien lassen die höchste Wertschöpfung erwarten?
— Ist die Zertifizierung von Streuobst im Rahmen der Richtlinien des ökologischen Landbaus möglich?
— Welche Kräfte sind für den Innovationsprozess fördernd und welche hemmend?
Nach der Diskussion der Projektidee im Arbeitskreis Grünland im Januar 1999 wurde das Projekt durch die damals Anwesenden initiiert. Darauf folgten verschiedene Recherchen und Datenerhebungen.

Wissenschaftliche Fragestellung

Im Rahmen der wissenschaftlichen Fragestellung war die Anwendung der »Theory of Planned Behaviour« (AJZEN 2001) von zentralem Interesse (vgl. hierzu Kap. 8.5.6). Die Fragestellung zu Beginn des Projektes war, ein theoretisch fundiertes und nachvollziehbares Prozessmanagement anhand einer Vermarktungsinitiative zu dokumentieren und deren Übertragbarkeit zu untersuchen.

Können theoretische und methodische Ansätze der Sozialpsychologie bei der Projektentwicklung genutzt werden und die übertragbaren Elemente dokumentiert werden.

Allgemeiner Kontext

Definition des Begriffes »Streuobstbau«

Der Begriff »Streuobstbau« wurde in den 60er Jahren des 20. Jahrhunderts bei der Einführung von modernen Plantagenanlagen zur Beschreibung der alten Form des Obstbaus verwendet (HOFBAUER 1998). Im 18. und 19. Jahrhundert verbreitete sich der Streuobstanbau mit Unterstützung verschiedener Landesherren, die sich für die Kultivierung von Streuobstwiesen einsetzten und dabei vornehmlich den wirtschaftlichen Nutzen der Landwirte im Blick hatten (WELLER 1996).

Aus Baum-Äckern entwickelten sich schließlich die Streuobstwiesen, wie sie bis in die Mitte unseres Jahrhunderts hinein typisch für die Landwirtschaft Mitteleuropas waren. Die hochstämmigen Streuobstwiesen mit Doppelnutzung von Obst und Gras waren bis in die 1950er Jahre hinein auch für den ausschließlich auf Rentabilität bedachten Erwerbsobstbau charakteristisch (LOBITZ 1998).

Ursachen für den Rückgang des Streuobstbaus

Seit den 1950er Jahren sind Streuobstwiesen in Deutschland um über 75 Prozent der Flächen zurückgegangen. Allein in Baden-Württemberg wurde der Baumbestand seit 1965 um 37 Prozent auf 11,4 Mio. Bäume im Jahr 1990 reduziert (Statistisches Landesamt Baden-Württemberg 1990). Die Mischkultur verlor und verliert wegen steigender Löhne, dem Kostendruck ausländischer Konkurrenten (vor allem aus Osteuropa und China) sowie der zunehmenden Mechanisierung und Spezialisierung immer mehr ihren Anreiz. Hinzu kamen Qualitätsschwankungen und die dem Streuobstbau immanenten Ertragsschwankungen (Alternanz) und damit eine abnehmende Wettbewerbsfähigkeit gegenüber intensiven Niederstammkulturen. Schließlich gab es öffentliche Programme zur Rodung von Obstbaumbeständen, insbesondere dort, wo eine Umstellung auf wirtschaftlichere Niederstamm-Dichtpflanzungen oder andere Intensivkulturen möglich war (WELLER 1996). Damit ist die Existenz der Landschaften mit Streuobstanbau bedroht, weil die Bewirtschafter immer weniger Interesse an der Fortführung sowohl der obstbaulichen Nutzung als auch der Futtergewinnung haben.

Bedeutung des Streuobstanbaus für biotische und abiotische Ressourcen

Streuobstwiesen gelten wegen ihrer extensiven Nutzung als einer der artenreichsten Lebensräume Mitteleuropas, wodurch sie eine hohe Bedeutung für den Arten- und Biotopschutz haben (HOFBAUER 1998). Darüber hinaus weisen Streuobstbestände ein großes Reservoir alter Obstsorten auf und sind somit bedeutsam für den Erhalt dieser genetischen Ressourcen. Alleine Deutschland weist mit rund 3.000, zum Teil nur regional vorkommender Obstsorten eine große Sortendiversität auf (CASPERS 1996). Neben ihrer Bedeutung für das Landschaftsbild leisten Streuobstwiesen einen wichtigen Beitrag für den Schutz abiotischer Ressourcen.

Situation des Streuobstanbaus im Untersuchungsgebiet
Der Streuobstanbau hat im Untersuchungsgebiet eine sehr geringe ökonomische Bedeutung. Aus den Ergebnissen einer Befragung von Landwirten in den Gemeinden Dörzbach und Ailringen im Jahr 1997 konnte ein deutliches Desinteresse der Landwirte am Streuobstanbau entnommen werden (GRAF 1997). Mit nur 34 kg geernteter Obstmenge je Baum erreichen die Erträge nur max. 30 Prozent ihres durchschnittlichen Potenzials. Die meisten Bäume werden kaum noch gepflegt und teilweise gar nicht abgeerntet.

Bei einer stichprobenartigen Betrachtung des Streuobstanbaus in vier Gemeinden des Untersuchungsgebietes für das Jahr 1995 ergibt sich – bezogen auf die Inanspruchnahme des Marktentlastungs- und Kulturlandschaftsausgleichsprogramms (MEKA) – noch ein Anteil der Streuobstwiesen an der gesamten landwirtschaftlichen Nutzfläche von etwa 4–7 Prozent (vgl. Abb. 8.5.1). Quelle: Statistisches Landesamt Baden-Württemberg (1995), Landesamt für Flurneuordnung und Landentwicklung Baden-Württemberg (1995)

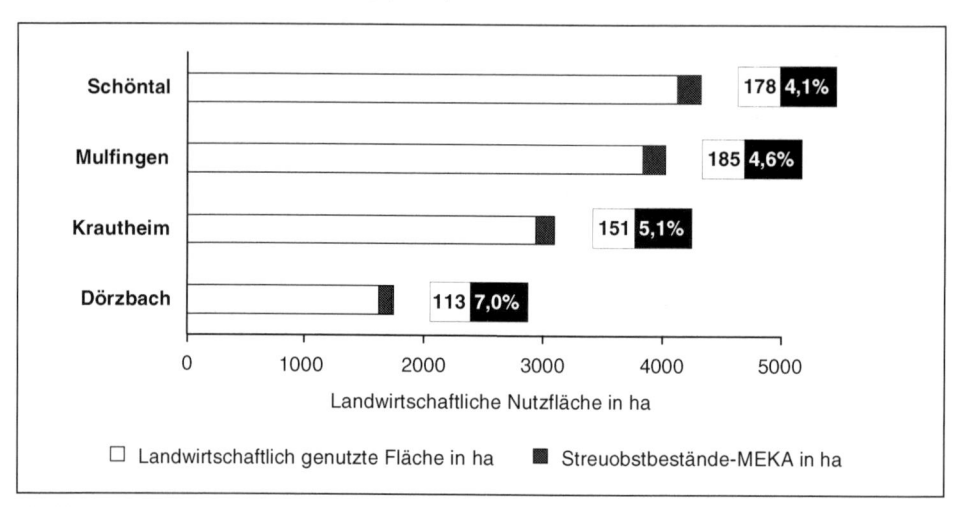

Abbildung 8.5.1: Anteil der Streuobstwiesen an der landwirtschaftlich genutzten Fläche in ausgesuchten Gemeinden im Jagsttal (nach Marktentlastungs- und Kulturlandschaftsausgleichsprogramm MEKA, Stand 1995)

Situation der Vermarktung
Die Vermarktung von Streuobst wird im Untersuchungsgebiet zum größten Teil durch den genossenschaftlichen Agrarhandel organisiert. Daneben gibt es private Keltereien, welche Obst zur Verarbeitung annehmen. Darüber hinaus existieren drei »Streuobst-Initiativen«, welche über eine Aufpreisvermarktung des Obstes eine Verbesserung der wirtschaftlichen Situation der Erzeuger anstreben. Die Streuobstinitiativen im Landkreis Schwäbisch Hall und Heilbronn vermarkten insgesamt ca. 300 bis 500 t Streuobstäpfel pro Jahr. Die Initiative im Landkreis Hohenlohe stand zu Beginn des Forschungsprojektes noch am Anfang der Vermarktung. Neben einigen regionalen Keltereien verarbeitete die Firma Kumpf, als der wichtigste Partner des genossenschaftlich organisierten Handels, einen großen Anteil des anfallenden Streuobstes.

Typisch für den Streuobstanbau ist die Alternanz, womit die jährlich schwankenden Erträge im Streuobstanbau bezeichnet werden. Eine Befragung der regionalen Genossenschaften im Untersuchungsgebiet kennzeichnet die unterschiedlichen Obstmengen, welche die jährliche Preisfindung maßgeblich beeinflussen. Hiermit verbunden sind große Unsicherheiten bei der Vermarktung von Streuobst, da die jährlich stark schwankenden Erntemengen einen großen Einfluss auf die Preisgestaltung haben (vgl. hierzu Abb. 8.5.2). So lag der Preis im Jahr 1997 im Untersuchungsraum noch bei 16 DM/dt Obst, während im Jahr 1998 aufgrund des Überangebots nur 8 DM/dt Obst ausbezahlt wurde. Diese Tatsache wurde im Zuge einer telefonisch durchgeführten Potenzialerhebung in der Anfangsphase des Projektes von den Geschäftsführern der Genossenschaften unterstrichen. Sie wiesen darauf hin, dass diese Erlössituation bei vielen Landwirten zu einem Desinteresse an der Bewirtschaftung von Streuobstwiesen führt. Die Folge davon sind die Überalterung, ungenügende Pflege der Baumbestände und damit der Verlust eines wichtigen Biotops.

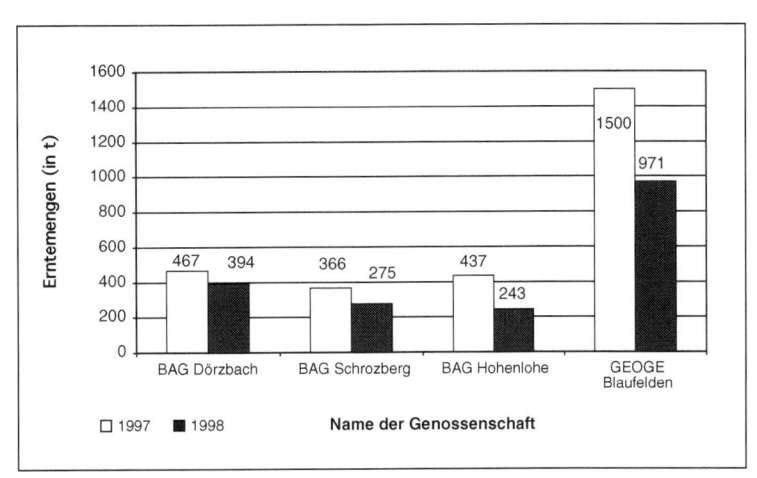

Abbildung 8.5.2: Streuobst-Erntemengen der regionalen Genossenschaften in den Jahren 1997 und 1998

8.5.3 Ziele

Im Vordergrund des Teilprojektes stand die Frage, ob ein verbessertes Marketing für Streuobstprodukte im Untersuchungsgebiet zur Pflege und zum Erhalt der Streuobstbestände beiträgt.

Oberziel
Regionalvermarktung:
Es existieren erfolgreiche Beispiele für die regionale Vermarktung qualitativ hochwertiger Erzeugnisse mit »regionaler Identität« aus der Projektregion (Ökonomisch rentable Bewirtschaftung von Streuobstwiesen durch Realisierung einer Aufpreisvermarktung).

Wissenschaftliche Ziele
Die wissenschaftlichen Zielsetzungen lassen sich in ökonomische, ökologische und soziale Aspekte aufgliedern:
—Analyse und Bewertung der organisatorischen Rahmenbedingungen und wirtschaftlichen Rentabilität der Vermarktung von Streuobst aus ökologischer Produktion.
—Untersuchung der ökologischen Wertigkeit der Streuobstbestände im Betrachtungsraum.
—Erfassung der Einflussfaktoren, die zur Beteiligung der Streuobstbauern an der Vermarktung von kontrolliert ökologischem Streuobst führen.

Umsetzungsmethodische Ziele

Für die Umsetzung des Teilprojektes war die Vorgehensweise bei der Beteiligung der Akteure zu Beginn und im Verlauf des Projektes von Bedeutung. Dabei wurde eine Beteiligungsanalyse aus der Aktionsforschung bzw. der Organisationsentwicklung auf ihre Tauglichkeit in der Projektentwicklung untersucht.

Anwendungsorientierte Ziele

Um das Oberziel zu konkretisieren, wurden die folgenden Arbeitsziele definiert:
— Es existiert ein höheres Absatzpotenzial für Streuobstgetränke im Projektgebiet.
— Ein Marketingkonzept für Streuobst aus kontrolliert ökologischem Anbau
  (auf Grundlage der EG-Verordnung über den ökologischen Landbau) wurde entwickelt.
— Aktionen zur Verkaufsförderung wurden durchgeführt.
— Ein erweitertes Produktsortiment (Cidre, Apfelchips, etc.) wurde entwickelt

8.5.4 Räumlicher Bezug

Während der Initiierungsphase des Projektes wurden Gespräche mit Vertretern von drei Streuobstinitiativen geführt. Diese Initiativen verteilen sich auf die Landkreise Heilbronn (FUS Fördergemeinschaft Unterländer Streuobstinitiative e.V.), den Hohenlohekreis (FHS Fördergemeinschaft Hohenloher Streuobstanbau) und Schwäbisch Hall (FÖS – Fördergemeinschaft Ökologischer Streuobstanbau). Die räumliche Ausdehnung des Projektes ergab sich weniger aus naturräumlichen oder administrativen Grenzen, sondern aus der räumlichen Ansiedlung der beteiligten Akteure (vgl. hierzu Abb. 8.3.1 – Karte in TP Bœuf de Hohelohe). Im Verlauf des Projektes zeigte sich eine starke Bindung der Beteiligten an die bestehenden Absatz- und Marktbeziehungen.

Von 234 Mitgliedern der Erzeugergemeinschaft, welche sich im Jahr 2000 an der Vermarktungsinitiative beteiligten, stammten 154 aus dem Main-Tauberkreis und 80 aus dem Hohenlohekreis. Diese Verteilung ergab sich vornehmlich aus der Bindung der Mitglieder an die einzelnen Bezugs- und Absatzgenossenschaften in Dörzbach, Ingelfingen und Bad-Mergentheim.

Bei den Mitgliedern der Erzeugergemeinschaft handelt es sich um Haupt-, Zu- und Nebenerwerbslandwirte, die sich weit über das engere Untersuchungsgebiet (das Jagsttal) hinaus verteilen. Diese Betriebe bewirtschaften 294 ha Streuobst und ernten in einem durchschnittlichen Erntejahr ca. 580.000 kg Äpfel und 44.000 kg Birnen.

8.5.5 Beteiligte Akteure und Mitarbeiter/Institute

Die hohe Anzahl der Beteiligten zu Beginn der Projektentwicklung im Frühjahr 1999 verringerte sich mit dem Projektfortschritt auf eine kleine Anzahl von Vertretern der Landwirte, der Genossenschaften und der Kelterei, welche die Eckpfeiler des Marketingkonzepts im Januar 2000 letztlich beschlossen.

a) Start der Projektentwicklung im Arbeitskreis Grünland
Die Vermarktungsinitiative wurde den Vertretern der regionalen Streuobstinitiativen im Februar 1999 vorgestellt. Darauf hin wurde die Idee im Arbeitkreis Grünland zur Diskussion gestellt. Im Rahmen dieser ersten Arbeitskreissitzung zum Thema Streuobstvermarktung wurde eine Beteiligungsanalyse durchgeführt, bei der die relevanten Betroffenen von den Anwesenden benannt

sowie deren Einstellung und deren Einfluss auf eine erfolgreiche Umsetzung des Projektes bewertet wurden. Im Zuge dieser Diskussion konnten wertvolle Informationen gesammelt werden, die zur Konkretisierung des Projektes beigetragen haben. Dabei wurden die wirtschaftlichen Beziehungen um die Vermarktung von Streuobst deutlich.

Bereits in der nächsten Arbeitskreissitzung im April 2000 waren Vertreter des Kreisbauernverbandes Hohenlohekreis, der Bezugs- und Absatzgenossenschaften in Ingelfingen, Dörzbach und Bad-Mergentheim, des Amtes für Landwirtschaft, Landschaft und Bodenkultur Öhringen, Streuobstinitiativen aus dem Landkreis Heilbronn, dem Hohenlohekreis und dem Kreis Schwäbisch Hall, der Unteren Naturschutzbehörde Hohenlohekreis, vertreten durch die Naturschutzbeauftragten, und einige betroffene Landwirte sowie die Kelterei Kumpf anwesend. Im Verlauf des Projektes kamen weitere Teilnehmer hinzu, die sich jedoch wieder aus dem Projekt zurückzogen. Zu diesem Personenkreis gehörten Vertreter von Absatzgenossenschaften außerhalb des Untersuchungsgebietes, die in Konkurrenz zu den örtlichen Bezugs- und Absatzgenossenschaften stehen, des Weiteren Streuobstinitiativen aus dem Hohenlohekreis und dem Kreis Schwäbisch Hall, welche der Projektentwicklung kritisch gegenüberstanden, da sie ebenfalls die Gefahr der Konkurrenz sahen.

b) Konkretisierung der Projektidee im engen Kreis von Hauptakteuren/Schlüsselpersonen (Leitungsteam)

Zwischen den Sitzungen des Arbeitskreises wurden verschiedene Konsultationen durchgeführt. Nach dem Beschluss im November 1999 zur Umsetzung des Marketingkonzeptes wurden die Details des Marketingkonzeptes von einem kleinen Kreis (Leitungsteam), bestehend aus den Geschäftsführern der Bezugs- und Absatzgenossenschaften, der beteiligten Kelterei und Vertretern des Bauernverbandes, konkretisiert.

c) Aufbau der Erzeugergemeinschaft

Nachdem das Marketingkonzept in den wesentlichen Elementen, etwa hinsichtlich der Preispolitik, entschieden war, konnten 230 Landwirte zur Mitgliedschaft in der Erzeugergemeinschaft gewonnen werden. Die dazu notwendige intensive Öffentlichkeitsarbeit wurde von den Geschäftsführern engagiert unterstützt. Mit der Gründung der »Erzeugergemeinschaft ökologischer Streuobstanbau Hohenlohe-Franken« im März 2000 wurde ein organisatorischer Rahmen für die selbständige Weiterentwicklung des Projektes geschaffen. Zum Ende des Projektes im Jahr 2002 war die Anzahl der Mitglieder auf 290 Streuobsterzeuger angewachsen.

Abbildung 8.5.3: Gründungsversammlung der Erzeugergemeinschaft

Von Seiten der Projektgruppe *Kulturlandschaft Hohenlohe* waren Mitarbeiter aus dem Bereich des ökologischen Landbaus und der Landespflege Freiburg beteiligt:
— Thomas Wehinger (Teilprojektverantwortlicher), Institut für Landespflege,
— Frank Henssler (Mitarbeiter), Institut für Landespflege,
— Dr. Ralf Kirchner-Heßler (Geschäftsführung), Institut für Landespflege, jeweils der Albert-Ludwigs-Universität Freiburg,
— Karin Eckstein (Diplomandin), Lehrstuhl für Vegetationsökologie, Technische Universität München Weihenstephan

8.5.6 Methodik

Im Rahmen des Teilprojektes wurden verschiedene methodische Ansätze verfolgt, die einen interdisziplinären Ansatz dokumentieren.

Wissenschaftliche Methoden

Zu den wissenschaftlichen Methoden ist im Rahmen des Streuobstprojektes zum einen die schriftliche Befragung zur Beteiligungsbereitschaft der Landwirte zu zählen. Die Gestaltung der schriftlichen Befragung folgte den methodischen Elementen der Theorie des geplanten Verhaltens von AJZEN (2000). Diese Theorie spiegelte sich ebenfalls in der umsetzungsorientierten Anwendung der Beteiligungsanalyse wider, wie sie im folgenden Abschnitt beschrieben wird.

Darüber hinaus wurden Streuobstbestände in den Gemeinden Dörzbach und Mulfingen auf der Hochebene (Gemarkung Hollenbach, auf Lettenkeuper) sowie im Jagstal am Südhang (Gemarkung Ailringen und Gemeinde Dörzbach, Mittlerer Muschelkalk) im Rahmen einer Diplomarbeit (ECKSTEIN 2001) auf insgesamt 26 Parzellen mit 516 Obstbäumen exemplarisch untersucht. Hierbei wurden Baumparameter (Obstarten, Entwicklungsphasen, Baumgröße, Höhlenangebot, Pflege) erhoben und die Grünland-Unternutzung mit Hilfe von Vegetationsaufnahmen charakterisiert. Weitere Analysen erstreckten sich auf die
— Erhebung der Produktionspotenziale,
— die Analyse statistischer Daten zum Streuobstanbau und
— die Definition und Berechnung von Produktionsverfahren und deren Deckungsbeitrag.

Umsetzungsorientierte Methoden

Partizipative Aktionsforschung beschäftigt sich im Kern mit dem Verhalten von Menschen bzw. der Frage: »Welches Verhalten der Menschen ist notwendig, um eine Veränderung bzw. eine Innovation herbeizuführen?« Verhalten und Verhaltensänderung sind Bestandteil vieler wissenschaftlicher Untersuchungen, die sehr unterschiedliche Erklärungsansätze verfolgen (ECKES & SIX 1994). Die Theorie des geplanten Verhaltens (AJZEN 2001) TpB wurde als theoretische Grundlage gewählt, da sie ein außerordentliches Potenzial für die Umsetzungs- und Beteiligungs-orientierte Forschung im Kontext einer nachhaltigen Entwicklung bietet (BEDELL & REHMAN 1999).

Die Berücksichtigung sozialer Normen ist in der TpB gegenüber anderen theoretischen Ansätzen herausgehoben. Besonders im ländlichen Raum ist davon auszugehen, dass soziale Normen das Verhalten der Menschen besonders stark prägen, da sich die einzelnen Individuen den Normen der Sozialgemeinschaft nicht entziehen können, ohne Gefahr zu laufen, sozial ausgegrenzt zu werden (SALAMON et al. 1998). Die Berücksichtigung des sozialen Umfelds bei der Erklärung individuellen Verhaltens wird als zentraler Bestandteil der Zusammenarbeit mit Akteuren

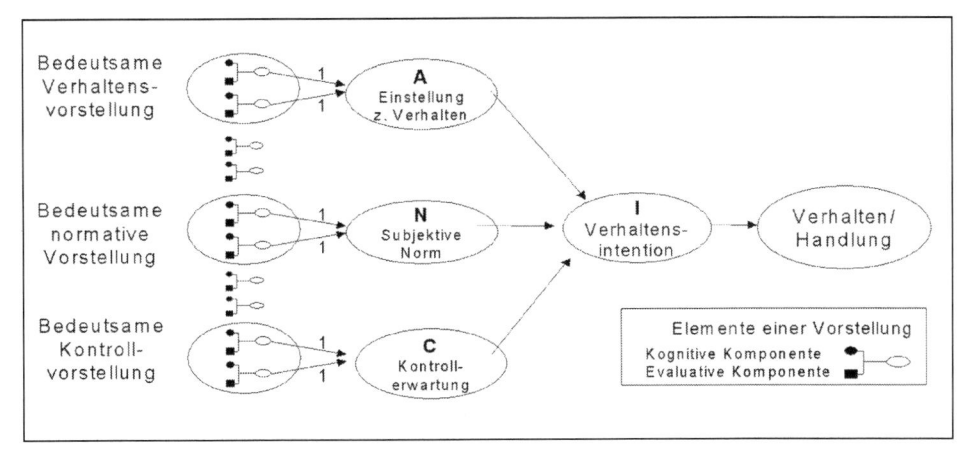

Abbildung 8.5.4: Struktur der »Theory of planned Behavior« (TpB) nach AJZEN (2002); Erläuterungen im Text

im Rahmen von Handlungsforschung betrachtet. Nach AJZEN (2001) korreliert die Verhaltensintention (I) unter bestimmten Voraussetzungen eng mit dem tatsächlich stattfindenden Verhalten. Demnach beeinflussen soziale Normen (N=Norm), Verhaltensvorstellungen (A=Attribute) und die Kontrollerwartung (C=Control) die Verhaltensintention (I=Intention) (vgl. Abb. 8.5.4). Jede der einzelnen Vorstellungen besteht aus einer kognitiven (wissensorientierten) und einer evaluativen (wertenden) Komponente.

Im Rahmen der Fallstudie »Vermarktung von Streuobst« wurde die Theorie des geplanten Verhaltens auf ihre Aussagekraft und den methodischen Ansatz hin untersucht. Auf der Grundlage der TpB wurde eine schriftliche Befragung der Erzeuger durchgeführt. Gleichzeitig bildet sie die theoretische Grundlage der Beteiligungsanalyse.

Zentrales Element der Umsetzungsmethodik war eine Beteiligungsanalyse, die sich auf die Betrachtung des sozialökonomischen Netzwerkes der Akteure konzentriert. In den ersten drei Arbeitsschritten zur Beteiligungsanalyse spiegeln sich die drei Komponenten der Theorie des geplanten Verhaltens (Theory of planned Behaviour TpB) wider, in dem Einstellung und Einfluss auf das Verhalten aller Betroffenen im sozialökonomischen Netzwerk analysiert wird. Die Beteiligungsanalyse umfasst vier Arbeitsschritte, die nacheinander (mit oder ohne Beteiligte) durchgeführt werden können (DICK 2001):

— Der erste Schritt bei der Identifizierung von Beteiligten (N) ist die Auflistung aller Personen und Gruppen, die in der Lage sind, die angestrebte Veränderung durchzusetzen oder zu verhindern, selbst aber nicht an der Veränderung mitwirken, aber davon beeinflusst werden.
— Der nächste Schritt ist die Einschätzung der Einstellung der Betroffenen (A) zum Thema bzw. zur Projektidee (Bewertung in 5 Stufen von positiv bis negativ).
— An dritter Stelle steht die Einschätzung des Einflusses der Betroffenen (C) auf das Thema bzw. die Projektidee (Einstufung von hoch über mittel bis niedrig).
— Als letzter Schritt wird über mögliche Formen der Beteiligung der Betroffenen (I) diskutiert.

N + **A** + **C** resultiert in **I**

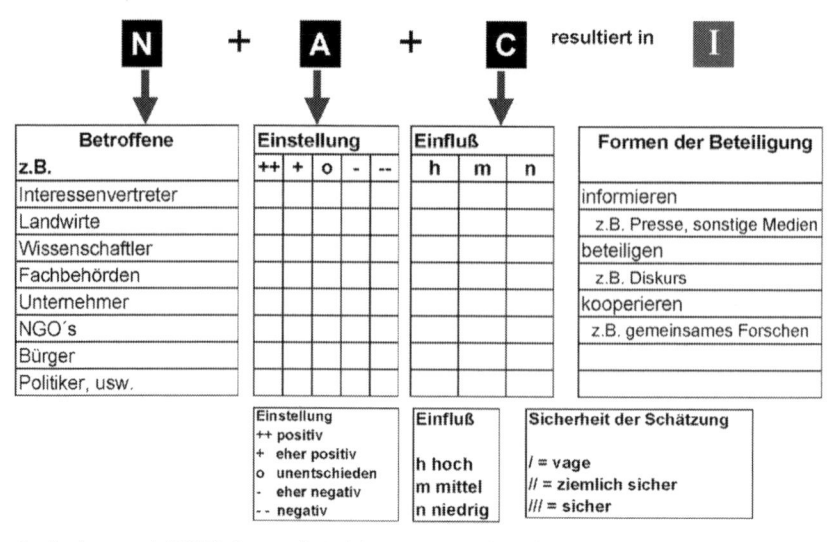

Betroffene z.B.	Einstellung					Einfluß			Formen der Beteiligung
	++	+	o	-	--	h	m	n	
Interessenvertreter									informieren
Landwirte									z.B. Presse, sonstige Medien
Wissenschaftler									beteiligen
Fachbehörden									z.B. Diskurs
Unternehmer									kooperieren
NGO's									z.B. gemeinsames Forschen
Bürger									
Politiker, usw.									

Einstellung	Einfluß	Sicherheit der Schätzung
++ positiv + eher positiv o unentschieden - eher negativ -- negativ	h hoch m mittel n niedrig	/ = vage // = ziemlich sicher /// = sicher

Quelle: SELLE et al. (1995), BECKARD in Anlehnung an DICK (2000), AJZEN (2001)

Abbildung 8.5.5: Beteiligungsanalyse im Kontext der »Theorie des geplanten Verhaltens«

Nach Einschätzung von Einstellung und Einfluss der verschiedenen Betroffenen auf das Projektziel bzw. die Handlung kann in angemessener Weise auf die verschiedenen Betroffenen zugegangen werden. Die Einschätzung durch Forschende und Akteure wird anfangs noch relativ vage sein, im Verlauf des Projektes jedoch steigen. Um den Informationstand über die Sicherheit der Einschätzung zu kennzeichnen, werden die Begriffe sicher (///), ziemlich sicher (//) und vage (/) genutzt. Die Form der Beteiligung hängt nicht zuletzt von den personellen und finanziellen Ressourcen ab. Einzelgespräche erfordern in der Regel einen hohen Zeitaufwand, sind jedoch notwendig, um vertrauliche Informationen zu sammeln bzw. eine frühzeitige öffentliche Festlegung zu vermeiden, die später dann nicht mehr korrigiert werden kann.

Anwendungsorientierte Methoden
Darüber hinaus wurden die folgenden anwendungsorientierten Methoden bei der Umsetzung des Projektes angewandt:
—Strategisches Marketingkonzept entwickeln,
—Produkt-, Preis-, Distributions- und Kommunikationskonzept festlegen,
—PR-Konzept zur Information und Kooperation von Streuobstbewirtschaftern erarbeiten.

8.5.7 Ergebnisse

Die Zusammenarbeit zwischen Forschenden und Akteuren führte zur Umsetzung eines Marketingkonzeptes für kontrolliert ökologischen Streuobstsaft und zur Gründung einer Erzeugergemeinschaft mit 290 Mitgliedern zum Ende des Jahres 2001. Durch eine enge Zusammenarbeit von Akteuren und Forschenden wurden die notwendigen Kommunikationsprozesse möglich, um die Landwirte für die Vermarktung von regionalem Streuobst unter dem Bio-Label zu motivieren. Die

Maßnahmen, die zur Zielerreichung notwendig waren, werden in Tab. 8.5.1 umfassend dargestellt. Mit den verschiedenen Beteiligungsformen wurde auf die unterschiedlichen Anforderungen des Prozesses und der jeweiligen Zielgruppe eingegangen.

Tabelle 8.5.1: Die Projektentwicklung

Initiierung

	Beteiligungsform	Handlungs- bzw. Lernprozess
12/98	Gespräch zwischen Mitarbeiter (MA) und 3 Streuobstinitiativen.	Vorschlag zur Vermarktung von Streuobstäpfeln im Rahmen der EU-Bio-Verordnung (2092/91)

Analyse

2/99	Arbeitskreis Grünland (Ak_Gl)	Die Idee wird durch den Arbeitskreis Grünland aufgegriffen – erste Beteiligungsanalyse
3-4/99	Expertenbefragungen MA und Experten	Erarbeitung von Grundlagen
4/99	Ak_Gl mit 35 Akteuren	Darstellung der vorläufigen Ergebnisse der ersten Untersuchungen und Diskussion
7/99	Einzelgespräche	Motivation und Unterstützung der Akteure
7/99	Ak_Gl mit 25 Akteuren	Selbsteinschätzung (Beteiligungsmatrix) der Akteure führt zur Weiterentwicklung des Projektes mit einer Befragung der Landwirte
Bis 11/99	MA mit Landwirtschaftsverwaltung	erste Information und Diskussion mit einer breiten Öffentlichkeit – Pretest, Durchführung und Auswertung der Befragung

Planung

11/99	Ak_Gl mit 25 Akteuren	Diskussion der Befragungsergebnisse und endgültiger Beschluss, das Vermarktungsprojekt zu starten
Bis 2/00	Leitungsteam (LT) und MA	Entscheidung für das Marketingkonzept (Produkt-, Preis-, Distributions- und Kommunikationspolitik)

Implementierung

3/00	LT und MA	Informations- und Werbeveranstaltungen zum Vermarktungsprojekt
23.3.00	LT, MA und 70 Landwirte	Gründung einer Erzeugergemeinschaft (EZG) zur Vermarktung von ökologischem Streuobst
Bis 31.3.00	MA und GF der EZG	intensive Pressearbeit Antragsabwicklung für weitere 150 Mitglieder
7/00	Akteure	Zertifizierung nach EU-Bio-Verordnung (2091/92)
Bis 11/00	Akteure	Anlieferung von 900 t Streuobstäpfeln zu 60,- Euro pro t über dem Preis konventioneller Ware

Evaluierung und Dokumentation

2/01	Akteure	grosse Zufriedenheit mit dem Vermarktungsprojekt und eine positive Entscheidung zur Weiterführung
1-2/2002	Unternehmen, MA	Evaluierung der Markteinführung und Befragung von Kunden zum Bio-Apfelsaft im Getränkefachhandel
01/02	EZG und MA	Entscheidung zur Weiterentwicklung des Projektes über die Laufzeit des Forschungsprojektes hinaus
2002	MA	Dokumentation der Ergebnisse und Diskussion

MA: Mitarbeiter der Projektgruppe Kulturlandschaft Hohenlohe
GF: Geschäftsführer der Bezugs- und Absatzgenossenschaften
EZG: Erzeugergemeinschaft
LT: Leitungsteam der Initiative
Ak_Gl: Arbeitskreis Grünland

Wissenschaftliche Ergebnisse

Die wissenschaftliche Fragestellung konzentrierte sich auf die Anwendung der »Theory of planned Behaviour»(TpB) im Kontext des Aktionsforschungsansatzes. Die Forschungsarbeit wurde durch eine Befragung von 130 Streuobstlieferanten der Genossenschaften erweitert. Neben betrieblichen und produktionstechnischen Fragen widmete sich ein umfangreicher Teil des Fragebogens der Bereitschaft der Befragten, sich dem Projekt anzuschließen. Einige der zentralen Ergebnisse werden im Folgenden dargestellt und kommentiert. Das Antwortverhalten muss vorsichtig interpretiert werden, da durch positive Aussagen der Schlüsselpersonen zur Unterstützung der Projektentwicklung eine Einflussnahme auf die Befragten nicht vermieden werden konnte.

Relevante Attribute der Einstellung:

— Ökonomischer Vorteil:
 Obwohl der Einkommensbeitrag von Streuobst zum Haushaltseinkommen als gering einzuschätzen ist, wurde der höhere Preis als treibende Kraft bewertet.
— Kompatibilität mit der bestehenden Praxis:
 Die Hälfte der extensiven Streuobstwiesen wurde seit langem ohne Einsatz von synthetischen Pestiziden und Düngemitteln genutzt. Eine Veränderung der Bewirtschaftung war nicht oder nur in geringem Umfang notwendig (Abb. 8.5.6).
— Tradition:
 Der Streuobstanbau hat eine lange Tradition und wurde als Beitrag zur Erhaltung der Kulturlandschaft wertgeschätzt.
— Ökologische Bedeutung:
 Die ökologische Bedeutung der Streuobstwiesen ist den Befragten bewusst; diese werden als wertvoll angesehen.

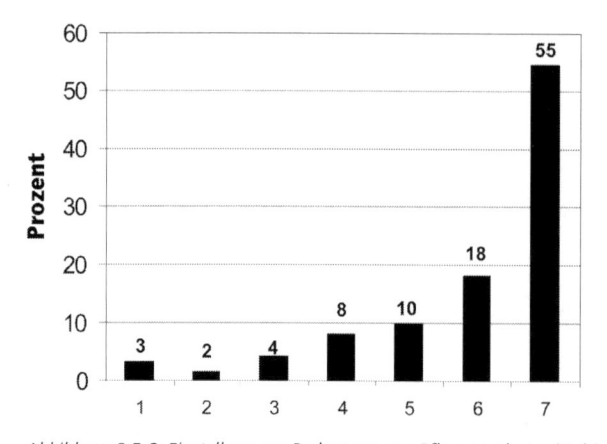

1 = trifft voll und ganz zu
4 = teils-teils
7 = trifft überhaupt nicht zu

Abbildung 8.5.6: Einstellung zur Bedeutung von Pflanzenschutzmittel im Streuobstanbau; Frage: »Ich halte die Anwendung von synthetischen Pflanzenschutzmittel (z.B. Pirimor, Delan) im Streuobstanbau für unverzichtbar.«

Beispielhaft wird an dieser Stelle nur die Aussage zum Einsatz synthetischer Pflanzenschutzmittel in Abb. 8.5.6 angeführt. Von den Befragten stimmen 55 Prozent der Aussage des Einsatzes von Pflanzenschutzmittel überhaupt nicht zu. Diese Aussage unterstrich die Erwartung, dass im Streuobstanbau nur sehr selten synthetische Pflanzenschutzmittel zum Einsatz kommen.

Relevante soziale Normen:
Aus dem Antwortverhalten der Befragten lassen sich einige Aussagen zu relevanten sozialen Normen ableiten. Die Unterstützung des Projektes durch die Berufskollegen und die Familienmitglieder wurde geringer eingeschätzt als die durch die Genossenschaften und die Kreisbauernverbände. Der höchste Einfluss auf die persönliche Entscheidung wurde den Familienangehörigen zugeordnet. Das Antwortverhalten zum Einfluss des sozialen Umfelds auf die persönliche Entscheidung muss jedoch mit Vorsicht interpretiert werden. Die Selbstauskunft zur Bedeutung sozialer Normen lässt als explorative Frage Schlüsse auf die eigene Einstellung zu.

Hinsichtlich der Aussage »Meine Familie würde die Umstellung des Streuobstanbaus auf kontrolliert ökologische Wirtschaftsweise unterstützen«, wird deutlich, dass die Befragten mit einer großen Unterstützung des Vorhabens durch die Familie rechnen (vgl. Abb. 8.5.7). Dabei ist selbstverständlich zu berücksichtigen, dass bereits bei der Motivation, den Fragebogen auszufüllen, von einem starken Interesse der Befragten auszugehen ist.

Meine Familie würde die Untersuchung des Streuobstanbaus auf kontrolliert ökologische Witschaftsweise unterstützen.

1 = trifft voll und ganz zu
4 = teils-teils
7 = trifft überhaupt nicht zu

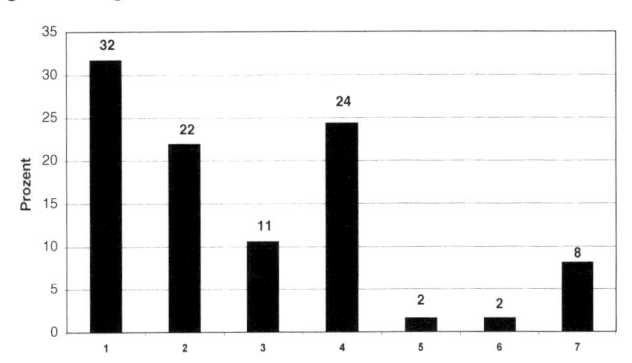

Abbildung 8.5.7 : Einschätzung der Befragten zur Unterstützung durch die Familie

Relevante Kontrollerwartungen
__Persönlicher Einfluss auf die Entscheidung: Nur 10 der 130 Befragten waren nicht vollständig für die Bewirtschaftung der Streuobstwiesen zuständig.
__Externe Kontrolle und Zertifizierung: 64 Prozent der Befragten stimmten der Notwendigkeit von externen Kontrollen ganz oder teilweise zu.
Die Anwendung der TpB im Rahmen der Befragung bestätigte die zentralen Annahmen, wie sie sich im Rahmen der Beteiligungsanalyse abzeichneten.
Im Folgenden soll auf einige ausgewählte zentrale Aspekte eingegangen werden.

Abschätzung des Produktionspotenzials
Eine der zentralen Fragen zur Umsetzung des Projektes war die Menge an Streuobst, die nach den Richtlinien des ökologischen Landbaus zertifiziert und vermarktet werden könnte, da die Kelterei nur dann in die Vermarktung einsteigen würde, wenn eine Mindestmenge von ca. 500 t zertifizierten Streuobst-Äpfeln zur Verfügung stehen würde. 130 Betriebe von 921 angeschriebenen Betrieben füllten den Fragebogen aus, was einem Rücklauf von 14,12 Prozent entspricht. Die befragten Betriebe gaben an, in einem Jahr mit einer durchschnittlichen Erntemenge 254 t Äpfel von Streuobstwiesen liefern zu können. Von allen 130 Betrieben erfüllten 80 Betriebe die Voraussetzungen, um bereits im ersten Jahr ca. 156 t Äpfel zu ernten, die nach den Richtlinien des ökologischen Landbaus angebaut und von einer unabhängigen Kontrollstelle zertifiziert werden könn-

ten. Durch das Hochrechnen dieser Angaben konnte darauf geschlossen werden, dass sich ca. 250 Betriebe an der Vermarktungsinitiative beteiligen müssten, um die Mindestmenge von 500 t Äpfel zusammenzubringen, wenn es sich um ein Jahr einer durchschnittlichen Erntemenge handelte. Tatsächlich beteiligt haben sich im ersten Jahr 230 Betriebe, die im ersten Jahr 900 t Äpfel ablieferten, da es sich um ein extrem überdurchschnittliches Erntejahr handelte. Im folgenden Jahr 2001 war die Erntemenge mit 430 t nicht einmal halb so hoch wie im Vorjahr, obwohl sich weitere 70 Betriebe der Erzeugergemeinschaft anschlossen.

Tabelle 8.5.2: Kenndaten der Befragung

Anzahl der angeschriebenen Lieferanten der Genossenschaften	921
Antworten (Rücklauf der schriftlichen Befragung)	130
Beteiligung an der schriftlichen Befragung in Prozent der angeschriebenen Betriebe	14,12 %
Erntemenge der Befragten	254 t
Anzahl der Betriebe, die in den letzten 3 Jahren weder synth. PSM noch Düngemittel eingesetzt haben	80
Erntemenge von Betrieben, die in den letzten 3 Jahren keine PSM oder synth. Düngemittel angewendet haben	156 t
Potenzial der Erntemenge und der Betriebe	
Erntemenge aller potenziellen Betriebe (Streuobst-Lieferanten der beteiligten Genossenschaften)	1.799 t
Erntemenge von Betrieben, die in den letzten 3 Jahren keine PSM und synth. Düngemittel angewendet haben.	1.108 t
Anzahl der Betriebe, die sich am Vermarktungsprojekt beteiligen müssten, um die kalkulierte Menge von 1.108 to zu erreichen.	567
Anzahl der Betriebe, die sich am Vermarktungsprojekt beteiligen müssten, um 500 t Streuobst in einem durchschnittlichen Erntejahr anliefern zu können.	256
Anzahl der Betriebe, die sich tatsächlich am Vermarktungsprojekt beteiligten, mit einer Gesamtproduktion im ersten Jahr von 900 t.	230

Ökologische Bewertung der Streuobstbestände und Streuobstwiesen

Als Begleituntersuchung wurde im Rahmen des Projektes eine Untersuchung zur ökologischen Bewertung der Streuobstwiesen der Erzeugerbetriebe durchgeführt (ECKSTEIN 2001). Die Untersuchung unterstrich die Bedeutung der Streuobstwiesen aus naturschutzfachlicher Sicht und lieferte Kriterien für deren Bewertung, Da sich die Bearbeiterin innerhalb der zur Verfügung stehenden Zeit auf eine Bestanderhebung beschränken musste, war es nicht möglich, Veränderungsprozesse zu dokumentieren. Da sich bei den meisten Betrieben die Bewirtschaftung der Flächen im Projektverlauf nicht änderte, waren diesbezüglich auch keine Ergebnisse zu erwarten.

Ökonomische Bedeutung der Streuobstvermarktung
Weiter unten wird die Deckungsbeitragsrechnung für Streuobst dargestellt. Für das Vermarktungsprojekt war das entstandene Verhältnis von Aufwand und Nutzen von Bedeutung. Da sich die Bewirtschaftung der Flächen durch die Umstellung zum ökologischen Landbaus nicht bzw. nur geringfügig veränderte, waren die zusätzlichen Kontrollkosten im Verhältnis zu dem Preisaufschlag von Interesse. Da die Kontrollkosten durch ein staatliches Förderprogramm weitestgehend erstattet wurden, konnten die Betriebe den Preisaufschlag von 6,- € je 100 kg Äpfel im Wesentlichen als zusätzliche Einnahmen betrachten, der sich aus der Beteiligung an der Vermarktungsinitiative ergab.

Ökologische Charakterisierung
Auf den untersuchten Standorttypen wurden Apfel- (69 Prozent), Zwetschgen- (15 Prozent), Birnen- (13 Prozent), Kirsch- (2 Prozent) und Walnussbäume (0,6 Prozent) nachgewiesen. Auf der Hochfläche sind Birnbäume (25 Prozent) vergleichsweise häufig vertreten. Walnussbäume kommen nur in den Hanglagen vor. In den Beständen überwiegen die Alters- und Abgangsphasen mit 79 Prozent; nur 12 Prozent der Bäume konnten der Vollertragsphase und 0,8 Prozent der des steigenden Ertrags zugeordnet werden. Mit 6 Prozent Neuanpflanzungen – vor allem auf der Hochfläche – zeichnet sich ein Trend zur Anlage neuer Streuobstbestände ab. Die unterschiedlichen Standortverhältnisse – bestimmt durch Bodentyp, Feuchte und Temperatur – von Hochfläche und Hanglage haben einen signifikanten Einfluss auf die Baum- und Stammhöhe sowie den Kronendurchmesser (vgl. ECKSTEIN 2001).

Aus naturschutzfachlicher Sicht Wert bestimmende Kriterien wurden anhand von Baumhöhlen, Totholzanteil, Moos- und Flechtenvorkommen ermittelt. Bei 129 der 468 berücksichtigten Obstbäume wurden eine oder mehrere Höhlen festgestellt. Hierbei entfielen 66 Prozent auf den Standorttyp Hang und 34 Prozent auf die Hochfläche. Bezogen auf die Obstarten weisen Apfel- (33 Prozent der Einzelbäume) und Birnbäume (23 Prozent) einen hohen Anteil an Höhlen auf, wobei die meisten Baumhöhlen in den Entwicklungsphasen zu finden sind. Die Totholzvorkommen in den Hanglagen liegen deutlich über denen der Hochfläche. Durch Beschädigung der Baumrinde und -krone zeigen Obstbestände auf Rinderweiden einen relativ hohen Totholzanteil. Moosbewuchs konnte bei 14,5 Prozent der 468 Obstbäume festgestellt werden, wobei Bäume in den Hanglagen (22 Prozent) vergleichsweise stärker bemoost sind. Birnen- und Apfelbäume sind stärker bemoost als die übrigen Obstsorten, wie auch in den Entwicklungsphasen höhere Moosvorkommen auftreten. Rund 50 Prozent der Obstbäume beider Standorttypen zeigen ein mittleres Flechtenvorkommen. Auf der Hochfläche besitzen mit 26 Prozent mehr Bäume einen höheren Flechtenanteil als in den Hanglagen (13 Prozent). Hohe Flechtenvorkommen konnten vor allem auf Birnen- und Zwetschgenbäumen festgestellt werden. Die wertbestimmenden Kriterien Baumhöhlen, Totholz und Moosvorkommen sind eng mit der Pflegeintensität verknüpft. So waren 90 Prozent der Höhlenbäume nicht oder nur extensiv gepflegt. Moosvorkommen und Totholzanteil sind ebenso in Beständen ohne oder mit extensiver Pflege deutlich höher. Demgegenüber sind das Flechtenvorkommen und die Pflege nicht eindeutig verknüpft. Auch bei intensiver Pflege konnte auf 20 Prozent der Bäume ein mittlerer Bewuchs festgestellt werden (vgl. ECKSTEIN 2001).

Auf der Hochfläche wurden im Bereich der Streuobstbestände als Unternutzung zweischürige Glatthaferwiesen mit Begleitarten der Hackunkraut- und Ruderalgesellschaften nachgewiesen. Durch die Baumkrone bedeckte Grünlandvegetation unterscheidet sich in ihrer Artenzusammensetzung durch das Fehlen bzw. die geringere Stetigkeit von *Trifolium repens, Trifolium pratense, Plantago lanceolata, Ranunculus bulbosus, Achillea millefolium* und *Chrysanthemum leucanthe-*

mum. Die geringere mittlere Artenzahl überkronter (21 Arten) gegenüber nicht überkronten Grünlandbestände (26 Arten) lässt sich mit dem Zurücktreten der genannten Kräuter erklären.

In den Hanglagen des Mittleren Muschelkalks sind auf Wiesen, Mähweiden und Weiden überwiegend Salbei-Glatthaferwiesen mit Kennarten der Trocken- und Halbtrockenrasen und Begleitern der Wälder trockenwarmer Standorte, Sandrasen-, Felsband- und thermophilen Saumgesellschaften anzutreffen. Der Einfluss der Baumkrone auf die Artenzusammensetzung war nicht eindeutig; eventuell überprägen die Standortbedingungen und die Art der Nutzung diesen Faktor. So ließen sich auf überschirmten Flächen Rinderweiden anhand von Kennarten (z.B. *Bromus sterilis, Rhinanthus minor, Trifolium campestre, Cerastium arvense*) von Wiesen und Schafweiden unterscheiden. Die mittleren Artenzahlen liegen auf diesen Standorten deutlich über denen der Hochflächen (mittlere Artenzahl Rinderweide: 40, Schafweide und Wiese: 35).

Umsetzungsmethodische Ergebnisse

Organisationsentwicklung

Aktionsforschung erfordert eine Organisationsform bzw. Plattform der Kommunikation für die Entscheidungsfindung unter den Akteuren einerseits und für die Zusammenarbeit zwischen Forschenden und Akteuren andererseits. In der Analysephase kann dies eine unverbindliche – für viele Akteure offene – Organisationsform sein. Je mehr das Projekt in die Planungs- und Implementierungsphase kommt, umso verbindlicher sollten diese organisatorischen Rahmenbedingungen sein, umso klarer sollten auch die Aufgaben und die Entscheidungskompetenzen zwischen Forschenden und den Akteuren verhandelt werden. Im Fallbeispiel waren dies die Geschäftsführungen der Kelterei und des Erfassungshandels, die zusammen mit Repräsentanten des Bauernverbandes über die Eckpunkte des Marketingkonzeptes entschieden. Vor Aufnahme der Geschäftstätigkeit wurde eine Erzeugergemeinschaft (EZG) gegründet, welche die Weiterentwicklung des Projektes auch nach dem Forschungsprojekt sicherstellte.

Die Beteiligungsanalyse als Instrument des Projektmanagements

Tabelle 8.5.3: Erste Beteiligungsanalyse im Februar 1999

Beteiligte	Einstellung Schätzung			Einfluss Schätzung		
	+	0	–	h	m	n
Kelterei 1	X				X	
Kelterei 2 und 3		X		X		
Obst- und Gartenbauverein	X					X
Bezugs- und Absatzgenossenschaft 1	X				X	
Bezugs- und Absatzgenossenschaft 2	X				X	
Bezugs- und Absatzgenossenschaft 3	X				X	
Bezugs- und Absatzgenossenschaft 4	X				X	
Amt für Landwirtschaft	X				X	
Landwirte		X			X	
	+ eher positiv o unentschieden – eher negativ			h = hoch m = mittel n = niedrig		

Um einen schnellen Überblick über die relevanten Akteure zu gewinnen, wurde eine Beteiligungsanalyse durchgeführt. Eine Einschätzung und Diskussion mit Mitgliedern des Arbeitskreises Grünland (Ak_Gl) ermöglichte das Sammeln der relevanten Informationen, welche für die Projektentwicklung von größter Bedeutung war. In Tab. 8.5.3 wird diese erste Beteiligungsanalyse dargestellt.

Der Einfluss der Keltereien für die Projektentwicklung wurde gleich zu Beginn des Projektes deutlich. Bei den anwesenden Akteuren gab es jedoch eine eher negative Einschätzung der Einstellung der Kelterei 2 zur Vermarktung von kontrolliert ökologischem Streuobstsaft. Während der persönlichen Konsultationen und im weiteren Projektverlauf hat sich diese Einschätzung jedoch verändert.

Im Juli 1999 wurde eine Selbsteinschätzung mittels einer einfachen schriftlichen Erhebung zum Ende einer Besprechung durchgeführt (vgl. Tab. 8.5.3). Das Ergebnis unterstützte die Einschätzung zur Einstellung und zum Einfluss der Beteiligten der Wissenschaftler, welche im Vorfeld der Veranstaltung durchgeführt wurde, wonach die Kelterei 2 eine positive Entscheidung zugunsten der Umsetzung des Projektes getroffen hatte und die anderen beteiligten Personen und Organisationen dies unterstützen.

Tabelle 8.5.4: Selbsteinschätzung der Akteure (Juli 1999)

Beteiligte (Organisation, Name)	Einstellung Schätzung			Einfluss Schätzung		
	+	0	--	+	0	--
Öko-Kontrollstelle	X			X		
Kelterei 2	X			X		
Obst- und Gartenbauverein	X			X		
Bezugs- und Absatzgenossenschaft 1	X			X		
Bezugs- und Absatzgenossenschaft 1	X			X		
Bezugs- und Absatzgenossenschaft 2	X			X		
Bezugs- und Absatzgenossenschaft 3	x			x		
Bezugs- und Absatzgenossenschaft 4	X				X	
Amt für Landwirtschaft 2	X				X	
Amt für Landwirtschaft 1	X				X	
Landwirt A	X				X	
Landwirt B		X				X
Bäuerin A	X				X	
Landwirt C	X				X	
Fördergemeinschaft Hohenloher Streuobstbäume	X				X	
Fördergemeinschaft Unterländer Streuobstwiesen	X			X		
Naturschutzbund	X				X	
Verein für ökologische Regionalentwicklung 1	X			X		
Verein für ökologische Regionalentwicklung 2	X			X		
Verein für ökologische Regionalentwicklung 3	X					X
Umweltzentrum Schwäbisch Hall	X			X		
	+ eher positiv o unentschieden - eher negativ			h = hoch m = mittel n = niedrig		

Ergebnisse der Zwischenevaluierung

Im Rahmen des Teilprojektes *Öko-Streuobst* wurde nur eine Sitzung des Arbeitskreises Gründland evaluiert, welche ausschließlich dem Teilprojekt gewidmet war. Der größte Teil der Umsetzungsarbeit im Rahmen des Teilprojektes wurde in einem kleinen Kreis von 3-4 Akteuren durchgeführt. Die dazu notwendigen Besprechungen wurden nur qualitativ – im Rahmen einer »Blitzrunde« am Ende der Besprechung evaluiert.

Für eine der zentralen Veranstaltungen am 27.04.1999 ergab sich das folgende Bild. Die Akteure waren mit den Ergebnissen und der Arbeitsatmosphäre weitgehend bzw. sehr zufrieden. Weniger zufrieden waren sie hingegen mit den Ergebnissen der Veranstaltung und der Berücksichtigung ihrer Anliegen, obwohl die Veranstaltung auf die Sammlung von Meinungen, Fragen und Anregungen der Teilnehmer konzentriert war. Die Ergebnisse der Veranstaltung waren relativ unkonkret, da sich die Akteure zwar grundsätzlich für ein Projekt zur Streuobstvermarktung aufgeschlossen zeigten, es jedoch viele offene Fragen gab, die für eine weitere Umsetzung des Vorhabens zunächst einer Klärung bedurften. Aus diesen offenen Fragen, welche sich aus der offenen Diskussion der Akteure ergaben, leiteten sich verschiedene Arbeitsaufträge für die Mitarbeiter der Projektgruppe *Kulturlandschaft Hohenlohe* ab.

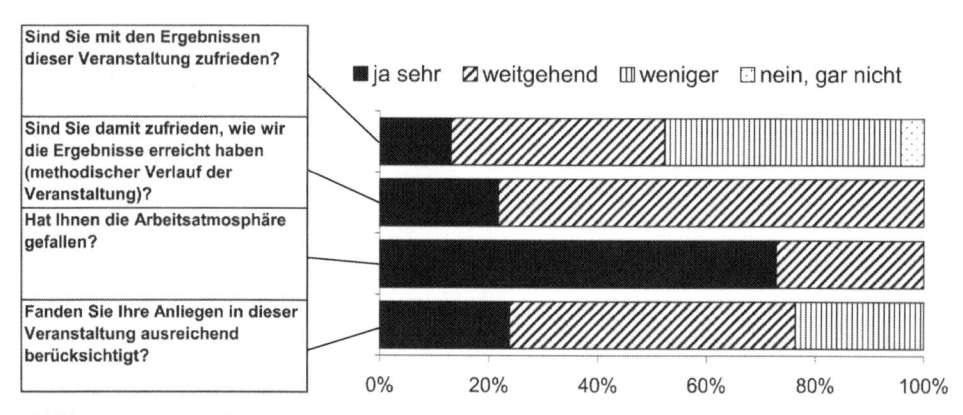

Abbildung 8.5.8: Kurzevaluierung der Arbeitskreissitzung am 27.04.1999

Die Evaluierungen des Teilprojektes *Öko-Streuobst* ergaben eine hohe Übereinstimmung zwischen der Bewertung der Akteure und der Projektmitarbeiter. So wurde eine hohe Zufriedenheit mit den erreichten Ergebnissen ausgedrückt. Sowohl zur methodischen Vorgehensweise wie zur Arbeitsatmosphäre gab es positive Einschätzungen seitens der Akteure und der Projektmitarbeiter.

Eine etwas weniger positive Bilanz ergab sich hinsichtlich der Öffentlichkeitsarbeit, des Erkenntnisgewinns und des zukünftigen Bestands der Ergebnisse des Teilprojektes.

Anwendungsorientierte Ergebnisse

Im Wesentlichen wurde im Rahmen des Teilprojektes ein Marketingkonzept entwickelt und die notwendigen organisatorischen Rahmenbedingungen für eine effiziente Zertifizierung der Streuobstflächen nach der EU-Bio-Verordnung geschaffen. Die Unterstützung der Projektmitarbeiter im Bereich der Zertifizierung und der Gründung einer Erzeugergemeinschaft in Kombination mit dem hohen Engagement einzelner wichtiger Akteure ermöglichte eine schnelle Umsetzung des Projektes. Die Gestaltung der Kommunikationspolitik und die Markteinführung des Produktes

Abbildung 8.5.9:
Zwischen- und Abschlussevaluierung des Projektes durch Akteure und Mitarbeiter der Projektgruppe Kulturlandschaft Hohenlohe

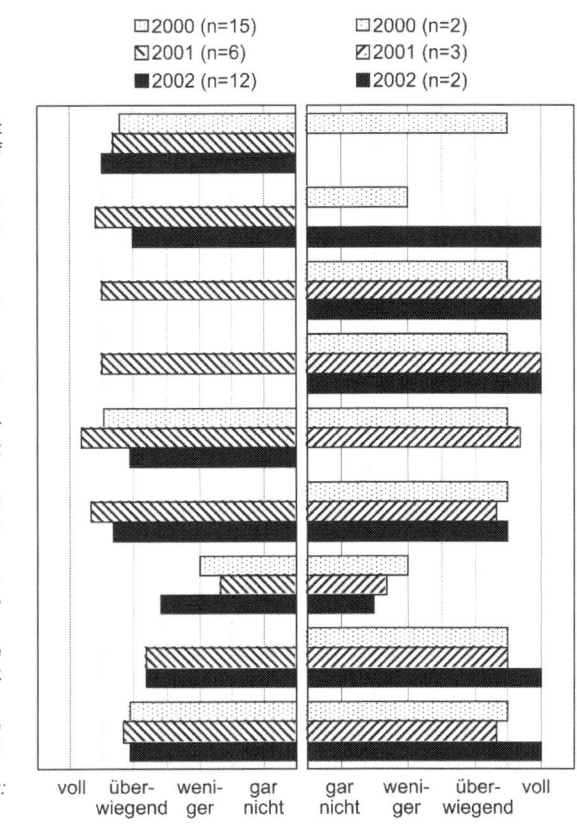

Abbildung 8.5.10:
Flaschenetikett des Streuobstapfelsaftes

erfolgte unter der Regie der Kelterei. Zur Unterstützung der Markteinführung wurden Verköstigungen und eine Kundenbefragung durchgeführt. Die Entwicklung neuer Produkte und eine Diversifizierung des Angebots wurden aus zeitlichen Gründen nicht weiterverfolgt.

Verknüpfung mit anderen Teilprojekten

Das Teilprojekt *Öko-Streuobst* hatte eine Schnittstelle zum TP *Landnutzungsszenario Mulfingen*. Bei der Ausarbeitung der Themenheftes »Kulturlandschaft erleben und Schmecken« wurde auf das initiierte *Öko-Streuobst*-Projekt sowie die Verkaufsstellen verwiesen. Die Beziehungen zu den anderen Teilprojekten beschränkten sich auf einen Austausch des methodischen Ansatzes und der kontinuierlichen Information.

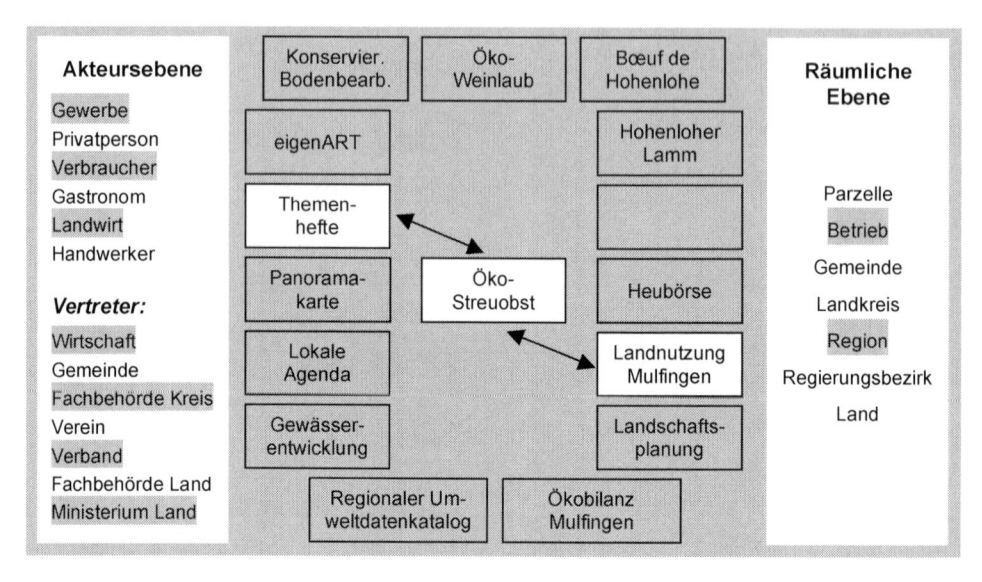

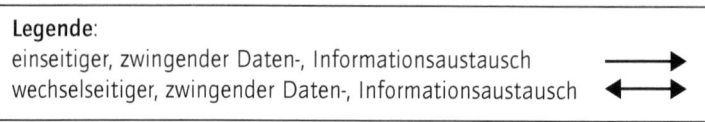

Akteursebene				Räumliche Ebene
Gewerbe	Konservier. Bodenbearb.	Öko-Weinlaub	Bœuf de Hohenlohe	
Privatperson	eigenART		Hohenloher Lamm	
Verbraucher				
Gastronom	Themenhefte			Parzelle
Landwirt				Betrieb
Handwerker				Gemeinde
Vertreter:	Panoramakarte	Öko-Streuobst	Heubörse	Landkreis
Wirtschaft	Lokale Agenda		Landnutzung Mulfingen	Region
Gemeinde				Regierungsbezirk
Fachbehörde Kreis				Land
Verein	Gewässerentwicklung		Landschaftsplanung	
Verband				
Fachbehörde Land	Regionaler Umweltdatenkatalog	Ökobilanz Mulfingen		
Ministerium Land				

Legende:
einseitiger, zwingender Daten-, Informationsaustausch ⟶
wechselseitiger, zwingender Daten-, Informationsaustausch ⟵⟶

Abbildung 8.5.11: Verknüpfung des Teilprojektes Öko-Streuobst mit andern Teilprojekten und Bezugsebenen

Öffentlichkeitsarbeit und öffentliche Resonanz

Öffentlichkeitsarbeit

Ein wesentliches Element und einen wichtigen methodischen Baustein der erfolgreichen Projektentwicklung stellte die intensive Öffentlichkeitsarbeit dar, durch welche die Personen informiert wurden, die nicht direkt bzw. persönlich an der Projektentwicklung beteiligt waren.

Eine Besonderheit im Teilprojekt *Öko-Streuobst* war die intensive Beteiligung von Schlüsselpersonen im Kommunikationsprozess. Die wesentliche Überzeugungsarbeit zur Motivation von Landwirten, sich am Vermarktungsprojekt zu beteiligen, wurde von den Schlüsselpersonen selbst geleistet. Vom Vertreter des Kreisbauernverbandes bis zu den Geschäftsführern der Genossenschaften und der beteiligten Kelterei haben sich alle an der Öffentlichkeitsarbeit beteiligt. So wurden z.B. Statements der Schlüsselpersonen verfasst, in denen sie das Projekt »Vermarktung von kontrolliert ökologischen Streuobstsaft« unterstützen. Diese Statements wurden einerseits bei

Klaus Mugele, Kreisbauernverband Hohenlohe

»Streuobstwiesen sind typische und prägende Bestandteile unserer bäuerlichen Kulturlandschaft.
Die niedrigen Obstpreise und die agrarpolitischen Rahmenbedingungen haben dazu geführt, dass der heimische Streuobstbau seit Jahren schon stark rückläufig ist. Unsere bäuerlichen Familienbetriebe werden durch die radikalen Preisrückgänge, bedingt durch die ständig wachsenden Billig-Importe aus dem Ausland, immer mehr zur Aufgabe ihrer Betriebe und damit auch der Pflege der Streuobstbäume gezwungen.
Vor diesem Hintergrund begrüßen wir die gegenwärtigen Bemühungen um den Aufbau eines Vermarktungskonzeptes für kontrolliert ökologisch erzeugtes Streuobst, um damit die Einkommenssituation für die Erzeuger zu verbessern. Dies kann jedoch nur gemeinsam mit den Landwirten, den Fruchtsaftherstellern, den örtlichen Genossenschaften, dem Naturschutz und anderen Interessensvertretern gelingen.
Bei einem nur geringfügigen Mehrpreis von etwa 0,30 DM bis 0,50 DM für den Liter Öko-Apfelsaft erhält der Verbraucher als Gegenleistung ein kontrolliert umweltgerecht erzeugtes Qualitätsprodukt aus heimischer Erzeugung und leistet damit einen Beitrag für die langfristige Erhaltung der Streuobstwiesen«.

einer Befragung der Landwirte, aber auch für Posterpräsentationen auf Veranstaltungen genutzt, die von der Zielgruppe, den Streuobstanbauern frequentiert wurden (z.B. Tag des offenen Hofes).

Die Bedeutung von Öffentlichkeitsarbeit unterstreicht die Mitgliederentwicklung der Erzeugergemeinschaft nach der Gründungsveranstaltung (vgl. Abbildung 8.5.12). Nach einer umfassenden Berichterstattung in allen regionalen Tageszeitungen über die Gründungsveranstaltung der Erzeugergemeinschaft, wurden in den folgenden sieben Tagen weitere 100 Mitglieder gewonnen. Neben der Berichterstattung in der Tagespresse hat die persönliche Ansprache durch Kollegen viele Betriebe zur Teilnahme am Vermarktungsprojekt bewegt.

Mit dem Teilprojekt *Öko-Streuobst* konnte ein neues innovatives Konzept der Streuobstvermarktung umgesetzt werden, welches inzwischen zahlreiche Nachahmer im gesamten Bundesgebiet gefunden hat. Im Folgenden soll daher auf die verschiedenen Aspekte der Umsetzung des Projektes eingegangen werden.

Öffentliche Resonanz

Die Berichterstattung der regionalen Zeitungen war ausgesprochen positiv und förderlich für die Projektentwicklung. Die Information von Journalisten über den Projektverlauf und die Einladung zu öffentlichen Veranstaltungen unterstützte eine inhaltlich treffende und zeitnahe Berichterstattung. Einzelne Presse-Berichte (siehe Abb. 8.5.12) wurden von den Projektmitarbeitern selbst formuliert. Die Redaktion der Zeitungen übernahm die Texte weitgehend.

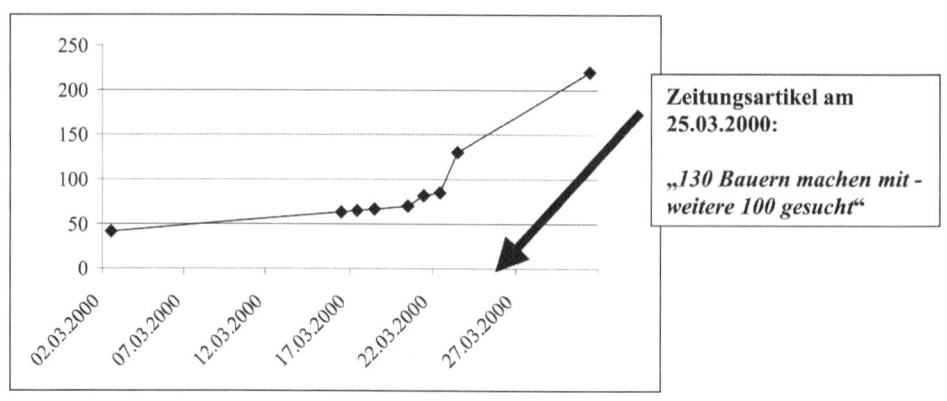

Abbildung 8.5.12: Mitgliederentwicklung der Erzeugergemeinschaft

Großes Interesse am Vermarktungsprojekt kam von anderen Streuobstinitiativen bis hin zu Vertretern des Bundesverbandes der Streuobstinitiativen, der das Projekt kritisch beobachtete.

Die Nachfrage der Kunden für den kontrolliert ökologischen Landbau blieb weiter hinter den Erwartungen der Kelterei zurück. Ein großer Teil der üblicher Weise belieferten Verkaufsstellen weigerte sich, den Saft zu vermarkten. Dadurch fiel ein großer Teil der Vertriebswege des Unternehmens weg.

8.5.8 Diskussion

Wurden alle Akteure beteiligt?
Die Beteiligung der Akteure wurde im Teilprojekt *Öko-Streuobst* strategisch mit Hilfe der Beteiligungsanalyse geplant und umgesetzt (Siehe hierzu Kap. 8.5.5, 0 und 0).

Zusammenfassend kann von einem möglicherweise typischen Verlauf der Beteiligung gesprochen werden. Dabei lassen sich einzelne Beteiligungsformen den verschiedenen Projektphasen zuordnen (vgl. Tab. 8.5.5). Von besonderer Bedeutung zu sein scheint die Konzentration der Beteiligung auf die Schlüsselpersonen in der Planungsphase, die dann während der folgenden Projektlaufzeit kontinuierlich weiterentwickelt wird.

So ist einerseits die Konzentration auf die Schlüsselpersonen von Bedeutung und andererseits sind die Zielgruppen in geeigneter Form über den Projektverlauf zu informieren. Die Beteiligungsanalyse als Instrument der Reflektion zur Projektentwicklung hat sich aus Sicht der Forschenden als nützlich erwiesen. Um die schwankenden bzw. unsicheren Einstellungen zum Projekt aufzugreifen und in angemessener Weise darauf zu reagieren, bedarf es immer wieder einer Phase der Reflektion. Wahrnehmbare Veränderungen der Einstellung sind immer ein Indiz für die Notwendigkeit zu intervenieren, Klärungen zu schaffen und Kommunikationsprozesse zu steuern. Die Auseinandersetzung mit Akteuren, welche einen großen Einfluss auf das Projekt haben, sollte dabei im Vordergrund stehen. Die Beteiligungsanalyse kann darüber hinaus zur Selbsteinschätzung genutzt werden, welche zusätzlich ein hohes Maß an Verbindlichkeit für das zugesagte Engagement der Beteiligten bewirkt.

Projektverlauf	Beteiligung von Schlüsselpersonen	Beteiligung von Zielgruppen
Situationsanalyse	Erste Gespräche in Initiativkreis, Konsultation von Einzelpersonen	geringe Beteiligung
Planung	Konzentration auf Schlüsselpersonen (9 P.) in Arbeitsgruppen und Einzelgespräche	schriftliche Befragung, Beteiligung an Informationsveranstaltungen
Umsetzung	Ausdehnung auf die gesamte Zielgruppe (300 P.)	Informationsveranstaltungen, Presseveröffentlichungen, Gründungsversammlung der Erzeugergemeinschaft
Evaluierung	Arbeitsgruppe der beteiligten Schlüsselpersonen (9 P.)	Arbeitskreissitzungen der Projektgruppe, Verbraucherbefragung

Tabelle 8.5.5: Beteiligungsformen im Projektverlauf

Wurden die gesetzten Ziele erreicht?

Die in Kap. 8.5.3 beschriebenen Ziele wurden im Wesentlichen erreicht. Die wissenschaftlichen Ziele des Projektes wurden in allen Punkten erreicht.
Es konnten Erkenntnisse gewonnen werden zur
— Analyse und Bewertung der organisatorischen Rahmenbedingungen und wirtschaftlichen Rentabilität der Vermarktung von Streuobst aus ökologischer Produktion,
— Untersuchung der ökologischen Wertigkeit der Streuobstbestände im Betrachtungsraum,
— Erfassung der Einflussfaktoren, die zur Beteiligung der Streuobstbauern an der Vermarktung von kontrolliert ökologischem Streuobst führen.

Im Kontext der sozialwissenschaftlichen Aspekte im Projekt *Öko-Streuobst* konnte mit Hilfe der »Theory of Planned Behaviour« eine fundierte sozialpsychologische Erklärung für viele verschiedene Ansätze in der Projektarbeit erklärt bzw. abgeleitet werden.

Umsetzungsmethodische Ziele

Für die Umsetzung des Teilprojektes war die Vorgehensweise bei der Beteiligung der Akteure zu Beginn und im Verlauf des Projektes von Bedeutung. Dabei wurde eine Beteiligungsanalyse aus der Aktionsforschung bzw. der Organisationsentwicklung auf ihre Tauglichkeit in der Projektentwicklung untersucht und in ihrer Bedeutung für das Projektmanagement dargestellt.

Die gewählten Beteiligungsmethoden waren den jeweiligen Projektstadien und den Projektinhalten angepasst. Beteiligungsmethoden müssen letztlich auch den Ressourcen der Akteure und der Forschenden angepasst sein. Um einen Prozess bzw. ein Projekt zu verstetigen ist die Einbindung derjenigen Akteure von größter Bedeutung, die in der Lage sind den Prozess, das Projekt über die Intervention der Forschenden hinaus, zu verstetigen. Wenn es keine solche Akteure gibt, sollten geeignete organisatorische Rahmenbedingungen geschaffen werden, die eine solche Verstetigung ermöglichen. Der gezielte Einsatz der Öffentlichkeitsarbeit im Wechsel mit der direkten Beteiligung von Schlüsselpersonen, die ihrerseits als Multiplikatoren nach außen dienen, ist als zentrales Element der erfolgreichen Projektetablierung zu betrachten. Auch in der hier vorliegenden Form der Projektarbeit sind Prinzipien und Grenzen der Partizipation zu berücksichtigen (FÜRST 2002). Im Besonderen, wenn es um die Aushandlung von ökonomisch relevanten Sachverhalten geht, wie den Preis oder die Liefermengen von Streuobst, sind kleine Zirkel der Akteure sinnvoll, die als Repräsentant einer Gruppe von Akteuren die Verhandlungen führen. Die Institutionalisierung der nicht organisierten Akteure sind aus demselben Grund als notwendig zu betrachten.

Das Projektmanagement sollte sich auch im Verlauf von Projekten immer wieder versichern, dass alle relevanten Akteure beteiligte sind. Auf der anderen Seite sollten Akteure ausgeschlossen bzw. in ihre Schranken verwiesen werden, die den Prozess mit unangebrachten Interventionen bzw. einer ungeeigneten Verhandlungstaktik gefährden.

Anwendungsorientierte Zielsetzungen

Die Vermarktung von kontrolliert ökologischem Streuobst im Rahmen der Projektlaufzeit wurde umgesetzt. Mit der Gründung der Erzeugergemeinschaft konnten insgesamt 290 Betriebe für das Vermarktungsprojekt gewonnen werden, die in der Summe ca. 300 ha Streuobstwiesen bewirtschaften. Die Auszahlungspreise lagen mit ca. 6 € je 100 kg Äpfel über dem vergleichbaren konventionellen Preisen. In Abhängigkeit von dem jeweiligen Erntejahr können damit Preisaufschläge von 25-50 Prozent erreicht werden. Bereits im zweiten Jahr der Vermarktungsinitiative wurde die Zusammenarbeit mit weiteren Keltereien gesucht. Im Rahmen einer Kundenbefragung in verschiedenen Getränkemärkten wurden auch Verköstigungsaktionen durchgeführt.

Nicht gelungen ist im Rahmen der Projektlaufzeit die Entwicklung neuer Produkte. Dies lässt sich zum einen auf die relativ kurze Projektlaufzeit zurückführen. Zum anderen waren die Partner im Projekt vornehmlich auf die Vermarktung von Saft konzentriert. Über die Zusammenarbeit mit anderen Erzeugerzusammenschlüssen soll die Produktvielfalt verbessert werden.

Selbsttragender Prozess

Eines der zentralen Elemente der Projektarbeit war der Aufbau einer geeigneten organisatorischen Struktur, welche die Projektidee auch nach der Betreuung durch die Mitarbeiter des Forschungsprojektes weiterführen. Die Einbindung kompetenter Akteure und verschiedener Unternehmen lässt eine kontinuierliche Weiterentwicklung der Erzeugergemeinschaft erwarten. Zu Beginn des Jahres 2003 haben sich die Initiativen im Raum Heilbronn und die Erzeugergemeinschaft Ökologischer Streuobstanbau Hohenlohe/Franken auf eine sehr weit gehende Kooperation verständigt. Durch die Bündelung von insgesamt ca. 400 Betrieben mit einem Produktionsvolumen von insgesamt ca. 1800 t Streuobst werden die Streuobstinitiativen die Zusammenarbeit mit dem Vermarktungsunternehmen Lidl und Schwarz intensivieren. In insgesamt 25 Märkten der Kaufland-Gruppe werden verschiedene Sorten des Streuobstapfelsaftes angeboten werden. Unter anderem soll auch ein klarer Apfelsaft angeboten werden. Die Zertifizierung nach den Richtlinien des ökologischen Landbaus im Rahmen der EU VO 1292/91 wird bis Ende des Jahres von beiden Initiativen gewährleistet sein. Damit scheint die Fortsetzung des Projektes auch in den kommenden Jahren gesichert.

Übertragbarkeit

Mit dem Projekt *Streuobst aus kontrolliert ökologischem Anbau* konnten 290 landwirtschaftliche Betriebe an einer Aufpreisinitiative beteiligt werden, die sich vorher mit sehr geringen Preisen für Streuobst zufrieden geben mussten (siehe Kap. 8.5.2).

Die zu Beginn des Projektes formulierten Ziele wurden erreicht, auch wenn das Projektmanagement die jeweiligen Maßnahmen flexibel an die Notwendigkeiten der Prozessentwicklung anpassen musste.

Der räumlichen Bezug des Projektes änderte sich in gleichem Maße, wie sich die Akteure beteiligten und Einfluss gewannen (siehe Kap. 8.5.5). Dies ist ein Beispiel dafür, dass ein zu enge räumliche Bindung im Rahmen von Vermarktungsprojekten die Gefahr mit sich bringt, dass kompetente Akteure von der Zusammenarbeit ausgeschlossen werden. Eine flexible Gestaltung des räumlichen Bezugs ist für Vermarktungsprojekte daher von zentraler Bedeutung für ein erfolgreiche Projektumsetzung.

Der Aktionsforschungsansatz ermöglichte eine enge und von Seiten der Akteure hoch motivierte Zusammenarbeit auch bei den wissenschaftlichen Untersuchungen sowohl bei der Datenerhebung als auch bei der Bewertung der Ergebnisse. Schriftliche Befragungen, moderierte Expertenrunden und ökologische Untersuchungen ermöglichten einen sehr detaillierten Einblick in das gesamte Produktions- und Distributionssystem von Streuobst.

Das Projekt *Öko-Streuobst* konnte größtenteils unabhängig von anderen Teilprojekten umgesetzt werden. Informationsaustausch fand mit den Teilprojekten *Themenhefte* und *Landnutzungsplanung in Mulfingen* statt.

Die folgenden Kriterien sind beim Aufbau von Vermarktungsprojekten relevant:
1. die Organisationsform der Vermarktung,
2. das Marketingkonzept insgesamt und die Ausrichtung auf den Markt für ökologische Produkte,
3. die Projektentwicklung.

Die Organisationsform der Erzeugergemeinschaft hat sicherlich dann Vorteile, wenn sehr viele Einzelunternehmen an einem Vermarktungsprojekt beteiligt sind. Andere Streuobstinitiativen wählen die Form eines gemeinsamen landwirtschaftlichen Betriebs in Vereinsform, indem die Streuobstflächen der einzelnen landwirtschaftlichen Betriebe und Privatleute vom Verein gepachtet werden. Die Erzeugergemeinschaft lässt sich vermutlich einfacher und schneller umsetzen, da die Verpachtung von Flächen an einen Verein mit sehr viel Vertrauen verbunden sein muss, welches sich nur im Laufe einer längeren Zusammenarbeit entwickeln lässt.

Die Wahl der Organisationsform hängt von verschiedenen Aspekten – nicht zuletzt auch von den möglichen Fördermaßnahmen ab (BAUMHOF-PREGITZER & LANGER 1997).

Das Marketingkonzept und damit die Ausrichtung auf den Markt für ökologische Produkte wird inzwischen von vielen Streuobstinitiativen umgesetzt. Damit erreicht man eine Kostenreduzierung bei den Kontrollen und ist in der Lage, ein neues Marktsegment zu beliefern. Die bisherigen regionalen Vertriebswege der Streuobstinitiativen können damit wesentlich erweitert werden. Von der Vermarktung an den Naturkosthandel bis zur Vermarktung von Saft in Lastzügen können so alle Absatzwege genutzt werden. Im Verbund der regionalen Streuobstinitiativen wird daher in Zukunft Streuobst in Garagen von Privatleuten verkauft, im Getränkefachhandel, im Lebensmitteleinzelhandel bis zur Verarbeitungsware in Lastzügen: eine Vielfalt von Vertriebswegen, die eine große Absatzsicherheit mit sich bringt und die Abhängigkeit von einzelnen Unternehmen senkt.

Die Projektentwicklung wird im Ergebnisteil ausführlich beschrieben. Die Ausführungen zum Prozessmanagement können durchaus auf andere ähnliche Projekte angewendet werden. Im Speziellen die Beteiligungs-Analyse ist zunehmend als Bestandteil einer erfolgreichen Projektplanung in die Praxis der Regionalvermarktung und des Regionalmanagements eingeflossen. Mitarbeiter der Modellregionen des Bundesministeriums für Verbraucherschutz, Ernährung und Landwirtschaft (BMVEL) wenden diese oder ähnliche Konzepte zur Umfeldanalyse an.

Tabelle 8.5.6: Analyse der fördernden und hemmenden Kräfte

	Benennung der Kraft	Bewertung der Kraft (stark, mittel, schwach)	In welcher Weise »dreht« die Projektgruppe an dieser Kraft
Soziale Kräfte	Bindung an die eigene Genossenschaft	stark	Intensive Beteiligung der regionalen Genossenschaften
	Familiäre Unterstützung bei der Streuobsternte	stark	Kein Einfluss
	Vorbildfunktion von Kollegen	mittel	Presseberichte über die Beteiligung von Landwirten an der Vermarktungsinitiative
	Unterstützung durch Schlüsselpersonen	stark	Einbindung von Schlüsselpersonen durch intensive Zusammenarbeit
	Traditionsbewusstsein	mittel	Herausstellung der Tradition bei Diskussionsrunden
Ökonomische Kräfte	Höherer Preis für das Streuobst aus kontrolliert ökologischem Anbau	mittel	Unterstützung der Projektpartner durch die Preisfindung
	Beitrag zum Gesamteinkommen	gering	Kein Einfluss
	Förderung der Kontrollen durch das Land Baden-Württemberg	stark	Organisation der Antragstellung und Abstimmung mit dem Regierungspräsidium
Ökologische Kräfte	Bedeutung der Streuobstwiesen für den Artenschutz	mittel	Studie und Rückmeldung der Ergebnisse
	Bedeutung der Streuobstwiesen für den Erhalt der Kulturlandschaft und das Landschaftsbild	mittel	Herausstellung und Kommunikation der Bedeutung in Versammlungen und der Öffentlichkeitsarbeit
	Extensive Bewirtschaftung der Streuobstflächen	stark	Darstellung der Befragungsergebnisse zur Bewirtschaftung von Streuobstflächen

Zeitlicher und finanzieller Aufwand

Das Teilprojekt *Öko-Streuobst* war insgesamt sehr zeitaufwändig (vgl. Tab. 8.5.7). Dabei ist jedoch zur berücksichtigen, dass viele Maßnahmen durch den Forschungsauftrag der Projektgruppe *Kulturlandschaft Hohenlohe* beeinflusst waren. Circa ein Jahr waren zwei Personen mit jeweils einer 50 Prozent-Stelle mit diesem Projekt beschäftigt. Der innovative Ansatz zur Streuobstvermarktung bedingte viele Arbeitsschritte, welche bei einer Wiederholung eines ähnlichen Projektes nicht nochmals durchzuführen wären. Mit der folgenden Tabelle soll eine grobe Kalkulation des Zeitaufwandes zusammengestellt werden.

Tabelle 8.5.7: Arbeitsschritte und Zeitbedarf

Arbeitsschritte, Aufgaben	Umsetzung	Forschung
	Tage	Tage
5 x Arbeitskreis (Vor- und Nachbereitung, Durchführung)	15	
5 x Lenkungsgruppe moderieren, vor- und nachbereiten	15	
20 Einzelgespräche vor Ort	10	
Ausarbeitung, Durchführung und Auswertung der schriftlichen Befragung	20	50
Ausarbeitung der schriftlichen Unterlagen für die Erzeugergemeinschaft (Richtlinien, Satzung, usw.)	30	10
10 öffentliche Veranstaltungen (Vor- und Nachbereitung)	30	
Berichtfassung und Präsentationen	20	120
Kundenbefragung	20	30
Summe des Arbeitsaufwandes	160	150

Von den gesamten Arbeitstagen dienten ca. 160 vornehmlich der Umsetzung des Teilprojektes und 150 Tage der wissenschaftlichen Arbeit.

Wurden Verbesserungen im Sinne der Nachhaltigkeit erreicht?

Ökonomische Indikatoren
Deckungsbeitrag
Der ökonomische Nutzen der Streuobstvermarktung wird bei gleich bleibender Bewirtschaftung im Wesentlichen durch den höheren Verkaufspreis bestimmt. Die Landwirte erhalten einen um 6 € höheren Preis als ihre konventionell wirtschaftenden Kollegen. Mit diesem Preisaufschlag errechnet sich bei ein Mehrerlös von 80 € je Hektar bei einem Durchschnittsertrag von 40 kg Äpfel je Baum und von 123 € je Hektar Streuobstwiesen bei einem Ertrag von 60 kg je Baum. Dieser Preisaufschlag drückt sich dann auch in der Entlohnung der Arbeitszeit aus.

Für die Rentabilität von Streuobstflächen ist der Ertrag je Baum bzw. die Anzahl der Bäume je Hektar von besonderer Bedeutung. Durch die regelmäßige Pflege von Streuobstbeständen sind durchschnittliche Obsterträge von weit über 60 kg je Baum möglich. Der Ertrag ist jedoch hohen Schwankungen unterworfen.

Insgesamt zeigt sich die relativ geringe Arbeitsentlohnung je eingesetzter Arbeitszeit, welche zwischen 4,60 € und 6,40 € pro Stunde schwanken kann. Aus der Kalkulation ist die Bedeutung der staatlichen Förderung für die Wirtschaftlichkeit deutlich sichtbar, ohne die der Streuobstanbau vermutlich auf ein absolutes Minimum zurückgefahren werden würde.

Die Kontrollkosten für die Zertifizierung nach der EU VO 1292/91 werden durch das Land Baden-Württemberg bezuschusst, sodass hier keine wesentlichen Kosten auf die Betriebe zukommen. Sollte diese Förderung in der Zukunft nicht gewährleistet werden, entstehen je Betrieb zusätzliche Kosten in Höhe von ca. 40-50 € pro ha Streuobstfläche, die den höheren Erlös nahezu halbieren würden.

Tabelle 8.5.8 stellt die Deckungsbeitragsrechnung für einen Hektar Streuobst dar. Die Zahlen stammen im Wesentlichen aus der Befragung von 130 Streuobsterzeugern im Projektgebiet.

Tabelle 8.5.8: Deckungsbeitragsrechnung Streuobst

Apfelbäume pro ha	34	34	34	34	Stk.
Apfelertrag pro Apfelbaum	40	40	60	60	kg
Apfelertrag in kg/ha Streuobst	1360	1360	2040	2040	kg/ha
Leistungen					
Verkaufspreis für Äpfel je 100 kg	7,5	13,5	7,5	13,5	Euro/100kg
Leistungen Apfelertrag je ha	**102**	**184**	**153**	**275**	**Euro/ha**
Flächenausgleich für die Erhaltung der Streuobstwiesen					
MEKA (Marktentlasungs- und Kulturlandschaftsausgl.)	100	100	100	100	Euro/ha
Grünlandförderung	90	90	90	90	Euro/ha
extensive Grünlandförderung	40	40	40	40	Euro/ha
Förderung der Kontrollkosten	40	40	40	40	Euro/ha
Summe der Ausgleichszahlungen	270	270	270	270	Euro/ha
Leistungen incl. Ausgleichszahlungen	**372**	**454**	**423**	**545**	**Euro/ha**
Material- und Maschinenkosten *	73	73	73	73	Euro/ha
Kontrollkosten	42	42	42	42	Euro/ha
Summe variabler Kosten ohne Arbeitszeit	**115**	**115**	**115**	**115**	**Euro/ha**
Deckungsbeitrag (DB 1)	257	338,6	308	430,4	Euro/ha
Kalkulation des Arbeitsaufwandes					
Arbeitszeitaufwand für das Schneiden	8,4	8,4	10,1	10,1	Akh
Arbeitszeitaufwand für die Ernte **	43,2	43,2	51,9	51,9	Akh
Arbeitszeitaufwand für den Abtransport der Ernte	4,3	4,3	5,1	5,1	Akh
Arbeitszeitaufwand für das Pflanzen	0,0	0,0	0,0	0,0	Akh
Arbeitszeitaufwand für die Heuernte	11,3	11,3	11,3	11,3	Akh
Summe Arbeitszeit	67,2	67,2	78,4	78,4	Akh
Summe Arbeitszeitaufwand ohne Heuwerbung	55,9	55,9	67,1	67,1	Akh
DB 2 mit Förderung	4,60	6,06	4,59	6,41	Euro/Akh

* Material- und Maschinenkosten in Abhängigkeit der Baumzahl
** Der Arbeitszeitaufwand für die Ernte verändert sich nicht proportional zur Erntemenge
Quelle: Eigene Erhebungen, AID 1996

Ökologische Indikatoren

Die nachfolgenden Ausführungen stellen eine Zustandsbewertung der Streuobstbestände für den Bezugsraum dar.

Zerschneidung und Isolation der Lebensräume – Biotopgröße

Für die Gemeinde Mulfingen (8007 ha) wurde auf der Grundlage einer Luftbildauswertung (vgl. Kap. 8.7) ein Flächenanteil an Streuobst von 2,7 Prozent ermittelt. Die Flächengröße der 808 differenzierten Einzelflächen liegt bei einer durchschnittlichen Flächengröße von 0,3 ha zwischen 0,004 und 5,3 ha.

Biotopqualität – Vegetationstyp

Die Nutzung der Flächen auf denen Streuobstbäume stehen ist in den meisten Fällen Grünland. Auf den Hochflächen herrschen Glatthafer-, im mittleren Muschelkalk der Talhänge Salbei-Glatthaferwiesen vor (vgl. Kap. 8.5.7).

Biotopqualität – Ökologischer Zeigerwert
Die Zeigerwerte nach ELLENBERG (1992) zeigen keine wesentlichen Unterschiede bezüglich des Lichtgenusses unter den Baumkronen. Der Median der Lichtzahl liegt sowohl in offenen Flächen als auch in überkronten Bereichen bei 7,0 (Mittelwert), was auch den Angaben von HOFBAUER 1998 entspricht. Die Stickstoffmineralisation ist durch die N-Zufuhr über Laub- und Obstfall und die durchschnittlich gesteigerte mikrobielle Aktivität aufgrund der ausgeglicheneren Bodentemperaturen unter der Baumkrone (Median N-Zahl 7,0, Mittelwert 6,5) gegenüber der Fahrgasse (unbedeckte Flächen, Median 6,0, Mittelwert 6,0 bis 6,2) erhöht (Eckstein 2001). DRÜG (2000) ermittelte in den Gemarkungen Ailringen und Hollenbach auf Glatthaferwiesen eine mittlere N-Zahl von 6,1, für Salbei-Glatthaferwiesen (Dominanz von *Arrhenatherum elatius*) 5,2. Der Median der Feuchtezahl liegt innerhalb der Aufnahmeflächen im Hangbereich bei 4, auf der Hochfläche bei 5.

Biotopqualität – Alter
Die Zuordnung der Bäume zu den einzelnen Entwicklungsphasen ist u.a. abhängig von dem Alter und der Pflege der Bäume. Für die einzelnen Entwicklungsphasen können folgende Orientierungswerte zur Altersbestimmung herangezogen werden (vgl. WELLER 1986, BÜNGER 1993): Jungphase (I) bis 5 Jahre, Phase des steigenden Ertrags (II) ca. 5-15 Jahre, Ertragsphase (III) ca. 15-40 Jahre, Altersphase (IV) ca. 40-50 Jahre. Die in Kap. 8.5.7 beschriebene Verteilung der Entwicklungsphasen verdeutlicht die Überalterung der Bestände. Empfohlen wird ein Altersspektrum von 10-30 Prozent Jungbäume, 60-70 Prozent im mittleren Alter und 15-20 Prozent Altbäume (vgl. BITZ 1992).

Floristische Artenvielfalt – Anzahl der Gefäßpflanzen
Im Untersuchungsraum zeigen völlig überschirmte Flächen eine mittlere Artenzahl von 21 (16 bis 25 Arten), offene Flächen außerhalb der Baumkronen eine mittlere Artenzahl von 25,5 (21 bis 31 Arten). Die meisten Arten wurden in halb überkronten Aufnahmeflächen angetroffen (mittlere Artenzahl 26,3, 21 bis 32 Arten) (ECKSTEIN 2001), was die Bedeutung der Heterogenität des Lebensraums Streuobstwiese verdeutlicht. BREUNING & KÖNIG (1988) bezeichnen die Vegetation unter Baumkronen ebenso als artenarm, während HOFBAUER (1998) im Baumschatten leicht erhöhte Artenzahlen gegenüber der Fahrgasse beschreibt.

Floristische Artenvielfalt – Anzahl von Kulturarten
In den untersuchten Streuobstbeständen wurden Apfel, Birne, Zwetschge/Pflaume, Kirsche und Walnuss nachgewiesen (vgl. Kap. 8.5.7). Aufnahmen in ausgewählten Streuobstbeständen in den Gemeinden Widdern, Möckmühl und Siglingen (unteres Jagsttal) belegen mit 17 unterschiedlichen Apfelsorten – weitere Apfel- und Mostbirnenbäume konnten nicht mit Sicherheit angesprochen werden – das hohe Kulturartenpotenzial im Raum (HÖCHTL 1997).

Seltenheit und Gefährdung – Gefährdete Biotope
Auf die ökologische Bedeutung wurde bereits in Kap. 8.5.2 verwiesen. Streuobstbestände werden im Südwestdeutschen Mittelgebirgs-, Stufenland als gefährdete Biotoptypen durch Flächenverlust und stark gefährdet durch qualitativen Veränderungen eingestuft (RIECKEN et al. 1994). Ein genereller Schutz dieses Biotoptyps existiert in Baden-Württemberg nicht.

Soziale Indikatoren

Die Zusammenarbeit der Projektgruppe mit den Akteuren im Rahmen des Teilprojektes *Öko-Streuobst* konzentrierte sich auf eine enge Kooperation mit den Schlüsselpersonen. Die 300 beteiligten landwirtschaftlichen Betriebe konnten nur über die Öffentlichkeitsarbeit und jährlich stattfindende Mitgliederversammlungen an der Vermarktungsinitiative beteiligt werden.

Die Teilnahme an diesen Mitgliederversammlungen war von der Gründungsversammlung bis zur zweiten Jahreshauptversammlung sehr gut. Damit nahmen die Betriebsleiter das Beteiligungsangebot wahr. Bereits zur Gründungsversammlung folgten ca. 100 Personen der Einladung. Die Mitgliederversammlungen wurden jeweils in einer Festhalle durchgeführt, an der sich einmal 150 und das andere Mal 130 Personen beteiligten.

Das Kontrollsystem zum ökologischen Landbau erforderte die Organisation der Betriebe in einer Erzeugergemeinschaft. Wollten die Betriebe an der Vermarktungsinitiative teilnehmen, waren sie gezwungen, Mitglied zu werden. Dass sich daraus dennoch ein konkretes Interesse an der Entwicklung der Erzeugergemeinschaft entwickelte, wird durch die gute Beteiligung an den Mitgliederversammlungen unterstrichen.

Darüber hinaus gehende Qualifizierungsmaßnahmen zum ökologischen Landbau wurden jedoch nicht angenommen.

Zur Beschreibung der Zufriedenheit mit der Partizipation kann an dieser Stelle auch auf die Evaluierung des Teilprojektes verwiesen werden, die sich jedoch auf die eng am Projekt beteiligten Vertreter beschränkt (siehe Kap. 8.5.7).

Im Frühjahr 2001 wurde eine Kurzbefragung in der Mitgliederversammlung durchgeführt, an der sich 79 Mitglieder beteiligten. Die Ergebnisse der Befragung zeugen von einer relativ hohen Zufriedenheit der Mitglieder mit dem Vermarktungsprojekt insgesamt, im Besonderen jedoch mit der Organisation der Erzeugergemeinschaft im Allgemeinen (1,6) und der Berücksichtigung der eigenen Anliegen im Speziellen (2,1). Defizite sahen die Mitglieder vor allem bei der Informations- und Beratungsarbeit.

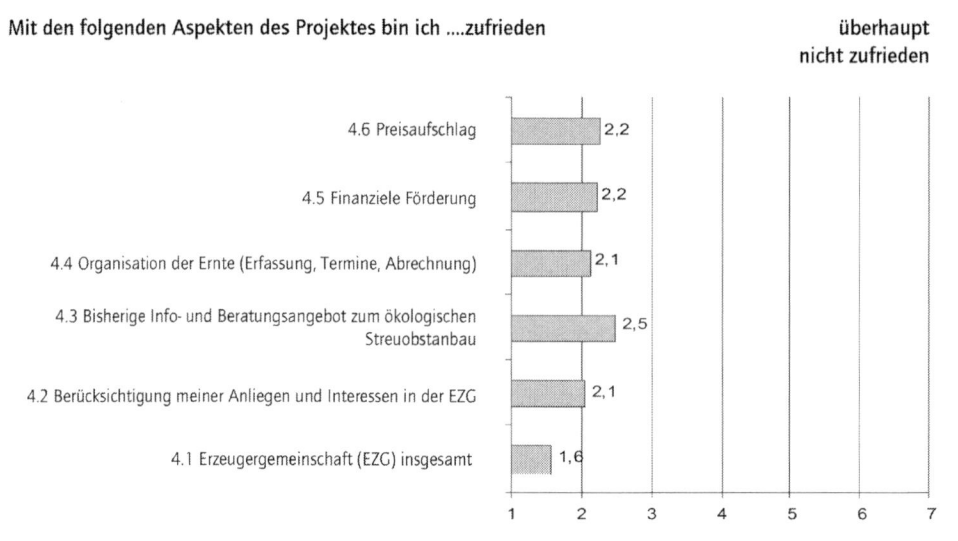

Mit den folgenden Aspekten des Projektes bin ich ....zufrieden   **überhaupt nicht zufrieden**

Aspekt	Wert
4.6 Preisaufschlag	2,2
4.5 Finanziele Förderung	2,2
4.4 Organisation der Ernte (Erfassung, Termine, Abrechnung)	2,1
4.3 Bisherige Info- und Beratungsangebot zum ökologischen Streuobstanbau	2,5
4.2 Berücksichtigung meiner Anliegen und Interessen in der EZG	2,1
4.1 Erzeugergemeinschaft (EZG) insgesamt	1,6

Abbildung 8.5.13:
Befragung der Mitglieder (80 Antworten/Fragebögen) während der Mitgliederbefragung am 14.03.2001

Sowohl die Berücksichtigung der eigenen Interessen als auch die Arbeitsatmosphäre wurden sehr positiv bewertet. Im Rahmen der Zusammenarbeit hat sich jedoch auch gezeigt, dass wechselnde Vertreter einer Organisation den Kommunikationsprozess schwierig machen und die Umsetzung des Projektes erschweren.

Wissen über Möglichkeiten nachhaltiger Landnutzung – Zufriedenheit mit dem Zugang und Angebot (subjektiv)
Das Wissen über die Möglichkeiten einer nachhaltigen Landwirtschaft hat sich bei den direkt beteiligten Unternehmen erhöht. Allein die Auseinandersetzung mit dem Kontrollverfahren des ökologischen Landbaus führt zu mehr Sicherheit der Beteiligten, wobei die bereits bestehende Erfahrung einzelner Akteure von großer Bedeutung für die Umsetzung war.

Vergleich mit anderen Vorhaben
Ein Vergleich mit anderen Projekten zur Vermarktung von Streuobstapfelsaft ist zunächst in Bezug zu den bestehenden Vermarktungsinitiativen in der Region möglich. Die unbefriedigende Entwicklung dieser Initiativen und das beschränkte Absatzpotential führten letztlich zum Projektstart. Am Ende der Projektlaufzeit beschäftigten sich bereits zwei der regionalen Initiativen im Kreis Heilbronn mit der Zertifizierung ihrer Erzeugung nach den Richtlinien des ökologischen Landbaus, um langfristig auch den Öko-Markt als potenziellen Absatzweg zu nutzen.

Die Erzeugergemeinschaft ökologischer Streuobstanbau in der Region Hohenlohe Franken hat eine ähnlichen Umfang wie eine andere Initiative in der Region Bodensee, die inzwischen fest etabliert ist. Auch dort sind mehrere Keltereien an der Verarbeitung und Vermarktung von Streuobst beteiligt. Eine Zertifizierung nach den Richtlinien des ökologischen Landbaus war zum Zeitpunkt des Projektstarts nicht angestrebt.

Überregional
Die Aufpreisinitiativen im Land Baden-Württemberg (BAUMHOF-PREGITZER & LANGER 1997) zeugen von einer großen Vielfalt, sowohl was den Umfang der vermarkteten Mengen, die Organisation der Vermarktung als auch die Preisgestaltung betrifft. Eine der Erzeugergemeinschaft Hohenlohe-Franken entsprechende Menge wird nur in den Apfelsaftprojekten Bodensee, Beilstein und Bad Boll erreicht.

Die Aufpreise schwankten 1996 von 21 DM je 100 kg Äpfel bis 35 DM. Dabei unterscheiden sich die Initiativen durch das Festlegen eines Festpreises oder eines Aufpreises auf den konventionellen Preis.

Ein großer Teil der Initiativen wurde von Vertretern bzw. direkt von Naturschutzverbänden (NABU und BUND) initiiert und begleitet. Unterstützung erhalten die Initiativen in der Regel von Kommunalpolitikern. Vom Direktvertrieb aus der Garage, über den Getränkefachhandel bis zum Lebensmitteleinzelhandel werden die verschiedensten Vertriebswege genutzt. Eine Übersicht zu den verschiedenen Vermarktungsprojekten in Baden-Württemberg bietet die Arbeit von LANGENBACH (2003).

In Bezug zum ökologischen Landbau ist die Bedeutung der Vermarktung in den Lebensmitteleinzelhandel von zentraler Bedeutung. MICHELSEN et al. (1999) unterstreichen diesen Sachverhalt mit einem internationalen Vergleich der Vertriebswege, der die Marktdurchdringung ökologischer Produkte vor allem in Lebensmittelketten als bestimmendes Kriterium zur Ausdehnung der ökologischen Landbaus herausstellt. Mit der Marketingkonzeption für kontrolliert ökologische Erzeugung von Streuobst konnten die Weichen für einen kontinuierlichen Ausbau des Vertriebsweges gelegt werden.

8.5.9 Schlussfolgerungen

Neben der rein praxisorientierten Zielerreichung im Sinne des Teilprojektes *Vermarktung von kontrolliert ökologischem Streuobst* sind die umsetzungsmethodischen Aspekte im Teilprojekt und der damit verbundene theoretische Ansatz zum Projektmanagement als ein wesentlicher Schritt zu übertragbaren methodischen Ansätzen zu betrachten. Von besonderer Bedeutung bleibt vor allem die Vorgehensweise bei der Beteiligungsanalyse, wie sie im Kapitel Methodik beschrieben ist. Wie in vielen Verfahren der Bürgerbeteiligung oder des Projektmanagements ist eine effektive und effiziente Beteiligung von relevanten Akteuren von zentraler Bedeutung für die Projektentwicklung. Nicht selten haben einzelne Schlüsselpersonen und Unternehmen eine solche Bedeutung für die Umsetzung einer Idee, dass sich das Gelingen der Projekte an deren Verhalten festmacht. Im vorliegenden Fallbeispiel waren dies vor allem die einzelnen Geschäftsführer der Bezugs- und Absatzgenossenschaften und der Kelterei.

Wesentliche Erkenntnisse zur Umsetzungsmethodik (Positives, Negatives)
Fürst (2002), Brendle (1999), Korf (2002), Ganzert et al. (2002) stellen die Bedeutung einer effektiven und effizienten Beteiligung in ihren verschiedenen Aspekten ausführlich dar. Deutlich wird dabei, dass in Projekten, die nicht von den Akteuren selbst finanziert werden müssen, wesentlich aufwendigere Beteiligungsformen angewendet werden, als dies in der Praxis des Beratungsalltags oft möglich ist bzw. notwendig wäre. Die enge und kontinuierliche Kooperation mit den Schlüsselpersonen und der Aufbau geeigneter organisatorischer Strukturen sind als zentrale Erfolgsfaktoren im Projektmanagement zu betrachten.

Empfehlungen für eine erfolgreiche Projektdurchführung
Marketingprojekte sind grundsätzlich nach den Regeln eines professionellen Marketings zu gestalten. Von der Marktanalyse bis zur Markteinführung sind die bekannten Aspekte des Marketings zu berücksichtigen. Unzureichende bzw. inkonsequente Umsetzung der Ideen bis in das kleinste Detail führt letztlich zu einem unbefriedigenden Ergebnis bzw. zum Scheitern des Projektes.

Neben dem Marketingkonzept sind gleichermaßen die angemessene Einbindung von Entscheidungs- und Leistungsträgern von Bedeutung. Darüber hinaus ist der Aufbau geeigneter organisatorischer Rahmenbedingungen als eine zentrale Aufgabe zu verstehen, die letztlich einen gemeinsamen Lernprozess und kooperatives Handeln ermöglicht.

Für Marketingkonzepte empfiehlt sich daher die intensive Ausarbeitung der folgenden verschiedenen Aspekte eines Projektmanagements:
1. Projektinhalte
   _Situation
   _Ziele
   _Marketingstrategie
   _Marketingmix in Bezug auf Produkt-, Preis-, Distributions- und Kommunikationspolitik
2. Beteiligung der Akteure
   _Schlüsselpersonen und Institutionen die Einfluss auf das Projekt haben
   _Klare Abgrenzung von Aufgaben und Verantwortung zwischen den Beteiligten
   _Informations- und Öffentlichkeitsarbeit
3. Organisatorische Rahmenbedingungen und Maßnahmen
   _Zeitliche, finanzielle und technische Ressourcen der Beteiligten
   _Kompetenzen
   _Qualifikation bzw. Lernprozess aller Beteiligten

Weiterführende Aktivitäten

Die Mitarbeiter im Teilprojekt *Öko-Streuobst* haben die Möglichkeit, im Rahmen des vom Bundesministerium für Verbraucherschutz, Ernährung und Landwirtschaft geförderten Wettbewerbs »Regionen aktiv« in Hohenlohe und Heilbronn die weitere Entwicklung der Streuobstinitiative zu begleiten. Dabei zeichnet sich zum Redaktionsschluss dieses Berichtes (Mai 2004) folgendes Bild ab.

Die Erzeugergemeinschaft ist etabliert und hat inzwischen verschiedene Vertriebswege erschlossen. Neue Mitglieder werden erst dann wieder in die Erzeugergemeinschaft aufgenommen, wenn sich der Absatz von Streuobst zuverlässig entwickelt.

Die Fusion der Streuobstinitiativen von Beilstein und Heilbronn wurde in 2003 abgeschlossen. Die Zusammenarbeit der beiden Initiativen mit der Erzeugergemeinschaft für ökologischen Streuobstanbau in Hohenlohe-Franken wurde beschlossen und soll weiterentwickelt werden.

Handlungsbedarf besteht nach wie vor bei der Produktdifferenzierung.

Eine Untersuchung der Streuobstbestände in ca. 5 Jahren könnte interessante Ergebnisse zur Entwicklung der ökologischen Parameter beitragen.

Literatur

Ajzen, I., 2001: Behavioral Interventions. http:/www-unix.oit.umass.edu/pdf/tpb.intervention.pdf (Stand: 2001)
Baumhof-Pregitzer M., S. Langer, 1997: Streuobst: Ideen-Aktionen-Konzepte zum Erhalt der Streuobstwiesen in Baden-Württemberg. Stiftung Naturschutzfonds beim Ministerium Ländlicher Raum Baden-Württemberg (Hrsg.), Stuttgart: 48
Becker H., I. Langosch, 1995: Produktivität und Menschlichkeit, Organisationsentwicklung und ihre Anwendung in der Praxis. 4., erweiterte Auflage. Stuttgart: Enke
Bedell J.D.C, T. Rehman, 1999: Explaining farmers¥ conservation behaviour: Why do farmers behave the way they do. Journal of Environmental Management 57:165-176
Bitz, A., 1992: Avifaunistische Untersuchungen zur Bedeutung der Streuobstwiesen in Rheinland-Pfalz. Beiträge zur Landespflege in Rheinland-Pfalz, 15. Neunkircher Verlag, Oppenheim: 593-719
Brendle U., 1999: Musterlösungen im Naturschutz – Politische Bausteine für erfolgreiches Handeln. Bundesamt für Naturschutz (Hrsg.), Landwirtschaftsverlag, Münster: S. 43
Breunig, T., A. König, 1988: Vegetationskundliche Untersuchung von zwei unterschiedlich intensiv genutzten Streuobstgebieten bei Ober-Rosbach und Rodheim. Beiträge zur Naturkunde der Wetterau 8, Heft 1 und 2, Friedberg/Hessen: 27-60.
Bünger, L., 1993: Erfassung und Bewertung von Streuobstwiesen. LÖLF-Mitteilungen, 3, Recklinghausen: 14-20
Caspers, G., 1996: Streuobstwiesen – erhalten und pflegen. CD-ROM, Bestell-Nr. 3385 AID-Auswertungs- und Informationsdienst für Ernährung, Landwirtschaft und Forsten (Hrsg.), Bonn 1996.
Dick, B., 2001: Action research and evaluation online;
www.scu.edu.au/schools/sawd/areol/areol-session01.html, (Stand: 2001)
Eckstein, K., 2001: Qualitative und quantitative Analyse wertbestimmender Kriterien für Streuobstbestände. Dargestellt an Streuobstwiesen in Hohenlohe – Baden-Württemberg. Diplomarbeit am Lehrstuhl für Vegetationsökologie, Freising-Weihenstephan, unveröffentlicht.
Ellenberg, H., 1992: Zeigerwerte von Pflanzen in Mitteleuropa. Scripta Geobotanica 18, 2. Aufl.
Eckes, T., B. Six, 1994: Fakten und Fiktionen in der Einstellungs-Verhaltens-Forschung:
Eine Meta-Analyse. Zeitschrift für Sozialpsychologie: 253-271
French, W. L., C. H. Jr. Bell, 1999: Organizational development: behavioral science interventions for organisation improvement. Prentice-Hall, Inc. New Jersey, 1999
Fürst D., 2002: Partizipation, Vernetzung, Netzwerke. In: Wissenschaft und Praxis in der Landschaftsnutzung – Formen interner und externer Forschungskooperation. Müller K., A. Dosch, E. Mohrbach, T. Aenis, E. Baranek, T. Boeckmann, R. Siebert, V. Toussaint (Hrsg.), Markgraf, Weikersheim: 19-34

Ganzert, C., E. Baranek, T. Boeckmann, B. Over, K. Prager, U.-J. Nagel, 2002: Entwicklung eines Instruments für ein Zielgruppenmonitoring. In: Nachhaltigkeit und Landschaftsnutzung – Neue Wege kooperativen Handelns. Müller, K., V. Toussaint, H.-R. Bork, K. Hagedorn, J. Kern, U. J. Nagel, J. Peters, R. Schmidt, T. Weith, A. W. Schaller, W. Schaller Werner, A. Dosch, A. Piorr (Hrsg.), Markgraf, Weikersheim: 357–370

Gerber, A., V. Hoffmann, M. Kügler, 1996: Das Wissenssystem im ökologischen Landbau in Deutschland – Zur Entstehung und Weitergabe von Wissen im Diffusionsprozess. Ber. Ldw. 74; Landwirtschaftsverlag, Münster-Hiltrup, 1996: 591-627

Graf, S., 1997: Möglichkeiten der Nutzung von trockenen Talhängen im mittleren Jagsttal am Beispiel der Gemeinden Dörzbach und Ailringen – eine empirische Untersuchung; Universität Hohenheim, Diplomarbeit, unveröffentlicht.

Hofbauer, R., 1998: Untersuchungen zur Ökologie von Streuobstwiesen im württembergischen Alpenvorland. J. Cramer, Berlin/Stuttgart

Höchtl, F., 1997: Struktur und Vegetation von Weinbergen und Sukzessionsstadien brachgefallener Rebflächen im unteren Jagsttal – eine Analyse und Bewertung. Unveröff. Diplomarbeit am Institut für Landschafts- und Pflanzenökologie, Universität Hohenheim, Stuttgart: 227 S.

Huneke, M., 2002: Beiträge der Umweltpsychologie zur sozial-ökonomischen Forschung – Ergebnisse und Potenziale. In: Balzer, I.; M. Wächter (Hrsg.): Sozial-ökologische Forschung – Ergebnisse der Sondierungsprojekte aus dem Bundesministerium für Bildung und Forschung – Förderschwerpunkt. ökom Verlag, München: 499-515

Korf, B., 2002: Ist PRA ein angemessenes Instrument zur Bevölkerungsbeteiligung in Wohlstandsgesellschaften? In: Müller K., A. Dosch, E. Mohrbach, T. Aenis, E. Baranek, T. Boeckmann, R. Siebert, V. Toussaint (Hrsg): Wissenschaft und Praxis in der Landschaftsnutzung – Formen interner und externer Forschungskooperation; Markgraf, Weikersheim: 93-104

Langenbach, K.& M. Bretez, 2003: Zum Stand der Streuobst-Aktivitäten in Baden-Württemberg. Naturschutzbund Deutschland – Landesverband Baden-Württemberg (Hrsg.) – unveröffentlichtes Skript – Stand 9/2003

Lobitz, R., 1998: Streuobst in Deutschland – ökonomisch und ökologisch betrachtet. In: Aid – Informationen für die Agrarberatung 9/98: S. 4

McTaggart, R., 1997: Participatory Action Research in Australian Education: Origins, Practices and Current Dilemmas. World Congresses 4/8. Published by Cornell PAR Network, 1997

Michelsen J., U. Hamm, E. Wynen, E. Roth, 1999: The European market for organic products: Growth and Development. Organic Farming in Europe: Economics and Policy; 7, Hohenheim: 29-39

Riecken, U., U. Ries, A. Ssymank, 1994: Rote Liste der gefährdeten Biotoptypen der Bundesrepublik Deutschland. Schriftenreihe f. Landschaftspflege u. Naturschutz, 41.

Rösler, M., 1996: Erhaltung und Förderung von Streuobstwiesen, Hrsg.: Gemeinde Bad Boll, 1992

Roling N., J. Jiggins, 2000: The Ecological Knowledge System. Technical and Social Systems Approaches for Sustainable Rural Developement. Proceedings of the Second European Symposium of the Association of Farming Systems Research and Extension in Granada, Spain 1996. Markgraf, Weikersheim: 242-246

Salamon S., R. L. Farnsworth, D. G. Bullock, 1998: Family, Community and Sustainability in Agriculture. In: D`Souza, G. E, T. G. Gebremedhin (Hrsg.): Sustainability in Agricultural and Rural Development. Edited by Ipswich Book Company, Suffolk: 85-102

Schwedersky, Th, O. Karkoschka, W. Fischer (1997): Förderung von Beteiligung und Selbsthilfe im Ressourcenmanagement. Ein Leitfaden für Projektmitarbeiterinnen und Projektmitarbeiter. Josef Markgraf Verlag, Weikersheim

Selle, K., A. Bischoff, H. Sinning, 1995: Informieren, beteiligen, kooperieren: Eine Übersicht über Formen, Verfahren, Methoden und Techniken. Dortmunder Vertrieb für Bau und Planungsliteratur Band 1., Dortmund

Susman, G. I., R. Evered, 1978: An Assessment of the Scientific Merits of Action Research. Administrative Science Quaterly Vol. 23

Weisbach, C.-R., 2001: Professionelle Gesprächsführung. Ein praxisnahes Lese- und Übungsbuch. 5. Auflage, Verlag C. H. Beck oHG, München

Weller, F., 1986: Möglichkeiten zur Erhaltung des Streuobstanbaus in südwestdeutschen Agrarlandschaften. Verhandlungen der Gesellschaft für Ökologie, Hohenheim 1984, Band XIV

Weller, F., 1996: Streuobstwiesen. Herkunft, heutige Bedeutung und Möglichkeiten der Nutzung. In Konold, W. (Hrsg.) Naturlandschaft – Kulturlandschaft, ecomed. Landsberg: S. 139

8.6 Heubörse – Machbarkeitsanalyse zur Förderung der Grünlandwirtschaft durch die Gewinnung und Vermarktung von Qualitätsheu

8.6.1 Zusammenfassung

Durch dieses Projekt sollten Anreize zum Erhalt von marginalem Grünland geschaffen werden, das aus naturschutzfachlicher und landschaftlicher Sicht wertvoll ist. Diese Flächen sind aufgrund ihrer Lage und Struktur schwer zu bewirtschaften, da sie sehr klein und zudem weit verstreut liegen. Der Ertrag dieser Flächen ist gering und der Arbeitsaufwand für die Heuwerbung groß; auf stark hängigen Flächen ist die maschinelle Heuwerbung nicht möglich. Immer mehr landwirtschaftliche Betriebe geben die Bewirtschaftung dieser Hangflächen auf, weil sie nicht mehr rentabel ist. Das Teilprojekt umfasste die Flächen des Landschaftspflegeprojektes »Trockenhänge im Kocher- und Jagsttal« (LPP) sowie des extensiven MEKA-Grünlandes der Gemeinden des Jagsttales von Langenburg bis Schöntal. Kernelement der Zusammenarbeit mit den Beteiligten waren die moderierten Sitzungen des Arbeitskreises Grünland. Für die Angebots- und Nachfrageanalyse wurden neben einer Literatur-/Informationsrecherche statistische Daten ausgewertet sowie eine Befragung durchgeführt. Zur Beurteilung der Rentabilität der Erzeugung von Extensivheu wurde eine Vollkostenrechnung für zwei unterschiedliche Produktionsverfahren erstellt.

Die Informationssammlung führte zu einem Überblick über bestehende Heubörsen in Deutschland. Die Berechnung der Menge an Extensivheu, die einer Vermarktung zur Verfügung steht, ergab, dass ein enormes Potential vorhanden ist. Die Vollkostenrechnung verdeutlicht, dass das Verfahren mit Handarbeit bei dem derzeitigen Heupreis nicht gewinnträchtig ist. Daneben floss die Vollkostenrechnung in das Teilprojekt *Landnutzungsszenario Mulfingen* ein. Die Befragung erklärt, dass von Pferdehaltern im Ballungsgebiet Heilbronn keine Nachfrage nach Heu vorhanden ist. Da im Projektgebiet die für die Einrichtung einer Heubörse notwendigen Voraussetzungen nicht gegeben waren, wurde keine Heubörse eingerichtet. Auch der Vergleich mit der erfolgreichen Heubörse des Landschaftspflegeverbandes Thüringer Wald macht deutlich, dass im Jagsttal nicht alle notwendigen Voraussetzungen zur Einrichtung einer Heubörse gegeben sind. Mögliche weiterführende Aktivitäten sind zum einen, dass die Heuwerbung als Dienstleistung von Landwirten angeboten wird, und zum anderen, dass über Alternativen der Heuverwertung nachgedacht wird.

Nicht alle beteiligten Akteure konnten in die Teilprojektarbeit einbezogen werden. Als umsetzungsmethodisches Ergebnis bleibt festzuhalten, dass das Arbeiten in Arbeitskreisen bei den gegebenen Strukturen nicht ausreichend ist. Eine erfolgreiche Projektdurchführung würde voraus setzen, dass bei möglichst vielen der Betroffenen das Problem bewusst ist und sie folglich an der Problemlösung mitarbeiten.

8.6.2 Problemstellung

Das Hanggrünland im Jagsttal ist aufgrund seiner Lage und Struktur schwer zu bewirtschaften. Die Flächen sind oftmals sehr klein parzelliert und liegen für die einzelnen Betriebe teilweise weit verstreut. Der Ertrag dieser Flächen ist gering und der Arbeitsaufwand für die Heuwerbung sehr groß. Auf stark hängigen Flächen ist die maschinelle Heuwerbung nicht möglich. Nach Aussage von Akteuren war die Region früher aufgrund der standörtlichen Begebenheiten ein Heumangelgebiet. Erst in den letzten Jahren entstanden, bedingt durch den Rückgang der Rinderhaltung, Überschüsse an Heu (hierzu auch Kap. 5.1). Daher geben immer mehr landwirtschaftliche Betriebe die Bewirtschaftung der Hangflächen auf, weil sie nicht mehr rentabel genug ist. Werden diese Flächen nicht mehr bewirtschaftet, so setzt Sukzession ein oder es findet eine Aufforstung statt. Die Offenhaltung der Landschaft ist somit nicht mehr gewährleistet.

Bedeutung für die Akteure
Dem Brachfallen der Hangflächen soll seit 1989 durch das Landschaftspflegeprojekt »Trockenhänge im Kocher- und Jagsttal« (LPP) der Bezirksstelle für Naturschutz und Landschaftspflege Stuttgart entgegengewirkt werden. In den Gemeinden Langenburg bis Schöntal umfasste das Landschaftspflegeprojekt im Jahr 1997 eine Fläche von 377 ha, wovon für 236 ha Pflegeverträge abgeschlossen wurden. Einige Teilnehmer des AK Grünlandes legten Wert darauf, dass die Flächen nicht nur offengehalten werden, sondern der Aufwuchs im Sinne der traditionellen Nutzung über die Tierhaltung verwertet wird. Da viele landwirtschaftlichen Betriebe keine Tiere mehr halten, die das Heu verwerten, oder die Eigentümer von Hangflächen keinen landwirtschaftlichen Betrieb mehr führen, wird der Anteil des Aufwuchses, dessen Verwertung unklar ist, vom Projektkoordinator des Landschaftspflegeprojektes auf 20 Prozent geschätzt. Da mit dem fortschreitenden Strukturwandel verstärkt die kleinen landwirtschaftlichen Betriebe, welche die kleinräumigen Strukturen geprägt und genutzt haben, aufgeben, wird sich der Anteil des nicht verwerteten Aufwuchses mit unklarer Verwertung noch weiter erhöhen. Diese sich verschärfende Problematik wird allerdings nur von einigen wenigen Akteuren wahrgenommen.

> »Naturschutz soll keinen Abfall erzeugen!«
> (Ortsvorsteher eines Jagsttalortes)

Wissenschaftliche Fragestellung
Da das Funktionieren einer Börse von Angebot und Nachfrage abhängt, sollen in diesem Teilprojekt diese beiden Aspekte primär bearbeitet werden. Um zu wissen, ob im Projektgebiet das Angebot an Heu und im angrenzenden Ballungsgebiet die Nachfrage nach Heu vorhanden ist, geht es zum einen um die Ermittlung des potenziellen Angebots, zum anderen soll die Nachfrage analysiert werden. Wenn diese Voraussetzungen gegeben sind, soll eine Heubörse mit passenden Strukturen aufgebaut werden.

Allgemeiner Kontext
Erste Ansätze für eine Heubörse in der Region waren zu Projektbeginn schon vorhanden. So wurde eine lokale Heubörse für die Gemarkung Ailringen in der Gemeinde Mulfingen aufgrund der Initiative des Projektkoordinators des Landschaftspflegeprojekts eingerichtet. Ausgangspunkt war eine Versammlung im Juni 1997 für die in der Landschaftspflege tätigen Landwirte und Landschaftspfleger, den Schäfer aus Mulfingen-Ailringen sowie einen Landwirt aus Dörzbach. Dabei wurde vereinbart, dass die Landschaftspfleger das Heu zum örtlichen Grüngutlagerplatz bringen. Dort wird das Heu von einem Lohnunternehmer mit einer Rundballenpresse gepresst. Die Kosten des Pressens trägt der Abnehmer. Im Jahr 1997 war die Teilnahme gut. Nach Einschätzung des Projektkoordinators wurden auf diese Weise mehrere hundert dt Heu verwertet. Dagegen war der Erfolg im Jahr 1998 nicht gegeben, da durch die ungünstige Witterung die Heuwerbung erschwert wurde und die Landschaftspfleger nur in geringem Umfang bereit waren, den

erhöhten Aufwand für die Heuwerbung zu tragen. Trotz dieses Misserfolges wurde in den Folgejahren auf die gleiche Weise verfahren. Einen Überblick über Projekte der Heuvermarktung in Deutschland gibt die Tab. 8.6.3.

8.6.3 Ziele

Oberziel des Teilprojektes war es, Anreize zum Erhalt von marginalem Grünland zu schaffen, welches aus naturschutzfachlicher und landschaftlicher Sicht wertvoll ist. Die erwarteten Ergebnisse (Arbeitsziele) des Teilprojektes sind in Tab. 8.6.1 gezeigt, welche im Februar 1999 in Anlehnung an die Zielorientierte Projektplanung (ZOPP) vom Projektbearbeiter erstellt wurde.

Tabelle 8.6.1: Ziele des Teilprojektes Heubörse

Ergebnisse (Arbeitsziele)	Indikatoren
I. Möglichkeiten der Vermarktung von Heu von Landschaftspflegeflächen wurden gefunden und aufgebaut.	Vermarktete Menge an Heu
II. Landschaftspfleger wurden dafür gewonnen, qualitativ gutes Heu zu produzieren, das einer Vermarktetung zugeführt werden kann.	Anteil der vermarkteten Menge am Heuaufkommen
III. Angemessene Strukturen zur Vermarktung des Heus wurden aufgebaut.	Organigramm

8.6.4 Räumlicher Bezug

Das Teilprojekt war auf die Flächen des Landschaftspflegeprojektes in den Jagsttalgemeinden Schöntal, Krautheim, Dörzbach, Mulfingen und Langenburg fokussiert, die im Jahr 1997 eine Fläche von 355 ha umfassten. Daneben wurde auch das Grünland dieser Gemeinden, für das die MEKA-Maßnahmen »Maximal 2 Nutzungen« oder »Einschüriges Grünland« beantragt wurden (im Jahr 1997 waren dies knapp 29.000 ha), in die Potentialanalyse miteinbezogen. Vergleiche hierzu auch die Abb. 8.3.2 in Kap. 8.3.

8.6.5 Beteiligte Akteure und Mitarbeiter/Institute

An diesem Teilprojekt waren die Teilnehmer des Arbeitskreises Grünland, Mitarbeiter des Landschaftserhaltungsverbandes Schwäbisch Hall, des Landschaftspflegeprojekts »Trockenhänge im Kocher- und Jagsttal«, der Ämter für Landwirtschaft, Landschafts- und Bodenkultur (ALLB) Öhringen und Heilbronn, der Kreisbauernverband Hohenlohe e.V., der Maschinen- und Betriebshilfsring Hohenlohekreis e.V. (MBR) sowie Vertreter der Gemeinde Mulfingen und des Naturschutzes (Naturschutzbeauftragter des Hohenlohekreises) und Landwirte beteiligt.

Als wissenschaftliche Mitarbeiter wirkten mit: Gottfried Häring (verantwortlich), Institut für Landwirtschaftliche Betriebslehre der Universität Hohenheim sowie für Zuarbeiten Dieter Lehmann, Institut für Angewandte Forschung der Fachhochschule Nürtingen und Dr. Ralf Kirchner-Heßler, Institut für Landespflege der Albert-Ludwigs-Universität Freiburg.

8.6.6 Methode

Umsetzungsmethodik
Die Zusammenarbeit mit den Beteiligten erfolgte in bilateralen Gesprächen und Treffen im Zuge der Situationsanalyse sowie in moderierten Sitzungen des Arbeitskreises Grünland zur Vorstellung der erarbeiteten Ergebnisse und zur Vereinbarung der weiteren Vorgehensweise.

Wissenschaftliche Methoden
Um den Teilnehmern des AK Grünlandes einen Überblick zum Thema Heubörse zu geben, fand eine Informationssammlung über bestehende Heubörsen in Deutschland statt. Um diese Übersicht zu erhalten, wurden die vom Deutschen Verband für Landschaftspflege genannten Landschaftspflegeverbände Thüringer Wald, Westerzgebirge, Südpfalz und Frankenwald sowie das Projekt »Kräuterheu und Wiesenschutz« vom BUND Niedersachsen (Landschaftspflegeverband Wendland-Altmark) im Januar 1999 angeschrieben und um Informationen gebeten zu den Bereichen:
— Umsatz/Umfang an vermarktetem Heu,
— Einzugsgebiet des Projektes
— Absatzgebiet für das Heu,
— Organisation/Struktur der Heuvermarktung,
— Preis für die Vermittlung,
— Stärken/Vorteile, sowie
— Schwächen/Nachteile des Projektes.
Die Ergebnisse der Recherche wurden den Mitgliedern des AK Grünlandes in der Sitzung vom 1. Februar 1999 und 27. April 1999 dargestellt und sind in Kap. 8.6.7 aufgeführt. Die Angebotsanalyse umfasste die Quantifizierung der potenziell vermarktbaren Menge an Heu. Für diese Analyse wurde das Aufwuchspotenzial der Flächen sowohl des Landschaftspflegeprojektes als auch des extensiv genutzten Grünlandes abgeschätzt. Das extensiv genutzte Grünland umfasst Flächen mit den MEKA-Maßnahmen »Einschüriges Grünland« und »Maximal zwei Nutzungen«. Aus Gründen der Verfügbarkeit wurden neben den Daten des Landschaftspflegeprojektes Daten der Landesanstalt für Flurbereinigung und Landentwicklung (LFL), die der Projektgruppe *Kulturlandschaft Hohenlohe* zur Verfügung standen, herangezogen. Ein Mitarbeiter des ALLB Öhringen schätzte, dass in den einzelnen Gemeinden zwischen 0 und 5 Prozent der Grünlandflächen von Landwirten bewirtschaftet werden, deren Betriebsstelle außerhalb der oben genannten Jagsttalgemeinden liegt, wodurch sich folglich der Flächenumfang entsprechend verringert.
 Zur Bestimmung des Ertrages der Flächen des LPP wurden Angaben des Projektkoordinators verwendet. Der Ertrag des extensiven Grünlandes wurde, ausgehend von Angaben in der Literatur, von einem Mitarbeiter des ALLB Öhringen abgeschätzt. Im AID-Heft 1287 (Rieder 1997) wird ein durchschnittlicher Ertrag von 23,5 bzw. 52,5 dt TS/ha für sehr extensives (entspricht MEKA-Maßnahme *Einschüriges Grünland*) bzw. extensives Grünland (entspricht MEKA-Maßnahme *Maximal zwei Nutzungen*) angegeben (Rieder 1997: 6). Dieser wurde um 15 Prozent verringert, um ihn

an die örtlichen Gegebenheiten anzupassen. Nach Abzug von Konservierungsverlusten von 20 Prozent wurde demzufolge für das einschürige Grünland ein Nettoertrag von 17 dt Heu/ha und für das Grünland mit maximal zwei Nutzungen ein Nettoertrag von 39,7 dt Heu/ha unterstellt. Die Berechnung des Aufwuchspotentials ist in Tabelle 8.6.4 dargestellt. Um vom Aufwuchspotenzial zur potenziellen Vermarktungsmenge an Extensivheu zu gelangen, muss die Verwertung in den Gemeinden berücksichtigt werden. Es wurde anhand von Literaturangaben (WAGNER 1998, KIRCHGESSNER 1997, KELLNER et. al. 1984, GRANZ et. al. 1990, BURGSTALLER 1986, RIEDER 1997) der mögliche Anteil an Extensivheu in der Futterration der geeigneten Raufutterverwerter bestimmt. Diese wurden mit statistischen Daten der Tierhaltung (STALA 1996) verrechnet, um die Menge an örtlich verwertetem Heu zu erhalten.

Die Nachfrageseite wurde durch eine Befragung von potenziellen Abnehmern von Heu mittels eines standardisierten Fragebogens analysiert. In der Sitzung des Arbeitskreises Grünland am 13. Oktober 1999 wurden von den Teilnehmern die Pferdehalter im Raum Heilbronn als potentielle Abnehmer des Heus identifiziert. Daraufhin stellte das ALLB Heilbronn Adressen von neun Reiterhöfen und Reitvereinen im Dienstbezirk zur Verfügung, um mit diesen Betrieben die Befragung durchführen zu können. Die Befragung erfolgte in schriftlicher Form. Dazu wurde ein einseitiger Fragebogen entworfen und an die Betriebe mit einem adressierten und frankiertem Rückumschlag versandt. Durch den Fragebogen (siehe Anhang 8.6.6) wurden vor allem Informationen zum Heuzukauf erhoben.

Aufgrund des in der Sitzung des Arbeitskreis Grünland vom 13. Oktober 1999 genannten Problems der Diskrepanz zwischen den Kosten der Heuwerbung und dem Erlös aus dem Heuverkauf wurde die Wirtschaftlichkeit der Heuwerbung betrachtet. Um die Bedingungen für eine nachhaltige Heuwerbung darzustellen, wurde eine Vollkostenrechnung erstellt. Dazu wurde die Wirtschaftlichkeit der Heuwerbung zum einen auf Flächen des Landschaftspflegeprojektes, welches nach der Landschaftspflegerichtlinie ausgestaltet ist, und zum anderen auf extensivem Grünland mit MEKA-Förderung untersucht. In der Vollkostenrechnung sind die variablen und festen Maschinenkosten sowie Lohn-, Pacht- und Gemeinkostenansatz enthalten. Dabei werden von den Leistungen (Markt- und Ausgleichsleistungen) die variablen Maschinenkosten und der Zinsansatz des Umlaufkapitals subtrahiert, um den Deckungsbeitrag zu erhalten. Werden hiervon noch die festen Spezial- und Gemeinkosten abgezogen, erhält man den Unternehmergewinn und bzw. -verlust. Dieser Wert beziffert den Gewinn oder Verlust des Unternehmers nach der Entlohnung der eingesetzten Produktionsfaktoren in der angesetzten Höhe.

Die Daten für die Maschinenkosten und die benötigten Arbeitszeiten sowie der Ansatz für die Gemeinkosten sind der entsprechenden Literatur entnommen (KTBL 1998, KTBL 1999a). Für den Heupreis (HD- und Rundballen) wurde der durchschnittliche Preis des Jahres 1999 anhand der wöchentlichen Preisangaben im Landwirtschaftlichen Wochenblatt (166. Jg.) errechnet.

8.6.7 Ergebnisse

Im März 1999 wurde eine Arbeitsplanung für das Teilprojekt (Tab. 8.6.2) erstellt.

Um das Bild der in der Region im Bereich Heuvermarktung/-vermittlung Tätigen zu vervollständigen, wurde Kontakt zum Maschinen- und Betriebshilfsring Hohenlohekreis e.V. (MBR) aufgenommen, der schon vor Projektbeginn in der Vermittlung von Grundfutter im Hohenlohekreis tätig war. Die Kontaktaufnahme diente zur Klärung der derzeitigen Situation, des Bedarfs und der möglichen Zusammenarbeit. Das Resultat ist in Kap. 8.6.7 ausgeführt.

Tabelle 8.6.2: Arbeitsplanung für das Teilprojekt Heubörse (Stand: März 1999)

Aktivitäten	
1. Analyse bestehender Initiativen 2. Angebotsanalyse 3. Nachfrageanalyse 4. Aufbau der Strukturen 5. Erfolgskontrolle	
Maßnahmen	**Quellen der Nachprüfbarkeit**
1.1 Informationen zur lokalen Heubörse in Ailringen einholen	Gesprächsprotokoll
1.2 Informationen zum Engagement des MBR im Bereich Grundfuttervermittlung einholen und Möglichkeiten der Zusammenarbeit abklären.	Gesprächsprotokoll
1.3 Informationen über bestehende Heubörsen zusammentragen	Arbeitspapier, Protokoll
2.1 Überprüfung der statistischen Daten 2.2 Durchführung der Berechnungen 2.3 Ermittlung der Heuqualität 2.4 Ergebnisse den Mitgliedern des Ak Grünlandes vorstellen	Protokoll
3.1 Gespräche mit potenziellen Abnehmern führen	Gesprächsprotokolle
3.2 Auswertung der erhaltenen Informationen	Arbeitspapier
3.3 Ergebnisse den Mitgliedern des Ak Grünlandes vorstellen	Protokoll
4.1 Diskussion mit den beteiligten Akteuren über geeignete Strukturen	Protokoll
4.2 Errichtung der Strukturen	Organigramm
4.3 Entwicklung einer Marketingstrategie	Marketingstrategie
4.4 Öffentlichkeitsarbeit	Zeitungsmeldungen
5. Evaluierung der Heubörse	

MBR: Maschinen- und Betriebshilfsring Hohenlohekreis e.V.
Ak: Arbeitskreis

Die Methoden der Aktivitäten 2. Angebotsanalyse und 3. Nachfrageanalyse sind schon oben im Kap. 8.6.6 aufgeführt; die Ergebnisse sind im folgenden Abschnitt zu finden. Da sich durch die Maßnahme 4.1 »Diskussion mit den beteiligten Akteuren über geeignete Strukturen« zeigte, dass keine Heubörse eingerichtet werden soll, wurden die Maßnahmen 4.2 bis 5. nicht realisiert.

Wissenschaftliche Ergebnisse

Die Ergebnisse der Informationssammlung über bestehende Heubörsen in Deutschland sind in Tab. 8.6.3 als Übersicht dargestellt. Die ausführliche Darstellung der Heubörsen befindet sich im Anhang (Anhang 8.6.1 bis 8.6.5). Beim Vergleich der Heuvermarktung in den einzelnen Landschaftspflegeverbänden zeigt sich, dass diese in unterschiedlicher Form und mit unterschiedlicher Intensität durchgeführt wird.

Abbildung 8.6.1: Grünland der Hanglagen im mittleren Jagsttal (Rötelbachtal, Gemeinde Mulfingen, Foto: Ralf Kirchner-Heßler)

Die Anfrage an den Maschinen- und Betriebshilfsring Hohenlohekreis e.V. (MBR) ergab, dass dieser im gesamten Grundfutterbereich (Heu, Silage, Stroh) eine Vermittlung im Kreisgebiet anbietet. Das Heu stammt vor allem von Flächen, die mit der in der Region üblichen Intensität (Dreischnittwiesen) bewirtschaftet werden. Es werden die Adressen von Nachfragern und Anbietern ausgetauscht; diese treten dann in Kontakt. Der Geschäftsführer konnte keine Angaben zum Umfang der Vermittlung machen, da die Geschäftsbeziehungen (Anbieter und Nachfrager des Heus) oft selbständig weiterlaufen. Es finden ungefähr 10 bis 15 Anfangsvermittlungen pro Jahr statt. In den letzten Jahren wurde ein zunehmender Angebotsüberschuss beobachtet, bedingt durch den Rückgang der Raufutterverwerter. Es wurden aber seitens des MBR keine Anstrengungen unternommen, den Absatz zu fördern. Einer Zusammenarbeit steht der MBR aufgeschlossen gegenüber, wenn konkret Aufgaben/Probleme zu bewältigen sind (z.B. Pressen oder Lagerung des Heus). Ein großes Problem stellt nach Ansicht des Geschäftsführers des MBR der Absatz dar. Um eine Heuvermarktung erfolgreich durchzuführen, müssen Vermarktungsmöglichkeiten vorhanden sein oder aufgebaut werden.

Die Berechnung des Aufwuchspotenzials des Extensivheus ist in Tab. 8.6.4 dargestellt. Daraus wird ersichtlich, dass das Potenzial von extensivem Grünland in den fünf Jagsttalgemeinden bei 36.767,4 dt Heu liegt.

Tabelle 8.6.3: Charakteristika der Heuvermarktungsprojekte in Deutschland

Landschaftspflege-verband	Wendland-Altmark	Thüringer Wald	Westerzgebirge	Frankenwald	Südpfalz
Organisation/ Struktur	Vermarktungsagentur	Vermittlungsstelle	Vermarktung des eigenen Heus	Initiierend und beratend/vermittelnd tätig	Listenaustausch: Anbieter, Nachfrager
Heupreis (€/dt)	ca. 13 – 16	Geschäftspartner bestimmen Preis (Pferdehaltung: ca. 8 – 10)	ca. 8	Geschäftspartner bestimmen Preis	Geschäftspartner bestimmen Preis
Einzugsgebiet	3 Landkreise	Thüringer Wald	1 Landkreis	Teil eines Landkreises	4 Landkreise
Absatzgebiet	3 Ballungsräume	Städtisches Umfeld des Thüringer Waldes	2 Landkreise	1 Landkreis mit umliegenden Landkreisen	4 Landkreise und 2 Ballungsräume
Heumenge 1998 (dt)	über 4.000	6.500 (1997)	255	keine Mengenangabe möglich	ca. 840
Stärken/Vorteile	- Erhaltung durch Nutzung - „produktiver" Naturschutz	- Intensive Vorbereitung - drei Qualitätskategorien	- Verwendung des Mähguts - Einnahmen für LPV - Kleinballen finden besseren Absatz bei Kleintierhaltern	- Vermarktung des Mähguts - Ausdehnung von Biotopen	- geringer Vermittlungsaufwand - Nutzung des Heus - Verhindern des Brachfallens von Wiesen
Schwächen/ Nachteile	- Entlohnung nach Menge (besser: nach Fläche) - Vermarktung ohne Förderung nicht möglich	- Zusätzliche Förderung in Steilhanglagen erforderlich	- Schwierigkeiten bei Vermarktung - Witterungseinflüsse beeinflussen Heuqualität - Herstellung von Heu auf sehr steilen und nassen Flächen	- keine Etablierung einer großflächigen extensiven Nutzung	- kein Unterschied zwischen umweltschonend und konventionell erzeugtem Heu - keine unterschiedlichen Qualitätsstufen

LPV: Landschaftspflegeverband

Quelle: Projekt Kräuterheu und Wiesenschutz (1999); GÜTHLER & TSCHUNKO (o.J.); LPV Thüringer Wald (1999); LPV Westerzgebirge (1999); LPV Frankenwald (1999); LPV Südpfalz (1999)

Tabelle 8.6.4: Aufwuchspotential von Extensivheu

Gemeinde		Landschaftspflegeprojekt		MEKA-Maßnahme	
		Pflegefläche	Extensivierung	maximal zwei Nutzungen	einschüriges Grünland
Schöntal	(ha)	35,1	6,8	174,8	23,0
Krautheim	(ha)	24,0	25,0	247,2	12,8
Dörzbach	(ha)	42,0	13,0	88,9	17,6
Mulfingen	(ha)	112,1	81,7	145,8	20,5
Langenburg	(ha)	15,2	0,0	38,0	3,1
Gesamt	(ha)	228,4	126,5	694,7	77,0
Heuertrag (dt/ha)		22,2		39,7	17,0
Extensivheu (dt)		7.878,8		27.579,6	1.309,0

Quelle: LPP, LFL, Rieder (1997)

Durch die Abschätzung der Verwertung des Extensivheus wird deutlich, dass die in den Jagsttalgemeinden gehaltenen Tiere ca. 14.000 dt Heu verwerten (Tab. 8.6.5). Die Bilanzierung von Aufwuchsmenge und verwertetem Heu verdeutlicht, dass ein Überschuss von ca. 22.500 dt Heu besteht; somit stehen ungefähr 60 Prozent des Aufwuchses potenziell einer Vermarktung zur Verfügung.

Die zur Erstellung der Vollkostenrechnung verwendeten Kenndaten der beiden Verfahren zur Heuwerbung *Landschaftspflegerichtlinie* und *MEKA-Förderung* sind in Tab. 8.6.6 und Tab. 8.6.7 dargestellt. Da es sich bei den in Frage kommenden Flächen um marginale Standorte handelt, wird angenommen, dass für diese Flächen keine Pacht bezahlt werden muss bzw. keine alternative Nutzung möglich ist. Folglich wird der Pachtansatz mit 0 €/ha bewertet. Der Vergleich der Vollkostenrechnung der beiden Verfahren ist in Tab. 8.6.8 abgebildet.

Tabelle 8.6.5: Örtliche Verwertung des extensiv erzeugten Heus

Produktionsverfahren		kg Heu/Tag	Fütterungstage	dt Heu/Tier	Anzahl Tiere	dt Heu
Färsenaufzucht	ab 2. Lebensjahr, Winterfütterung	3	180	5,4	1328	7.171,2
Mutterkuh	Winterfütterung	3	180	5,4	385	2.079,0
Pferd	bis 3. Lebensjahr	2	365	7,3	36	262,8
	ausgewachsen	6	365	21,9	137	3.000,3
Schaf	Winterfütterung, güst, niedertragend	0,75	120	0,9	1917	1.725,3
Gesamt						14.238,6

Annahme: Schnitttermin des Heus Mitte bis Ende der Blüte.

Quellen: Wagner (1988), Kirchgeßner (1997), Kellner et al. (1984), Granz et al. (1990), Burgstaller, (1986), Rieder (1997), StaLa (1996)

Tabelle 8.6.6: Kenndaten des Heuwerbeverfahrens Landschaftspflegerichtlinie

Allgemeine Angaben	Schlaggröße: 0,1 ha		
	Schlepper: 49 – 59 kW, Allrad *)		

Arbeitsgang	Maschinen	Maschinenkosten (€/ha)		Arbeitszeitbedarf (Akh/ha)
		variable	feste	
Mähen	Motormäher (AB: 1,6 m)	35,72	17,14	7,3
Wenden	von Hand			13,0
Schwaden	1-Achsmotorbandrechen	23,41	8,60	6,0
an Rand tragen	von Hand			9,1
Abfahren	Ladewagen	28,33	36,10	3,1
Pressen	HD-Presse und Schurre	38,98	13,83	2,7
Einlagern	Plattformwagen	6,73	5,58	1,3
allg. Rüstzeit				1,0
Gesamt		**133,17**	**81,25**	**43,5**

Sonstige Angaben	Förderung nach Landschaftspflegerichtlinie	690,25 €/ha
	Heuertrag	25 dt/ha
	Preis für Heu (HD-Ballen)	8,28 €/dt
	Lohnansatz	15,34 €/Akh
	Pachtansatz	0,00 €/ha
	Ansatz für Gemeinkosten	194,29 €/ha

*) Schlepperkosten sind in den Arbeitsgängen eingerechnet
Quellen: KTBL (Hrsg., 1998), KTBL (Hrsg., 1999a), Landesverband der Maschinenringe in B.-W. (Hrsg., 1999), Landwirtschaftliches Wochenblatt (166. Jg., 1999)

Tabelle 8.6.7: Kenndaten des Heuwerbeverfahrens MEKA-Förderung

Allgemeine Angaben	Schlaggröße: 1,0 ha
	Schlepper: 49 – 59 kW, Allrad *)

Arbeitsgang	Maschinen	Maschinenkosten (€/ha)		Arbeitszeitbedarf (Akh/ha)
		variable	feste	
Mähen	Kreiselmähwerk	16,41	16,32	1,5
Wenden	Kreiselzettwender	8,61	6,95	1,0
Schwaden	Kreiselschwader	9,36	7,91	1,1
Pressen	Rundballenpresse	22,04	13,83	0,8
Einlagern	Plattformwagen	6,73	5,58	0,9
allg. Rüstzeit				
Gesamt		63,15	50,59	6,2

MEKA-Förderung	Extensive Nutzung von Grünland	9 Punkte/ha
	25% - 35% Hangneigung	10 Punkte/ha
	Vielfalt von Pflanzen auf Grünland	5 Punkte/ha
Gesamt	(1 MEKA-Punkt = 10 €)	240 €/ha

Sonstige Angaben	Heuertrag	25 dt/ha
	Preis für Heu (Rundballen)	7,02 €/dt
	Lohnansatz	15,34 €/Akh
	Pachtansatz	0 €/ha
	Ansatz für Gemeinkosten	194,29 €/ha

*) Schlepperkosten sind in den Arbeitsgängen eingerechnet
Quellen: KTBL (Hrsg., 1998), KTBL (Hrsg., 1999a), Landesverband der Maschinenringe in B.-W. (Hrsg., 1999), Landwirtschaftliches Wochenblatt (166. Jg., 1999)

Tabelle 8.6.8: Vollkostenrechnung der Heuwerbeverfahren Landschaftspflegerichtlinie und MEKA-Förderung

	Landschaftspflege-richtlinie (€/ha)	MEKA-Förderung (€/ha)
Leistungen		
Marktleistung	207,00	175,50
Ausgleichsleistung	690,25	240,00
Leistungen gesamt	**897,25**	**415,50**
Kosten		
Variable Maschinenkosten	133,17	63,15
Zinsansatz	3,33	1,58
Summe variable Kosten	**136,50**	**64,73**
feste Maschinenkosten	81,25	50,59
Lohnansatz	667,29	95,72
Pachtansatz	0,00	0,00
Ansatz für Gemeinkosten	194,29	194,29
Summe feste Spezial- und Gemeinkosten	**942,83**	**340,60**
Deckungsbeitrag	760,75	350,77
Unternehmergewinn / -verlust	**-182,08**	**10,17**
Mindesterlös Heu (langfristig) (€/dt)	**15,56**	**6,61**

Aus Tab. 8.6.8 wird ersichtlich, dass das Verfahren *Landschaftspflegerichtlinie* bei diesem Heupreis keinen Unternehmergewinn erzielt. Um den Verlust auszugleichen, muss ein Verkaufspreis von mindestens 15,50 €/dt erzielt werden. Dagegen kann bei dem Verfahren *MEKA-Förderung* ein geringfügiger Unternehmensgewinn erzielt werden. Die Kostenrechnungen der beiden Heuwerbungsverfahren wurden den Mitgliedern des Arbeitskreises Grünland am 30. April 2000 präsentiert. Von den Teilnehmern wurde die Erzeugung von Heu in ausreichender Qualität auf Flächen, die nicht maschinell bearbeitet werden, angezweifelt, da dort eine termingerechte Heuwerbung schwierig ist. Auch wurde der wichtigste Markt für Extensivheu, die Pferdehaltung, als erschöpft eingeschätzt. Dies bedeutet, dass die Erzeugung von Heu von Flächen des Landschaftspflegeprojektes wirtschaftlich interessant ist, wenn die folgenden Bedingungen erfüllt sind:

»*Es wird einem ja immer wieder gesagt, dass die Landwirte nicht kostenorientiert arbeiten können. Da hilft dann nur eins: Alles, bei dem gar nichts mehr verdient ist, aufgeben. Die 'Leidtragende' dieser Entwicklung ist dann aber unsere vielgestaltige Landschaft.*«

(Bäuerin aus Mulfingen)

— Ein Heupreis von mindestens 15,50 €/dt wird erzielt.
— Das Heu ist von guter bis sehr guter Qualität.
— Spezielle Hanglagentechnik, die jedoch Investitionen erfordert, kann eingesetzt werden.
— Absatzmöglichkeiten sind vorhanden.

Da im Jagsttal diese Voraussetzungen nicht gegeben sind und diese nur mit sehr großen Anstrengungen erwirkt werden können, wurde von den Teilnehmern dieser Arbeitskreissitzung beschlossen, die Einrichtung einer Heubörse nicht weiter zu verfolgen. In dieser Sitzung entstand die Idee, dass Landwirte die Heuwerbung als Dienstleistung für die Grundstückseigentümer, die keinen landwirtschaftlichen Betrieb mehr haben, anbieten könnten. Initiativen einzelner Landwirte waren jedoch wenig Erfolg versprechend, da es zum einen im Jahr 2000 und 2001 aufgrund des

Witterungsverlaufes sehr hohe Grünlanderträge gab, so dass die Landwirte folglich mehr als genug Heu von ihren eigenen Flächen werben konnten und zum anderen waren die Eigentümer nicht bereit, die Heuwerbung als Dienstleistung zu entlohnen.

Die zeitgleich mit dieser Sitzung des Arbeitskreises Grünland durchgeführte Befragung von potentiellen Abnehmern ergab folgendes Ergebnis: Von den neun angeschriebenen Pferdehaltern/Reitvereinen antworteten trotz zusätzlicher telefonischer Nachfrage nur drei Betriebe. Davon schickte nur ein Reitverein den Fragebogen ausgefüllt zurück. Dieser Reitverein bezieht sein Heu vom örtlichen Landwirt und ist mit der Bezugsquelle zufrieden. Einer der beiden anderen Reitvereine teilte mit, dass der Vorstand des Vereins einen landwirtschaftlichen Betrieb hat und somit das Heu dieses Betriebes an die Pferde verfüttert wird. Der andere Verein hat selbst keine Vereinspferde und die Mitglieder haben deshalb ihre Pferde im eigenen Stall oder bei Landwirten untergestellt. Dadurch bestätigte sich die Einschätzung der Teilnehmer des Arbeitskreises Grünland, dass keine Nachfrage nach Heu von Pferdehaltern im Ballungsgebiet Heilbronn vorhanden ist.

Umsetzungsmethodische Ergebnisse

Als Ergebnis der Umsetzungsmethode ist festzuhalten, dass das »offene« Gremium Arbeitskreis nur bedingt geeignet war, die Vorgehensweise des Teilprojekts zu erarbeiten, da in den einzelnen Sitzungen des Arbeitskreises Grünland unterschiedliche Personen anwesend waren und es dadurch zu differierenden Einschätzungen im Bereich Heuvermarktung/-verwertung kam. Deshalb war es schwierig, eine einheitliche Vorgehensweise durchzuhalten. Bei der Zwischenevaluierung im Frühjahr 2000 wurde diese unterschiedliche Beurteilung deutlich. So stimmten der Aussage »Der Aufwand für das Teilprojekt ist mir im Verhältnis zum erwarteten Ergebnis zu groß« genauso viele der befragten Akteure voll und ganz zu, wie diese sie ganz ablehnten (Abb. 8.6.2). Der größte Teil der befragten Personen bewertete diese Aussage nicht und machte dazu keine Angabe.

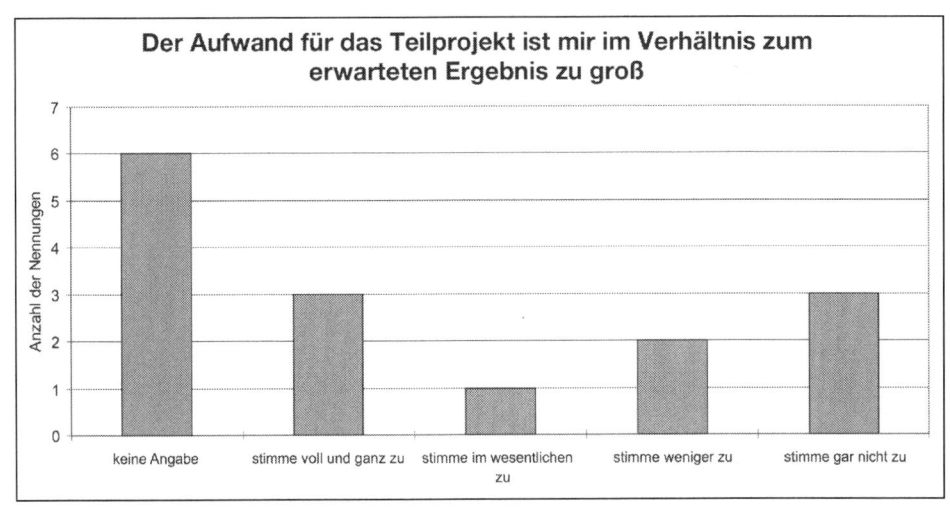

Abbildung 8.6.2: Verteilung des Grades der Zustimmung zum Arbeitsaufwand im Teilprojekt

Durch die zur Zeit noch geringe Relevanz des Problems (vgl. Problemstellung) und die Vielzahl der Landschaftspfleger (1997 wurden im Projektgebiet 363 Pflegeverträge abgeschlossen, dies bedeutet ca. 363 Vertragsnehmer) sind neben dem Arbeitskreis noch weitere Maßnahmen (z.B. Befragung der Landschaftspfleger, Informationsveranstaltungen) erforderlich, um die Akteure in die Projektbearbeitung mit einzubeziehen.

Anwendungsorientierte Ergebnisse
Ein Ergebnis im anwendungsorientierten Bereich ist nicht abzuleiten, da es in diesem Teilprojekt zu keiner Einrichtung einer Heubörse und damit zu keiner Umsetzung kam.

Verknüpfung mit anderen Teilprojekten
Die Kostenrechnungen der Heuwerbung fließen in die Berechnungen der Szenarien im Teilprojekt *Landnutzungsszenario Mulfingen* (Kap. 8.7) ein (Abb. 8.6.3). Eine mögliche Verbindung zu anderen Teilprojekten ist dadurch gegeben, dass Extensivheu in der Fütterung zur extensiven Erzeugung von Qualitäts-Rindfleisch und in der Schafhaltung eingesetzt werden kann. Da aber das Teilprojekt nicht umgesetzt wurde, kam die mögliche Verknüpfung zu den beiden Teilprojekten *Bœuf de Hohenlohe* (Kap. 8.3) und *Schafhaltung – Hohenloher Lamm* (Kap. 8.4) nicht zustande. Indirekt ergibt sich ein Bezug zwischen diesen Teilprojekten, da sich einige Betriebsleiter dazu entschlossen haben bzw. Überlegungen anstellten, in Technik zur Bewirtschaftung von Hanglagengrünland zu investieren, um diese Flächen besser bewirtschaften und pflegen zu können. Grundsätzlich besteht die Möglichkeit, die Heuwerbung als Dienstleistung für Streuobstwiesen anzubieten, wodurch die Verknüpfung zum Teilprojekt *Öko-Streuobst* aus ökologischem Anbau (Kap. 8.5) gegeben ist.

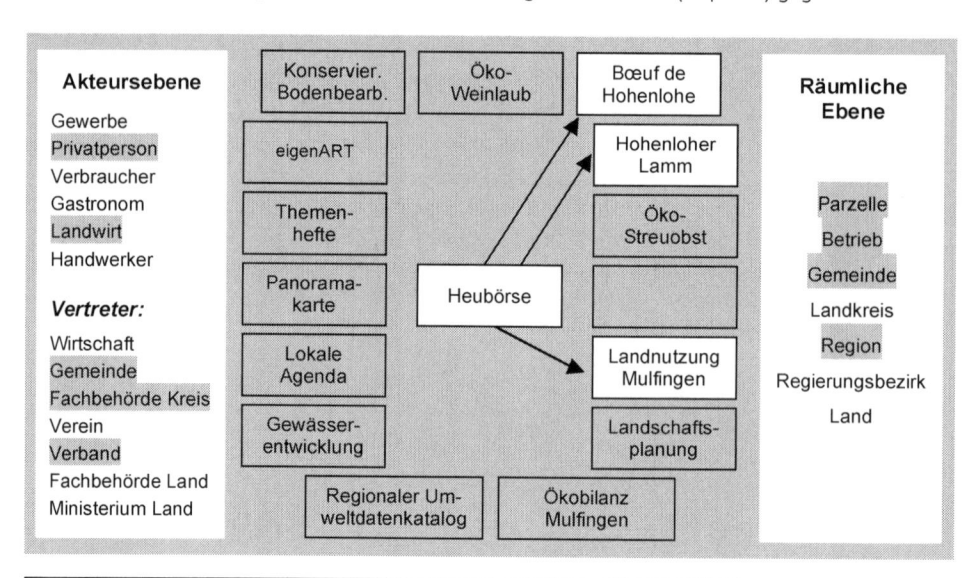

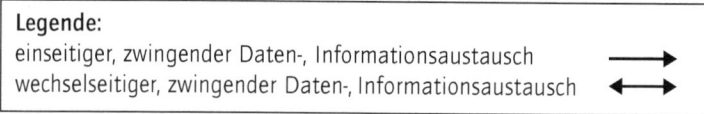

Abbildung 8.6.3: Verknüpfung des Teilprojektes Heubörse mit den übrigen Teilprojekten

Öffentlichkeitsarbeit und Öffentliche Resonanz

Die Öffentlichkeitsarbeit in diesem Teilprojekt beschränkte sich auf der die Ausarbeitung eines Informationsposters zu diesem Thema. Des Weiteren wurde im Rahmen der Artikelserie (vgl. Kap. 6.7) ein Beitrag zu diesem Thema publiziert. Da das Teilprojekt nicht umgesetzt wurde, kam es zu keiner öffentlichen Resonanz. Die Resonanz von Seiten der beteiligten Akteure ist schon in Kap. 8.6.7 dargestellt.

8.6.8 Diskussion

Wurden alle Akteure beteiligt?
Mit den in Kap. 8.6.5 als genannten Akteuren sind fast alle betroffenen Gruppierungen erwähnt. Dagegen konnte eine Beteiligung von zwei wichtigen Gruppen nicht bzw. nur unzureichend erreicht werden: Pferdehalter als potentielle Abnehmer des Heus und private Grundstückseigentümer, die Pflegeverträge abgeschlossen haben. Auch waren einige Gruppierungen nur mit einem geringen Anteil im Arbeitskreis vertreten.

Übertragbarkeit
Die Übertragbarkeit der Organisationsform der Verwertung von Heu von Extensiv-Grünland ist abhängig von dern strukturellen Begebenheiten der »Erzeugung«, der Marktsituation und den potentiellen Anbietern und Nachfragern.

Vergleich mit anderen Vorhaben
Andere Projekte der Heuvermarktung wurden schon im Kap. 8.6.7 dargestellt. Am Beispiel der Thüringer Heubörse soll nochmals auf die Voraussetzungen für das erfolgreiche Funktionieren einer Heubörse eingegangen werden. Hierbei führen GÜTHLER & TSCHUNKO (o.J.) als Voraussetzung für den Erfolg einer Heubörse zum einen aktive Partner und zum anderen einen entsprechenden Flächenhintergrund, sowohl quantitativ als auch qualitativ, an. Des Weiteren verlangt Heuverkauf ein qualitativ hochwertiges Produkt und eine umgehende Reaktion auf Kundenwünsche, da die Erwartungshaltung in diesem Markt sehr hoch ist (GÜTHLER & TSCHUNKO o.J: 42f.). Trotz des vorhandenen Flächenhintergrundes im Jagsttal konnte kein aktiver Partner aus der Region dafür gewonnen werden; mit anderen Worten, dem Teilprojekt fehlten das »örtliche Zugpferd« und die erforderliche Rentabilität, um eine Heubörse erfolgreich einrichten zu können.

8.6.9 Schlussfolgerungen, Empfehlungen

Wesentliche Erkenntnisse zur Umsetzungsmethodik
Aus dem Verlauf des Teilprojektes lässt sich zum einen das Fazit ziehen, dass die Bereitschaft der Akteure zur Mitarbeit und Beteiligung abhängig ist vom Problemdruck, d.h. je höher der Problemdruck, desto intensiver ist die Beteiligung. Am Allerwichtigsten ist es jedoch, aktive Partner in der Region zu gewinnen. Zum anderen ist die Bereitschaft zur Beteiligung bei der Umsetzung auch in gewisser Weise abhängig von der Kenntnis und der Sorgfalt, die für die Erzeugung des

> *»Ein Problem in einigen Gemeinden sind vor allem die sehr kleinen Flurstücke (Realteilungsgebiet).«*
> (Projektkoordinator des LPP)

Produktes Heu vorhanden bzw. aufgewendet werden muss. So müssen erstens die pflegeverträglichen Bedingungen der Flächen des Landschaftspflegeprojektes (frühester Schnitttermin) erfüllt sein und zweitens optimale Witterungsbedingungen herrschen, um Heu von guter Qualität zu produzieren. Trägt der Einzelne nur mit einem sehr geringen Anteil (wenigen Ar) zum Gesamtumfang bei, so kommt dieser schnell zu der Überzeugung, dass es keinen Unterschied macht, ob er nun daran teilnimmt oder nicht.

Empfehlungen für eine erfolgreiche Projektdurchführung

Aus diesen beiden im vorhergehenden Kapitel dargestellten Punkten resultiert die Konsequenz, dass es nicht nur wichtig ist, mit den an dem Thema Interessierten zu arbeiten, sondern möglichst viele der Betroffenen zu gewinnen, wie schon in Kap. 8.6.7 dargelegt. Abschließend stellt sich die Frage, ob eine einmalige, punktuelle Abfrage von Problemen die wirkliche Problemlage erfasst oder ob dadurch nicht Probleme genannt werden, die zur Zeit der Abfrage sehr aktuell sind, aber im Verhältnis zu anderen Problemen eine eher untergeordnete Rolle spielen. Andererseits wird ein Problem von der betroffenen Person immer subjektiv als Problem wahrgenommen, und es ist daher nicht vollständig auszuschließen, dass Probleme bearbeitet werden, die für die Region eine eher untergeordnete Rolle spielen.

Weiterführende Aktivitäten

Eine mögliche weiterführende Aktivität wurde schon im Kap. 8.6.7 angesprochen. So ist es vorstellbar, dass Landwirte die Heuwerbung als Dienstleistung für Privatpersonen (Nicht-Landwirte) anbieten können. Eine weitere Möglichkeit, die aber nicht die traditionelle Nutzung des Aufwuchses über Heuwerbung darstellt, ist die energetische Verwertung des Grüngutes über Biogasanlagen bzw. Trockenfermentation, welches zur Zeit in Pilotprojekten und Pionieranlagen schon erfolgreich durchgeführt wird. Allerdings konnte diese »neue« Möglichkeit der Verwertung aufgrund der begrenzten Arbeitskapazität im Rahmen dieses Projektes nicht mehr untersucht werden.

Literatur

Burgstaller, G., 1986: Praktische Rinderfütterung. Ulmer, Stuttgart
Granz, E., Weiss, J., Pabst, W., 1990: Tierproduktion. Parey, Hamburg
Güthler, W., Tschunko, S., o.J.: Innovation im Thüringer Wald: Heu geht an die Börse. In: Deutscher Verband für Landschaftspflege e.V. (DVL) (Hrsg.): Regionen im Aufbruch. Kulturlandschaften auf dem Weg zur nachhaltigen Entwicklung. 32–45
Kellner, O., Drepper, K., Rohr, K., 1984: Grundzüge der Fütterungslehre. Parey, Hamburg
Kirchgeßner, M., 1997: Tierernährung. DLG-Verlag, Frankfurt a. M.
Kuratorium für Technik und Bauwesen in der Landwirtschaft (KTBL) (Hrsg.), 1998: Landschaftspflege. KTBL-Schriften-Vertrieb im Landwirtschaftsverlag, Münster
Kuratorium für Technik und Bauwesen in der Landwirtschaft (KTBL) (Hrsg.), 1999: Betriebsplanung 1999/2000 – Daten für die Betriebsplanung in der Landwirtschaft. KTBL-Schriften-Vertrieb im Landwirtschaftsverlag, Münster
Landesverband der Maschinenringe in Baden-Württemberg (Hrsg.), 1999: Verrechnungssätze für überbetriebliche Maschineneinsätze in Baden-Württemberg, Stuttgart
Landwirtschaftlichens Wochenblatt, Organ des Landesbauernverbandes in Baden-Württemberg, 1999, 166. Jg. Ulmer Verlag, Stuttgart
Landesanstalt für Flurneuordnung (LFL): Aggregierte Flächendaten aus dem Gemeinsamen Antrag des Landes Baden-Württemberg aus dem Jahr 1997. Unveröffentlichte Daten der Landesanstalt für Flurneuordnung Baden-Württemberg

Landschaftspflegeprojekt »Trockenhänge im Kocher- und Jagsttal« (LPP), 1998: Schriftliche Mitteilung des Projektkoordinators vom 23. November 1998
Landschaftspflegeverband (LPV) Frankenwald, 1999: Schriftliche Mitteilung des Landschaftspflegeverbandes Frankenwald vom 5. Februar 1999
Landschaftspflegeverband (LPV) Südpfalz, 1999: Schriftliche Mitteilung des Landschaftspflegeverbandes Südpfalz vom 11. Januar 1999
Landschaftspflegeverband (LPV) Thüringer Wald, 1999: Schriftliche Mitteilung des Landschaftspflegeverbandes Thüringer Wald vom 3. Februar 1999
Landschaftspflegeverband (LPV) Westerzgebirge, 1999: Schriftliche Mitteilung des Landschaftspflegeverbandes Westerzgebirge vom 26. Januar 1999
Projekt: Kräuterheu und Wiesenschutz, 1999: Schriftliche Mitteilung des BUND-Projektbüro Clenze vom 12. Januar 1999
Rieder, J., 1997: Extensive Bewirtschaftung von Dauergrünland. aid-Heft 1287. In: Auswertungs- und Informationsdienst für Ernährung, Landwirtschaft und Forsten (aid) (Hrsg.), Bonn
Statistisches Landesamt Baden-Württemberg (StaLa), 1996: Schriftliche Mitteilung des Statistischen Landesamtes Baden-Württemberg vom 5. Juli 1999
Wagner, K., 1988: Tierische Erzeugung. BLV, München

Ralf Kirchner-Heßler, Gottfried Häring, Frank Henssler

8.7 Landnutzungsszenario Mulfingen – Leitbild- und Strategieentwicklung für die zukünftige Landnutzung im mittleren Jagsttal

8.7.1 Zusammenfassung

Im Teilprojekt *Landnutzungsszenario Mulfingen* wurde eine umfassende Strategie für die zukünftige Landnutzung unter Abwägung sozialer, ökologischer und ökonomischer Belange für das mittlere Jagsttal erarbeitet. Die an der Offenhaltung der Landschaft, der Steigerung der Rentabilität der Grünlandwirtschaft und der Sicherung der Strukturvielfalt im mittleren Jagsttal ausgerichtete, umfassende Leitstrategie geht auf eine Entscheidung der Teilnehmer auf der Grundlage der Situationsanalyse, der Syntheseleistung im Szenario-Prozess sowie subjektiven Einschätzungen zurück. Sie untergliedert sich in die Handlungsfelder Marketing, Förderung, Externe Beratung, Gesetze und Verordnungen, Land- und Forstwirtschaft, Landnutzung, Kommunalentwicklung sowie Natur- und Umweltschutz. Entlang formulierter Zielsetzungen sind Strategien, Maßnahmen, Prioritäten, Vorgehen und Zuständigkeiten ausgearbeitet und durch die Beteiligten verabschiedet.

Die Planung war als partizipativer, formativer Szenarioprozess angelegt und ermöglichte die Verständigung unterschiedlichster Interessensvertreter auf gemeinsame Ziele und eine gemeinsame Leitstrategie. Es konnte ein breites Spektrum an Schlüsselpersonen gewonnen werden, die an dem Vorhaben überwiegend sehr engagiert mitwirkten. Die »Szenariotechnik« stellt angesichts ihres stringenten Analyse- und Planungsansatzes ein geeignetes Verfahren dar, um komplexe Themen wie die zukünftige Landschaftsentwicklung durch Wissensintegration, Syntheseleistung und Schulung der Systemkenntnis ergebnis- und umsetzungsorientiert aufbereiten zu können. Sie ist aber auch – für die in dieser Methodik noch nicht geübten Personen – ein komplexes Planungsverfahren mit Anforderungen an das Konzentrations- und Abstraktionsvermögen der Teilnehmer. Zudem erfordert das Planungsverfahren eine hohe Verbindlichkeit der Teilnahme der Akteure, da ansonsten Brüche im Wissensstand auftreten.

In der Abschlussevaluierung ziehen die 14 befragten regionalen Vertreter eine überwiegend positive Bilanz. Vergleichsweise positiv wird die Bedeutsamkeit der Inhalte des Teilprojektes, die Zufriedenheit mit den Ergebnissen, die Berücksichtigung der Interessen, der Erkenntnisgewinn der Teilnehmer, die gemeinsame Vereinbarung und Umsetzung von Beschlüssen, die Leistung der Wissenschaftler im Teilprojekt und deren Beitrag zur Regionalentwicklung sowie die gute Zusammenarbeit und Kritikfähigkeit eingeschätzt. Eher kritisch wird die Beteiligung der relevanten Akteure, die Fortführung der Aktivitäten ohne die Mitglieder der Projektgruppe sowie der betriebene Aufwand bewertet.

Innerhalb des Modellvorhabens besitzt das Teilprojekt eine gewisse Sonderstellung: Es war als reiner Planungsprozess angelegt und setzte sich sehr intensiv und umfassend mit der zukünftigen Landnutzung des engeren Projektgebietes auseinander. Eine derartig grundsätzliche Betrachtung war ursprünglich im Sinne einer Leitbildentwicklung für das gesamte Modellvorhaben vorgesehen gewesen, stieß jedoch zu Projektbeginn nicht auf das Interesse der Akteure.

8.7.2 Problemstellung

Bedeutung für die Akteure
Das mittlere Jagsttal weist – vergleichbar den anderen Muschelkalktälern Hohenlohes – einen relativ hohen Grünlandanteil im Vergleich zu den intensiv ackerbaulich genutzten Hochflächen auf. In einer Sitzung des Arbeitskreises Grünland am 23.11.1998 in Mulfingen wurde von den Teilnehmern der Vorschlag unterbreitet, für das Rötelbachtal (Gemarkung Eberbach, Gemeinde Mulfingen) beispielhaft ein zukunftsweisendes Nutzungskonzept zu erarbeiten. Im Zuge einer Ortsbegehung mit den Beteiligten am 26.1.1999 (vgl. Kap. 8.7.5) und erneut zu Beginn des Szenario-Workshops im Jahr 2001 wurden von den Teilnehmern folgende Probleme angeführt:
— Die Grünlandnutzung wird zunehmend unrentabler.
— Es findet eine ungeregelte Aufforstung statt, die einen hohen Genehmigungsaufwand mit sich bringt und forstwirtschaftliche Bemühungen (z.B. Waldrandgestaltung, Baumartenmischungsziele) erschwert.
— Die zukünftige Offenhaltung der Landschaft ist nicht gesichert.
— Es ist ein Rückgang von Flächen mit hohem naturschutzfachlichem Wert zu verzeichnen.
— Es gibt Zielkonflikte zwischen unterschiedlichen Förderprogrammen (z.B. Förderung der Offenhaltung (MLR BW 2000) sowie Aufforstung (Aufforstungsprämie, MLR BW 2000).
— Es gibt Zielkonflikte auf potenziellen Aufforstungsflächen in den Hanglagen, die einen hohen Anteil an Gehölzstreifen und Steinriegeln (§24a-Biotope) aufweisen.

Auch die Abschlussevaluierung des Teilprojektes zeigte die hohe Problemrelevanz aus Sicht der Akteure (vgl. Kap. 8.7.7); das Teilprojekt erhielt die vergleichsweise höchste Wertung hinsichtlich der inhaltlichen Bedeutung.

Einschätzungen und Erwartungen der Teilnehmer werden anhand folgender Aussagen deutlich:
»Es soll bleiben wie es ist!«
»Es wäre schön, wenn die Landwirtschaft und Landschaft erhalten werden könnte!«
»Die Wiederbewaldung soll man nicht übertreiben und nur mit Vorsicht aufforsten.«

Wissenschaftliche Fragestellung
Die zentrale fachliche Fragestellung bestand darin zu klären, welche Szenarien für die zukünftige Landnutzung im Rötelbachtal unter Berücksichtigung ökologischer, ökonomischer und sozialer Faktoren existieren und inwieweit diese auf angrenzende Talräume Hohenlohes übertragbar sind. Aus umsetzungsmethodischem Blickwinkel sollte beschrieben werden, inwieweit sich der Einsatz der Szenario-Methodik in partizipativen Landnutzungs-Planungsprozessen eignet.

Allgemeiner Kontext
Unsere heutige Kulturlandschaft, einschließlich ihrer biotischen und strukturellen Ausstattung, ist von der früheren Landbewirtschaftung beeinflusst. Seit Mitte des 20. Jahrhunderts vollzieht sich in Europa ein beschleunigter Agrarstrukturwandel, dessen Ende heute noch nicht abzusehen ist und der in einer – historisch betrachtet – kurzen Zeit zu einschneidenden Veränderungen in Natur und Landschaft geführt hat. Technischer Fortschritt und eine an der Produktivitätssteigerung und Rationalisierung ausgerichtete Agrarpolitik führten in der Bundesrepublik Deutschland einerseits zu einer Intensivierung und Konzentration der landwirtschaftlichen Nutzung in Gunstgebieten und andererseits zu Nutzungsänderungen bzw. der Aufgabe landwirtschaftlicher Nutzung in peripheren (DRL 1997) und/oder standörtlich benachteiligten Räumen (DRL 1997, BAUER 2001). Agrarumweltprogramme und spezifische Naturschutzprogramme der Länder, basierend auf der entsprechenden EG-Verordnung, wie z.B. dem Marktentlastungs- und Kulturlandschaftsausgleich (MEKA, vgl. MLR BW 2000) oder die Landschaftspflegerichtlinie in Baden-Württemberg leisten unterdessen einen wichtigen Beitrag zur Erhaltung und Entwicklung der Kulturlandschaft. Fraglich ist jedoch, welcher Zustand der Kulturlandschaft in einer Zeit, in der weniger wirtschaftliche Notwendigkeiten, sondern zunehmend gesellschaftliche und planerische Ansprüche und Regelwerke die Kultivierung des Landes bestimmen, bewahrt, wiederhergestellt, neu geschaffen oder sich selbst überlassen werden soll. Für die jeweiligen Regionen bzw. Landschaften zu entwickelnde naturschutzfachliche Leitbilder sollen, angepasst an die bestehenden Potenziale, eine Orientierung für die zukünftige Entwicklung bieten (SCHWINEKÖPER et al. 1992, DRL 1997). Schwierigkeiten ergeben sich bei dieser Zielfindung, weil sich Kulturlandschaft »... als Gegenstand der Betrachtung »zwischen den Stühlen« der räumlichen Kompetenzabgrenzungen, der sektoralen Ressorteinteilungen und der arbeitsteilig spezialisierten Disziplinentwicklung der wissenschaftlichen Institutionen« befindet (BMWV 1998).

Die Landnutzung war im mittleren Jagsttal in ihrer geschichtlichen Entwicklung einem deutlichen Wandel unterzogen (vgl. Kap. 4.2, 4.3). Die das Rötelbachtal umfassende Gemarkung Eberbach war – wie auch viele andere Orte im Jagsttal – über Jahrhunderte durch Acker- und Weinbau geprägt. Wiesen beschränkten sich auf feuchte oder von Hochwasser gefährdete Standorte. Der noch 1883 in den Hanglagen betriebene beschwerliche Ackerbau wurde bis zur Mitte des 20. Jahrhunderts überwiegend durch die Wiesenwirtschaft abgelöst (SAENGER 1957, OAB Künzelsau 1883, KIRCHNER-HEßLER et al. 1997, NAGEL 2000), wodurch heute das Grünland in diesen Talräumen landschaftsprägend ist. Es bildet in Verbindung mit Steinriegeln, Streuobstbeständen, Gebüschen, Gehölzen und Wäldern ein reich gegliedertes Mosaik. In Abhängigkeit vom Standort sind verschiedene, aus naturschutzfachlicher Sicht wertvolle Grünlandtypen ausgeprägt, die aus landwirtschaftlicher Sicht Grenzertragsstandorte darstellen. Im Zuge des Agrarstrukturwandels wurde die Grünlandbewirtschaftung in diesen Räumen zunehmend unwirtschaftlicher. Ursachen hierfür sind der vergleichsweise hohe Arbeitskräfteeinsatz, geringe Betriebsgrößen, die Kleinparzellierung der Hanglagen (Realteilungsgebiet), die geringe Kooperationsbereitschaft zwischen den landwirtschaftlichen Betrieben und die wenig entwickelten Synergien zwischen Landwirtschaft, Fremdenverkehr und Naturschutz.

Abbildung 8.7.1:
Das mittlere Jagsttal bei Buchenbach im Jahr 1939
(Quelle: Landesmedienzentrum Baden-Württemberg)

Abbildung 8.7.2:
Das mittlere Jagsttal bei Buchenbach im Jahr 2000
(Foto: Ralf Kirchner-Heßler)

Eine Alternative für die landwirtschaftliche Nutzung stellt die Aufforstung dar. Die Zahl der Aufforstungsanträge ist in der Gemeinde Mulfingen, im Vergleich zu den Gemeinden Dörzbach, Krautheim und Schöntal, unverhältnismäßig hoch. Bei einer durchschnittlichen Flächengröße von rund 0,3 ha (MEINING 1999) bringen Aufforstungsanträge einen hohen Genehmigungsaufwand mit sich. Ein erhöhter Aufforstungsdruck ergibt sich insbesondere nach Flurneuordnungsverfahren. In einigen Abschnitten des mittleren Jagsttals nehmen die Waldflächen schon heute weite Teile der Hanglagen ein. Das Landschaftsbild verändert sich schleichend (Abb. 8.7.1, 8.7.2). Dieser Entwicklung stehen zumeist die Vorstellungen und Wünsche der Bevölkerung gegenüber. Als Reaktion auf ein bezüglich des Hanglagengrünlandes seit Jahren rückläufiges Bewirtschaftungsinteresse wurde seitens der Bezirksstelle für Naturschutz und Landschaftspflege Stuttgart im Jahr 1989 das Landschaftspflegeprojekt Trockenhänge im Kocher und Jagsttal ins Leben gerufen.

8.7.3 Ziele

Oberziel
Für das Rötelbachtal wird in Zusammenarbeit mit den beteiligten Akteuren ein Stufenplan für die zukünftige Landnutzung entwickelt.

Teilziele (anwendungsorientierte Zielsetzung)
—Bewirtschaftungsszenarien stellen die Grundlage für die Landnutzungsplanung im Rötelbachtal dar.
—Im Falle von Nutzungsänderungen kann von den Akteuren auf einen Stufenplan als Planungsgrundlage zurückgegriffen werden.
—Die Planungsergebnisse aus dem Rötelbachtal können auf angrenzende Talbereiche übertragen werden.
Die *wissenschaftlichen Zielsetzungen* umfassen die anfängliche Situationsanalyse als Grundlage für die Szenarienentwicklung sowie die abschließende Bewertung der Szenarien anhand von Indikatoren. Eine *umsetzungsmethodische Zielsetzung* wird mit der Reflexion der Szenario-Methodik verfolgt.

8.7.4 Räumlicher Bezug

Die Situationsanalyse erstreckte sich aufgrund der verfügbaren Daten, Informationen und begrenzten eigenen Erhebungen auf unterschiedliche Skalenebenen (Tab. 8.7.1), die für das mittlere Jagsttal, das die Gemeinde Mulfingen (8.007 ha) mit der Gemarkung Eberbach (682 ha) und dem Rötelbachtal (97 ha) einschließt, hinsichtlich der naturräumlichen und landwirtschaftlichen Situation repräsentativ ist. Die Szenario-Entwicklung bezog sich im Rahmen der durchgeführten Workshops auf die Talräume (2.970 ha, Talaue und Hanglagen) der Gemeinde Mulfingen (Abb. 8.3.1), wobei bestimmte Einflussfaktoren nur für die gesamte Kommune beschrieben werden konnten.

8.7.5 Beteiligte Akteure und Mitarbeiter/Institute

An der Entwicklung der Szenarien waren beteiligt:
das Amt für Flurneuordnung Künzelsau, das Amt für Landwirtschaft, Landentwicklung und Bodenkultur Öhringen, das Amt für Umweltschutz, Wasserwirtschaft und Baurecht des Landratsamts Hohenlohekreis, vertreten durch den Naturschutzbeauftragten, der Bauernverband Hohenlohekreis, der Arbeitskreis für Naturschutz und Umwelt im Landesnaturschutzverband, die Bezirksstelle für Naturschutz und Landschaftspflege Stuttgart, das Staatliche Forstamt Künzelsau, Vertreter der Gemeindeverwaltung und des Gemeinderates Mulfingen, die Landesanstalt für die Entwicklung der Landwirtschaft und der Ländlichen Räume Baden-Württemberg, Landwirte der Gemeinde Mulfingen sowie der Regionalverband Franken. Als wissenschaftliche Mitarbeiter wirkten Ralf Kirchner-Heßler (Teilprojektverantwortlicher), Inge Keckeisen, Institut für Landespflege der Albert-Ludwigs-Universität Freiburg, Gottfried Häring, Institut für Landwirtschaftliche Betriebslehre der Universität Hohenheim und, Frank Henssler, Institut für Sozialwissenschaften des Agrarbereichs, Fachbereich Kommunikations- und Beratungslehre der Universität Hohenheim. Des Weiteren wirkten im Rahmen der Situationsanalyse Inge Keckeisen, Institut für Landespflege der Albert-Ludwigs-Universität Freiburg, und Berthold Kappus, Institut für Zoologie der Universität Hohenheim, im Rahmen der Situationsanalyse mit.

8.7.6 Methoden

Wissenschaftliche Methoden
Um ein fundiertes Wissen über die naturräumlichen und wirtschaftlichen Rahmenbedingungen – mit Bezug Landnutzung – zu erhalten, wurden in einer Eingangsanalyse Literatur, Statistiken, Karten und aktuelle Luftbilder ausgewertet, sowie Betriebserhebungen und Untersuchungen zu Landnutzung, Vegetation und Fauna durchgeführt. Die Erhebungen beziehen sich aufgrund der Datenlage, -verfügbarkeit und der begrenzten eigenen Erhebungen auf verschiedene räumliche Ebenen (vgl. Tab. 8.7.1).

Tabelle 8.7.1: Herkunft der verwendeten Daten und Informationen sowie deren Bezugsraum

Daten, Informationen	Bezugsraum	Quelle
Bevölkerung, Tourismus, Gastgewerbe, Wirtschaft, Siedlungsentwicklung, Flächennutzung	Mulfingen	STATISTISCHES LANDESAMT BADEN-WÜRTTEMBERG 2001, 2002
Besitzverhältnisse	Rötelbachtal	mdl. Mittl. Amt für Flurneuordnung Künzelsau 1999
Boden-, Standortstypen	Mulfingen	FVA 1976, Bodenkonzeptkarte (vgl. Kap. 8.10)
Schutzgebiete	Mulfingen	FVA 1998, LfU 2000, 2001a
Landnutzung	Mulfingen	Luftbildauswertung Mulfingen (Anhang 8.7.1), NAGEL 2000, Statistisches Landesamt Baden-Württemberg 2002
Fauna *(Vögel, Heuschrecken, Tagfalter)*	Eberbach, Mulfingen	KAPPUS 2000, NAGEL 2000
Vegetation *(Grünland, Ackerbegleitflora)*	Ailringen, Hollenbach, Rötelbachtal	DRÜG 2000, SEKINE 2000
Vegetation Wälder, Sukzession	Mulfingen	NEBEL 1986, FVA 1998, OSSWALD 2002
Gewässerstrukturgüte	Rötelbach, Jagst	KIRCHNER-HEBLER et al. 2003
Aufforstungsplanung	Rötel-, Rißbachtal (Gemarkung Eberbach, Ailringen)	MEINING 1999
Landschaftspflege	Mulfingen	LRA HOHENLOHEKREIS 2002
Sozioökonomie	Eberbach	eigene Betriebserhebungen (Anhang 8.7.2)
Politische Rahmenbedingungen	Baden-Württemberg	vgl. Kap. 10
Konsumverhalten	Deutschland	BESCH & HAUSLADEN 1998, CMA 1999

Um ein fundiertes Verständnis über die aktuelle Lage der Landbewirtschaftung im Rötelbachtal zu erhalten, wurde eine Befragung der Bewirtschafter des Rötelbachtals mittels eines standardisierten Fragebogens durchgeführt (Anhang 8.7.2). Die ökonomische Situation der Bewirtschaftung des Rötelbachtals wurde mittels Deckungsbeitragsrechnungen aufgezeigt. Mit Hilfe einer Tabellenkalkulationlinearen Programmierung mit dem Programm EXCEL (Microsoft) konnte im Zuge der Szenario-Entwicklung eine Konsistenzmatrix ausgewertet werden. Die Bewertung unterschiedlicher Landnutzungsvarianten anhand von Indikatoren erfolgte auf der Basis der in Kapitel 7 dargestellten Rechenvorschriften bzw. Bewertungsgrundlagen.

Umsetzungsmethodik

Die als Planungsmethode eingesetzte Szenario-Technik wurde in den 1950er Jahren von WIENER entworfen, im deutschsprachigen Raum in den 1980er Jahren in die Betriebswissenschaften eingeführt (z.B. GÖTZE 1991, V. REIBNITZ 1992, GAUSEMEIER et al. 1996) und in den Umweltwissenschaften von SCHOLZ und Mitarbeitern im Rahmen transdisziplinärer Fallstudien methodisch weiterentwickelt (z.B. SCHOLZ et al. 1999, SCHOLZ & TIETJE 2002). Zu Projektbeginn (1998/1999) fehlten umsetzungsmethodische Reflexionen und darauf aufbauende Methodendiskussionen inwieweit sich die Szenariotechnik als partizipatives Planungsinstrument in der Raumplanung und Regionalentwicklung eignet. Die durchgeführte Planung besitzt durch ihre thematische Ausrichtung einerseits einen Bezug zur räumlichen Planung (vgl. SPITZER 1995) und ländlichen Regionalentwicklung. Andererseits stellt der zukunftorientierte Planungsansatz auf der Grundlage der Szenario-Anlayse eine strategischen Planung dar (HAMMER 1998, EHRMANN 1999).

Die Szenarien-Entwicklung erfolgte in Anlehnung an v. REIBNITZ (1992). Diese Planungsmethode wurde gewählt, weil (a) das Thema Landnutzung eine hohe Komplexität besitzt und die Szenario-Technik geeignet ist, die vielschichtigen qualitativen und quantitativen Informationen zu verknüpfen, deren Systemdynamik zu erfassen und in einer vernetzten, ganzheitlichen und interdisziplinären Betrachtung transparente und nachvollziehbare Zukunftsbilder zu entwickeln, aus denen eine Leitstrategie abgeleitet werden kann, (b) die Szenarien im Sinne der Philosophie des Gesamtprojektes partizipativ und kommunikativ mit den Beteiligten in einem kreativen Prozess entwickelt werden können.

An vier zeitlich versetzten Arbeitstagen wurden folgende Arbeitsschritte durchlaufen:
1) Situationsanalyse (Wunschbilder, Problemformulierung, Zielsetzung, Situationsanalyse, Stärken-Schwächenanalyse, bisherige Zielvorstellungen und Strategien);
2) Einflussanalyse (Einflussbereiche, Einflussfaktoren, Einflussanalyse, Grid-Analyse);
3) Trendprojektion (Kenngröße, Ist-Zustand, Projektion, Begründung);
4) Alternativenbündelung (intuitive Alternativenbündelung, Konsistenzmatrix, rechnergestützte Alternativenbündelung);
5) Szenario-Interpretation (in Form von Presseartikeln);
6) Konsequenzanalyse (Chancen und Risiken, Zeithorizont, Aktivitäten und deren Priorisierung);
7) Störereignisanalyse (Störereignisdefinition und deren Auswirkungen, Präventiv-, Reaktivmaßnahmen);
8) Szenario-Transfer (Ziel, Strategie, Maßnahmen, Priorität, Verantwortlichkeit).

Die konkrete Zusammenarbeit mit den Beteiligten wurde in moderierten Arbeitskreissitzungen durchgeführt, bei der auch Kleingruppenarbeit und Referate (Situationsanalyse) zum tragen kamen. Zu Projektbeginn sowie am ersten Tag des Szenario-Workshops fand eine Begehung des Untersuchungsgebiets statt. Ausgehend von der abschließenden Entwicklungsstrategie leitete der Arbeitskreis in zwei weiteren Treffen erste Umsetzungsschritte ein. Die durchgeführten Workshops wurden jeweils durch Evaluierungen abgeschlossen. Neben den durchgängig bewerteten Kriterien der Kurzevaluierungen (methodischer Verlauf der Veranstaltung, Arbeitsatmosphäre, Anliegen berücksichtigt, vgl. Kapitel 6.8) wurde die Zufriedenheit mit den Ergebnissen bezogen auf die jeweils vereinbarten Zielsetzungen durch die Teilnehmer bewertet (Kap. 8.7.7.3). In zwei Zwischen- (2000, 2001) und einer Abschlussevaluierung (2002) bewerteten Akteure und Wissenschaftler das Teilprojekt umfassender.

8.7.7 Ergebnisse

Tabelle 8.7.2 gibt eine kurze Übersicht der durchgeführten Arbeiten. Eine umfassende Darstellung kann Anhang 8.7.3 entnommen werden.

Wissenschaftliche Ergebnisse
Die Situationsanalyse wurde auf unterschiedlichen räumlichen Ebenen (vgl. Kap. 8.7.4, 8.7.6) zur Vorbereitung des Szenario-Workshops im Jahr 2001 durchgeführt. Die hierbei ermittelten Ergebnisse wurden von den Beteiligten als repräsentativ für das mittlere Jagsttal eingestuft. Zitierte Quellen aus den Folgejahren stehen mit der Bewertung der Indikatoren und nachfolgenden Veröffentlichungen in Verbindung.

Tabelle 8.7.2: Zusammenfassende Darstellung der Arbeitsschritte

Maßnahmen	Bearbeitungszeitraum, -punkt	Quellen der Nachprüfbarkeit
Projektinitiierung im AK Grünland	23.11.1998	Protokoll
Ortsbegehung Rötelbachtal mit AK Grünland	26.1.1999	Protokoll
Situationsanalyse (vgl. Tab. 8.7.1)	März 1999 bis April 2002	Materialsammlung Szenario-Workshop, Karten, Diplomarbeiten, ausgefüllte Fragebögen, Protokoll
Festlegung Planungsmethodik	September 2000	Protokoll
Vorbereitung Szenario-Workshop	Januar – April 2001	Protokoll
Durchführung Szenario-Workshop	24.4.2001 bis 12.3.2002	Protokoll

Entwicklung der Kulturlandschaft und Landschaftsstruktur

Ein Großteil der Gemarkung Eberbach war über Jahrhunderte von Acker- und Weinbau geprägt. Die Realteilung bestimmte Flächenzuschnitt und Besitzverhältnisse, die Dreifelderwirtschaft war die grundlegende Bewirtschaftungsform, die eine strukturelle Vielfalt in räumlicher Dimension (Flächenstruktur, -größe) mit sich brachte. Neuerungen in der landwirtschaftlichen Bewirtschaftung, wie z.B. Nutzung des Brachfeldes und die Einführung der Stallfütterung wurden im 18. Jahrhundert unter dem Einfluss des Kupferzeller Pfarrers Johann Friedrich Mayer eingeführt (SAENGER 1957, NAGEL 2000). Vor der Einführung der Stallfütterung in der zweiten Hälfte des 18. Jahrhunderts wurde ein beträchtlicher Teil der Markung beweidet, worauf noch heute Gewannnamen, wie z.B. »Weidenberg« hinweisen. Wiesen beschränkten sich auf feuchte und gewässernahe Standorte. Dauerweiden existierten auf wenigen, großen, oft mit Gebüschen durchsetzten Allmendweiden im Bereich der oberen Hangkanten mit einer hohen räumlichen Diversität (NAGEL 2000, Anhang 8.7.4). Bis zur Mitte des 20. Jahrhunderts reduzierte sich der Flächenumfang von Grünland zugunsten der Ackerflächen weiter. Haupterwerbsquellen der Eberbacher waren Feldbau und Viehhaltung (vgl. GÜTERBUCH EBERBACH 1856, Kap. 4.3). Die Waldweide wurde per Gesetz 1873 verboten (SCHWANDNER 1873). Der Großteil der Wälder Eberbachs war Privatwald. Hiervon bestanden 60 Prozent aus Mittelwald und 40 Prozent aus Niederwald mit teilweise eingewachsenen Nadelholzkulturen (OAB Künzelsau 1883). Seit 1840 nahm die Waldfläche in der Gemarkung um 27,7 Prozent zu (vgl. Tab. 8.7.3). Zu Zeiten der Oberamtsbeschreibung heißt es zum landschaftlichen Charakter des Rötelbachtals, ihm würden »... seine Tannen das Ansehen eines Schwarzwaldtälchens geben« (OAB Künzelsau 1883).

Mit dem Agrarstrukturwandel setzte eine zweiteilige Entwicklung ein. Auf den Gunststandorten der Hochflächen (z.B. Gemarkung Hollenbach) dehnte sich der Ackerbau noch leicht aus, während in den standörtlich benachteiligten Talräumen (z.B. Gemarkung Ailringen, Eberbach) der Grünlandanteil zu Lasten des Ackerbaus deutlich zunahm (RAUSER 1980, Statistisches Landesamt BW 2002, vgl. Kap. 4.2, Anhang 8.7.5). Weinbau ist in Eberbach seit 1578 nachgewiesen, die Markung gehört wohl aber seit Ende des 13. Jahrhunderts zum Bereich der Rebkultur. Das Jahr

1904 war das letzte Weinjahr in Eberbach (SCHRÖDER 1953, RAUSER 1980). Einzug hielt hiernach die Obstbaumzucht. Allmend-, Randflächen, Straßen und Wege wurden mit Obstbäumen bepflanzt (Güterbuch Eberbach 1856). Zur Entstehung der Steinriegel trugen vor allem der Weinbau, aber auch der Ackerbau und in geringem Maße die Wiesenwirtschaft bei (HÖCHTL & KONOLD 1998). Von der früheren weinbaulichen Nutzung an den Südhängen zeugen heute noch zahlreiche Steinriegel. Die Halbierung des Flächenumfangs der Steinriegel ist vornehmlich auf die Verwendung des Steinmaterials für den Wegebau zurückzuführen. Rund 80 Prozent der verbliebenen Steinriegel sind heute überschirmt und in Gebüsch oder Wald kaum noch erkennbar (NAGEL 2000). Einen starken Zuwachs erfuhr zwischen den Jahren 1840 und 2000 die Siedlungsfläche (305 Prozent), wie auch das Wegesystem (163 Prozent bezogen auf die Weglänge (vgl. Tab. 8.7.3, Anhang 8.7.4, 8.7.5).

Tabelle 8.7.3: Vergleich wichtiger Nutzungsarten und Landschaftsstrukturen der Gemarkung Eberbach in den Jahren 1840 und 2000 (Nagel 2000)

Nutzungsart	Fläche [ha] 1840	Fläche [ha] 2000	Landschaftsstruktur	Fläche [ha] 1840	Fläche [ha] 2000
Ackerland	275,7	118,1	Steinriegel	20,0	10,1
Wiesen	85,4	154,4	Hecken / Gebüsche	6,4	15,9
Weiden	12,4	40,1	Ödung / Randfläche	5,5	0,5
Obstbaumwiesen	4,7	8,2	Weglänge (in km)	29,0 km	47,2 km
Waldfläche	211,1	269,5			
Weinberg	7,0	0			
Ödung / Brachfläche	18,6	1,9			
Siedlung	5,2	15,9			
Weg	11,6	20,5			

Bevölkerung und Wirtschaft

Mulfingen wies in seiner heutigen Struktur – seit der Erhebung demographischer Daten im Jahr 1871 – im Jahr 1880 mit 5115 die höchste Einwohnerzahl auf. Abwanderungsbewegungen bis in die 1980er Jahre führten mit 3209 Einwohnern zu dem niedrigsten Bevölkerungsstand im Jahr 1980. Mit 48 Einwohnern pro Quadratkilometer im Jahr 2001 ist Mulfingen vergleichsweise dünn besiedelt (Hohenlohekreis 139 E/qkm, Baden-Württemberg 297 E/qkm). Der wirtschaftliche Aufschwung in der Gemeinde führte zu einem deutlichen Einwohnerzuwachs und einer vergleichsweise stabilen Bevölkerungszahl zwischen 1995 (3.845 Einwohner) und 2000 (3.848 Einwohner) (Statistisches Landesamt BW 2002). Bevölkerungsprognosen für den Hohenlohekreis bis zum Jahr 2020 gehen ohne Berücksichtigung der Zu- und Wegzüge bei Gemeinden größer 5000 Einwohner von einem leichten Rückgang aus (2000 bis 2020: -0,9 Prozent) (Statistisches Landesamt BW 2003). Für die Jahre 2001 bis 2019 prognostiziert der Regionalverband Franken für die Gemeinde Mulfingen einen Bevölkerungsrückgang von 6,2 Prozent bei einer um 50 Prozent rückläufigen Geburtenrate unter Berücksichtigung eines jährlichen Wanderungsgewinns (Regionalverband Franken 2001).

Die ungebundene Kaufkraft als Maß für die frei zur Verfügung stehenden Geldmittel für Konsumzwecke lag im Jahr 1998 in Mulfingen mit 6.758 € unter dem Kreis- (8.327 €) und Landesdurchschnitt (9.089 €). Der Einwohner bezogene Schuldenstand lag in Mulfingen im Jahr 2000 mit 554 € über den Vergleichswerten des Hohenlohekreises (432 €) und unter dem Landesdurchschnitt (578 €), stieg jedoch in den Folgejahren. Der Hohenlohekreis weist eine niedrige Arbeitslosenquote auf (4,3 Prozent bis 5,2 Prozent im 2 bzw. 4 Quartal 2001), worauf auch die günstige Beschäftigungssituation in Mulfingen hinweist: Mit 2.547 sozialversicherungspflichtig Beschäftigten am Arbeitsort und 1463 am Wohnort Mulfingen im Jahr 2000 – hiervon 87 Prozent im produzierenden Gewerbe, der Rest im Dienstleistungsbereich – besitzt die Gemeinde einen großen Überhang an Berufseinpendlern. Beherbergungen boten in der Kommune im Jahr 2001 fünf Betriebe mit 103 Betten an. Die Anzahl der Übernachtungen hat sich seit Anfang der 1990er Jahre mehr als verdreifacht (1994: 2.037 Übernachtungen; 2001: 7.771 Übernachtungen). Die Bettenauslastung hat sich hierdurch deutlich erhöht, lag aber im Jahr 2001 mit 20,9 Prozent deutlich unter den Werten des Hohenlohekreises (34,5 Prozent) und des Landes Baden-Württemberg (38,3 Prozent) (Statistisches Landesamt BW 2002, 2004).

Aktuelle Landnutzung
Die Gemeinde Mulfingen umfasst mit ihren acht Teilgemarkungen eine Bodenfläche von 8.008 ha. Hiervon entfielen im Jahr 2001 9,0 Prozent auf Siedlungs- und Verkehrsflächen, 57,9 Prozent auf Landwirtschafts-, 30,6 Prozent auf Wald-, 1,4 Prozent auf Wasserflächen und 1,1 Prozent auf übrige Nutzungsarten (Statistisches Landesamt BW 2002). Landschaftlich ist die Gemeinde durch die Hochflächen sowie den Talraum geprägt. Hierbei sind 9,5 Prozent der Gesamtfläche der Talsohle, 27,5 Prozent den Hanglagen sowie 63,0 Prozent der Hochfläche zuzurechnen, die deutliche Unterschiede in der Ausprägung der Landnutzungstypen aufweisen (vgl. Anhang 8.7.1). Die Schwerpunkte des Ackerbaus wie auch große zusammenhängende Waldbestände liegen auf der Hochfläche. Die Talräume weisen einen relativ hohen Anteil an Grünland, Streuobst, Sukzessionsflächen, Gehölzen und Steinriegeln auf, so dass sich hier der Schwerpunkt gefährdeter Biotope befindet.

Standort und Vegetation
Die vorkommenden Vegetationstypen werden in erster Linie von den Standortverhältnissen bestimmt. So sind in der Talaue kalkreiche Auenböden, an den Talhängen Braunerden (Kolluvien an den Unterhängen), Braunerde-Rendzinen und Rendzinen (Kalkscherbenäcker), auf der Hochfläche Pelosole und Braunerde sowie deren Übergangsformen auf Lettenkeuper, Parabraunerden auf Löss, wie auch staunasse Pseudogleye auf Löss- bedecktem Lettenkeuper anzutreffen (FVA 1976, vgl. Kap. 4.2, 8.10 Bodenkonzeptkarte). Eine Beschreibung der im Raum vorkommenden Grünland-, Gebüsch-, Waldtypen sowie der Ackerbegleitflora findet sich in Kap. 4.2. In Tab. 8.7.4 sind die in der Gemeinde Mulfingen vorkommenden Biotoptypen auf der Grundlage der durchgeführten Luftbildauswertung charakterisiert.

Das Grünland ist in den Talräumen landschaftsprägend. Es bildet in Verbindung mit Steinriegeln, Streuobstbeständen, Gebüschen und Wäldern ein reich gegliedertes Mosaik. NAGEL (2000) konnte alleine für die überwiegend im Talraum gelegene Gemarkung Eberbach 10,1 ha Steinriegel, 15,9 ha Hecken und Gebüsche, die nach §24a des Landesnaturschutzgesetzes zu erfassen sind (LfU 1997, 2001b), sowie 11,7 ha Streuobstbestände, die zumindest einen gefährdeten Biotoptyp darstellen (vgl. RIECKEN et al. 1994), nachweisen (Anhang 8.7.1, 8.7.4). In den Talräumen finden sich – insbesondere in südexponierter Lage – magere Grünlandbestände trockenwarmer Standorte (Anhang 8.7.6, 8.7.7) Die ebenfalls überwiegend durch das Jagsttal geprägte Gemarkung Ailringen (Anhang 8.7.7, 8.7.8) besitzt mit 264,6 ha einen Grünlandanteil von 53,5 Prozent bezogen auf die landwirtschaftliche Nutzfläche (LF). Hierbei entfallen auf die als gefährdete Biotope einzustufenden Kalk-Magerwiesen und -weiden 69,6 ha (26,3 Prozent der LF), auf die typische Variante sowie die Trespenvariante der Salbei-Glatthaferwiesen 35,1 ha (13,3 der LF). Die restlichen Flächen werden von Glatthaferwiesen eingenommen, die gemäß der Roten Liste

Tabelle 8.7.4: Charakterisierung der Biotoptypen in der Gemeinde Mulfingen

Biotoptyp	Anzahl Flächen	Durchschnittliche Flächengröße [ha]	Minimumfläche [ha]	Maximumfläche [ha]	Gesamtfläche [ha]	Flächenanteil an Gesamtfläche Mulfingen [%]
Acker	857	3,4	0,008	25,4	2.897,7	36,2
Grünland	1.491	0,9	0,003	27,5	1.394,7	17,4
Landw. Fläche allgemein	60	0,2	0,005	3,8	13,0	0,2
Laubwald	264	5,5	0,002	132,8	1.459,8	18,2
Mischwald	166	3,2	0,054	33,2	533,6	6,7
Aufforstung	392	0,6	0,017	10,2	253,3	3,2
Streuobstbestand	808	0,3	0,004	5,3	216,9	2,7
Feldgehölz	1.768	0,1	0,001	2,4	195,7	2,4
Nadelwald	216	0,8	0,038	16,2	182,7	2,3
Wald allgemein	14	0,4	0,017	1,3	5,1	0,1
Kahlschlag	79	0,4	0,018	3,4	31,4	0,4
markanter Waldtrauf	223	0,1	0,003	1,1	23,2	0,3
Pionierstadium	142	0,4	0,013	4,3	55,0	0,7
Kraut-/Staudenflur	2.073	0,1	0,0001	2,0	119,7	1,5
Ufergehölz	149	0,6	0,0002	9,6	88,3	1,1
Grasflur m. Gehölz	109	0,2	0,015	1,6	18,6	0,2
Baumgruppe/-reihe	238	0,1	0,005	0,8	14,6	0,2
Steinriegel	339	0,01	0,0002	0,1	3,3	0,04
Obstplantage	6	0,1	0,016	0,4	0,8	0,01
Landwirtschaftliche Fläche gesamt	3.331				4.541,8	56,7
Waldfläche gesamt	1.354				2.489,2	31,1

der Biotoptypen des Bundes als stark gefährdet eingestuft werden (RIECKEN et al. 1994). Die typische Ausprägung der Salbei-Glatthaferwiese ist in Baden-Württemberg nicht nach §24a des Landesnaturschutzgesetzes geschützt, stellt jedoch prinzipiell einen FFH-Lebensraumtyp dar (LfU 1997, 2001b). Auf der Hochfläche sind die Anteile gefährdeter Grünlandbiotope geringer (Anhang 8.7.7, 8.7.8). Der für Naherholung und Tourismus bedeutsame landschaftsästhetische Reiz tritt im Frühjahr und Sommer in Gestalt der blütenreichen Wiesen hervor. Das südexponierte Hanggrünland ist aus landwirtschaftlicher Sicht den Grenzertragsstandorten zuzuordnen. Es sind hinsichtlich der landwirtschaftlichen und naturschützerischen Interessen potenziell konfliktarme Zonen, die für eine extensive Wirtschaftsweise prädestiniert sind. Auch die an die steinigen Kalkäcker gebundene Ackerbegleitflora weist gefährdete Biotoptypen auf (vgl. RIECKEN et al. 1994), wie z.B. Glanzehrenpreis-Gesellschaft, Tännelkraut-Ackerlichtnelken-Übergangsgesellschaft und Haftdolden-Fragmentgesellschaft. Steinreiche Kalkäcker sind im Betrachtungsraum insbesondere im Übergang von den Talhängen zur Hochfläche anzutreffen (SEKINE 2000, Anhang 8.7.9).

Fauna der Hanglagen

Das zumeist extensiv genutzte, durch Steinriegel und Gebüsche vielfältig untergliederte Hanggrünland stellt aufgrund seines Artenreichtums und seiner Artenzusammensetzung einen großflächigen, schützenswerten Biotoptyp dar (Anhang 8.7.10). Diese Offenstandorte sind für Ameisen, Laufkäfer, Schwebfliegen, Spinnen, Heuschrecken und Vögel wichtige Lebensräume (MÜNCH 1988,

GLÜCK et al. 1996). Die auf Rinderweiden in der Gemeinde Dörzbach vorkommenden Laufkäferbestände wurden aus naturschutzfachlicher Sicht als bedeutsam eingestuft, was in erster Linie auf deren hohe Artendichte und -diversität mit zahlreichen Arten der Roten Liste zurückzuführen ist (GLÜCK et al. 1996). Im Rötelbachtal (Gemeinde Mulfingen) wurde an Süd- und Westhängen eine überdurchschnittlich hohe Artenzahl von Tagfaltern und Widderchen nachgewiesen. Sie liegt über dem Durchschnitt vergleichbarer trockenwarmer Magerstandorte in Baden-Württemberg. Insbesondere die sehr hohe Zahl von Widderchenarten wird bundesweit nur selten erreicht. Das Vorkommen zahlreicher gefährdeter sowie weiterer biotoptypischer Tagfalter und Widderchen begründet die Einstufung als Flächen mit landesweiter Bedeutung für den Artenschutz (KAPPUS 2000). Daneben wurden für die Gemarkung Eberbach Neuntöter, Rebhuhn und Schlingnatter nachgewiesen (NAGEL 2000, KAPPUS 2000), worauf in Kap. 8.7.8 noch näher eingegangen wird.

Gewässer
Der Gewässerverlauf des Rötelbachs in der Gemarkung Eberbach (Anhang 8.7.11) ist im unteren Gewässerabschnitt (Kilometer 0+000 bis 1+100) bei vorherrschendem Trapezprofil begradigt und stark verbaut (Güteklasse 7 (dominierend) bis 5 nach LAWA 2000). Außerhalb des Siedlungsraums weist der Rötelbach einen überwiegend natürlichen bis naturnahen Verlauf auf (Güteklasse 1 bis 3, Klasse 2 dominierend, nach LAWA 2000, vgl. Kap. 8.11, KIRCHNER-HEßLER et al. 2003). Die Jagst weist in der Gemeinde Mulfingen (Kilometer 75+200 bis 89+800) sowohl naturnahe wie auch stark veränderte Abschnitte auf (Anhang 8.7.12). Zwischen Ailringen und Mulfingen wurde der Flusslauf vor allem im 19. Jahrhundert stark begradigt. Sechs Wehre unterbinden durch den Rückstau die Gewässerdynamik. Das Gewässerumfeld ist außerhalb der Siedlungen zumeist durch eine intensive Grünlandnutzung geprägt, der Gehölzsaum ist oftmals zu schmal (Gesamtbewertung Güteklasse 2 bis 4 nach LAWA 2000, vgl. Kap. 8.11, KIRCHNER-HEßLER et al 2003).

Situation der Landwirtschaft
Die landwirtschaftlichen Hauptnutzungsarten in Mulfingen sind Acker- und Dauergrünland. Wichtige Entwicklungstendenzen in der Landwirtschaft sind in Tab. 8.7.5 zusammenfassend dargestellt und verdeutlichen insbesondere anhand der Futterbaubetriebe und der Raufutterverwerter die rückläufige Entwicklung der Grünlandwirtschaft.

Die Verteilung der Betriebsgrößenklassen für das Jahr 1999 zeigt, dass der Schwerpunkt der 56 Haupterwerbsbetriebe auf 30 ha und mehr landwirtschaftlicher Fläche (LF) (62,5 Prozent der Betriebe), der Schwerpunkt der 131 Nebenerwerbsbetriebe demgegenüber bei bis zu 10 ha LF (62,5 Prozent) und 10 bis 20 ha LF (29,0 Prozent) lag. Der durchschnittliche Kaufpreis des im Hohenlohekreis übereigneten Ackerlands stieg zwischen den Jahren 1994 und 2000 von 16.841 €/ha auf 24.748 €/ha (Höchstwert 24.960 €/ha im Jahr 1999). Die durchschnittlichen Kaufpreise im Grünland unterliegen Schwankungen und lagen im Jahr 2000 bei 13.566 €/ha. Der niedrigste Wert im Vergleichzeitraum ergibt sich mit 10.988 €/ha für das Jahr 1994, der Höchstwert mit 17.415 €/ha für das Jahr 1995 (Statistisches Landesamt BW 2002).

Tabelle 8.7.5: Landwirtschaftliche Entwicklungstendenzen in der Gemeinde Mulfingen

Jahr		1979	1991	1999	2001
Landwirtschaftliche Nutzfläche (LF) gesamt (ha), Betriebe > 2ha		4.458	3.995	3.742	3.664
davon Ackerland (ha)		2.793	2.517	2.496	2.490
davon Dauergrünland (ha)		1.648	1.467	1.242	1.170
Landwirtschaftliche Betriebe (> 2 ha)		362	266	187	
davon Haupterwerbsbetriebe		182	89	56	
davon Nebenerwerbsbetriebe		180	177	131	
Betriebstypen (Anzahl der Betriebe)					
Marktfruchtbetriebe		34	53	44	30
Futterbaubetriebe		221	132	95	67
Veredlungsbetriebe		24	29	42	39
Landw. Gemischbetriebe		70	36	25	38
Tierhaltung					
Anzahl der Betriebe	Tierbestand				
Rinderhaltung		*303*	5.334	*105*	2.429	*83*	2.179
Schweinehaltung		*313*	12.308	*120*	19.047	*92*	18.267
Schafhaltung		*16*	79	*25*	1.357	*20*	1.086
Pferdehaltung		*14*	21	*17*	64	*14*	55

Quelle: Statistisches Landesamt BW 2003

Eine Befragung der Bewirtschafter des Rötelbachtals in der Gemarkung Eberbach lieferte Informationen zur Betriebsstruktur, den Anteil von Flächen im Rötelbachtal bezogen auf die Gesamtbetriebsfläche sowie die Bewirtschaftungsweise und -intensität (vgl. Tab. 8.7.6). Sieben der 14 von der Gemeindeverwaltung genannten Bewirtschaftern, konventionell bewirtschaftete Betriebe, konnten im Dezember 1999 bzw. Januar 2000 befragt werden.

Tabelle 8.7.6: Kurzcharakterisierung der Bewirtschaftung im Rötelbachtal

Kriterium	Beschreibung
Erwerbsform	5 Haupt-, 2 Nebenerwerbsbetriebe
Alter der Betriebsleiter	36 bis 61 Jahre
Hofnachfolge	sicher (3), wahrscheinlich (1), keine (1), keine Aussage (2)
Betriebsform	3 Futterbau-, 2 Misch-, 1 Veredlungs-, 1 Sonstiger Betrieb
Betriebsgröße	5,5 bis 160 ha LF (davon 0,5 bis 8,9 ha im Rötelbachtal)
Schlaggröße Grünland	0,2 bis 1,5 ha
Schlaggrößen Ackerflächen	0,2 bis 1,1 ha (Stilllegungsflächen, Ackerfutterbau)
Grünlandnutzung	überwiegend Schnittnutzung (3 - 4 Schnitte auf 6,9 ha, 2 - 3 Schnitte auf 1,4 ha, bis 2 Schnitte auf 3,4 ha), 1 Betrieb mit extensiver Jungviehweide (2,3 ha)
Kriterien für Zu-, Verpachtsituation	Pachtpreis (2 Nennungen); Zupachtung, wenn Fläche an bereits bewirtschaftete Fläche angrenzt (2 Nennungen); Verpachtung, wenn hofnahe Flächen zugepachtet werden können (3 Nennungen)

Ausgehend von den für das Projektgebiet erarbeiteten Standardverfahren, wurden Deckungsbeitragsrechnungen für die in der Befragung genannten Produktionsverfahren (vgl. Tab. 8.7.7) erstellt.

Tabelle 8.7.7: Deckungsbeitragsrechnung der Produktionsverfahren im Rötelbachtal für das Wirtschaftsjahr 1999/2000 (in Euro/ha)

Verfahren	Grünland			Kleegras		Stilllegung
	3 x Silage	2 x Heu	Standweide (Jungvieh)	3x Silage	2x Silage	
Ertrag (dt TS/ha)	75	57,5		75	57,5	
Hauptleistung	–	–	–	–	–	–
Zahlungen GAP	–	–	–	–	–	310,35
Zahlungen MEKA	–	10,23	30,68	–	–	71,58
Leistungen gesamt	–	10,23	30,68	–	–	381,93
Saatgut	–	–	–	27,35	27,35	86,17
Düngung	236,78	151,23	–	250,17	190,50	–
Pflanzenschutz	–	–	–	–	–	–
Eigene Maschinen	216,37	159,45	45,08	182,49	149,41	84,74
Lohnmaschinen	306,78	237,24	–	306,78	204,52	–
Trocknung	–	–	–	–	–	–
Versicherung	–	–	–	–	–	–
Zinsansatz	–	–	–	19,07	14,76	11,17
Variable Kosten	759,93	547,92	45,08	785,86	586,54	182,08
Deckungsbeitrag	**– 759,93**	**– 537,69**	**– 14,40**	**– 785,86**	**– 586,54**	**199,85**
€/10 MJ NEL	0,19	0,21	–	0,21	0,20	–
€/10 MJ ME	0,11	0,13	0,01	0,12	0,12	–
Akh gesamt (Akh/ha)	19,1	13,7	8,0	15,8	11,9	5,4

Schutzgebiete

In der Gemeinde Mulfingen sind zwei Landschafts- (LSG) sowie zwei Naturschutzgebiete (NSG) ausgewiesen (Anhang 8.7.13). Von Crailsheim (Landkreis Schwäbisch Hall) bis Krautheim (Hohenlohekreis) erstreckt sich das 8.800 ha große LSG »Mittleres Jagsttal mit Nebentälern und angrenzenden Gebieten«. Davon entfallen rund 3.378 ha auf die Mulfinger Gemarkung, die – mit Ausnahme der Ortslagen – vorwiegend die Talräume umfassen. Das LSG »Weiher bei ehemalig Karoldshausen und Umgebung« ist 52 ha groß. Das 7,2 ha große Naturschutzgebiet »Heide am Dünnersberg« dient dem Erhalt von Magerrasen mit Wacholderbeständen, das 62,4 ha große NSG »Riedhölzle und Jagstaue« der »Sicherung eines naturnahen Hangwaldes mit angrenzenden Flächen als Rückzugs-, Aufenthalts- und Brutraum« für Graureiher (LfU 2000). Die FFH-Gebiete »Jagst und Seitentäler« in der Gemeinde Mulfingen haben einen Flächenumfang von rund 241 ha und liegen innerhalb der LSG-Kulissen (LfU 2001a). Durch eine erweiterte Gebietsmeldung (Stand 4/2003) wird sich diese Kulisse voraussichtlich erweitern. Darüber hinaus sind in der Gemeinde Mulfingen Wasserschutzgebiete ausgewiesen, die sich überwiegend in der Jagstaue und vereinzelt auf der Hochfläche befinden (Anhang 8.7.13).

Landschaftspflege

Als Reaktion auf ein bezüglich des Hanglagengrünlandes seit Jahren rückläufiges Bewirtschaftungsinteresse wurde seitens der Bezirksstelle für Naturschutz und Landschaftspflege Stuttgart im Jahr 1989 das Landschaftspflegeprojekt Trockenhänge im Kocher- und Jagsttal (LPP) ins Leben gerufen. In Anlehnung an die »Landschaftspflegerichtlinie« (MLR BW 2001) wird durch das Projekt die Erstpflege, Mahd mit und ohne Verwertung sowie die extensive Beweidung des mageren Hanglagengrünlandes in Abhängigkeit vom jeweiligen Arbeitsaufwand finanziell bezuschusst. Im Jahr 2001 bestanden in 13 Gemeinden des Hohenlohekreises sowie des Landkreises Schwäbisch Hall auf einer Fläche von 597 ha insgesamt 668 Verträge, für die einschließlich der Erstpflegemaßnahmen insgesamt rund 385.689 € (davon 46 Prozent Pflegeverträge, 37 Prozent Erstpflege, 8 Prozent Extensivierungsverträge, 8 Prozent Pflegetrupps) ausgezahlt wurden. Hiervon entfielen alleine auf die Gemeinde Mulfingen 240 Verträge auf einer Fläche von 230 ha mit einer Auszahlungssumme von 122.823 € einschließlich der Erstpflege (LRA Hohenlohekreis 2002). Die Projektmittel werden zu 70 Prozent vom Land, zu 20 Prozent von den Gemeinden und zu 10 Prozent vom Landkreis getragen. Weitere finanzielle Unterstützungen der Kulturlandschaftspflege sowie Ausgleichsleistungen für Bewirtschaftungserschwernisse im Betrachtungsraum sind durch MEKA (MLR BW 2000a) sowie die Förderung benachteiligter Gebiete (MLR BW 1999) gegeben.

Analysen und Auswertungen
Berechnungen zur **Landschaftsdiversität** in der Gemeinde Mulfingen zeigen auf der Grundlage des Shannon-Diversitätsindex für die Hanglagen des Jagsttals infolge ihrer Biotopvielfalt die höchsten Diversitätswerte, für Hochfläche und Talaue geringere und für die überwiegend ackerbaulich genutzten, relativ strukturarmen Gebiete der Hochfläche die geringsten Diversitätswerte (KECKEISEN et al. 2003a). Analysen der **Landschaftszerschneidung** für das Gemeindegebiet Mulfingen dokumentieren einen vergleichsweise hohen Zerschneidungsgrad der Gemeinde Mulfingen (effektive Maschenweite mit Gemeindestraßen 4,76 qkm) in Relation zum Hohenlohekreis (5,01 qkm) sowie zum Landesdurchschnitt (13,66 qkm) (JAEGER 2001, KECKEISEN et al. 2003b). Bei einem Vergleich zwischen den für verschiedene Ökosytemtypen vorgeschlagenen **Mindestgrößen** (z.B. DRL 1983) zeigt sich, dass in der Gemeinde Mulfingen diese Flächengrößen z.B. für Wald, extensiv genutztes Grünland, Ruderalfluren, Gebüsche und Gehölze erreicht werden. Zahlreiche Einzelbiotope liegen unter diesen geforderten Werten (Tab. 8.7.4), können allerdings unter dem Blickwinkel des Biotopverbunds wieder großräumigere Biotopkomplexe darstellen. Bezogen auf einzelne nachgewiesene Tierarten (vgl. KAPPUS 2000, NAGEL 2000) werden die **Mindestarealansprüche** z.B. für zahlreiche Tag- und Nachfalter sowie Heuschrecken auf extensiv genutzten Grünlandbiotopen, für Neuntöter in Hecken- und Streuobstgebieten, Rebhuhn, Schlingnatter erfüllt, aber beispielsweise nicht für den Schwarzspecht, der zusammenhängende Wälder mit Buchen-Altholz von ca. 710 bis 900 km^2 benötigt (SACHTELEBEN & RIESS 1997, KAPPUS 2000, 2003a, NAGEL 2000).

Aufforstung
Eine Alternative zur landwirtschaftlichen Nutzung stellt die Aufforstung dar. Infolge der rückläufigen Rentabilität der Grünlandnutzung verstärkt sich insbesondere in den kleinen Seitentälern der Jagst der Aufforstungsdruck. In einigen Abschnitten des mittleren Jagsttals nehmen die Waldflächen schon heute weite Teile der Hanglagen ein. Das Landschaftsbild verändert sich schleichend (vgl. Abb. 8.7.1, 8.7.2). Die Zahl der Aufforstungsanträge ist in der Gemeinde Mulfingen im Vergleich zu den Gemeinden Dörzbach, Krautheim und Schöntal, unverhältnismäßig hoch. Zwischen 1986 und 1998 wurden 42,01 ha Fläche in der Gemeinde Mulfingen zur Aufforstung genehmigt. Darüber hinaus kann von weiteren nicht genehmigten Aufforstungen ausgegangen werden. Aufforstungsschwerpunkte liegen im Talraum (allein 78 Einzelanträge in den Gemarkungen Buchenbach und Jagstberg zwischen 1986 und 1998). Auf den Gemarkungen der Hochflächen werden nur wenige Aufforstungen durchgeführt (z.B. sechs Einzelanträge in den Gemarkungen Zaisenhausen, Hollenbach zwischen 1986 und 1998). Ein erhöhter Aufforstungsdruck ergibt sich insbesondere nach Flurneuordnungsverfahren. Bei einer durchschnittlichen Flächengröße von 0,3 ha bringen Aufforstungsanträge einen hohen Genehmigungsaufwand mit sich.

Kleinstaufforstungen machen zudem forstwirtschaftliche Bemühungen, wie z.B. die Gestaltung von Waldrändern, zunichte. Zudem sind auf kleinen Parzellen Baumartenmischungsziele schwierig zu erreichen (MEINING 1999).

Am Beispiel zweier Seitentäler der Jagst, dem Rissbach- (Gemarkung Ailringen) und dem bereits vorgestellten Rötelbachtal (Gemarkung Eberbach, Abb. 8.7.3), wurden eine Vorgehensweise sowie Kriterien für die Ausweisung von Bewaldungsgebieten erarbeitet. Kriterien für die Ausweisung von Bewaldungsflächen im Betrachtungsraum sind (MEINING 1999):

—Aufforstungsflächen sollen an bereits bestehende Waldbestände angebunden werden, um eine rentable Bewirtschaftung und schnellere Einwanderung waldtypischer Arten zu ermöglichen.
—Es ist zu prüfen, inwieweit die Standortbedingungen für eine Bewaldung geeignet sind und ob die gelenkte Sukzession eine Alternative darstellt.
—Aus Rentabilitätsbetrachtungen in der Landwirtschaft kommen im Betrachtungsraum nur Flächen mit geringer Ertragsleistung (Bodenwertzahl < 41) für eine Aufforstung in Frage.
—Flächen mit großer Hangneigung stellen aus Gründen des Erosionsschutzes und der geringen Attraktivität für die Landwirtschaft potenzielle Aufforstungsflächen dar.
—Eine Bewaldung auf bereits unter Schutz stehenden Flächen (z.B. NSG, §24a-Biotope, FFH-Gebiete, ggf. LSG) ist zu vermeiden.
—Aus ökologischer bzw. naturschutzfachlicher Sicht wertvolle Lebensgemeinschaften in Offenlandbiotope sollten nicht aufgeforstet werden.
—Eine Konkurrenz zwischen, in ihren Zielsetzungen unterschiedlichen, Planungen bzw. Entwicklungsprogrammen ist zu vermeiden.

Anwendungsorientierte Ergebnisse

Im Folgenden werden die Ergebnisse der mit den Beteiligten durchgeführten Szenario-Workshops dargestellt. Die zum Teil umfangreichen Ausarbeitungen in Tabellenform sind im Anhang dokumentiert.

Aufgabenanalyse

Den Auftakt der Workshops bildete ein Außentermin im Rötelbachtal. Mit der Eingangfrage »Wie würden Sie sich das Rötelbachtal im Jahr 2020 wünschen?« konnten die Teilnehmer zu Beginn ihre Wunschbilder formulieren, beispielhaft etwa: »*Es soll bleiben wie es ist.*« »*Man könnte sich daran gewöhnen, dass extrem steile Flächen zur Sukzession zugelassen werden und das restliche Grünland mit einer Mutterkuhherde beweidet wird.*« »*Eine Veränderung der Landschaft muss nicht unbedingt negativ sein.*«

Vor Ort wurden den Teilnehmern – ergänzend zu der vorab zugesandten wissenschaftlichen Situationsanalyse – in komprimierter Form die landschaftsbezogenen Untersuchungsergebnisse vorgestellt. Die nachfolgenden Sitzungen fanden im Rathaus der Gemeinde Mulfingen statt. Eingangs wurde die im Jahr 1998/1999 mit den Beteiligten aufgeworfene Problemstellung (vgl. Kap. 8.7.2.1) und Zielsetzung (vgl. Kap. 8.7.3) überprüft und ergänzt. Nach der Erläuterung der Szenario-Methodik mit ihren Arbeitsschritten und Zielsetzungen wurde die Aufgabenanalyse in den drei Arbeitsgruppen Land- und Forstwirtschaft, Naturschutz und Landschaft sowie Kommunalentwicklung fortgesetzt. In den Kleingruppen erfolgte eine vertiefende Situationsbeschreibung auf der Grundlage der durchgeführten Situationsanalyse, eine Stärken-Schwächenanalyse sowie die Formulierung der bisherigen Leitbilder und Entwicklungsstrategien in der Gemeinde Mulfingen (Anhang 8.7.14 bis 8.7.16). Der Zeithorizont für die Szenarien wurde auf 20 Jahre festgelegt, da dies ein noch überschaubarer Planungshorizont mit Relevanz für Junglandwirte bzw. Hofnachfolger ist.

Abbildung 8.7.3: Durchführung der Einflussanalyse im 2. Workshop (Foto: Ralf Kirchner-Heßler)

Einflussanalyse

Aufbauend auf Vorschlägen der Arbeitsgruppen aus dem ersten Workshop wurde mit der Einladung zum zweiten Treffen ein Vorschlag zur Festlegung der Einflussbereiche und -faktoren versandt. Zu Beginn der zweiten Sitzung wurde der Entwurf diskutiert, wurden Änderungen, eine Priorisierung, Verknüpfung und Reduzierung der Einflussfaktoren vorgenommen (Abb. 8.7.3), um deren Anzahl überschaubar zu halten. Da an dem zweiten Workshop einige Teilnehmer nicht anwesend waren und es sich zeigte, dass sich durch die Ausarbeitung der Einflussanalyse in zwei Arbeitsgruppen systematische Bewertungsunterschiede ergeben hatten, bestand in der Folgesitzung Diskussionsbedarf über die Ergebnisse der vorhergehenden Sitzungen. Die dargestellten Einflussfaktoren (vgl. Tab. 8.7.8) mit den entsprechenden Beschreibungen, die Einflussanalyse (Tab. 8.7.9), Grid-Analyse (Anhang 8.7.17), wie auch die Trendprojektion (Anhang 8.7.18) sind folglich ein Ergebnis des dritten Treffens.

Tabelle 8.7.8: Einflussbereiche, -faktoren und deren Beschreibung

Einfluss-bereich	Nr.	Einflussfaktor	Beschreibung
Gesellschaft	1	Zahlungsbereitschaft für regionale bzw. heimische Produkte	erhöhte Zahlungsbereitschaft für regionale bzw. heimische Produkte
	2	Freizeitverhalten	Einstellung zu / Wahrnehmung von Freizeitangeboten, gesellschaftlichen Freizeittrends
Natur und Umwelt	3	Schutzgebiete (Natur-, Landschaftsschutz-, FFH-Gebiete, ...)	Umfang, Funktion und Qualität von Schutzgebieten
	4	Gesetze und Verordnungen	bestehende und künftige Gesetze und Verordnungen im Natur- und Umweltschutz
	5	Förderung (z.B. MEKA, Regionalprogramm, Landschaftspflegerichtlinie)	finanzielle Unterstützung von Maßnahmen im Natur- und Umweltschutz des Landes
	6	(das „grüne") Landschaftsbild, ohne Siedlungsfläche	subjektive Wahrnehmung der Landschaft, Landschaftsästhetik
	7	Biodiversität (Biotoptypen, Standortpotenzial)	Vielfalt an Lebensformen, Biotop-typen, Landschaftselementen und Standorttypen
Wirtschaft (Gewerbe, Tourismus, Wirtschaft)	8	Anzahl der Beschäftigten	Anzahl der Beschäftigten in Mulfingen
	9	kommunale Förderung (z.B. kommunale Kofinanzierung Landschaftspflegerichtlinie)	Sektorenübergreifende Unterstützung und Anreize der Kommune
	10	überkommunale Förderung (z.B. LEADER, Entwicklungsprogramm Ländl. Raum, Gemeinschaftsaufgabe Agrarstruktur und Küstenschutz, sonstige EU-Mittel)	sektorenübergreifende Unterstützung und Anreize seitens Land, Bund, EU
	11	touristische Infrastruktur	Summe der Angebote für Gäste und Einheimische
	12	Flächennutzung: Siedlung	Art und Intensität der Flächennutzung
	13	Flächennutzung: Land- und Forstwirtschaft	Art und Intensität der Flächennutzung
	14	Verordnungen, Satzungen, Beschlüsse	kommunale und überkommunale wirtschaftliche Steuerungsinstrumente

Der Einflussfaktor Flächennutzung wurde im Zuge der Trendprojektion in »Siedlungsfläche« (Einflussfaktor Nr. 12) sowie »Land- und Forstwirtschaft« (Einflussfaktor Nr. 13) differenziert. Diese Unterscheidung in einem nachgelagerten Arbeitsschritt wurde keiner neuen Einflussanalyse unterworfen, so dass die Einflussfaktoren Nr. 12 und 13 in der Einflussanalyse (Tab. 8.7.9) und Grid-Analyse (Anhang 8.7.17) zusammengeführt dargestellt sind. Die Einflussanalyse (Tab. 8.7.9) wurde gemeinsam mit den Teilnehmern durchgeführt. Hierbei wurden die Einflussfaktoren in ihrer Wechselwirkung untereinander mit Hilfe einer dreistufigen Bewertung analysiert. Eine Auswertung der Bewertungen zeigt, dass die Einflussfaktoren »Gesetze und Verordnungen (4)«, »Förderung (5)« und »Biodiversität (7)« im Bereich »Natur- und Umwelt« sowie »Überkommunale Förderung (10)« als aktive Steuerungselemente für die spätere Strategieentwicklung eingestuft werden können. Die Grid-Analyse stellt diese Ergebnisse der Einflussanalyse grafisch dar (Anhang 8.7.17).

Trendprojektion
In der im Workshop durchgeführten Trendprojektion (Anhang 8.7.18) wurde für die festgelegten Einflussfaktoren eine möglichst gut bilanzierbare Kenngröße und der Ist-Zustand für das Ausgangsjahr 2001 beschrieben sowie eine Projektion für das Zieljahr 2020 in Form alternativer

*Tabelle 8.7.9: Einflussanalyse (dreistufige Bewertung: 0 = kein Einfluss,
1 = schwacher oder indirekter Einfluss, 2 = starker Einfluss)*

Einfluss-bereich	Einfluss-faktor	Beschreibung	1	2	3	4	5	6	7	8	9	10	11	12, 13	14	Aktiv-summe
Gesellschaft und Wohnen	1	Zahlungs-bereitschaft		1	1	0	1	1	1	1	1	0	1	2	0	10
	2	Freizeitverhalten	1		1	1	0	1	1	1	2	1	2	1	1	13
Natur- und Umwelt	3	Schutzgebiete	1	1		0	1	2	2	0	1	1	1	2	2	14
	4	Gesetze, Verordnungen	0	1	1		2	2	2	0	1	1	1	2	2	15
	5	Förderung	0	1	2	0		2	2	1	2	2	1	2	1	16
	6	Landschaftsbild	1	2	2	1	1		1	1	1	0	2	1	1	14
	7	Biodiversität	1	2	2	2	2	1		0	1	1	2	2	1	17
Wirtschaft	8	Anzahl der Beschäftigten	2	1	0	0	1	1	0		2	2	1	2	1	13
	9	Kommunale Förderung	1	2	1	0	2	2	1	2		2	2	2	2	19
	10	Überkommunale Förderung	1	1	1	0	2	2	1	2	2		2	2	2	18
	11	Touristische Infrastruktur	1	2	2	1	0	1	1	1	0	0		1	1	11
	12, 13	Flächennutzung	1	2	2	2	2	2	2	2	1	2	2		1	21
	14	Verordnungen, Satzungen, Beschlüsse	0	1	1	0	1	1	1	1	2	1	1	2		12
		Passivsumme	10	17	16	7	15	18	15	12	16	13	18	21	15	193

Deskriptoren festgelegt. In Form einer »Skizze« wurde die erwartete zeitliche Entwicklung schematisch verdeutlicht und außerdem unterschieden, zu welchem Zeitpunkt – ab heute oder erst in 10 Jahren – die erwartete Veränderung einsetzen wird. Für die angenommenen Entwicklungsvarianten wurde zudem eine Begründung angeführt.

Alternativenbündelung

Nach der Festlegung der Entwicklungstrends und Alternativen für das Jahr 2020 wurden in fünf Kleingruppen mögliche Extrem-Szenarien intuitiv herausgearbeitet (Anhang 8.7.19). Kriterien für die Verknüpfung der formulierten Alternativen waren in Anlehnung an v. REIBNITZ (1992):
— Auswahl von zwei Szenarien, die möglichst unterschiedlich sind;
— Auswahl von Szenarien, die in sich möglichst widerspruchsfrei (konsistent) sind;
— Auswahl von Verknüpfungen, die eine große innere Stabilität besitzen. Sie verändern sich unter dem Einfluss von Störungen nicht in Richtung einer höheren Stimmigkeit.

Die Vorstellung der Alternativenbündel der fünf Kleingruppen zeigte ähnliche Muster in der Verknüpfung, aber auch Unterschiede in der Kombination einzelner Faktoren. Die Bündelung (Anhang 8.7.19) erschien den Teilnehmern nicht eindeutig und ließ Raum für Interpretationen. Es wurde vereinbart, dass die Mitglieder der Projektgruppe *Kulturlandschaft Hohenlohe* zur Vorbereitung der Folgesitzung zwei schlüssige Extrem-Szenarien ausarbeiten. Grundlage hierfür bildete eine Konsistenzmatrix auf der Basis einer fünfstufigen Bewertung (Anhang 8.7.19). Zwei in sich schlüssige Alternativen wurden rechnerisch mittels Tabellenkalkulation ermittelt. Die Kenngrößen »Anteil Siedlungsfläche« und »Flächenanteil Land- und Forstwirtschaft« ließen sich in den optimalen Varianten nicht eindeutig einem Extrem-Szenario zuweisen.

Szenario-Interpretation

Zur Veranschaulichung wurden die beiden Extremszenarien (Tab. 8.7.10) »Naturschutz, Tourismus und Regionalvermarktung (Szenario 1)« sowie »Konjunkturaufschwung und Wiederbewaldung (Szenario 2)« in Form von Presseartikeln (Anhang 8.7.20) als ein »Rückblick aus der Zukunft im Jahr 2020« abgefasst, um den Beteiligten ein griffiges und überschaubares Bild der beiden Varianten zu präsentieren. Die Teilnehmer sollten in diesem Arbeitsschritt prüfen, inwieweit die ausgearbeiteten Szenarien in sich schlüssig sind und nicht, ob sie in ihren Extremen wünschenswert sind. Die Beschreibungen der Extremszenarien wurden von den Teilnehmern als plausibel eingestuft, in wenigen Verknüpfungen wurden Widersprüche gesehen: »*Die Szenarien sind in sich stimmig* (Ortsvorsteher).« »*Szenario 2 ist in dieser krassen Härte gut vorstellbar. Szenario 1 stellt einen großen Spagat zwischen Bruttowertschöpfung und Zurück-zur-Natur dar und ist eher unwahrscheinlich* (Vertreter Landesbehörde).«

Zusammenfassend wurden einige Empfehlungen für die weitere Ausarbeitung und zukünftige Initiativen ausgesprochen. Demnach sollte die Bruttowertschöpfung in den Szenarien nicht zu sehr im Mittelpunkt stehen. Zum einen könne eine rückläufige Bruttowertschöpfung in gewissen Umfang durch eine Entwicklung im Tourismus abgefedert werden. Zum anderen könne sie nur bedingt die Entwicklung der Landnutzung beeinflussen, da die Gesamtentwicklung der

Tabelle 8.7.10: Kurzbeschreibung der beiden Extrem-Szenarien

Nr.	Kenngröße	Szenario 1 - Tourismus und Regionalmarketing	Szenario 2 - Konjunkturaufschwung und Wiederbewaldung
1	Anteil regionaler Produkte an gesamten Umsatz im Lebensmitteleinzelhandel	erhöht sich	konstant
2	Anzahl der Übernachtungen	stärkerer Anstieg	geringerer Anstieg
3	Flächenanteil Schutzgebiete an der Gesamtfläche der Gemeinde und Schutzkategorie	weiterer Anstieg	Stagnation
4	Gesetze und Verordnungen (*Natur- und Umweltschutz*)	Stagnation	Zunahme
5	Fördervolumen (*Natur- und Umweltschutz*)	Stagnation	weiterer Anstieg
6	Wahrnehmbares, kleinräumiges Nutzungsmosaik	Strukturreichtum bleibt erhalten	einförmige, strukturarme Nutzungsformen
7	Biotopvielfalt	großflächige landwirtschaftliche Nutzung der Hanglagen, großflächige Einzelbiotope	Brachfallen und Aufforstung; Waldbiotope
8	Brutto-Wertschöpfung	niedrigeres Niveau	hohes Niveau bleibt erhalten
9	Kommunales Fördervolumen	Niveau sinkt	Niveau bleibt erhalten
10	Überkommunales Fördervolumen	Niveau bleibt erhalten	Niveau verringert sich
11	Anzahl (durchgehend geöffneter) Gaststätten und Cafés	Nachfrage und Angebot steigen	Nachfrage sinkt, Angebot stagniert
12	Flächenanteil Siedlung	keine eindeutige Zuordnung	
13	Flächenanteil Land- und Forstwirtschaft	keine eindeutige Zuordnung	
14	Verordnungen, Satzungen, Beschlüsse	zusätzliche Restriktionen	Deregulierung

Landwirtschaft im Wesentlichen von den agrarpolitischen Rahmenbedingungen gesteuert wird. Der Hinweis, die Entwicklung der Landwirtschaft noch stärker zu berücksichtigen, deckt sich mit der Intention, auch die Hochflächen in ein Gesamtkonzept einzubinden, wobei zwischen den Bemühungen um eine touristische Entwicklung einerseits und der Intensivierung der Landwirtschaft andererseits ein Spannungsfeld gesehen wurde.

Konsequenzanalyse
In diesem Arbeitsschritt wurden die Chancen und Risiken auf der Ebene der Kenngrößen und der jeweiligen Entwicklungstrends für die beiden Extremszenarien beschrieben und hinsichtlich des erwarteten zeitlichen Eintretens bewertet. Hiervon ausgehend wurden Aktivitäten zur Chancennutzung, Risikominimierung und Umwandlung von Risiken in Chancen erarbeitet und priorisiert. Zur Durchführung wurden zwei Arbeitsgruppen gebildet, die je ein Szenario anhand einer vorbereiteten Matrix bearbeiteten (Anhang 8.7.21).

Störereignisanalyse
In der anschließenden Störereignisanalyse (Anhang 8.7.22) wurden mögliche externe und interne, abrupt auftretende Ereignisse, die das System – im vorliegenden Fall »zukünftige Landnutzung« – erheblich beeinflussen oder im positiven oder negativen Sinne verändern, gesammelt und bezüglich ihrer Bedeutung (Signifikanz) bewertet und mit entsprechenden Präventiv- (vorbeugende Maßnahmen) und Reaktivmaßnahmen (»Krisenpläne«) versehen. Durch die Störereignisanalyse werden die Schwachstellen des Systems verdeutlicht (Verwundbarkeitsanalyse) und neue Ideen entwickelt (Sensibilisierung/Krisentraining). Die abgeleiteten Präventivmaßnahmen finden Eingang in die Leitstrategie. Die beiden Arbeitsgruppen, die je ein Szenario behandelten, bewerteten die Störereignisse nach ihrer Auswirkungsstärke (Signifikanz), führten jedoch keine Wahrscheinlichkeitsbewertungen durch und schlossen katastrophenartige Ereignisse (z.B. Krieg) aus, da diese Gegenstand militärischer oder politischer Szenarien sind. Die Störereignisanalyse von Szenario 1 konnte nicht abschließend ausgearbeitet werden, da die Arbeitsgruppe einen höheren Zeitbedarf für die Ausarbeitung der Konsequenzanalyse hatte.

Leitstrategie
Bei der abschließend entwickelten Leitstrategie wurden folgende Ausarbeitungen aus dem bisherigen Szenario-Prozess aufgenommen:
_Gleiche Ansätze aus Szenario 1 und 2 (kleinster gemeinsamer Nenner);
_innovative, attraktive Ansätze aus Szenario 1 und 2, die unter Berücksichtigung der jeweiligen Rahmenbedingungen zueinander passen;
_modifizierte, innovative Ansätze, die zu beiden Szenarien passen;
_Präventivmaßnahmen aus der Analyse der Störereignisse;
_Berücksichtigung von Problemstellung, Zielsetzung, bisherigen Strategien, Stärken und Schwächen (vgl. Aufgabenanalyse) sowie den Einflussfaktoren unter Heranziehung der aktiven Einflussfaktoren (vgl. Einflussanalyse);
_ergänzende Vorschläge der Teilnehmer.
Die mit den Teilnehmern im vierten Workshop erarbeitete Leitstrategie (Anhang 8.7.23) bildete die Grundlage für die daran anknüpfende umfassende Ausarbeitung unter Berücksichtigung der oben angeführten Kriterien. Im Zuge von zwei kurzen Folgetreffen (2 bis 3 h) und der Möglichkeit einer schriftlichen Überarbeitung durch die regionalen Vertreter wurde die abschließende Leitstrategie und das weitere Vorgehen mit den Teilnehmern abgestimmt. Zum besseren Verständnis

der Steuerungsmöglichkeiten (Anhang 8.7.24) des Systems wurden die ermittelten Einflussfaktoren (vgl. Einflussanalyse) mit Bezug zu den Themenfeldern der Leitstrategie ausformuliert.

Die an der Offenhaltung der Landschaft, der Steigerung der Rentabilität der Grünlandwirtschaft und der Sicherung der Strukturvielfalt im mittleren Jagsttal ausgerichtete, umfassende Leitstrategie geht auf eine Entscheidung der Teilnehmer auf der Grundlage der Situationsanalyse, der Syntheseleistung im Szenario-Prozess sowie auf subjektive Einschätzungen zurück. Sie untergliedert sich in die Handlungsfelder Marketing, Förderung, Externe Beratung, Gesetze und Verordnungen, Land-, und Forstwirtschaft, Landnutzung und Kommunalentwicklung sowie Natur- und Umweltschutz. Entlang formulierter Zielsetzungen sind Strategien, Maßnahmen, Prioritäten, Vorgehen und Zuständigkeiten ausgearbeitet. Unter dem Titel »Weidelandschaft mittleres Jagsttal« wurde eine auf der Leitstrategie aufbauend erste Projektidee entwickelt (Anhang 8.7.25), die von den Teilnehmern im sechsten und abschließenden Treffen sehr begrüßt wurde.

Umsetzungsmethodische Ergebnisse
Hinsichtlich der nachfolgenden Bewertung der Evaluierungsergebnisse ist zu berücksichtigen, dass das Teilprojekt in seinem zeitlichen Verlauf eine anfängliche Initiierungsphase (Winter 1998/1999) im Arbeitskreis Grünland, die anschließende zweijährige Vorbereitungsphase (1999, 2000) mit den erforderlichen Grundlagenerhebungen durch die Wissenschaftler und den abschließenden partizipativen Szenario-Prozess umfasste. Im Zeitraum der ersten Zwischenevaluierung (Frühjahr 2000) wurden die Teilnehmer im *Arbeitskreis Grünland* lediglich über die Fortschritte der Situationsanalyse informiert. Die zweite Zwischenevaluierung erstreckte sich aufgrund des verzögerten Rücklaufs der Erhebungsbögen auf einen Zeitraum (8.5. bis 7.2001), in dem bereits der erste und zweite Szenario-Workshop (24.4., 26.6.2001) stattfand. Die Abschlussevaluierung wurde am 22.1.2002 telefonisch durchgeführt. Sie fand nach dem fünften Treffen statt, bei dem die Rohfassung der ausführlichen Leitstrategie vorgestellt und mit den Teilnehmern die nächsten Arbeitsschritte vereinbart worden waren.

Die **Kurzevaluierungen** waren ein wichtiges Instrument, um die Zufriedenheit und Stimmung der Teilnehmer einzufangen und in Verbindung mit der offenen Aussprache zum Abschluss einer Sitzung – zum Teil in Form eines Rundgesprächs – einen zusammenfassenden Rückblick und wichtige Hinweise für die Folgesitzung zu erhalten. Die Gesamtbewertung (zusammenführende Betrachtung aller Einzelkriterien) war bei allen Treffen im positiven Bereich (Zustimmung > 50 Prozent). Am positivsten wurde der zweite und letzte Workshop bewertet. Im zweiten Treffen wurden Kritikpunkte aus der ersten Sitzung aufgearbeitet, es gab ausreichend Raum für die Arbeit in Kleingruppen und es herrschte Zufriedenheit mit den erreichten Ergebnissen. Die Zufriedenheit mit den Ergebnissen (Leitstrategie abgeschlossen, nächste Umsetzungsschritte in einer Projektidee zusammengeführt) führte auch in der letzten Sitzung zu einer hohen Zufriedenheit (»ja sehr« bis »weitgehend«). Generell positiv wurde die Arbeitsatmosphäre in allen Sitzungen bewertet, was u.a. auf die guten äußeren Bedingungen (z.B. Witterung, Räumlichkeiten, Versorgung) zurückzuführen war. Auch die angewandte Methodik und die Berücksichtigung der Anliegen wurden überwiegend positiv eingestuft, allerdings folgte die Bewertung dieser Kriterien in der Tendenz kritischen Einschätzungen zur Ergebniszufriedenheit.

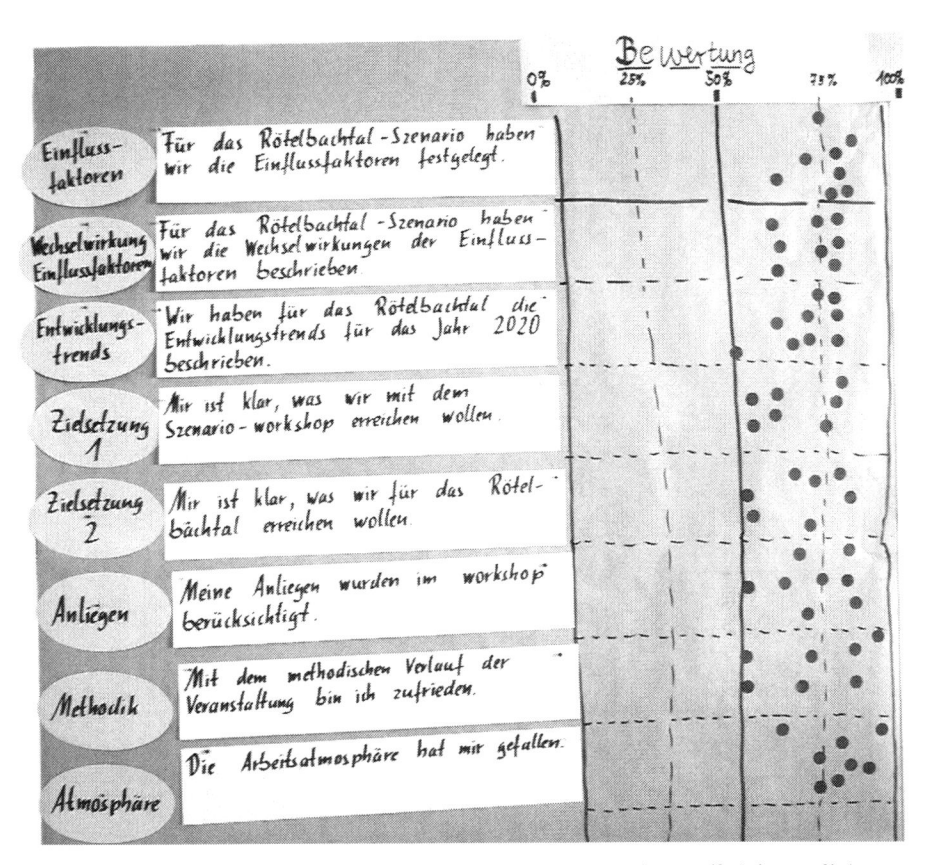

Abbildung 8.7.4: Kurzevaluierung des 2. Workshops am 26.6.2001 (Foto: Ralf Kirchner-Heßler)

Die Zufriedenheit mit den Ergebnissen (differenzierte Bewertung einzelner Arbeitsschritte, vgl. Abb. 8.7.4) der Workshops wurde in vier der sechs Treffen ambivalent bewertet, d.h. es gab zum einen positive Einschätzungen der Teilnehmer zu erfolgreich abgeschlossenen Arbeitsschritten. Zum anderen wurden aus zeitlichen Gründen nicht behandelte oder unbefriedigend abgeschlossene Themen negativ beurteilt. Die Ursachen hierfür lagen in dem sich aus der Szenario-Technik ergebenden umfassenden Arbeitsprogramm, der Diskussionsfreudigkeit der Teilnehmer wie auch dem Fehlen wichtiger Akteure im zweiten Treffen. Letzteres führte beispielsweise im 3. Workshop zu einer gründlichen Überarbeitung von Einflussanalyse und Trendprojektion welche im zweiten Treffen durchgeführt wurde, wodurch ein gleicher Kenntnisstand unter den Teilnehmern hergestellt werden konnte.

Die Ergebnisse der **Zwischen- und Abschlussevaluierung** (Abb. 8.7.5) unterstreichen die bereits in Verbindung mit den Kurzevaluierungen getroffenen Aussagen sowie den im Projektverlauf tendenziell zunehmend positiven Trend in der Bewertung der meisten Kriterien. Nach den abschließend vorliegenden Ergebnissen des Planungsprozesses ziehen die 14 Befragten eine überwiegend positive Bilanz (vgl. Tab. 8.7.11). Mit dem Abschluss des Projektes besteht auf Seiten der Akteure und Wissenschaftler eine überwiegende Zufriedenheit mit den erreichten Ergebnissen (2 der 14 Teilnehmer (TN) waren »voll und ganz«, 8 TN »im wesentlichen«, 4 TN »weniger« zufrieden

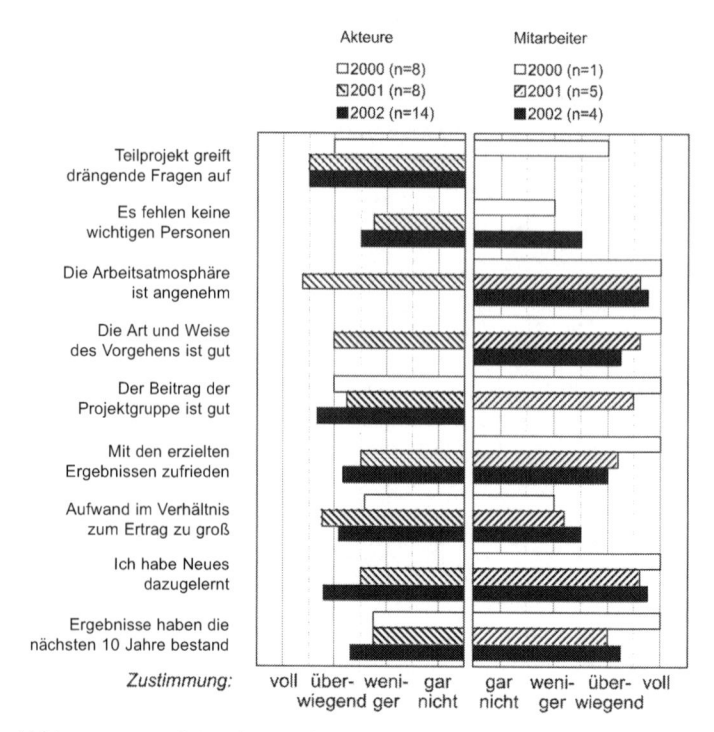

Abbildung 8.7.5: Ergebnisse der Zwischen- und Abschlussevaluierung

mit den erzielten Ergebnissen, keine Stimmen entfiel auf die Bewertung »gar nicht«). Die von den Teilnehmern gewünschte und zu Beginn des Szenario-Workshops noch einmal bestätigte Zielsetzung bestand in der Ausarbeitung einer Planung (vgl. Kap. 8.7.3). Entsprechend bestätigt die zweite Zwischenevaluierung, dass unter den Teilnehmern eine große Klarheit über die Zielsetzungen herrschte (4 der 8 Teilnehmer (TN) stimmen »voll und ganz«, 4 TN »im wesentlichen« zu). Da die Leitstrategie erst gegen Ende des Forschungsvorhabens ausgearbeitet wurde, waren die Möglichkeiten für eine an diesem Teilprojekt ausgerichtete Öffentlichkeitsarbeit begrenzt. Allerdings wurde im Rahmen weiterer Teilprojekte sowie in der Öffentlichkeitsarbeit des Gesamtvorhabens in vielfältiger Weise das Thema »zukünftige Landnutzung« thematisiert. Eher kritisch werden die Beteiligung der relevanten Akteure sowie die Fortführung der Aktivitäten ohne die Mitglieder der Projektgruppe eingeschätzt. Zudem sind die meisten Befragten der Auffassung, dass der für das Teilprojekt betriebene Aufwand zu groß war (vgl. Tab. 8.7.11).

Der zusammenfassenden Darstellung nicht zu entnehmen sind Bewertungsunterschiede zwischen den Teilnehmern. So bestand beispielsweise zum Zeitpunkt der Zwischenevaluierung im Jahr 2000 eine unterschiedliche Haltung der Akteure bezüglich des Teilprojektes. Diese Ambivalenz geht auf die Initiierungsphase zurück. Hier war von Vertretern des Naturschutzes und der Forstwirtschaft das Rötelbachtal als beispielhaft zu bearbeitendes Problemgebiet (vgl. Kap. 8.7.2.1) identifiziert worden. Im Zuge der Ortsbegehung mit den Beteiligten am 26.1.1999 musste diese erste Einschätzung korrigiert werden. Die Teilnehmer waren überrascht, dass weite Teile des Grünlands noch bewirtschaftet und weniger Sukzessionsflächen als erwartet vorhanden

Tabelle 8.7.11: Bewertung des Szenario-Workshops aus Sicht der Teilnehmer in der Abschlussevaluierung

	positive Aspekte	negative Aspekte
organisatorisch, methodisch	• Qualität der Szenario-Methodik • professionelle Moderation • methodisches Vorwissen der Moderatoren • Vor- und Nachbereitung • Beteiligung der Betroffenen / Einbeziehung der Teilnehmer / runder Tisch	• komplexe, zeitaufwändige Methodik • Informationsdefizite über Funktionsweise der Methodik • wechselnder Teilnehmerkreis • lange Sitzungen • hoher Behördenanteil • Zeitrahmen von 4 Sitzungen überschritten
inhaltlich	• gute Situationsanalyse • Themenvielfalt und Hintergrundwissen unterschiedlicher Teilnehmer • Thema „zukünftige Landnutzung" sehr umfassend behandelt • Lösungsorientiertes Arbeiten, Lösungen entwickelt und durchgespielt • Erkenntnisgewinn, Sensibilisierung, Problembewusstsein geschaffen	• Diskussion z.T. auf akademischem Niveau • inhaltliche Sprünge zwischen Generalisierung und konkreter Umsetzung • geringe Bündelung, Straffung, Abwägung der Informationen in den Protokollen • Ideen nicht genügend in die Öffentlichkeit getragen • hohe Erwartungen der Landwirte nicht erfüllt, mehr „Kochrezepte" erwartet
sozial	• Bemühungen um Zukunft der Landschaft • großes Interesse und freiwillige Teilnahme der Akteure • starkes Interesse und Unterstützung der Kommune • Zusammensetzung der Gruppe • gute, freundliche Arbeitsatmosphäre • persönlicher Umgang miteinander • positive Motivation • Umgang mit Kritik • schnell gemeinsame Sprache zwischen Wissenschaft und Praxis gefunden • Engagement und hohe Verbindlichkeit der Wissenschaftler	*keine Hinweise aus der Befragung*

waren. Für einige Landwirte sowie Vertreter des Bauernverbandes existierte somit der ursprünglich skizzierte Problemdruck nicht mehr, verbunden mit der Überlegung einen anderen Untersuchungsraum auszuwählen. In einer Abstimmung entschieden sich die Beteiligten – insbesondere die Vertreter des Naturschutzes, der Forstwirtschaft, der Kommune und einige betroffene Landwirte – jedoch mehrheitlich dafür, das Rötelbachtal beispielhaft als Untersuchungsgegenstand beizubehalten. Die Zwischenevaluierung im Jahr 2001 sowie die Abschlussevaluierung bestätigen die hohe Bedeutung der im Teilprojekt aufgegriffenen Fragen.

Verknüpfung mit anderen Teilprojekten

Die in Abb. 8.7.6 dargestellten Bezüge verdeutlichen den integrativen Charakter des Teilprojekts. So wurden Daten- und Informationen aus den meisten landwirtschaftlich und landschaftsplanerisch ausgerichteten Teilprojekten zur Verfügung gestellt. Die wechselseitigen Bezüge mit den im weiteren Sinne landschaftsplanerischen Teilprojekten *Gewässerentwicklung, Regionaler Umweltdatenkatalog* und *Ökobilanz Mulfingen* weisen auf die gemeinsame und abgestimmte Erarbeitung von Datengrundlagen, Auswertungen und Bilanzierungen hin.

Akteursebene	Konservier. Bodenbearb.	Öko-Weinlaub	Bœuf de Hohenlohe	Räumliche Ebene
Gewerbe Privatperson Verbraucher Gastronom Landwirt Handwerker	eigenART		Hohenloher Lamm	
	Themenhefte		Öko-Streuobst	Parzelle Betrieb
Vertreter:	Panoramakarte	Landnutzung Mulfingen	Heubörse	Gemeinde Landkreis
Wirtschaft Gemeinde Fachbehörde Kreis Verein Verband Fachbehörde Land Ministerium Land	Lokale Agenda			Region Regierungsbezirk Land
	Gewässerentwicklung		Landschaftsplanung	
	Regionaler Umweltdatenkatalog	Ökobilanz Mulfingen		

Legende:
einseitiger, zwingender Daten-, Informationsaustausch ⟶
wechselseitiger, zwingender Daten-, Informationsaustausch ⟵⟶

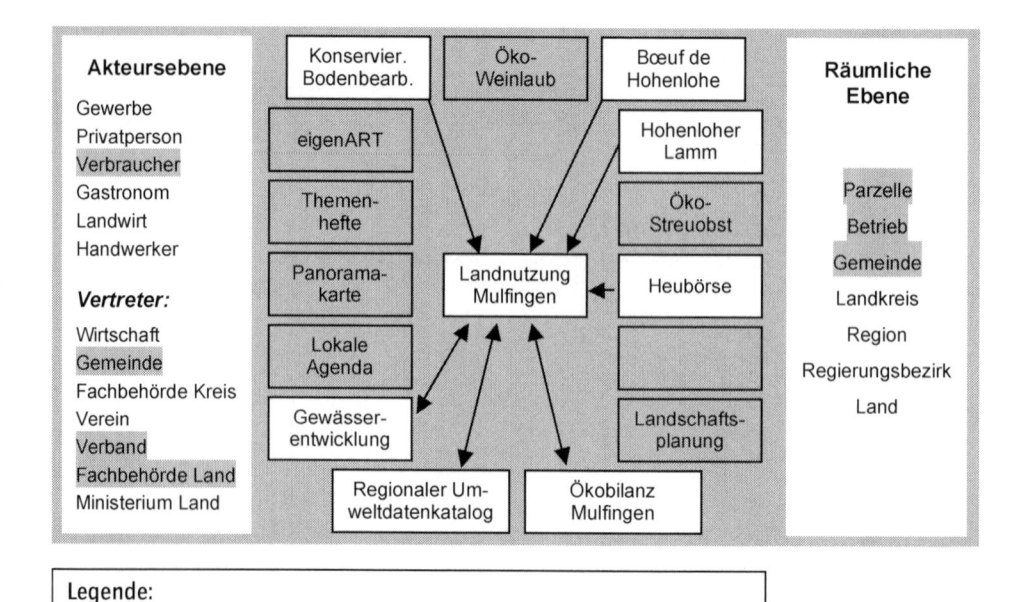

Abbildung 8.7.6: Verknüpfung der Teilprojekte und Bezugsebene

Öffentlichkeitsarbeit

Das Teilprojekt bzw. die eingesetzte Methodik wurde im Rahmen einer Posterausstellung (vgl. Kap. 6.7) sowie in rund zwölf Vorträgen der interessierten Öffentlichkeit und Fachöffentlichkeit vorgestellt (z.B. Symposium im Kloster Schöntal »Nachhaltige Regionalentwicklung durch Kooperation – Wissenschaft und Praxis im Dialog« [21.2.2001]; Studenten der Penn-State University (USA) in Mulfingen [10.5.2001]; Arbeitsgemeinschaft Landtechnik und Ländliches Bauwesen Baden-Württemberg e.V. in Mulfingen [20.6.2001]; Symposium: Ein Kulturraum entsteht – Das Landschaftsprojekt »Mittlere Innerste«, Universität Hildesheim [19.10.2001]; Ergebnispräsentation im Euro-Forum, Universität Hohenheim, Stuttgart [22.10.2001]; Symposium »Wissenschaft und Praxis der Landschaftsnutzung – Formen interner und externer Forschungskooperation«, Chorin [13.6.2002]; Future Land Use Strategies in Hohenlohe – Landuse Scenario Mulfingen, PECRL-Tagung, Tartu [27. 7.2002]).

8.7.8 Diskussion

Akteure beteiligt

Im Teilprojekt waren alle landnutzungsrelevanten sowie kommunalen Akteure (vgl. Kap. 8.7.5) vertreten. Es dominierte die behördliche Ebene, Landwirte und Flächeneigentümer waren nach Ansicht der Teilnehmer unterrepräsentiert. Ursachen hierfür lagen in der sehr guten Witterung während der ersten zwei Workshops (»Heuwetter«) und dem für Landwirte theoretisch erscheinenden Planungsprozess.

Gesetzte Ziele erreicht

Die unter 8.7.3 formulierten Zielsetzungen konnten durch den partizipativen Szenario-Prozess erreicht werden: Es wurden zwei Szenarien ausgearbeitet, die die Bandbreite der möglichen Entwicklungen innerhalb des Systems »Landnutzung in der Gemeinde Mulfingen« abdecken. Mit der entwickelten Leitstrategie existiert ein detailliertes Konzept, mit dem die zukünftige Landnutzung in der Gemeinde gestaltet werden kann. Ein ursprünglich vorgesehener Stufenplan wurde durch die Szenario-Planung abgelöst. Der Begriff Stufenplan geht auf die Initiierungsphase des Teilprojektes vor der Festlegung der Methodik zurück. Ein Stufenplan im engeren Sinne ist nicht Inhalt der Szenario-Planung. Die Szenario-Methodik geht vielmehr von dynamischen

> »... Offenhaltung der Landschaft ist zum Gesprächsthema geworden ...«
> (Ortsvorsteher)

Systemen innerhalb einer definierten Entwicklungsbandbreite – beschrieben durch die Extremszenarien – aus, für die ein umfassendes Instrumentarium (z.B. Indikatoren zur Systembeobachtung, Leitstrategie mit Präventivmassnahmen) erarbeitet wird, um das jeweilige System zu gestalten und auf mögliche Veränderungen bzw. Störereignisse angemessen reagieren zu können.

Die Übertragbarkeit der Ergebnisse war gefordert und bereits im Szenario-Prozess berücksichtigt worden: Im Workshop war die Betrachtung vom Rötelbachtal auf das Jagsttal in der Gemeinde Mulfingen ausgedehnt und hierfür die Leitstrategie entwickelt worden. Diese Entwicklung spiegelt sich auch in der Umbenennung von Teilprojekt *Rötelbachtal* zu *Landnutzungsszenario Mulfingen* wider. Dabei herrschte unter den Teilnehmern das Verständnis, dass mit der Strategieentwicklung für die Gemeinde Mulfingen eine Übertragbarkeit auf vergleichbare, von Grünland dominierte Talräume Hohenlohes oder des Keuperstufenrands möglich ist.

Wenngleich eine große Klarheit über diese Zielsetzungen unter den Teilnehmern herrschte, worauf auch die Evaluierungen hinweisen, deuten die Rückmeldungen einiger Teilnehmer (Tab. 8.7.11) darauf hin, dass eine über die vereinbarte Zielsetzung hinaus reichende

> »Es ist nichts mehr übrig, was nicht behandelt wurde!«
> (Gemeinderat)

Erwartungshaltung an das Teilprojekt bestand. Mit anderen Worten: Das vereinbarte Ergebnis war eine Planung, während einige Teilnehmer konkrete Umsetzungsschritte erwarteten. Viele der entwickelten Vorschläge können jedoch erst mittel- bis langfristig verwirklicht werden, bzw. müssen gar nicht umgesetzt werden, da sie unterschiedliche Entwicklungen als Voraussetzung haben.

Verbesserungen im Sinne der Nachhaltigkeit

Da es sich bei dem Teilprojekt »Landnutzungsszenario Mulfingen« um einen partizipativen Planungsprozess handelte, können sich tatsächliche Verbesserungen im Sinne der Nachhaltigkeit ausschließlichvornehmlich auf die soziale Ebene erstrecken. Darüber hinaus können im Sinne einer Zustandsindikation auf der Grundlage der durchgeführten Situationsanalyse für die ausgewählten Indikatoren Aussagen zum aktuellen Zustand (Jahr 1999/2000 bis/2001) getroffen werden. Zusätzlich wird, soweit dies die Datenlage zulässt, der Versuch unternommen, eine qualitative Bewertung für das Jahr 1840 (vgl. NAGEL 2000) sowie die theoretischen Planungsvarianten Szenario 1 (*Naturschutz, Tourismus und Regionalvermarktung* – besitzt eine große inhaltliche Nähe zur Leitstrategie) und 2 (*Konjunkturaufschwung und Wiederbewaldung*) durchzuführen.

Es sei darauf hingewiesen, dass aus wissenschaftlicher Sicht keine Entscheidung darüber getroffen werden kann, welches Nutzungssystem – Waldwirtschaft oder extensive Grünlandwirtschaft – aus ökologischer Sicht »nachhaltiger« ist. Beide Systeme weisen beispielsweise eine grundsätzlich verschiedene Faunen- und Florenausstattung auf. Die Entscheidung hierüber ist eine naturschutzfachliche und gesellschaftliche Bewertung, die in der vorliegenden Planung durch die Beteiligten im Szenario-Workshop vorgenommen wurde und zugunsten der Offenhaltung ausfiel. In Tabelle 8.7.14 ist eine zusammenfassende Übersicht der bewerteten Indikatoren dargestellt.

Soziale Indikatoren

Das Oberziel des Teilprojektes war es, in Zusammenarbeit mit den Akteuren ein Konzept für die zukünftige Landnutzung auszuarbeiten. Auf der Grundlage des durchgeführten Planungsprozesses und den damit verbundenen Evaluierungen sind Aussagen zu den folgenden drei sozialen Indikatoren möglich:

Solidarität und Wertschätzung innerhalb von Gruppen –
Berücksichtigung der Anliegen (subjektiv)
Bewertungen hierzu können aus zwei Evaluierungen sowie den Kurzevaluierungen der Workshops abgeleitet werden. Zwischen der Evaluierung 2001 und der Abschlussevaluierung am 22.1.2002 stieg der Eindruck der Teilnehmer, dass ihre Interessen im Arbeitskreis ausreichend berücksichtigt werden. Die Kurzevaluierungen zeigen zu Beginn und zum Abschluss des Planungsprozesses hohe Bewertungen zur »Berücksichtigung der Anliegen«, beim dritten bis fünften Treffen mittlere Zustimmungen (vgl. Kap. 8.7.7.3 Kurzevaluierungen). Insgesamt kann somit von einer positiven Entwicklung ausgegangen werden.

Solidarität und Wertschätzung innerhalb von Gruppen –
Zufriedenheit mit der Arbeitsatmosphäre (subjektiv)
Bewertungen zur Zufriedenheit mit der Arbeitsatmosphäre können der Zwischenevaluierung 2001 wie auch den Kurzevaluierungen entnommen werden. Die Zwischenevaluierung zeigt eine sehr hohe Zufriedenheit mit der Arbeitsatmosphäre. Die Kurzevaluierungen weisen, vergleichbar der Bewertung »Berücksichtigung der Anliegen« zu Beginn und zum Abschluss hohe, beim vierten und fünften Workshop mittlere Zustimmungen auf (vgl. Kap. 8.7.7.3 Kurzevaluierungen).

Zugang zu Ressourcen und Dienstleistungen – es besteht ein breiteres Wissen
über die Möglichkeiten einer nachhaltigen Landnutzung (subjektiv)
Aussagen seitens der Teilnehmer lassen sich aus der Zwischen- (2001) und Abschlussevaluierung (2002) ableiten. Die Einschätzung, dass die Akteure durch die »*Arbeit im Teilprojekt Neues dazu gelernt*« haben, steigt zwischen der ersten und zweiten Evaluierung deutlich an.

Ökonomische Indikatoren[1]

Deckungsbeitrag je Arbeitskraftstunde[2]
Die aktuelle Situation (vgl. Kap. 8.7.7) ist durch einen Rückzug der Landwirtschaft aus der Grünlandnutzung infolge der geringen Rentabilität der Bewirtschaftung der Talräume und insbesondere der Hanglagen geprägt. Deckungsbeitragsrechnungen von Beispielbetrieben im Untersuchungsraum mit konventioneller oder ökologischer Hüte- bzw. Koppelschafhaltung (Kap. 8.4) verdeutlichen, dass durch Direktvermarktung oder die Umstellung auf eine ökologische Wirtschaftsweise positivere Ergebnisse erzielt werden können, wenn die entsprechenden Voraussetzungen

---

[1] Die Verantwortung für die Ausarbeitung dieses Unterkapitels liegt bei Ralf Kirchner-Heßler und Frank Henßler.

[2] Wir danken Thomas Wehinger für Mitarbeit an der Bewertung des Deckungsbeitrags. Die Bewertung der aktuellen Situation erfolgte durch Gottfried Häring.

Tabelle 8.7.12 : Tierhaltungsverfahren im Bewirtschaftungskonzept Bühlertal

Tierhaltungsverfahren	Weidefläche (ha)	Herdengröße	Besatzstärke (GVE/ha)	Stallkapitalbedarf (€/Stallplatz, Einheit)	Stallkosten (€/Einheit)	Arbeitszeitbedarf (Akh/Einheit)	Gesamtdeckungsbeitrag DB I (€)	Durchschnitt DB I (€/Einheit)	DB II (DB I minus Stallkosten) (€/Einheit)	DB II (€/Akh)
Milchviehhaltung	11	20 [1]	2	5.000	450,00	48	1.205 – 2.345 [3]	1.750,00	1.300,00	27,08
Färsenaufzucht	17	48 [1]	2	2.120	190,80	12,5	93 [3]	93,00	– 97,80	– 7,82
Mutterkuhhaltung mit klein- bis mittelrahmigen Rassen	66	44 [2]	1,5	1.200	108,00	34	550 – 750 [4]	650,00	542,00	15,94
Mutterkuhhaltung mit Robustrassen	16	5 [2]	2,8	[5]		28	800–1.000 [4]	900,00	900,00	32,14
Hüteschafhaltung	-	300 – 500 [1]		81	7,29	10,5	72 [3]	72,00	64,71	6,16
Fleischziegenhaltung	22	146 [1]	0,15 [6]	460	41,40	9,5	93 [3]	93,00	51,60	5,43

[1] Tiere, [2] Produktionseinheiten, [3] je Tier und Jahr, [4] je Produktionseinheit und Jahr,
[5] Ganzjährige Weidehaltung, Weideunterstand notwendig, [6] GV/Muttertier je ha

Quelle: Lenz et al. (2002), LEL (2003)

(z.B. Größe des Tierbestands, Flächenumfang Grünland) gegeben sind. Ein für das Bühlertal (Landkreis Schwäbisch Hall) entwickeltes Bewirtschaftungskonzept kommt unter Berücksichtigung verschiedener Tierhaltungsverfahren zu den in Tab. 8.7.13 dargestellten Bewertungen (Lenz et al. 2002). Eine ebenfalls für einen Beispielbetrieb im Bühlertal durchgeführte Vollkostenrechnung des Produktionsverfahrens Rindermast mit Weidehaltung (vgl. Kap. 8.3) zeigt anhand der spezifischen Bedingungen ein kostendeckendes Ergebnis bei einer Arbeitsentlohnung von 10 €. Ein Vergleich mit Berechnungen der Landesanstalt für Landwirtschaft und den ländlichen Raum in Baden-Württemberg (LEL 2003) zeigt – unter Berücksichtigung der betrieblichen Besonderheiten – vergleichbare Ergebnisse (vgl. Kap. 8.3). Demzufolge sind rentable Verfahren mit extensiver Weidehaltung durch günstige Kostenstrukturen und einen hohen Verkaufserlös zu erzielen.

Die Nutzung von Grünland zur Milch- bzw. Fleischproduktion hängt sehr stark von den agrarpolitischen Rahmenbedingungen, im Besonderen von den Direktzahlungen bzw. Ausgleichszahlungen ab. Aus den von Lenz et al. (2002) dargestellten Zahlen zu den möglichen Produktionsverfahren zur Bewirtschaftung von Grünland im Bühlertal lässt sich unschwer eine wichtige Vergleichszahl, der Deckungsbeitrag (DB II) je Arbeitskraftstunde (Akh) ableiten (Tab. 8.7.13), wenn von den durchschnittlichen Deckungsbeiträgen je Einheit bzw. Tier die jährlichen Stallkosten abgezogen werden. Vergleichbare Deckungsbeiträgen wurden auch von der LEL (2003) errechnet.

Daraus wird deutlich, dass die Milchviehhaltung nach wie vor die höchste Rentabilität erwarten lässt. Die Färsenaufzucht, die zur Pflege von extensivem Grünland geeignet ist, ist weit abgeschlagen und nicht rentabel. Nach der Milchvieh- hat die Mutterkuhhaltung vor der Schaf- und der Ziegenhaltung einen relativ guten Deckungsbeitrag je Akh. Besonders die Hüteschafhaltung, aber auch die Koppelschafhaltung (LEL 2003) ist mit einem sehr niedrigen Deckungsbeitrag je Akh langfristig unter den gegebenen Rahmenbedingungen nicht rentabel.

Mit der im Herbst 2003 beschlossenen Agrarreform für 2007 werden die Betriebe mit einem hohen Anteil an Grünland weniger Verluste hinnehmen müssen als intensiv und flächenarme Milchviehbetriebe, da die Tierprämien abgeschafft und es bis zum Jahr 2012 nur noch Flächenprämien geben wird. Dann wird sich die Rentabilität von Produktionsverfahren der Tierhaltung im Kontext der Grünlandnutzung vor allem daran orientieren, wie viel Fläche bewirtschaftet werden kann. Eine generelle Veränderung der Rentabilität wird sich daraus jedoch nicht ableiten lassen. Das Kosten- und Preisgefüge wird im Wesentlichen bestehen bleiben. Allerdings wird der Anteil der Grünlandflächen, der gemulcht wird, steigen, da hiermit die niedrigsten Kosten verbunden sind.

Tabelle 8.7.13: Modellbetriebe zur Landschaftspflege

Betriebstyp	Mutterkuhhaltung		Mutterschafhalter	
Betriebsart	Haupterwerb (HE)	Nebenerwerb (NE)	Haupterwerb (HE)	Nebenerwerb (NE)
Tierbestand Mutterkühe, Mutterschafe	80	40	1.000	400
Umfang Grünland (in ha)	100	50	100	40
Mögliche Produktionsverfahren	Absetzerproduktion, Absetzermast	Absetzerproduktion, Absetzermast	Hüte-/-Koppelschafhaltung	Hüte-/-Koppelschafhaltung
Vermarktung	Direktvermarktung/ Qualitätsfleischprogramm	Direktvermarktung/ Qualitätsfleischprogramm	Direktvermarktung/ Qualitätsfleischprogramm	Direktvermarktung/ Qualitätsfleischprogramm

Quelle: HENSSLER et al. 2002

Durch eine mögliche Einführung großflächiger, extensiver Weideverfahren (Szenario 1, Leitstrategie) ist – unter Einbeziehung von Agrarumweltprogrammen und einem entsprechenden regionalen Vermarktungskonzept – mit einer Steigerung der Deckungsbeiträge zu rechnen. Die hierfür künftig erforderlichen Strukturen tierhaltender Landschaftspflegebetriebe sind in Tab. 8.7.13 dargestellt. Die angegebenen Betriebsgrößen können grundsätzlich als Orientierung für wirtschaftlich tragfähige Betriebe angesehen werden. In der Praxis bieten sich aber noch weitere Möglichkeiten für entsprechende Betriebe. So ist zum Beispiel auch eine Kooperation mehrerer kleinerer Betriebe denkbar (vgl. HENSSLER et al. 2002).

Betriebswirtschaftliches Gesamtergebnis (Forst)
Hinsichtlich der betriebswirtschaftlichen Erfolgskennzahlen für Forstbetriebe zeigen MOOG & OESTEN (2001) auf der Grundlage des Agrarberichts der Bundesregierung für das nicht von Sturmkalamitäten »gestörte« Jahr 1995 für die alten Bundesländer, dass es lediglich den Privatwald-Besitzern gelungen ist einen Überschuss zu erzielen, nicht aber den Besitzern von Staats- und Körperschaftswäldern (Betriebe > 200 ha: 59 DM/ha ohne Förderung, 119 DM/ha mit Förderung; Betriebe < 200 ha (Betriebsaufwand beinhaltet nicht den Lohnersatz für Familienarbeit): 674 DM/ha ohne Förderung, 808 DM/ha mit Förderung; jeweils bezogen auf ha Holzbodenfläche.

Die betriebswirtschaftlichen Gesamtergebnisse auf kommunaler Ebene hängen stark von den jeweiligen Bedingungen ab. So wurden in der Gemeinde Krautheim infolge des Bestandesaufbaus und der Holzartenzusammensetzung bislang noch keine negativen Gesamtbetriebsergebnisse im Kommunalwald erzielt (z.B. 1979 bis 1988: 78,75 €/ha, 1989/1999: 65,05 €, 2000 bis 2003: 35,25 bis 98,08 €/ha). Demgegenüber führte in Mulfingen die späte Mittelwaldumwandlung in den Hanglagen und Sturmschäden (Wiebke) nach 1990 (1990 bis 1992: -65,00 bis -111,87 €/ha) sowie Investitionen im Ausbildungsbetrieb und die Durchführung der Ausbildung (1996 bis 2000: -89,53 bis -124,27 €/ha) zu negativen Betriebsergebnissen. Dennoch kann bei einer entsprechenden Waldwirtschaft (Szenario 1 und 2, Leitstrategie) in den Talräumen von Mulfingen langfristig von positiven Betriebsergebnissen ausgegangen werden (mdl. Mittl T. WEIK, Forstamt Künzelsau).

Tabelle 8.7.14: Zusammenfassende Bewertung ausgewählter Indikatoren bezogen auf den Talraum
in Mulfingen für die Situation um 1840, die aktuelle Situation sowie die beiden Szenarien

Teilprojekt			Landnutzung Mulfingen		
Indikator	Indikatortyp	Historisch 1840	aktuell [1]	Szenario Offenhaltung [2][3]	Szenario Bewaldung [2][3]
Ökonomische Indikatoren					
Deckungsbeitrag je Arbeitskraftstunde [4]					
Milchviehhaltung				r	r
Färsenaufzucht				u	u
Mutterkuhhaltung				r	r
Hüteschafhaltung				u	u
Fleischziegenhaltung				u	u
Betriebswirtschaftliches Gesamtergebnis (Forst)			r/u	r	r
Ökologische Indikatoren					
Bodenschutz und Flächenverbrauch					
Nutzungsintensität-Landschaftsdiversität				o/+	–
Nutzungsintensität-Landschaftszerschneidung				o/–	o
Wasserwirtschaft					
Gewässerstrukturgüte	S				
Mulfingen				o/–	+
Naturschutz (Flächenbezug Talraum Mulfingen)					
Biotopgröße (ha, 1997) [5]	T				
Acker			205	–	–
Grünland			724	o/+	–
Feld-, Ufergehölze und Pionierstadien			304	o	–
Streuobst			147	o	–
Wald			1.153	o	+
Steinriegel			3	o	–
Gefährdete Biotope	T				
Kalkmagerwiesen, -weiden				o/+	–
Salbei-Glatthaferwiesen				o/+	–
Glatthaferwiesen (extensiv)				o/+	–
Ackerbegleitflora der Kalkäcker				–	–
Hecken, Gebüsche				o/+	–
Streuobst				o/+	–
Wald				o	+
Mindestareal von Arten der	T				
strukturreichen Agrarlandschaften *(Rebhuhn)*				o/+	o/–
trockenwarme, magere, extensive Grünlandbiotope *(Tagfalter, Widderchen, Heuschrecken)*				o/+	–
Hecken und Streuobstgebiete *(Neuntöter, Dorngrasmücke, Goldammer)*				o/+	–
Komplexlebensräume *(Schlingnatter)*				o/+	–
Komplexlebensräume *(Salamander)*				o/+	+
standorttypische Wälder mit Altholzanteilen *(Schwarzspecht, Hohltaube)*			k.V.	k.V.	+

Fortsetzung von Tabelle 8.7.14: Zusammenfassende Bewertung ausgewählter Indikatoren bezogen auf den Talraum in Mulfingen für die Situation um 1840, die aktuelle Situation sowie die beiden Szenarien

Teilprojekt	Landnutzung Mulfingen				
Indikator	Indikatortyp	Historisch 1840	aktuell [1]	Szenario Offenhaltung [2] [3]	Szenario Bewaldung [2] [3]
Soziale Indikatoren					
Zugang zu Ressourcen und Dienstleistungen					
Wissen über Möglichkeiten nachhaltiger Landnutzung – Zufriedenheit mit dem Zugang und Angebot (subjektiv)	T			+	
Solidarität und Wertschätzung innerhalb von Gruppen – Bereitschaft zur Zusammenarbeit					
Zufriedenheit mit Selbsthilfe – Berücksichtigung der einzelnen Anliegen, Interessen (subjektiv)	T			+	
Zufriedenheit mit der Arbeitsatmosphäre (subjektiv)	T			+	

Legende:
1) aktueller Zustand:

▥ unkritisch
▦ leicht kritisch
▪ deutlich kritisch

2) Entwicklung:
+ positiv
o keine Veränderung
– negativ

3) potenzielle Auswirkung auf ökonomische, ökologische Indikatoren:
4) Bewertung der Rentabilität
 r rentabel
 u unrentabel
5) durchschnittliche Biotopgröße als Referenzwert
 Indikator: T Trendindikator
 S Soll-Ist-Vergleich
kein Vorkommen: k.V.

Ökonomische Kenngrößen (vgl. Tab. 8.7.10)
Förderung Landschaftspflege

Die Gemeinde Mulfingen stellt im Rahmen des *Landschaftspflegeprojekts Trockenhänge im Kocher- und Jagsttal* einen relativ hohen Kofinanzierungsanteil zur Verfügung (vgl. Kap. 8.7.7). Da auch zukünftig mit einer Erhöhung der Fördersätze für arbeitsintensive landschaftspflegerische Leistungen zu rechnen ist, führt eine Stagnation des Fördervolumens (Szenario 1) zu einer Reduzierung des zu pflegenden Flächenumfangs, es sei denn es können kostenintensive (z.B. Mahd mit hohem Anteil an Handarbeit) durch kostengünstige Verfahren (extensive Weidewirtschaft, Leitstrategie) ersetzt werden. Ein weiterer Anstieg der Fördermittel (Szenario 2) kann es ermöglichen die praktizierten Pflegeverfahren auf den bestehenden Flächen beizubehalten, den Flächenumfang der Pflegeflächen zu erhöhen oder verstärkt Naturschutzbemühungen im Wald zu verfolgen.

Übernachtungszahlen

Beide Szenarien gehen von einem geringen (Szenario 2) bzw. stärkeren Anstieg (Szenario 1) der Übernachtungszahlen aus, verbunden mit positiven Auswirkungen für den Dienstleistungssektor. Im Vergleich zum Bezugsjahr 2001 (vgl. Kap. 8.7.7.1), das hinsichtlich dieser Kenngröße aufgrund der geringen Bettenauslastung als leicht kritisch zu bewerten ist, zeigen aktuelle Entwicklungen für die Gemeinde eine leicht rückläufige Entwicklung der Betriebs-, Betten- und Übernachtungszahlen (2003: 3 Betriebe, 84 Betten, 7090 Übernachtungen; Statistisches Landesamt BW 2004).

Ökologische Indikatoren[3]
Gewässerstrukturgüte
Ausgehend von der aktuellen Situation der Gewässerstruktur (vgl. Kap. 8.7.7) ist hinsichtlich der entwickelten Leitstrategie (Szenario 1) zu erwarten, dass sich die Nutzungsintensität von Grünlandflächen im Gewässerumfeld entspannt. In Verbindung mit der vorgeschlagenen Flurneuordnung besteht die Möglichkeit der Schaffung ausreichender Gewässerrandstreifen, möglicher-weise auch der Renaturierung von Gewässerabschnitten, wobei der defizitären Situation des Rötelbachs in der Ortslage von Eberbach sicherlich Grenzen gesetzt sind. Eine Wiederbewaldung (Szenario 2) mit standortgerechten Gehölzen würde zu einer Aufwertung des Gewässerumfeldes führen (vgl. LAWA 2000).

Landschaftsdiversität
Auf der Grundlage der eingesetzten Methodik ist mit einer Beibehaltung oder leichten Steigerung der Landschaftsdiversität im Falle einer großflächigen, extensiven Beweidung und einer Reduzierung bei einer Wiederbewaldung zu rechnen (vgl. KECKEISEN et al. 2003a, vgl. Kap. 8.7.7).

Landschaftszerschneidung
Die Bemühungen um eine Offenhaltung der Landschaft können in einem stärken Maße Verbesserung zur Flächenerschließung durch Wegebau bzw. -ausbau, z.B. im Rahmen von Flurneuordnungsverfahren nach sich ziehen, wie dies bei der Ausdehnung der Waldwirtschaft der Fall wäre. Folglich wird eher Szenario 1 als Szenario 2 zu einer zusätzlichen Zerschneidung (vgl. KECKEISEN et al. 2003b) der Landschaft führen.

Biotopgröße
Die folgenden Aussagen beziehen sich auf die im Zuge der Luftbildauswertung ermittelten Flächengrößen der betrachteten Biotoptypen (vgl. Größenangaben in Tabelle 8.7.4). Beide Extremszenarien würden langfristig zu einer Vergrößerung der Wald- oder Grünlandbiotope führen. In dem einen Fall entstehen größere, zusammenhängende Waldflächen, im anderen Fall werden zumeist bestehende Grünlandbiotope durch Weidewirtschaft im Sinne des Biotopverbunds vernetzt oder durch Pflegemaßnahmen wieder als Grünland nutzbar. Im Falle von Szenario 1 (Offenhaltung) ist zukünftig auch mit einem weiteren Rückgang des Ackerbaus im Talraum zu rechnen. Die Streuobstbestände und Steinriegel könnten in ihrem Umfang erhalten werden, dies gilt auch für Feld- und Ufergehölze. Pionierstadien könnten in einem dynamischen Wechsel von Gehölzverbiss und Pflegemaßnahmen einerseits und Sukzessionsprozessen in Weideflächen andererseits entstehen. Eine Wiederbewaldung würde allerdings die Biotopgröße von Gehölzen, Hecken, Steinriegeln, Streuobstbeständen usw. reduzieren, beide Szenarien führten zu einer weiteren Zurückdrängung der Ackerflächen im Talraum.

Gefährdete Biotope
Vorkommen und Umfang gefährdeter Biotoptypen wurden bereits in Kap. 4.2 und 8.7.7 dargestellt. Bei der Zielsetzung einer großflächigen extensiven Beweidung wird davon ausgegangen,

---

[1] Die Verantwortung für die Ausarbeitung dieses Unterkapitels liegt bei Ralf Kirchner-Heßler und Frank Henßler.

dass sich die Pflegemaßnahmen an der traditionellen Bewirtschaftung der jeweiligen Grünlandbiotope orientieren (vgl. BRIEMLE et al. 1999, 2000), keine Intensivierung verfolgt wird, Mulchen als Pflegemaßnahme nicht in Betracht kommt und die Beweidungsintensität und Weideführung in Abhängigkeit von Standort, Grünlandtyp, Nutztierart und weiterer vor Ort zu beobachtender Parameter (z.B. Weidereste, Bestandsentwicklung) zu regeln ist, so dass die Besatzstärke von 1 GV/ha nur ein erster Anhaltspunkt sein kann, um die Bewirtschaftung auch aus naturschutzfachlicher Sicht zu optimieren.

Eine Offenhaltung mit einer großflächigen extensiven Weidewirtschaft (Szenario 1, Leitstrategie) kann zum Erhalt, zur Entwicklung und Vernetzung von Grünlandbeständen beitragen. Bestehende beweidete Grünlandbiotope (vgl. Kap. 4.1) können in ihrem floristischen Charakter erhalten bleiben. Eine vorübergehende intensive Beweidung kann nach Erstpflegemaßnahmen zur gezielten Reduzierung von Gehölzaufwuchs oder bei Versaumungstendenzen eingesetzt werden. Von Mahd geprägte typische Glatthafer- und Salbei-Glatthaferwiesen sowie Kalkmagerwiesen werden in Abhängigkeit von der Beweidungsintensität ihr Erscheinungsbild verändern. Bei Salbei-Glatthaferwiesen kann eine extensive Beweidung den Wiesentypus noch erkennbar halten und führt zu guten Entwicklungsmöglichkeiten von Flora und Fauna. Die Beweidung von Glatthaferwiesen führt zu Übergangsformen von Weidelgras-Weißkleeweiden. Kalkmagerwiesen gehen über zu Kalkmagerweiden. Bei einer extensiven Beweidung werden die meisten wiesentypischen Arten erhalten bleiben. Da sich zusätzliche, für Weiden typische Arten (Beweidungszeiger) hinzugesellen, steigt in der Regel die Artenzahl. Eine auszudehnende Weidewirtschaft wird mit einer entsprechenden Futtergewinnung verbunden sein, so dass es zudem möglich sein wird, typische Wiesenbestände in ihrer Kulturform zu erhalten oder in Form der Mähweide (zwei bis drei Nutzungen von Glatthafer-, Salbei-Glatthaferwiesen) zu bewirtschaften, die hinsichtlich des Einflusses auf die Ausprägung der Artenzusammensetzung eine Übergangsstellung zwischen Mahd und extensiver Beweidung darstellt (KIRCHNER-HEßLER et al. 1997, FISCHER 2000, DRÜG 2000, SCHÖNKE 2002). Die produktiven Glatthaferwiesen eignen sich bei einer zweimaligen Mahd und Rückführung der entzogenen Nährstoffe über Jauche und/oder Stallmist zur Heugewinnung (vgl. BRIEMLE et al. 1999, 2000).

Der Zustand der extensiv genutzten Grünlandbiotope wird als leicht kritisch eingestuft, da sie einerseits mit großen Flächenanteilen und guter Ausprägung in den Talräumen der Gemeinde Mulfingen vorhanden sind (KIRCHNER-HEßLER et al. 1997, DRÜG 2000, SCHÖNKE 2002), andererseits jedoch Verbuschungstendenzen existieren und die zukünftige Bewirtschaftung dieser Flächen infolge der rückläufigen Entwicklung der Grünlandwirtschaft nicht gesichert ist. Als deutlich kritisch wird die Situation der von Nutzungsintensivierung oder Nutzungsänderung (Brache, Grünland) bedrohten Ackerwildkräuter im Bereich der Hangschultern eingestuft (vgl. SEKINE 2000). Leicht – wenn nicht sogar deutlich kritisch – stellt sich die Situation der Streuobstbestände aufgrund ihrer Überalterung und nicht durchgeführter Pflegemaßnahmen dar (vgl. GRAF 1997, ECKSTEIN 2001, Kap. 8.5). Gehölze, Gebüsche und Sukzessionsstadien sind im Flächenumfang und als Landschaftselement reich vertreten und bedingen wesentlich den Strukturreichtum der betrachteten Talräume, so dass von einem unkritischen Zustand ausgegangen wird. Als unkritisch wird auch die Situation der erfassten Waldbiotope (FVA 1998) infolge ihres Schutzstatus und der forstlichen Bemühungen um einen standorttypischen Waldbau eingestuft.

Bei einer angepassten, extensiven Weideführung in Kombination mit einer Wiesenwirtschaft (Szenario 1) ist hinsichtlich der gefährdeten Grünland-Biotope mit einem Erhalt oder sogar einer Weiterentwicklung und Ausdehnung der Bestände zu rechnen. Dies gilt, bei entsprechendem Weidemanagement und begleitenden Pflegemaßnahmen ebenso für die Unternutzung (Grünland) von Streuobstbeständen, die dynamische Entwicklung von Gebüschen oder die Freihaltung von

Steinriegeln. Allerdings sind zur Sicherung der Streuobstbewirtschaftung gesonderte Ansätze nötig (vgl. WEHINGER et al. 2004). Dies gilt gleichfalls für die Ackerbegleitflora. Von einer Beeinträchtigung der Waldbiotope ist bei Szenario 1 nicht auszugehen.

Eine großflächige Wiederbewaldung im Talraum (Szenario 2) führt langfristig zum Ersatz der vorhandenen Offenlandbiotope, wie z.B. Ackerflächen, Grünland, Streuobst wie auch Hecken und Gebüsche durch Waldbiotope und hat somit, von den Offenlandbiotopen ausgehend, eine ungünstige Entwicklung dieser Elemente zur Folge. Dem Verlust gefährdeter Offenlandbiotope ist andererseits die potenzielle Neuenstehung gefährdeter Waldbiotope gegenüber zu stellen.

Mindestareal
Die Mindestareale von Arten, die im Untersuchungsraum nachgewiesen wurden, werden im Folgenden mit Blick auf die im Rahmen von Luftbildauswertungen und Kartierungen differenzierten Biotoptypen oder Biotoptypkomplexe diskutiert. Auf der Grundlage der Arbeit von NAGEL (2000) können für das Jahr 1840 Einschätzungen zur Habitateignung verschiedener Biotoptypen in der Gemarkung Eberbach für die drei repräsentativen Tierarten Neuntöter, Rebhuhn und Schlingnatter gegeben werden.

... für Arten der strukturreichen Agrarlandschaften
Das **Rebhuhn** besiedelt strukturreiche Landschaften mit Ackerland, Wiesen und Brachen, die mit Hecken, Gehölzgruppen und Steinhaufen durchsetzt sind. Es ist auf Altgrasbestände oder Säume als Bruthabitat angewiesen, meidet die Nähe von Waldgebieten und zu hohe Gehölzgruppen, um Feinde frühzeitig erkennen zu können. Es beansprucht ein Revier mit einer durchschnittlichen Flächengröße von 10 bis 30 ha (HÖLZINGER 1987, NABU & LBV 1991). Die Mindestarealansprüche liegen zwischen 6,8 und 340 km^2 (GLUTZ VON BLOTZHEIM et al. 1973 und HÖLZINGER 1987 in SACHTELEBEN & RIES 1997). Durch die um 1840 auch im Talraum praktizierte Ackernutzung, der in Relation zu den heutigen Bedingungen extensiven Dreifelderwirtschaft und der damit verbundenen Kleinparzellierung und Randliniendichte herrschten für das Rebhuhn wohl günstigere Bedingungen als im Jahr 2000. Aktuelle Nachweise für Eberbach gibt es für die ackerbaulich genutzten Hochflächen, nicht aber für die Grünlandflächen des Talraums, die für das Rebhuhn wenig attraktiv sind (NAGEL 2000), was diesbezüglich eine deutliche kritische Bewertung zur Folge hat. Eine großflächige Weidewirtschaft (Szenario 1) könnte sich positiv auf die Rebhuhnbestände auswirken, falls eine Anbindung an die ackerbaulich genutzten Hochflächen erfolgt und die Heckenstrukturen und Gehölze nicht zu dicht und hoch ausfallen. Eine Wiederbewaldung des Talraums (Szenario 2) würde sich negativ auf die Rebhuhn-Populationen auswirken, falls die von der Hochfläche zugänglichen Grünlandbestände des Talraums nicht mehr als Rückzugsgebiete zur Verfügung stünden. Da aber bereits gegenwärtig die Hangoberkante der Talhänge in der Regel von Wald oder Gebüschen bestanden sind und der von Grünland dominierte Talraum von den Rebhühnern als Lebensraum nicht angenommen wird, wirkt sich eine Wiederbewaldung des Talraums vor diesem Hintergrund kaum negativ auf die (hier kaum vorhandenen) Populationen aus.

... für Arten der extensiv bewirtschafteten Grünlandbiotope auf mageren, trockenwarmen Standorten (Kalkmagerrasen, Salbei-Glatthaferwiesen)
Für Ameisen, Laufkäfer, Schwebfliegen, Spinnen und **Heuschrecken** bietet das zumeist extensiv bewirtschaftete und vielfältig untergliederte Hanggrünland wichtige Lebensräume (GLÜCK et al. 1996). Im Rötelbachtal (Gemarkung Eberbach) wurde an Süd- und Westhängen eine hohe Arten-

zahl von Wert gebenden **Tagfaltern** und **Widderchen** (individuenreichen Bestände des stark gefährdeten Wegerich-Scheckenfalters (*Melitaea cinxia*), Esparsetten-Bläulings (*Polyommatus thersites*), Kleiner Schlehen-Zipfelfalters (*Satyrium acaciae*) nachgewiesen, die über dem Durchschnitt vergleichbarer Standorte in Baden-Württemberg liegt und von überregionaler Bedeutung für den Arten- und Naturschutz ist (KAPPUS et al. 2000, KAPPUS 2003a). Für den in Eberbach nachgewiesenen Heidegrashüpfer (*Stenobothrus lineatus*) werden Mindestarealansprüche 270 m^2 bis 15,5 ha genannt (SACHTELEBEN & RIES 1997), was im Untersuchungsraum gegeben ist (vgl. Tab. 8.7.4). Vor dem Hintergrund der nachgewiesenen Tagfalter, Widderchen und Heuschrecken ist hinsichtlich der Mindestarealgröße von einem unkritischen Zustand auszugehen. Eine Offenhaltung der Landschaft durch extensive Weidewirtschaft wird zu einer Sicherung oder Förderung der Bestandestrends beitragen, die Wiederbewaldung zu einem negativen Bestandestrend bis hin zum Erlischen der angeführten Arten.

... für Arten der Hecken und Streuobstgebiete
Für den **Neuntöter**, einer empfindlichen Zeigerart für strukturreiche, halboffene, extensive Kulturlandschaften mit Heckenstrukturen sind Heckenlängen von mindestens 600 m/km^2 erforderlich. Optimal sind 4.000 m/km^2 sowie ein Heckenabstand von 50 bis 75 m, dichtes Astwerk zum Nestbau, möglichst dornige Straucharten zum Aufspießen der Beute, Ansitzwarten sowie niedriges Grünland oder lückig bewachsener Boden (vgl. ZWÖLFER et al. 1984, PFISTER & NAEF-DAENZER 1987, KAULE 1991, JEDICKE 1994). Im Jahr 1840 waren Heckenlängen von rund 2.800 m/km^2 und entsprechende Strukturen vorhanden, wodurch die Habitatansprüche für den Neuntöter wohl gegeben waren. Im Jahr 2000 bestanden in verschiedenen Landschaftsausschnitten Eberbachs durch Heckenlängen von 4000 m/km^2 und geringere als die angeführten Heckenabstände optimale Bedingungen für den Neuntöter. Ein Vorkommen entsprechender Brutpaare konnte an den optimalen Standorten nachgewiesen werden (KAPPUS 2000, NAGEL 2000). Eine fortschreitende Sukzession, Wiederbewaldung (Szenario 2), Auflösung der strukturreichen Heckenlandschaft oder Intensivierung der Grünlandwirtschaft schränkt den Lebensraum für den Neuntöter, wie auch für die im Raum vorkommende Dorngrasmücke oder Goldammer ein (KAPPUS et al. 2000). Eine großflächige extensive Beweidung unter Beibehaltung der dynamischen Entwicklung (z.B. Mosaik von Zurückdrängungen und Neuansiedlung) der Heckstrukturen (Szenario 1) trägt zur Sicherung oder gar Verbesserung der – in manchen Landschaftsausschnitten Eberbachs – bereits optimalen Lebensbedingungen des Neuntöters bei (vgl. Tab. 8.7.4).

... für Arten der Komplexlebensräume
Die **Schlingnatter** bevorzugt als Lebensraum sonnige, trockene Böschungen, Waldränder, verbuschte Abhänge und ist häufig auf Steinriegeln und -haufen anzutreffen. Ein Brutpaar oder Einzelindividuum beansprucht einen Lebensraum von ca. 4 ha, stabile Populationen brauchen ca. 350 bis 400 ha (RIESS 1986, VÖLKL 1991, DEUSCHLE et al. 1994). Durch die Bevorzugung offener Steinriegel und Lesesteinhaufen boten sich für die Schlingnatter um 1840 wohl die besten Lebensbedingungen an den südexponierten Hanglagen im Rötelbachtal sowie an den Hängen nördlich von Eberbach. Gegenwärtig sind weite Teile der mit Steinriegeln durchsetzten Hanglagen bewachsen, so dass die Lebensraumbedingungen als ungünstig zu bezeichnen sind (NAGEL 2000). Eine fortschreitende Sukzession oder Wiederbewaldung (Szenario 2) würde wohl zum Erlöschen der Schlingnatterbestände führen, eine großflächige Weidewirtschaft (Szenario 1) könnte zum Erhalt bzw. zur Ausdehnung der Bestände führen, falls hiermit auch eine Zurückdrängung der Gehölze verbunden wäre.

Da sich die Larvalentwicklung der meisten Amphibienarten im Wasser vollzieht und sich die Sommer- und Winterlebensräume in der Regel an Land befinden, haben Amphibien komplexe Anforderungen an den Lebensraum verbunden mit einem hohen Raumanspruch. Die Habitatstruktur der **Feuersalamander** umfasst im Untersuchungsraum die Umgebung von Fließgewässern in Laubwäldern. Die gefundenen Vorkommen erstrecken sich auf mehrere, nicht miteinander verbundene Teilhabitate. Wanderungshemmnisse stellen intensiv landwirtschaftlich genutzte Flächen und Nadelwälder dar (KAPPUS 2003b, vgl. Kap. 8.11). Aufgrund der genetischen Isolation der Teilhabitate ist die aktuelle Situation der Feuersalamanderpopulationen als deutlich kritisch einzustufen. Vor diesem Hintergrund ist bei einer Wiederbewaldung (Szenario 2) im Sinne eines standortgerechten Waldbaus (Laubwälder), mit einer deutlichen Verbesserung der Habitatqualität zu rechnen. Bei Szenario 1 ist keine Verbesserung der Lebensraumanforderungen zu erwarten, es sei denn die Bemühungen um großflächige Weidesysteme werden durch Maßnahmen zum Biotopverbund und zur gewässerverträglichen Landwirtschaft (z.B. Reduzierung des Eintrags Gewässer gefährdender Stoffe, Anlage Gewässer-, Ackerrandstreifen) begleitet.

Selbsttragender Prozess
Das Teilprojekt war aufgrund seiner Zielsetzung ein zeitlich begrenzter, in sich abgeschlossener Planungsprozess. Zu fragen ist also, inwieweit die entwickelte Leitstrategie, in der auch weitgehend Verantwortlichkeiten für die Einzelmaßnahmen festgelegt wurden, durch die Beteiligten zukünftig umgesetzt wird. Hinweise hierauf geben die Abschlussevaluierung sowie erste Umsetzungsschritte. Acht von 13 Teilnehmern stimmen im Wesentlichen der Auffassung zu, dass die Ergebnisse in den kommenden 10 Jahren Bestand haben werden. Sieben Teilnehmer sind »voll und ganz« oder »im wesentlichen« der Auffassung, dass das »Teilprojekt auch ohne die Projektgruppe *Kulturlandschaft Hohenlohe* fortgeführt« wird, weitere sechs Personen stimmen dieser Einschätzung weniger zu. Hierbei ist zu berücksichtigen, dass die aufgeworfene Evaluierungsfrage zwei Auffassungen zulässt und hierdurch nicht eindeutig ist. Da das Teilprojekt zeitlich auf den Planungsprozess ausgelegt war, hätte die Frage komplett verneint werden müssen. Deshalb ist zu vermuten, dass die Antworten eher eine Einschätzung zur Wahrscheinlichkeit der Umsetzung der Maßnahmen ohne Unterstützung der Mitarbeiter der Projektgruppe *Kulturlandschaft Hohenlohe* wiedergeben.

Im Jahr 2002 wurden nach dem offiziellen Projektende unterschiedliche Aktivitäten entsprechend der entwickelten Ansätze weiterverfolgt. Das Amt für Flurneuordnung Heilbronn, Außenstelle Künzelsau, bot im Juni 2002 für Flächeneigentümer der Gemarkungen Eberbach und Buchenbach eine Informationsveranstaltung zu einem möglichen Flurneuordnungsverfahren an. Die Bemühungen wurden bislang nicht weitergeführt, da eine Gruppe von Eigentümern nicht bereit ist sich finanziell an dem Verfahren zu beteiligen. Im Rahmen des vom Bundesministerium für Verbraucherschutz, Ernährung und Landwirtschaft (BMVEL) geförderten Modell- und Demonstrationsvorhabens »*Regionen aktiv*«, laufen Bemühungen, landwirtschaftliche Betriebe, die sich stärker in der Landschaftspflege engagieren wollen, so genannte Landschaftspflegehöfe, zu fördern. In Abstimmung mit der Gemeinde Mulfingen und der Landesanstalt für die Entwicklung der Landwirtschaft und der Ländlichen Räume Baden-Württemberg wurde ein Antrag zur Durchführung einer Mindestflurkartierung als Grundlage für eine Satzung für Nichtaufforstungsgebiete vorbereitet. Die Gemeindeverwaltung hat diese Bemühungen jedoch bis zur endgültigen Festlegung der FFH-Gebiete zurückgestellt. Im Rahmen des angelaufenen europäischen Strukturförderprogramms LEADER+ sowie des Modell- und Demonstrationsvorhabens »Regionen Aktiv« des BMVEL besteht die Möglichkeit, innovative Ansätze zur Tourismusentwicklung und zur Entwicklung der Landwirtschaft voranzutreiben. Darüber hinaus wollen sich die Gemeinden Mulfingen, Dörzbach, Krautheim und Schöntal zusammenschließen, um ein Naturschutz- und Informationszentrum in Krautheim aufzubauen. Zur Umsetzungsbegleitung bzw. -beratung der erarbeiteten Strategien und Maßnahmenplanung wäre ein Lenkungsgremium förderlich, das sich aus den o.g. Vertretern aus Kommune, Land- und Forstwirtschaft sowie Naturschutz zusammensetzt und durch einen Projektmanager unterstützt wird.

Übertragbarkeit

Eine Betrachtung der Übertragbarkeit erstreckt sich auf die eingesetzte Methodik sowie die erzielten Ergebnisse. Die Szenario-Technik ist als Methode auf die unterschiedlichsten Themen übertragbar. Ursprünglich für militärstrategische Planungen in den 50er Jahren des 20. Jahrhundert entwickelt, hielt sie in den 70er Jahren als strategische Planung in der Unternehmens-, Lebens- und Karriereplanung sowie den Umweltwissenschaften Einzug (vgl. v. REIBNITZ 1992, GAUSEMEIER et al. 1996, SCHOLZ & TIETJE 2002). Die Szenario-Methodik kann an die jeweilige Thematik (vgl. Szenario-Formen in GAUSEMEIER et al. 1996) sowie die Beteiligten angepasst und beispielsweise auch im schulischen Bereich eingesetzt werden (vgl. ALBERS & BROUX 1999).

Viele der für die Bewertung der Übertragbarkeit geforderten Charakterisierungen (vgl. Kap. 6.8), wie z.B. Teilnehmer, Flächenbezug, Rahmenbedingungen, Maßnahmen, Ergebnisse wie auch die eingesetzten Daten und Informationen wurden ausführlich beschrieben, so dass nunmehr auf Veränderungen im Projektverlauf und kritische Aspekte eingegangen wird.

Der Flächenbezug wurde zwischen Projektbeginn und -abschluss von dem Rötelbachtal auf den gesamten Talraum der Jagst in der Gemeinde Mulfingen erweitert. Vertreter der Landwirtschafts- und Naturschutzverwaltung gehen davon aus, dass die Ergebnisse auf vergleichbare Situationen der von Grünland dominierten Talräume Hohenlohes sowie den Keuperstufenrand übertragbar sind. In Relation zu den beteiligten Behördenvertretern, die das fachlich-inhaltliche Spektrum sehr gut abdeckten, waren Landwirte, aber auch Flächeneigentümer und Verbandsvertreter unterrepräsentiert (s.o.), wobei die Teilnehmer auch Doppelfunktionen innehatten (z.B. kommunale Vertreter sind in der Regel auch Flächeneigentümer, bzw. waren Landwirte). Für die Planung bedeutsame Veränderungen der Rahmenbedingungen im Projektverlauf sind nicht bekannt. Im ersten Szenario-Workshop wurde die Problemstellung um die Einschätzung, dass es Zielkonflikte auf potenziellen Aufforstungsflächen in den Hanglagen gibt, die einen hohen Anteil an Gehölzstreifen und Steinriegeln (§24a-Biotope) aufweisen, ergänzt. Die Zielsetzung veränderte sich im weiteren Projektverlauf nicht. Infolge der verwendeten Methodik wurde kein Stufenplan ausgearbeitet. Die Datenlage, die eingesetzten Methoden sowie die Beschreibung der Maßnahmen gehen aus Anhang 8.7.3 hervor (vgl. auch Tab. 8.7.1, 8.7.2). Hierbei ist zu berücksichtigen, dass die eingesetzten Daten auch in andere Teilprojekte einflossen bzw. von anderen Teilprojekten zur Verfügung gestellt wurden (Abb. 8.7.6). Zudem konnten Diplomarbeiten in den Projektrahmen eingebettet werden. Der in Tab. 8.7.16 dargestellte Arbeitsaufwand bezieht sich nur auf die für die Vorbereitung und Durchführung des Szenario-Prozesses essentiellen Arbeiten und nicht auf die im Zusammenhang mit dem Projekt durchgeführten Grundlagenuntersuchungen, die projekt- und gebietsspezifisch sehr unterschiedlich ausfallen können. Den Arbeitsaufwand mit anderen Szenario-Planungsprozessen zu vergleichen ist aus den oben angeführten Gründen problematisch, da es völlig unterschiedliche Szenario-Typen gibt (GAUSEMEIER et al. 1996). Das Teilprojekt *Landnutzungsszenario Mulfingen* kann als ein globales System-Szenario beschrieben werden, das in einem durch Wissenschaftler unterstützten Workshop-Ansatz durchgeführt wurde.

Bei der Analyse der hemmenden und treibenden Kräfte (Anhang 8.7.26) ist zu berücksichtigen, dass es sich bei diesem Vorhaben um einen Planungsprozess handelte, an dem sich ein zahlenmäßig begrenzter Teilnehmerkreis beteiligte. Durch die intensive Zusammenarbeit mit den Beteiligten wurden insbesondere die »sozialen Kräfte« angesprochen, was auch durch die Evaluierungen (s.o.) belegt wird. Die »ökologischen« und »ökonomischen Kräfte« spiegeln sich auch in der Einflussanalyse wider, finden letztendlich ihren Niederschlag in der Leitstrategie und waren somit für die Szenarienentwicklung von großer Bedeutung. Da es sich um einen Planungsprozess handelte bleibt ein direkter Einfluss auf diese Kräfte aus, jedoch existieren mit der Leitstrategie vielfältige Maßnahmenvorschläge mit entsprechenden Querbezügen zu anderen Teilprojekten, die bereits umgesetzt wurden (Kap. 8.3 *Bœuf de Hohenlohe*, 8.4 *Hohenloher Lamm*, 8.5 *Öko-Streuobst*).

Landnutzungs-Szenarien können in landschaftsbezogenen Planungen oder Projekten, wie z.B. Landschafts-, Regionalplan, agrarstrukturelle Vorplanung, Landschaftspflege- oder Regionalentwicklungsprojekten bei entsprechend vorliegenden Zielsetzungen (Stichwort Zukunftsstrategie) eingebunden werden, wodurch sich der Aufwand für die Situationsanalyse reduzieren und die Möglichkeiten einer Umsetzung der entwickelten Strategie erhöhen kann. Hierbei ist die Frage nach der Verhältnismäßigkeit (Aufwand-Ertrag) und damit der Finanzierbarkeit zu berücksichtigen.

Neben anderen Methoden und Verfahren, um die Kommunikation und Kooperation in Planungsprozessen zu verbessern, Umweltwissen zu vermitteln und Konfliktlösung in einem konstruktiven Milieu zu betreiben (vgl. MAYERL 1996, OPPERMANN & LUZ 1996, LUZ et al. 2000, KUNZE et al. 2002) sind mit der partizipativen, formativen Szenario-Analyse folgende zusätzliche Vorteile verbunden:

— Durch eine zielgruppenspezifische Aufbereitung der Szenario-Methodik können prinzipiell alle Planungsschritte gemeinsam mit den Akteuren durchlaufen werden. Durch die hohe Identifikation mit dem Planungsergebnis entsteht auf Seiten der Akteure eine hohe Motivation und Umsetzungsbereitschaft.
— Die Teilnehmer erhalten einen breiten und tiefen Einblick in die die Landnutung steuernden Faktoren und die sich daraus ergebenden Handlungsansätze und -spielräume.
— Das Planungsergebnis stellt kein starres Planwerk dar, sondern eine zukunftsorientierte, zukunftsrobuste Leitstrategie auf der Grundlage eines mit den Akteuren entwickelten Leitbilds. Dies trägt der Erkenntnis Rechnung, dass zukünftige Entwicklungen kaum vorhersehbar sind, so dass es erforderlich ist in Entwicklungsvarianten zu denken und über alternative Handlungsmöglichkeiten zu verfügen.
— Mit Hilfe der ermittelten Einflussfaktoren und der definierten Kenngrößen kann ein Umfeldbeobachtungssystem aufgebaut werden, mit dem es möglich ist, Veränderungsprozesse frühzeitig zu erkennen und die Effekte durchgeführter Maßnahmen zu erkennen und zu bewerten.

Vergleich mit anderen Vorhaben

Der Begriff »Szenario« oder »Szenario-Analyse« wird heute in der Wissenschaft wie auch in der Alltagssprache vielfach nicht in seiner ursprünglichen Bedeutung verwendet. Unter Szenarien werden in der Fachliteratur oftmals konträre Berechnungen, Modelle, Prognosen oder Visionen verstanden (vgl. SCHWARZ-VON RAUMER, 1999, KRETTINGER et al. 2001). SCHOLZ & TIETJE (2002) empfehlen von einer sog. »formative scenario analysis« zu sprechen, wenn es sich um einen nach der Szenario-Systematik durchgeführten Planungsprozess handelt. Die Methodenbeschreibungen der Szenariotechnik verschiedener Autoren zeigen eine vergleichbare Intention, wobei sich die Begrifflichkeiten und Bündelungen einzelner Arbeitspakete sowie die Detailliertheit der Planungstechnik und die angebotenen Bearbeitungs- und Auswertungstechniken unterscheiden (vgl. v. REIBNITZ 1992, GAUSEMEIER et al. 1996, ALBERS & BROUX 1999).

Bei der partizipativen Szenario-Entwicklung zum Thema Landnutzung trafen drei komplexe Sachverhalte aufeinander: ein Planungsprozess in Zusammenarbeit zwischen regionalen Akteuren und Wissenschaftlern, die Szenario-Methodik und die durch zahlreiche Faktoren beeinflusste Landnutzung. Zu Projektbeginn lagen nur wenige Erfahrungen zum Einsatz der partizipativen, formativen Szenario-Analyse in der Landnutzungsplanung vor. Landschafts- und umweltbezogene Szenarienentwicklungen wurden unter Einbeziehung von Akteuren und Einsatz der Szenario-Methodik u.a. in Dänemark, Österreich und der Schweiz durchgeführt. Die in Österreich durchgeführten Kulturlandschaftsszenarien (BMWV 1998) wurden als partizipative Szenarioentwicklung angelegt und stellen im Ergebnis Zukunftsbilder (Ebene Szenario-Interpretation) für zwei Gemeinden dar, die die gegensätzlichen Entwicklungstendenzen österreichischer Kulturlandschaften aufzeigen. Die Dokumentation lässt nur einen begrenzten Einblick in das Planungsverfahren zu, eine Evaluierung und Methodenkritik liegt nicht vor. Szenario-Workshops werden auch als partizipatorische Verfahren im Technologie bezogenen Umweltdialog zwischen Bürgern, Experten und Politikern eingesetzt, wie z.B. vom »Danish Board of Technology«. Allerdings werden die Szenarien nicht in einem gemeinsamen Planungsprozess mit den Akteuren entwickelt (ANDERSEN & JOEGER 1999).

Formative Szenarioanalysen mit Landschafts- und Landnutzungsbezug und einem zumeist wissenschaftlichen Ansatz wurden in umfangreichen Fallstudien im Rahmen interdisziplinärer Lehrveranstaltungen an der ETH Zürich durchgeführt (SCHOLZ et al. 1995, 1999, 2001). Allerdings sind die mit zahlreichen Studierenden durchgeführten Studien, insbesondere hinsichtlich der umfassenden Situationsanalyse, kaum mit dem hier durchgeführten Teilprojekt vergleichbar (vgl. Tab. 8.7.15). Die unter dem Titel »Grosses Moos – Wege zu einer nachhaltigen Landwirtschaft« 1994 durchgeführte Fallstudie konnte aus zeitlichen Gründen nicht abgeschlossen werden und bestätigt die für einen wissenschaftsnahen Planungsansatz bestehenden Anforderungen an eine gute Einführung in die Methodik, personelle Kontinuität und Konzentration der Beteiligten, ausreichende zeitliche Ressourcen, eine klare Definition der durchzuführenden Arbeiten, fundiertes Fachwissen sowie ein möglichst frühzeitiges Einbringen der Szenario-Methodik in den Planungsprozess (SCHOLZ et al. 1995). In der 1998 durchgeführten Fallstudie (SCHOLZ et al. 1999) bildet die formative Szenarioanalyse eine zentrale Synthesemethode in den Arbeitsschwerpunkten Mobilität und Wirtschaft. Schwierigkeiten bei der Einschätzung komplexer, aggregierter Einflussgrößen, bei der Ausarbeitung von Matrizen und bei der Auswahl von Szenarien decken sich mit den eigenen Erfahrungen und liefern Hinweise für die Weiterentwicklung der Methodik. In der Fallstudie »Der Fall Appenzell Ausserrhoden« (SCHOLZ et al. 2001) wird vor allem auf Schwierigkeiten bei der Konsistenzanalyse eingegangen. So wird z.B. empfohlen in der Bearbeitung durch verschiedene Synthesegruppen bei der Betrachtung von Varianten (z.B. Tourismus Szenario-Bündel) Berührungspunkte zu anderen Perspektiven (z.B. Synthesegruppe Natur und Landschaft) herzustellen, um die Qualität der Konsistenz- und Robustheitsanalyse zu steigern. Die Transparenz und Nachvollziehbarkeit von Bewertungsmaßstäben (»Eichung«) ist umso mehr erforderlich, wenn unterschiedliche Arbeitsgruppen parallel an einer Gesamtplanung mitwirken. Derartige Bewertungsunterschiede kamen im durchgeführten Teilprojekt »Landnutzungsszenario Mulfingen« im Zuge der Einflussanalyse vor und machten eine nachträgliche Überarbeitung nötig.

Tabelle 8.7.15: Vergleich für den Zeitbedarf von Szenario-Projekten

Szenario-Typ	Szenario-Form	Vorbereitung	Durchführung / Projektarbeit	Nachbereitung	Zeitraum Szenario-Prozess	Summe Zeitbedarf	Quelle
Szenario-Technik in Schulen	Global-, Technologie-Szenarien, Workshop-ansatz	(Beginn der Vorbereitungen 2 Wochen vor Workshop)	3 aufeinander folgende Schultage á 5 Stunden	(keine Angaben)	3 Tage	3 x 5 Stunden für Durchführung + Vor-, Nachbereitung	ALBERS & BROUX 1999
Firmenspezifische Szenario-Workshops	Produktszenarien, Workshop-Ansatz	0,5 Tage Planungsgespräch	3 Tage	0,5 – 1 Tag Umsetzungsworkshop (keine Angaben zu Berichtfassung, Vor-, Nachbereitung der Workshops)	3 – 4 Wochen	4 – 4,5 Tage + Berichtfassung	V. REIBNITZ 1992
Szenario-Projekte für Gesamtunternehmen mit vergleichbaren strategischen Geschäftseinheiten	Unternehmensszenarien, Workshop-Ansatz	0,5 Tage Planungsgespräch	4 bis 5 Workshops á 2-3 Tage mit zwischengeschalteten Pausen	1 Tag Abschlussworkshop + 0,5 Tage Ergebnispräsentation (keine Angaben zu Berichtfassung, Vor-, Nachbereitung der Workshops)	5 bis 8 Monate	a) Projektmanager: Projekttage + Vor-, Nachbereitung / Berichtfassung b) Unternehmen: Projekttage x Anzahl Teammitglieder	V. REIBNITZ 1992
Partizipatives Landnutzungs-Szenario	Globalszenario, Workshop-Ansatz mit wissenschaftlicher Unterstützung	2 Tage zur Initiierung des Teilprojektes; ca. 56 Tage Situationsanalyse (begrenzte eigene Erhebungen, Datenrecherche, aufbereitung, Visualisierung), ca. 25 Tage Vorbereitung der Workshops; zusätzlich Diplomarbeiten, Zuarbeit aus anderen Teilprojekten	4 eintägige, 2 halbtägige Workshop mit zwischengeschalteten Pausen; 12 Arbeitstage für 2-3 Moderatoren; je 5 Arbeitstage pro Teilnehmer	ca. 20 Tage Protokollfassung und Auswertung der Workshops; ca. 25 Tage abschließende Berichtfassung für Veröffentlichung	10,5 Monate	Projektmanagement / Moderation ca. 140 Tage; je 5 Tage pro Teilnehmer; zusätzliche Diplomarbeiten, Zuarbeit aus anderen Teilprojekten	Landnutzungsszenario Mulfingen
Fallstudie nachhaltige Regionalentwicklung (die Zeitangaben beziehen sich auf die gesamte Fallstudie !)	Globalszenario, Szenario-Technik als eine von mehreren Synthesetechniken, wissenschaftlicher / Berater-Ansatz	12–18 Monate; 10–15 Studierende, 5 DozentInnen/ ExpertInnen, 20–50 Sitzungen	14 Semesterwochen, ca. 76 Studierende (Synthesephasen, Teilprojektarbeit), 18 Semesterwochenstunden + 6 h Hausarbeit	4–18 Monate (Überarbeitung, Schlussberichte, Erstellung Fallstudienband), 8–10 Studierende, 4–5 Tutoren, 3–5 Sitzungen, Diplomarbeiten, Publikationen	Zweijährige Veranstaltung; 20 bis 40 Monate	76 Studierende, 22 TutorInnen, insgesamt 200 an der Fallstudie Beteiligte, einschließlich Akteure (keine Gesamtschätzung der Arbeitszeit; alleine die Durchführung umfasst rund 3.200 Arbeitskrafttage)	SCHOLZ et al. 1999

8.7.9 Schlussfolgerungen

Wesentliche Erkenntnisse zur Umsetzungsmethodik
Die formative Szenario-Analyse stellt angesichts ihres stringenten Analyse- und Planungsansatzes ein geeignetes Verfahren dar, um komplexe Themen, wie die zukünftige Landschaftsentwicklung durch Wissensintegration, Syntheseleistung und Schulung der Systemkenntnis in einem partizipativen Planungsprozess ergebnis- und umsetzungsorientiert aufbereiten zu können. Sie erwies sich als geeignete Methode innerhalb des Aktionsforschungssansatzes und lässt darüber hinaus auf eine gute Anwendbarkeit in der räumlichen Planung bzw. an der Schnittstelle räumliche Planung und Regionalentwicklung schließen. Die Beteiligten erhalten anhand dieser partizipativen Planungsmethode einen breiten und tiefen Einblick in die die Landnutung steuernden Faktoren und die sich daraus ergebenden Handlungsansätze und -spielräume. Auf Seiten der Akteure entsteht eine hohe Motivation und Umsetzungsbereitschaft durch die Identifikation mit dem Planungsergebnis. Förderlich für die Durchführung des Planungsprozesses waren das überwiegend große Interesse und die Mitarbeit der Teilnehmer an den Workshops, wie auch die bereitwillige Unterstützung durch die Gemeindeverwaltung.

Die Analyse ist aber auch – für die in dieser Methodik noch nicht geübten Personen – ein komplexes Planungsverfahren mit Anforderungen an das Konzentrations- und Abstraktionsvermögen, was partiell zu einer Überforderung der Teilnehmer führen kann. Zudem erfordert das Planungsverfahren eine hohe Verbindlichkeit der Teilnahme der Akteure, da ansonsten Brüche im Wissensstand auftreten. Der Komplexizität der Planungsmethode steht die Untergliederung in einzelne Arbeitsschritte gegenüber, die es ermöglicht, leicht überschaubare, gut abgrenzbare Einheiten zu bearbeiten. Eine zeitlich komprimierte Erläuterung der umfangreichen Methodik zu Projektbeginn kann zu einer anfänglichen Überforderung der Teilnehmer führen. Vor diesem Hintergrund hat es sich bewährt, zu Beginn jedes Workshops die Vorgehensweise, den Sinn und Zweck jeden Aufgabenschrittes für den jeweiligen Arbeitstag in Verknüpfung zum Gesamtprozess darzustellen. Folglich wurde in der Abschlussevaluierung von 13 der 14 Teilnehmer bemerkt, dass das Wesen der Szenario-Methodik zu jedem Zeitpunkt greifbar war. Die durchgeführte Kurzevaluierung am Ende eines jeden Workshops war ein wichtiges Instrument zur Bewertung der Zufriedenheit der Teilnehmer mit der gemeinsamen Arbeit und zur Steuerung des weiteren Vorgehens.

Die jeweiligen Planungsschritte müssen in Umfang und Detailliertheit der Ausarbeitung an die jeweilige Aufgabenstellung und Zielgruppe angepasst werden. Die Aufbereitung relevantern Grundlageninformationen können im Umfang durch die Einbindung und damit das Wissen von relevanter Fachexperten, die an dem Planungsprozess partizipieren, entscheidend reduziert werden. Eine Detailanalyse nach der Einflussanalyse kann durch die hiermit verbundene Festlegung der Einflussfaktoren dazu beitragen, die Situationsanalyse auf das Notwendige zu beschränken, bringt jedoch bei umfangreichen Arbeiten einen möglichen Bruch im Ablauf des Planungsprozesses mit sich (vgl. Kirchner-Heßler 2004).

»... alle sind berücksichtigt worden und haben eine Stimme gehabt...«
(Gemeinderat und Ortsvorsteher)

Motivierend für die Teilnehmer waren der Auftakt des Workshops mit einer ersten Situationsanalyse im Gelände sowie die Arbeit in Kleingruppen in unterschiedlichen Arbeitsschritten. Bewährt hat es sich, die eintägigen Treffen mit ausreichendem, zeitlichem Abstand zueinander durchzuführen, um eine gute Vor- und Nachbereitung sowie Reflexion des Vorgehens zu ermöglichen. Die zeitliche Schwerpunktsetzung zur Durchführung des Workshops im Sommerhalbjahr wirkte sich einerseits positiv auf die Arbeitsatmosphäre aus, führte aber andererseits dazu, dass einige Landwirte an den Treffen nicht teilnehmen konnten. Erforderlich zur Unterstützung des Szenario-Prozesses ist eine methodisch geschulte Fachkraft. Bewährt hat sich der Einsatz unabhängiger Moderatoren im Hinblick auf die fachlich-inhaltliche, methodische und soziale Ebene.

> »... vorbildhafter Umgang miteinander ...« (Behördenvertreter)
> »... Moderation, ohne das wäre nichts passiert!« (Behördenvertreter)

Empfehlungen für eine erfolgreiche Projektdurchführung

Grundvoraussetzungen
Zur Erhöhung der Umsetzungswahrscheinlichkeit der zu entwickelten Strategie vor Ort sollte ein ausreichender Problemdruck, verbunden mit Interesse und der Einbindung in bestehende Entscheidungsstrukturen vor Ort vorhanden sein. Eine erste Problemanalyse und Aufarbeitung der hemmenden und treibenden Kräfte kann hierzu hilfreiche Hinweise liefern.

Organisatorische Rahmenbedingungen
Als förderlich für den Planungsprozess erwies sich die Beteiligung der Betroffenen an einem runden Tisch, Vor-Ort-Termine mit den Akteuren, die räumlich und sozial vom sonstigen Arbeitsalltag abgesetzte Workshop-Situation, die Arbeit in Kleingruppen, die Beteiligung professioneller Moderatoren mit methodischem Vorwissen, die Dokumentation des Erarbeiteten, die Unterstützung seitens der Kommune einschließlich der Versorgung der Teilnehmer sowie die zur Verfügung gestellten Räumlichkeiten.

Personelle Rahmenbedingungen
Die für die Thematik relevanten Schlüsselakteure sollten eingebunden werden. Hierbei sind zeitliche (z.B. Zeitaufwand, Terminüberschneidungen, Ernte- und Stallzeiten bei Landwirten) und finanzielle Aspekte (ggf. Entschädigung für Arbeitsausfall) zu berücksichtigen. Bei einer erwarteten intensiven Beteiligung der Akteure in einem Szenario-Workshop wird eine Teilnahme von 12 bis 20 Personen als ideal angesehen. Die Einbeziehung externer Moderatoren mit entsprechender Methodenkenntnis und einem – hinsichtlich der Thematik – fachlichen Hintergrund sind für den Planungsprozess förderlich. Von großer Bedeutung ist es, eine hohe Verbindlichkeit der Teilnahme der Akteure am Workshop sicherzustellen, um Brüche im Wissenstand und einen dadurch möglichen Zeitverlust im Ablauf zu vermeiden. Zur Umsetzungsbegleitung bzw. -beratung der erarbeiteten Strategien und Maßnahmenplanung ist ein Lenkungsgremium förderlich, das sich aus den o.g. Vertretern aus Kommune, Land- und Forstwirtschaft sowie Naturschutz zusammensetzt. Bei umfangreichen Umsetzungsvorhaben sollte ein Projektmanager beauftragt werden.

Finanzielle Rahmenbedingungen
Zur Durchführung des Szenario-Prozesses durch externe Bearbeiter sind Mittel für Situationsanalyse, Moderation sowie Vor- und Nachbereitung vorzusehen. Die Einbeziehung der Akteure in die Situationsanalyse kann zu Kostenersparnis und einer guten Kooperation von Beginn an führen. Anhaltspunkte zur Abschätzung des Arbeits- und damit Kostenumfangs liefert Tabelle 8.7.15.

Zeitliche Rahmenbedingungen
Zur Durchführung eines vergleichbaren partizipativ entwickelten Landnutzungs-Szenarios ist eine Bearbeitungszeit von 9 Monaten vorzusehen. Je nach Umfang der Situationsanalyse erhöht oder

reduziert sich der Zeitbedarf. Eine ausreichend bemessene Vor- und Nachbereitungszeit zwischen den Workshops erhöht die Prozessqualität. Arbeitsschritte, die einen großen Nachbereitungsaufwand mit sich bringen (z.b. Alternativenbündelung, Ausarbeitung Leitstrategie) können in der Workshop-Planung entsprechend vorgesehen werden.

... *zur inhaltlichen Ebene*
Eine gute Situationsanalyse und die damit zur Verfügung gestellten Grundlagen sind sehr förderlich für den Planungsprozess. Eine zweistufige Situationsanalyse kann sinnvoll sein, um den Arbeitsaufwand zu reduzieren, d.h. auf eine anfängliche Übersichtsanalyse und eine darauf aufbauende Festlegung der Einflussfaktoren könnte bei Bedarf eine vertiefende Situationsanalyse der Einflussfaktoren folgen. Eine exakt formulierte Zielsetzung und damit ein gemeinsames Verständnis von dem Ergebnis der Zusammenarbeit sind wesentlich für einen zufrieden stellenden Abschluss der Szenario-Planung. Die entwickelte Leitstrategie entsteht auf der Grundlage der Situationsanalyse sowie der Syntheseleistung im Szenario-Prozess und beinhaltet objektive Informationen sowie subjektive Einschätzungen und Entscheidungen. Zur Bewertung der entwickelten Strategie hinsichtlich einer nachhaltigen Entwicklung können von den Einflussfaktoren abgeleitete Indikatoren Verwendung finden.

... *zur sozialen Ebene*
Förderliche Faktoren waren eine gute, freundliche Arbeitsatmosphäre, Kooperationsbereitschaft und Einbeziehung der Teilnehmer, die positive Motivation der Beteiligten, der offene, persönliche und ungezwungene Umgang miteinander, die Kritikfähigkeit und die rasche Entwicklung einer gemeinsamen Sprache.

... *zur Methodik*
Um eine Überforderung der Teilnehmer zu vermeiden, sollte die notwendige Erläuterung der Methodik entsprechend der Zielgruppe aufbereitet und durchgeführt werden (zeitlich begrenzte und gestaffelte Inputs, ggf. Wiederholungen, um Anknüpfungen zum vorhergehenden Arbeitsschritt herzustellen) und die Planungsschritte in Abhängigkeit von der Thematik und dem Teilnehmerkreis aufbereitet bzw. vereinfacht und/oder reduziert werden.

Weiterführende Aktivitäten
Hier sind zum einen die Umsetzung der entwickelten Leitstrategie und zum anderen die Weiterentwicklung der eingesetzten Planungsmethode anzuführen. Während die Szenario-Analyse für die Unternehmensplanung umfassend beschrieben wurde (vgl. Kap. 8.7.8) existieren bislang nur wenige Erfahrungen zum Einsatz der partizipativen, formativen Szenario-Analyse in der Landschafts- und Landnutzungsplanung und darauf aufbauende methodische Anpassungen (vgl. Kirchner-Heßler 2004).

Literatur

Albers, O., A. Broux, 1999 in P. Thiesen (Hrsg.): Zukunftswerkstatt und Szenariotechnik – Ein Methodenhandbuch für Schule und Hochschule. Beltz, Weinheim und Basel

Andersen, J. E., B. Joeger, 1999: Scenario workshop and consensus conterences – forwards more democratic decisron making sciense and public Policy, vol. 26, no 5, S. 331-340

Bauer, S., 2001: Naturschutz und Agrarpolitik. – In: Konold, W., R. Böcker, U. Hampicke (Hrsg.): Handbuch Naturschutz und Landschaftspflege. 5. Erg. Lfg. 6/01, ecomed, Landsberg

Besch, M., H. Hausladen, 1998: Verbraucherpräferenzen für Nahrungsmittel aus der Region. Ergebnisse einer Verbraucherbefragung im Landkreis Freising; TU München, Arbeitsbericht Nr. 23

BMWV (Bundesministerium für Wissenschaft und Verkehr, Hrsg.), 1998: Szenarien der Kulturlandschaft. – Bundesministerium für Wissenschaft und Verkehr, Wien

Briemle, G., G. Eckert, H. Nussbaum, 1999: Wiesen und Weiden. In: Konold, W., R. Böcker, U. Hampicke, 1999 (Hrsg.): Handbuch Naturschutz und Landschaftspflege. ecomed, Landsberg

Briemle, G., G. Eckert, H. Nussbaum, 2000: Wiesen und Weiden. In: Konold, W., R. Böcker, U. Hampicke (Hrsg.): Handbuch Naturschutz und Landschaftspflege. 2. Erg. Lfg. 7/00, ecomed, Landsberg

CMA 1999: Centrale Marketing-Gesellschaft der deutschen Agrarwirtschaft mbH

Deuschle, J., J. Reiss, R. Schurr, 1994: Reptilien. In: Natur im Landkreis Esslingen, Band 2. Hrsg.: Naturschutzbund Deutschland, Kreisverband Esslingen e.V., 54 S., Wendlingen

DRL (Deutscher Rat für Landespflege), 1983: Ein »integriertes Schutzgebietssystem« zur Sicherung von Natur und Landschaft – entwickelt am Beispiel des Landes Niedersachsen. In: Schriftenreihe des Deutschen Rates für Landespflege, H.41. Hannover: 5-14

DRL (Deutscher Rat für Landespflege), 1997: Leitbilder für Landschaften in »peripheren Räumen« – Schr.-R. d. Deutschen Rates für Landespflege, Heft 67: 5-25

Drüg, M., 2000: Vegetation und Entwicklungszustand der Grünlandbiotope im mittleren Jagsttal in Hohenlohe. Unveröffentlichte Diplomarbeit im Fachbereich Landschaftsnutzung und Naturschutz, FH Eberswalde

Eckstein, K., 2001: Qualitative und quantitative Analyse Wert bestimmender Kriterien für Streuobstbestände, dargestellt an Streuobstwiesen in Hohenlohe (Baden-Württemberg). Unveröffentlichte Diplomarbeit am Lehrstuhl für Vegetationsökologie der Technischen Universität München-Weihenstephan

Ehrmann, H., 1999: Unternehmensplanung. Kiehl, Ludwigshafen, 3. Aufl.

Fischer, B., 2000: Das mittlere Jagsttal bei Ailringen im Hohenlohekreis – Ein landschaftsökologisches Transekt. Unveröffentlichte Diplomarbeit am Geographischen Institut der Universität Tübingen

FVA (Forstliche Versuchs- und Forschungsanstalt Freiburg), 1976: Beschreibung der Standortseinheiten für Wuchsbezirk 4/03b und 4/17, Forstbezirk Künzelsau. Freiburg

FVA (Forstliche Versuchs- und Forschungsanstalt Freiburg), 1998: Ergebnisse der Waldbiotopkartierung in der Gemeinde Mulfingen, Forstbezirk Künzelsau. Freiburg

Gausemeier, J., A. Fink, O. Schlake, 1996: Szenario-Management, Planen und Führen mit Szenarien. Carl Hanser Verlag, München, 2 Aufl.: 390 S.

Glück, E., J. Deuschle, C. Trojan, S. Winterfeld, J. Blank, J. Spelda, S. Lauffer, 1996: Aufstellung regionalisierter Leitbilder zur Landschaftspflege und -entwicklung an brachgefallenen Talhängen von Kocher und Jagst – Tierökologischer Fachbeitrag. – Anhang zum Abschlußbericht des Instituts für Zoologie der Universität Hohenheim für das Institut für das Institut für Landschafts- und Pflanzenökologie der Universität Hohenheim im Auftrag der Bezirksstelle für Naturschutz und Landschaftspflege Stuttgart; unveröffentlicht

Graf, S., 1997: Möglichkeiten der Nutzung von trockenen Talhängen im mittleren Jagsttal am Beispiel der Gemeinden Dörzbach und Ailringen – eine empirische Untersuchung. Unveröffentlichte Diplomarbeit am Institut für landwirtschaftliche Betriebslehre der Universität Hohenheim

Götze, U., 1991: Szenarioanalyse in der strategischen Unternehmensplanung. Deutscher Universitätsverlag, Wiesbaden

Güterbuch Eberbach, 1856: Gemeinde Eberbach, Güterbuch, Band 1. Gemeindearchiv Eberbach, Mulfingen

Hammer, R. M., 1998: Strategische Planung und Frühaufklärung, R. Oldenburg, München, 3. Aufl.

Henssler, F., R. Kirchner-Heßler, I. Keckeisen, 2002: Gutachten zur Integrierten Landschafts- und Regionalentwicklung: Modellprojekt Landschaftserhaltungsverband Mittelbereich Schramberg. neuLand, Werkstatt für Tourismus und Regionalentwicklung GbRmbH, Aulendorf

Höchtl, F., W.Konold, 1998: Dynamik im Weinberg-Ökosystem – Nutzungsbedingte raum-zeitliche Veränderung im unteren Jagsttal. Naturschutz und Landschaftsplanung 30, (8/9): 249–253

Hölzinger, J., 1987: Die Vögel Baden-Württembergs Band 3.2: Singvögel 2. Eugen Ulmer Verlag, Stuttgart: 939 S.

Jaeger, J. 2001: Quantifizierung und Bewertung der Landschaftszerschneidung. Arbeitsbericht Nr. 167 der TA-Akademie, Stuttgart, Januar 2001

Jedicke, E., 1994: Biotopverbund – Grundlagen und Maßnahmen einer neuen Naturschutzstrategie. Eugen Ulmer, Stuttgart: 287 S.

Kappus, B., 2000: Fauna des Hanggrünlands in der Gemarkung Eberbach. Unveröffentlicher Projektbericht des Instituts für Zoologie, Universität Hohenheim

Kappus, B., 2003a: Heuschrecken – Soll-Ist-Vergleich. In: Beuttler, A., R. Lenz (Hrsg.), 2003: Umweltbilanz Gemeinde Mulfingen. Ökom, München: 74–75

Kappus, B., 2003b: Salamanderlarven (Amphibien) – Soll-Ist-Vergleich. In: Beuttler, A., R. Lenz (Hrsg.), 2003: Umweltbilanz Gemeinde Mulfingen. Ökom, München: 72–73

Kaule, G., 1991: Arten- und Biotopschutz. Eugen Ulmer Verlag, Stuttgart: 519 S.

Keckeisen, I., R. Kirchner-Heßler, W. Konold, 2003a: Landschaftsdiversität – Trendindikator. In: Beuttler, A., R. Lenz (Hrsg.), 2003: Umweltbilanz Gemeinde Mulfingen, Ökom, München: 62–64

Keckeisen, I., R. Kirchner-Heßler, W. Konold, 2003b: Landschaftszerschneidung – Trendindikator. In: Beuttler, A., R. Lenz (Hrsg.), 2003: Umweltbilanz Gemeinde Mulfingen, Ökom, München: 60–62

Kirchner-Heßler, R., K. Schübel, W. Konold, P. Bosch, 1997: Aufstellung regionalisierter Leitbilder zur Landschaftspflege und -entwicklung an brachgefallenen Talhängen von Kocher und Jagst. Unveröffentlicher Bericht des Institut für Landschafts- und Pflanzenökologie der Universität Hohenheim im Auftrag der Bezirkstelle für Naturschutz und Landschaftspflege Stuttgart

Kirchner-Heßler, R.; O. Kaiser, W. Konold, 2003: Gewässerstrukturgüte – Soll-Ist-Vergleich. In: Beuttler, A., R. Lenz (Hrsg.), 2003: Umweltbilanz Gemeinde Mulfingen, Ökom, München: 64–67

Kirchner-Heßler, R., 2004: Die formative Szenario-Analyse in der partizipativen Raumplanung und Regionalentwicklung, GAIA 13, Nr. 2: 121–130

Krettinger, B., F. Ludwig, D. Speer, G. Aufmkolk, S. Ziesel, 2001: Zukunft der Mittelgebirgslandschaften – Szenarien zur Entwicklung des ländlichen Raums am Beispiel der Fränkischen Alb, Ergebnisse des E+E-Vorhabens »Leitbilder zur Pflege und Entwicklung von Mittelgebirgslandschaften in Deutschlang am Beispiel der Hersbrucker Alb«. BfN, Bad Godesberg

Kunze, K., C. v. Haaren, B. Knickrehm, M. Redslob, 2002: Interaktiver Landschaftsplan – Verbesserungsmöglichkeiten für die Akzeptanz und Umsetzung von Landschaftsplänen. Angewandte Landschaftsökologie, Heft 43, Bonn: 137 S.

Landesanstalt für Entwicklung der Landwirtschaft und der ländlichen Räume in Baden-Württemberg, 2000: Deckungsbeitragsrechnung für Rindfleischerzeugung in Baden-Württemberg

LAWA (Länderarbeitsgemeinschaft Wasser, Hrsg.), 2000: Gewässerstrukturgütekartierung in der Bundesrepublik Deutschland. Verfahren für kleine und mittelgroße Fließgewässer, Schwerin: 145 S.

Lenz, R., S. v. Korn, S., W. Rolf, F. Lamprecht, 2002: Zukunftsfähige Tierhaltungskonzepte Hohenlohe. Unveröffentlicher Abschlussbericht des Instituts für Angewandte Forschung (IAF) Umwelt und Planung der Fachhochschule Nürtingen: 69 S.

LEL (Landesanstalt für Entwicklung der Landwirtschaft und der ländlichen Räume, Hrsg.), 2003: Kostenrechnung Tierische Produktion, Vergleich konventionelle und ökologische Wirtschaftsweise

LfU (Landesanstalt für Umweltschutz Baden-Württemberg), 1997: Fachdienst Naturschutz, Allgemeine Grundlagen: §-24a-Kartieranleitung Baden-Württemberg – Kartieranleitung für besonders geschützte Biotope nach § 24 a NatSchG. 4. Aufl., Landesanstalt für Umweltschutz Baden-Württemberg, Karlsruhe

LfU (Landesanstalt für Umweltschutz Baden-Württemberg), 2000: Schutzgebiete in Baden-Württemberg – Naturschutzgebiete, Landschaftsschutzgebiete, Naturparks, Bann- und Schonwälder. 4. Aufl., Landesanstalt für Umweltschutz Baden-Württemberg, Karlsruhe

LfU (Landesanstalt für Umweltschutz Baden-Württemberg), 2001a: NATURA 2000–Gebeite in Baden-Württemberg. – Stand Mai 2001, Landesanstalt für Umweltschutz, Karlsruhe

LfU (Landesanstalt für Umweltschutz Baden-Württemberg), 2001b: Naturschutz Praxis, Allgemeine Grundlagen 1: Arten, Biotope, Landschaft – Schlüssel zum Erfassen, Beschreiben und Bewerten. 3. Auflage, Landesanstalt für Umweltschutz Baden-Württemberg, , Karlsruhe

LRA (Landratsamt) Hohenlohekreis, 2002: Bilanz Landschaftspflegeprojekt Trockenhänge im Kocher- und Jagsttal 2001. Unveröffentlichte Kostendarstellung, Landratsamt Hohenlohekreis, Fachdienst Bauen, Landwirtschaft und Kreisentwicklung

Luz, F., R. Luz, M. Schreiner, 2000: Landschaftsplanung effektiver in die Tat umsetzen. - Naturschutz und Landschaftsplanung 32 (6): 176-181

Mayerl, D., 1996: Landschaftsplanung am Runden Tisch - kooperativ planen, gemeinsam umsetzen. Laufener Seminarbeiträge 6: 31-36

Meining, S.,1999: Ausweisung von Bewaldungszonen als eine Möglichkeit der landesplanerischen Steuerung von Erstaufforstungen - Dargestellt anhand der Gemeinde Mulfingen im Jagsttal. Unveröffentlichte Diplomarbeit, Institut für Landespflege der Albert-Ludwigs-Universität Freiburg

MLR BW 2000: Maßnahmen- und Entwicklungsplan Ländlicher Raum des Landes Baden-Württemberg für den Zeitraum 2000-2006. Ministerium Ländlicher Raum Baden-Württemberg, Stuttgart

Moog, M., G. Oesten, 2001: Forstwirtschaft in Wirtschaft und Gesellschaft. In: Konold, W.; R. Böcker, U. Hampicke (Hrsg.), 2001: Handbuch Naturschutz und Landschaftspflege - 5. Erg. Lfg 6/01, ecomed, Landsberg

Münch, W., 1988: Steinriegel im Hohenloher Land, eine faunistische Bestandsaufnahme zur ökologischen Bewertung der Steinriegel auf den Gemarkungen Mulfingen und Belsenberg. i.A. der Bezirksstelle für Naturschutz und Landschaftspflege Stuttgart, Stuttgart

NABU (Naturschutzbund Deutschland e.V.) und LBV (Landesbund für Vogelschutz), 1991: Vogel des Jahres: Das Rebhuhn. - Broschüre

Nagel, V., 2000: Vergleich der Strukturdiversität 1840 - 2000 auf der Markung Eberbach im Jagsttal. Unveröff. Diplomarbeit im Fachbereich Landschaftsarchitektur, Umwelt- und Stadtplanung, Fachhochschule Nürtingen

Nebel, M., 1986: Vegetationskundliche Untersuchungen in Hohenlohe. Dissertationes Botanicae, 97, Stuttgart

OAB Künzelsau, 1883: Beschreibung des Oberamts Künzelsau. - Herausgegeben vom Königlichen statistisch-topographischen Bureau, W. Kohlhammer Verlag, Stuttgart: 911 S.

Oppermann, B., F. Luz, 1996: Planung hört nicht mit dem Planen auf - Kommunikation und Kooperation sind für die Umsetzung unerlässlich. In: Konold, W. (Hrsg.), 1996: Naturlandschaft Kulturlandschaft - Die Veränderung der Landschaften nach der Nutzbarmachung durch den Menschen. Ecomed, Landsberg

Osswald, S., 2002: Untersuchungen der Vegetationsentwicklung auf brachgefallenen Flächen im Jagsttal. Unveröff. Diplomarbeit, Fachbereich Landespflege, Fachhochschule Nürtingen

Pfister, H.P.; B. Naef-Daenzer, 1987: Der Neuntöter und andere Heckenbrüter in der modernen Kulturlandschaft. Beihefte zu den Veröffentlichungen für Naturschutz und Landschaftspflege in Baden-Württemberg 48: 147-157

Rauser, J. H., 1980: Mulfinger Heimatbuch. Aus der Ortsgeschichte der Altgemeinden Airlingen, Buchenbach, Eberbach, Hollenbach, Mulfingen, Jagstberg, Simprechtshausen, Zaisenhausen. Band 1 der Reihe »Heimatbücherei Hohenlohekreis«, Künzelsau: 576 S.

Regionalverband Franken, 2001: Kleinräumige Bevölkerungsprognose 2001 des Regionalverbandes Franken. Regionalverband Franken, Heilbronn

Riecken, U., U. Ries, A. Ssymank, 1994: Rote Liste der gefährdeten Biotoptypen der Bundesrepublik Deutschland. Schriftenreihe f. Landschaftspflege u. Naturschutz, 41

Riess, W., 1986: Konzepte zum Biotopverbund im Arten- und Biotopschutzprogramm Bayern. Laufener Seminarbeiträge 10: 102-115

Sachteleben, J., W. Riess, 1997: Flächenanforderungen im Naturschutz - Ableitung unter Berücksichtigung von Inzuchteffekten, 1. Teil: Das Modell. Naturschutz und Landschaftsplanung 29, (11): 336-344

Saenger, W., 1957: Die bäuerliche Kulturlandschaft der Hohenloher Ebene und ihre Entwicklung seit dem 16. Jahrhundert. Forschungen zur deutschen Landeskunde 101, Selbstverlag der Bundesanstalt für Landeskunde, Remagen/Rhein: 137 S.

Scholz, R. W.; T. Koller, H. A. Mieg, C. Schmidlin (Hrsg.), 1995: Perspektive Grosses Moos - Wege zu einer nachhaltigen Landwirtschaft. ETH-UNS Fallstudie 1994. Hochschulverlag AG, ETH Zürich

Scholz, R.W., S. Bösch, L. Carlucci, J. Oswald (Hrsg.), 1999: Chancen der Region Klettau - Nachhaltige Regionalentwicklung: ETH-UNS Fallstudie 1998. Rüegger AG, Zürich

Scholz, R. W., M. Stauffacher, S. Bösch, A. Wiek (Hrsg.), 2001: Landschaftsnutzung für die Zukunft - Der Fall Appenzell Ausserrhoden: ETH-UNS-Fallstudie 2001. Rüegger, Zürich

Scholz, R. W., O. Tietje, 2002: Embedded Case Study Mehtods - Integrating quantitative an qualitative konwledge. Sage Publications, California

Schönke, A., 2002: Grünlandgesellschaften des Jagsttals. Unveröffentlichte Diplomarbeit am Institut für Geobotanik, Universität Freiburg

Schröder, K.H., 1953: Weinbau und Siedlung in Württemberg. Forschungen zur deutschen Landeskunde 73, Verlag des Amtes für Landeskunde, Remagen: 182 S.

Schwandner, L., 1873: Gesetz über die Ausübung und Ablösung de Weiderechte auf landwirtschaftlichen Grundstücken sowie über die Ablösung der Waldweide-, Waldgräserei- und Waldstreurechte in Württemberg. Handausgabe mit Erläuterungen, Metzler, Stuttgart: 128 S.

Schwarz-von Raumer, H. G., 1999: Anwendung des Landschaftsmodells am Beispiel des Kraichgau. In: Dabbert, S., S. Herrmann, G. Kaule, M. Sommer (Hrsg.), 1999: Landschaftsmodellierung für die Umweltplanung – Methodik, Anwendung und Übertragbarkeit am Beispiel von Agrarlandschaften. Springer, Heidelberg

Schwineköper, K., P. Seiffert, W. Konold, 1992: Landschaftsökologische Leitbilder. Garten und Landschaft (2): 24-28

Sekine, A., 2000: Ermittlung und Bewertung von Ackerwildkrautbeständen in zwei Gemarkungen des mittleren Jagsttals im Raum Hohenlohe. Unveröffentlichte Diplomarbeit am Institut für Landschafts- und Pflanzenökologie, Universität Hohenheim, Stuttgart

Spitzer, H., 1995: Einführung in die räumliche Planung, Eugen Ulmer, Stuttgart

v. Reibnitz, U., 1992: Szenario-Technik – Instrumente für die unternehmerische und persönliche Erfolgsplanung. Gabler, Wiesbaden

Völkl, W., 1991: Habitatansprüche von Ringelnatter (Natirx natrix) und Schlingnatter (Coronella austriaca): Konsequenzen für Schutzkonzepte am Beispiel nordbayerischer Populationen, Natur und Landschaft 66 (9): 444-449

Wehinger, T., F. Henssler, R. Kirchner-Heßler, 2006: Streuobst aus kontrolliert ökologischem Anbau – Erhalt und Förderung des Streuobstanbaus durch die Produktion und Vermarktung von Streuobst auf der Grundlage der EU-Ökoverordnung. In: Kirchner-Heßler, R., A. Gerber, W. Konold (Hrsg.), 2006: Nachhaltige Landnutzung durch Kooperation von Wissenschaft und Praxis: Das Modellvorhaben Kulturlandschaft Hohenlohe. oekom, München: 281-314

Zwölfer, H., G. Bauer, G. Heusinger, D. Stechmann, 1984: Die tierökologische Bedeutung und Bewertung von Hecken. Akademie für Naturschutz und Landschaftspflege (ANL, Hrsg.), Beiheft 3, Teil 2, Laufen/Salzach: 155 S.

Gesetzestexte, Richtlinien

MLR BW (Ministerium für Ländlichen Raum Baden-Württemberg), 1999 Bad.-Württ., 1999: Richtlinie des MLR zur Förderung landwirtschaftlicher Betriebe in Berggebieten und in bestimmten benachteiligten Gebieten vom 20.12.1999, Az. 65-8519.00.

MLR BW (Ministerium für Ländlichen Raum Baden-Württemberg), 2000a: Richtlinie des Ministeriums Ländlicher Raum zur Förderung der Erhaltung und Pflege der Kulturlandschaft und von Erzeugungspraktiken, die der Marktentlastung dienen (Marktentlastungs- und Kulturlandschaftsausgleich – MEKA II), vom 12.09.2000, Az. 65-8872.53.

MLR BW (Ministerium für Ländlichen Raum Baden-Württemberg), 2001: Richtlinie des Ministeriums für Ernährung und Ländlichen Raum Baden-Württemberg zur Förderung und Entwicklung des Naturschutzes, der Landschaftspflege und Landeskultur – Landschaftspflegerichtlinie – vom 18.10.2001, Az. 64-8872.00.

Internet-Quellen

Statistisches Landesamt Baden – Württemberg, 2001: Daten des Statistischen Landesamts Baden-Württemberg. http://www.statistik.baden-wuerttemberg.de (Stand: 23.1.2001)

Statistisches Landesamt Baden – Württemberg, 2002: Daten des Statistischen Landesamts Baden-Württemberg. http://www.statistik.baden-wuerttemberg.de (Stand: 8.7.2002)

Statistisches Landesamt Baden-Württemberg, 2003: Daten des Statistischen Landesamts Baden-Württemberg. http://www.statistik.baden-wuerttemberg.de (Stand 29.7.2003)

Statistisches Landesamt Baden-Württemberg, 2004: Daten des Statistischen Landesamts Baden-Württemberg. http://www.statistik.baden-wuerttemberg.de (Stand 28.7.2004)